浙江农林大学教材建设项目、浙江农林大学研究生教材建设项目资助

实用仪器分析教程

主　编　郭　明　　胡润淮
　　　　吴荣晖　　周建钟
副主编　周　慧　　赵俊伟
　　　　陈红军　　李铭慧

ZHEJIANG UNIVERSITY PRESS
浙江大学出版社

图书在版编目（CIP）数据

实用仪器分析教程 / 郭明等主编. —杭州：浙江
大学出版社，2013.9（2019.8 重印）
ISBN 978-7-308-12144-6

Ⅰ.①实… Ⅱ.①郭… Ⅲ.①仪器分析—高等学校—
教材 Ⅳ.①O657

中国版本图书馆 CIP 数据核字（2013）第 200646 号

内 容 提 要

　　本书根据化学、应用化学、医药学、环境科学及生物学等专业中常用仪器的教学基本内容要求和有关专业综合应用与创新人才的培养需要而编写。《实用仪器分析教程》共十五章，包括绪论、光学分析法导论、紫外－可见吸收光谱法、红外吸收光谱法、原子发射光谱法、原子吸收光谱法、电化学分析导论、电位分析法、电解分析法与库仑分析法、伏安法与极谱分析法、色谱分析法导论、气相色谱法、高效液相色谱分析法、核磁共振波谱法、质谱法等内容。本书在内容上力求简单明了，每一章的编写顺序是在介绍分析技术原理的基础上，介绍仪器的基本结构和工作原理，接着介绍分析技术和分析方法，最后介绍分析技术的应用实例，形成了理论与实践相结合的新颖而完整的体系。

　　《实用仪器分析教程》可作为应用型本科院校化学、应用化学、化工、轻工、材料、生物、医药、环境、地质、农林等专业的"仪器分析"教材及考研参考书，也可供相关专业的科技人员与分析测试工作者使用，还可作为自学者的阅读参考书。

实用仪器分析教程

郭　　明　　胡润淮　　吴荣晖　　周建钟　　主编

责任编辑　　王元新
封面设计　　续设计
出版发行　　浙江大学出版社
　　　　　　　　（杭州市天目山路 148 号　邮政编码 310007）
　　　　　　　　（网址：http://www.zjupress.com）
排　　版　　杭州金旭广告有限公司
印　　刷　　嘉兴华源印刷厂
开　　本　　787mm×1092mm　1/16
印　　张　　24
字　　数　　600 千
版 印 次　　2013 年 9 月第 1 版　2019 年 8 月第 5 次印刷
书　　号　　ISBN 978-7-308-12144-6
定　　价　　53.00 元

前　言

仪器分析是当代发展最迅速的学科之一,新的仪器、新的方法、新的技术、新的理论层出不穷,并日趋完善。仪器分析的应用也日益广泛,涉及越来越多的生产和科研领域。"仪器分析"课程在农林类院校中已普遍为本科生和研究生开设。本书在内容上尽量体现基本理论、仪器的基本结构与应用技术有机结合的特点,并增加了在仪器分析领域最近发展起来的新型仪器分析方法。本书可作为农林类院校的教学用书和有关科技人员的参考用书。

仪器分析以化学和物理信息学为基础,是一门交叉并融合了许多相关学科的庞大学科,需要较广且扎实的基础理论知识,同时它又是一门实验技术性很强的课程。为了适应仪器分析的迅速发展和培养高素质人才的需要,我们参考了国内外的一些"仪器分析"课本和有关文献,并结合我校多年的教学、科研经验,编写了这本《实用仪器分析教程》教材。由于本课程通常是在修完物理、物理化学等课程后开设的,因此在涉及有关物理、物理化学的基础知识时,本书将不再赘述或只作简要提示。同时,本教材着重于基本理论和基础技术的阐述,使学生对仪器分析的各种方法及基本技术有一个较基本的理解,并培养学生的创造性思维,提高分析能力,做到学以致用。

本书具有以下几个特点。

(1)本书为了加强有机物结构分析、有关波谱分析的内容,在深度和广度上均对教学大纲规定的内容有所扩充。

(2)全书注重基本方法、基本理论、基本仪器和基本应用的教学。加强理论与实践相结合,注重对学生创造性思维的培养和分析能力的提高。

(3)编写中以"精、全、新"为指导思想,在教材的科学性、先进性、可读性上下功夫,力求反映"仪器分析"的基本教学规律和新成就,力求概念准确、深入浅出、突出重点、语言简练,便于教学和阅读。

值得注意的是,"仪器分析"是一门分析技术基础课程,除了课堂讲授外,实验课要占足够多的比重,因此需着重培养学生的基本操作技巧、动手能力和思维能力。

本书共 15 章,主要由郭明、胡润淮、吴荣晖、周建钟主编,周慧副教授、赵俊伟副教授、陈红军副教授、李铭慧老师参与了部分章节的编写、整理工作,金贞福教授、林菱老师参与了书稿的定稿工作,刘敏、殷欣欣(研究生)参与了打字及文稿整理等工作。

由于水平有限,本书难免会存在不足之处,希望广大师生和读者批评指正。

编　者
2013 年 5 月

目　录

第一章

绪　论

第一节　仪器分析及其类型

一、仪器分析与化学分析

仪器分析（instrumental analysis）与化学分析（chemical analysis）是分析化学（analytical chemistry）的两类分析方法，两者的区别见表1-1。

仪器分析是指采用比较复杂或特殊的仪器设备，通过测量物质的某些物理或物理化学性质的参数及其变化来获取物质的化学组成、成分含量及化学结构等信息的一类方法。这些方法一般都有独立的方法原理及理论基础。仪器分析的应用范围比化学分析广泛，它已成为分析化学的重要组成部分，是分析化学的发展方向。

仪器分析由于灵敏度高，速度快，选择性好，易实现自动记录、连续测定等优点，逐步成为分析化学的主流。仪器分析作为现代的分析测试手段，日益广泛地为许多领域内的科研和生产提供大量的物质组成和结构等方面的信息，因而"仪器分析"已成为高等学校中许多专业的重要课程之一。

表 1-1　仪器分析与化学分析的区别

	化学分析	仪器分析
建立基础	化学性质	物理性质、物理化学性质
分析对象	被测物的组成、含量	被测物的组成、含量及结构
含量	常量	痕量、超痕量
灵敏度	低	高
选择性	差	好
相对误差	大	小
成本	较低	较高
设备	简单	复杂
环境	有些有污染	友好

仪器分析的分析对象一般是半微量（$0.01\sim0.1g$）、微量（$0.1\sim10mg$）、超微量（$<0.1mg$）组分的分析，灵敏度高；而化学分析一般是半微量（$0.01\sim0.1g$）、常量（$>0.1g$）组分的分析，准确度高。

二、仪器分析方法

仪器分析方法可以分为四种类型：光学分析法、电化学分析法、色谱法和其他仪器分析法。

光学分析法是建立在物质与电磁辐射互相作用的基础上的一类分析方法，包括原子发射光谱法、原子吸收光谱法、紫外-可见吸收光谱法、红外吸收光谱法、核磁共振波谱法和荧光光谱法等。

电化学分析法是建立在溶液电化学性质基础上的一类分析方法，包括电位分析法、电重量分析法、库仑分析法、伏安法、极谱分析法、电导分析法等。

色谱法是利用混合物中各组分不同的物理或化学性质来达到分离的目的。分离后的组分可以进行定性或定量分析，有时分离和测定同时进行，有时先分离后测定。色谱法包括气相色谱法和液相色谱法等。

其他仪器分析法是指利用热学、力学、声学、动力学等性质进行测定分析的分析方法，包括质谱法、电泳法、热分析法、放射分析法等。详细分类见表 1-2。

表 1-2　仪器分析方法分类

方法类型	测量参数或有关性质	相应的分析方法
光学分析法	辐射的发射	原子发射光谱法、火焰光度法等
	辐射的吸收	原子吸收光谱法、分光光度法（紫外、可见、红外）、核磁共振谱法、荧光光谱法
	辐射的散射	比浊法、拉曼光谱法、散射浊度法
	辐射的折射	折射法、干涉法
	辐射的衍射	X 射线衍射法、电子衍射法
	辐射的转动	偏振法、旋光色散法、圆二色性法
电化学分析法	电导	电导分析法
	电位	电位分析法、计时电位法
	电流	电流滴定法
	电流-电压	伏安法、极谱分析法
	电量	库仑分析法
色谱法	两相间分配	气相色谱法、液相色谱法
其他仪器分析法	热性质	热重法、差热分析法

三、仪器分析的基本特点

（1）灵敏度高：大多数仪器分析法适用于微量、痕量分析。例如，原子吸收分光光度法测定某些元素的绝对灵敏度可达 $10^{-14}g$。

（2）取样量少：化学分析法需用 $10^{-1}\sim10^{-4}g$，而仪器分析法试样常在 $10^{-2}\sim10^{-8}g$。

（3）在低浓度下的分析准确度较高：含量在 $10^{-5}\%\sim10^{-9}\%$ 范围内的杂质测定，相对误差低至 $1\%\sim10\%$。

（4）快速：例如，发射光谱分析法在 1min 内可同时测定水中 48 个元素，灵敏度可达 $10^{-11}\sim10^{-13}g$。

（5）可进行无损分析：有时可在不破坏试样的情况下进行测定，适于考古、文物等特殊领域的分析。有的方法还能进行表面或微区分析，试样可回收。

（6）能进行多信息或特殊功能的分析：有时可同时作定性、定量分析，有时可同时测定材料的组分比和原子的价态。放射性分析法还可作痕量杂质分析。

（7）专一性强：例如，用单晶 X 衍射仪可专测晶体结构，用离子选择性电极可测指定离子的浓度等。

（8）便于遥测、遥控、自动化：可作即时、在线分析，便于进行生产过程控制、环境自动监测与控制。

（9）操作较简便：省去了繁多的化学操作过程。随着自动化、程序化程度的提高，操作将更趋于简化。

（10）仪器设备较复杂，价格较昂贵。

第二节　仪器分析的发展过程

仪器分析自 20 世纪 30 年代后期问世以来，不断丰富分析化学的内涵并使分析化学发生了一系列根本性的变化。20 世纪 40 年代后，仪器分析进入了大发展时期。分析化学中采用了电子技术和物理学概念，促进了各类仪器分析方法的发展，使以经典的化学分析为主的分析化学发展为以仪器分析为主的新时代。仪器分析使分析速度加快，促进了化学工业的发展，而且一系列重大科学发现，为仪器分析的建立和发展奠定了基础。①Bloch F 和 Purcell E M 建立了核磁共振测定方法，1952 年获得诺贝尔化学奖；②Martin A J P 和 Synge R L M 建立了气相色谱分析法，1952 年获得诺贝尔化学奖；③Heyrovsky J 建立了极谱分析法，1959 年获得诺贝尔化学奖。表 1-3 为与仪器分析发明发展相关的诺贝尔奖获得者情况。

20 世纪 80 年代初，以计算机应用为标志的分析化学发生了第三次变革。①计算机控制的分析数据采集与处理：实现分析过程的连续、快速、实时、智能，促进了化学计量学的建立。②化学计量学：利用数学、统计学的方法设计选择最佳分析条件，获得最大程度的化学信息。化学信息学：化学信息处理、查询、挖掘、优化等。③以计算机为基础的新仪器的出现：傅里叶变换红外光谱、色-质联用仪。

进入 21 世纪，仪器分析已成为最有活力的高科技领域之一。从分析对象来看，生命科学、环境科学、新材料科学中的仪器分析研究是最热门的课题之一；从分析方法来看，计算机在仪器分析中的应用和化学计量学是仪器分析中最活跃的领域；从分析技术上看，建立和研制有效而实用的原位、活体、实时、在线和高灵敏度、高选择性的新型动态分析监测和无损监测方法，以及多元、多参数的监测方法和仪器已成为 21 世纪仪器分析发展的主流。

表 1-3　与仪器分析发明发展相关的诺贝尔奖获得者

编号	年份	获奖者	获奖项目
1	1901	Rontgen, Wilhelm Conrad	首次发现了 X 射线的存在
2	1901	Van't Hoff, Jacobus Henricus	发现了化学动力学的法则及溶液渗透压
3	1902	Arrhenius, Svante August	对电解理论的贡献
4	1906	Thomson, Sir Josep John	对气体电导率的理论研究及实验工作

续表

编号	年份	获奖者	获奖项目
5	1907	Michelson, Albert Abraham	首先制造了光学精密仪器及对天体所作的光谱研究
6	1914	Von Laue, Max	发现结晶体 X 射线的衍射
7	1915	Bragg, Sir William Henry 及 Bragg, William Lawrence	共同采用 X 射线技术对晶体结构的分析
8	1917	Barkla, Charles Glover	发现了各种元素 X 射线的不同
9	1922	Aston, Francis William	发明了质谱技术可以用来测定同位素
10	1923	Pregl, Fritz	发明了有机物质的微量分析
11	1924	Einthoven, Willen	发现了心电图机制
12	1924	Siegbahn, Karl Manne Georg	在 X 射线的仪器方面的发现及研究
13	1926	Svedberg, The (Theodor)	采用超离心机研究分散体系
14	1930	Raman, Sir Chandrasekhara Venkata	发现了拉曼效应
15	1939	Lawrence, Ernest Orlando	发明并发展了回旋加速器
16	1944	Rabi, Isidor Isaac	用共振方法记录了原子核的磁性
17	1948	Tiselius, Arne Wilhelm Kaurin	采用电泳及吸附分析法发现了血浆蛋白质的性质
18	1952	Bloch, Felix 及 Purcell, Edward Mills	发展了核磁共振的精细测量方法
19	1952	Martin, Archer John Porter 及 Synge, Richard Laurence Millington	发明了分配色谱法
20	1953	Zernike, Frits (Frederik)	发明了相差显微镜
21	1959	Heyrovsky, Jaroslav	首先发展了极谱法
22	1979	Cormack, Allan M 及 Hounsfield, Sir Godfrey N	发明计算机控制扫描层析诊断法(CT)
23	1981	Siegbahn, Kai M	发展了高分辨电子光谱法
24	1981	Bloembergen, Nicolaas 及 Schawlow, Arthur L	发展了激光光谱学
25	1982	Klug, Sir Aaron	对晶体电子显微镜的发展
26	1986	Ruska E	研制成功第一台电子显微镜
27	1986	Binnig, Gerd 及 Rohrer, Heinrich	扫描隧道显微镜的创始者
28	1991	Ernst, Richard R	对高分辨核磁共振方法的发展
29	2002	Wüthrich K, Fenn J B, Tanaka K	NMR、MS 生物大分子分析研究

第三节　仪器分析的应用范围与发展趋势

一、仪器分析的应用范围

随着现代科学技术的发展,各学科相互渗透、相互促进、相互结合,不断开拓新领域,使仪器分析得到了迅速发展。从分析对象上看,与社会科学、生命科学、环境科学、新材料科学等有关的仪器分析方法已成为分析科学中最为热门的课题。

在社会科学领域,可用于检验体育运动中运动员是否注射兴奋剂;可以检验鱼的新鲜度,食品是否添加添加剂,农药药物残留量等,从而提高生活产品质量。在生命科学领域,可用于DNA测序以及活体检测。在环境科学领域,可用于环境监测及污染物分析。在材料科学领域,可用于新材料的结构与性能测定。另外,还可用于天然药物的有效成分与结构的检测以及构效关系研究。最后,对外层空间探索对研制微型、高效、自动、智能化仪器也有重大的意义。

二、仪器分析的发展趋势

从20世纪70年代末到现在,以计算机应用为主要标志的信息时代来临,给科学技术发展带来了巨大冲击。作为分析化学重要分支的仪器分析亦处于重大变革时期,由于生产和科学技术的发展,特别是生命科学和环境科学的发展,对仪器分析的要求是提供更多、更全面的信息,即从常量到微量分析,从微量到微粒分析,从痕量到超痕量分析,从组成到形态分析,从总体到微区分析,从表面分布到逐层分析,从宏观组分到微观结构分析,从静态到快速反应追踪分析,从破坏试样到试样无损分析和从离线到在线分析等。于是以波谱分析、光谱分析、电化学分析、色谱分析和电镜分析等为主要内容的现代仪器分析的方法和手段,即现代分析仪器,取得惊人的长足进步。仪器分析方法是人类文明发展的必然结果。纵观包括工业、农业、矿物、地质、医药卫生、食品检验、环境保护及监测等在内的众多科学领域,无一离开现代分析仪器的应用。现代分析仪器的应用使得分析操作简便而快速,同时也保证了痕量物质分析的高灵敏度及精确度。随着计算机的普及和计算机科学的发展,电子计算机与分析仪器的联用使得分析过程实现了自动化,从而大大提高了分析工作的水平。从总的趋势来看,现代仪器分析的发展具有以下几个显著的特点。

(1)计算机技术在仪器分析中的应用将更加普遍和深入,智能化的仪器分析方法将逐渐成为常规分析的重要手段。

(2)仪器分析方法的灵敏度和选择性将进一步提高,许多新的超痕量分析方法和超微量分析方法将逐步建立。

(3)仪器分析方法将在更大的程度上应用于物质的结构分析、状态和价态分析、表面及微区分析等,同时在许多学科的研究工作中将得到越来越广泛的应用。

(4)仪器分析中各种方法的联用,将进一步发挥各种方法的效能,这种联用方法无疑是解决复杂分析问题的有力手段。

(5)仪器分析进一步与生物医学相结合,用于对生命过程的研究,并作为有效的临床诊断方法。同时,生物医学中的酶催化反应和免疫反应等技术和成果将进一步用于仪器分析,开拓新的领域和方法,如酶电极、免疫传感器、免疫伏安法及免疫发光分析法等。

(6)仪器分析法将在各种工业流程及特殊环境(例如生物活体组织)的自动监控或遥控检测中发挥重大的作用。在这些领域,各种新型化学传感器的研制将是十分重要的。

第四节　分析仪器的组成

　　分析仪器是用于分析物质成分、化学结构及某些物理特性的仪器。分析仪器自动化程度越高,仪器就越复杂。然而不管分析仪器如何复杂,它们一般均由信号发生器、检测器、信号处理器和读出装置四个基本部分组成。具体实例见表 1-4。

表 1-4　分析仪器的基本组成

仪器	信号发生器	分析信号	检测器	输入信号	信号处理器	读出装置
pH 计	样品	氢离子活度	pH 玻璃电极	电位	放大器	数字显示
库仑计	直流电源,样品	电流	电极	电流	放大器	数字显示
气相色谱仪	样品	电阻或电流(热导或氢焰)	检测器(热导或氢焰)	电阻	放大器	数字显示
比色计	钨灯,样品	衰减光束	光电池	电流	放大器	表头
紫外-可见分光光度计	钨灯或氢灯,样品	衰减光束	光电倍增管	电流	放大器	数字显示

　　信号发生器使样品产生信号,它可以是样品本身。对于 pH 计,信号就是溶液中的氢离子活度;而对于紫外-可见分光光度计,信号发生器除样品外,还有钨灯或氢灯等。

　　检测器(传感器)是将某种类型的信号变换成可测定的电信号的器件,是实现非电量电测不可缺少的部分。检测器分为电流源、电压源和可变阻抗检测器三种。紫外-可见分光光度计中的光电倍增管是将光信号变换成电流的器件。电位分析法中的离子选择电极是将物质的浓度变换成电极电位的器件。

　　信号处理器是将微弱的电信号用电子元件组成的电路加以放大,便于读出装置指示或记录信号。

　　读出装置将信号处理器放大的信号显示出来,其形式有表头、数字显示器、记录仪、打印机、荧光屏或用计算机处理等。

第二章

光学分析法导论

第一节　概　述

光学分析法(optical methods of analysis)是基于能量作用于物质后产生电磁辐射信号或电磁辐射与物质相互作用后产生辐射信号的变化而建立起来的一类分析方法。它是仪器分析的重要分支。这里需注意以下几个问题。

(1)电磁辐射包括从波长极短的 γ 射线到无线电波的所有电磁波谱范围,而不只局限于光学光谱区。

(2)电磁辐射与物质的相互作用方式很多,如发射、吸收、反射、折射、散射、干涉、衍射、偏振等等,各种相互作用的方式均可建立起对应的分析方法。因此,光学分析法的类型极多。

(3)基于上述两点,光学分析法的应用之广为其他类型的分析方法所不能及。它在定性分析、定量分析,尤其是化学结构分析等方面起着极其重要的作用。随着科学技术的发展,光学分析法也日新月异,许多新技术、新方法不断涌现。

第二节　电磁辐射的基本性质

电磁辐射是一种以极大的速度(在真空中为 $2.99792\times10^{10}\,\mathrm{cm\cdot s^{-1}}$)通过空间,而不需要任何物质作为传播媒介的能量形式。它包括无线电波、微波、红外光、可见光、紫外光以及 X 射线和 γ 射线等。电磁辐射具有波动性和微粒性,称为电磁辐射的波粒二象性。

一、电磁辐射的波动性

按照经典物理学的观点,电磁辐射是在空间传播着的交变电磁场,故称之为电磁波。电磁辐射是一种电磁波,它可以用电场矢量 E 和磁场矢量 H 来描述,如图 2-1 所示,它是简单的单个频率的平面。

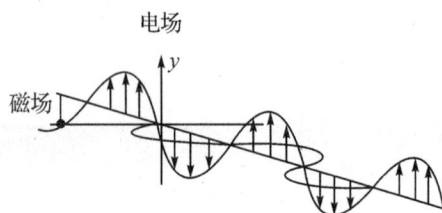

图 2-1　电磁波的电场矢量 E 和磁场矢量 H

简单的单一频率的偏振电磁波,平面偏振就是它的电场矢量 E 在一个平面内振动,磁场矢量 H 在另一个与电场矢量 E 相垂直的平面内振动,电场和磁场矢量都是正弦波形,并且都垂直于波的传播方向。由于与物质微粒内电荷相互作用的是电磁波的电场,所以一般情况下,仅以电场矢量表示电磁波。波的振动传播以及反射、衍射、干涉和散射等现象表现了电磁波具有波的性质,可以用以下的波参数来描述。

(1)周期 T:相邻两个波峰或波谷通过空间某一固定点所需要的时间间隔,单位为 s(秒)。

(2)频率 ν:单位时间内通过传播方向上某一点的波峰或波谷的数目,即单位时间内电磁场振动的次数,单位为 Hz,即 s^{-1}(秒$^{-1}$)。频率为周期的倒数,即 $\nu = 1/T$。频率与辐射传播的介质无关,对于一个确定的电磁辐射,它是一个不变的特征量。

(3)波长 λ:相邻两个波峰或波谷间的直线距离。若电磁波的传播速度为 c,则 $\lambda = c/\nu$。波长与辐射传播的介质有关。不同的电磁波谱区可采用不同的波长单位,分别为 m(米)、cm(厘米)、μm(微米,等于 10^{-6} m)、nm(纳米,等于 10^{-9} m)。

(4)波数 $\tilde{\nu}$(或 σ):每厘米长度内含有波长的数目,单位为 cm^{-1},波数是波长的倒数。将波长换算成波数的关系式为

$$\tilde{\nu}(\mathrm{cm}^{-1}) = \frac{1}{\lambda(\mathrm{cm})} = \frac{10^4}{\lambda(\mu\mathrm{m})} = \frac{10^7}{\lambda(\mathrm{nm})} \tag{2-1}$$

电磁辐射的波动性表现为电磁辐射的衍射和干涉现象。

二、电磁辐射的微粒性

光的粒子论最早是牛顿提出来的。根据量子理论,电磁辐射是在空间高速运动的光量子(或称光子)流。而波动论和粒子论的争论一直持续到 20 世纪初,普朗克(Planck)提出的量子论才把两者联系起来,并为科学界所共识,即光具有二象性。普朗克认为,被热激发的振动质点的能量是量子化的。当振子从一个被允许的高能级向低能级跃迁时,就有一个光子的能量发射出来,可以用每个光子所具有的能量(E_P)来表征。一个光子的能量 E_P 与辐射频率的关系为

$$E_P = h\nu = \frac{hc}{\lambda} \tag{2-2}$$

式中:h 为普朗克常数,等于 6.626×10^{-34} J·s,c 为光速。该式表明,光子能量与它的频率成正比,与波长成反比,而与光的强度无关。它统一了属于粒子概念的光子能量 E_P 与属于波动概念的光频率 ν 两者之间的关系。

光子的能量单位可以用 J(焦耳)或 eV(电子伏,表示一个电子通过电位差为 1 伏特的电场所获得的能量),eV 是常用来表示高能量光子的能量单位。能量单位之间的换算见表 2-1。

表 2-1 能量单位换算

	J	cal	eV
1J(焦耳)	1	0.2390	6.241×10^{18}
1cal(卡)	4.184	1	2.612×10^{19}
1eV(电子伏)	1.602×10^{-19}	3.829×10^{-20}	1

在化学中常用 $J \cdot mol^{-1}$ 为单位表示 1mol(摩尔)物质所发射或吸收的能量,即

$$E = h\nu N_A = hc\tilde{\nu} N_A \tag{2-3}$$

式中:N_A 为阿伏伽德罗常数,等于 6.022×10^{23}。则

$$E = 6.626 \times 10^{-34} \times 2.998 \times 10^{10} \times 6.022 \times 10^{23} \times \tilde{\nu} = 11.96\tilde{\nu} (J \cdot mol^{-1})$$

第三节 电磁波谱

将各种电磁辐射按照波长(或频率、能量)大小的顺序排列所得到的图或表称为电磁波谱。表 2-2 列出了电磁波谱的有关参数。

表 2-2 电磁波谱的有关参数

$E(eV)$	$\nu(Hz)$	λ	电磁波	跃迁类型
$> 2.5 \times 10^5$	$> 6.0 \times 10^{19}$	$< 0.005nm$	γ 射线区	核能级
$2.5 \times 10^5 \sim 1.2 \times 10^2$	$6.0 \times 10^{19} \sim 3.0 \times 10^{16}$	$0.005 \sim 10nm$	X 射线区	K,L 层电子能级
$1.2 \times 10^2 \sim 6.2$	$3.0 \times 10^{16} \sim 1.5 \times 10^{15}$	$10 \sim 200nm$	真空紫外光区	
$6.2 \sim 3.1$	$1.5 \times 10^{15} \sim 7.5 \times 10^{14}$	$200 \sim 400nm$	近紫外光区	外层电子能级
$3.1 \sim 1.6$	$7.5 \times 10^{14} \sim 3.8 \times 10^{14}$	$400 \sim 800nm$	可见光区	
$1.6 \sim 0.50$	$3.8 \times 10^{14} \sim 1.2 \times 10^{14}$	$0.8 \sim 2.5\mu m$	近红外光区	分子振动能级
$0.50 \sim 2.5 \times 10^{-2}$	$1.2 \times 10^{14} \sim 6.0 \times 10^{12}$	$2.5 \sim 50\mu m$	中红外光区	
$2.5 \times 10^{-2} \sim 1.2 \times 10^{-3}$	$6.0 \times 10^{12} \sim 3.0 \times 10^{11}$	$50 \sim 1000\mu m$	远红外光区	分子转动能级
$1.2 \times 10^{-3} \sim 4.1 \times 10^{-6}$	$3.0 \times 10^{11} \sim 1.0 \times 10^9$	$1 \sim 300mm$	微波区	
$< 4.1 \times 10^{-6}$	$< 1.0 \times 10^9$	$> 300mm$	无线电波区	电子和核的自旋

物质的各种跃迁类型是与各电磁波谱区域相对应的,因此,可以由 $E = h\nu = hc/\lambda$ 公式计算各波谱区域产生各类型跃迁所需的能量,反之亦然。例如,使分子或原子中的价电子激发跃迁所需的能量为 $1 \sim 20eV$,则可以算出该能量范围相应的电磁波的波长为 $1240 \sim 62nm$。

$$\lambda_1 = \frac{hc}{E_1} = \frac{6.626 \times 10^{-34} \times 2.998 \times 10^{10}}{1 \times 1.602 \times 10^{-19}} \times 10^7 = 1240(nm) \tag{2-4}$$

$$\lambda_2 = \frac{hc}{E_2} = \frac{6.626 \times 10^{-34} \times 2.998 \times 10^{10}}{20 \times 1.602 \times 10^{-19}} \times 10^7 = 62(nm) \tag{2-5}$$

波长从 $200 \sim 400nm$ 的电磁波属于近紫外光区,$400 \sim 800nm$ 属于可见光区。因此,分子吸收紫外-可见光区的光子能量时,足以引起价电子的激发跃迁。

根据能量的高低,电磁波谱又可分为三个区域。

(1)高能辐射区:包括 γ 射线区和 X 射线区。高能辐射的粒子性比较突出。

(2)中能辐射区:包括紫外区、可见光区和红外区。由于对这部分辐射的研究和应用要使

用一些共同的光学试验技术,例如,用透镜聚焦,用棱镜或光栅分光等,故又称此光谱区为光学光谱区。

(3)低能辐射区:包括微波区和射频区,通常称为波谱区。

第四节 电磁辐射与物质的作用过程

电磁辐射与物质的相互作用方式有吸收、发射、散射、折射、反射、干涉、衍射、偏振等。

一、吸 收

当原子、分子或离子吸收光子的能量与它们的基态能量和激发态能量之差满足 $\Delta E = h\nu$ 时,将从基态跃迁至激发态,这一过程称为吸收。被物质所吸收的辐射能必须满足两点要求:①辐射的电场和物质的电荷之间必须发生相互作用。②引入的辐射能恰等于基元体系量子化的能量。每一个基元体系,无论是核、离子、原子还是分子,都具有不连续的量子化能级,所以物质只能吸收与两个能级差相等的能量,如果引入的辐射能太少或太多,就不会被吸收。

由于各种物质所具有的能级数目及能级间的能量差不同,若将测得的吸收强度对入射光的波长或波数作图,就可得到该物质的吸收光谱。对吸收光谱的研究可以确定试样的组成、含量以及结构。根据吸收光谱原理建立的分析方法称为吸收光谱法。物质对光的吸收,根据吸收物质的基元粒子、光的能量(频率或波长)的不同以及所引起的激发情况的不同,可分为原子吸收、分子吸收和磁场诱导吸收。

二、发 射

当物质吸收能量后从基态跃迁至激发态,由于激发态是不稳定的,大约经 10^{-8} s 后将从激发态跃迁回至基态,此时若以光的形式释放出能量,则这一过程称为发射。各种元素的原子、分子和离子发射的光谱各不相同,具有各自的特征光谱。利用这些特征光谱,可以进行定性分析,而发射光谱强度的大小可作为定量分析的依据。

试样的激发有通过电子碰撞引起的电激发、电弧或火焰的热激发以及用适当波长的光激发等。

三、散 射

光通过介质时将会发生散射现象。

当介质粒子(如在乳浊液、悬浮液、胶体溶液中)的大小与光的波长差不多时,散射光的强度增强,用肉眼也能看到,这就是丁达尔(Tyndall)效应。散射光的强度与入射光波长的平方成反比,可用于高聚物分子和胶体粒子的大小及形态结构的研究。

当介质的分子比光的波长小时发生瑞利(Rayleigh)散射。这种散射是光子与介质分子之间发生弹性碰撞所致。碰撞时没有能量交换,只改变光子的运动方向,因此散射光的频率不变。散射光的强度与入射光波长的四次方成反比。

1928 年,印度物理学家拉曼(Raman)发现占总强度约 0.1% 的散射光的频率发生了变化,这种散射现象被命名为拉曼(Raman)散射。拉曼散射是光子与介质分子间发生了非弹性碰撞,碰撞时光子不仅改变了运动方向,而且还有能量的交换,因此散射光的频率发生了变化。频率高于入射光的称为反斯拉克斯(Stokes)线,频率低于入射光的称为斯拉克斯(Stokes)线。斯拉克斯(Stokes)线和反斯拉克斯(Stokes)线称为拉曼谱线,散射光频率与入射光频率之差称为拉曼位移。拉曼位移与分子的振动频率有关。具有拉曼活性的分子振动时伴有极化率的变化,振动时极化率的变化愈大,拉曼散射愈强。利用拉曼位移可研究物质的结构,其方法称为拉曼光谱法。

四、折　射

如图 2-2 所示,当光从介质(1)射到介质(2)的界面时,一部分光在界面上改变方向返回介质(1),这种现象称为光的反射。反射在法线 NN' 的另一侧离开界面,而入射角 i 与反射角 i' 相等。另一部分光则改变方向以 r 的角度(折射角)进入介质(2),这种现象称为光的折射。

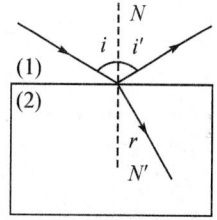

图 2-2　光的折射和反射

折射的程度用折射率 n 表示。介质的折射率定义为光在真空中的速度 c 与光在该介质中的速度 c_2 之比:$n=c/c_2$。折射角 r 与介质(2)的折射率有关:$n_2 \sin r = n_1 \sin i$。即 $\dfrac{\sin i}{\sin r} = \dfrac{n_2}{n_1} = n$。该式为 Shell 折射定律。真空中介质的折射率(n 为 1.00000)称为绝对折射率。介质(1)常为空气,绝对折射率为 1.00029,由此得到的物质折射率称为常用折射率。

不同介质的折射率不同,同一介质对不同波长的光具有不同的折射率。波长越长,折射率越小,据此可以用棱镜进行分光。

由物质的折射率求出该物质的浓度或纯度的方法称为折射法。

五、反　射

当光通过具有不同折射率的两种介质的界面时会产生反射。反射分数随两种介质的折射率之差增加而增大。当光垂直投射到界面上时,反射分数(反射率)ρ 为

$$\rho = \frac{I_r}{I_0} = \frac{(n_2 - n_1)^2}{(n_2 + n_1)^2}$$

式中:I_0 和 I_r 分别为入射光和反射光的强度。

当光由空气(n 为 1.00029)通过玻璃(n 约为 1.5)时,在每一空气-玻璃界面约有 4% 的反射损失。这种反射损失在各种光学仪器,尤其在有数个界面的光学仪器中必须注意。

六、干　涉

在一定条件下光波会相互作用,当其叠加时,将产生一个其强度视各波的相位而定的加强或减弱的合成波。当两个波的相位差为 180° 时,发生最大相消干涉;但当两个波同相位时,则发生最大相长干涉。通过干涉现象,可获得明暗相间的条纹。若两波相互加强,得亮条纹;若两波相互抵消,得暗条纹。

七、衍　射

光波绕过障碍物或通过狭缝时,以约 180° 的角度向外辐射,波前的方向发生了弯曲,这是波的衍射现象,是干涉的结果。

若以一束平行的单色光通过一狭缝 AB 时,可以在屏幕 xy 上看到或明或暗交替的衍射条纹。图 2-3 中 b 为狭缝宽度,θ 为衍射角。经聚光镜聚光在 P_0 时相位不变,在 P_0 处出现一明亮的中央明条纹(或称零级亮条纹);经聚光镜聚光于 P 点时,各光波到达 P 点的相位不等。AP 与 BP 的光程差 AC 应为

$$AC = b\sin\theta$$

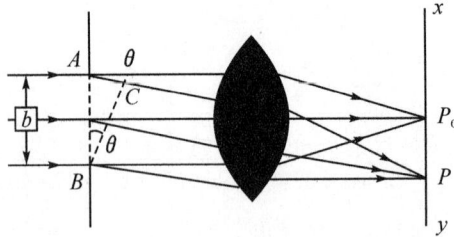

图 2-3　单狭缝衍射

P 点是明还是暗决定于光程差。为使两光波在 P 处同相,必须使 AC 对应于相应的波长,即

$$\lambda = AC = b\sin\theta$$

此时两波相互加强,在 P 点出现明条纹。当光程差为 $2\lambda, 3\lambda, \cdots, n\lambda$ 时,也产生增强效应。因此,在中央明条纹两边的各亮带的一般表示式为

$$n\lambda = b\sin\theta$$

式中:n 为整数,称为干涉的级。

当入射光为单色光时,衍射角 θ 随狭缝宽度 b 变小而增大,也就是中央明条纹区增大;反之,b 变大,θ 变小,中央明条纹区缩小。当狭缝 b 一定时,波长越长,衍射角越大,中央明条纹也越大。

单狭缝衍射的光能主要集中在中央明条纹上。狭缝宽度接近于光的波长时,各亮带的强度将随与中央明条纹距离的增加而降低,如图 2-4 所示。

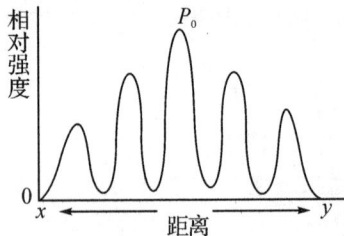

2-4　单狭缝衍射条纹中各亮带的强度

八、偏　振

任何电磁波都可以用互相垂直的电场矢量 E 和磁场矢量 H 来表征。炽热物体发出的光波,是电磁波的混合波,它在不同时刻的所有可能方向上,电场矢量 E(或磁场矢量 H)可以分解为任何两个相互垂直的、独立振动的和振幅相等的分振动。具有这种性质的光称为天然光。

天然光通过某些物质时,某一方向的振动得以保留,而另一方向的振动被消除。这种只有一个固定方向有振动的光称为平面偏振光。对于振幅为 a_0、位相为 ωt 的平面偏振光,可以得到:$E = a_0\cos\omega t$。

平面偏振光可以看成是周期、速度及振幅都相同,而旋转方向相反(一左一右)的两个圆偏

振光的合成。当迎着光的传播方向观察时,顺时针方向螺旋前进的称为右旋圆偏振光,用符号 d 表示;反时针方向螺旋前进的称为左旋圆偏振光,用符号 l 表示。

当偏振光进入旋光物质中时,左、右旋圆偏振光的传播速度便不一样,在到达介质的某一深度时,传播速度慢的圆偏振光的位相就会比传播速度快的圆偏振光落后一定的位相,两者合成的平面偏振光就会旋转一个角度。基于这种原理建立的分析方法,称为旋光色散法。

此外,平面偏振光与物质相互作用后,由于物质对左、右旋圆偏振光的吸收情况不相同,导致两者的能量及振幅也不相同,合成后偏振光的电矢量 E 不再在一条直线上运动,而是沿着一椭圆形运动,通常用椭圆率 Q 来表征两种圆偏振光的吸收系数 ε_d 和 ε_l 的差别。基于这种原理建立的分析方法,称为圆二色散法。

具有旋光性或圆二色性的光学活性物质,通常由两种原因引起:①物质的宏观各向异性,例如分子在晶格中的空间排列不对称而引起的左、右异构体;②由于分子本身的不对称引起。因此,可以用这两种方法研究物质的结构和构象。

第五节　光学分析法分类

光学分析法的分类如图 2-5 所示。

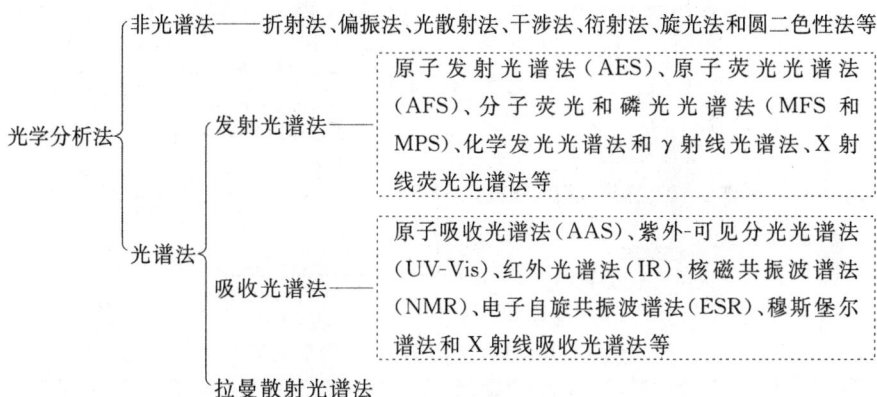

图 2-5　光学分析法的分类

本课程主要阐述光谱法内容,但 γ、X 射线光谱法,穆斯堡尔谱法除外。

一、非光谱法

非光谱法是基于辐射与物质相互作用时,测量辐射的某些性质,如折射、散射、干涉、衍射和偏振等变化的分析方法。非光谱法不涉及物质内部能量的跃迁,不测定光谱,电磁辐射只改变了传播方向、速度或某些物理性质。属于这类分析方法的有折射法、偏振法、光散射法(比浊法)、干涉法、衍射法、旋光法和圆二色性法等。

二、光谱法

光谱法是基于辐射能与物质相互作用时,测量由于物质内部发生量子化的能级之间的跃迁而产生的发射、吸收或散射辐射的波长和强度而进行分析的方法。

光谱法依据辐射作用的物质对象不同,一般分为原子光谱和分子光谱两大类。

1. 原子光谱

原子光谱是由于原子外层或内层电子能级的跃迁所产生的光谱,它的表现形式为线状光谱。属于这类分析方法的有原子发射光谱(AES)、原子吸收光谱(AAS)、原子荧光光谱(AFS)及 X 射线荧光光谱(XFS)等方法。

2. 分子光谱

分子光谱是由于分子中电子能级、振动和转动能级的跃迁所产生的光谱,其表现形式为带状光谱。属于这类分析方法的有紫外-可见分光光度法(UV-Vis)、红外光谱法(IR)、分子荧光和磷光光谱法(MFS、MPS)等方法。此外,基于核自旋及电子自旋能级的跃迁而对射频辐射的吸收所产生的核磁共振和电子自旋共振波谱法,也归属于分子光谱。

光谱法依据物质与辐射相互作用的性质,一般分为发射光谱法、吸收光谱法、拉曼散射光谱法三种类型。

1. 发射光谱法

物质通过电致激发、热致激发或光致激发等过程获取能量,成为激发态的原子或分子 M^*,激发态的原子或分子是极不稳定的,它们可能以不同形式释放出能量从激发态跃迁至基态或低能态,如果这种跃迁是以辐射形式释放多余的能量,就产生发射光谱。即

$$M^* \longrightarrow M + h\nu$$

图 2-6 和图 2-7 分别为热致激发和光致激发的发射光谱示意图。

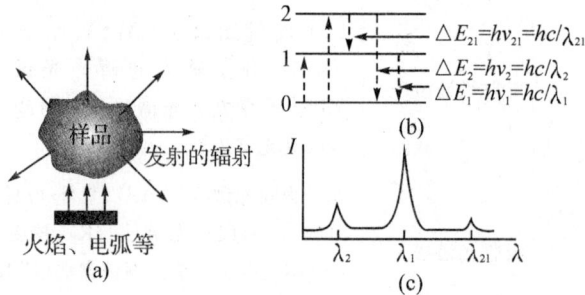

图 2-6　用火焰、电弧等激发的发射光谱

(a)用火焰、电弧等激发;(b)激发(虚线)或发射(实线)过程中能量的变化;(c)光谱图

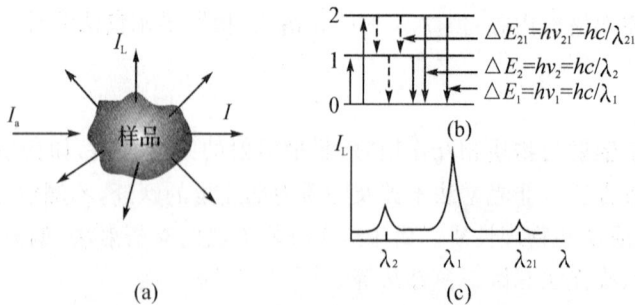

图 2-7　光致发光

(a)用光照射样品使它激发;(b)激发态以发射光子(实线)或非辐射过程(虚线)释放能量;(c)光谱图

通过测量物质发射光谱的波长和强度来进行定性、定量分析的方法叫做发射光谱法。依据光谱区域和激发方式不同,发射光谱有以下几种。

　　(1)γ射线光谱法：天然或人工放射性物质的原子核在衰变过程中发射α和β粒子后，往往使自身的核激发，然后该核通过发射γ射线回到基态。测量这种特征γ射线的能量(或波长)，可以进行定性分析；测量这种特征γ射线的强度(检测器每分钟的记数)，可以进行定量分析。

　　(2)X射线荧光光谱法：原子受高能辐射激发，其内层电子能级跃迁，即发射出特征X射线，称为X射线荧光。用X射线管发生的一次X射线来激发X射线荧光是最常用的方法。测量X射线的能量(或波长)可以进行定性分析，测量其强度可以进行定量分析。

　　(3)原子发射光谱法：用火焰、电弧、等离子炬等作为激发源，使气态原子或离子的外层电子受激发发射特征光学光谱。利用这种光谱进行分析的方法叫做原子发射光谱法。波长范围为190～900nm，可用于定性和定量分析。

　　(4)原子荧光光谱法：气态自由原子吸收特征波长的辐射后，原子的外层电子从基态或低能态跃迁到高能态，约经 10^{-8} s，又跃迁至基态或低能态，同时发射出与原激发波长相同或不同的辐射，称为原子荧光。波长在紫外和可见光区。在与激发光源成一定角度(通常为90°)的方向测量荧光的强度，可以进行定量分析。

　　(5)分子荧光光谱法：某些物质被紫外光照射后，物质分子吸收了辐射而成为激发态分子，然后在回到基态的过程中发射出比入射光波长更长的荧光。测量荧光的强度进行分析的方法称为荧光光谱法。波长在光学光谱区。

　　(6)分子磷光光谱法：物质吸收光能后，基态分子中的一个电子被激发跃迁至第一激发单重态轨道，由第一激发单重态的最低能级，经系统间交叉跃迁至第一激发三重态，并经过振动弛豫至最低振动能级，由此激发态跃回至基态时，便发射磷光。根据磷光强度进行分析的方法称为磷光光谱法。它主要用于环境分析、药物研究等方面的有机化合物的测定。

　　(7)化学发光光谱法：由化学反应提供足够的能量，使其中一种反应产物的分子的电子被激发，形成激发态分子，激发态分子跃回基态时，就发出一定波长的光。其发光强度随时间变化，并可得到较强的发光(峰值)。在合适的条件下，峰值与被分析物浓度呈线性关系，可用于定量分析。由于化学发光反应类型不同，发射光谱范围为400～1400nm。

2. 吸收光谱法

　　当物质所吸收的电磁辐射能与该物质的原子核、原子或分子的两个能级间跃迁所需的能量能满足 $\Delta E=h\nu$ 的关系时，将产生吸收光谱。即

$$M+h\nu \longrightarrow M^*$$

图 2-8 为吸收光谱产生的示意图。

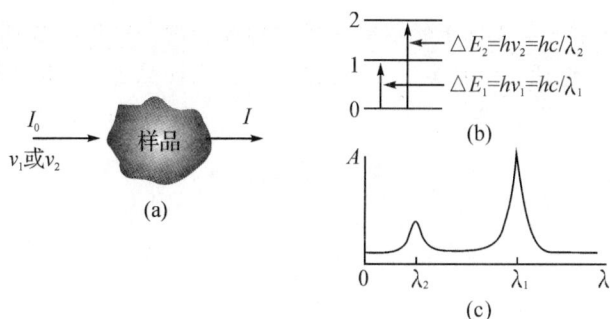

图 2-8　光吸收

(a)强度为 I_0 的入射光通过样品后其强度减小为 I；(b)频率为 ν_1 或 ν_2 的入射光的能量相当于两能级的能量差；(c)吸收光谱图

通过测量物质对辐射吸收的波长和强度进行分析的方法叫做吸收光谱法。它有以下几种分析方法。

(1)穆斯堡尔(Mössbauer)谱法:由与被测元素相同的同位素作为 γ 射线的发射源,使吸收体(样品)的原子核产生无反冲的 γ 射线共振吸收所形成的光谱。光谱波长在 γ 射线区。从穆斯堡尔谱可获得原子的氧化态和化学键、原子核周围电子云分布或邻近环境电荷分布的不对称性以及原子核处的有效磁场等信息。

(2)紫外-可见分光光度法:利用溶液中的分子或基团对紫外和可见光的吸收,产生分子外层电子能级跃迁所形成的吸收光谱,可用于定性和定量测定。

(3)原子吸收光谱法:利用待测元素气态基态原子对共振线的吸收进行定量测定的方法。其吸收机理是原子的外层电子能级跃迁,波长在紫外、可见和近红外光区。

(4)红外光谱法:利用分子在红外区的振动-转动吸收光谱来测定物质的成分和结构。

(5)顺磁共振波谱法:在强磁场的作用下,电子的自旋磁矩与外磁场相互作用分裂为磁量子数 M_s 值不同的磁能级,磁能级之间的跃迁吸收或发射微波区的电磁辐射。在这种吸收光谱中,不同化合物的耦合常数不同,可用来进行定性分析。根据耦合常数,可辅助确定物体的结构。

(6)核磁共振波谱法:在强磁场作用下,核自旋磁矩与外磁场相互作用分裂为能量不同的核磁能级,核磁能级之间的跃迁吸收或发射射频区的电磁波。利用这种吸收光谱可进行有机化合物结构的鉴定,以及分子的动态效应、氢键的形成、互变异构反应等化学研究。

3. 拉曼散射光谱法

频率为 ν_0 的单色光照射到透明物质上,物质分子会发生散射现象。如果这种散射是由于光子与物质分子发生能量交换的,即不仅光子的运动方向发生变化,它的能量也发生变化,则称为拉曼散射。这种散射光的频率(ν_m)与入射光的频率不同,称为拉曼位移。拉曼位移的大小与分子的振动和转动的能级有关。利用拉曼位移研究物质结构的方法称为拉曼光谱法。

第六节　光学法仪器

一、概　述

用来研究吸收、发射或荧光的电磁辐射的强度和波长的关系的仪器叫做光谱仪或分光光度计。这一类仪器一般包括五个基本单元:光源、单色器、样品容器、检测器和读出器件,如图2-9所示。

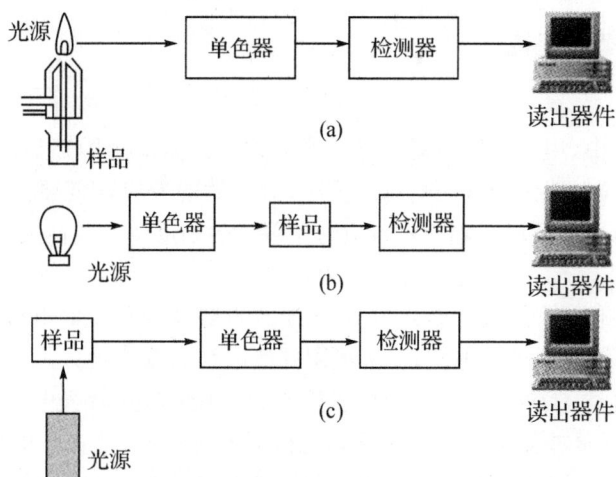

图 2-9　各类光谱仪部件
（a）发射光谱仪；（b）吸收光谱仪；（c）荧光和散射光谱仪

不同方法的仪器部件及连接次序有所不同，在下面各章中将详细介绍。

二、光源、单色器和样品容器

1. 光　源

光谱分析中，光源必须具有足够的输出功率和稳定性。由于光源辐射功率的波动与电源功率的变化呈指数关系，因此往往需用稳压电源以保证稳定，或者用参比光束的方法来减少光源输出的波动对测定所产生的影响。光源有连续光源和线光源等。一般连续光源主要用于分子光谱中。连续光源有紫外光源，主要是采用氢灯、氘灯或氙灯；可见光源，常用的是钨丝灯、卤钨灯；红外光源，常用的是硅碳棒、能斯特灯等。线光源主要用于原子光谱中。线光源有金属蒸气灯，常见的是汞或钠蒸气灯、空心阴极灯。用于原子吸收光谱中，还有激光光源。

2. 单色器

光学分析仪器几乎都有单色器，它的作用是将复合光分解成单色光或有一定宽度的谱带。单色器由入射光狭缝和出射光狭缝、准直镜以及色散元件组成。其中最主要的部件，有棱镜和光栅两种。由于光栅的色散能力和分辨本领均大大优于棱镜，所以现在的光学分析仪器已大部分采用光栅色散元件。

配备单色器的光学分析仪器称为色散型的仪器。现代一些精密仪器利用光的干涉原理制成的仪器，称为干涉型的仪器，如傅里叶变换红外光谱仪等。

3. 样品容器

盛放样品的容器必须由光透明的材料制成。在紫外光区工作时，采用石英材料；在可见光区工作时，则用硅酸盐玻璃材料；在红外光区工作时，则可根据不同的波长范围选择不同材料（主要有碱金属或碱土金属的卤化物）的晶体，制成样品池的窗口。样品容器主要用于分子光谱中，原子光谱的样品引入有较大的差异，将在以下有关章节阐述。

三、检测器和读出装置

1. 检测器

在光学分析仪器中,用光电转换器件作为检测器。这类检测器必须在一个宽的波长范围内对辐射有响应,在辐射能量较低时响应应灵敏,对辐射的响应速度要快,响应信号要容易放大,噪声水平要低,而更重要的是响应信号应与照射光的强度 I 呈线性关系,即

$$G=KI+D_c$$

式中: G 是检测器的响应信号(通常是以电流、电阻或电势差为单位的电信号),常数 K 取决于检测器的灵敏度, D_c 为仪器的暗电流,一般可用补偿电路加以消除。

检测器可分为两类:①对光子有响应的光检测器,如硒光电池、光电管(也称真空光电二极管)、光电倍增管、半导体检测器和硅二极管阵列检测器等;②对热产生响应的热检测器,这种检测器用于红外光谱法,利用红外光的热效应使检测器产生响应信号,如真空热电偶、测热辐射计、高莱池和热释电检测器等。

2. 读出装置

读出装置指由检测器将光信号转换为电信号并经放大后,可用检流计、微安表、记录仪、数字显示器或阴极射线显示器显示或记录测定结果的装置。

思考题与习题

1. 试述光谱仪的光源的种类及用途。

2. 单色器由哪几部分组成?它们的功能是什么?

3. 原子光谱与分子光谱,吸收光谱与发射光谱有什么不同?

4. 什么是复合光和单色光?光谱分析中如何获得单色光?

5. 简述为什么分子光谱多为带光谱。

6. 简述电磁辐射的基本性质及表征。

7. 计算下列辐射的频率(Hz)和波数(cm^{-1})及能量(分别以 erg 和 eV 为单位):

(1)0.25cm 的微波束;

(2)327.7nm 铜的发射线。

(提示: $1\mathring{A}=0.1nm=10^{-8}cm$, $c=3\times10^{10}cm/s$, $h=6.63\times10^{-27}erg/s$, $1eV=1.60\times10^{-12}erg$)

第三章

紫外-可见吸收光谱法

第一节　概　述

紫外-可见吸收光谱法(ultraviolet-visible absorption spectroscopy,UV-Vis)又称紫外-可见分光光度法,是利用某些物质分子能够吸收 200～800nm 光谱区的辐射来研究物质的组成和结构的方法。这种分子吸收光谱产生于价电子和分子轨道上的电子在电子能级间的跃迁,广泛用于无机和有机物质的定性和定量分析。

紫外-可见光可分为 3 个区域:远紫外区 10～200nm,近紫外区 200～400nm,可见光区 400～800nm。紫外吸收光谱是电子跃迁光谱,吸收光波长范围 200～400nm(近紫外区)。远紫外光可被大气中的水气、氮、氧和二氧化碳等吸收,只能在真空中研究,故又称真空紫外光。由于氧、氮、二氧化碳、水等在真空紫外区(60～200nm)均有吸收,因此在测定这一范围的光谱时,必须将光学系统抽成真空,然后充一些惰性气体,如氦、氖、氩等。鉴于真空紫外吸收光谱的研究需要昂贵的真空紫外分光光度计,故在实际应用中受到一定的限制。我们通常所说的紫外-可见分光光度法,实际上是指近紫外、可见分光光度法。可见光是指波长为 400～800nm 的电磁辐射,可被人们眼睛所察觉。可见吸收光谱也是电子跃迁光谱,主要用于有色物质的定量分析。溶液中的物质选择性吸收可见光中某种颜色的光后,溶液就会呈现出一定的颜色。紫外-可见吸收光谱为测定某种物质对不同波长单色光的吸收程度,以波长为横坐标,吸光度为纵坐标作图,如图 3-1 所示。

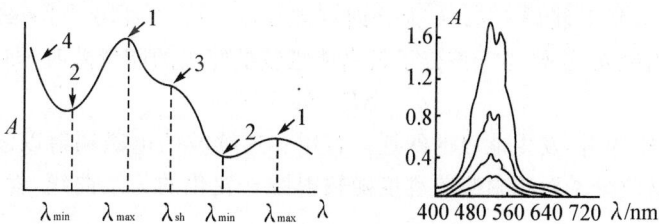

图 3-1　紫外-可见吸收光谱

1-吸收峰:曲线上比左右相邻处都高的一处;λ_{max}:吸收程度最大处所对应的 λ(曲线最大峰处的 λ);2-谷:曲线上比左右相邻处都低的一处;λ_{min}:最低谷所对应的 λ;3-肩峰:介于峰与谷之间,形状像肩的弱吸收峰;4-末峰吸收:在吸收光谱短波长端所呈现的强吸收而不呈峰形的部分定性分析一般选吸收光谱的特征(形状和 λ_{max}),定量分析一般选 λ_{max} 测吸收程度(吸光度 A)。

紫外-可见吸收光谱法是一类历史悠久、应用十分广泛的分析方法。与其他各种仪器分析方法相比,紫外-可见吸收光谱法具有如下特点。

(1)灵敏度高:适于微量组分测定,一般可测定 10^{-6} g 级的物质。

(2)准确度较高:其相对误差一般在 $1\%\sim3\%$。

(3)方法简单:操作容易、仪器设备简单、分析速度快。

(4)应用广泛:主要用于无机化合物、有机化合物的定量分析及配合物的组成和稳定常数的测定,也可用于有机化合物的鉴定及结构分析。此外,还可对同分异构体进行鉴别。

有些有机化合物的紫外-可见吸收光谱图简单,还有个别的吸收光谱大体相似。因此,仅根据紫外-可见吸收光谱不能完全确定这些物质的分子结构,只有与红外吸收光谱、核磁共振波谱和质谱等方法配合起来分析,得出的结论才会更可靠。

第二节　紫外-可见吸收光谱与分子结构的关系

一、紫外-可见吸收光谱的形成

分子甚至是最简单的双原子分子的光谱,也要比原子光谱复杂得多。这是由于在分子中,除了电子相对于原子核的运动外,还有组成分子的原子的原子核之间相对位移引起的分子振动和转动。分子中的电子处于相对于核的不同运动状态就有不同的能量,处于不同的振动运动状态也有不同的能量,处于不同的转动运动状态也有不同的能量。量子力学表明这三种运动能量都是量子化的,不同运动状态代表不同的能级,即有电子能级、振动能级和转动能级。图 3-2 是双原子分子的能级示意图,图中 A、B 表示不同能量的两个电子能级,在每个电子能级中还分布着若干振动能量不同的振动能级,用它们的振动量子数 $V=0,1,2,3,\cdots$ 表示,而在同一电子能级及同一振动能级中,还分布着若干能量不同的转动能量,用它们的转动能量数 $J=0,1,2,3,\cdots$ 表示。

当分子吸收外界的辐射能量时,会发生运动状态的变化,亦即发生能级的跃迁,其中含电子能级、振动能级和转动能级的跃迁。所以整个分子能量的变化 ΔE 同样包含着电子能级的变化 ΔE_e、振动能级的变化 ΔE_v 和转动能级的变化 ΔE_J,即

$$\Delta E = \Delta E_e + \Delta E_v + \Delta E_J$$

当有一频率 ν,即辐射能量为 $h\nu$(h 为普朗克常数,$h=6.62\times10^{-34}$ J·s)的电磁辐射照射分子时,如果辐射能量 $h\nu$ 恰好等于该分子较高能级较低能级的能量差时,即有

$$\Delta E = h\nu$$

分子就吸收了该电磁辐射,发生能级的跃迁。若用一连续波的电磁辐射以波长大小顺序分别照射分子,并记录物质分子对辐射吸收程度随辐射波长变化的关系曲线,就是分子吸收曲线,通常叫分子吸收光谱。

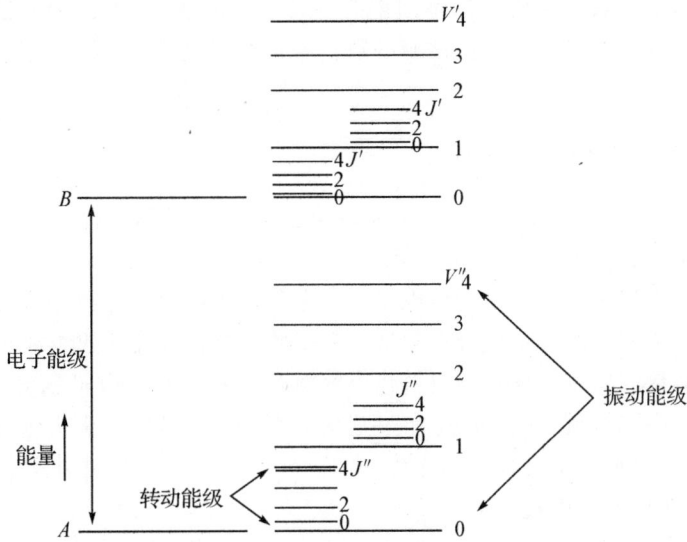

图 3-2　分子中电子能级、振动能级和转动能级

　　在分子能级跃迁所产生的能量变化中,电子能级跃迁的能量变化 ΔE_e 是最大的,一般在 1～20eV,它对应的电磁辐射能量主要在紫外-可见光区。因此,用紫外-可见光照射分子时,会发生电子能级的跃迁,对应产生的光谱,称为电子光谱,通常称为紫外-可见吸收光谱。

　　分子振动能级跃迁的能量变化 ΔE_v 大约比 ΔE_e 小 20 倍,一般在 0.05～1eV,在电子能级跃迁时,必然伴随着分子振动能级的跃迁。分子转动能级跃迁的能量变化 ΔE_J 大约比 ΔE_v 小 10 至 100 倍,在分子的电子能级跃迁和振动能级跃迁时,必然伴随着转动能级的跃迁。如图 3-3 所示,能级跃迁可以从电子能级 A 的 $V=0,J=0$ 跃迁至电子能级 B 的 $V=0,J=1$ 或 $V=1,J=2$,也可以由 A 能级的 $V=1,J=1$ 跃迁到 B 能级的 $V=0,J=2$ 或 $V=2,J=3$,等等,亦即在一个电子能级跃迁中可以包含许许多多的振动能级和转动能级的跃迁。因为 ΔE_J 比 ΔE_v 小约 20 倍,所以振动能级跃迁所吸收的电磁辐射的波长间距仅为电子跃迁的 1/20;而 ΔE_J 又比 ΔE_v 小约 10～100 倍,所以转动能级跃迁所吸收的电磁辐射的波长间距仅为电子跃迁的 1/200 至 1/2000,如此小的波长间距,使分子的紫外-可见光谱在宏观上呈现带状,称为带状光谱。吸收带的峰值波长为最大吸收波长,常表示为 $\lambda_{\max}$。

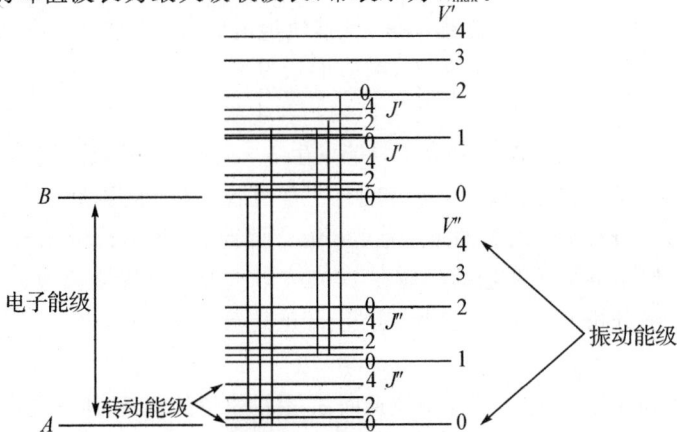

图 3-3　分子能级跃迁

各种化合物由于组成和结构上的不同都有各自的特征紫外-可见吸收光谱。因此可以从吸收光谱的形状、波峰的位置及强度、波峰的数目等进行定性分析,为研究物质的内部结构提供重要的信息。

二、电子跃迁的类型

紫外-可见吸收光谱是由分子中价电子能级跃迁产生的。因此,有机化合物的紫外吸收光谱取决于分子中价电子的性质。

有机化合物中有三种不同性质的价电子。根据分子轨道理论,当两个原子结合成分子时,两个原子的原子轨道线性组合形成分子轨道。其中的一个具有较低的能量,叫做成键轨道,另一个具有较高的能量叫做反键轨道。有机化合物中有三种电子:σ电子、π电子、n电子。分子中的电子轨道有σ成键轨道、σ* 反键轨道、π成键轨道、π* 反键轨道和n未成键轨道(或称非键轨道)。各种分子轨道能量高低的顺序为σ＜π＜n＜π* ＜σ* 。通常外层电子均处于分子轨道的基态,即成键轨道或非键轨道上。

$$
\text{外层价电子}\begin{cases}\text{成键的价电子}\begin{cases}\sigma\ \text{键,}\sigma\ \text{电子——}\sigma\ \text{成键轨道,}\sigma^*\ \text{反键轨道}\\ \pi\ \text{键,}\pi\ \text{电子——}\pi\ \text{成键轨道,}\pi^*\ \text{反键轨道}\end{cases}\\ \text{非成键的价电子——n电子——n轨道}\end{cases}
$$

根据分子轨道理论,当外层电子吸收紫外或可见辐射后,就从基态向激发态(反键轨道)跃迁。电子跃迁有四种类型:σ→σ* 、n→σ* 、n→π* 、π→π* ,如图3-4所示。

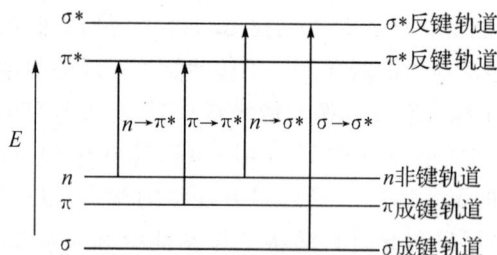

图 3-4 电子能级跃迁

上述四种跃迁,所需能量 ΔE 大小顺序为:n→π* ＜π→π* ＜n→σ* ＜σ→σ* 。下面分别进行讨论。

1.σ→σ* 跃迁

σ→σ* 跃迁是σ电子从σ成键轨道向σ* 反键轨道的跃迁,这是所有存在σ键的有机化合物都可以发生的跃迁类型,所需能量最大,相应的激发光波长最短,σ电子只有吸收远紫外光的能量才能发生跃迁。在近紫外区、可见光区内不产生吸收,故常采用饱和烃类化合物做紫外吸收光谱分析时的溶剂。饱和烷烃的分子只能发生σ→σ* 跃迁,吸收光谱出现在远紫外区(吸收波长 $\lambda<200nm$,在此波长区域中,O_2 和 H_2O 有吸收,只能被真空紫外-分光光度计检测到)。如甲烷的 λ_{max} 为123nm,乙烷的 λ_{max} 为133nm。因此,一般不讨论σ→σ* 跃迁所产生的吸收带。而由于仅能产生σ→σ* 跃迁的物质在200nm以上波长区没有吸收,故它们可以用作紫外—可见分光光度法分析的溶剂,即己烷、庚烷、环己烷等。

2.n→σ* 跃迁

n→σ* 跃迁是非成键的n电子从非键轨道向σ* 反键轨道的跃迁,所需能量较大。凡含有氧、氮、硫、卤素等杂原子的饱和化合物都可发生 n→σ* 跃迁。如当分子中含有为—NH_2、—OH、

—SR、—X 等基团时，就能发生这种跃迁。吸收波长为 130～230nm，大部分在远紫外区，近紫外区仍不易观察到。含非键电子的饱和烃衍生物（含 N、O、S 和卤素等杂原子）也均呈现 n→σ^* 跃迁。λ_{max} 随杂原子的电负性不同而不同，一般电负性越大，n 电子被束缚得越紧，跃迁所需的能量越大，吸收的波长越短，如 CH_3Cl 的 λ_{max} 为 173nm，CH_3Br 的 λ_{max} 为 204nm，CH_3I 的 λ_{max} 为 258nm。n→σ^* 跃迁所引起的吸收，摩尔吸光系数一般不大，通常为 100～300L·mol^{-1}·cm^{-1}。

3. π→π^* 跃迁

π→π^* 跃迁是 π 电子从 π 成键轨道向 π^* 反键轨道的跃迁，含有 π 电子基团的不饱和有机化合物，都会发生 π→π^* 跃迁，如含有 C=C、—C≡CH— 等的有机化合物。π→π^* 跃迁所需的能量比 σ→σ^* 跃迁小，也一般比 n→σ^* 跃迁小，所以吸收辐射的波长比较长，吸收波长处于远紫外区的近紫外端或近紫外区，一般在 200nm 附近。但在共轭体系中，吸收带向长波方向移动，在 200～700nm 的紫外-可见光区。不饱和烃、共轭烯烃和芳香烃类均可发生该类跃迁。如乙烯 π→π^* 跃迁的 λ_{max} 为 162nm，ε_{max} 为 1×10^4L·mol^{-1}·cm^{-1}。此外，π→π^* 还具有以下特点。

（1）吸收波长一般受组成不饱和键的原子影响不大，如 HC≡CH 及 N≡CH 的 λ_{max} 都是 175nm。

（2）π→π^* 跃迁属于强吸收，摩尔吸光系数都比较大，ε_{max} 一般在 10^4L·mol^{-1}·cm^{-1} 以上。

（3）不饱和键数目对吸收波长 λ 和摩尔吸光系数 ε 的影响体现在以下两个方面。

①对于多个双键而非共轭的情况，如果这些双键是相同的，则 λ_{max} 基本不变，而 ε 变大，且一般约以双键增加的数目倍增。如：

1-己烯CH_2=CH—(CH_2)—CH_3　　　　λ_{max} 为 177nm，ε=11800L·mol^{-1}·cm^{-1}

1,5-己二烯CH_2=CHCH_2CH_2CH=CH_2　　　λ_{max} 为 178nm，ε=26000L·mol^{-1}·cm^{-1}

②对于共轭情况，由于共轭形成了大 π 键，π 电子进一步离域，π^* 轨道有更大的成键性质，降低了 π^* 轨道的能量，因此使 ΔE 降低，吸收波长向长波方向移，称为红移。而且共轭体系使分子的吸光截面积加大，即 ε 变大。如：

乙烯CH_2=CH_2　　　　　　　　　　λ_{max} 为 170nm 左右，ε=1×10^4L·mol^{-1}·cm^{-1}

1,3-丁二烯CH_2=CH—CH=CH_2　　　λ_{max} 为 210nm，ε=2.1×10^4L·mol^{-1}·cm^{-1}

通常每增加一个共轭双键，λ_{max} 增加 30nm 左右。环共轭比链共轭的 λ 长。

（4）溶剂的影响。在 π→π^* 跃迁中，激发态的极性大于基态，因此当使用极性大的溶剂时，由于溶剂与溶质的相互作用，使基态和激发态的能量都降低，但激发态的能量降低更多，因此 π、π^* 能量差 ΔE 变小，所以吸收波长向长波方向移动，即发生红移。从非极性到极性溶剂，一般波长红移为 10～20nm。

4. n→π^* 跃迁

当不饱和键上连有杂原子时，n 电子从跃迁轨道向 π^* 反键轨道跃迁。n→π^* 跃迁是四种跃迁中所需能量最低的，因此吸收辐射的波长最长，一般吸收波长 λ>200nm，都在近紫外光区，甚至在可见光区。此外，n→π^* 跃迁还具有以下特点。

（1）λ_{max} 与组成 π 键的原子有关，由于需要由杂原子和不饱和双键组成，所以 n 电子的跃迁就与杂原子的电负性有关。与 n→σ^* 跃迁相同，杂原子的电负性越强，λ_{max} 越小。

（2）这类跃迁在跃迁选律上属于禁阻跃迁，n→π^* 跃迁的几率比较小，所以摩尔吸光系数比较小，一般为 $10\sim100\ L\cdot mol^{-1}\cdot cm^{-1}$，吸收谱带强度较弱，比 $\pi\to\pi^*$ 跃迁小 $2\sim3$ 个数量级。摩尔吸光系数的显著差别，是区别 $\pi\to\pi^*$ 跃迁和 n→π^* 跃迁的方法之一。

（3）溶剂的影响。由于 n 电子与极性溶剂分子的相互作用更剧烈，发生溶剂化作用，甚至可以形成氢键，所以在极性溶剂中，n 轨道能量的降低比 π^* 更显著。n、π^* 的能量差变大，吸收波长向短波方向移动，即蓝移（注意：与 $\pi\to\pi^*$ 跃迁的不同）。从非极性到极性溶剂，一般蓝移为 7nm 左右。溶剂极性对吸收波长的影响，也是区别 $\pi\to\pi^*$ 跃迁和 n→π^* 跃迁的方法之一。图 3-5 表示 n、π、π^* 轨道的能量在不同极性溶剂中的变化情况。

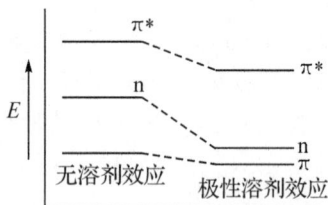

图 3-5　溶剂极性对 $\pi\to\pi^*$ 与 n→π^* 跃迁能量的影响

在以上四种跃迁类型所产生的吸收光谱中，$\pi\to\pi^*$、n→π^* 跃迁在分析上最有价值，因为它们的吸收波长在近紫外光区及可见光区，便于仪器上的使用及操作，且 $\pi\to\pi^*$ 跃迁具有很大的摩尔吸光系数，吸收光谱受分子结构的影响较明显，因此在定性、定量分析中很有用。

除了上述价电子轨道上的电子跃迁所产生的有机化合物吸收光谱外，还有分子内的电荷转移跃迁。

5. 电荷转移跃迁

某些分子同时具有电子给予体和电子接受体两部分，这种分子在外来辐射的激发下，会强烈地吸收辐射能，使电子从给予体向接受体迁移，叫做电荷转移跃迁，所产生的吸收光谱称为电荷转移光谱。电荷转移跃迁实质上是分子内的氧化-还原过程，电子给予部分是一个还原基团，电子接受部分是一个氧化基团，激发态是氧化-还原的产物，是一种双极分子。电荷转移过程可表示为

$$A\cdots B \xrightarrow{h\nu} A^+\cdots B^-$$

某些取代芳烃可以产生电荷转移吸收光谱，如

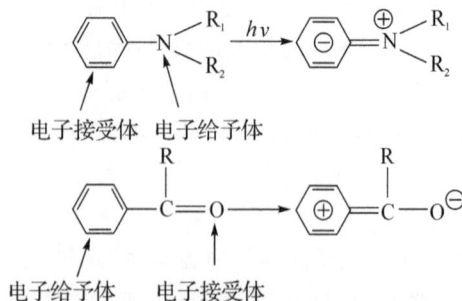

电荷转移吸收光谱的特点是谱带较宽，一般 λ_{max} 较大，吸收较强，摩尔吸光系数通常大于 $10^4\ L\cdot mol^{-1}\cdot cm^{-1}$，在分析上较有应用价值。图 3-6 为有机物各种电子跃迁吸收光谱的波长分布图。

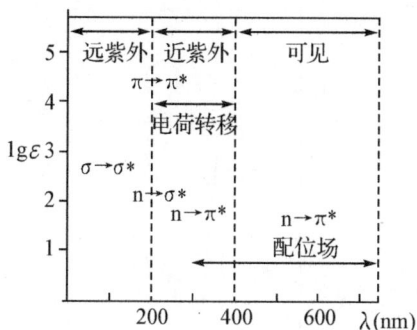

图 3-6　紫外与可见光谱区产生的吸收类型

三、吸收带的划分及紫外-可见光谱中的常用术语

1. 吸收带的划分

吸收峰在紫外-可见光谱中的波带位置称为吸收带,通常分为以下四种。

(1) R 吸收带:是由 n→π* 跃迁而产生的吸收带。特点是强度较弱,吸收峰位于 200～400nm 之间。

(2) K 吸收带:是由共轭体系中 π→π* 跃迁产生的吸收带。特点是吸收强度较大,跃迁所需能量大,吸收峰在 217～280nm。波长随共轭体系的加长向长波方向移动,吸收强度随之加强。K 吸收带用于判断化合物的共轭体系。

(3) B 吸收带:是由于芳香族化合物的 π→π* 跃迁产生的吸收带。吸收峰在 230～270nm。B 吸收带的精细结构常用来判断芳香族化合物。

(4) E 吸收带:是由芳香族化合物的 π→π* 跃迁产生的,是芳香族化合物的特征吸收,分为 E_1 带和 E_2 带。E_1 带出现在 183nm 处,为强吸收;E_2 带出现在 204nm 处,为较强吸收。

表 3-1 是紫外-可见吸收光谱吸收带的划分,在有机化合物的结构解析以及定量分析中常用。

表 3-1　吸收带的划分

跃迁类型	吸收带	特征	λ_{max}
σ→σ*	远紫外区	远紫外区测定	—
n→σ*	端吸收	紫外区短波长端至远紫外区的强吸收	—
	E_1	芳香环的双键吸收	>200
π→π*	K(E_2)	共轭多烯、—C=C—C=O— 等的吸收	>10000
	B	芳香环、芳香杂环化合物的芳香环吸收。有的具有精细结构	>100
n→π*	R	含 CO、NO_2 等 n 电子基团的吸收	<100

当苯环上有发色团且与苯环共轭时,E 带常与 K 带合并,并且向长波方向移动,B 吸收带精细结构简单化,吸收强度增加且向长波方向移动。例如,封闭(苯环)共轭体系的 π→π* 跃迁所产生的吸收有三个特征吸收带:180nm 及 204nm 的强吸收带,称为 E_1、E_2 带,摩尔吸光系数分别为 $6×10^4 L·mol^{-1}·cm^{-1}$ 及 $8×10^3 L·mol^{-1}·cm^{-1}$;230～270nm 的弱吸收带称为 B 带,摩尔吸光系数为 $200 L·mol^{-1}·cm^{-1}$,B 带经常显示出苯环的精细结构,如图 3-7 所示。

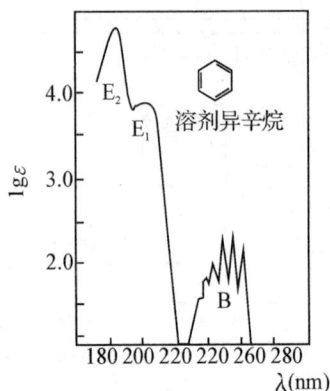

图 3-7 苯的紫外吸收光谱

2. 生色团(chromophore)和助色团(auxochrome)

分子中能吸收紫外-可见光的结构单元,称为生色团(亦称发色团)。由于有机化合物中,
$n \rightarrow \pi^*$、$\pi \rightarrow \pi^*$ 跃迁及电荷转移跃迁在分析上具有重要作用,所以经常把含有非键轨道和 π 分
子轨道能引起 $n \rightarrow \pi^*$、$\pi \rightarrow \pi^*$ 跃迁的电子体系称为生色团。简单的生色团由双键或叁键体系
组成,例如 C=C 、 C=O、 C=C—O—、—N=O 等。如果一个化合物的分子中含有数个
生色团,但它们之间并不发生共轭作用,那么该化合物的吸收光谱将包含有个别生色团原来就
具有的吸收带,这些吸收带的波长位置及吸收强度互相影响不大;如果多个生色团之间彼此形
成共轭体系,那么原来各自生色团的吸收带将消失,而产生新的吸收带,新吸收带的吸收位置
处在较长的波长处,且吸收强度显著增大,这一现象叫做生色团的共轭效应。表 3-2 为某些生
色团及相应化合物的吸收特性。

表 3-2 某些生色团及相应化合物的吸收特性

生色团	化合物例	λ_{max}(nm)	ε_{max}	跃迁类型	溶剂
R—CH=CH—R′(烯)	乙烯	165	15000	$\pi \rightarrow \pi^*$	气体
		193	10000	$\pi \rightarrow \pi^*$	气体
R—C≡C—R′(炔)	辛炔-2	195	21000	$\pi \rightarrow \pi^*$	庚烷
		223	160		庚烷
R—CO—R′(酮)	丙酮	189	900	$n \rightarrow \sigma^*$	正己烷
		279	15	$n \rightarrow \pi^*$	正己烷
R—CHO(醛)	乙醛	180	10000	$n \rightarrow \sigma^*$	气体
		290	17	$n \rightarrow \pi^*$	正己烷
R—COOH(羧酸)	乙酸	208	32	$n \rightarrow \pi^*$	95%乙醇
R—CONH$_2$(酰胺)	乙酰胺	220	63	$n \rightarrow \pi^*$	水
R—NO$_2$(硝基化合物)	硝基甲烷	201	5000		甲醇
R—CN(腈)	乙腈	338	126	$n \rightarrow \pi^*$	四氯乙烷
R—ONO$_2$(硝酸酯)	硝酸乙烷	270	12	$n \rightarrow \pi^*$	二氧六环
R—ONO(亚硝酸酯)	亚硝酸戊烷	218.5	1120	$\pi \rightarrow \pi^*$	石油醚
R—NO(亚硝基化合物)	亚硝基丁烷	300	100		乙醇
R—N=N—R′(重氮化合物)	重氮甲烷	338	4	$\pi \rightarrow \pi^*$	95%乙醇
R—SO—R′(亚砜)	环己基甲基亚砜	210	1500		乙醇
R—SO$_2$—R′(砜)	二甲基砜	<180			

助色团是一种能使生色团的吸收峰向长波方向移动并增强其吸收强度的官能团,一般是含有未共享电子的杂原子基团,如—NH_2、—OH、—NR_2、—OR、—SH、—SR、—Cl、—Br 等。这些含有 n 电子的饱和基团,它们本身不产生吸收峰(不能吸收 $\lambda > 200nm$ 的光),但当它们与生色团相连时,就可能产生 p→π 共轭作用,增强生色团的生色能力,使 π→π* 跃迁能量降低,吸收波长向长波方向移动,且跃迁几率变大,吸收强度增加。

3. 红移和蓝移(或紫移)

由于共轭效应、引入助色团或溶剂效应(极性溶剂对 π→π* 跃迁的效应)使化合物的吸收波长向长波方向移动,称为红移效应,俗称红移。能对生色团起红移效应的基团,称为向红团。如 $CH_2{=}CH_2$ 的 π→π* 跃迁,$\lambda_{max} = 165 \sim 200nm$;而 1,3-丁二烯的 π→π* 跃迁,$\lambda_{max} = 217nm$。

有时某些生色团(如 $\diagdown C{=}O$)的碳原子一端引入某取代基或溶剂效应(极性溶剂对 n→π* 跃迁的效应),使化合物的吸收波长向短波方向移动,称为蓝移(或紫移)效应,俗称蓝移(或紫移)。能引起蓝移效应的基团(如—CH_2、—C_2H_5、$-O-\overset{\overset{\textstyle O}{\|}}{C}-CH_3$ 等)称为向蓝团。

4. 增色效应和减色效应

由于化合物的结构发生某些变化或受到外界因素的影响,使化合物的吸收强度增大的现象,叫增色效应(hyperchromic effect);而使吸收强度减小的现象,叫减色效应(hypochromic effect)。

各种因素对吸收谱带的影响结果总结于图 3-8 中。

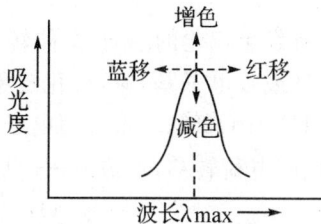

图 3-8　蓝移、红移、增色、减色效应

四、影响紫外-可见吸收光谱的因素

紫外-可见吸收光谱主要取决于分子中价电子的能级跃迁,但分子的内部结构和外部环境都会对紫外-可见吸收光谱产生影响。

1. 共轭效应

共轭分子的 λ_{max} 红移,ε_{max} 增大。分子中的共轭体系由于大 π 键的形成,导致 π→π* 能量差减小,跃迁所需能量降低,因此使吸收峰向长波方向移动。同时跃迁几率增大,ε_{max} 增大,吸收强度随之加强,该现象称为共轭效应。表 3-3 列出了一些共轭多烯的吸收特性。

表 3-3 多烯的 $\pi \rightarrow \pi^*$ 跃迁，$H—(CH=CH)_n—H$

n	λ_{max} (nm)	ε_{max}
1	180	10000
2	217	21000
3	268	34000
4	304	64000
5	334	121000
6	364	138000

2. 空间位阻

由于位阻作用会影响共轭体系的共平面性质，破坏共轭体系，结果使吸收峰 λ_{max} 蓝移，ε_{max} 减小。如取代基的二苯乙烯化合物的紫外光谱见表 3-4。

表 3-4 R 及 R′ 位有取代基的二苯乙烯化合物的紫外光谱

	R	R′	λ_{max} (nm)	ε_{max}
取代基的二苯乙烯	H	H	294	27600
	H	CH_3	272	21000
	CH_3	CH_3	243.5	12300
	CH_3	C_2H_5	240	12000
	C_2H_5	C_2H_5	237.5	11000

取代基的二苯乙烯分子中，取代基越大，分子共平面性越差，因此最大吸收波长蓝移，摩尔吸光系数降低。

3. 取代基的影响

在光的作用下，有机化合物都有发生极化的趋向，即能转变为激发态。当共轭双键的两端有容易使电子流动的基团（给电子基或吸电子基）时，极化现象显著增加。给电子基为带有未共用电子对的原子的基团，如—NH_2、—OH 等。未共用电子对的流动性很大，能够和共轭体系中的 p 电子相互作用引起永久性的电荷转移，形成 $p \rightarrow \pi$ 共轭，降低了能量，λ_{max} 红移。吸电子基是指易吸引电子而使电子容易流动的基团，如—N、$C=O$、$C=NH$ 等。

共轭体系中引入吸电子基团，也产生 p 电子的永久性转移，λ_{max} 红移。p 电子流动性增加，吸收光子的吸收分数增加，吸收强度增加。当给电子基与吸电子基同时存在时，产生分子内电荷转移吸收，λ_{max} 红移，ε_{max} 增加。

给电子基的给电子能力顺序为：

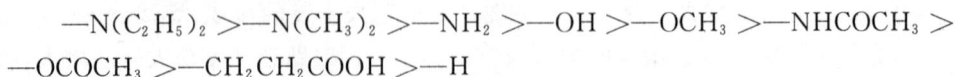

　　—$N(C_2H_5)_2$ > —$N(CH_3)_2$ > —NH_2 > —OH > —OCH_3 > —$NHCOCH_3$ >
—$OCOCH_3$ > —CH_2CH_2COOH > —H

吸电子基的作用强度顺序是：

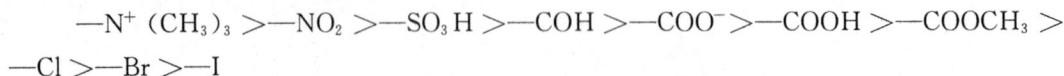

　　—$N^+(CH_3)_3$ > —NO_2 > —SO_3H > —COH > —COO^- > —COOH > —$COOCH_3$ >
—Cl > —Br > —I

表 3-5 给出了不同取代基对取代苯 $\pi \rightarrow \pi^*$ 跃迁吸收特性的影响。

表 3-5　取代苯的 $\pi \rightarrow \pi^*$ 跃迁吸收特性

取代苯	K 吸收带		B 吸收带	
	λ_{max} (nm)	ε_{max}	λ_{max} (nm)	ε_{max}
$C_6H_5\text{—}H$	204	7400	254	204
$C_6H_5\text{—}CH_3$	207	7000	261	225
$C_6H_5\text{—}OH$	211	6200	270	1450
$C_6H_5\text{—}NH_2$	230	8600	280	1430
$C_6H_5\text{—}NO_2$			268	
$C_6H_5\text{—}COCH_3$			278.5	
$C_6H_5\text{—}N(CH_3)_2$	251	14000	298	2100
$p\text{-}NO_2$、OH	314	13000	分子内电荷转移吸收	
$p\text{-}NO_2$、NH_2	373	16800		

4. 溶剂的影响

(1)对吸收波长的影响。一般溶剂极性增大,$\pi \rightarrow \pi^*$ 跃迁吸收带红移,$n \rightarrow \pi^*$ 跃迁吸收带蓝移,如图 3-9 所示。分子吸光后,成键轨道上的电子会跃迁至反键轨道形成激发态。一般情况下分子的激发态极性大于基态。溶剂极性越大,分子与溶剂的静电作用越强,使激发态稳定,能量降低。即 π^* 轨道能量降低大于 π 轨道能量降低,因此波长红移。而产生 $n \rightarrow \pi^*$ 跃迁的 n 电子由于与极性溶剂形成氢键,基态 n 轨道能量降低大,$n \rightarrow \pi^*$ 跃迁能量增大,吸收带蓝移。

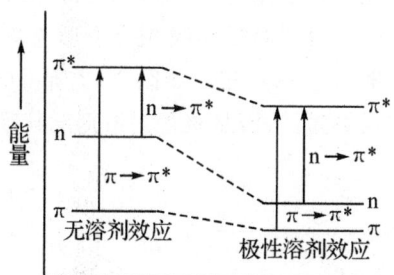

图 3-9　溶剂极性对 $\pi \rightarrow \pi^*$ 和 $n \rightarrow \pi^*$ 跃迁能量的影响

如图 3-10 所示,N-亚硝基二甲胺在不同溶剂中的紫外吸收光谱显示,溶剂极性增大,吸收峰呈规律性蓝移。可利用溶剂效应来区分两种跃迁所产生的吸收光谱。

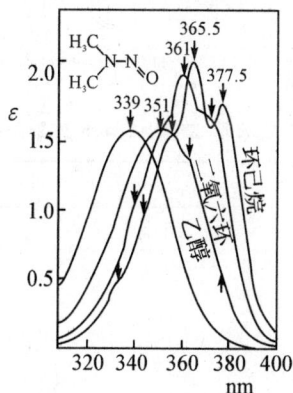

图 3-10　N-亚硝基二甲胺在不同溶剂中的紫外吸收光谱

(2)对光谱精细结构的影响。当物质处于气态时,分子间作用极弱,其振动光谱和转动光谱也能表现出来,因而具有非常清晰的精细结构。当溶于非极性溶剂时,由于溶剂化作用,限制了分子的自由转动,转动光谱不能表现出来;随着溶剂极性增大,分子振动也受到限制,精细结构逐渐消失,合并为一条宽而低的吸收带(轨道的极性大小顺序为:$\pi < \pi^* < n$)。图 3-11 表明极性溶剂往往使吸收峰的振动精细结构消失。

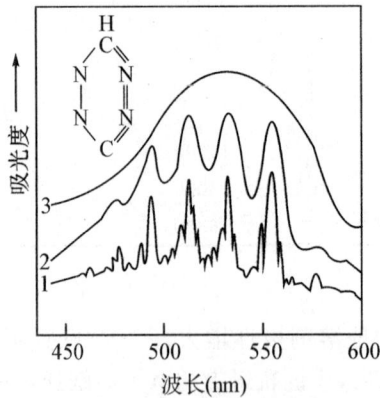

图 3-11 对称四嗪的吸收光谱

曲线 1 在蒸气中;曲线 2 在环己烷中;曲线 3 在水中

UV 常用的溶剂:烷烃(己烷、庚烷、环己烷)、H_2O、甲醇、乙醇等。UV 测定非极性化合物多用环己烷作溶剂,而测定极性化合物多用 H_2O、甲醇、乙醇作溶剂。

(3)对吸收峰位的影响。质子性溶剂容易与吸光分子形成氢键。当生色团为质子受体时吸收峰蓝移,生色团为质子给体时吸收峰红移。如图 3-12 所示的化合物存在两种平衡态,为质子受体,其在甲醇中的吸收波长最短,溶液呈黄色。溶剂对其吸收峰位的影响见表 3-6。

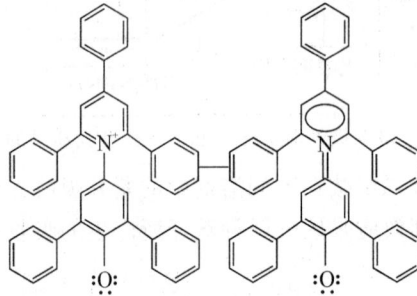

图 3-12 N-(4-羟基-3,5-二苯基-苯基)-2,4,6-三苯基-吡啶内铵盐

表 3-6 溶剂对 N-(4-羟基-3,5-二苯基-苯基)-2,4,6-三苯基-吡啶内铵盐吸收峰位的影响

溶剂	λ_{max}(nm)	溶液颜色
CH_3OH	515	红
C_2H_5OH	550	紫
$(CH_3)_2CH(CH_2)_2OH$	608	蓝
CH_3COCH_3	677	绿
$C_6H_5OCH_2CH_3$	785	黄

五、各类有机化合物的紫外-可见特征吸收光谱

1. 饱和烃及其取代衍生物

饱和烃中只有 σ 键,即只有 σ 电子,因此只能产生 $\sigma \rightarrow \sigma^*$ 跃迁,即从 σ 成键轨道跃迁到 σ^* 反键轨道,需要能量较大,吸收的波长通常在 150nm 左右的真空紫外光区,超出一般仪器的波长测量范围。

饱和烃的取代衍生物一般引入具有未成键 n 电子的杂原子,可以产生 $n \rightarrow \sigma^*$ 跃迁,其能量低于 $\sigma \rightarrow \sigma^*$ 跃迁,所以吸收波长变长,如 CH_4 的吸收波长为 125nm,而 CH_3Cl、CH_3Br 和 CH_3I 的吸收波长分别红移至 173nm、204nm 和 258nm。随着杂原子原子半径的增加(电负性的降低),吸收波长由远紫外光区移向近紫外光区。

饱和烃及其取代衍生物的紫外吸收光谱在分析上并没有什么实用价值,但由于它们多数在近紫外及可见光区没有吸收,所以是测定紫外-可见光谱时的良好溶剂。

2. 不饱和烃及共轭烯烃

不饱和烃中除含有 σ 键外,还含有 π 键,即不仅有 σ 电子,还有 π 电子,因此可以产生 $\sigma \rightarrow \sigma^*$ 跃迁和 $\pi \rightarrow \pi^*$ 跃迁。其中 $\pi \rightarrow \pi^*$ 跃迁所需的能量小于 $\sigma \rightarrow \sigma^*$ 跃迁,所以吸收波长较长,一般在近紫外光区,且摩尔吸光系数较大,一般为 10^4(摩尔吸光系数的单位固定为 $L \cdot mol^{-1} \cdot cm^{-1}$,可不必标出)以上,在分析上较有实用价值。

在不饱和烃中,如果存在着共轭体系,则吸收波长明显向长波移动,摩尔吸光系数也增大;共轭体系越大,吸收波长越长;当分子中含有五个及以上的共轭双键时,吸收波长可达到可见光区。在共轭体系中,$\pi \rightarrow \pi^*$ 跃迁所产生的吸收带,又称为 K 带。表 3-7 列出了某些共轭多烯体系的吸收光谱数据。

表 3-7　某些共轭多烯的吸收光谱数据

化合物	溶剂	λ_{max}(nm)	ε_{max}
1,3-丁二烯	己烷	217	21000
1,3,5-己三烯	异辛烷	268	43000
1,3,5,7-辛四烯	环己烷	304	
1,3,5,7,9-癸五烯	异辛烷	334	121000
1,3,5,7,9,11-十二烷基六烯	异辛烷	364	138000

3. 羰基化合物

羰基化合物含有 C=O 基团,其中有 σ 电子,π 电子及 n 电子,故可以发生 $n \rightarrow \sigma^*$ 跃迁,$n \rightarrow \pi^*$ 跃迁和 $\pi \rightarrow \pi^*$ 跃迁,产生三个吸收带。其中 $n \rightarrow \pi^*$ 跃迁所产生的吸收带称为 R 带,$n \rightarrow \pi^*$ 跃迁所需要的能量较低,吸收波长落在近紫外光区或紫外光区,摩尔吸光系数为 $10 \sim 100$。醛、酮、羧酸及其衍生物(酯、酰胺、酰卤等),都含有羰基,均能产生这类化合物的吸收类型。但要注意如下两个问题。

(1)醛、酮与羧酸及其衍生物,由于结构上的不同,它们 $n \rightarrow \pi^*$ 跃迁所产生的 R 吸收带,吸收波长有所不同。醛、酮的 $n \rightarrow \pi^*$ 跃迁吸收带常出现在 $270 \sim 300$nm 附近,强度低且带略宽。而羧酸及其衍生物(脂、酰胺、酰卤等),由于羰基上的碳原子直接连接在具有未共享 n 电子的助色团上,如—OH、—NH_2、—X 等,这些基团上的 n 电子与羰基上的 π 电子产生了 n—π 共

轭,导致 π、π^* 轨道能级的提高,而 π 轨道提高得更多,但是羰基中氧原子上 n 电子不受影响,所以实现 $n \to \pi^*$ 跃迁所需的能量变大,吸收波长紫移至 210nm 左右。而 $\pi \to \pi^*$ 跃迁所需的能量降低,吸收波长红移。

(2) α-、β-不饱和醛、酮,产生了 $\pi - \pi$ 共轭,使 π 电子进一步离域,π^* 轨道的成键性加大,能量降低,所以 $\pi \to \pi^*$、$n \to \pi^*$ 跃迁所需的能量都降低,吸收波长都发生了红移,分别移至 220～210nm 和 310～330nm。表 3-8 列出了某些 α-、β-不饱和醛、酮的吸收光谱数据。

表 3-8 某些 α、β-不饱和醛酮的吸收光谱特征

化合物	取代基	$\pi \to \pi^*$ 带(K 带)		$n \to \pi^*$ 带(R 带)	
		λ_{max}(nm)	ε_{max}	λ_{max}(nm)	ε_{max}
甲基乙烯基甲酮	无	219	3600	324	24
2-乙基己-1-烯-3-酮	甲基	221	6450	320	26
2-乙基己-1-烯-3-酮	单基	218		319	27
亚乙基丙酮	单基	224	9750	314	38
丙炔醛	无	<210		328	13
巴豆醛	单基	217	15650	321	19
柠檬酸	双基	238	13500	324	65
β-环柠檬醛	三基	245	8310	328	43

4. 苯及其取代衍生物

封闭共轭体系的苯环有三个 $\pi \to \pi^*$ 跃迁产生的特征吸收带,即 E_1 带,λ_{max} 为 180nm,ε_{max} 为 6×10^4;E_2 带,λ_{max} 为 204nm,ε_{max} 为 8×10^3;B 带,λ_{max} 为 254nm,ε_{max} 为 200。在气态或非极性溶剂中,B 带有许多由于苯环振动跃迁叠加在电子跃迁上的精细结构;在极性溶剂中,这些精细结构消失,形成一个宽的谱带。

当苯环上引入取代基时,苯的三个特征谱带都会发生显著的变化,其中影响较大的是 E_2 带和 B 带。取代基的影响与取代基的种类、多少、位置的关系极大。表 3-9 列出了苯及某些衍生物的吸收光谱数据,从表中可以看出,当苯环上引入—NH_2、—OH、—CHO、—NO_2 等基团时,E_2、B 带都发生红移,而 B 带的吸收强度都增加。如果引入的基团带有不饱和杂原子时,则发生了 $n \to \pi^*$ 跃迁的新吸收带,如硝基苯、苯甲醛的 $n \to \pi^*$ 跃迁的吸收波长分别为 330nm 和 328nm。

表 3-9 苯及其某些衍生物的吸收光谱 ε_{max}

化合物	溶剂	λ_{max}(nm)	ε_{max}	λ_{max}(nm)	ε_{max}	λ_{max}(nm)	ε_{max}	λ_{max}(nm)	ε_{max}
苯	己烷	184	68000	204	8800	254	250	—	—
甲苯	己烷	189	55000	208	7900	262	260	—	—
苯酚	水	—		211	6200	270	1450	—	—
苯胺	水	—		230	8600	280	1400	—	—
苯甲酸	水	—		230	10000	270	800	—	—
硝基苯	己烷	—		252	10000	280*	1000	330*	140
苯甲醛	己烷	—		242	14000	280	1400	328	55
苯乙烯	己烷	—		248	15000	282	740	—	—

* :肩峰。

5. 稠环芳烃及杂环化合物

稠环芳烃,如萘、蒽、菲、芘等都有大的共轭体系,它们均显示出类似于苯的三个吸收带,而与苯比较,这三个吸收带都发生了红移,且吸收强度也增加。随着苯环数目的增多,吸收波长红移也更多,吸收强度也相应增加更多。表 3-10 列出了某些稠环芳烃的吸收光谱数据。从表中可见,蒽的吸收波长已延伸到可见光区,而具角形的稠环芳烃菲、芘在 220nm 左右波长处出现另一个吸收带。

表 3-10 某些稠环芳烃的吸收光谱

化合物	溶剂	$^1C_b(\beta')$带		$1B(\beta)$带		$^1L_a(\rho)$带		$^1L_b(\alpha)$带	
		λ_{max}(nm)	ε	λ_{max}(nm)	ε	λ_{max}(nm)	ε	λ_{max}(nm)	ε
苯	庚烷	—	—	184	60000	204	8000	255	200
萘	异辛烷	—	—	221	110000	275	5600	311	250
蒽	异辛烷	—	—	251	200000	376	5000	遮盖	—
菲	甲醇	219	18000	251	90000	292	20000	330	350
芘	95%乙醇	220	37000	267	160000	206	15500	360	1,000

当苯环中引入杂原子(如 N 原子)时,则构成了杂环化合物,如吡啶、喹啉、吖啶等。杂环化合物的吸收光谱与其相对应的芳环化合物极为相似,如吡啶与苯相似,喹啉与萘相似等。由于杂环化合物中引入了杂原子,它们具有 n 电子,所以会产生 n→π* 跃迁的吸收带,如吡啶在非极性溶剂中有 270nm 的吸收带(摩尔吸光系数为 450)就属于 n→π* 跃迁的吸收带。

6. 含氮氧键的化合物

含氮氧键的化合物为硝基化合物和亚硝基化合物。亚硝基中的 N 和 O 原子上都有 n 电子,所以有两种 n→π* 跃迁产生的吸收带:675nm 波长处,有一个 N 原子上 n 电子产生的 n→π* 跃迁吸收带,其 ε 为 30;300nm 波长处,有一个 O 原子上 n 电子产生的 n→π* 跃迁吸收带,其 ε 为 100。硝基中仅有 O 原子有 n 电子,所以仅一个 n→π* 跃迁吸收带,吸收波长为 260～280nm,ε 为 20～40;而在 210nm 波长处,有一个较强吸收带,为 π→π* 跃迁产生,其 ε 为 5000 左右。

第三节　吸收定律

一、透射比和吸光度

当一束平行光通过均匀的溶液介质时,光的一部分被吸收,一部分被容器表面反射。设入射光强度为 I_0,吸收光强度为 I_a,透射光强度为 I_t,反射光强度为 I_r,则

$$I_0 = I_a + I_t + I_r$$

在进行吸收光谱分析时,被测溶液和参比溶液分别放在同种材料及厚度的两个吸收池中,让强度同为 I_0 的单色光分别通过两个吸收池,用参比池调节仪器的零吸收点,再测量被测量溶液的透射光强度,所以反射光的影响可以从参比溶液中消除,则上式可简写为

$$I_0 = I_a + I_t$$

透射光强度(I_t)与入射光强度(I_0)之比称为透射比(亦称透射率),用 T 表示,则有

$$T = \frac{I_t}{I_0}$$

溶液的 T 越大,表明它对光的吸收越弱;反之,T 越小,表明它对光的吸收越强。为了更明确地表明溶液的吸光强弱与表达物理量的相应关系,常用吸光度(A)表示物质对光的吸收程度,其定义为

$$A = \lg \frac{1}{T} = \lg \frac{I_0}{I_t}$$

则 A 值越大,表明物质对光吸收越强。T 及 A 都是表示物质对光吸收程度的一种量度,透射比常以百分率表示,称为百分透射比,$T\%$;吸光度 A 为一个无因次的量,两者可通过上式互相换算。

二、朗伯-比耳定律

朗伯-比耳(Lambert-Beer)定律是光吸收的基本定律,俗称光吸收定律,是分光光度法定量分析的依据和基础。当入射光波长一定时,溶液的吸光度 A 是吸光物质的浓度 C 及吸收介质厚度(吸收光程)的函数。朗伯和比耳分别于 1760 年和 1852 年研究了这三者的定量关系。朗伯的结论是,当用适当波长的单色光照射一固定浓度的均匀溶液时,A 与 l 成正比,其数学式为

$$A = k'l$$

此即称为朗伯定律,k' 为比例系数。

而比耳的结论是,当用适当波长的单色光照射一固定液层厚度的均匀溶液时,A 与 C 成正比,其数学表达式为

$$A = k''C$$

此即称为比耳定律,k'' 为比例系数。

合并上述两式,即得到

$$A = klC$$

此即称为朗伯-比尔定律,k 为比例系数。

k 的数值除取决于吸光物质的特性外,其单位及数值还与 C 和所采用的单位有关。通常采用 cm 为单位,并用 b 表示。所以 k 的单位取决于 C 采用的单位。当 C 采用重量单位 $g \cdot L^{-1}$ 时,吸收定律表达为

$$A = abC$$

式中:a 为吸光系数,单位为 $L \cdot g^{-1} \cdot cm^{-1}$。

当 C 采用摩尔浓度 $mol \cdot L^{-1}$,吸收池厚度 b 采用 cm 为单位时,吸收定律表达为

$$A = \varepsilon bC$$

式中:ε 为摩尔吸光系数,单位为 $L \cdot mol^{-1} \cdot cm^{-1}$。

有时在化合物的组成不明的情况下,物质的摩尔质量不知道,因而物质的量浓度无法确定,就不能用摩尔吸光系数,而采用比吸光系数 $A_{cm}^{1\%}$,其意义是指质量分数为 1% 的溶液,用 1cm 吸收池时的吸光度,这时吸光度为

$$A = A_{cm}^{1\%} bc$$

式中:c 为质量百分浓度。

ε、a、$A_{cm}^{1\%}$ 三者的换算关系为

$$a=\varepsilon/M_r,\quad A_{cm}^{1\%}=10\varepsilon/M_r$$

式中：M_r 为吸收物质的摩尔质量。

在吸收定律的几种表达式中，$A=\varepsilon bC$ 在分析上是最常用的，ε 也是最常用的，有时吸收光谱的纵坐标也用 ε 或 $lg\varepsilon$ 表示，并以最大摩尔吸光系数 ε_{max} 表示物质的吸收强度。ε 是在特定波长及外界条件下，吸光质点的一个特征常数，数值上等于吸光物质的浓度为 $1mol \cdot L^{-1}$，液层厚度为 1cm 时溶液的吸光度。它是物质吸光能力的量度，可作为定性分析的参考和估计定量分析的灵敏度。

三、偏离吸收定律的因素

1. 与测量仪器有关的因素

从理论上来说，朗伯-比耳定律只适用于单色光（即单一波长的光），但是紫外-可见分光光度计从光源发出的连续光经单色器分光，为了满足实际测量中需要有足够光强的要求，入射光狭缝必须有一定的宽度。因此，由出射光狭缝投射到被测溶液的光束，并不是理论要求的严格单色光，而是有一小段波长范围的复合光。由于分子吸收光谱是一种带状光谱，吸光物质对不同波长光的吸收能力不同，在峰值位置，吸收能力最强，ε 最大，用 ε_{max} 表示，其他波长处 ε 都变小。因此当吸光物质吸收复合光时，表观吸光度要比理论吸光度偏低，导致比耳定律的负偏离。在所使用的波长范围内，吸光物质的吸光系数变化越大，这种偏离就越显著。例如，如图 3-13 所示的吸收光谱，选择谱带 I 的波长宽度作为入射光时，吸光系数变化较小，测量造成的偏离就比较小；若选择谱带 II 的波长宽度作为入射光时，吸光系数的变化很大，测量造成的偏离也就很大。所以通常选择吸光物质的最大吸收波长（即吸收带峰所对应的波长）作为分析的测量波长，这样不仅保证有较高的测量灵敏度，而且此处的吸收曲线往往较为平坦，吸光系数变化比较小，比耳定律

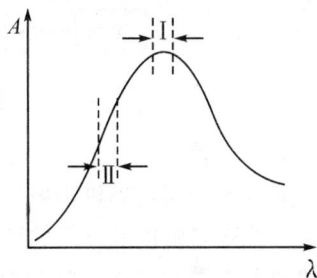

图 3-13　分析谱带的选择

的偏离也比较小。对于比较尖锐的吸收带，在满足一定的灵敏度要求下，尽量避免用吸收峰的波长作为测量波长。投射被测溶液的光束单色性（即波长范围）越差，引起的比耳定律偏离也越大。所以，在保证足够的光强前提下，采用窄的入射光狭缝，以减小谱带宽度，降低比耳定律的偏离。

2. 与样品溶液有关的因素

（1）当吸收物质在溶液中的浓度较高时，由于吸收质点之间的平均距离缩小，邻近质点彼此的电荷分布会产生相互影响，以至于改变它们对特定辐射的吸收能力，即改变了吸光系数，导致比耳定律的偏离。通常只有在吸光物质的浓度小于 $0.01mol \cdot L^{-1}$ 的稀溶液中，吸收定律才成立。

（2）推导吸收定律时，吸光度的加和性隐含着测定溶液中各组分之间没有相互作用的假设。但实际上，随着浓度的增大，各组分之间甚至同组分的吸光质点之间的相互作用是不可避免的。例如，发生缔合、离解、光化学反应、互变异构及配合物配位数的变化等，会使被测组分的吸收曲线发生明显的变化，吸收峰的位置、强度及光谱精细结构都会有所不同，从而破坏了原来的吸光度与浓度之间的函数关系，导致比耳定律的偏离。

（3）溶剂及介质条件对吸收光谱的影响十分重要。溶剂及介质条件（如 pH 值）经常会影响被测物质的性质和组成，影响生色团的吸收波长和吸收强度，也会导致吸收定律的偏离。

（4）当测定溶液中有胶体、乳状液或悬浮物质存在时，入射光通过溶液时，有一部分光会因散射而损失，造成"假吸收"，使吸光度偏大，导致比耳定律的正偏离。质点的散射强度与照射光波长的四次方成反比，所以在紫外光区测量时，散射光的影响更大。

（5）此外，吸收定律的偏离还与溶液的折射率有关，摩尔吸光系数 ε 是真实摩尔吸光系数和溶液折射率的函数，即

$$\varepsilon = \varepsilon_{真} \frac{n}{(n^2+2)^2}$$

当溶液为稀溶液时，n 基本不变，ε 也基本不变；而当浓度高时，n 变大，ε 变小，导致比耳定律的偏离。

第四节　紫外-可见分光光度计

一、紫外-可见分光光度计的基本结构

紫外-可见分光光度计主要由光源、单色器、吸收池、检测器和信号指示系统等部分组成，如图 3-14 所示。

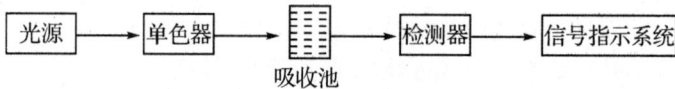

图 3-14　紫外-可见分光光度计基本结构

1. 光　源

光源的作用是提供辐射。要求光源在紫外光或可见光光谱区域内能够发射连续辐射；应有足够的辐射强度及良好的稳定性；光源的使用寿命长，操作方便。分光光度计中常用的光源有热辐射光源和气体放电光源两类。前者用于可见光区，如钨灯、卤钨灯等，后者用于紫外光区，如氢灯和氘灯等。

钨灯和碘钨灯可使用的波长范围为 340～2500nm。这类光源的辐射强度与施加的外加电压有关，在可见光区，辐射的强度与工作电压的四次方成正比，光电流也与灯丝电压的 n 次方（$n>1$）成正比。因此，使用时必须严格控制灯丝电压，必要时须配备稳压装置，以保证光源的稳定性。

氢灯和氘灯可使用的波长范围为 160～375nm，由于受石英窗吸收的限制，通常紫外光区波长的有效范围一般为 200～375nm。灯内氢气压强为 10^2 Pa 时，用稳压电源供电，放电十分稳定，光强度大且恒定。氘灯的灯管内充有氢同位素氘，其光谱分布与氢灯类似，但光强度比同功率的氢灯大 3～5 倍。通常情况下，可见光区用钨灯作为光源，紫外区用氘灯作为光源。

2. 单色器

单色器是从光源的复合光中分出所需单色光的光学装置。单色器由入射狭缝、准光器（透镜或凹面反射镜使入射光变成平行光）、色散元件、聚焦元件和出射狭缝等几个部分组成。其核心部分是色散元件，起分光作用。其他光学元件中，狭缝在决定单色器性能上起着重要作用，狭缝宽度过大时，谱带宽度太大，入射光单色性差；狭缝宽度过小时，又会减弱光强。常用的能起分光作用的色散元件是棱镜和光栅。

棱镜一般由玻璃或石英材料制成。它们的色散原理是依据不同波长的光通过棱镜时有不同的折射率而将不同波长的光分开。由于玻璃会吸收紫外光,所以玻璃棱镜只适用于 $330\sim3200$nm 的可见和近红外光区波长范围。石英棱镜适用的波长范围较宽,为 $185\sim4000$nm,即可用于紫外、可见、红外三个光谱区域,但主要用于紫外光区。棱镜单色器的缺点在于色散率随波长变化,得到的光谱呈非均匀排列,而且传递光的效率较低。

光栅是利用光的衍射和干涉作用原理制成的。它可用于紫外、可见和近红外光谱区域。光栅光谱是按波长作线性排列的,故为均排光谱,而且在整个波长区域中具有良好的、几乎均匀一致的色散率,且具有适用波长范围宽、分辨本领高、成本低、便于保存和易于制作等优点,所以是目前用得最多的色散元件。其缺点是各级光谱会发生重叠而产生干扰。

3. 吸收池

吸收池是用于盛放溶液并提供一定吸光厚度的器皿。吸收池主要有石英池和玻璃池两种。玻璃吸收池只能用于可见光区,而石英吸收池在紫外和可见光区都可使用。吸收池的大小规格从几毫米到几厘米不等,最常用的吸收池厚度为 1cm。

为减少光的反射损失,吸收池的光学面必须严格垂直于光束方向。在高精度分析测定中(尤其是紫外光区),吸收池要配对挑选,使它们的性能基本一致。因为吸收池材料本身及光学面的光学特性,以及吸收池光程长度的精确性等对吸光度的测量结果都有直接影响。

4. 检测器

检测器是利用光电效应将透过吸收池的光信号变成可测的电信号的装置。检测器应在测量的光谱范围内具有灵敏度高、响应时间短、线性关系好、线性范围宽、噪声水平低且有良好的稳定性。常用的检测器有光电池、光电管或光电倍增管。

(1)光电池:主要是硒光电池,其敏感光区为 $300\sim800$nm,其中以 $500\sim600$nm 最为灵敏,其特点是产生不必经放大就可直接推动微安表或检流计的光电流。但由于它容易出现"疲劳效应"且寿命较短而只能用于低档的分光光度计中。

(2)光电管:光电管在紫外-可见分光光度计上应用很广泛。它以一弯成半圆柱且内表面涂上一层光敏材料的镍片作为阴极,而以置于圆柱形中心的一金属丝作为阳极,密封于高真空的玻璃或石英中构成的,当光照到阴极的光敏材料时,阴极发射出的电子被阳极收集而产生光电流。结构如图 3-15 所示。

随阴极光敏材料不同,灵敏的波长范围也不同,可分为蓝敏和红敏两种光电管。前者是阴极表面上沉积锑和铯,可用于波长范围为 $210\sim625$nm;后者是阴极表面上沉积银和氧化铯,可用于波长范围为 $625\sim1000$nm。与光电池比较,光电管具有灵敏度高、光敏范围宽、不易疲劳等优点。

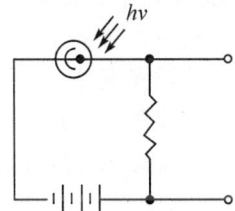

图 3-15 真空光电二极管

(3)光电倍增管:光电倍增管实际上是一种加上多级倍增极的光电管,其结构如图 3-16 所示。外壳由玻璃或石英制成,阴极表面涂上光敏物质,在阴极 C 和阳极 A 之间装有一系列次级电子发射极,即电子倍增极 D_1、D_2 等。阴极 C 和阳极 A 之间加直流高压(约 1000V)。当辐射光子撞击阴极时发射光电子,该电子被电场加速并撞击第一倍增极 D_1,撞出更多的二次电子,依此不断进行,像"雪崩"一样,最后阳极收集到的电子数将是阴极发射电子的 $10^5\sim10^6$ 倍。与光电管不同,光电倍增管的输出电流随外加电压的增加而增加,且极为敏感,这是因为每个倍增极获得的增益取决于加速电压。因此,光电倍增管的外加电压必须严格控制。光电倍增管的暗电流愈小,质量愈好。光电倍增管灵敏度高,是检测微弱光最常见的光电元件,可以用较窄的单色器狭缝,从而对光谱的精细结构有较好的分辨能力。

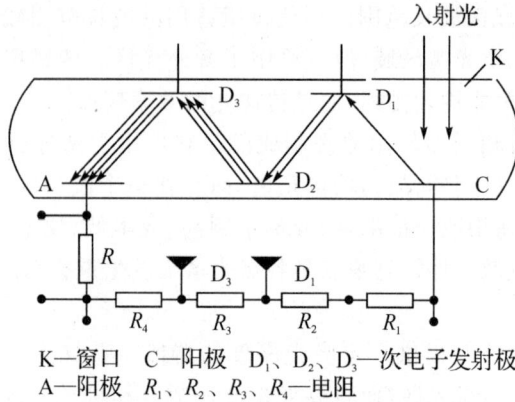

K—窗口　C—阳极　D_1、D_2、D_3—次电子发射极
A—阳极　R_1、R_2、R_3、R_4—电阻

图 3-16　光电倍增管工作原理

光电倍增管利用二次电子发射来放大光电流,它的灵敏度比一般的光电管要高 200 倍,是检测微弱光最常用的光电元件,也是目前高中档分光光度计中常用的一种检测器。

5.信号指示系统

信号指示系统的作用是放大信号并以适当的方式指示或记录。常用的信号指示装置有直流检流计、数字电压表、数字显示及自动记录装置等。现在许多分光光度计配有微处理机,一方面可以对仪器进行控制,另一方面可以进行数据的采集和处理。

二、紫外-可见分光光度计的类型

紫外-可见分光光度计主要有单光束分光光度计、双光束分光光度计和双波长分光光度计三种。

1.单光束分光光度计

单光束分光光度计是最简单的分光光度计,它的构造原理如图 3-14 所示。

由光源发出的复合光经单色器分光后获得单色光,此单色光通过吸收池后照射在光电检测器上转变为电信号,再经放大后在显示装置上以吸光度或透射比的形式显示出来。它简单、价廉,适于在给定波长处测量吸光度或透光度,一般不能作全波段光谱扫描,要求光源和检测器具有很高的稳定性。国产 722 型、751 型、724 型、英国 SP500 型以及 Backman DU-8 型等均属于此类光度计。

2.双光束分光光度计

双光束分光光度计的构造原理如图 3-17 所示。

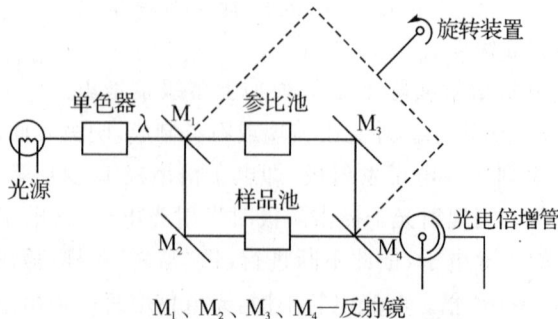

M_1、M_2、M_3、M_4—反射镜

图 3-17　单波长双光束分光光度计构造原理

经过单色器的光被斩光器一分为二,一束通过参比溶液,另一束通过样品溶液,然后由检测系统自动测量两束光的强度,获得的比值即为试样的透射比,经对数变换将它转换成吸光度并记录下来。双光束分光光度计一般都能自动记录,快速全波段扫描获得吸收光谱曲线。由于两束光同时分别通过参比池和样品池,因而能自动消除光源强度变化、检测器灵敏度变化等因素所引起的误差。这类仪器有国产 710 型、730 型、740 型等。

3. 双波长分光光度计

双波长分光光度计的构造原理如图 3-18 所示。

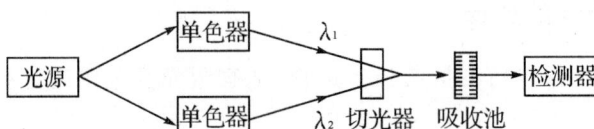

图 3-18　双波长分光光度计光路

它与单光束分光光度计的主要差别在于采用双单色器,从光源发出的光经过两个单色器,得到波长分别为 λ_1、λ_2 的单色光。利用切光器使两种不同波长的单色光(λ_1、λ_2)交替照射同一吸收池的样品溶液,不需使用参比溶液,测得的是样品在两个波长处的吸光度差值 ΔA($\Delta A = A_{\lambda_1} - A_{\lambda_2}$)。对于多组分混合物、混浊试样(如生物组织液)分析,以及存在背景干扰或共存组分吸收干扰的情况下,利用双波长分光光度法,往往能提高方法的灵敏度和选择性。利用双波长分光光度计,能获得导数光谱。通过光学系统转换,使双波长分光光度计能很方便地转化为单波长工作方式。如果能在 λ_1 和 λ_2 处分别记录吸光度随时间变化的曲线,就还能进行化学反应动力学研究。

三、紫外-可见分光光度计的校正

通常在实验室工作中,验收新仪器或仪器使用过一段时间后都要进行波长校正和吸光度校正,建议采用下述较为简便和实用的方法来进行校正。

1. 波长校正

波长校正可采用辐射光源法校正。常用氢灯(486.13nm,656.28nm)、氘灯(486.00nm,656.10nm)或石英低压汞灯(253.65nm,435.88nm,546.07nm)校正。

镨玻璃或钕玻璃都有若干特征的吸收峰,可用来校正分光光度计的波长标尺,前者用于可见光区,后者则对紫外和可见光区都适用。

苯蒸气在紫外区的特征吸收峰可用于校正。在吸收池内滴一滴液体苯,盖上吸收池盖,待苯挥发后绘制苯蒸气的吸收光谱。

2. 吸光度校正

可用 K_2CrO_4 标准溶液来校正吸光度标度。将 0.0303 克重铬酸钾溶于 1 升的 $0.05mol \cdot L^{-1}$ KOH 溶液中,在 1cm 光程的吸收池中,在 25℃时用不同波长测得的吸光度值列于表 3-11。

表 3-11　重铬酸钾溶液的吸光度

波长(nm)	吸光度	透光率(%)	波长(nm)	吸光度	透光率(%)	波长(nm)	吸光度	透光率(%)
220	0.446	35.8	300	0.149	70.9	380	0.932	11.7
230	0.171	67.4	310	0.048	89.5	390	0.695	20.2
240	0.295	50.7	320	0.063	86.4	400	0.396	40.2
250	0.496	31.9	330	0.149	71.0	420	0.124	75.1

续表

波长(nm)	吸光度	透光率(%)	波长(nm)	吸光度	透光率(%)	波长(nm)	吸光度	透光率(%)
260	0.633	23.3	340	0.316	48.3	440	0.054	88.2
270	0.745	18.0	350	0.559	27.6	460	0.018	96.0
280	0.712	19.4	360	0.830	14.8	480	0.004	99.1
290	0.428	37.3	370	0.987	10.3	500	0.000	100

四、仪器测量条件的选择

仪器测量条件的选择包括测量波长的选择,适宜吸光度范围的选择及仪器狭缝宽度的选择。

1. 测量波长的选择

通常都是选择最强吸收带的最大吸收波长 λ_{max} 作为测量波长,称为最大吸收原则,以获得最高的分析灵敏度。而且在 λ_{max} 附近,吸光度随波长的变化一般较小,波长的稍许偏移引起吸光度的测量偏差较小,可得到较好的测定精密度。但在测量高浓度组分时,宁可选用灵敏度低一些的吸收峰波长(ε 较小)作为测量波长,以保证校正曲线有足够的线性范围。如果 λ_{max} 所处的吸收峰太尖锐,则在满足分析灵敏度的前提下,可选用灵敏度低一些的波长进行测量,以减少比耳定律的偏差。

2. 适宜吸光度范围的选择

任何光度计都有一定的测量误差,这是由于测量过程中光源的不稳定、读数的不准确或实验条件的偶然变动等因素造成的。由于吸收定律中透射比 T 与浓度 C 是负对数的关系,从负对数的关系曲线可以看出,相同的透射比读数误差在不同的浓度范围中,所引起的浓度相对误差不同,当浓度较大或浓度较小时,相对误差都比较大。因此,要选择适宜的吸光度范围进行测量,以降低测定结果的相对误差。根据吸收定律

$$A = -\lg T = \varepsilon b C$$

微分后得

$$d\lg T = 0.4343 \frac{dT}{T} = -\varepsilon b dC$$

写成有限的小区间为

$$0.4343 \frac{\Delta T}{T} = -\varepsilon b \Delta C = \frac{\lg T}{C} \cdot \Delta C$$

即浓度的相对误差为

$$\frac{\Delta C}{C} = \frac{0.4343 \Delta T}{T \lg T}$$

要使测定结果的相对误差 $\frac{\Delta C}{C}$ 最小,上式对 T 求导,应有一极小值,即

$$\frac{d}{dT} \left(\frac{0.4343 \Delta T}{T \lg T} \right) = \frac{-0.4343 \Delta T (\lg T + 0.4343)}{(T \lg T)^2} = 0$$

解得

$$\lg T = -0.4343, T = 36.8\% \text{ 或 } A = 0.434$$

表明当吸光度 $A = 0.434$ 时,仪器的测量误差最小。这个结果也可以从图3-19看出,即图中曲

线的最低点。当 A 大或小时，误差都变大。在吸光分析中，一般选择 A 的测量范围为 $0.2\sim$ 0.8（$T\%$ 为 $65\%\sim15\%$），此时如果仪器的透射率读数误差（ΔT）为 1%，则由此引起的测定结果相对误差（$\frac{\Delta C}{C}$）约为 3%。

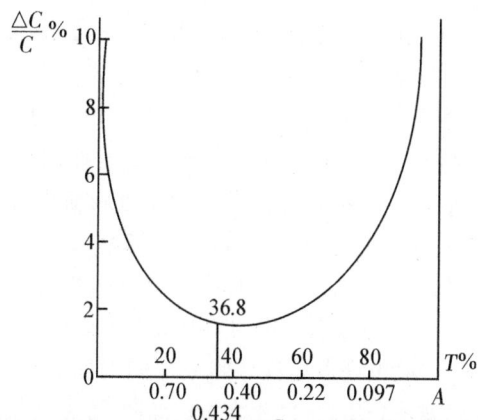

图 3-19　浓度测量的相对误差 $\frac{\Delta C}{C}$ 与溶液透射比（T）的关系

在实际工作中，可通过调节待测溶液的浓度或选用适当厚度的吸收池的方法，使测得的吸光度落在所要求的范围内。

3. 仪器狭缝宽度的选择

狭缝的宽度会直接影响到测定的灵敏度和校准曲线的线性范围。狭缝宽度过大时，入射光的单色性降低，校准曲线偏离比耳定律，灵敏度降低；狭缝宽度过窄时，光强变弱，势必要提高仪器的增益，随之而来的是仪器噪声增大，对测量不利。选择狭缝宽度的方法是：测量吸光度随狭缝宽度的变化。狭缝的宽度在一个范围内，吸光度是不变的，当狭缝宽度大到某一程度时，吸光度开始减小。因此，在不减小吸光度时的最大狭缝宽度，即是所欲选取的合适的狭缝宽度。

第五节　紫外-可见分光光度法的应用

紫外-可见分光光度法是一种广泛应用的定量分析方法，也是对物质进行定性分析和结构分析的一种手段，同时还可以测定某些化合物的物理化学参数，例如摩尔质量、配合物的配合比和稳定常数，以及酸、碱的离解常数等。

一、定性分析

紫外-可见分光光度法在无机元素的定性分析应用方面是比较少的，无机元素的定性分析主要用原子发射光谱法或化学分析法。在有机化合物的定性分析鉴定及结构分析方面，由于紫外-可见光谱较为简单，光谱信息少，特征性不强，而且不少简单官能团在近紫外及可见光区没有吸收或吸收很弱，因此，这种方法的应用有较大的局限性。但是它适用于不饱和有机化合物，尤其是共轭体系的鉴定，以此推断未知物的骨架结构。此外，它可配合红外光谱法、核磁共振波谱法和质谱法等常用的结构分析法进行定性鉴定和结构分析，不失为一种有用的辅助方法。一般定性分析方法有如下两种。

1. 比较吸收光谱曲线法

吸收光谱的形状、吸收峰的数目和位置及相应的摩尔吸光系数,是定性分析的光谱依据,而最大吸收波长 λ_{max} 及相应的 ε_{max} 是定性分析的最主要参数。比较法有标准物质比较法和标准谱图比较法两种。

(1)利用标准物质比较。在相同的测量条件下,测定和比较未知物与已知标准物的吸收光谱曲线,如果两者的光谱完全一致,则可以初步认为它们是同一化合物。为了能使分析更准确可靠,要注意如下几点:①尽量保持光谱的精细结构。为此,应采用与吸收物质作用力小的非极性溶剂,且采用窄的光谱通带。②吸收光谱采用 $\lg A$ 对 λ 作图。这样如果未知物与标准物的浓度不同,则曲线只是沿 $\lg A$ 轴平移,而不是像 $A \sim \lambda$ 曲线那样以 εb 的比例移动,更便于比较分析。③往往还需要用其他方法进行证实,如红外光谱等。

(2)利用标准谱图或光谱数据比较。常用的标准谱图有四种:①《萨特勒标准图谱》共收集了46000 种化合物的紫外光谱。②《芳香族化合物的紫外光谱》收集了 597 种芳香化合物的紫外光谱。③《有机电子光谱数据》是一套由许多作者共同编写的大型手册性丛书,所收集的文献资料由 1946 年开始,目前还在继续编写。④《有机化合物的紫外-可见吸收光谱手册》(1967 年)。

2. 计算不饱和有机化合物最大吸收波长的经验规则

计算不饱和有机化合物最大吸收波长的经验规则有伍德沃德(Woodward)规则和斯科特(Scott)规则。

当采用其他物理或化学方法推测未知化合物有几种可能结构后,可用经验规则计算它们的最大吸收波长,然后再与实测值进行比较,以确认物质的结构。

(1)伍德沃德规则。$\lambda_{max} = \lambda_{基} + \Sigma n_i \lambda_i$。$\lambda$ 基为化合物母体的基数质,$n_i \lambda_i$ 为取代基种类和个数决定的校正项。伍德沃德规则是计算共轭二烯、多烯烃及共轭烯酮类化合物 $\pi \rightarrow \pi^*$ 跃迁最大吸收波长的经验规则,见表 3-12 和表 3-13。计算时,先从未知物的母体对照表得到一个最大吸收的基数,然后对连接在母体中 π 电子体系(即共轭体系)上的各种取代基以及其他结构因素按表上所列的数值加以修正,得到该化合物的最大吸收波长 λ_{max}。表 3-12 和表 3-13 列出的几种化合物 λ_{max} 的计算示例如图 3-20 所示。

表 3-12　计算二烯烃或多烯烃的最大吸收位置

母体是异环的二烯烃或无环多烯烃类型	λ_{max}(nm)
	基数 217
母体是同环的二烯烃或这种类型的多烯烃	
	基数 253
(注意:当两种情形的二烯烃体系同时存在时,选择波长较长的为其母体系统,即选用基数为253nm)	
增加一个共轭双键	30
环外双键	5
每个烷基或环基取代基	5
每个极性基	
—O—乙酰基(—酰氧基)	0

续表

母体是异环的二烯烃或无环多烯烃类型	λ_max(nm)
—O—R	6
—S—R	30
—Cl、—Br	5
—NR₂	60
溶剂校正值	0

表 3-13　计算不饱和羰基化合物 π→π* 的最大吸收位置

$-\overset{\delta}{C}=\overset{\gamma}{C}-\overset{\beta}{C}=\overset{\alpha}{C}-\underset{X}{C}=O$	λ_max(nm)	$-\overset{\delta}{C}=\overset{\gamma}{C}-\overset{\beta}{C}=\overset{\alpha}{C}-\underset{X}{C}=O$		λ_max(nm)
α,β-不饱和羰基化合物母体（无环、六元环或较大的环酮）	215	—OR	β	30
α,β 键在五元环内	—13		γ	17
醛	—8		δ（或更高）	31
当 X 为 HO 或 RO 时	—22	—SR	β	85
每增加一个共轭双键	30	—Cl	α	15
同环二烯化合物	39		β	12
环外双键	5	—Br	α	25
每个取代烷基或	α 10		α	30
取代环基	β 12	—NR₂	β	95
	γ（或更高） 18	溶剂校正		
每个极性基		乙醇、甲醇		0
	α 35	氯仿		1
—OH	β 30	二氧六环		5
	γ（或更高） 50	乙醚		7
—OAc	α、β、γ、δ 或更高 6	己烷、环己烷		11
—OR	α 35	水		—8

【例1】

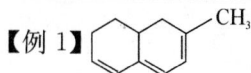

解：

基值	217nm
同环二烯	36nm
环外双键	5nm
烷基取代基	15nm
	273nm

【例2】

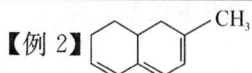

解：

基值	217nm
同环系统	36nm
烷基取代基	20nm
环外双键	5nm
共轭系统的延长	30nm
	308nm

【例3】

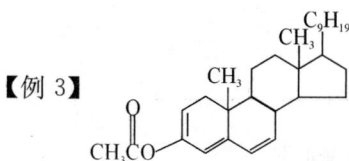

【例4】

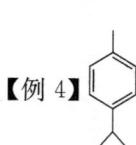

解：

基值	217nm
同环系统	36nm
烷基取代基(3×5)	15nm
取代基(OCOCH₃)	0
环外双键	5nm
共轭系统的延长	30nm
	303nm

解：

基值	217nm
同环二烯	36nm
烷基取代基(4×5)	20nm
环外双键(0)	0
共轭系统的延长	30nm
	303nm

【例5】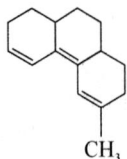

解：

基值	217nm
烷基取代(5×5)	25nm
共轭系统的延长(1×30)	30nm
环外双键(2×5)	10nm[a]
	282nm

【例6】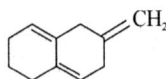

解：

基值	217nm
烷基取代(4×5)	20nm[b]
环外双键(2×5)	10nm[c]
共轭系统的延长(0)	0
	247nm

图 3-20　几种双(多)烯化合物的 $\lambda_{max}^{正己烷}$ 计算汇例

[a]这个双键是两个环的环外双键，故乘2；[b] 仅仅考虑共轭系统中碳上连接的烷基取代；[c] 仅仅考虑共轭系统中的环外双键。

(2)斯科特规则。是计算芳香族羰基化合物衍生物的最大吸收波长的经验规则。计算方法与伍德沃德规则相同。图 3-21 和表 3-14、3-15 列出了计算数据。

【例7】计算并指出在 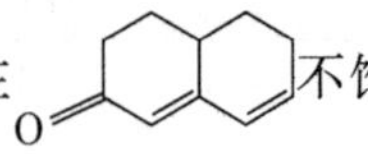 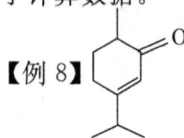 不饱和酮分子中的哪个位置有取代基？

解：

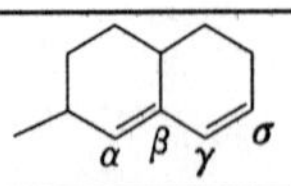

	没有取代基的:α、γ 有取代基的:β 和 δ
基值	215nm
取代基 β(1×12)	12nm
δ(1×18)	18nm
环外双键(1×5)	5nm
共轭系统的延长(1×30)	30nm[a]
	280nm

[a]要记住基础的体系是

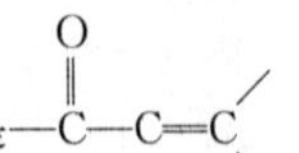

$$-C(=O)-C=C\diagdown$$

【例8】

解：

基值	215nm
取代基 β(2×12)	24nm
	239nm

图 3-21　几种不饱和羰基化合物的计算汇例

表 3-14　PhCOR 衍生物 E₂ 带 λ_{max}^{EtOH} 的计算

PhCOR 发色团母体	λ(nm)
R＝烷基或环残基(R)	246
R＝氢(H)	250
R＝羟基或烷氧基(OH 或 OR)	230

表 3-15　苯环上邻、间、对位被取代基取代的 λ 增值($\Delta\lambda$/nm)

取代基	邻位	间位	对位
R 烷基	3	3	10
OH、OR	7	7	25
O	11	20	78
Cl	0	0	10
Br	2	2	15
NH₂	13	13	58
NHAc	20	20	45
NR₂	20	20	85

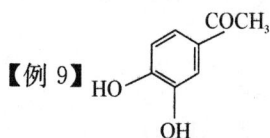

【例9】

母体	246nm
间位-OH	7nm
对位-OH	25nm
计算值	278nm
实测值	279nm

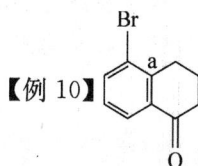

【例10】

母体	246nm
邻位环残基(a)	3nm
间位-Br	2nm
计算值	251nm
实测值	248nm

图 3-22　几种苯环上邻、间、对位被取代基取代的化合物计算示例

二、结构分析

紫外-可见分光光度法可以进行化合物某些基团的判别,共轭体系及构型、构象的判断。

1. 某些特征基团的判别

有机物的不少基团(生色团),如羰基、苯环、硝基、共轭体系等,都有其特征的紫外或可见吸收带,紫外-可见分光光度法在判别这些基团时,有时是十分有用的。如在 270～300nm 处有弱的吸收带,且随溶剂极性增大而发生蓝移,就是羰基 $n\to\pi^*$ 跃迁产生 R 吸收带的有力证据;在184nm 附近有强吸收带(E₁ 带),在204nm 附近有中强吸收带(E₂ 带),在 260nm 附近有弱吸收带且有精细结构(B 带),是苯环的特征吸收;等等。另外,可以从有关资料中查找某些基团的特征吸收带。

2. 共轭体系的判断

共轭体系会产生很强的 K 吸收带,通过绘制吸收光谱,可以判断化合物是否存在共轭体系或共轭的程度。如果一化合物在 210nm 以上无强吸收带,可以认定该化合物不存在共轭体系;若在 215~250nm 区域有强吸收带,则该化合物可能有两至三个双键的共轭体系,如 1-3 丁二烯,λ_{max} 为 217nm,ε_{max} 为 21000;若 260~350nm 区域有很强的吸收带,则可能有三至五个双键的共轭体系,如环癸五烯有五个共轭双键,λ_{max} 为 335nm,ε_{max} 为 118000。

3. 异构体的判断

异构体的判断包括顺反异构及互变异构两种情况的判断。

(1)顺反异构体的判断。生色团和助色团处在同一平面上时,才产生最大的共轭效应。由于反式异构体的空间位阻效应小,分子的平面性较好,共轭效应强,因此,λ_{max} 及 ε_{max} 都大于顺式异构体。例如,肉桂酸顺、反式的吸收如下:

$\lambda_{max}=280nm,\varepsilon_{max}=13500$ $\lambda_{max}=295nm,\varepsilon_{max}=27000$

同一化学式的多环二烯,可能有两种异构体:一种是同环二烯,是顺式异构体;另一种是异环二烯,是反式异构体。一般来说,异环二烯的吸收带强度总是比同环二烯的大。

(2)互变异构体的判断。某些有机化合物在溶液中可能有两种以上的互变异构体处于动态平衡中,这种异构体的互变过程常伴随有双键的移动及共轭体系的变化,因此也产生吸收光谱的变化。最常见的是某些含氧化合物的酮式与烯醇式异构体之间的互变。例如,乙酰乙酸乙酯就有酮式和烯醇式两种互变异构体:

它们的吸收特性不同:酮式异构体无共轭体系,在近紫外光区的 λ_{max} 为 272nm(ε_{max} 为 16),是 n→π* 跃迁所产生的 R 吸收带。烯醇式异构体为共轭体系,在近紫外光区的 λ_{max} 为 243nm(ε_{max} 为 16000),是 π→π* 跃迁共轭体系的 K 吸收带。两种异构体的互变平衡与溶剂有密切关系。在像水这样的极性溶剂中,由于 C=O可能与 H_2O 形成氢键而降低能量以达到稳定状态,所以酮式异构体占优势:

而在像乙烷这样的非极性溶剂中,由于形成分子内的氢键,且形成共轭体系,使能量降低以达到稳定状态,所以烯醇式异构体比率上升:

此外,紫外-可见分光光度法还可以判断某些化合物的构象(如取代基是平伏键还是直平键)及旋光异构体等。

总体上,紫外吸收光谱虽然不能对一种化合物作出准确鉴定,但对化合物中官能团和共轭体系的推测与确定非常有效。其一般有以下规律。

（1）若在 200～730nm 波长范围内无吸收峰，则可能是直链烷烃、环烷烃、饱和脂肪族化合物或仅含一个双键的烯烃等。

（2）若在 270～330nm 波长范围内有低强度吸收峰（$\varepsilon=10\sim100\text{L}\cdot\text{mol}^{-1}\cdot\text{cm}^{-1}$，$n\to\pi$ 跃迁），则可能含有一个简单非共轭且含有 n 电子的生色团，如羰基。

（3）若在 230～300nm 波长范围内有中等强度的吸收峰则可能含苯环。

（4）若在 210～230nm 波长范围内有强吸收峰，则可能含有 2 个共轭双键；若在 260～300nm 波长范围内有强吸收峰，则说明该有机物含有 3 个或 3 个以上共轭双键。

（5）若该有机物的吸收峰延伸至可见光区，则该有机物可能是长链共轭或稠环化合物。

（6）紫外-可见吸收光谱也可以用来作同分异构体的判别。

具有相同化学组成的不同异构体或不同构象的化合物，它们的紫外光谱有一定的差异，因此根据此种差异可以对异构体及构象进行判别。

三、定量分析

紫外-可见分光光度法定量分析的方法常见到的有如下几种。

1. 单组分物质的定量分析

如果在一个试样中只要测定一种组分，且在选定的测量波长下，试样中其他组分对该组分不干扰，则这种单组分的定量分析较简单。一般有标准对照法和标准曲线法两种。

（1）标准对照法。在相同条件下，在 $\lambda_{\max}$ 下平行测定试样溶液和某一浓度 C_s（应与试液浓度接近）的标准溶液的吸光度 A_x 和 A_s，则

$$标准溶液\quad A_s=kC_s$$
$$被测溶液\quad A_x=kC_x$$

将两者进行比较，由 C_s 可计算试样溶液中被测物质的浓度 C_x，即

$$C_x=C_sA_x/A_s$$

标准对照法因只使用单个标准，引起误差的偶然因素较多，故结果往往不一定不可靠。

（2）标准曲线法。首先配制一系列已知浓度的标准溶液，以不含被测组分的空白溶液作参比，在 $\lambda_{\max}$ 处分别测得标准溶液的吸光度，绘制吸光度-浓度曲线（A-C 标准曲线），称为校正曲线（也叫标准曲线或工作曲线）。在完全相同条件下测定试样溶液的吸光度，从校正曲线上找出与之对应的未知组分的浓度（见图 3-23）。

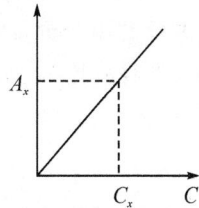

图 3-23　吸光度-浓度曲线

这是实际分析工作中最常用的一种方法。此外，有时还可以采用标准加入法（做法与原子吸收光谱法相同）。

2. 多组分物质的定量分析

根据吸光度具有加和性的特点，在同一试样中可以同时测定两个或两个以上组分。假设要测定试样中的两个组分 A、B，如果分别绘制 A、B 两纯物质的吸收光谱，可能有三种情况，如图 3-24 所示。

（a）情况表明两组分互不干扰，可以用测定单组分的方法分别在 λ_1、λ_2 测定 A、B 两组分。

（b）情况表明 A 组分对 B 组分的测定有干扰，而 B 组分对 A 组分的测定无干扰，则可以在 λ_1 处单独测量 A 组分，求得 A 组分的浓度 C_A。然后在 λ_2 处测量溶液的吸光度 $A_{\lambda_2}^{A+B}$ 及 A、

B 纯物质的 $\varepsilon_{\lambda_2}^{A}$ 和 $\varepsilon_{\lambda_2}^{B}$ 值,根据吸光度的加和性,即得

$$A_{\lambda_2}^{A+B} = A_{\lambda_2}^{A} + A_{\lambda_2}^{B} = \varepsilon_{\lambda_2}^{A} b C_A + \varepsilon_{\lambda_2}^{B} b C_B$$

则可以求出 C_B。

(c)情况表明两组分彼此互相干扰,此时,在 λ_1、λ_2 处分别测定溶液的吸光度 $A_{\lambda_1}^{A+B}$ 及 $A_{\lambda_2}^{A+B}$,而且同时测定 A、B 纯物质的 $\varepsilon_{\lambda_1}^{A}$、$\varepsilon_{\lambda_1}^{B}$ 及 $\varepsilon_{\lambda_2}^{A}$、$\varepsilon_{\lambda_2}^{B}$。然后列出联立方程

$$\begin{cases} A_{\lambda_1}^{A+B} = \varepsilon_{\lambda_1}^{A} b C_A + \varepsilon_{\lambda_1}^{B} b C_B \\ A_{\lambda_2}^{A+B} = \varepsilon_{\lambda_2}^{A} b C_A + \varepsilon_{\lambda_1}^{B} b C_B \end{cases}$$

解得 C_A、C_B。

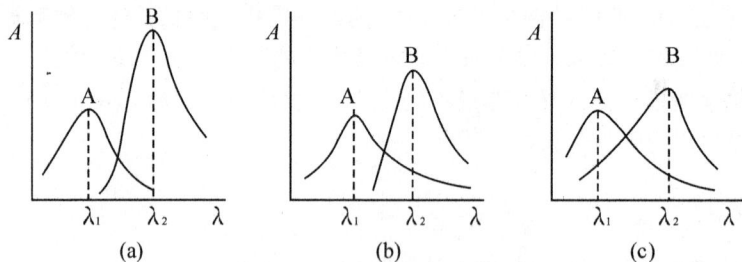

图 3-24　混合物的紫外吸收光谱
(a)不重叠;(b)部分重叠;(c)相互重叠

显然,如果有 n 个组分的光谱互相干扰,就必须在 n 个波长处分别测定吸光度的加和值,然后解 n 元一次方程以求出各组分的浓度。应该指出,这将是繁琐的数学处理,且 n 越多,结果的准确性越差。用计算机处理测定结果将使运算大为简便。

3. 双波长分光光度法

当试样中两组分的吸收光谱重叠较为严重时,用解联立方程的方法测定两组分的含量可能误差较大,这时可以用双波长分光光度法测定。它可以进行一组分在其他组分干扰的情况下,测定该组分的含量,也可以同时测定两组分的含量。双波长分光光度法定量测定两混合物组分的主要方法有等吸收波长法和系数倍率法两种。

(1)等吸收波长法。试样中含有 A、B 两组分,若要测定 B 组分,A 组分有干扰,采用双波长法进行 B 组分测量时方法如下:为了能消除 A 组分的吸收干扰,一般首先选择待测组分 B 的最大吸收波长 λ_2 为测量波长,然后用作图法选择参比波长 λ_1,作法如图 3-25 所示。

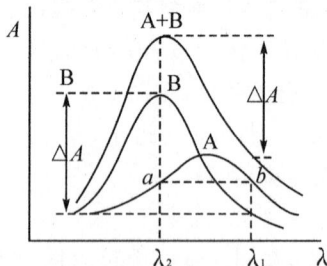

图 3-25　作图法选择 λ_1 和 λ_2

在 λ_2 处作一波长轴的垂直线,交于组分 A 吸收曲线的某一点 a,再从这点作一条平行于波长轴的直线,交于组分 A 吸收曲线的另一点 b,该点所对应的波长为参比波长 λ_1。可见组分 A 在 λ_2 和 λ_1 处是等吸收点,即

$$A_{\lambda_2}^{A} = A_{\lambda_1}^{A}$$

由吸光度的加和性可见,混合试样在 λ_2 和 λ_1 处的吸光度可表示为

$$A_{\lambda_2} = A_{\lambda_2}^A + A_{\lambda_2}^B$$

$$A_{\lambda_1} = A_{\lambda_1}^A + A_{\lambda_1}^B$$

双波长分光光度计的输出信号为 ΔA,则

$$\Delta A = A_{\lambda_2} - A_{\lambda_1} = A_{\lambda_2}^B + A_{\lambda_2}^A - A_{\lambda_1}^B - A_{\lambda_1}^A$$

因 $A_{\lambda_2}^A = A_{\lambda_1}^A$,所以 $\Delta A = A_{\lambda_2}^B - A_{\lambda_1}^B = (\varepsilon_{\lambda_2}^B - \varepsilon_{\lambda_1}^B) b C_B$。

可见仪器的输出讯号 ΔA 与干扰组分 A 无关,它只正比于待测组分 B 的浓度,即消除了 A 的干扰。

(2)系数倍率法。当干扰组分 A 的吸收光谱曲线不呈峰状,仅是陡坡状时,不存在两个波长处的等吸收点,如图 3-26 所示。

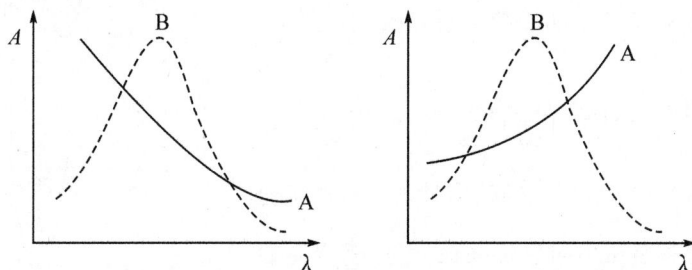

图 3-26 用系数倍率法定量测定

在这种情况下,可采用系数倍率法测定 B 组分,并采用双波长分光光度计来完成。选择两个波长 λ_1、λ_2,分别测量 A、B 混合液的吸光度 A_{λ_2}、A_{λ_1},利用双波长分光光度计中差分函数放大器,把 A_{λ_2}、A_{λ_1} 分别放大 k_1、k_2 倍,获得 λ_2、λ_1 两波长处测得的差示信号 S,即

$$S = k_2 A_{\lambda_2} - k_1 A_{\lambda_1} = k_2 A_{\lambda_2}^B + k_2 A_{\lambda_2}^A - k_1 A_{\lambda_1}^B - k_1 A_{\lambda_1}^A$$

调节放大器,选取 λ_2 和 λ_1,使之满足 $k_2 A_{\lambda_2}^A = k_1 A_{\lambda_1}^A$

得到系数倍率

$$k = \frac{k_2}{k_1} = \frac{A_{\lambda_1}^A}{A_{\lambda_2}^A}$$

则

$$S = k_2 A_{\lambda_2}^B - k_1 A_{\lambda_1}^B = (k_2 \varepsilon_{\lambda_2}^B - k_1 \varepsilon_{\lambda_1}^B) b C_B$$

差示信号 S 与待测组分 B 的浓度 C_B 成正比,与干扰组分 A 无关,即消除了 A 的干扰。

4. 导数分光光度计法

采用不同的实验方法可以获得各种导数光谱曲线。不同的实验方法包括双波长法、电子微分法和数值微分法。

将 $A = \ln \dfrac{I_0}{I} = \varepsilon b C$ 对波长 λ 求导,得

$$\frac{\mathrm{d}I}{\mathrm{d}\lambda} = \exp(-\varepsilon b C) \frac{\mathrm{d}I_0}{\mathrm{d}\lambda} - I_0 \exp(-\varepsilon b C) b C \frac{\mathrm{d}\varepsilon}{\mathrm{d}\lambda}$$

在整个波长范围内,I_0 可控制在恒定值,$\dfrac{\mathrm{d}I_0}{\mathrm{d}\lambda} = 0$,则

$$\frac{\mathrm{d}I}{\mathrm{d}\lambda} = -I b C \left(\frac{\mathrm{d}\varepsilon}{\mathrm{d}\lambda}\right)$$

上式表明:①导数分光光度法的一阶导数信号与浓度成正比例,不需要通过对数转换为吸

光度;②测定灵敏度决定于摩尔吸光系数在特定波长处的变化率 $\dfrac{\mathrm{d}\varepsilon}{\mathrm{d}\lambda}$,在吸收曲线的拐点波长处 $\dfrac{\mathrm{d}\varepsilon}{\mathrm{d}\lambda}$ 最大,灵敏度最高。如图3-27所示的 0 阶和 1 阶导数光谱。

对于二阶导数光谱,有

$$\frac{\mathrm{d}^2 I}{\mathrm{d}\lambda^2} = Ib^2 C^2 \left(\frac{\mathrm{d}\varepsilon}{\mathrm{d}\lambda}\right)^2 - IbC\left(\frac{\mathrm{d}^2\varepsilon}{\mathrm{d}\lambda^2}\right)$$

只有当一阶导数 $\dfrac{\mathrm{d}\varepsilon}{\mathrm{d}\lambda}=0$ 时,二阶导数信号才与浓度成正比例。测定波长选择在吸收峰处,其曲率 $\dfrac{\mathrm{d}^2\varepsilon}{\mathrm{d}\lambda^2}$ 最大,灵敏度就高,如图3-27 所示的 2 阶导数光谱。

对于三阶导数光谱,有

$$\frac{\mathrm{d}^3 I}{\mathrm{d}\lambda^3} = Ib^3 C^3 \left(\frac{\mathrm{d}\varepsilon}{\mathrm{d}\lambda}\right)^3 + 3IbC^2 \left(\frac{\mathrm{d}\varepsilon}{\mathrm{d}\lambda}\right)\left(\frac{\mathrm{d}^2\varepsilon}{\mathrm{d}\lambda^2}\right) - IbC\left(\frac{\mathrm{d}^3\varepsilon}{\mathrm{d}\lambda^3}\right)$$

当一阶导数 $\dfrac{\mathrm{d}\varepsilon}{\mathrm{d}\lambda}=0$ 时,三阶导数信号与浓度成正比例,测定波长在曲率半径小的肩峰处最大,可获得高的灵敏度,如图3-27所示的 3 阶导数光谱。

在一定条件下,导数信号与被测组分的浓度成比例。测量导数光谱曲线的峰值方法有基线法、峰谷法和峰零法,如图 3-28 所示。

基线法又称切线法,在相邻两峰的极大或极小处画一公切线,再由峰谷引一条平行于纵坐标的直线相交于 a 点,然后测量距离 t 的大小。

峰谷法是测量相邻两峰的极大和极小之间的距离 p,这是较常用的方法。

峰零法是测量峰至基线的垂直距离 z,该法只适用于导数光谱曲线对称于横坐标的高阶导数光谱。

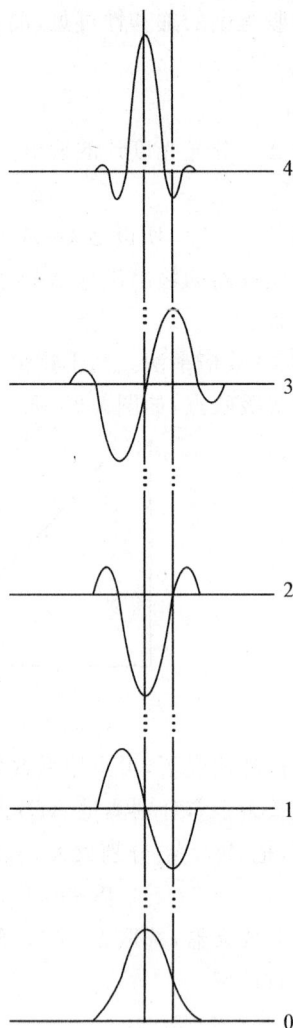

图 3-27　吸收光谱曲线及其一至四阶导数光谱

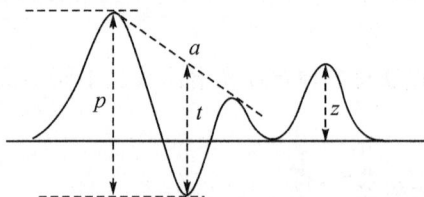

图 3-28　作图法测量导数光谱曲线的峰值

导数分光光度法对吸收强度随波长的变化非常敏感,灵敏度高;对重叠谱带及平坦谱带的分辨率高,噪声低。导数分光光度法对痕量分析、稀土元素、药物、氨基酸、蛋白质的测定,以及废气或空气中污染气体的测定非常有用。

5. 示差分光光度法

用普通分光光度法测定很稀或很浓溶液的吸光度时,测量误差都很大。若用一已知合适浓度的标准溶液作为参比溶液,调节仪器的 100％ 透射比点(即零吸光度点),测量试样溶液对该已知标准溶液的投射比，则可以改善测量吸光度的精确度。这种方法称为示差分光光度法。其原理如图 3-29 所示。

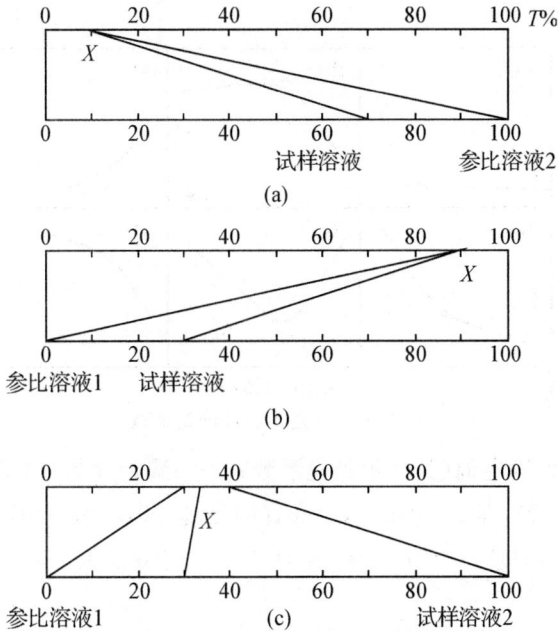

图 3-29　示差分光光度法原理
(a)高吸收法；(b)低吸收法；(c)最高精密法

当测定低透射比(高吸光度)的高浓度试液时，用比试液浓度 C_1 稍低的标准溶液 C_2 作参比溶液，这种示差法叫高吸收法；当测定高透射比(低吸光度)的低浓度试液时，用比试液浓度稍高的标准溶液作参比溶液，这种示差法叫低吸收法；若同时用浓度不同的两种标准溶液(试液的浓度需介于两标准溶液之间)分别调仪器的 100% 透射比点及零透射比点，这种示差方法叫最精密法。较常用的是高吸收法，其原理如下。

根据吸收定律有

$$I_1 = I_0 10^{-\varepsilon b C_1}, I_2 = I_0 10^{-\varepsilon b C_2}$$

则

$$\frac{I_1}{I_2} = \frac{I_0 10^{-\varepsilon b C_1}}{I_0 10^{-\varepsilon b C_2}} = 10^{-\varepsilon b \Delta C}$$

即 C_2 作参比测得的 A 为 $A = \varepsilon b \Delta C$。

示差法实质上是相当于把仪器的测量标尺放大，以提高测定的精确度。如果 C_2 以常规法测得的透射比为 10%，在示差法中用它调至透射比为 100%，意味着标尺扩大了 10 倍。若待测试液 C_1 以常规法测得的透射比为 5%，用 C_2 作参比的示差法测得的透射比将是 50%。示差法的最终分析结果准确度比常规法高，这是因为尽管示差法的 ΔC 很小，如果测量误差为 dC，固然 $\dfrac{dC}{\Delta C}$ 会相当大，但最终分析结果的相对误差为 $\dfrac{dC}{\Delta C + C}$，C_s 是标准参比溶液，C_s 相对很大，所以相对误差仍然很小。

6. 光度滴定法

分光光度滴定法是利用被测组分或滴定剂或反应产物在滴定过程中的吸光度的变化来确定滴定终点，并由此计算试液中被测组分含量的方法。

分光光度滴定曲线是在某一给定波长处,在滴定过程中所测得的吸光度与已知浓度的滴定剂体积之间的关系曲线,其曲线的形状取决于反应体系中样品组分、滴定剂或产物的吸光程度,如图 3-30 所示。

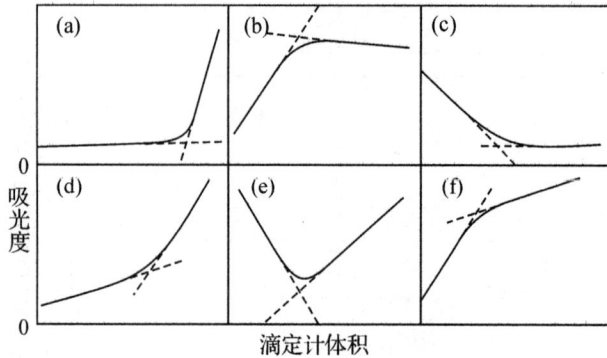

图 3-30　分光光度计滴定曲线

图 3-30(a)是用有色滴定剂(其摩尔吸光系数 $\varepsilon_t>0$)滴定含非吸收组分($\varepsilon_s=0$)的试液,生成的产物也无吸收($\varepsilon_p=0$),即 $\varepsilon_t>0,\varepsilon_s=\varepsilon_p=0$;(b)是 $\varepsilon_p>0,\varepsilon_s=\varepsilon_t=0$;(c)是 $\varepsilon_s>0,\varepsilon_p=\varepsilon_t=0$;(d)是 $\varepsilon_s=0,\varepsilon_t>\varepsilon_p>0$;(e)是 $\varepsilon_p=0,\varepsilon_s>\varepsilon_t>0$;(f)是 $\varepsilon_s=0,\varepsilon_p>\varepsilon_t>0$。

7. 其他分析方法

简单介绍动力学分光光度法及胶束增溶分光光度法。

(1)动力学分光光度法。一般的分光光度法是在溶液中发生的化学反应达到平衡后测量吸光度,然后根据吸收定律算出待测物质的含量。而动力学分光光度法则是利用反应速率与反应物、产物或催化剂的浓度之间的定量关系,通过测量与反应速率成比例关系的吸光度,从而计算待测物质的浓度。根据催化剂的存在与否,动力学分光光度法可分为非催化和催化分光光度法。当利用酶这种特殊的催化剂时,则称为酶催化分光光度法。

由反应速度方程式及吸收定律方程式可以推导出动力学分光光度法的基本关系为

$$A=KC_c$$

式中:K 为常数,C_c 为催化剂的浓度。测定 C_c 的方法常有固定时间法、固定浓度法和斜率法三种。

优点:灵敏度高、选择性好(有时是特效的)、应用范围广(快速、慢速反应,有副反应,高、低浓度均可)。

缺点:影响因素较多,测量条件不易控制,误差经常较大。

(2)胶束增溶分光光度法。胶束增溶分光光度法是利用表面活性剂的增溶、增敏、增稳、褪色、析相等作用,以提高显色反应的灵敏度、对比度或选择性,改善显色反应条件,并在水相中直接进行光度测量的光度分析法。

表面活性剂(有阳离子型、阴离子型、非离子型之分)在水相或有机相中有生成胶体的倾向,随其浓度的增大,体系由真溶液转变为胶体溶液,形成极细小的胶束,体系的性质随之发生明显的变化。体系由真溶液转变为胶束溶液时,表面活性剂的浓度称为临界胶束浓度(critical micelle concentration,CMC),常用 cmc 表示。由于形成胶束而使显色产物溶解度变大的现象,称为胶束增溶效应。由于胶束与显色产物的相互作用,结合成胶束化合物,增大了显色分子的有效吸光截面,增强其吸光能力,使 ε 增大,提高显色反应的灵敏度,称为胶束的增敏效应。

胶束增溶分光光度法比普通分光光度法的灵敏度有显著提高，ε 可达 $10^6 \text{L} \cdot \text{mol}^{-1} \cdot \text{cm}^{-1}$。近年来，这种方法得到很广泛的应用。

四、配合物组分及其稳定性常数的测定

分光光度法是测定配合物组成及稳定常数的常用及有效的方法之一，主要有摩尔比法、等摩尔连续变化法、斜率比法和平衡移动法四种，前两种方法较后两种方法更为常用。

1. 摩尔比法（也称为饱和法）

摩尔比法是根据金属离子 M 与配位体 R 显色过程中被饱和的原则来测定配合物组成及稳定常数的方法。设配合反应为

$$M + n R \Longrightarrow MR_n$$

若 M 与 R 均不干扰 MR_n 的吸收，且其分析浓度分别为 C_M，C_R。那么固定金属离子 M 的浓度，改变配位体 R 的浓度，可得到一系列 C_R/C_M 值不同的溶液。在适宜波长下测定各溶液的吸光度，然后以吸光度 A 对 C_R/C_M 作图（见图 3-31）。当加入的配位体 R 还没有使 M 定量转化为 MR_n 时，曲线处于直线阶段；当加入的配位体 R 已使 M 定量转化为 MR_n 并稍有了过量时，曲线便出现转折；加入的 R 继续过量，曲线便成水平直线。转折点所对

图 3-31　摩尔比法

应的摩尔比数便是配合物的组成比。若配合物较稳定，则转折点明显；反之则不明显，这时可用外推法求得两直线的交点。

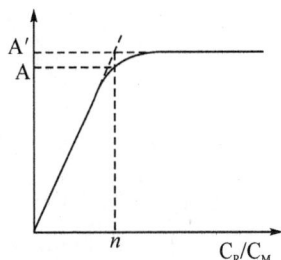

此法简便，适合于离解度小、组成比高的配合物组成的测定。

若形成的配合物稳定，可得到两条相交于转折点的直线；若稳定性较差，则得图 3-31 的曲线。由于配合物的离解，使吸光度 A' 减小至 A，A' 减小的程度取决于配合物的稳定性。稳定常数表示为

$$K_{稳} = \frac{[MR_n]}{[M][R]^n}$$

设配合物不离解时在转折点处的浓度为 C，配合物的离解度为 α，则达到平衡时

$$[MR_n] = (1-\alpha)C$$
$$[M] = \alpha C$$
$$[R] = \alpha n C$$

则
$$K_{稳} = \frac{(1-\alpha)C}{[\alpha C][\alpha n C]^n} = \frac{1-\alpha}{n^n \alpha^{n+1} C^n}$$

式中：$\alpha = (A'-A)/A'$。

在转折点处可求得 n，吸光度 A 由实验测得，A' 由外推法求得，则

$$K_{稳} = \frac{1 - \left(\dfrac{A'-A}{A'}\right)}{n^n \left(\dfrac{A'-A}{A'}\right)^{n+1} C^n}$$

2. 等摩尔连续变化法（又称 Job 法）

设配合反应为

$$M + nR \Longrightarrow MR_n$$

设 C_M 与 C_R 分别为溶液中 M 与 R 物质的量浓度（原始浓度），配置一系列溶液，保持 $C_M + C_R = C$（C 值恒定）。改变 C_M 与 C_R 的相对比值，在 MR_n 的吸收波长下测定各溶液的吸光度 A。当 A 值达到最大时，即 MR_n 浓度最大，该溶液中 C_M/C_R 比值即为配合物的组成比。如以吸光度 A 为纵坐标，C_M/C 比值为横坐标作图，即绘出连续变化法曲线（见图 3-32）。由两曲线外推的交点所对应的 C_M/C 值即可计算配合物的组成 M 与 R 之比（n 值）。

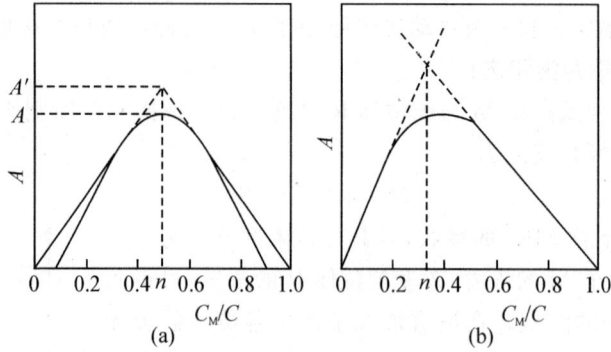

图 3-32　等摩尔连续变化法

该法适用于溶液中只形成一种离解度小的、配合比低的配合物组成的测定。

若以 [M]、[R] 和 $[MR_n]$ 分别表示金属离子、配位体和配合物平衡时的浓度，f 为金属离子在总浓度中所占的分数，$f = C_M/C$，则

$$[M] = C_M - [MR_n] = fC - [MR_n]$$

$$[R] = C_R - n[MR_n] = (1-f)C - n[MR_n]$$

$$K_{稳} = \frac{[MR_n]}{[M][R]^n} = \frac{[MR_n]}{(fC - [MR_n])\{(1-f)C - n[MR_n]\}^n}$$

3. 斜率比法

配置一系列溶液，其中配位体的浓度过量且固定，为 C_R，而加入少量不同浓度的金属离子，为 C_M，可认为金属离子完全被配合为 M_mR_n，配合反应为

$$mM + nR \Longrightarrow M_mR_n$$

即

$$[M_mR_n] = \frac{C_M}{m}$$

测得

$$A = \varepsilon b[M_mR_n] = \varepsilon b \frac{C_M}{m}$$

以 A 对 C_M 作图，得一直线，斜率为 $S_M = \varepsilon b/m$。用类似的方法，配制一系列溶液，其中 C_M 过量且固定，而加入少量不同浓度的 R，为 C_R，可以认为 R 完全被配合为 M_mR_n。测定 A，作 $A \sim C_R$ 曲线，斜率为 $S_R = \varepsilon b/n$。则 $S_M/S_R = m:n$，即求出配合物的组成比。在测得 m、n 的基础上，用稀释法可以求配合物的稳定常数 $K_{稳}$。

按配合物的组成比混合 M 与 R，在一定吸收池厚度下测定吸光度 A。如果配合物完全配合，则分析浓度为 C（不离解），而设配合物的离解度为 α，则各物质在平衡时浓度分别为

$$[M_mR_n] = (1-\alpha)C, \quad [M] = m\alpha C, \quad [R] = n\alpha C$$

所以配合物的稳定常数

$$K_{稳} = \frac{[M_mR_n]}{[M]^m[R]^n} = \frac{(1-\alpha)C}{(m\alpha C) \cdot (n\alpha C)} = \frac{(1-\alpha)}{m^m n^n \alpha^{m+n} C^{m+n-1}}$$

将上面溶液稀释 a 倍,然后用厚度为原吸收池厚度 a 倍的吸收池测定吸光度 A_a(或者用原来的吸收池测定吸光度再乘上 a 倍)。稀释后配合物的离解度会改变,设离解度为 α_a,则同样可以得到

$$K_{稳} = \frac{1-\alpha_a}{m^m n^n \alpha_a^{m+n} C_a^{m+n-1}} (其中 \, C_a = C/a)$$

在同样温度下, $K_{稳} = K'_{稳}$,所以得到 $\dfrac{1-\alpha}{m^m n^n \alpha^{m+n} C^{m+n-1}} = \dfrac{1-\alpha}{m^m n^n \alpha_a^{m+n} C_a^{m+n-1}}$

即

$$\frac{1-\alpha}{\alpha^{m+n}} = \frac{1-\alpha_a}{\alpha_a^{m+n}} \cdot a^{m+n-1}$$

一般情况下, α、α_a 均 $\ll 1$,则: $\alpha^{m+n} \cdot a^{m+n-1} = \alpha_a^{m+n}$

由于

$$A = \varepsilon b(1-\alpha)C, \quad A_a = \varepsilon b_a(1-\alpha_a)C_a \quad (bc = b_a C_a)$$

所以

$$\frac{A}{A_a} = \frac{1-\alpha}{1-\alpha_a}$$

代入前一式即可以求出 α,进而求出 C,就可以求出 $K_{稳}$。

4. 平衡移动法

平衡移动法也称 Bent-French 法,它是根据配位反应平衡中某组成浓度改变时,平衡发生移动,从而求得配合物的稳定常数。设配合反应为

$$M + nR \rightleftharpoons MR_n, \quad K_{稳} = \frac{[MR_n]}{[M][R]^n}$$

取 $K_{稳}$ 的对数

$$\lg K_{稳} = \lg \frac{[MR_n]}{[M]} - n\lg[R] \quad 或 \quad \lg \frac{[MR_n]}{[M]} = \lg K_{稳} + n\lg[R]$$

以 $\lg\dfrac{[MR_n]}{[M]}$ 对 $\lg[R]$ 作图得一直线,其斜率为配位数 n,截距为 $\lg K_{稳}$。但欲求这些平衡浓度均较麻烦,故采用固定金属离子 M 浓度,逐渐改变配位体 R 的浓度 C_R,测定其吸光度 A,以 A 对 C_R 作图,得到结果如图 3-33(a)所示。

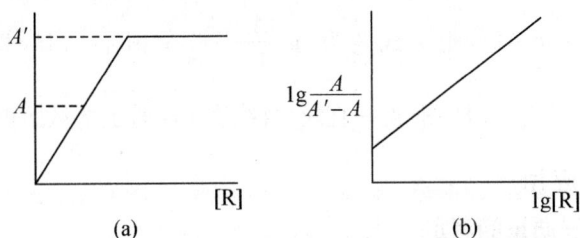

图 3-33　平衡移动法求配合物组成和不稳定常数

在曲线上升部分,M 未完全转为 MR_n,可以得到平衡浓度之比为

$$\frac{[MR_n]}{[M]} = \frac{A}{A'-A}$$

如果配合物较不稳定,则可以用 C_R 代替 $[R]$,以 $\lg\dfrac{A}{A'-A}$ 对 $\lg[R]$ 作图,如图 3-33(b)所示,从而求得 n、$K_{稳}$。

此法主要用于较不稳定的配合物组成及稳定常数的测定。

五、酸碱离解常数的测定

光度法是测定分析化学中应用的指示剂或显色剂离解常数的常用方法,因为它们大多数是有机弱酸或弱碱。以一元弱酸 HL 为例,在溶液中有下列的离解平衡

$$HL \rightleftharpoons H^+ + L^-$$

其离解常数

$$K_a = \frac{[H^+][L^-]}{[HL]} \quad 或 \quad pK_a = pH + lg \frac{[HL]}{[L^-]}$$

可见只要在某一确定的 pH 值下,知道 $\frac{[HL]}{[L^-]}$ 的比值,就可算出 K_a。HL 与 L^- 是共轭酸碱对,它们的平衡浓度之和等于弱酸 HL 的分析浓度 C,即 $[HL]+[L]=C$。只要两者对光的吸收都遵循吸收定律,就可以通过测定溶液的吸光值(两者吸光度之和)求得 $\frac{[HL]}{[L^-]}$ 的比值。

作法是:配置 n 个浓度均为 C 而 pH 值不同的 HL 溶液,其中一个高酸度,一个高碱度,在某一确定的波长下(一般选择酸型或碱型的最大吸收波长),用 1.0cm 的吸收池测量各溶液的吸光度 A,并用酸度计测量各溶液的 pH 值。各溶液的吸光度为

$$A = \varepsilon_{HL}[HL] + \varepsilon_L[L^-] = \varepsilon_{HL} \cdot \frac{[H^+]C}{K_a + [H^+]} + \varepsilon_L \frac{K_aC}{K_a + [H^+]}$$

在高酸度介质中,可认为 $[HL] \approx C$,其吸光度为定值,记为 A_{HL},$\varepsilon_{HL} = \frac{A_{HL}}{C}$。

在高碱度介质中,可认为 $[L] \approx C$,其吸光度为定值,记为 A_L,$\varepsilon_L = \frac{A_L}{C}$。

将上面的关系式联合、整理后,得到

$$K_a = \frac{A_{HL}}{A - A_L} \cdot [H^+] \quad 或 \quad pK_a = pH + lg \frac{A - A_L}{A_{HL} - A}$$

对于一系列(如 n 个)C 相同而 pH 值不同的 HL 溶液,测出 A_{HL}、A_{L^-} 及其余的各个 A 后,就可以算出各个 K_a 值,然后求平均值。

也可以用作图法求 K_a 值,把上式变为 $lg \frac{A - A_L}{A_{HL} - A} = pK_a - pH$,算出各 pH 所对应的 $lg \frac{A - A_L}{A_{HL} - A}$ 值,作 $lg \frac{A - A_L}{A_{HL} - A} \sim pH$ 图,得一直线,直线在 pH 轴上的截距即为 pK_a。

六、其他方面的应用

1. 化合物相对分子质量的测定

利用同样生色骨架的分子 λ_{max} 及 ε_{max} 基本相同的特点,若一化合物在紫外-可见光区无吸收,则可将它与另一已知摩尔吸光系数 ε 的生色团作用形成衍生物。测定一定质量浓度 $m(g/L)$ 的该衍生物溶液的吸光度 A,可以计算该化合物的相对分子量。

$$A = \varepsilon b \frac{m}{M}, M = \frac{\varepsilon mb}{A}$$

M 为衍生物的相对分子量,扣去生色团的相对分子量后得到该化合物的相对分子量。

2. 氢键强度的测定

在溶剂效应对 $n \rightarrow \pi^*$ 跃迁和 $\pi \rightarrow \pi^*$ 跃迁所引起的吸收光谱的影响中已经指出,溶剂极性

增大时,引起 n→π* 跃迁吸收带的蓝移,而引起 π→π* 吸收带的红移。这种移动是溶质分子与溶剂分子相互作用引起的。如果它们之间具有可形成氢键的基团,则就是由于形成氢键所引起的。因而可以通过吸收波长的移动程度来测定氢键的强度,如图 3-34 示。

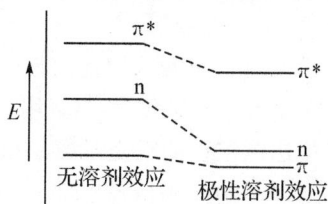

图 3-34　溶剂极性对 π→π* 与 n→π* 跃迁能量的影响

可见,溶剂极性变大时,使 n、π、π* 轨道的能量都降低,而 n 降低最大,其次是 π*,π 降低最少,致使 n→π* 跃迁所需能量 ΔE 升高,吸收波长移动所对应的能量差即为氢键的强度。

3. 在电化学研究方面的应用

分光光度法与电化学结合起来,构成了一个崭新的研究领域——光谱电化学。光谱电化学技术有透射技术、镜反射技术和内反射技术三种。以分光光度法为测量手段,研究某些无机物、有机物和生物物质在电极上的电化学行为,可以同时获得氧化还原体系的吸收光谱和氧化还原电位,可用于进一步研究所发生的电化学反应的历程及动力学。它还可以测定发生电化学反应所转移的电子数、标准电位、摩尔吸光系数,以及反应中间产物或最终产物的扩散系数等。光谱电化学发展很快,它在研究无机、有机和生物化学氧化还原机理、均相反应动力学等方面无疑将会发挥极大的作用。

思考题与习题

1. 试说明紫外吸收光谱产生的原理。

2. 试说明有机化合物的紫外吸收光谱的电子跃迁的类型及吸收带类型。

3. 什么是生色团和助色团?什么是红移和蓝移?

4. 电子跃迁的类型?它们各对应于什么波长范围?

5. 选择参比溶液的原则是什么?普通法与示差法的根本区别是什么?

6. 将下列化合物按最大吸收波长的大小排列,并说明理由(只考虑 π→π* 跃迁)。

(1)$CH_2{=}CH{-}CH{=}CH{-}CH_3$

(2)$CH_2{=}CH{-}CH{=}CH{-}CH{=}CH{-}CH_3$

(3)$CH_2{=}CH{-}CH_2{-}CH_2{-}CH{=}CH{-}CH_3$

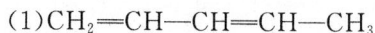

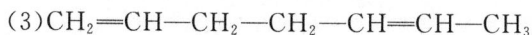

7. 以下五种类型的电子能级跃迁,需要能量最大的是哪种?

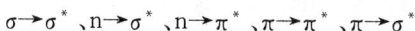

σ→σ*、n→σ*、n→π*、π→π*、π→σ*

8. 计算下列化合物的 λ_{max}。

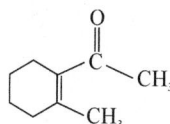

9. 据报道 Pd 与硫代米蚩酮的配合物反应是测定 Pd 的最灵敏显色反应之一,其摩尔吸光系数高达 $2.12 \times 10^3 L \cdot mol^{-1} \cdot cm^{-1}$。若最小可测吸光度为 0.001,使用吸收池的光程长度为

10cm，试问用分光光度法测定 Pd 的最低物质的量浓度是多少？如果吸收池的容积为 10mL，可以测定的最小 Pd 量是多少？（Pd-硫代米蚩酮配合物的分子量为 106.4）

10. 某有色溶液，当液层厚度为 1cm 时，透过光的强度为入射光的 80%；若通过 3cm 厚的液层时，其透过光的强度减弱多少？

11. 已知某废液中每升含铁 47.0mg。准确吸取此溶液 3.0mL 于 100mL 容量瓶中，在适合的条件下加邻二氮菲显色剂显色后稀释至刻度，摇匀。用 1.0cm 吸收池于 308nm 处测得其吸光度为 0.47。计算邻二氮菲光度法测定铁的吸光系数 a 和摩尔吸光系数 ε。

12. 某有色物质式量为 123，在 $\lambda=480$nm 时，$\varepsilon=2300$L·mol^{-1}·cm^{-1}，有一样品含该物质约 1.3%，试样溶解后稀释至 100.00mL，用 1.00cm 比色皿测量吸光度 A。为使仪器测量误差所引起的相对浓度误差最小，应当称取样品多少克？

13. 有 1.00×10^{-3}mol·L^{-1} 的标准溶液，其在 270nm 时，吸光度值为 0.400，在 343nm 时，$A=0.010$。该麻醉品在人体内的代谢产物 1.00×10^{-4}mol·L^{-1} 的溶液在 270nm 时，吸光度可以忽略，在 343nm 时，$A=0.460$。取尿样品 10mL，稀释至 100mL，将麻醉品及其代谢产物萃取出来后再在标准相同条件下测量吸光度值，在 270nm 时，$A=0.323$，在 343nm 时，$A=0.720$，计算在原尿样品中麻醉品及其代谢产物的摩尔浓度分别为多少？

14. 用分光光度法同时测定水样中 MnO_4^- 和 $Cr_2O_7^{2-}$ 的含量。用 1cm 比色皿在 $\lambda_1=$440nm 处测得水样吸光度为 0.363，在 $\lambda_2=343$nm 处测得水样吸光度为 0.682。已知 $Cr_2O_7^{2-}$ 的 $\varepsilon_{\lambda_1}=370$，$\varepsilon_{\lambda_2}=11$；$MnO_4^-$ 的 $\varepsilon_{\lambda_1}=93$，$\varepsilon_{\lambda_2}=2330$。试计算水样中 MnO_4^- 和 $Cr_2O_7^{2-}$ 的量浓度各是多少？

15. 用 1cm 比色皿，在两个测定波长处测定含有两种吸收物质溶液的吸光度。混合物在 380nm 处吸光度为 0.943，在 393nm 处的吸光度为 0.297。摩尔吸光系数列于下表中。试计算混合物中每个组分的浓度。

组分	摩尔吸光系数 ε(L·mol^{-1}·cm^{-1})	
	380nm	393nm
1	9874	348
2	433	8374

第四章

红外吸收光谱法

第一节 概 述

物质的分子吸收了红外辐射后,引起分子的振动-转动能级的跃迁而形成的光谱,因为出现在红外区,所以称之为红外光谱,又称为分子振动转动光谱,属分子吸收光谱。利用红外光谱进行定性定量分析的方法称之为红外吸收光谱(infrared absorption spectroscopy,IR)法。

红外辐射是 1800 年由英国的威廉·赫谢尔(Willian Hersher)发现的。一直到了 1903 年,才有人研究了纯物质的红外吸收光谱。二次世界大战期间,由于对合成橡胶的迫切需求,红外光谱才引起了化学家的重视和研究,并因此而迅速发展。随着计算机技术的发展,以及红外光谱仪与其他大型仪器的联用,使得红外光谱在结构分析、化学反应机理研究以及生产实践中发挥着极其重要的作用,是"四大波谱"中应用最多、理论最为成熟的一种方法。

一、红外光谱的划分和特点

红外光谱区是指波长 $0.78 \sim 1000 \mu m$ 的电磁辐射区,习惯上将其划分为三个区域,见表 4-1,其中,中红外区是目前研究和应用最多的区域。目前研究较多、较详细的,也应用较多的是中红外区,尤其是中红外区有机化合物的结构鉴定,故该区的吸收光谱就称为红外吸收光谱。中红外区的吸收光谱是本章学习的内容。

表 4-1 红外光谱区划分

区域	波长(μm)	波数(cm^{-1})	能级类型
近红外	$0.78 \sim 2.5$	$13000 \sim 4000$	OH、NH、CH 等键的倍频吸收区
中红外	$2.5 \sim 50$	$4000 \sim 400$	各基团振动
远红外	$50 \sim 1000$	$400 \sim 10$	分子转动

红外光谱法具有以下优点:

(1)IR 是研究分子振动时伴随有偶极矩变化的有机及无机化合物的,所以对象极广,除了单原子分子及同核的双原子分子外,几乎所有的有机物都有红外吸收,因而适用范围广泛。

(2)IR 法是一种非破坏性分析方法,对于试样的适应性较强。气态、液态和固态样品均可进行红外光谱测定。

(3)IR 提供的信息量大且具有特征性,被誉为"分子指纹",所以在结构分析上很有用,是结构分析的常用有力手段。

(4)IR 法不仅可以进行物质的结构分析,还可以作定量分析,能通过 IR 计算化合物的键力、键长、键角等物理常数。

(5)样品用量少,可减少到微克级。

(6)分析速度快,灵敏度高。

(7)与其他近代结构分析仪器如质谱仪、核磁共振仪等比较,红外光谱仪构造较简单,配套性附属仪器少,价格也较低,易于购置,更易普及。

(8)与色谱等联用具有强大的定性、定量功能。

红外光谱法的缺点:

(1)色散型仪器的分辨率低,灵敏度低,不适于弱辐射的研究。

(2)不能用于水溶液及含水物质的分析。

(3)对某些物质不适用,如振动时无偶极矩变化的物质;左右旋光物质的 IR 谱相同,不能判别;长链正烷烃类的 IR 谱相近似等。复杂化合物的光谱极复杂,难以作出准确的结构判断,往往需与其他方法配合。

二、红外光谱图表示方法

红外光谱图一般以透光度或吸光度为纵坐标,波长 $\lambda(\mu m)$ 或波数 $1/\lambda(cm^{-1})$ 为横坐标,可以用峰数、峰位、峰形、峰强来描述,如图 4-1 所示。

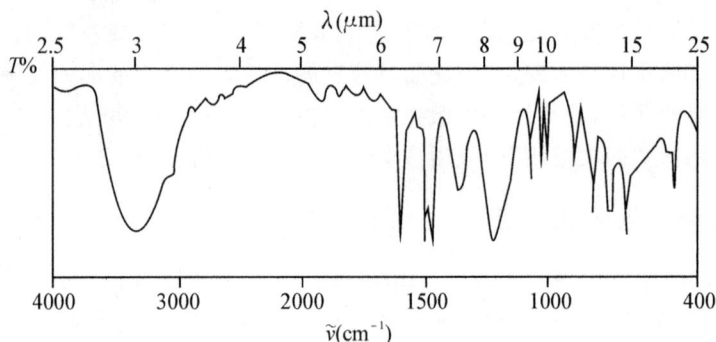

图 4-1 苯酚的红外吸收光谱

1. 透光度

$$T\% = \frac{I}{I_0} \times 100\%$$

式中:I_0 为入射光强度,I 为入射光被样品吸收后透过的光强度。

2. 吸光度

$$A = \lg \frac{1}{T} = \lg \frac{I_0}{I}$$

横坐标表示波长或波数。波数是波长的倒数,$\tilde{\nu} = \dfrac{1}{\lambda}$,单位为 cm^{-1},在红外光谱中经常用 $\tilde{\nu}$(有的书中用 σ)表示波数,所以波长、波数间的换算关系为:

$$\tilde{\nu}(cm^{-1}) = \frac{10^4}{\lambda(\mu m)}$$

第二节 红外吸收基本理论

一、分子的能级及光谱

在紫外-可见吸收光谱法一章中已经阐述,分子的能级包括电子能级、振动能级及转动能级,因此对应也有三种光谱。

1. 电子能级及电子光谱

构成分子的原子的外层电子具有一定的运动状态,即具有一定的能量,同一电子的不同状态其能量是量子化的,形成电子能级。电子能级差 ΔE_e 为 $1\sim20eV$,电子能级跃迁所产生的光谱称为电子光谱(electron spectrum),因其能量在紫外-可见光辐射能量范围内,所以电子光谱为紫外-可见光谱。电子能级的跃迁必然伴随着分子振动能级和转动能级的跃迁,所以电子光谱是宽带状光谱。

2. 分子的振动能级及振动光谱

构成分子的原子以很小的振幅在其平衡位置上振动,一定的振动状态具有一定的能量,同一振动的不同状态所具有的能量是量子化的,形成振动能级。振动能级差 ΔE_v 为 $0.05\sim1eV$,振动能级的跃迁所产生的光谱称为振动光谱(vibration spectrum),因其能量在中红外区辐射能量范围内,所以振动光谱是中红外区光谱,俗称红外光谱。振动能级的跃迁必然要伴随着转动能级的跃迁,所以振动光谱为窄带状光谱。在气态下,若仪器有较高的分辨率时,可以获得转动光谱的光谱精细结构,振动能级决定吸收带的中心位置,两边有谱线;在液、固态下,分子的碰撞使转动受到限制,得不到光谱的精细结构。

3. 分子的转动能级及转动光谱

分子的整体绕着通过分子质心的旋转轴转动,一定的转动状态具有一定的能量,不同转动状态所具有的能量是量子化的,形成转动能级,转动能级差 ΔE 为 $0.001\sim0.05eV$。转动能级跃迁所产生的光谱称为转动光谱(rotation spectrum),其能量所对应的辐射区为远红外区及微波区。气态下的转动光谱为线形光谱,液、固态下的光谱是连续光谱。转动光谱测量较为困难,目前研究的还较少。

二、红外吸收光谱的产生条件

能量在 $4000\sim400cm^{-1}$ 的红外光不足以使样品产生分子电子能级的跃迁,而只是振动能级与转动能级的跃迁。由于每个振动能级的变化都伴随许多转动能级的变化,因此红外光谱也是带状光谱。但是,并不是所有的分子都能吸收 $4000\sim400cm^{-1}$ 范围的红外光产生红外吸收光谱。物质的分子要能吸收红外光产生红外吸收光谱必须满足如下两个条件。

(1)分子的振动必须能与红外辐射产生耦合作用。为满足这个条件,分子振动时必须伴随瞬时偶极矩的变化,即分子在振动过程中只有伴随净的偶极矩变化的键才有红外活性。因为只有分子振动时偶极矩作周期性变化,分子内电荷的分布变化才会产生交变电场(交变的偶极场),当其频率与入射红外辐射电磁波频率相等时发生耦合作用,才会产生红外吸收。分子吸收了红外辐射的能量,从低的振动能级跃迁至高的振动能级,此时振动频率不变,而振幅变大。

这样的分子称为具有红外活性,因此说具有红外活性的分子才能吸收红外辐射。

注意:只要分子振动时会发生偶极矩的变化就表明分子具有红外活性,就能吸收红外辐射,而与分子是否具有永久偶极矩无关。因此,只有那些同核双原子分子(如 N_2、H_2、O_2 等)才显示非红外活性。

偶极子在交变电场中的作用可用图 4-2 表示。

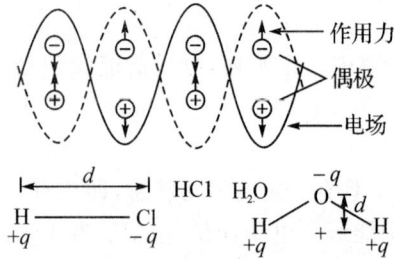

图 4-2　偶极子在交变电场中的作用

(2)只有当照射分子的红外辐射光子的能量与分子振动能级跃迁所需的能量相等,实际上也就是红外辐射的频率与分子某一振动方式的频率相同时,才能实现振动与辐射的耦合,从而使分子吸收红外辐射能量产生振动能级的跃迁。即

$$\Delta E_\nu = \Delta E_{\nu_2} - \Delta E_{\nu_1} = h\nu$$

式中:ΔE_{ν_2}、ΔE_{ν_1} 分别为高振动能级和低振动能级的能量,ΔE_ν 为其能量差,ν 为红外辐射的频率,h 为普朗克常数。

三、双原子分子的振动

1. 谐振子模型

双原子分子是简单的分子,振动形式也很简单,它仅有一种振动形式——伸缩振动,即两原子之间距离(键长)的改变。双原子分子振动可以近似地看作简谐振动,把两个质量为 m_1 和 m_2 的原子看作两个刚性小球,连接两原子的化学键设想为无质量的弹簧,弹簧长度 r 就是分子化学键的长度,如图 4-3 所示。键力常数看成弹簧力常数 k。

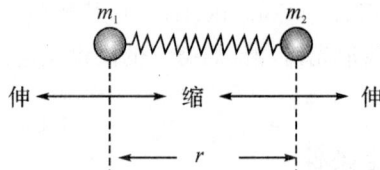

图 4-3　小球的谐振子振动模型

(1)经典力学处理。根据经典力学的虎克(Hook)定律,该体系基本振动频率计算公式为

$$\nu = \frac{1}{2\pi}\sqrt{\frac{k}{\mu}} \quad 或 \quad \tilde{\nu} = \frac{1}{2\pi c}\sqrt{\frac{k}{\mu}} \tag{4-1}$$

式中,ν、$\tilde{\nu}$ 分别为振动频率及波数,k 为键力常数(达因/厘米),c 为光速(2.998×10^{10} 厘米/秒),μ 为两原子折合质量(克):

$$\mu = \frac{m_1 \cdot m_2}{m_1 + m_2}$$

式中:m_1 和 m_2 分别为两原子的质量。

把折合质量与原子的相对原子质量单位之间进行换算,即可得到

$$\tilde{\nu} = 4.118\sqrt{\frac{k}{A_r'}} \tag{4-2}$$

式中:k 的单位为达因/厘米,A_r' 为折合相对原子量单位。

$$A_r' = \frac{A_{r(1)} \cdot A_{r(2)}}{A_{r(1)} + A_{r(2)}} \tag{4-3}$$

式中:$A_{r(1)}$、$A_{r(2)}$ 分别为两原子的相对原子量单位。

若 k 取牛顿/厘米作为单位,则

$$\tilde{\nu} = 1302\sqrt{\frac{k}{A_r'}} \tag{4-4}$$

上述的振动波数方程式对于双原子分子及多原子分子中受其他因素影响小的化学键来说,计算值与实验值是比较接近的,具有一定的实用意义。从计算式可见,影响伸缩振动频率(波数)的直接因素是构成化学键原子的相对原子质量及化学键的键力常数。① A_r' 增大时,$\tilde{\nu}$ 减小,亦即重的原子将有低的振动频率。例如,—C—H 的振动频率出现在 $3300 \sim 2700 \text{cm}^{-1}$,O—C 的伸缩振动频率出现在 $1300 \sim 1000 \text{cm}^{-1}$ 附近。②键力常数 k 越大,折合相对原子质量越小,化学键的振动频率(波数)$\tilde{\nu}$ 越高。例如,C—C、C=C、C≡C 三种碳碳键的折合原子量相同,而键力常数依次为单键<双键<叁键,所以波数也依次增大,C—C 约为 1430cm^{-1},C=C 约为 1670cm^{-1},C≡C 约为 2220cm^{-1};又如 C—C、C—N、C—O 三种键的键力常数相近,而折合原子量依次为 C—C<C—N<C—O,所以波数依次减少,$\tilde{\nu}_{C-C}$ 约为 1430cm^{-1},$\tilde{\nu}_{C-N}$ 约为 1330cm^{-1},$\tilde{\nu}_{C-O}$ 约为 1280cm^{-1}。表 4-2 为某些化学键的 k 值。

表 4-2　某些化学键的 k

键	C—C	C=C	C≡C	C—H	O—H	N—H	C=O
k(N/cm)	4.5	9.6	15.6	4.8	7.7	6.4	12.1

经典力学的红外吸收解释:$\tilde{\nu}$ 是分子固有的振动频率,振动时若发生偶极距的变化,即产生了频率(波数)为 $\tilde{\nu}$ 的交变电磁场,若有一辐射频率同样为 $\tilde{\nu}$ 的红外光照射该分子,则分子振动的交变电磁场与红外辐射的交变电磁场发生耦合作用(或叫共振),红外辐射的能量转移到分子上,分子吸收了红外光,$\tilde{\nu}$ 不变,而振幅变大,振动能级发生跃迁,产生了红外吸收光谱。

谐振子模型的典型力学处理所得到的谐振子势能是连续的,势能与振子所处的坐标取位有关,即 $E_k = \frac{1}{2}kx^2$(x 为离开平衡点的距离)。这样为何只能选择吸收 $\tilde{\nu}$ 的红外光呢?而是应该吸收多种频率的光,这就是经典力学处理微观粒子所遇到的问题。

(2)量子力学处理。量子力学表明分子中的振动能级是量子化的,而不是连续的。从量子力学的波动方程所得到的振动位能解为

$$B_{振} = E_v = \left(v + \frac{1}{2}\right)h\nu \tag{4-5}$$

式中:v 为振动量子数,取值 $0,1,2,\cdots$ ν 为分子振动的频率,即为

$$\nu = \frac{1}{2\pi}\sqrt{\frac{k}{\mu}} \tag{4-6}$$

根据能级跃迁的光谱选律,$\Delta v = \pm 1$,即振动能级跃迁时,允许的是相邻能级的跃迁,而且

主要的是从 $v=0$ 跃迁到 $v=1$。所以,跃迁时能级差为

$$\Delta E_v = \Delta v h \nu = h \nu \tag{4-7}$$

吸收红外辐射光子的能量必须等于振动能级差 ΔE_v,则

$$\Delta E_v = h \nu = h \nu_a \tag{4-8}$$

所以

$$\nu_a = \nu = \frac{1}{2\pi} \sqrt{\frac{k}{\mu}} \text{ 或 } \tilde{\nu}_a = \tilde{\nu} = \frac{1}{2\pi} c \sqrt{\frac{k}{\mu}} \tag{4-9}$$

式中:ν_a、$\tilde{\nu}_a$ 分别为被吸收红外辐射的频率和波数。可见,量子力学解决了振动能级量子化、吸收红外的频率等于分子振动频率的问题。

2. 非谐振模型

用谐振子模型处理时遇到一些问题:谐振子位能曲线与非谐振存在着差异,如图 4-4 所示。

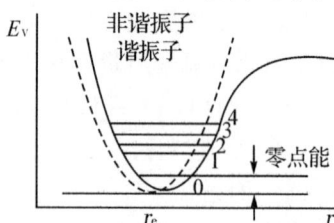

图 4-4　双原子分子位能曲线

非谐振子模型表明,当分子振动使核间距 r 小于平衡时的核间距 r_e 时,即 $r<r_e$,两原子靠拢时,两原子核之间的库仑斥力与化学键的复原力同向,使分子位能 E_v 随 r 的减少上升得更快些;而当 r 太大时,化学键要断裂,发生分子的分解。用谐振子模型的频率计算公式算得的振动频率与实际值总会有一定的偏差,这表明用谐振子模型处理分子的振动尚有不足之处。量子力学的非谐振子模型推出其位能函数为

$$E_v = \left(v + \frac{1}{2}\right)h\nu - \left(v + \frac{1}{2}\right)^2 \chi h\nu - \left(v + \frac{1}{2}\right)^3 \chi' h\nu - \cdots \tag{4-10}$$

χ 称为非谐振子常数,表示非谐振性的大小,r 越大,即振动量子数 v 越大时,χ 越大,所以振动能级差 ΔE_v 随振动量子数 v 的增大而减小,即能级变密,$\tilde{\nu}$ 变小。一级时为

$$\tilde{\nu}' = \tilde{\nu} - 2\chi\tilde{\nu} \tag{4-11}$$

可见,非谐振子的双原子分子实际吸收峰位置比按谐振子处理时低 $2\chi\tilde{\nu}$ 波数。

3. 双原子分子的红外吸收光谱

双原子分子吸收红外辐射后发生振动能级的跃迁,除了按光谱选律的 $\Delta v = \pm 1$ 跃迁外,量子力学的非谐振子处理还可以取 $\Delta v = \pm 2$,$\Delta v = \pm 3$ 等,即产生的红外吸收有如下几种。

(1)基频。$\Delta v = \pm 1$,且由于在室温下分子处于最低的振动能级,$v=0$,即为基态,所以跃迁为 $v=0$ 到 $v=1$,称为基频。这种跃迁的几率大,所产生的红外吸收强度大,在红外光谱分析中最有价值。

(2)倍频。$\Delta v = \pm 2$ 或 $\Delta v = \pm 3$ 等,振动能级从 $v=0$ 跃迁到 $v=2$ 或 $v=3$ 等。由 $v=0$ 跃迁至 $v=2$ 时,$\Delta v = 2$,则 $\nu_L = 2\nu$,即吸收的红外线谱线(ν_L)是分子振动频率的二倍,产生的吸收峰称为二倍频峰。由 $v=0$ 跃迁至 $v=3$ 时,$\Delta v = 3$,则 $\nu_L = 3\nu$,即吸收的红外线谱线(ν_L)是分子振动频率的三倍,产生的吸收峰称为三倍频峰。其他类推。在倍频峰中,二倍频峰还比较强。三倍频峰以上,因跃迁几率很小,一般都很弱,常常不能测到。

（3）热频。$\Delta v = \pm 2$ 或 $\Delta v = \pm 3$ 等，且从高于 $v=0$ 的能级跃迁到更高的振动能级，这种跃迁的几率也很小，吸收强度弱。

由于分子非谐振性质，各倍频峰并非正好是基频峰的整数倍，而是略小一些。以 HCl 为例：

基频峰　　（$v_{0\to1}$）　　　　　2885.9cm^{-1}　　　　　　　最强
二倍频峰（$v_{0\to2}$）　　　　　5668.0cm^{-1}　　　　　　　较弱
三倍频峰（$v_{0\to3}$）　　　　　8346.9cm^{-1}　　　　　　　很弱
四倍频峰（$v_{0\to4}$）　　　　　10923.1cm^{-1}　　　　　　极弱
五倍频峰（$v_{0\to5}$）　　　　　13396.5cm^{-1}　　　　　　极弱

除此之外，还有合频峰（除 $v_1 + v_2$，$2v_1 + v_2$，…）、差频峰（$v_1 - v_2$，$2v_1 - v_2$，…）等，这些峰多数很弱，一般不容易辨认。倍频峰、合频峰和差频峰统称为泛频峰。

四、多原子分子的振动

1. 简正振动

多原子分子由于组成分子的原子数目增多、分子中的化学键或基团及空间结构的不同，其振动比双原子分子要复杂得多。但是，可以把它们的振动分解成许多简单的基本振动，称为简正振动。简正振动具有以下特点。

（1）振动的运动状态可以用空间自由度（空间三维坐标）来表示，体系中的每一质点（原子）都具有三个空间自由度。

（2）分子的质心在振动过程中保持不变，分子的整体不转动。

（3）每个原子都在其平衡位置上作简谐振动，其振动频率及位相都相同，即每个原子都在同一瞬间通过其平衡位置，又在同一时间到达最大的振动位移。

（4）分子中任何一个复杂振动都可以看成这些简正振动的线性组合。

2. 简正振动的基本类型

一般把多原子分子的振动形式分成两大类：伸缩振动和变形振动。

（1）伸缩振动（stretching vibration）：化学键两端的原子沿着键轴的方向作来回周期性伸缩振动，振动时键长发生变化，而键角不变，用符号 V 表示。伸缩振动又可以分为对称伸缩振动（用符号 V_s 表示）和非对称伸缩振动（用符号 V_{as} 表示）。

（2）变形振动（又叫弯曲振动或变角振动，deformation vibration）：指基团的键角发生周期性变化而键长不发生变化的振动。变形振动又分为面内和面外变形振动两种。面内变形有剪式振动（用符号 δ 表示）和面内摇摆振动（用符号 ρ 表示）两种形式，面外变形有面外摇摆（用符号 ω 表示）和扭曲振动（用符号 τ 表示）两种形式。

简正振动的类型可以用图 4-5 表示。

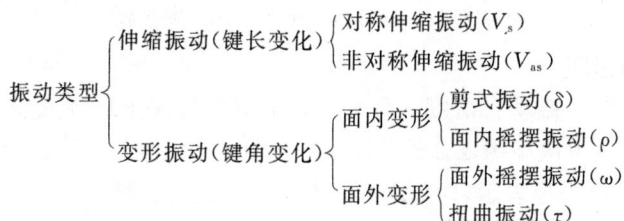

图 4-5　简正振动的类型

　　根据式(4-1),由于伸缩振动力常数比弯曲振动力常数大,所以伸缩振动的吸收出现在较高的频率区,而弯曲振动的吸收则在较低的频率区。同时,要说明的是,根据式(4-1)虽然可以计算基频峰的位置,而且某些计算与实测值很接近,如甲烷的C—H基频计算值为 2920cm^{-1},而实测值为 2915cm^{-1},但这种计算只适用于双原子分子或多原子分子中影响因素小的谐振子。实际上,在一个分子中,基团与基团的化学键之间都相互有影响,因此基本振动频率除决定于化学键两端的原子质量、化学键的力常数外,还与内部因素(结构因素)及外部因素(化学环境)有关。

　　图 4-6 以亚甲基(—CH$_2$—)为例表示多原子分子的几种基本振动形式。

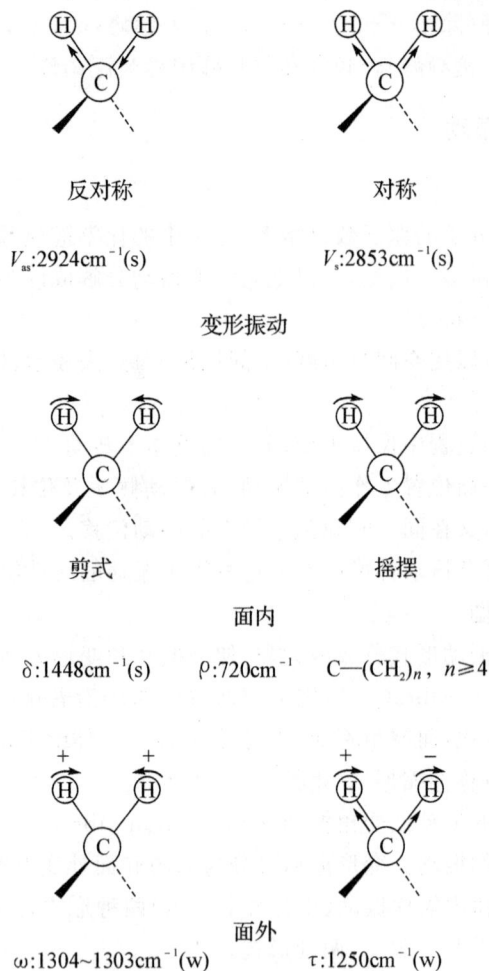

反对称   对称

V_{as}:2924cm^{-1}(s) V_s:2853cm^{-1}(s)

变形振动

剪式   摇摆

面内

δ:1448cm^{-1}(s) ρ:720cm^{-1} C—(CH$_2$)$_n$, $n \geq 4$

面外

ω:1304~1303cm^{-1}(w) τ:1250cm^{-1}(w)

图 4-6　亚甲基的基本振动形式

s—强吸收;m—中等强度吸收;w—弱吸收

3. 简正振动的自由度

　　简正振动的数目称为振动自由度。每个振动自由度对应于红外光谱上的一个基频吸收带。分子的空间自由度取决于构成分子的原子在空间中的位置。每个原子的空间位置可以用直角坐标中 x、y、z 三维坐标表示,即每个原子有三个自由度。显然:由 n 个原子组成的分子,在空间中具有 $3n$ 个总自由度,即有 $3n$ 种运动状态,而这 $3n$ 种运动状态包括了分子的振动自由度、平动自由度和转动自由度,即

$$3n＝振动自由度＋平动自由度＋转动自由度$$

或　　　　　　　　$$振动自由度＝3n－平动自由度－转动自由度$$

平动自由度为整体分子的质心沿着 x、y、z 三个坐标轴的平移运动，有 3 个自由度。

转动自由度为整体分子绕着 x、y、z 三个坐标轴的转动运动。对于非线性分子来说，绕三个坐标的转动有 3 个自由度。对于直线性分子来说，贯穿所有原子的轴是在其中一个坐标轴上，分子只绕着其他两个坐标轴转动，故只有 2 个转动自由度，所以

　　　　　　对于非线形分子：　　　　　　　振动自由度＝$3n－6$
　　　　　　对于线形分子：　　　　　　　　振动自由度＝$3n－5$

图 4-7 图示说明了分子的平动及转动自由度。

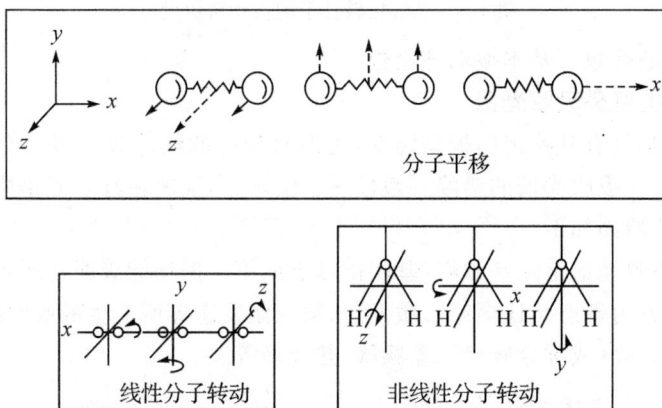

图 4-7　分子的运动状态

例如：水分子 H_2O（非线性分子）振动自由度＝$3×3－6＝3$，如图 4-8 所示。

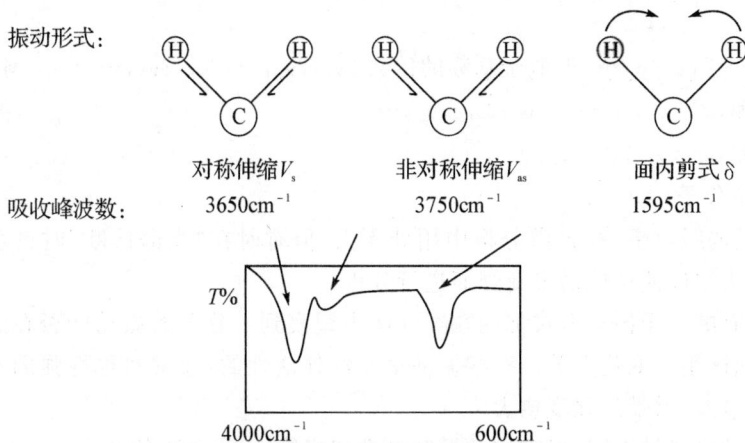

振动形式：　　　　对称伸缩V_s　　　非对称伸缩V_{as}　　　面内剪式δ
吸收峰波数：　　　$3650cm^{-1}$　　　$3750cm^{-1}$　　　$1595cm^{-1}$

图 4-8　水分子的振动自由度

又如，二氧化碳分子 CO_2（线性分子）振动自由度＝$3×3－5＝4$。故有四种基本振动形式：①对称伸缩振动，$\mu＝0$，因此是非红外活性的。②反对称伸缩振动，V_{as}：$2349cm^{-1}$。③面内弯曲振动，δ：$667cm^{-1}$。④面外弯曲振动，γ：$667cm^{-1}$。③和④两种振动的能量都是一样的，故吸收都出现在 $667cm^{-1}$ 处而产生简并，此时只观察到一个吸收峰，如图 4-9 所示。

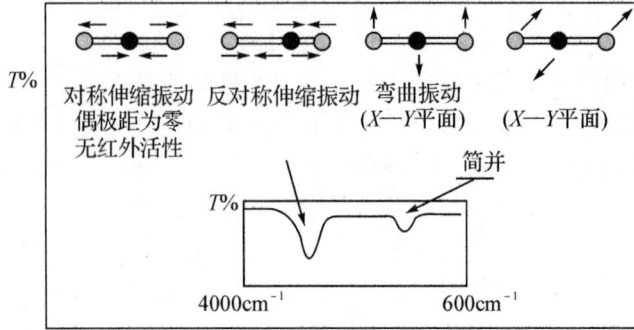

图 4-9 二氧化碳分子的振动自由度

红外光谱图上的峰数≤基本振动理论数。

4. 多原子分子的红外吸收光谱

每种振动形式都具有其特定的振动频率,也即有相应的红外吸收峰。有机化合物一般由多原子组成,因此红外吸收光谱的谱峰一般较多。实际上,反映在红外光谱中的吸收峰有时会增多或减少,增减的原因如下。

(1)在中红外吸收光谱上除基频峰(基团由基态向第一振动能级跃迁所吸收的红外光的频率称为基频)外,还有由基态跃迁至第二激发态、第三激发态等所产生的吸收峰,这些峰称为倍频峰。此外还有组频峰(或称合频峰)、差频峰、热频峰等。

基数:$v=0 \rightarrow v=1$,$\tilde{\nu}_1$,$\tilde{\nu}_2$,$\tilde{\nu}_3$,…   强吸收带

泛
频
谱
带

倍频:$v=0 \rightarrow v=2$,$v=3$,…,近似于基频的倍数 $2\tilde{\nu}_1$,$2\tilde{\nu}_2$,…,$3\tilde{\nu}_1$,$3\tilde{\nu}_2$,…   弱吸收带

组频:基频的和,$\tilde{\nu}_1+\tilde{\nu}_2$,$\tilde{\nu}_1+\tilde{\nu}_2+\tilde{\nu}_3$,$2\tilde{\nu}_1+\tilde{\nu}_2$,…   弱吸收带

差频:基频的差,$\tilde{\nu}_1-\tilde{\nu}_2$,$2\tilde{\nu}_1-\tilde{\nu}_3$,…   弱吸收带

热频:同双原子分子   弱吸收带

泛频谱带是弱吸收带,在光谱分析中用处不大,但有时在"光谱诊断"时也会起到重要作用,可以通过加大浓度使这些谱带变强而进行分析。

(2)不是所有的分子振动形式都能在红外区中观察到。分子的振动能否在红外光谱中出现及其强度与偶极距的变化有关。有些振动是非红外活性的,通常对称性强的分子不出现红外光谱,对称性愈差,谱带的强度愈大。

(3)有的振动形式虽不同,但它们的振动频率却相等,因而产生简并。

(4)仪器分辨率不高,对一些频率很接近的吸收峰分不开。一些较弱的峰,可能由于仪器灵敏度不够而检测不出。

(5)有的能量太低,吸收频率落在仪器测量范围之外。

五、红外吸收峰的强度及其主要影响因素

在红外光谱图上,通常采用百分透射率($T\%$)或吸光度(A)作为纵坐标以表示吸收的大小,直观表现出吸收的强弱。而一般用摩尔吸光系数 ε 的大小来划分吸收峰的强弱,红外吸收

的 ε 较小,一般比紫外-可见吸收小 2～3 数量级,仅几十至几百。按 ε 大小可划分为:

$\varepsilon>100$	$100>\varepsilon>20$	$20>\varepsilon>10$	$10>\varepsilon>1$	$1>\varepsilon$
很强,vs	强,s	中等,m	弱,w	很弱,vw

影响红外吸收强度的因素主要有两方面:振动能级跃迁几率及分子振动时偶极矩变化的大小。

跃迁几率越大,吸收越强。从基态向第一激发态跃迁,即从 $v=0$ 跃迁至 $v=1$ 几率大,因此,基频吸收带一般较强。

分子振动时偶极矩变化越大,吸收越强。分子振动时偶极距的变化不仅决定该分子能否吸收红外光,而且还关系到吸收峰的强度。根据量子理论,红外光谱的吸收强度与分子振动时偶极矩变化的平方成正比。最典型的例子是C=O基和C=C基。C=O基的吸收是非常强的,常常是红外谱图中最强的吸收带;而C=C基的吸收则有时出现,有时不出现,即使出现,相对地说强度也很弱。它们都是不饱和键,但吸收强度的差别却如此之大,就是因为C=O基在伸缩振动时偶极距变化很大,因而C=O基的跃迁几率大,而C=C双键则在伸缩振动时偶极矩变化很小。偶极矩变化的大小与分子结构和对称性有关。很显然,化学键两端所连接的原子电负性差别越大,分子的对称性越差,振动时偶极矩的变化就越大,吸收就越强。例如C=C双键在下述三种结构中,吸收强度的差别就非常明显:

(1)R—CH=CH₂摩尔吸光系数=40;

(2)R—CH=CH—R′顺式摩尔吸光系数=10;

(3)R—CH=CH—R″反式摩尔吸光系数=2。

这是由于对于C=C双键来说,结构(1)的对称性最差,因此吸收较强;而结构(3)的对称性相对最高,故吸收最弱。

一般说来,伸缩振动的吸收强于变形振动,非对称振动的吸收强于对称振动。

此外,对于同一试样,在不同的溶剂中,或在同一溶剂中不同浓度的试样中,由于氢键的影响以及氢键强弱的不同,使原子间的距离增大,偶极矩变化增大,吸收增强。例如,醇类的—OH基在四氯化碳溶剂中红外光谱的吸收强度就比在乙醚溶剂中弱得多。而在不同浓度的四氯化碳溶液中,由于缔合状态的不同,红外光谱的吸收强度也有很大的差别。

第三节　红外吸收光谱与分子结构的关系

一、基团的特征吸收峰与相关峰

红外光谱具有特征性,复杂分子中存在许多原子基团,各个原子基团(化学键)在分子被激发后,都会产生特征的振动,有自己特定的红外吸收区域。通常把能代表某基团(化学键)存在并有较高强度的吸收峰的位置,称为该基团(官能团)的特征吸收频率,简称基团频率,对应的吸收峰则称为特征吸收峰。

基团的特征吸收峰可用于鉴定官能团。但很多情况下,一个官能团有好几种振动形式,而每一种红外活性振动,一般相应产生一个吸收峰。例如CH₃—(CH₂)₃—CH=CH₂的红外光谱图中,由于有—CH=CH₂基的存在,可观察到 $3080\mathrm{cm}^{-1}$ 附近的不饱和=C—H伸缩振动、

1442cm⁻¹处的C≡C伸缩振动和990cm⁻¹及910cm⁻¹处的≡C—H及≡CH₂面外摇摆振动四个特征峰。这一组特征峰是因CH₂≡CH—基存在而存在的相关峰。可见,用一组相关峰可更确定地鉴别官能团,这是应用红外光谱进行定性鉴定的一个重要原则。图4-10是庚酸的典型光谱图。图中3144cm⁻¹处的吸收峰是—OH与—COOH二聚体—OH的伸缩振动峰,一般为(3000±500)cm⁻¹。氢键导致很宽的吸收峰。1711cm⁻¹处的吸收峰是—C≡O的伸缩振动峰,相对于酮和酯来说,其波数相对较低,这是因为二聚体COOH有氢键的作用以及共轭作用。1300～1200cm⁻¹为羧基中C—O伸缩振动。938cm⁻¹处,二聚体氢键—OH的摇摆振动峰,一般范围在(935±15)cm⁻¹,但在稀溶液中,这个峰消失。图4-10的另外一些吸收峰分别为:2940～2840cm⁻¹是饱和C—H伸缩振动,1440cm⁻¹和1448cm⁻¹分别是—CH₃基反对称变形振动和—CH₂基剪式变形振动的重叠,1380cm⁻¹是—CH₃基对称变形振动。注意:没有720cm⁻¹的面内摇摆振动峰,因为该峰的出现必须4个或4个以上的—CH₂连在一起。

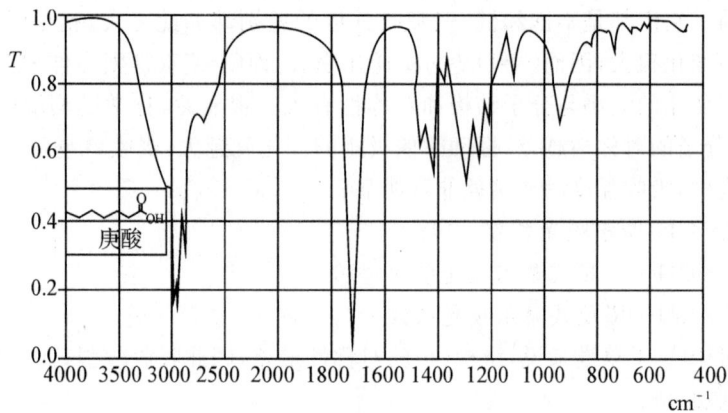

图4-10 庚酸的红外光谱

研究大量化合物的红外光谱后发现,相同的基团或化学键,尽管它们处于不同的分子中,但均有近似相同的振动频率,都会在一个范围不大的频率区域内出现吸收峰。每个基团或化学键在其特定的红外吸收区域范围内,分子的其他部分对其吸收位置的影响是很小的。因此可以从红外光谱的实际来判断各个基团或化学键的存在,从而确定分子的结构。例如,CH_3CH_2Cl中的—CH₃基团具有一定的吸收谱峰,而很多具有CH₃基团的化合物,在这个频率附近(2800～3000cm⁻¹)亦出现吸收峰,因此可以认为这个出现CH₃吸收峰的频率是—CH₃基团的特征频率。但是它们又有差别,因为同一类型的基团在不同的物质中所处的环境各不相同,这种差别常常能反映出结构上的特点。例如,C≡O基伸缩振动的频率范围在1850～1400cm⁻¹,当与此基团相连接的原子是C、O、N时,C≡O谱带分别出现在1715cm⁻¹、1735cm⁻¹、1480cm⁻¹处,根据这一差别可区分酮、酯和酰胺。因此,吸收峰的位置和强度取决于分子中各基团(化学键)的振动形式和所处的化学环境。只要掌握了各种基团的振动频率(基团频率)及其位移规律,就可应用红外光谱来检定化合物中存在的基团及其在分子中的相对位置。表4-3列出了一些有机化合物的重要基团频率。表4-4列出了红外光谱中一些基因的吸收区域。

表 4-3　典型有机化合物的重要基团频率($\bar{\nu}/\text{cm}^{-1}$)

化合物	基团	X—H 伸缩振动区	叁键区	双键伸缩振动区	部分单键振动和指纹区
烷烃	—CH₃	$\nu_{asCH}:2962\pm10(s)$ $\nu_{sCH}:2872\pm10(s)$			$\delta_{asCH}:1450\pm10(m)$ $\delta_{sCH}:1375\pm5(s)$
	—CH₂—	$\nu_{asCH}:2926\pm10(s)$ $\nu_{sCH}:2853\pm10(s)$			$\delta_{CH}:1465\pm20(m)$
	—CH—	$\nu_{CH}:2890\pm10(s)$			$\delta_{CH}:\sim1340(w)$
烯烃	C=C (H,H)	$\nu_{CH}:3040\sim3010(m)$		$\nu_{C=C}:1695\sim1540(m)$	$\delta_{CH}:1310\sim1295(m)$ $\gamma_{CH}:770\sim665(s)$
	C=C (H,H)	$\nu_{CH}:3040\sim3010(m)$		$\nu_{C=C}:1695\sim1540(w)$	$\gamma_{CH}:970\sim960(s)$
炔烃	—C≡C—H	$\nu_{CH}:\approx3300(m)$	$\nu_{C\equiv C}:2270\sim2100(w)$		
芳烃	⬡	$\nu_{CH}:3100\sim3000(变)$		泛频:$2000\sim1667(w)$ $\nu_{C=C}:1650\sim1430(m)$ 2~4 个峰	$\delta_{CH}:1250\sim1000(w)$ $\gamma_{CH}:910\sim665$ 单取代: $770\sim730(vs)$ $\approx700(s)$ 邻双取代: $770\sim735(vs)$ 间双取代: $810\sim750(vs)$ $725\sim680(m)$ $900\sim860(m)$ ~对双取代: $860\sim790(vs)$
醇类	R—OH	$\nu_{OH}:3700\sim3200$ (变)			$\delta_{OH}:1410\sim1260(w)$ $\nu_{CO}:1250\sim1000(s)$ $\gamma_{OH}:750\sim650(s)$
酚类	Ar—OH	$\nu_{OH}:3705\sim3125(s)$		$\nu_{C=C}:1650\sim1430(m)$	$\delta_{OH}:1390\sim1315(m)$ $\nu_{CO}:1335\sim1165(s)$
脂肪醚	R—O—R′				$\nu_{CO}:1230\sim1010(s)$
酮	R—C(=O)—R′			$\nu_{C=O}:\approx1715(vs)$	
醛	R—C(=O)—H	$\nu_{CH}:\approx2820,$ $\approx2720(w)$双峰		$\nu_{C=O}:\approx1725(vs)$	
羧酸	R—C(=O)—OH	$\nu_{OH}:3400\sim2500$ (m)		$\nu_{C=O}:1740\sim1690(m)$	$\delta_{OH}:1450\sim1410(w)$ $\nu_{CO}:1266\sim1205(m)$
酸酐	—C(=O)—O—C(=O)—			$\nu_{as\,C=O}:1850\sim1880(s)$ $\nu_{s\,C=O}:1780\sim1740(s)$	$\nu_{CO}:1170\sim1050(s)$

续表

化合物	基团	X—H 伸缩振动区	叁键区	双键伸缩振动区	部分单键振动和指纹区
酯	—C—O—R （O 双键）	泛频 $\nu_{C=O}$: ≈ 3450 (w)		$\nu_{C=O}$:1770～1720(s)	ν_{COC}:1300～1000(s)
胺	—NH₂	ν_{NH_2}: 3500 ～ 3300 (m) 双峰		ν_{NH}:1650～1590(s,m)	ν_{CN}(脂肪): ν1220～1020(m,w) ν_{CN}(芳香): 1340～1250(s)
	—NH	ν_{NH}: 3500 ～ 3300 (m)		δ_{NH}:1650～1550(vw)	ν_{CN}(脂肪): 1220～1020(m,w) ν_{CN}(芳香): 1350～1280(s)
酰胺	—C—NH₂ （O 双键）	ν_{asNH}:≈3350(s) ν_{sNH}:≈3180(s)		$\nu_{C=O}$:1680～1650(s) δ_{NH}:1650～1250(s)	ν_{CN}:1420～1400(m) γ_{NH_2}:750～600(m)
	—C—NRR （O 双键）	ν_{NH}:≈3270(s)		$\nu_{C=O}$:1680～1630(s) $\delta_{NH}+\gamma_{CN}$:1750 ～1515(m)	$\nu_{CN}+\gamma_{NH}$: 1310 ～ 1200 (m)
	—C—NRR′ （O 双键）			$\nu_{C=O}$:1670～1630	
酰卤	—C—X （O 双键）			$\nu_{C=O}$:1810～1790(s)	
腈	—C≡N		$\nu_{C≡N}$:2260～2240(s)		
硝基化合物	R—NO₂			$\nu_{as NO_2}$:1565～1543(s)	$\nu_{s NO_2}$:1385～1360(s) ν_{CN}:920～800(m)
	Ar—NO₂			$\nu_{as NO_2}$:1550～1510(s)	$\nu_{s NO2}$:1365～1335(s) ν_{CN}:860～840(s) 不明:≈750(s)
吡啶类	（吡啶环结构 N）	ν_{CH}:≈3030(w)		$\nu_{C=C}$ 及 $\nu_{C=N}$: 1667～1430(m)	δ_{CH}:1175～1000(w) γ_{CH}:910～665(s)
嘧啶类	（嘧啶环结构 N N）	ν_{CH}: 3060 ～ 3010 (w)		$\nu_{C=C}$ 及 $\nu_{C=N}$: 1580～1520(m)	δ_{CH}:1000～960(m) γ_{CH}:825～775(m)

注:表中 vs,s,m,w,vw 用于定性地表示吸收强度很强、强、中、弱、很弱。

表 4-3 红外光谱中一些基团的吸收区域

区域	基团	吸收频率 (cm^{-1})	振动形式	吸收强度	说明
第一区域	—OH（游离）	3450~3580	伸缩	m,sh	判断有无醇类、酚类和有机酸的重要依据
	—OH（缔合）	3400~3200	伸缩	s,b	
	—NH₂，—NH（游离）	3500~3300	伸缩	m	
	—NH₂，—NH（缔合）	3400~3100	伸缩	s,b	
	—SH	2400~2500	伸缩		
	C—H伸缩振动				
	不饱和C—H	3000 以上			
	≡C—H（叁键）	3300 附近	伸缩	s	
	=C—H（双键）	3010~3040	伸缩	s	末端=C—H出现在 $3085cm^{-1}$ 附近
	苯环中C—H	3030 附近	伸缩	s	强度比饱和C—H稍弱,但谱带较尖锐
	饱和C—H	3000~2800	伸缩		
	—CH₃	2940±5	反对称伸缩	s	
	—CH₃	2870±10	对称伸缩	s	
	—CH₂	2930±5	反对称伸缩	s	三元环中的—CH₂出现在 $3050cm^{-1}$
	—CH₂	2850±10	对称伸缩	s	叔氢出现在 $2890cm^{-1}$,很弱
第二区域	—C≡N	2240~2220	伸缩	s	针状,干扰少
	—N≡N	2310~2135	伸缩	m	
	—C≡C	2240~2100	伸缩	v	R—C≡C—H ,2100~2140cm^{-1}; R—C≡C—R,2190~2240cm^{-1}; 若 R′=R,对称分子,无红外谱带
	—C=C=C—	1950 附近	伸缩	v	
第三区域	C=C	1640 左右	伸缩	m,w	
	芳环中 C=C	1600,1580 1500,1450	伸缩	v	苯环的骨架振动
	—C=O	1850~1400	伸缩	s	其他吸收带干扰少,是判断羰基（酮类、醇类、酯类、酸酐等）的特征频率,位置变动大
	—NO₂	1400~1500	不对称伸缩	s	
	—NO₂	1300~1250	不对称伸缩	s	
	S=O	1220~1040	伸缩	s	

续表

区域	基团	吸收频率（cm^{-1}）	振动形式	吸收强度	说明
第四区域	C—O	1300～1000	伸缩	s	—C—O键（酯、醚、醇类）的极性很强，故强度大，常成为谱图中最强的吸收
	C—O—C	1150～900	伸缩	s	醚类中C—O—C的 $\nu_{as}=1100\pm50$ 是最强的吸收，C—O—C对称伸缩在 900～1000cm^{-1}，较弱
	—CH$_3$、—CH$_2$	1440±10	—CH$_3$，反对称变形	m	大部分有机化合物都含 CH$_3$、CH$_2$ 基，因此此峰经常出现
	—CH$_3$	1370～1380	—CH$_2$ 变形对称变形	s	很少受取代基的影响，且干扰少，是 CH$_3$ 基的特征吸收
	—NH$_2$	1450～1540		m～s	
	C—F	1400～1000	变形	s	
	C—Cl	800～400	伸缩	s	
	C—Br	400～500	伸缩	s	
	C—I	500～200	伸缩	s	
	=CH$_2$	910～890	伸缩	s	
	C—(CH$_2$)$_n$—，$n\geqslant4$	720	面外摇摆面内摇摆	v	

注：s—强吸收，m—中等强度吸收，w—弱吸收，sh—尖锐吸收峰，v—吸收强度可变。

二、红外光谱的分区

中红外光谱区一般划分为官能团区和指纹区两个区域，而每个区域又可以分为若干个波段。

1. 官能团区（4000～1300cm^{-1}）

官能团区（或称基团频率区）波数范围为 4000～1350cm^{-1}，又可以分为四个波段。

(1)4000～2500cm^{-1}为含氢基团 x—H（x 为 O、N、C）的伸缩振动区，因为折合质量小，所以波数高，主要有以下五种基团吸收。

①醇、酚中 O—H：3700～3200cm^{-1}，无缔合的 O—H 在高 $\tilde{\nu}$ 一侧，峰形尖锐，强度为 s。缔合的 O—H 在低 $\tilde{\nu}$ 一侧，峰形宽钝，强度为 s。

②羧基中 O—H：3600～2500cm^{-1}，无缔合的 O—H 在高 $\tilde{\nu}$ 一侧，峰形尖锐，强度为 s。缔合可延伸至 2500cm^{-1}，峰非常宽钝，强度为 s。

③N—H：3500～3300cm^{-1}，伯胺有两个 H，有对称和反对称两个峰，强度为 m～s。叔胺无 H，故无吸收峰。

④C—H：<3000cm^{-1}为饱和 C：—CH$_3$ ～2960cm^{-1}（ν_{as}），～2870cm^{-1}（ν_s），强度为 m～s。CH$_2$ ～2925cm^{-1}（ν_{as}），～2850cm^{-1}（ν_s），强度为 m～s。—CH ～2890cm^{-1}，强度为 w。

$>3000\mathrm{cm}^{-1}$ 为不饱和 C：$\diagup{\diagdown}\mathrm{C}{=}\mathrm{CH}_2$（及苯环上C—H）$3090\sim3030\mathrm{cm}^{-1}$，强度为 m。—C≡CH
$\sim3300\mathrm{cm}^{-1}$，强度为 m。

⑤醛基中 C—H：$\sim2820\mathrm{cm}^{-1}$及 $\sim2720\mathrm{cm}^{-1}$两个峰，强度为 m～s。

（2）$2500\sim2000\mathrm{cm}^{-1}$为叁键和累积双键伸缩振动吸收峰，主要包括—C≡C—、—C≡N叁键的伸缩振动及 $\diagup\mathrm{C}{=}\mathrm{C}{=}\mathrm{C}\diagdown$、$\diagup\mathrm{C}{=}\mathrm{C}{=}\mathrm{O}$、异氰酸酯键基—N=C=O等累积双键的反对称伸缩振动，呈现中等强度的吸收。在此波段区中，还有S—H、Si—H、P—H、B—H的伸缩振动。

（3）$2000\sim1500\mathrm{cm}^{-1}$为双键的伸缩振动吸收区，这个波段也是比较重要的区域，主要包括以下几种吸收峰带。

①C=O伸缩振动，出现在 $1960\sim1650\mathrm{cm}^{-1}$，是红外光谱中很特征的且往往是最强的吸收峰，以此很容易判断酮类、醛类、酸类、酯类、酸酐及酰胺、酰卤等含有C=O的有机化合物。

②C=N、C=C、N=O、—NO₂的伸缩振动，出现在 $1675\sim1500\mathrm{cm}^{-1}$。在这波段区中，单核芳烃的C=C骨架振动（呼吸）呈现 2～4 个峰（中等至弱的吸收）的特征吸收峰，通常分为两组，分别出现在 $1600\mathrm{cm}^{-1}$和 $1500\mathrm{cm}^{-1}$左右，在确定是否有芳核的存在时具有重要意义。

③苯的衍生物在 $2000\sim1670\mathrm{cm}^{-1}$波段出现C—H面外弯曲振动的倍频或组合数。由于吸收强度太弱，应用价值不如指纹区中的面外变形振动吸收峰，如图 4-11 所示。如在分析中有必要，可加大样品浓度以提高其强度。

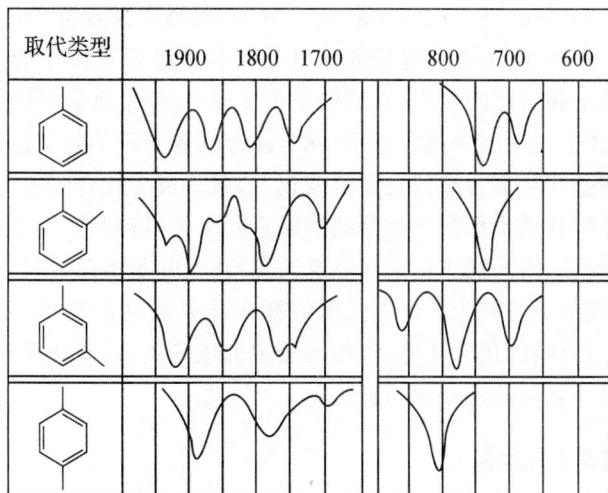

图 4-11　苯环取代类型在 $2000\sim1667\mathrm{cm}^{-1}$和 $900\sim600\mathrm{cm}^{-1}$的谱形

（4）$1500\sim1300\mathrm{cm}^{-1}$这个区域的光谱比较复杂，主要包括 C—H、N—H 变形振动以及C—C单键骨架伸缩振动等。其中，饱和 C—H 变形振动吸收峰，—CH₃ 出现在 $1380\mathrm{cm}^{-1}$及 $1450\mathrm{cm}^{-1}$两个峰，$\diagdown\mathrm{CH}_2$ 出现在 $1470\mathrm{cm}^{-1}$，—CH出现在 $1340\mathrm{cm}^{-1}$，这些吸收带强度均为 m 至 w。

2. 指纹区（$1300\sim450\mathrm{cm}^{-1}$）

指纹区可以分为两个波段。

（1）$1300\sim900\mathrm{cm}^{-1}$这个波段区的光谱信息很丰富，较为主要的有如下几种。

①几乎所有不含H的单键的伸缩振动，如C—O、C—N、C—S、C—F、C—P、Si—O、P—O等，其

中C—O的伸缩振动在 $1300 \sim 1000 cm^{-1}$,是该区吸收最强的峰,较易识别。

②部分含 H 基团的弯曲振动,如$RCH{=\!=}CH_2$,端烯基C—H弯曲振动为 $990 cm^{-1}$、$910 cm^{-1}$ 的两个吸收峰;$RCH{=\!=}CHR$反式结构的C—H吸收峰为 $970 cm^{-1}$(顺式为 $690 cm^{-1}$)等。

③某些较重原子的双键伸缩振动,如$C{=\!=}S$、$S{=\!=}O$、$P{=\!=}O$ 等。此外,某些分子的整体骨架振动也在此区产生吸收。

(2) $900 \sim 450 cm^{-1}$ 波段中较为有价值的两种特征吸收

①长碳链饱和烃,$\{CH_2\}_n$,$n \geq 4$ 时,呈现 $722 cm^{-1}$ 有一中至强的吸收峰,n 减小时,$\tilde{\nu}$ 变大。

②苯环上 C—H 面外变形振动吸收峰的变化,可以判断取代情况,此区域的吸收峰比泛频带 $2000 \sim 1670 cm^{-1}$ 灵敏,因此更具使用价值,如图 4-11 所示。其吸收峰位置为:

无取代的苯:6 个 C—H,$670 \sim 680 cm^{-1}$,单吸收带;

单取代苯:5 个 C—H,$690 \sim 700 cm^{-1}$,$740 \sim 750 cm^{-1}$,两个吸收带;

邻位双取代苯:4 个 C—H,$740 \sim 750 cm^{-1}$,单吸收带;

间位双取代苯:3 个 C—H,$690 \sim 700 cm^{-1}$,$780 \sim 800 cm^{-1}$,两个吸收带,另一个 C—H,$\sim 860 cm^{-1}$,弱带,供参考;

对位双取代苯:2 个 C—H,$800 \sim 850 cm^{-1}$,单吸收带。

这些吸收带的强度为中等(有时强)。

官能团区和指纹区的存在是容易理解的。由于含 H 基团的折合质量较小,含双键或含叁键基团的键力常数大,它们的振动受其分子剩余部分的影响小,$\tilde{\nu}$ 较高,易与分子其他部分的振动相区别。在这个高 $\tilde{\nu}$ 区的每一吸收都和某一含 H 基团或含双键、叁键基团所对应,形成了"官能团区",而分子中不含 H 的单键的伸缩振动及各种键的弯曲振动,由于折合质量大或键力常数较小,所以处于相对低的范围,它们的 $\tilde{\nu}$ 相差较小,各吸收频率的数目较多,而且各个基团间的相互连接易产生振动间的耦合作用,同时还存在着分子的骨架运动,所以产生大量的吸收峰,且结构上的细微变化都会导致光谱的变化,这就形成了化合物的指纹吸收。

应该指出,并不是所有谱带都能与化学结构联系起来的,特别是"指纹区"。指纹区的主要价值在于表示分子的特征,因而宜于用来与标准谱图(或已知物谱图)进行比较,以得出未知物与已知物结构是否相同的确切结论。红外光谱解释在许多情况下往往需从经验出发,这是因为化学键的振动频率与周围的化学环境,有相当敏感的依赖关系,即使像羰基这样强而有特征的振动,其吸收峰位置变化范围还是相当宽的。

三、影响基团频率的因素

引起基团频率位移的因素大致可分成两类,即外部因素和内部因素。

1. 外部因素

外部因素主要有测量物态及溶剂的影响。

(1)测量物质的物理状态

同一物质在不同状态时,由于分子间相互作用力不同,测得的光谱也往往不同。

①气态:分子密度小,分子间的作用力较小,可以发生自由转动,振动光谱上叠加的转动光谱会出现精细构造。光谱谱带的波数相对较高,谱带较矮而宽。

②液态:分子密度较大,分子间的作用较大,分子转动受到阻力,因此转动光谱的精细结构消失,谱带变窄,更为对称,波数较低。有时还会发生缔合,将使光谱变化较大。

③固态:分子间的相互作用较强,光谱变得复杂,有时还会发生能级的分裂,产生新的谱带。

(2)溶剂效应

溶剂的极性、溶质的浓度对光谱均有影响,尤其是溶剂的极性。在极性溶剂中,极性基团的伸缩振动由于受极性溶剂分子的作用,使键力常数减小,波数降低,而吸收强度增大;对于变形振动,由于基团受到束缚作用,变形所需能量增大,所以波数升高。当溶剂分子与溶质形成氢键时,光谱所受的影响更显著。

此外,测量时的温度也会影响红外吸收峰的形状和数目。

2. 内部因素

内部因素指的是分子中基团间的相互作用对红外吸收的影响,主要有电子效应、氢键的形成、振动的耦合效应、空间效应、费米共振五个因素。

(1)电子效应

基本振动的 $\tilde{\nu}$ 与键力常数 k 有关,k 取决于基团或化学键中电子云的分布,而电子云的分布与构成基团或化学键的原子相互作用密切相关。这些作用有诱导效应、共轭效应及中介效应等。

①诱导效应(I 效应)

由于分子中的取代基具有不同的电负性,通过其静电诱导作用,引起电子云分布的变化,从而引起键力常数 k 的变化,改变了基团的特征频率,这种效应通常称为诱导效应。

一般电负性大的基团(或原子)吸电子能力强。在烷基酮的C=O上,由于 O 的电负性(3.5)比 C(2.5)大,因此电子云密度是不对称的,O 附近大些(δ^- 表示),C 附近小些(δ^+ 表示),其伸缩振动频率在 1715cm^{-1} 左右,以此作为基准。

当C=O上的烷基被卤素取代时形成酰卤,由于 Cl 的吸电子作用(Cl 的电负性等于 3.0),使电子云由氧原子转向双键的中间,增加了C=O键中间的电子云密度,因而增加了C=O键的键力常数。根据分子振动方程式,k 升高,振动频率也升高,所以C=O的振动频率升高(1800cm^{-1})。

随着卤素原子取代数目的增加或卤素原子电负性的增大(例如 F 的电负性等于 4.0),这种静电的诱导效应也增大,使C=O的振动频率向更高频移动,见表 4-5。

表 4-5 C=O的诱导效应

化合物	R—C(δ^-O/δ^+)—R'	R—C(O)→Cl	Cl←C(O)→Cl	R—C(O)→F	F←C(O)→F
$\tilde{\nu}_{C=O}$(cm^{-1})	~1715	~1800	~1828	~1920	~1928

②共轭效应(C 效应)

共轭形成了大 π 键,π 电子的离域性增大,体系中电子云分布平均化,结果使双键的键长略有增加(电子云密度降低),k 减小,吸收峰往低波数方向移动。由于C=O与苯环的共轭而使C=O的 k 减小,振动频率降低,见表 4-6。

表 4-6 C=O的共轭效应

化合物	R—C(O)—R'	R—C(O)—⬡	⬡—C(O)—⬡	⬡—C(O)—CH=CH—R
$\tilde{\nu}_{C=O}$/cm^{-1}	~1715	~1685	~1665	~1660

③中介效应（M 效应）

中介效应也称共振效应。当含有孤对电子的原子（如 N、O、S 等）与具有多重键的原子相连接时，也可起类似的共轭作用（有时也称为 p-π 共轭），称为中介效应。例如，酰胺 $RCONH_2$ 分子中氮原子对 C=O 吸收谱带的影响作用。按照诱导效应分析，引入—NH_2，应使 $\tilde{\nu}_{C=O}$ 变大，但实际上是使 $\tilde{\nu}_{C=O}$ 减少。这是因为引入 N 原子后，N 原子上的孤对电子与 C=O 上的 π 电子轨道发生重叠（p-π 共轭），电子云往电负性更大的 O 原子方向移动，使 C=O 的极性更大，双键性减弱，键长变大，k 降低，所以 $\tilde{\nu}$ 变小（1680cm^{-1}左右）。这也是诱导效应与共轭效应同时存在的例子之一。

应该注意的是：分子中引入具有 n 电子的电负性原子或基团后同时存在着诱导效应和中介效应，两者影响振动频率移动的方向相反，则振动频率最终移动的方向和程度取决于两种效应的净结果。当 I 效应＞M 效应时，振动向高波数移动，如酰卤、酯类的 C=O。当 M 效应＞I 效应时，振动向低波数方向移动，如酰胺中的 C=O，见表 4-7。

表 4-7　C=O 的 M 效应和 I 效应

化合物	$\begin{matrix} O \\ \parallel \\ R-C \rightarrow \ddot{O}R' \end{matrix}$（I 效应＞M 效应）	$\begin{matrix} O \\ \parallel \\ R-C-R' \end{matrix}$	$\begin{matrix} O \\ \parallel \\ R-C \rightarrow \ddot{S}R' \end{matrix}$（I 效应＜M 效应）
$\tilde{\nu}_{C=O}/cm^{-1}$	～1735	～1715	～1690

（2）氢键效应

氢键是由质子给予体 x—H 及质子接受体 y—C 之间的作用力而形成的，即 x—H……y—C，导致质子给予体及接受体化学键的键力常数 k 发生变化，因此振动频率也发生变化。

对于伸缩振动来说：由于氢键力的作用，使参与形成氢键的原化学键（即 x—H 及 y—C）的 k 值都减小，所以 $\tilde{\nu}$ 也都降低，而强度变大，峰变宽。以羧酸为例，见表 4-8。

表 4-8　羧酸的氢键效应

化合物	测量物态	缔合状态	$\tilde{\nu}(cm^{-1})$
$\begin{matrix} O \\ \parallel \\ R-C-OH \end{matrix}$	气体或非极性溶剂中	单体存在 $\begin{matrix} O \\ \parallel \\ R-C-OH \end{matrix}$	$\tilde{\nu}_{C=O}$ ～1760 $\tilde{\nu}_{O-H}$ 3500～3600
	液、固态	二聚体存在 $\begin{matrix} O\text{---}H-O \\ \parallel\quad\quad\parallel \\ R-C\quad\quad C-R \\ O-H\text{---}O \end{matrix}$	$\tilde{\nu}_{C=O}$ ～1710 $\tilde{\nu}_{O-H}$ 3200～2500

对于变形振动，由于受到氢键力的束缚作用，弯曲振动所需的能量变大，所以波数也升高。

氢键可分为分子内的氢键及分子间的氢键（经常是溶质的缔合或溶质与溶剂分子形成的氢键）两种。分子间氢键对吸收峰的影响比分子内氢键更显著。分子内的氢键不受溶液浓度的影响，分子间的氢键与溶质的浓度及溶剂的性质有关。因此，可以采用改变溶液的浓度的方法测量红外光谱，以判别两种不同的氢键。

图 4-12 表示以 CCl_4 为溶剂，不同浓度乙醇的红外光谱。当乙醇浓度小于 0.01mol·L^{-1}

时,分子间不形成氢键,只显示出游离的O—H的吸收(3640cm^{-1});但随着溶液中乙醇浓度的增加,游离O—H的吸收减弱,而二聚体的吸收(3515cm^{-1})和多聚体的吸收(3350cm^{-1})相继出现,并显著增加;当乙醇浓度为1.0mol·L^{-1}时,主要以多聚体的形式存在。

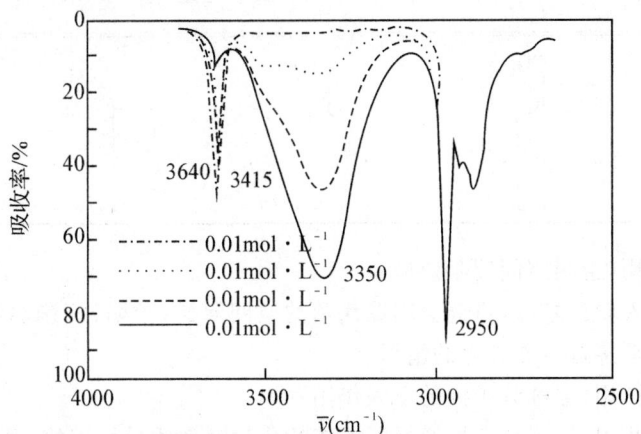

图 4-12　乙醇在不同浓度 CCl$_4$ 溶液中的红外光谱片断

(3)振动的耦合效应

分子中基团或化学键的振动不是孤立的,而是会相互影响的。如果一个分子中有两个基团或化学键的振动频率相等或相近,且与一个公共原子相连接,它们之间就会发生相互作用;一个化学键的振动通过其公共原子导致另一化学键的键长发生变化,产生一种"微扰",从而形成了强烈振动的耦合作用。其结果使原来的振动频率分裂为两个混合的振动频率,一个为对称的混合振动,频率移向低频;另一个为反对称的混合振动,频率移向高频。

典型的振动耦合是酸酐,两个等同的C═O通过公共原子 O 发生振动耦合,使 $\tilde{\nu}_{C=O}$ 吸收峰分裂为两个峰,波数分别为~1760cm^{-1}(对称)和~1820cm^{-1}(反对称),如图4-13所示。

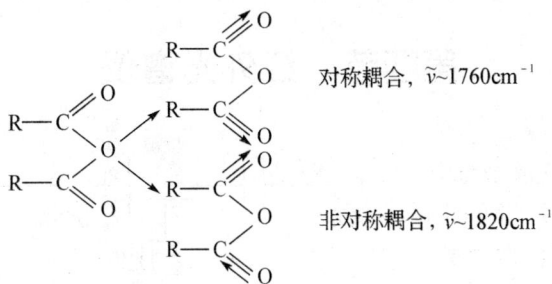

图 4-13　酸酐的振动耦合

(4)空间效应

空间效应是一些空间因素引起的对基团振动频率的影响,如化合物成环、基团引入对分子空间的影响等,主要有环张力效应、空间阻碍作用及分子偶极场作用等。

①环张力效应(也称键角效应)

分子形成环时,由于环节数不同,引起环张力不同,因此,同一种化学键的键力常数不同,振动频率就不同。不同环的环张力大小次序为:三节环>四节环>五节环>六节环,则环内键的吸收波为:$\tilde{\nu}_3 < \tilde{\nu}_4 < \tilde{\nu}_5 < \tilde{\nu}_6$(数字表示环节数),而环外突出键为:$\tilde{\nu}_3 > \tilde{\nu}_4 > \tilde{\nu}_5 > \tilde{\nu}_6$,见表4-9。

表 4-9 分子的环视力效应

化合物	⬡	⬠	▭	△
$\tilde{\nu}_{C=C}$ (cm^{-1})	~1650	~1623	~1566	~1541
化合物	(CH$_2$) ⬡	(CH$_2$) ⬠	(CH$_2$) ▭	(CH$_2$) △
$\tilde{\nu}_{C=C}$ / cm^{-1}	~1650	~1657	~1678	~1781

②空间阻碍作用(也叫空间位阻效应)

当共轭体系引入取代基时,可能会因取代基的空间阻碍(位阻)而削弱甚至破坏了共轭效应,使双键变大,甚至接近于非共轭的情形。

③分子偶极场作用(也称分子内的空间作用)

分子引入极性基团时,不是直接通过所连接的化学键起诱导作用的,而是在整个分子空间中改变了分子的偶极场,因而对分子中某些基团的振动发生影响。

(5)费米共振

当分子中一个化学键振动的倍频(或组频)与另一个化学键振动的基频接近,且两个化学键相连接时,会发生相互作用,而产生吸收峰的分裂或产生很强的吸收峰,这个现象为费米(Fermi)首先发现,故称费米共振。如苯甲酰氯 （COCl苯环）、（C=O苯环） 中与C=O相连的C—C变形振动($\tilde{\nu}_{C-C}$~870cm^{-1})的倍频与C=O伸缩振动的基频($\tilde{\nu}_{C=O}$~1774cm^{-1})发生费米共振,因而导致C=O吸收峰分裂为两个峰,出现在 1773cm^{-1} 及 1736cm^{-1}。

第四节 红外光谱仪

红外光谱仪分为色散型红外光谱仪和傅里叶变换(Fourier transfer,FT)红外光谱仪两大类。色散型红外光谱仪由光源、样品池、单色器、检测器和记录系统五部分组成。傅里叶变换型红外光谱仪由光源、干涉仪、样品池、检测器和记录系统五部分组成。色散型红外光谱仪和傅里叶变换红外光谱仪的结构原理图如图4-14所示。

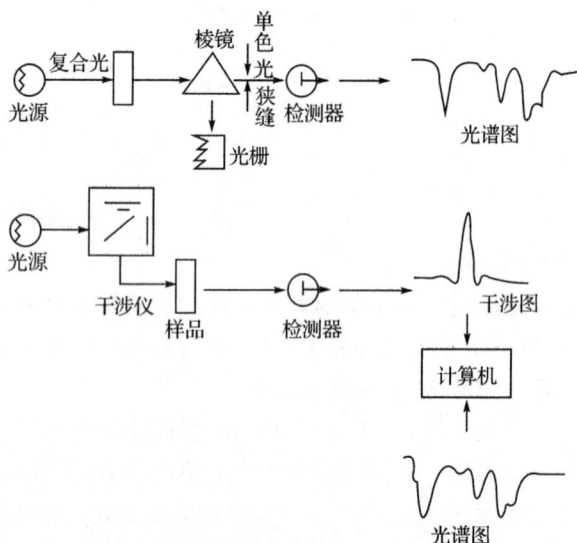

图 4-14 色散型红外光谱仪与傅里叶变换红外光谱仪结构原理

一、色散型红外光谱仪

色散型红外光谱仪的组成部件与紫外-可见分光光度计相似,但每一个部件的结构、所用的材料及性能与紫外-可见分光光度计不同。它们的排列顺序也略有不同,红外光谱仪的样品池是放在光源和单色器之间,而紫外-可见分光光度计是放在单色器之后。色散型红外光谱仪的原理可用图 4-15 说明。

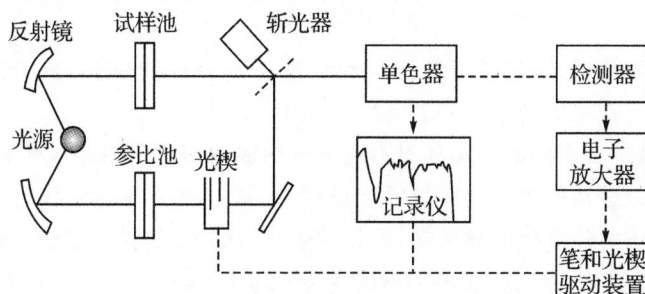

图 4-15　色散型红外光谱仪的工作原理

色散型红外光谱仪一般均采用双光束。光源发射的红外光分成两束,一束通过试样,另一束通过参比,利用斩光器使试样光束和参比光束交替通过单色器,然后被检测器检测。当试样光束与参比光束强度相等时,检测器不产生交流信号;当试样有吸收,两光束强度不等时,检测器产生与光强差成正比的交流信号,从而获得吸收光谱。现将红外光谱仪的主要部件简要介绍如下。

1.光　源

红外光源是能够发射高强度的连续红外辐射的物体,通常是一种惰性固体。常用的光源主要有能斯特灯和硅碳棒。

能斯特灯(Nernst glower)是由氧化锆、氧化钇和氧化钍烧结制成,是一直径为 $1\sim3mm$,长 $20\sim50mm$ 的中空棒或实心棒,两端绕有铂丝作为导线。在室温下,它是非导体,但加热至 $800℃$ 时就成为导体,开始发光。因此,在工作之前,要由一辅助加热器进行预热。工作温度 $1300\sim1700℃$,功率 $50\sim200W$,工作波数 $5000\sim400cm^{-1}$。这种光源的优点是发出的光强度高,使用寿命可达 6 个月至一年,但机械强度差,稍受压或受扭就会损坏,经常开关也会缩短其寿命。

硅碳棒是用高纯碳化硅烧结而成的,一般为两端粗中间细的实心棒或空心棒,中间为发光部分,其直径约 $5mm$,长约 $50mm$。硅碳棒在室温下是导体,并有正的电阻温度系数,工作前不需预热。耗电功率 $200\sim400W$,工作温度 $1200\sim1500℃$。其优点是:发光面积大,波长范围宽(可低至 $200cm^{-1}$),具有耐高温、抗氧化、耐腐蚀、升温快、寿命长、高温变形小、安装维修方便及价格较低等特点。缺点是:电极触头发热需水冷,工作时间长时电阻增大。

2.样品池

红外光谱仪的样品池一般为一个可插入固体薄膜或液体池的样品槽,固体薄膜或液体的样品槽要用对红外光透过性好的碱金属、碱土金属的卤化物,如 $NaCl$、KBr、$CsBr$、CaF_2 等或 KRS-5(TlI 58%,TlBr 42%)等材料做成窗片,窗片必须注意防湿及损伤。如果需要对特殊的样品(如超细粉末等)进行测定,则需要装配相应的附件。红外吸收光谱仪可测定固、液、气态样品。气态样品一般注入抽成真空的气体样品池进行测定;液体样品可滴在可拆池两窗之间形成薄的液膜,一般将液体样品注入液体吸收池中;固体试样常与纯 KBr 混匀压片,然后直接测量。

3. 单色器

单色器由狭缝、准直镜和色散元件(光栅或棱镜)通过一定的排列方式组合而成,它的作用是把通过吸收池而进入入射狭缝的复合光分解成为单色光照射到检测器上。棱镜主要用于早期仪器中,目前在红外仪器中一般不使用透镜,以避免产生色差。光栅单色器不仅对恒温、恒湿要求不高,而且具有线性色散、分辨率高和光能量损失小等优点。

4. 检测器

由于红外光子能量低,不足以引发光电子发射,紫外-可见检测器中的光电管等不适用于红外光的检测。目前常用的红外检测器有如下几种。

(1)真空热电偶。真空热电偶是利用不同导体构成回路时的温差电现象,将温差转变为电热差。以一片涂黑的金箔作为红外辐射的接受面,在其一面上焊两种热电势差别大的不同金属、合金或半导体,作为热点偶的热接端,而在冷接端(通常为室温)连接金属导线,密封于高真空(约 7×10^{-7} Pa)腔体内,在腔体上对着涂黑金属接受面的方向上开一小窗,窗口放红外透光材料盐片。其结构示意图如图 4-16 所示。

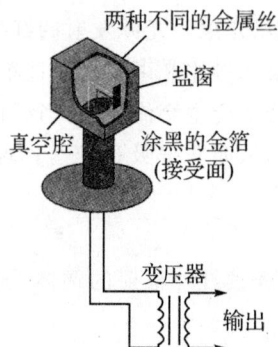

图 4-16　热电偶检测器结构

当红外辐射通过盐窗照射到金箔片上时,热接端的温度升高,产生温差电势差,回路中就有电流通过,而且电流大小与红外辐射的强度成正比。

(2)测热辐射计。把温度电阻系数较大的涂黑金属或半导体薄片作为惠斯登电桥的一臂,当涂黑金属片接受红外辐射时,温度升高,电阻发生变化,电桥失去平衡,桥路上就有信号输出,以此实现对红外辐射强度的检测。由于红外辐射能量很低,信号很弱,所以施加给电桥的电压需要非常稳定,这成为其最大的缺点,因此,现在的仪器已很少使用这种检测器。

(3)高莱池(Golay cell)。它是一个高灵敏的气胀式检测器,其结构示意图如图 4-17 示。

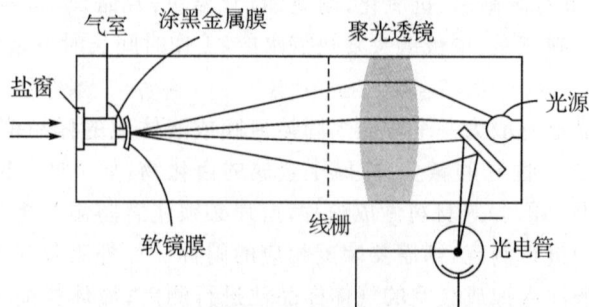

图 4-17　高莱池检测器

红外辐射通过盐窗照射到气室一端的涂黑金属薄膜上,使气室温度升高,气室中的惰性气体(氙或氩气)膨胀,另一端涂银的软镜膜变形凸出,导致检测器光源经过透镜、线栅照射到软镜膜后反射到达光电倍增管的光量改变。光电管产生的信号与红外照射的强度有关,从而达到检测的目的。

(4)热释电检测器。以硫酸三甘酞$(NH_2CH_2COOH)_3H_2SO_4$(triglycine sulfate,TGS)这类热电材料的单晶片为检测元件,其薄片($10\sim20\mu m$)的正面镀铬,反面镀金成两电极,连接放大器,一起置于带有盐窗的高真空玻璃容器内。TGS 是铁氧体,在居里点(49℃)以下,能产生很大的极化效应,温度升高时,极化度降低。红外辐射照射到 TGS 薄片上,引起温度的升高,极化度降低,表面电荷减少,相当于"释放"出部分电荷,经放大后进行检测记录。TGS 检测器的特点是响应速度快,噪声影响小,能实现高速扫描,故被用于傅立叶变换红外光谱仪中。目前使用最广泛的材料是氘化了的 TGS(DTGS),居里点温度为 62℃,热电系数小于 TGS。

(5)碲镉汞检测器(MCT 检测器)。与上面的热电检测器不同,MCT 检测器是光电检测器。它是由宽频带的半导体碲化镉和半金属化合物碲化汞混合做成的,改变其中各成分的比例,可以获得对测量不同波段的灵敏度各异的各种 MCT 检测器。MCT 元件受红外辐射照射后,导电性能发生变化,从而产生检测信号。这种检测器灵敏度高于 TGS 约 10 倍,响应速度快,适于快速扫描测量和气相色谱—傅立叶变换红外光谱联机检测。MCT 检测器需在液氮温度下工作。

5. 记录系统

红外光谱仪一般都由记录仪自动记录谱图。现代仪器都配有计算机,以控制仪器操作、优化谱图中的各种参数、进行谱图的检索等。

二、傅里叶变换红外光谱仪(FTIR)

傅里叶变换红外光谱仪的原理可用图 4-18 说明。

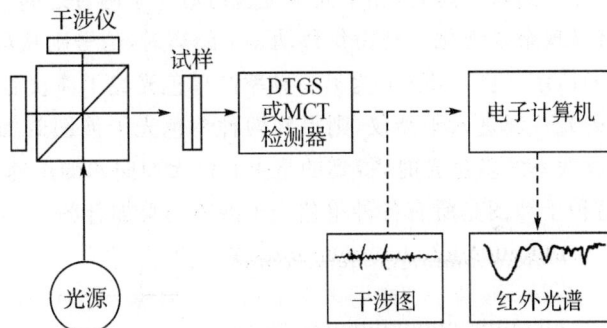

图 4-18 傅里叶变换红外光谱仪工作原理

FTIR 光谱仪没有色散元件,其主要部件有光源、样品池、检测器和记录系统与色散型红外光谱仪类似,在此不再赘述。傅里叶变换红外光谱仪与色散型红外吸收光谱仪的主要区别在于迈克尔逊(Mickelson)干涉仪取代了单色器,其示意图如图 4-19 所示。

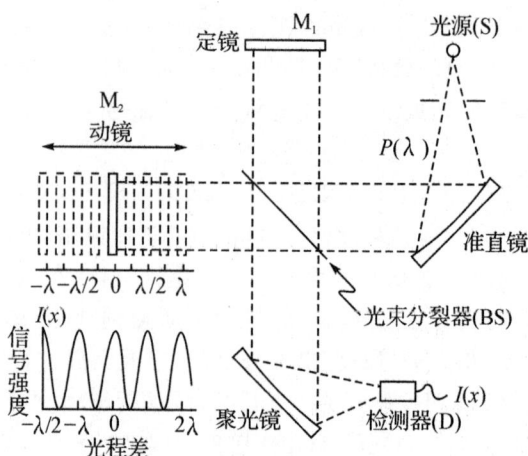

图 4-19 迈克尔逊干涉仪

傅里叶变换红外光谱仪核心部件迈克尔逊干涉仪简要介绍如下。

M_1、M_2 为两块互相垂直的平面反射镜，M_1 固定不动，称为定镜；M_2 可以沿图示的方向作往返微小移动，称为动镜。在 M_1、M_2 之间放置一呈 $45°$ 角的半透膜光束分裂器 BS，它能把光源 S 投来的光分为强度相等的两光束 I 和 II。光束 I 和光束 II 分别投射到动镜和定镜，然后又反射回来在检测器 D 汇合。因此检测器上检测到的是两光束的相干光信号（图中每光束都应是一束光线，为了说明才绘成分开的往返光线）。

当一频率为 ν_1 的单色光进入干涉仪时，若 M_2 处于零位，M_1 和 M_2 到 BS 的距离相等，两束光到达检测器时位相相同，发生相长干涉，强度最大。当动镜 M_2 移动入射光 $\lambda/4$ 的偶数倍，即两束光到达检测器光程差为 $\lambda/2$ 的偶数倍（即波长的整数倍）时，两束光也是同相的，强度最大；当动镜 M_2 移动 $\lambda/4$ 的奇数倍，即光程差为 $\lambda/2$ 的奇数倍时，两束光异相，发生相消干涉，强度最小。光程差介于两者之间时，相干光强度也对应介于两者之间。当动镜连续往返移动时，检测器的信号将呈现余弦变化。动镜每移动 $\lambda/4$ 距离时，信号则从最强到最弱周期性地变化一次，如图 4-20(a)所示。图 4-20(b)为另一频率的单色光经干涉仪后的干涉图。

如果是两种频率的光一起进入干涉仪，则得到两种单色光干涉图的加合图，如图 4-20(c)所示。当入射光是连续频率的多色光时，得到的是中心极大而向两侧迅速衰减的对称干涉图，如图 4-20(d)所示。这种干涉图是所有各种单色光干涉图的总加合图。

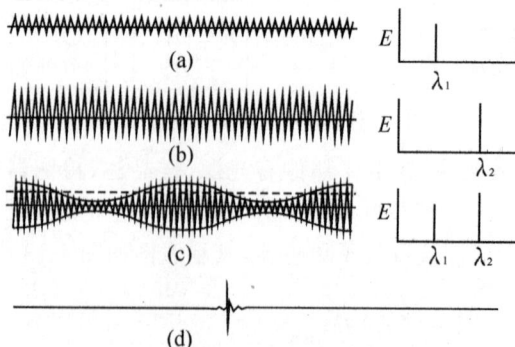

图 4-20 FTIR 光谱干涉

当多色光通过试样时，由于试样选择吸收了某些波长的光，则干涉图发生了变化，变得极为复杂,如图 4-21(a)所示。这种复杂的干涉图是难以解释的,需要经过计算机进行快速的傅里叶变换,就可得到一般所熟悉的透射比随波数变化的普通红外光谱图,如图 4-21(b)所示。

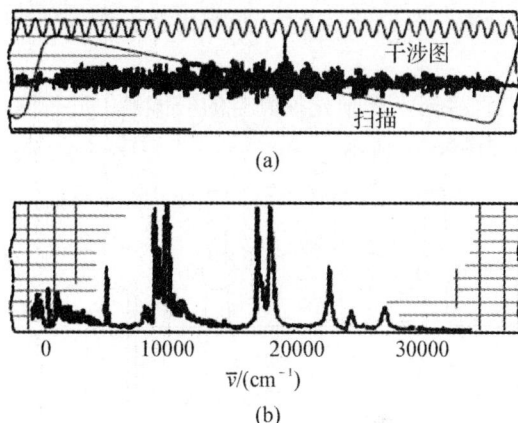

(a)

$\overline{\nu}/(\text{cm}^{-1})$

(b)

图 4-21　FTIR 光谱干涉总加合

FTIR 光谱仪的特点:

(1)扫描速度快,测量时间短,可在 1s 至数秒内获得光谱图,比色散型仪器快数百倍。因此适于对快速反应的跟踪,也便于与色谱法的联用。

(2)灵敏度高,检测限低,可达 $10^{-9}\sim10^{-12}$ g。可以进行多次扫描(n 次),进行信号的叠加,因此信噪比提高了 $\sqrt{n}$ 倍。

(3)分辨本领高,波数精度一般可达 0.5cm^{-1},性能好的仪器可达 0.01cm^{-1}。

(4)测量光谱范围宽,波数范围可达 $10\sim10^{4}\text{cm}^{-1}$,涵盖了整个红外光区。

(5)测量的精密度、重现性好,可达 0.1%,而杂散光小于 0.01%。

但傅里叶变换红外光谱仪仪器结构复杂,价格昂贵。

第五节　红外吸收光谱法分析

一、试样的制备

在红外光谱实验中,试样的制备及处理占有重要的地位。如果试样处理不当,那么即使仪器的性能很好,也不能得到满意的红外光谱图。一般说来,在制备试样时应注意以下几点。

(1)试样的浓度和测试厚度应选择适当,以使光谱图中大多数吸收峰的透光度处于 15%~70%范围内。浓度太小,厚度太薄,会使一些弱的吸收峰和光谱的细微部分不能显示出来;过大、过厚,又会使强的吸收峰超越标尺刻度而无法确定它的真实位置和强度。有时为了得到完整的光谱需要用几种不同浓度或厚度的试样进行测绘。

(2)试样中不应含有游离水。水分的存在不仅会侵蚀吸收池的盐窗,而且水分本身在红外区有吸收,将使测得的光谱图变形。

(3)试样应该是单一组分的纯物质(纯度大于 98%)。但在材料的检测和鉴定中,试样常常是多组分的。因此,在测定前应尽量预先进行组分分离(如采用色谱法、精密蒸馏、重结晶、区域熔融法等),否则各组分光谱相互重叠,以致对谱图无法进行正确的选择。对于GC-FTIR,则无此要求。

根据材料的聚集状态分为气态、液态(及溶液)和固态三种情况,可按下列方法制备试样。

1. 气态样品

对于气态样品,可将它直接充入已预先抽真空的气体池中进行测量,池内测量气体压力约50mmHg。气体池的结构如图4-22所示。

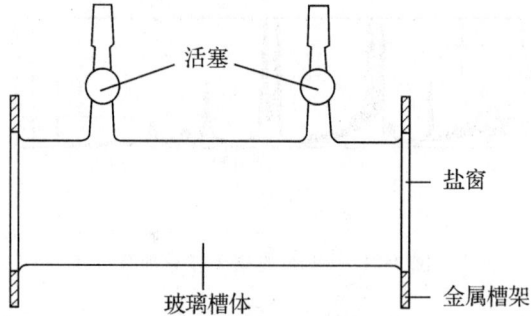

图 4-22 　红外气体槽体

池体直径约40mm,长度有100mm、200mm、500mm等各种类型。测量微量组分气体时,为了提高灵敏度,可采用多次反射气体池,利用池内放置的反射镜使光束多次反射,可提高光程几十倍,增大组分分子吸收红外光的机会。

2. 液态样品

对液体或溶液样品可以采用液体池法和液膜法。

(1)液体池法。对于沸点低、挥发性较大的液体或吸收很强的固、液体,需配成溶液进行测量试样,可采用液体池法,把液体或溶液注入池中测量。

液体池由两个盐(NaCl 或 KBr)片作为窗板,中间夹一薄层垫片板,形成一个小空间,一个盐片上有一小孔,用注射器注入样品。液体池可分为固定式池(也叫密封池,垫片的厚度固定不变)、可拆装式池(可以拆卸更换不同厚度的垫片)和可变式池(可用微调螺丝连续改变池的厚度,并从池体外的测微器观察池的厚度)三种。

(2)液膜法。液膜法是定性上常用的方法,尤其是一些高沸点、黏度大、不易清洗的液体样品更为常用。在两盐片之间滴入 1~2 滴液样,形成液膜,用专门夹具夹放在仪器的光路上测量。这种方法重现性较差,不宜作定量分析。

注意:将液、固体试样制成溶液进行红外测量,重现性好,光谱的形状、结构清晰,但应注意溶剂的选择。

①溶剂在所测量的光谱区域中没有吸收。如 CS_2(在 $600\sim1350cm^{-1}$ 常用)、CCl_4(在 $1350\sim4000cm^{-1}$ 常用)、$CHCl_3$(在 $900\sim4000cm^{-1}$ 常用)。

②溶剂对样品无强烈的溶剂化作用,通常为非极性溶剂。

③溶剂对盐窗没有腐蚀作用。

④溶剂对样品应有足够溶解能力。

3. 固态样品

固态样品可以用压片法、粉末法、调糊法和薄膜法四种。

（1）压片法。压片法是测定固体试样应用最广泛的方法，对于不溶于有机溶剂或没有合适溶剂的高聚物更为常用。

压片法（也叫加压锭剂法）需用专门的模具和油压机，1～3mg 的样品与 100～200mg KBr 混合，充分磨细、混匀，放入模具，低真空下（2～5mmHg）用油压机加压（5～10T/cm²）5～10min，得到透光圆形薄片（1～2mm 厚），在红外灯下烘干，然后置于仪器光路中测量。但必须注意如下问题。

①压片法一般用 KBr 作为分散剂（也称稀释剂）。主要是因为 KBr 在 400～4000cm⁻¹ 区域中无吸收，且 KBr 与大多数的有机化合物的折光系数相近，可减少光散射引起的光能损失。此外 KBr 在高压下的可塑性及冷胀现象也利于制成薄片。KBr 的纯度要求要高，不含有水分。

②为了减少光散射，样品及 KBr 的粒度应＜2μm，且颗粒必须均匀分散。

（2）粉末法。是把固体样品研磨成 2μm 以下的粉末，悬浮于易挥发溶剂中，然后将此悬浮液滴于 KBr 片基上铺平，待溶剂挥发后形成均匀的粉末薄层的一种方法。

（3）调糊法。将 2～5mg 样品磨细（粒度＜2μm），滴入几滴重烃油（折光系数应与样品相近），研成糊状，涂于盐片上测量。调糊剂常用液态石蜡，其光谱较简单，但由于其C—H吸收带常对样品有影响，可用全氟烃油代替。

（4）薄膜法。主要用于某些高分子聚合物的测定。把样品溶于挥发性强的有机溶剂中，然后滴加于水平的玻璃板上，或直接滴加在盐板上，待有机溶剂挥发后形成薄膜，置于光路中测量。有些高聚物可以热熔后涂制成膜或加热后压制成膜。

二、定性分析

红外光谱法广泛应用于有机化合物的定性鉴定和结构分析。

1. 已知物的鉴定

将试样的谱图与标准的谱图进行对照，或者与文献上的谱图进行对照，如果两张谱图各吸收峰的位置和形状完全相同，峰的相对强度一样，就可以认为样品是该种标准物；如果两张谱图不一样，或峰位不一致，则说明两者不为同一化合物。如用计算机谱图检索，则采用相似度来判别。使用文献上的谱图应当注意试样的物态、结晶状态、溶剂、测定条件以及所用仪器类型均应与标准谱图相同。要注意到一些其他因素，如有杂峰的出现，应考虑到是否有水分、CO_2 等的影响等。

2. 未知化合物结构的测定

用红外光谱法测定化合物的结构一般经历如下几个步骤。

（1）收集、了解样品的有关数据及资料，如对样品的来源、制备过程、外观、纯度、经元素分析后确定的化学式以及诸如熔点、沸点、溶解性质等物理性质作较为全面透彻的了解，以对样品有个初步的认识或判断。

（2）由化学式计算化合物的不饱和度（或称不饱和单元）。化合物不饱和度的计算公式为

$$\Omega = 1 + n_4 + \frac{n_3 - n_1}{2}$$

式中：n_1、n_3 和 n_4 分别为分子中一价（通常为氢及卤素）、三价（通常为氮）和四价（碳）元素的原子数目，二价元素（如氧、硫等）的原子数目与不饱和度无关。不饱和度 Ω 的数值为化合物中

双键数与环数之和(三键的 Ω 为 2)。$\Omega=0$ 时,表明化合物为无环饱和化合物;$\Omega=1$ 时,表明分子有一个双键或一个饱和环;$\Omega=2$ 时,表明分子有两个双键或两个饱和环,或一个双键再加上一个饱和环,或一个三键;$\Omega=4$ 时,可能有一个苯环,以此类推。

(3)谱图的解释。获得红外光谱图以后,即进行谱图的解释。谱图解释并没有一个确定的程序可循,一般要注意如下问题。

①一般顺序。通常先观察官能团区($4000\sim1350\mathrm{cm}^{-1}$),可借助于手册或书籍中的基团频率表,对照谱图中基团频率区内的主要吸收带,找到各主要吸收带的基团归属,初步判断化合物中可能含有的基团和不可能含有的基团及分子的类型;然后再查看指纹区($1350\sim600\mathrm{cm}^{-1}$),进一步确定基团的存在及其连接情况和基团间的相互作用。

②要注意红外光谱的三要素。红外光谱的三要素是吸收峰的位置、强度和形状。无疑三要素中位置(即吸收峰的波数)是最为重要的特征,一般以吸收峰的位置判断特征基团,但也需要其他两个要素辅以综合分析,才能得出正确的结论。例如C＝O,其特征是在 $1680\sim1780\mathrm{cm}^{-1}$ 范围内有很强(vs)的吸收峰,这个位置是最重要的,若有一样品在此位置上有一吸收峰,但吸收强度弱,就不能判定此化合物含有C＝O,而只能说此样品中可能含有少量羰基化合物,它以杂质峰出现,或者可能是其他基团的相近吸收峰而非C＝O吸收峰。峰的形状也能帮助基团的确认,如缔合烃基、缔合胺基的吸收位置与游离状态的吸收位置只略有差异,但峰的形状变化很大,游离态的吸收峰较为尖锐,而缔合O—H的吸收峰圆滑而钝,缔合胺基会出现分岔。炔的C—H吸收峰很尖锐。

③要注意观察同一基团或一类化合物的相关吸收峰。任一基团由于都存在着伸缩振动和弯曲振动,因此会在不同的光谱区域中显示出几个相关峰,通过观察相关峰,可以更准确地判断基团的存在情况。

总体上,遵循:"先特征,后指纹;先强峰,后次强峰;先粗查,后细找;先否定,后肯定;一抓一组相关峰"。

例如,—CH_3 在约 $2960\mathrm{cm}^{-1}$ 和 $2870\mathrm{cm}^{-1}$ 处有非对称和对称伸缩振动吸收峰,而在约 $1450\mathrm{cm}^{-1}$ 和 $1370\mathrm{cm}^{-1}$ 有弯曲振动吸收峰;CH_2在约 $2920\mathrm{cm}^{-1}$ 和 $2850\mathrm{cm}^{-1}$ 处有伸缩振动吸收峰,在约 $1470\mathrm{cm}^{-1}$ 有其相关峰,若是长碳链的化合物,在 $720\mathrm{cm}^{-1}$ 处出现吸收峰。

一类化合物也会有相关的吸收峰,如 $1650\sim1750\mathrm{cm}^{-1}$ 的强吸收带是C＝O的特征吸收峰,而各类含C＝O的化合物各有其相关峰。醛于约 $2820\mathrm{cm}^{-1}$ 和 $2720\mathrm{cm}^{-1}$ 处有C—H吸收峰;酯于约 $1200\mathrm{cm}^{-1}$ 处有C—O吸收峰;酸酐由于振动的耦合,呈现C—O的两个分裂峰;羧酸于 $3500\mathrm{cm}^{-1}\sim3600\mathrm{cm}^{-1}$ 处有非缔合的O—H吸收峰或 $3200\mathrm{cm}^{-1}\sim2500\mathrm{cm}^{-1}$ 的宽缔合吸收峰;酮则无更特殊的相关峰,但有 $\overset{\overset{\text{O}}{\|}}{\text{C—C—C}}$ 的骨架吸收峰,若连接的是烷基则出现在 $1325\sim1215\mathrm{cm}^{-1}$ 处,若连接的是芳环,则出现在 $1325\sim1075\mathrm{cm}^{-1}$ 处。

(4)红外标准谱图的应用。可以通过两种方式利用红外标准谱图进行查对:①查阅标准谱图的谱带索引,寻找与样品光谱吸收带相同的标准谱图;②是先进行光谱解释,判断样品的可能结构,然后再由化合物分类索引查找标准谱图进行对照核实。红外标准谱图主要有如下几种。

①萨特勒(Sadtler)标准光谱集由美国费城 Sadtler 研究所编制,其特点是:

（a）谱图最丰富，有棱镜和光栅两种谱图。至 1985 年已收集编制了 69000 张棱镜谱，至 1980 年已收集编制了 59000 张光栅谱。

（b）备有多种索引，有化合物名称、分类、官能团字母、分子式、分子量、波长等索引。

（c）同时出版多种光谱图等，除了红外的棱镜、光栅谱集外，还有紫外和核磁共振氢谱、碳谱共五种光谱图集。

②《分子光谱文献"DMS"（documentation of molecular spectroscopy）穿孔卡片》由英国和西德联合编制，谱图上列出了化合物名称、分子式、结构式及各种物理常数，不同类化合物用不同颜色表示。

③《API 红外光谱图集》由美国石油研究所（API）44 研究室编制。谱图较为单一，主要是烃类化合物，也收集少量卤代烃、硫杂烷、硫醇及噻吩类化合物的光谱，还附有专门的索引，便于查找。

④《Sigma Fourier 红外光谱图库》由 Keller R J 编制，Sigma Chemical Co. 于 1986 年出版，已汇集了 10400 张各类有机化合物的 FTIR 谱图，并附有索引。此外还有《Aldrich 红外光谱图库》、《Coblentz 学会谱图集》等。

3. 谱图解析举例

【例 4-1】 某化合物的分子式为 C_8H_{14}，其红外光谱如图 4-23 所示，试进行解释并判断其结构。

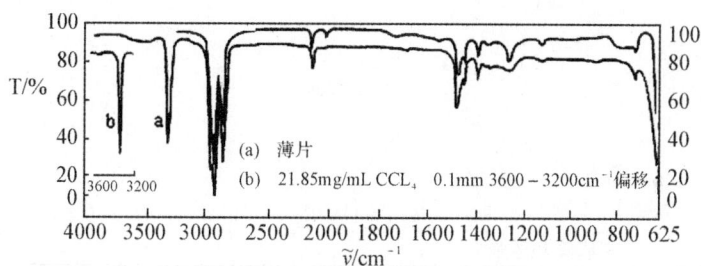

图 4-23　化合物 C_8H_{14} 的红外光谱

解：①求化合物的不饱和度：

$$\Omega = 1 + 8 + \frac{0 - 14}{2} = 2$$

表明化合物无苯环，可能有两个双键或一个三键。

②光谱解析：

$1600 \sim 1650 cm^{-1}$ 无吸收峰，故无双键，可能有三键，是炔类化合物。

$\sim 3300 cm^{-1}$ 有尖锐吸收峰，$\sim 2100 cm^{-1}$ 处有吸收峰，证实有炔键及与其连接的C—H，即 C≡C—H基。

余下的吸收峰为—CH_3 及 ＼CH$_2$／ 的伸缩吸收峰及弯曲吸收峰，而 $1370 cm^{-1}$ 峰无分裂，表明无Me_2CH—及Me_3C的结构。

$\sim 720 cm^{-1}$ 有吸收，表明分子中有$\fbox{CH_2}_n$，$n > 4$ 的键状结构。

③推断结构：

综上所述，化合物为CH_3—$(CH_2)_5$—C≡CH，即 1-辛炔。

【例 4-2】 有一无色液体,其化学式为 C_8H_8O,红外光谱如图 4-24 所示,试推测其结构。

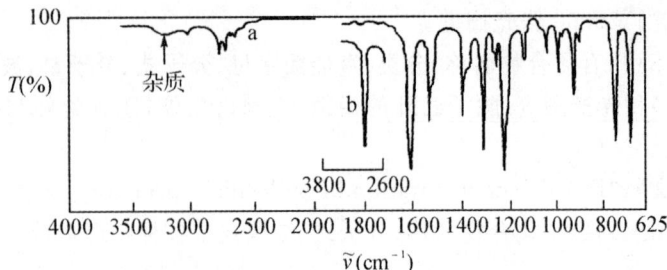

图 4-24 化合物 C_8H_8O 的红外光谱

解:计算不饱和度:$\Omega = 1 + 8 - \dfrac{8}{2} = 5$

各峰的归属

$\tilde{\nu}(cm^{-1})$	归宿	结构单元	不饱和度	化学式单元
3100~3000				
1600 1590 1460 760 690	ν_{C-H} 不饱和 ν_{C-O} 芳环 γ_{C-H} 一取代 ν_{C-O}	R ⬡	4	C_6H_5
1695		R' | C—O | R"	1	CO
3000~2900	ν_{C-H} 饱和			
1360	δ_{C-H} 甲基	CH_3	0	CH_3
1450	邻近羰基使基增强			

说明:该化合物是单取代芳核,且邻接酮羰基,使羰基吸收波数降低。一个芳环和一个羰基,不饱和度为 5,还剩下一个甲基,从 $1370cm^{-1}$ 峰的增强,说明是甲基酮。综上所述,此化合物为 ⬡—C(=O)—CH_3。

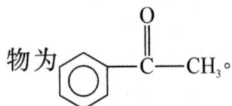

【例 4-3】 某未知物的分子式为 $C_{12}H_{24}O_2$,试从其红外谱图(见图 4-25)推测它的结构。

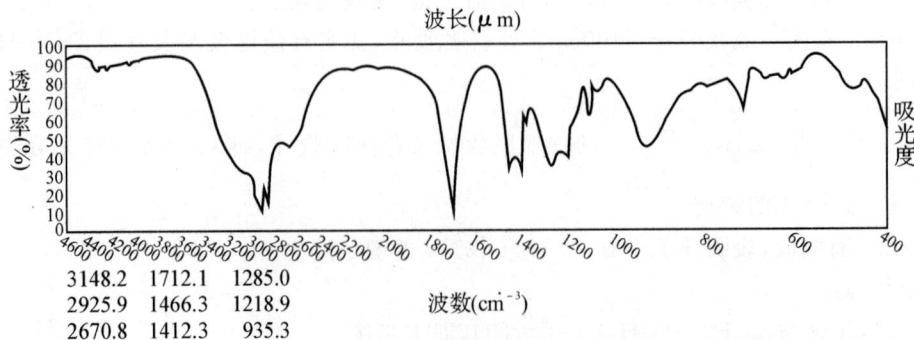

3148.2	1712.1	1285.0
2925.9	1466.3	1218.9
2670.8	1412.3	935.3

图 4-25 化合物 $C_{12}H_{24}O_2$ 的红外光谱

解：由其分子式可计算出该化合物的不饱和度为 1，即该分子含有一个双键或一个环。

1700cm^{-1} 的强吸收表明分子中含有羰基，正好占去一个不饱和度。3300～2500cm^{-1} 的强而宽的吸收表明分子中含有羟基，且形成氢键。吸收峰延续到 2500cm^{-1} 附近，且峰形强而宽，说明是羧酸。叠加在羟基峰上 2920cm^{-1}、2850cm^{-1} 为 CH_2 的吸收，而 2960cm^{-1} 为 CH_3 的吸收峰。从两者峰的强度看，CH_2 的数目应远大于 CH_3 数。720cm^{-1} 的 C—H 弯曲振动吸收说明 CH_2 的数目应大于 4，表明该分子为长链烷基羧酸。

综上所述，该未知物的结构为：$CH_3(CH_2)_{10}COOH$。对照图 4-25 官能团的特征频率，其余吸收峰的值认为：1460cm^{-1} 处的吸收峰为 CH_2（也有 CH_3 的贡献）的 C—H 弯曲振动，1378cm^{-1} 为 CH_3 的 C—H 弯曲振动，1402cm^{-1} 为 C—O—H 的面内弯曲振动，1280cm^{-1}、1220cm^{-1} 为 C—O 的伸缩振动。939cm^{-1} 的宽吸收峰对应于 O—H 面外弯曲振动。

【例 4-4】　化合物 $C_8H_{10}O$ 的红外光谱如图 4-26 所示，试推测其结构。

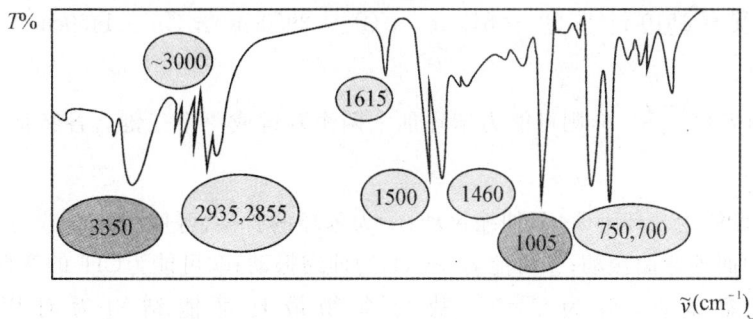

图 4-26　化合物 $C_8H_{10}O$ 的红外光谱

解：

① 计算不饱和度：$\Omega = 1 + 8 + \frac{1}{2}(0-10) = 4$，可能含苯环；

② 3350cm^{-1} 强而宽的吸收带，缔合—OH 形成的 v_{OH}；1005cm^{-1} 吸收峰 v_{C-O}，醇类化合物；

③ 3000cm^{-1} 多重弱峰 $v_{\varphi CH}$，1615cm^{-1}，1500cm^{-1} 吸收峰 $v_{C=C}$；750cm^{-1}，700cm^{-1} 是 $\delta_{\varphi CH}$ 单取代；

④ 2935cm^{-1}，2855cm^{-1} 有吸收峰，饱和烷基 v_{CH} 吸收峰，1380cm^{-1} 无吸收峰，说明不含—CH_3，1460cm^{-1} 是—CH_2—的 δ_{CH_2}。

所以化合物 $C_8H_{10}O$ 的结构式为 ⌬—CH_2CH_2OH。

【例 4-5】　化合物 C_3H_6O 的红外光谱如图 4-27 所示，试推测其结构。

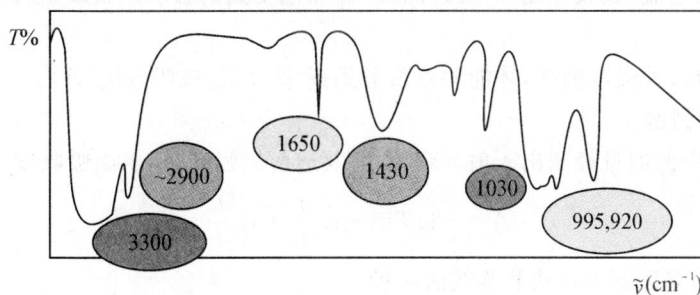

图 4-27　化合物 $C_3H_{10}O$ 的红外光谱

解：

①计算不饱和度：$\Omega = 1 + 3 + \dfrac{1}{2}(0-6) = 1$，可能含C—C或C—O；

②3300cm^{-1}强而宽的吸收带，缔合—OH形成的V_{OH}，醇类化合物，1030cm^{-1}吸收峰V_{C-O}；

③1650cm^{-1}吸收峰$V_{C=C}$，含C=C基团，995cm^{-1}、920cm^{-1}有吸收峰，说明含—CH=CH$_2$基团；

④3000～2800cm^{-1}有吸收峰，饱和烷基V_{CH}吸收峰，1380cm^{-1}无吸收峰，说明不含—CH$_3$，1430cm^{-1}是—CH$_2$—的δ_{CH_2}。

所以化合物C$_3$H$_6$O的结构式为CH$_2$=CH—CH$_2$—OH。

【例 4-6】　化合物C$_8$H$_7$N的红外光谱具有如下特征吸收峰，请推断其结构。①～3020cm^{-1}；②～1605cm^{-1}及～1510cm^{-1}；③～817cm^{-1}；④～2950cm^{-1}；⑤～1450cm^{-1}及1380cm^{-1}；⑥～2220cm^{-1}。

解：$\Omega = 1 + 8 + \dfrac{1-7}{2} = 6$，则可能为苯环加上两个双键或一个三键。各特征吸收峰的可能归宿：

①=CH，可能为苯环上C—H伸缩振动；②为苯环的骨架（呼吸）振动；③可能为苯环对位取代后C—H的面外弯曲振动；④可能为—CH$_3$的伸缩振动；⑤可能为CH$_3$的弯曲振动；⑥可能为三键的伸缩振动，应为C≡N。故化合物最具可能结构为对甲基甲腈，即H$_3$C—〈　〉—C≡N。

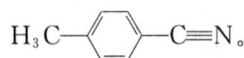

三、定量分析

1. 红外光谱定量分析的理论依据及局限性

理论依据：与紫外-可见分光光度法相同，是依据光吸收定律（朗伯-比耳定律），即$A = \varepsilon bC$或$A = abC$。

应用上的局限性：由于红外光谱法定量分析上有如下的固有缺点，准确度、灵敏度较低，所以在应用意义上不如紫外-可见分光光度法。

(1)光谱复杂，谱带很多，测量谱峰容易受到其他峰的干扰，容易导致吸收定律的偏差。

(2)红外辐射能量很小，强度很弱，摩尔吸光系数ε很小，灵敏度很低，只能作常量的分析。

(3)测量光程很短，吸收厚度(b)难以测准，样品池受到的影响因素多，参比不够准确，因此准确度较差。

(4)必须绘出红外吸收曲线，才能测量百分透射率($T\%$)或吸收度(A)。

2. 吸收度的测量

由红外光谱中的测量峰测出入射光强度I_0及透射光强度I_t，求出吸收度A。

$$A = -\lg T = -\lg \dfrac{I_t}{I_0} = \lg \dfrac{I_0}{I_t}$$

测量I_0、I_t的方法有一点法和基线法两种。

(1)一点法。当背景吸收较小，可以忽略不计，吸收峰对称且无其他吸收峰影响时，可用一点法测量I_0、I_t，方法如图 4-28 所示。

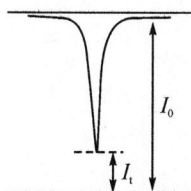

图 4-28　一点法测量 A　　　　　图 4-29　基线法测量 A

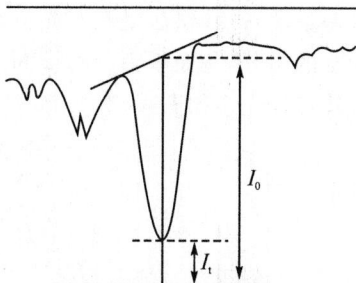

（2）基线法。背景吸收较大不可忽略，有其他峰影响使测量峰不对称时，可用基线法测量 I_0、I_t。通过测量峰两边的峰谷作一切线，以两切点连线的中点确定 I_0，以峰最大处确定 I_t，如图 4-29 所示。

3. 定量分析方法

定量分析方法有标准曲线法、混合组分联立方程求解法及吸收强度比法和补偿法等。前两法与紫外-可见分光光度法相同，不再重述。

（1）吸收强度比法（比例法）。吸收强度比法用于只有两组分（或三组分）混合物样品的分析。选择两组分各一个互相不受干扰的吸收峰作为测量峰。根据吸收定律

$$A_1 = a_1 b_1 C_1$$
$$A_2 = a_2 b_2 C_2$$

C 用质量百分数或摩尔分数表示，则 $C_1 + C_2 = 1$。取 $\dfrac{A_1}{A_2} = R$，则

$$R = \frac{A_1}{A_2} = \frac{a_1 C_1}{a_2 C_2} = K \frac{C_1}{C_2}$$

用两组分的纯物质配制一系列不同 $\dfrac{C_1}{C_2}$ 的混合样品作为标准样品，绘制光谱，并测得各自吸光度，得到一系列 R 值，作 $R \sim \dfrac{C_1}{C_2}$ 校正曲线，得到一斜率为 K 的直线或曲线，如图 4-30 所示。

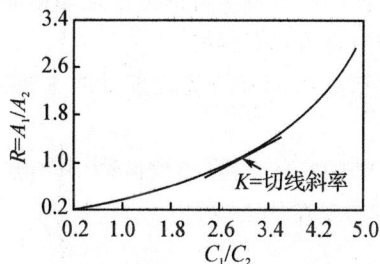

图 4-30　吸光度比与浓度比之间的关系

由未知试样的 R_x 从校正曲线中求出 $\dfrac{C_{1x}}{C_{2x}}$，并解得

$$C_{1x} = \frac{R_x}{K + R_x}, \quad C_{2x} = \frac{R_x}{K + R_x}$$

（2）补偿法（差示法）。补偿法是在双光束红外分光光度计的参比光路中，加入混合试样中对被测物质有干扰的组分，从而抵消其对被测组分的干扰。例如，某混合试样 a 中有主要组分 b 和被测组分 c，其红外光谱如图 4-31 所示。

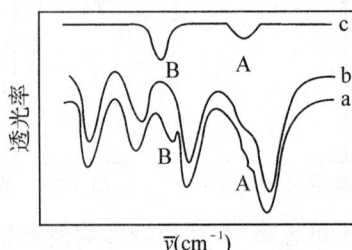

图 4-31　双光束差示分析法

b 对 c 的测量有严重干扰。比较试样 a 和纯物质 b 两光谱，可见仅在 A、B 处显示微小差别，此为 b、c 叠加的结果。如果将 b 组分加入参比光路中，并仔细调节光程厚度，可使其完全补偿试样光路中 b 的吸收，即可获得 c 组分的纯光谱。再由标准曲线求组分 c 的含量。

四、其他方面的应用

（1）催化方面的研究：催化剂的表面结构及化学吸附，催化机理，催化反应中间络合物的观察等的研究。

（2）高聚物方面的研究：高聚物的聚合度及立体构型，解剖高聚物中的助聚剂、添加剂等的研究。

（3）配合物方面的研究：配合物中配位体与中心离子之间的相互作用，配位键的性质等的研究。

（4）光谱电化学方面的研究：利用红外反射光谱，对电极表面的吸附作用或催化作用进行分子水平上的研究。

思考题与习题

1. 简述红外光谱定性及定量分析的基本原理，它与紫外吸收光谱有何异同？

2. 产生红外吸收的条件是什么？是否所有的分子振动都能产生红外吸收光谱？为什么？

3. 影响红外吸收峰强度的主要因素有哪些？

4. 色散型红外吸收光谱仪和紫外-可见分光光度计的主要部件各有哪些？指出两者最本质的区别是什么？

5. 影响基团频率的因素有哪些？什么是"指纹区"？其特点是什么？

6. 下列基团的 δ_{C-H} 吸收带出现在什么位置？

（1）—CH$_3$　　　（2）—CH=CH$_2$　　　（3）—C≡CH　　　（4）—C$\overset{\displaystyle O}{\underset{\displaystyle H}{\big\|}}$

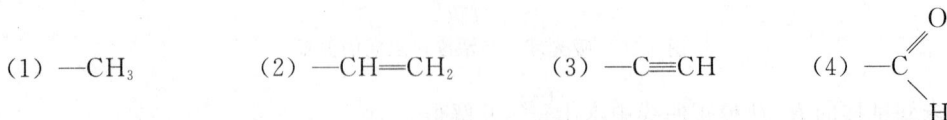

7. 不考虑其他因素的影响，在酸、醛、酯、酰卤和酰胺类化合物中，出现 C=O 伸缩振动频率的大小顺序是怎样的？

8. 羰基化合物 R—CO—R′、R—CO—Cl、R—CO—H、R—CO—F、F—CO—F 中，C=O 伸缩振动频率最高的是什么化合物？

9. 下列两种化合物中,哪一种化合物 $\delta_{C=O}$ 吸收带出现在较高频率? 为什么?

(1) [structure: O=C-OH with ethyl]   (2) [structure: benzene ring with CH2OH and CH3]

10. 下面两个化合物的红外光谱有何不同?

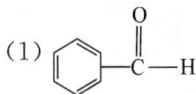

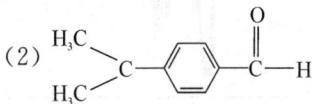

(1) [structure: benzaldehyde]   (2) [structure: H3C-CH(CH3)- benzene ring -CHO]

11. 未知物分子式为 $C_{10}H_{12}O$,试从其红外谱图(见图 4-32)推断其结构。

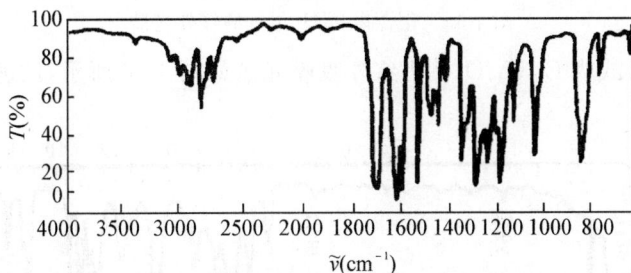

图 4-32 化合物 $C_{10}H_{12}O$ 的红外光谱

12. 某无色液体,其分子式为 C_8H_8O,红外光谱如图 4-33 所示,试推断其结构。

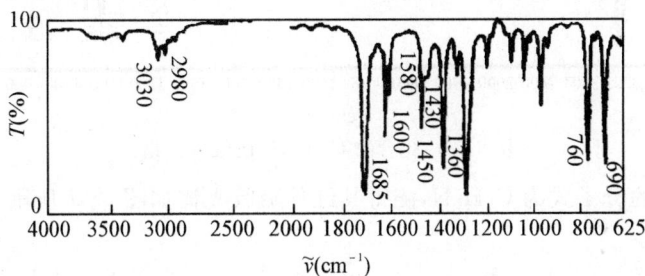

图 4-33 化合物 C_8H_8O 的红外光谱

13. 某化合物为液体,只有 C、H、O 三种元素,分子量为 58,其 IR 光谱如图 4-34 所示,试解析该化合物的结构。

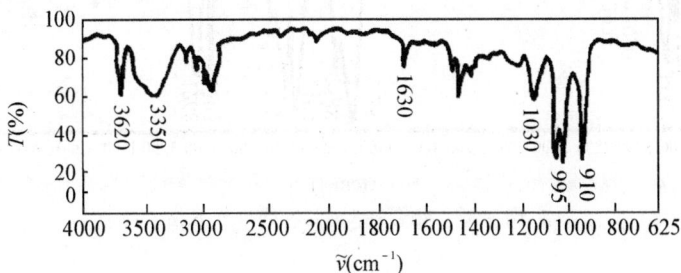

图 4-34 未知物的红外光谱

14. 某化合物分子式为 $C_8H_{17}NO$，红外光谱如图 4-35 所示，试推其结构。

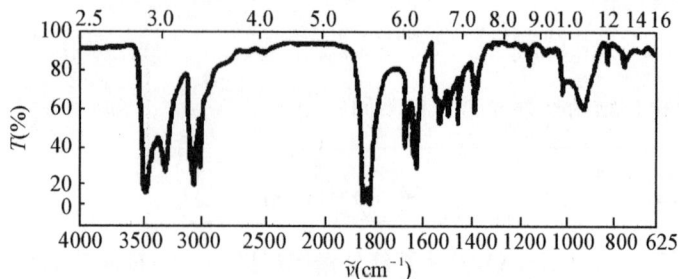

图 4-35　化合物 $C_8H_{17}NO$ 的红外光谱

15. 某物质分子式为 $C_{10}H_{10}O$，测得红外吸收光谱如图 4-36 所示，试确定其结构，并给出峰归属。

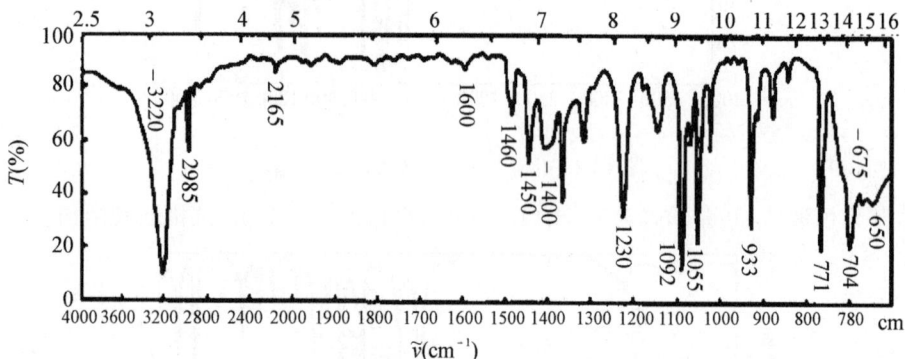

图 4-36　化合物 $C_{10}H_{10}O$ 的红外光谱

16. 某未知物的分子式为 C_7H_9N，测得其红外吸收光谱如图 4-37 所示，试通过光谱解析，推断其分子结构。

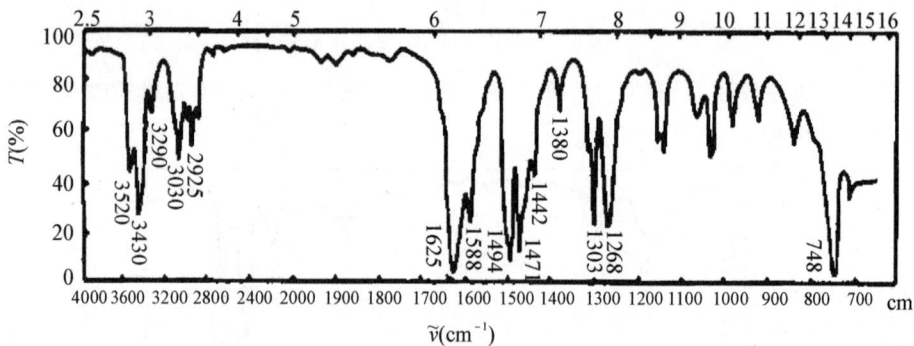

图 4-37　化合物 C_7H_9N 的红外光谱

第五章

原子发射光谱法

第一节　概　述

原子发射光谱法（atomic emission spectrometry，AES），是依据各种元素的原子或离子在热激发或电激发下，发射的特征电磁辐射的波长及其强度进行元素的定性与定量分析的方法。

一般认为原子发射光谱是 1860 年德国学者基尔霍夫（Kirchhoff G R）和本生（Bunsen R W）首先发现的。到了 20 世纪 30 年代，AES 迅速发展，成为仪器分析中一种很重要的、应用很广的方法。20 世纪 70 年代以后，由于新的激发光源如电感耦合等离子体（inductive coupled plasma，ICP）、激光等的应用，以及新的进样方式的出现和先进的电子技术的应用，使古老的 AES 分析法又一次得到新的发展。目前，AES 法仍然是仪器分析中的重要分析方法之一。

一、原子发射光谱法的特点及应用

（1）多元素同时检出能力强。可同时检测一个样品中的多种元素。一个样品一经激发，样品中各元素都各自发射出其特征谱线，可以进行分别检测而同时测定多种元素。

（2）分析速度快。试样多数不需经过化学处理就可分析，且固体、液体试样均可直接分析。若用光电直读光谱仪，则可在几分钟内同时作几十个元素的定量测定。

（3）选择性好。由于光谱的特征性强，所以对于一些化学性质极相似的元素的分析具有特别重要的意义。如铌和钽、锆和铪，十几种稀土元素的分析用其他方法都很困难，而对 AES 来说则是毫无困难之举。

（4）检出限低。一般可达 $0.1 \sim 1\mu g \cdot g^{-1}$，绝对值可达 $10^{-8} \sim 10^{-9} g$。用电感耦合等离子体（ICP）新光源，检出限可低至 $ng \cdot mL^{-1}$ 数量级。

（5）用 ICP 光源时，准确度高，标准曲线的线性范围宽，可达 4～6 个数量级。可同时测定高、中、低含量的不同元素。因此 ICP-AES 已广泛应用于各个领域之中。

（6）样品消耗少。适于整批样品的多组分测定，尤其是定性分析更显示出其独特的优势。

（7）既可用于定量分析又可用于定性分析。每种元素的原子被激发后，都能发射出各自的特征谱线，所以，根据其特征谱线就可以准确无误地判断元素的存在。因此原子发射光谱是迄今为止进行元素定性分析最好的方法,周期表中 70 余种元素都可以用发射光谱法测定。

二、原子发射光谱法存在的问题

(1)在经典分析中,影响谱线强度的因素较多,尤其是试样组分的影响较为显著,所以对标准参比的组分要求较高。

(2)含量(浓度)较大时,准确度较差。

(3)只能用于元素分析,不能进行结构、形态的测定。

(4)大多数非金属元素难以得到灵敏的光谱线。

第二节 原子发射光谱法原理

一、原子发射光谱的产生

物质是由各种元素的原子组成,原子有结构紧密的原子核,核外围绕着不断运动的电子,电子处在一定的能级上,具有一定的能量。从整个原子来看,在一定的运动状态下,它也是处在一定的能级上,具有一定的能量。在一般情况下,大多数原子处在最低的能级状态,即基态。基态原子在激发光源(即外界能量)的作用下,获得足够的能量,外层电子跃迁到较高能级状态的激发态,这个过程叫激发。处在激发态的原子是很不稳定的,在极短的时间内(10^{-8} s),外层电子便跃迁回基态或其他较低的能态而释放出多余的能量。释放能量的方式可以通过与其他粒子的碰撞,进行能量的传递,这是无辐射跃迁,也可以以一定波长的电磁波形式(光)辐射出去。若此能量以光的形式出现,即得到原子发射光谱。原子发射光谱释放的能量及辐射线的波长(频率)要符合波尔的能量定律,即

$$\Delta E = E_2 - E_1 = E_p = h\nu = \frac{hc}{\lambda} = h\tilde{\nu}c \tag{5-1}$$

式中:E_2、E_1 分别是高能态与低能态的能量,E_p 为辐射光子的能量,ν、λ、$\tilde{\nu}$ 分别为辐射的频率、波长、波数,c 为光速,h 为普朗克常数。

从式(5-1)可见,原子光谱是由原子外层电子在不同能级间的跃迁而产生的。不同的元素其原子结构不同,原子的能级状态不同,因此原子发射谱线的波长也不同,每种元素都有其特征光谱,这是光谱定性分析的依据。

同种元素的原子和离子所产生的原子线和离子线都是该元素的特征光谱,习惯上统称为原子光谱。原子光谱线和离子光谱线各有其相应的激发电位和电离电位,都可在元素谱线表中查到。

针对 AES 必须明确如下几个问题。

(1)原子中外层电子(称为价电子或光电子)的能量分布是量子化的,所以 ΔE 的值不是连续的,因此,原子光谱是线状光谱。

(2)同一原子中,电子能级很多,有各种不同的能级跃迁,所以有各种不同的 ΔE 值,即可以发射出许多不同的辐射线。但跃迁要遵循"光谱选律",不是任何能级之间都能发生跃迁。

(3)不同元素的原子具有不同的能级构成,ΔE 不一样,各种元素都有其特征的光谱线,从

识别各元素的特征光谱线可以鉴定样品中元素的存在,这就是光谱定性分析。

（4）元素特征谱线的强度与样品中该元素的含量有确定的关系,所以可通过测定谱线的强度确定元素在样品中的含量,这就是光谱定量分析。

二、有关术语

1. 激发电位（激发能）

原子中某一外层电子由基态激发到高能态所需要的能量,称为该高能态的激发电位,以电子伏特(eV)表示。

2. 电离电位（电离能）

把原子中外层电子电离激发所需要的能量,称为电离电位,以 eV 表示。

3. 共振线

原子中外层电子从基态被激发到激发态后,由该激发态跃迁回基态所发射出来的辐射线,称为共振线。而由最低激发态(第一激发态)跃迁回基态所发射的辐射线,称为第一共振线,通常把第一共振线称为共振线。共振线具有最小的激发电位,因此最容易被激发,一般是该元素最强的谱线。

4. 原子线

由原子外层电子被激发到高能态后跃迁回基态或较低能态,所发射的谱线称为原子线,在谱线表图中用罗马字"Ⅰ"表示。

5. 离子线

原子在激发源中得到足够能量时,会发生电离。原子电离失去一个电子称为一次电离,一次电离的离子再失去一个电子称为二次电离,依此类推。离子也可能被激发,其外层电子跃迁也发射光谱,这种谱线称为离子线。一次电离的离子发出的谱线,称为一级离子线,用罗马字"Ⅱ"表示。二次电离的离子发出的谱线,称为二级离子线,用罗马字"Ⅲ"表示。

三、原子发射光谱谱线和原子结构的关系

1. 原子的壳层结构

原子是由带正电荷的核和围绕核运动的带负电荷的电子所构成。在原子中每一个电子都具有一定的能量,在核外的电子按能量的高低分布。电子能量的高低与电子在核外的运动状态有关。在量子力学中,每个电子的运动状态可用主量子数 n、角量子数 l、磁量子数 m_l 和自旋量子数 m_s 等四个量子数表示。

（1）主量子数 n 表示核外电子离原子核的远近,决定电子的能量。n 值越大,电子离核越远,电子的能量越高。n 的取值为 $1,2,3,\cdots$任意正整数。

（2）角量子数 l 表示电子在空间不同角度出现的几率,即电子云的形状,决定电子绕核运动的角动量及电子轨道形状。在同主量子数的同一电子层中运动的电子,能量大小还可能有所不同。l 的取值为小于 n 的整数,即 $0,1,2,\cdots,n-1$,相应地用电子云的形状符号 s、p、d、f 表示。在同 n 的电子层中,值越大,能量越高,即 s＜p＜d＜f。

（3）磁量子数 m_l 表示电子云在空间的不同取向,电子云不仅有一定的形状,而且还会沿一定的方向在核外空间伸展。m_l 决定磁场中电子运动在不同伸展方向的角动量分量。m_l 的取值为 $-1\sim+1$,即可取 $0,\pm1,\pm2,\cdots,\pm l$。同一个 l 值时,有 $(2l+1)$ 个不同 m_l 值,即电子云

有$(2l+1)$个空间取向、$(2l+1)$种状态。当没有外磁场存在时,各种状态是简并的,能量一样。当它们在外磁场作用下时,由于电子云的伸展方向不同,会发生分裂而出现微小的能量差别。

(4)自旋量子数 m_s 代表电子的自旋方向。电子的自旋可以分为顺时针方向和反时针方向两种,取值分别为 $\pm\frac{1}{2}$。

根据能量最低规则、保里不相容原理及洪特规则,可以对多电子原子进行核外电子的排布,形成原子的壳层结构,n 称为主壳层,l 称为支(或亚)壳层。如钠原子的核外电子排布见表5-1。

表 5-1　钠原子的电子排布

核外电子排布	价电子构型	价电子运动状态量子数表示
$(1s)^2(2s)^2(2p)^6(3s)^1$	$(3s)^1$	$n=3$ $l=0$ $m_l=0$ $m_s=1/2(或-1/2)$

2. 多电子原子的光谱项

氢原子是最简单的原子,只有一个电子绕核运动,其运动状态由该电子的运动状态所决定。这种填充在未充满支壳层的电子称为价电子,也称为光学电子,原子光谱的产生与价电子直接相关。其他的多电子原子可以看成是由价电子与除价电子之外的其余电子同原子核形成的"原子实"(atomic kernel)所组成。由于对称性,所有在原子实中的电子形成合动量矩等于零的闭合壳层。因此,多电子原子的运动状态仅由价电子的运动状态所决定,同时,在多电子原子中,不仅是它的每一个价电子(光学电子)都可能跃迁而产生光谱,而且各个价电子之间还存在着相互耦合作用,它们的运动状态是各个价电子原来运动状态的一种新的组合,产生光谱项,由四个量子数 n、L、S、J 来描述。

(1)n 为主量子数,与个别单独价电子的主量子数相同,取值仍为 $1,2,3,\cdots$ 任意正整数。

(2)L 为总角量子数,其数值为外层价电子角量子数 l 的矢量和,即

$$L = \sum_i l_i$$

两个价电子耦合所得的总角量子数与单个价电子的角量子数的取值关系为

$$L=(l_1+l_2),(l_1+l_2-1),(l_1+l_2-2),\cdots,|l_1-l_2|$$

其值可能为 $L=0,1,2,3,\cdots$ 相应的光谱项符号为 S,P,D,F,$\cdots$ 若价电子数为 3 时,应先把 2 个价电子的角量子数的矢量和求出后,再与第 3 个价电子求出矢量和,就是 3 个价电子的总角量子数,依此类推。

(3)S 为总自旋量子数,价电子自旋与自旋之间的相互作用也是较强的,多个价电子的总自旋量子数是单个价电子量子数的矢量和,即

$$S = \sum_i m_s$$

i 取数为 $1,\pm\frac{1}{2},\pm1,\pm\frac{3}{2},\pm2,\cdots$

应该指出,S 和 L 会产生相互作用,分裂为 $(2S+1)$ 个能量稍微不同的能级,这是产生多重线光谱的原因,称为光谱的多重性,在光谱项符号中以 M 表示,$M=2S+1$。

(4)J 为内量子数,是由于轨道运动与自旋运动的相互作用,即轨道磁矩与自旋磁矩相互作用的结果,是 L 与 S 的矢量和,表示为 $J=L+S$,取值为

$$J=(L+S),(L+S-1),(L+S-2),\cdots,|L-S|$$

因此,当 $L \geqslant S$ 时,J 有 $(2S+1)$ 个数值;当 $S \geqslant L$ 时,J 有 $(2L+1)$ 个数值。J 的每一个值,称为一个光谱支项。一个原子中光谱支项的数目小于或等于光谱的多重项数目。价电子的运动状态(也表明原子的运动状态)用光谱项符号 $n^{2s+1}L_J$(或 $n^M L_J$)表示。例如钠原子:基态价电子的构型为 $(3S)^1$,$n=3$,$l=0$,$s=1/2$,则光谱项为:$n=3$,$L=0$,$S=1/2$,$M=2 \times 1/2+1=2$(双重项态),因为 $L < S$,所以 J 的数目为 $(2L+1)=1$,即只有一个光谱支项,$J=0+1/2=1/2$,所以光谱项符号为 $3^2 S_{1/2}$(双重线态,但只有一个能级)。

第一激发态价电子构型为 $(3P)^1$,$n=3$,$l=1$,$s=1/2$,则光谱项为:$n=3$,$L=1$,$S=1/2$,$M=2$(双重项态),因为 $L > S$,所以 J 的数目为 $(2S+1)=2$,即有两个光谱支项,$J=3/2,1/2$,所以光谱项符号为 $3^2 P_{3/2}$,$3^2 P_{1/2}$。

原子能级图及原子光谱

把原子中所有可能存在运动状态的光谱项——能级及能级跃迁用图解的形式表示出来,称为能级图,如图 5-1、5-2 所示。

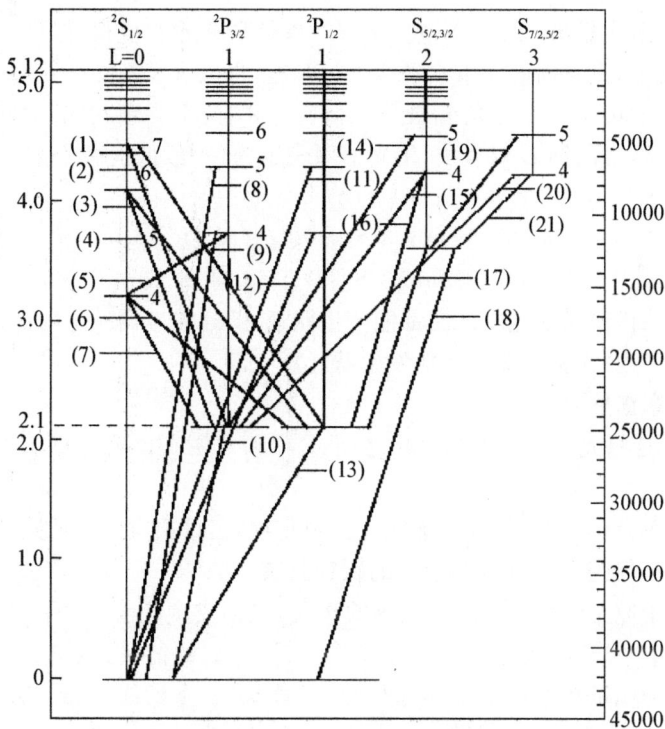

图 5-1 钠原子的能级

(1)514.91;(2)515.36;(3)615.42;(4)616.07;(5)220.57;(6)1138.24;(7)1140.42;(8)284.28;(9)330.23;(10)$D_2$558.99;(11)258.30;(12)330.29;(13)$D_1$589.59;(14)498.29;(15)568.82;(16)568.27;(17)818.33;(18)342.11;(19)1267.76;(20)819.48;(21)1845.95(单位:mm)

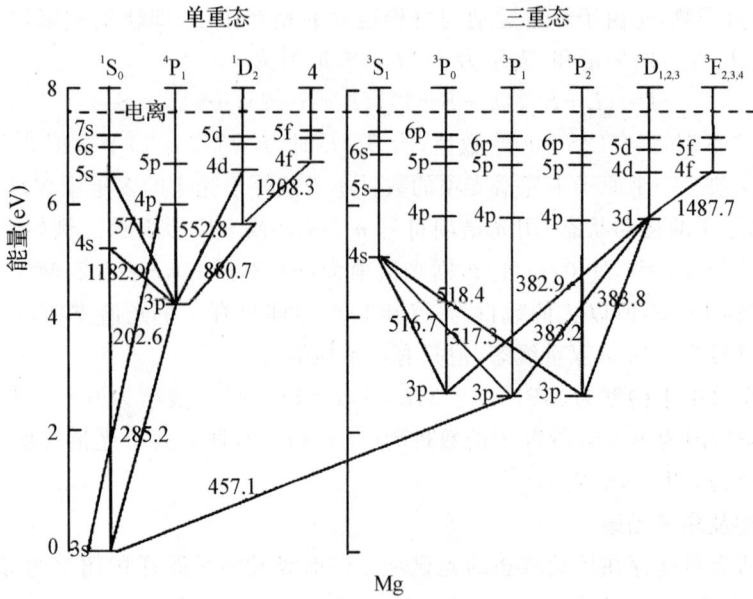

图 5-2　镁原子的能级

通常用纵坐标表示能量 E，单位 eV 或 cm^{-1}。基态原子的能量很低，$E=0$。能级的高低用一系列水平线来表示，最下面的一条水平线表示基态，也表示横坐标。发射的谱线为两能级间斜线相连。钠原子的第一激发态光谱项为 $3^2 p_{3/2}$，$3^2 p_{1/2}$ 两个支项，基态为 $3^2 S_{1/2}$，所以发射两条共振线是钠原子最强的钠 D 双重线，用光谱项表示为（一般低能级光谱线写在前，高能级光谱线写在后）

$$Na\ 588.996nm\ 3^2 S_{1/2} \sim 3^2 p_{3/2}\ 钠\ D_2\ 线$$
$$Na\ 589.593nm\ 3^2 S_{1/2} \sim 3^2 p_{1/2}\ 钠\ D_1\ 线$$

必须指出，不是在任何两个能级之间都能产生跃迁，跃迁需遵循一定的选择规则，称为"光谱选律"。只有符合下列"光谱选律"，才能发生跃迁。

（1）$\Delta n=0$ 或任意正整数。

（2）$\Delta L=\pm 1$，跃迁只允许在 S 项和 P 项之间，P 项和 S 项或 D 项之间，D 项和 P 项或 F 项之间，等等。

（3）$\Delta S=0$（即 $\Delta M=0$），即单重项只能跃迁到单重项，三重项只能跃迁到三重项，等等。

（4）$\Delta J=0$ 及 ± 1，但当 $J=0$ 时，$\Delta J=0$ 的跃迁是禁止的。

在外磁场中，由于原子的磁矩与外加磁场的作用，光谱支项还会进一步分裂，每一个光谱支项还包含着 $(2J+1)$ 个能量状态。无外磁场作用时，它们的能量是相同的；在外磁场作用下，简并的能级分裂为能量相差很微小的 $(2J+1)$ 个能级，一条谱线也相应分裂为 $(2J+1)$ 条谱线，这种现象称为塞曼（Zeeman）效应，$(2J+1)$ 个能级也称塞曼能级。$g=2J+1$ 称为谱线的统计权重，它与谱线的强度有密切关系。

四、谱线强度及其影响因素

谱线强度是单位时间内从光源辐射出某波长光能的多少，也即某波长的光辐射功率的大小。谱线强度与激发态和基态的原子数有关。根据热力学原理，分配在各激发态和基态的原子数由玻尔兹曼（Boltzmann）公式决定。

$$\frac{N_i}{N_0}=\frac{g_i}{g_0}\mathrm{e}^{-\frac{E_1}{kT}} \tag{5-2}$$

式中：N_i 和 N_0 分别为单位体积内激发态和基态粒子数，g_i 和 g_0 分别为激发态和基态的统计权重，E_i 为谱线的激发电位，k 为玻尔兹曼常数（$1.38\times10^{-23}\mathrm{J}\cdot\mathrm{K}^{-1}$），$T$ 为激发温度，单位为 K，统计权重 g 为 $g=2J+1$，J 为总内量子数。统计权重是指原子在某一能级下可能具有的不同状态数。当无外加磁场时，具有相同的 n、L、J 的每一能级是由 $(2J+1)$ 个不同的能级合并而成的，$(2J+1)$ 值称为简并度或统计权重。但在磁场中，它们分裂为不同的能级，一条谱线可分裂为几条。

在激发光源作用下，原子的外层电子在 i、j 两个能级之间跃迁，并发射特征谱线。其频率 ν_{ij} 与两能级的能量差 ΔE 有关，即 $\Delta E=E_j-E_i=h\nu_{ij}$。$h\nu_{ij}$ 反映了单个光子的能量，而强度 I_{ij} 代表了群体谱线的总能量。若激发态原子密度为 N_i，每个原子单位时间内发生 A_{ij} 次跃迁（跃迁几率），则由跃迁产生的谱线强度为

$$I=N_iA_{ij}h\nu$$

将上式与玻尔兹曼公式结合得

$$I=A_{ij}h\nu\frac{g_i}{g_0}\mathrm{e}^{-\frac{E_1}{kT}}N_0$$

考虑到 N_0 不等于单位体积（某元素）的原子总数 N，即

$$N_0=(1-x)N$$

式中：x 为电离度。

将 N_0 代入上式，得原子谱线强度公式

$$I_{ij}=\frac{g_i}{g_0}A_{ij}h\nu_{ij}N(1-x)\mathrm{e}^{\frac{-E_i}{kT}}$$

同理可得离子谱线强度公式

$$I_{ij}^{+}=\frac{g_i^{+}}{g_0^{+}}A_{ij}^{+}h\nu_{ij}^{+}N(1-x)\mathrm{e}^{\frac{-E_i^{+}}{kT}} \tag{5-3}$$

上两式常称为爱因斯坦-玻尔兹曼-沙哈方程（Einstein-Boltzmann-Saha equation），简称沙哈方程。

从前面的强度公式中可以看出，除了试样中待测元素的浓度外，影响谱线强度的因素有两大方面：原子结构内部因素及试样激发过程的外部因素。

（1）内部因素包括谱线的统计权重、跃迁几率及激发电位等。谱线强度与统计权重成正比，与激发电位是负指数关系。激发电位愈高，谱线强度愈小，因为激发电位愈高，处在相应激发态的原子数目愈少。电子从高能级向低能级跃迁时，在符合选择定则的情况下，可向不同的低能级跃迁而发射出不同频率的谱线；两能级之间的跃迁概率愈大，该频率谱线强度愈大。所以，谱线强度与跃迁概率成正比。

（2）外部因素主要表现为试样的蒸发参数和激发温度。蒸发参数影响等离子体区中原子的总浓度，激发温度影响等离子体区中激发的原子数。

蒸发参数与被蒸发物质的沸点、熔点及试样的蒸发温度等因素有关。通常被蒸发物质的沸点越低，就越易挥发，而蒸发温度受到激发光源的温度、试样的组成以及电极的材料和形状的影响。

激发温度取决于激发光源的性质。谱线强度公式表明，激发温度越高，强度越大。但激发

温度高,又会引起原子的电离,影响原子线的强度。图 5-3 为一些元素的谱线强度与温度的关系曲线。

同时,谱线强度公式表明,谱线强度与单位体积(某元素)的原子总数有关,即与基态原子数有关,而单位体积内基态原子的数目和试样中的元素浓度有关。在一定的试验条件下,谱线强度与被测元素浓度成正比,这是发射光谱定量分析的依据。

五、谱线的自吸和自蚀

激发源中的等离子体有一定的体积,温度及原子浓度在其各部位分布不均匀。中间温度高,边缘温度低,中心区域激发态的原子多,边缘基态或较低能态的原子较少。某元素的原子从中心发射某一波长的电磁辐射,必然要通过边缘到达检测器,这样所发射的电磁辐射就有可能被处在边缘的同元素基态或较低能态的原子所吸收。因此,检测器接收到的谱线强度就减弱了。这种原子在高温发射某一波长的辐射,被处于边缘低温状态的同种原子所吸收的现象称为自吸。

自吸对谱线中心处的强度影响较大。这是由于发射谱线的宽度比吸收谱线的宽度大的缘故。对自吸谱线,可有如下的定量关系式

$$I = I_0 e^{-ad} \tag{5-4}$$

式中:I_0 为弧焰中心发射的谱线强度,a 为吸收系数,d 为弧层厚度。自吸系数 a 表示自吸的程度,当试样中元素的含量很低,原子蒸气的厚度很小时,不表现出自吸,$a \approx 1$;当含量增大时,自吸现象增强,$a < 1$。在共振线上,自吸严重时谱线变宽,称为共振变宽。当达到一定的较大含量时,由于自吸严重,谱线中心的辐射被强烈吸收,致使谱线中心的强度比边缘更低,似乎变成两条谱线,这种现象称为自蚀,如图 5-4 所示。

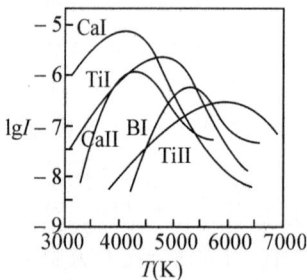

图 5-3 谱线强度和温度的关系

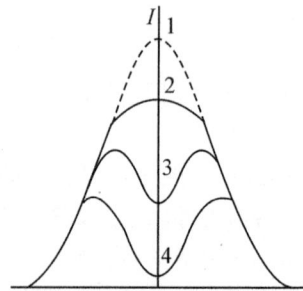

图 5-4 有自吸谱线的轮廓
1—无自吸;2—有自吸;3—自蚀;4—严重自蚀

在谱线表上,用标 r 表示有自吸的谱线,用标 R 表示有自蚀的谱线。基态原子对共振线的自吸最为严重,并且常产生自蚀。激发源中弧焰的厚度越厚,自吸现象越严重。不同光源类型,自吸情况不同,直流电弧的蒸气的厚度大,自吸现象比较明显。

第三节 原子发射光谱仪

原子发射光谱仪的基本结构由三部分组成:激发光源、单色器及检测器,如图5-5所示。

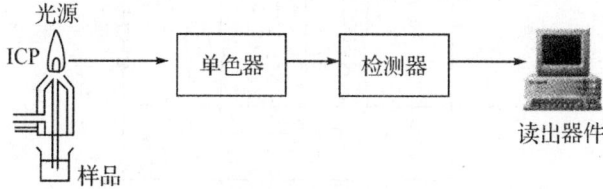

图5-5 原子发射光谱仪的基本结构

一、激发光源

激发光源的基本功能是提供使试样中被测元素原子化和原子激发发光所需要的能量。对激发光源的要求是:灵敏度高,稳定性好,光谱背景小,结构简单,操作安全。光源种类如图5-6所示。

常用的激发光源有电弧光源、高压火花光源、电感耦合高频等离子体光源(ICP光源)等。

1.电弧光源

电弧光源有直流和交流电弧两种。

(1)直流电弧。直流电弧发生器由一个电压为220～380V、电流为5～60A的直流电源,一个铁芯自感线圈和一个镇流电阻所组成,如图5-7所示。

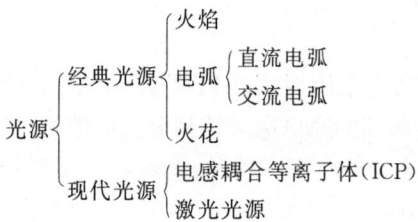

图5-6 光源种类

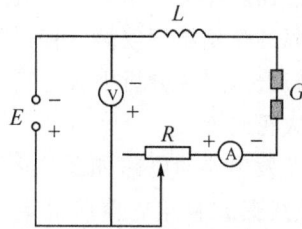

图5-7 直流电弧发生器

E—直流电源;V—直流电压表;L—电感;
R—镇流电阻;A—直流电流表;G—分析间隙

铁芯自感线圈 L 用于防止电流的波动,镇流电阻 R 用于调节和稳定电流直流电弧利用直流电源作为激发能源,使上下电极接触短路引燃电弧,也可用高频引燃电弧。当装有试样的下电极置于分析间隙 G 处,并使上下电极接触通电,此时电极尖端烧热,引燃电弧后使两电极相距4～6mm,就形成了电弧光源。燃弧后,从灼热的阴极端发射出的热电子流,高速穿过分析间隙而飞向阳极,冲击阳极时形成灼热的阳极斑,使阳极温度达3800K,阴极温度达3000K,试样在电极表面蒸发和原子化。产生的原子与电子碰撞,再次产生的电子向阳极奔去,正离子则冲击阴极又使阴极发射电子,该过程连续不断地进行,使电弧不灭。这种弧焰温度(激发温度)约为4000～7000K。直流电弧光源的电极温度高,蒸发能力强,分析的绝对灵敏度高,常用于定性分析及矿石难熔物中低含量组分的定量测定。缺点是弧焰不稳定,谱线容易发生自吸现象。

（2）交流电弧。交流电弧分为高压交流电弧和低压交流电弧。高压交流电弧的工作电压为 2000～4000V，电流为 3～6A，利用高压直接引弧，由于装置复杂，操作危险，因此实际上已很少采用；低压交流电弧的工作电压为 110～220V，设备简单，操作安全，应用较多。低压交流电弧发生器由高频引弧电路（Ⅰ）和低压电弧电路（Ⅱ）组成，如图 5-8 所示。

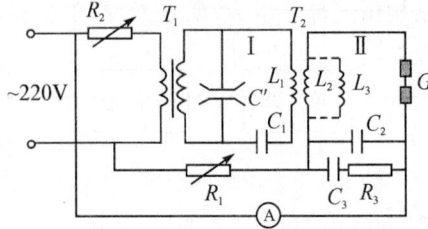

图 5-8　低压交流电弧发生器

220V 的交流电通过变压器 T_1 使电压升至 6000V 左右向电容器 C_1 充电，充电速度由 R_2 调节。当 C_1 的充电能量随交流电压每半周升至放电盘 G' 击穿电压时，放电盘击穿，此时 C_1 通过电感 L_1 向 G' 放电，在 L_1C_1 回路中产生高频振荡电流，振荡的速度由放电盘的距离和充电速度来控制，每半周只振荡一次。高频振荡电流经高频变压器 T_2 耦合到低压电弧回路（Ⅱ），并升压至 $10kV$，通过电容器 C_2 使分析间隙 G 的空气电离，形成导电通道。低压电流沿着已造成电离的空气通道，通过 G 引燃电弧。当电压降至低于维持电弧放电所需的电压时，弧焰熄灭。此时，第二个半周又开始，该高频电流在每半周使电弧重新点燃一次，维持弧焰不熄。

为了保证在小电流下弧焰稳定，可用电容器 C_6、电阻 R_6 与 C_2 并联。电感 L_6 与 L_2 并联，可防止因过热而烧坏 L_2。低压交流电弧光源的电极温度较低，这是由交流电弧的间隙性引起的。交流电弧的弧焰温度较高，因为其电弧的电流有脉冲性，电流密度比直流电弧大，且稳定性好，在光谱定性、定量分析中获得广泛的应用，但灵敏度低些。

2. 高压火花光源

高压火花发生器的电路如图 5-9 所示。220V 交流电压经变压器 T 升压至 1×10^4V 以上，通过扼流线圈 D 向电容器 C 充电。当电容器 C 两端的充电电压达到分析间隙的击穿电压时，通过电感 L 向分析间隙 G 放电而产生电火花。在交流电下半周时，电容器 C 又重新充电、放电，如此反复进行。

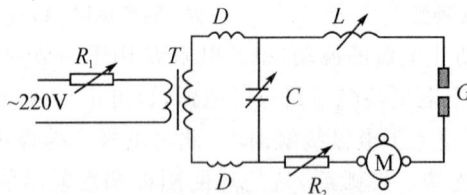

图 5-9　高压火花发生器

M 为转动电极，在圆盘上装上钨电极，原盘由同步电机带动 50 转/秒

高压火花放电的稳定性好，这是由于在放电电路中串联一个由同步电机带动的转动电极 M（或用串联一个距离可精密调节的控制间隙，也可并联一个自感线圈来控制火花间隙），使电火花每半周放电一次或数次，确保在每半周电压最大值的瞬间放电，以获得最大的放电能量。这种放电方式的电极温度较低，这是由于电火花以间隙的方式进行放电，且火花作用在电极上

的面积小、时间短。但是它的激发温度高,这是由于高压火花的放电时间极短,瞬间通过分析间隙的电流密度很高,因此弧焰的瞬间温度高达 10000K,激发能量大。

高压火花光源主要用于易熔金属、合金以及高含量元素的定量分析。

3. 电感耦合高频等离子体光源

电感耦合高频等离子体(ICP)是 20 世纪 60 年代提出、70 年代获得迅速发展的一种新型激发光源。等离子体在总体上是一种呈中性的气体,由离子、电子、中性原子和分子所组成,其正负电荷密度几乎相等。电感耦合高频等离子体装置的原理示意图如图 5-10 所示。通常,它是由高频发生器、等离子炬管和雾化器三部分组成。

高频发生器的作用是产生高频磁场,供给等离子体能量。它的频率一般为 60Hz～40MHz,最大输出功率 2kW～4kW。

等离子炬管是由一个三层同心石英玻璃管组成。外层管内通入冷却气 Ar 以避免等离子炬烧坏石英管。中层石英管出口做成喇叭形状,通入 Ar 以维持等离子体。内层石英管的内径为 1～2mm,由载气(一般用 Ar)将试样气溶胶从内管引入等离子体。使用单原子惰性气体 Ar 在于它性质稳定、不与试样形成难解离的化合物,而且它本身的光谱简单。

当高频电源与围绕在等离子炬管外的负载感应线圈(用圆铜管或方铜管绕成 2～5 匝的水冷却线圈)接通时,高频感应电流流过线圈,产生轴向高频磁场。此时向炬管的外管内切线方向通入冷却气 Ar,中层管内轴向(或切向)通入辅助气体 Ar,并用高频点火装置引燃,使气体触发产生载流子(离子和电子)。当载流子多至足以使气体有足够的导电率时,在垂直于磁场方向的截面上产生环形涡电流。几百安的强大感应电流瞬间将气体加热至 10000K,在管口形成一个火炬状的稳定的等离子炬。等离子炬形成后,从内管通入载气,在等离子炬的轴向形成一通道。由雾化器供给的试样气溶胶经过该通道由载气带入等离子炬中,进行蒸发、原子化和激发。

试液进样使用雾化器,图 5-11 是气动雾化器,也有使用超声雾化器的。

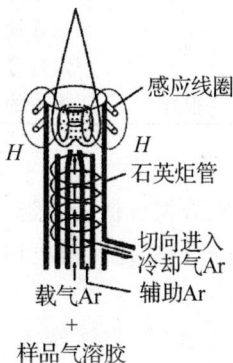

图 5-10　电感耦合高频等离子体光源

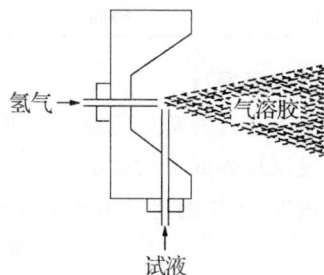

图 5-11　气动雾化器

电感耦合高频等离子体光源不同部位的温度如图 5-12 所示。典型的电感耦合高频等离子体是一个非常强而明亮的白炽不透明的"核",核心延伸至管口数毫米处,顶部有一个火焰似的尾巴。电感耦合高频等离子体分为焰心区、内焰区和尾焰区三个部分。

焰心区白炽不透明,是高频电流形成的涡电流区,温度高达 10000K。由于黑体辐射,氩或其他离子同电子的复合产生很强的连续背景光谱。试液气溶胶通过该区时被预热和蒸发,又称预热区。气溶胶在该区停留时间较长,约 2ms。

内焰区在焰心区上方,在感应线圈以上 10～20mm,呈淡蓝色半透明,温度 6000～8000K,

试液中原子主要在该区被激发、电离,并产生辐射,故又称测光区。试样在内焰区停留约 1ms,比在电弧光源和高压火花光源中的停留时间($10^{-2}\sim10^{-6}$ms)长。这样,在焰心和内焰区使试样得到充分的原子化和激发,对测定有利。

尾焰区在内焰区的上方,呈无色透明,温度约 6000K,仅激发低能态的试样。

电感耦合高频等离子体光源稳定性好,线性范围宽,可达 4~6 个数量级,检测限低达 $10^{-6}\sim10^{-4}\mu g \cdot g^{-1}$,应用范围广,能测定数十种元素。但它的雾化效率较低,设备贵。

等离子体光源除电感耦合高频等离子体(ICP)外,还有直流等离子体(DCP)和微波等离子体,以及其他一些新型激发源如激光微探针等。

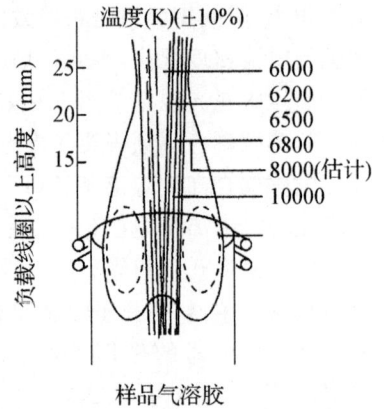

图 5-12　典型 ICP 焰炬的剖面及温度

光源的选择:光源应根据试样的性质(如挥发性、电离电位等)、试样的形状(如块状、粉末等)、含量大小以及不同类型光源的蒸发温度、激发温度和放电的稳定性进行选择。

表 5-2 列出了几种常见光源的性质和应用。

表 5-2　几种常见光源的性质和应用

光源	蒸发温度(K)	激发温度(K)	放电稳定性	用途
火焰	低	1000~5000	好	溶液、碱金属、碱土金属的定量分析
直流电弧	800~3800	4000~7000	较差	难挥发元素的定性、半定量及低含量杂质的定量分析
交流电弧	比直流电弧低	比直流电弧略高	较好	矿物、低含量金属的定性、定量分析
火花	比交流电弧低	10000	好	高含量金属、难激发元素的定量分析
ICP	很高	6000~8000	很好	溶液的定量分析

4. 激光微探针

除了上述几种常见的激发光源外,目前新出现了激光微探针激发光源。激光微探针适用激光蒸发试样表面上的微小区域,如图 5-13 所示。蒸发的试样通过两电极间隙时,电极放电将试样激发,产生的光谱由光谱仪测定。

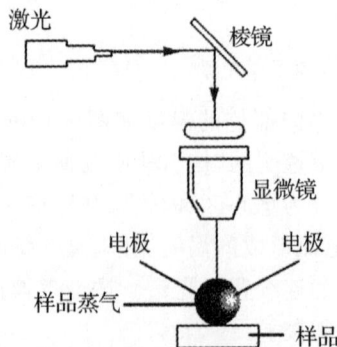

图 5-13　激光微探针

激光微探针适用于试样表面上一个微小区域内的检测。显微镜将一束高强度的脉冲激光束聚焦在一个直径 $10\sim50\mu m$ 的微小区域内,激光照射在两电极之间,电极放在试样表面上方约 $25\mu m$ 处。

二、单色器(分光系统)

原子发射光谱仪的种类很多,但是单色器的基本部件是相近的,一般由照明系统、准光系列、色散系统和投影系统四个部分组成。照明系统的作用是使入射狭缝获均匀、明亮的照射,以获得清晰、均匀、强度足够及背景低的谱线,通常采用三透镜照明系统。准光系统是把进入狭缝的入射光转变为平行光,由进光狭缝、反射镜及透镜(或凹面镜)组成,要求色差小,光能损失少。色散系统是把不同波长的光分解,即分光、色散,要求色散系统的色散率高、分辨率好及光能损失少。色散系统的主要元件是棱镜或光栅两种。投影系统把色散元件分解的各种不同波长的平行光进行聚焦,形成按波长顺序排列的光谱,便于检测系统进行检测记录,要求色差小、能量损失少、分辨率好。

原子发射光谱仪的单色器中色散系统为核心部件。

1. 棱镜分光系统

棱镜分光系统的光路如图 5-14 所示。

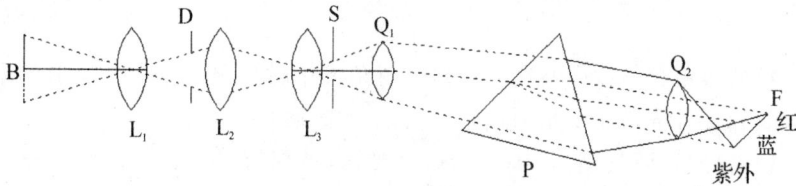

图 5-14　原子发射光谱仪分光系统中的照明部件结构示意

B—光源;L_1、L_2、L_3—三棱镜照明系统;Q_1—准光镜;Q_2—成像物镜;D—遮光板;
S—狭缝;P—色散棱镜;F—感光板

激发光源 B 把样品蒸发、原子化、激发,被激发的原子(或离子)发射出各元素的辐射线(谱线),经 L_1、L_2、L_3 三透镜照明系统聚焦在入射狭缝 S 上,并投射到准光镜 Q_1 上,Q_1 将入射光变成平行光束,再投射到棱镜 P 上进行色散。由于波长短的折射率大,波长长的折射率小,不同波长的光经石英棱镜色散后按波长大小顺序分开成各个平行光束。再由照像物镜 Q_2 把它们分别聚焦在感光板 F 上,便可获得按波长大小顺序展开的光谱。每一条谱线都是进光狭缝的像。棱镜光谱是零级光谱。

棱镜摄谱仪的光学特性主要用色散率、分辨率及聚光本领三个指标来表示。

(1)色散率。色散率是把不同波长的光分散开的能力。棱镜的色散率可以用角色散率 $d\theta/d\lambda$ 及线色散率 $dl/d\lambda$ 表示。角色散率 $d\theta/d\lambda$ 的物理意义是指入射线与折射线的夹角,即偏向角对波长的变化率。角色散率越大、波长相差越小的两条谱线就分得越开。在光谱仪中,棱镜一般安置在最小偏向角的位置(即入射线进入棱镜内的折射线与棱镜底边平行),如图 5-15 所示。

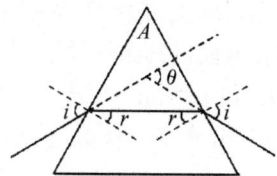

图 5-15　棱镜的最小偏向角位置

设棱镜的顶角为 A，根据折射定律，可以证明：

$$n=\frac{\sin i}{\sin r}=\frac{\sin\dfrac{A+\theta}{2}}{\sin\dfrac{A}{2}}$$

将上式两边对波长微分得到

$$\frac{\mathrm{d}n}{\mathrm{d}\lambda}=\frac{\dfrac{\mathrm{d}\theta}{\mathrm{d}\lambda}\cdot\cos\dfrac{A+\theta}{2}}{2\sin\dfrac{A}{2}}=\frac{\dfrac{\mathrm{d}\theta}{\mathrm{d}\lambda}\sqrt{1-n^2\sin^2\dfrac{A}{2}}}{2\sin\dfrac{A}{2}}$$

移项后得到

$$\frac{\mathrm{d}\theta}{\mathrm{d}\lambda}=\frac{\mathrm{d}n}{\mathrm{d}\lambda}\cdot\frac{2\sin\dfrac{A}{2}}{\sqrt{1-n^2\sin^2\dfrac{A}{2}}}$$

式中：n 为两波长 λ_1 和 λ_2 的光线的折射率平均值，$\mathrm{d}n$ 为两折射率之差。若要增大光谱仪的角色散率，可以采用下列方法。

①增加棱镜的数目。如果光谱仪中安装 m 个相同的棱镜，且其位置都处在最小偏向角时，则总角色散率等于单个棱镜角色散率的 m 倍。增加棱镜数目的同时要考虑光强减弱及成本的问题。

②增大棱镜的顶角 A。这种办法将受到入射角大于临界角时发生全反射的限制。例如，当顶角大于 65° 时，紫外光就不能折射出来。所以一般顶角是 60°。

③改变棱镜的材料，即改变 $\mathrm{d}n/\mathrm{d}\lambda$。在可见光区，玻璃棱镜比石英棱镜的色散率大，而在紫外光区，玻璃强烈地吸收紫外光，只能采用石英棱镜。对于同一材料的棱镜，由于 $n=A+\dfrac{B}{\lambda^2}+\dfrac{C}{\lambda^4}$，$\mathrm{d}n/\mathrm{d}\lambda$ 随 λ 变大而减小，即 λ 越大，$\mathrm{d}\theta/\mathrm{d}\lambda$ 越小。所以短波部分谱线分得开一些，长波部分的谱线靠得紧一些，即棱镜摄谱仪得到的是非均排光谱。

线色散率 $\mathrm{d}l/\mathrm{d}\lambda$ 的物理意义是指波长相差 $\mathrm{d}\lambda$ 的两条谱线在焦面上的距离 $\mathrm{d}l$。由于谱线最终是被聚焦在焦面上而进行检测、记录的，所以用线色散率表示更有实用意义。不难理解，$\mathrm{d}l/\mathrm{d}\lambda$ 除与 $\mathrm{d}\theta/\mathrm{d}\lambda$ 有关外，还与会聚透镜（或叫投影物镜）的焦距及焦面和光轴的夹角 ε 有关，即

$$\frac{\mathrm{d}l}{\mathrm{d}\lambda}=\frac{\mathrm{d}\theta}{\mathrm{d}\lambda}\times\frac{f}{\sin\theta}$$

可见，采用长焦距物镜和减小 ε，可增大棱镜的色散能力。

在实际工作中，还常常用线色散率的倒数（俗称倒色散率）$\mathrm{d}\lambda/\mathrm{d}l$。$\mathrm{d}\lambda/\mathrm{d}l$ 越小，色散率越大。棱镜光谱仪以其倒色散率的大小分为大、中、小型三种。$\mathrm{d}\lambda/\mathrm{d}l<1\mathrm{nm}\cdot\mathrm{mm}^{-1}$ 时为大型摄谱仪，$\mathrm{d}\lambda/\mathrm{d}l=(1\sim2)\mathrm{nm}\cdot\mathrm{mm}^{-1}$ 时为中型摄谱仪，$\mathrm{d}\lambda/\mathrm{d}l>(2\sim10)\mathrm{nm}\cdot\mathrm{mm}^{-1}$ 时为小型摄谱仪。

（2）分辨率。棱镜的分辨率 R 是指将两条靠得很近的谱线分开的能力。R 可表示为

$$R=\frac{\bar{\lambda}}{\Delta\lambda}$$

式中：$\bar{\lambda}$ 为两条谱线的平均波长，$\Delta\lambda$ 为刚好能分开的两条谱线的波长差。根据瑞利准则，刚好

能分开指的是等强度的两条谱线,一条的衍射最大强度(主最大)正好落在另一条的第一最小衍射强度上,如图 5-16 所示。

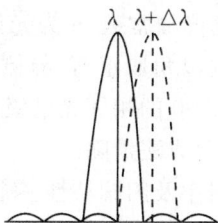

图 5-16　两条刚可分开的谱线

当棱镜位于最小偏向角位置时,有如下关系

$$R = mb \frac{\mathrm{d}n}{\mathrm{d}\lambda}$$

式中:m 为相同棱镜的数目,b 为单个棱镜的底边长度。

在光谱分析工作中,对于中型摄谱仪,常以能否清晰分辨铁元素的三条典型谱线 310.0667nm、310.0305nm、309.9970nm,来评价分辨能力的优劣。若能分辨开,则

$$R = \frac{\left(\dfrac{310.0305 + 309.9970}{2}\right)}{310.0305 - 309.9970} = 9.25 \times 10^3 \approx 10^4$$

所以通常把 $R \geqslant 10^4$ 作为摄谱仪分辨率的要求。

(3)聚光本领。聚光本领是指光谱仪的光学系统传递辐射能的能力,或者是仪器所能获得有效辐射光强的能力。常用入射于狭缝的光源亮度 B 为一单位时,以在感光板焦面上单位面积内所得到的辐射通量(照度)E 来表示,即 $\dfrac{E}{B}$。聚光本领与投影物镜的相对孔径(也称透镜的聚光本领)的平方 $\left(\dfrac{d}{f}\right)^2$ 成正比(d 为物镜的孔径,f 为焦距),而与狭缝宽度无关。狭缝宽度变大时,谱线(狭缝像)也增宽,单位面积上能量不变。物镜焦距 f 变大,可增大色散率,但要减弱聚光本领。

2. 光栅分光系统

光栅分为透射光栅和反射光栅,用得较多的是反射光栅。反射光栅又可分为平面反射光栅(或称闪耀光栅)及凹面反射光栅。光栅是一种多狭缝元件,光栅光谱的产生是单狭缝衍射和多狭缝干涉两者联合作用的结果。单狭缝衍射决定谱线的强度分布,多狭缝干涉决定谱线出现的位置。图 5-17 是平面反射光栅的一段垂直于刻线截面的色散示意图。

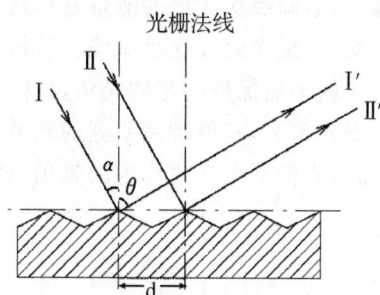

图 5-17　平面光栅色散原理

平面反射光栅色散作用可用光栅公式表示,即

$$d(\sin \alpha + \sin \theta) = n\lambda$$

式中:α、θ分别为入射角和衍射角,d为光栅常数,n为光谱级次,$n=0,\pm1,\pm2,\cdots$ θ角规定为正值,如果θ角与α角在光栅法线同侧,θ角取正值,异侧取负值。当$n=0$时,即零级光谱,衍射角与波长无关,即无分光作用。在$n>0$的相邻光谱级次之间,会产生不同级次光谱的重叠,可采用滤光片或低色散的棱镜分级器等方法消除。

光栅的光学特性可用色散率、分辨率及闪耀特性三个指标来表征。

(1)色散率。当入射角α不变时,光栅的角色散率$\mathrm{d}\theta/\mathrm{d}\lambda$可用光栅公式微分求得

$$\frac{\mathrm{d}\theta}{\mathrm{d}\lambda} = \frac{n}{d\cos\theta}$$

当θ很小且变化不大时,可以认为$\cos\theta=1$。则$\frac{\mathrm{d}\theta}{\mathrm{d}\lambda} = \frac{n}{d}$,即光栅的角色散率只决定于光栅常数$d$及光谱级数$n$,可以认为是常数,不随波长而变,这样的光谱在长波及短波的各波段中波长间隔是一样的,称为"均排光谱"。这是光栅优于棱镜的一个方面。在实际工作中常用线色散率$\mathrm{d}l/\mathrm{d}\lambda$,对于平面光栅来说,线色散率为

$$\frac{\mathrm{d}l}{\mathrm{d}\lambda} = \frac{\mathrm{d}\theta}{\mathrm{d}\lambda} = \frac{nf}{d\cos\theta}$$

式中:f为会聚透镜的焦距。由于$\cos\theta\approx1(\theta\approx6°)$,则$\frac{\mathrm{d}l}{\mathrm{d}\lambda} = \frac{nf}{d}$。

凹面光栅的线色散率为

$$\frac{\mathrm{d}l}{\mathrm{d}\lambda} = \frac{nr}{d\cos\theta},$$

式中:r为曲率半径。

(2)分辨率。光栅的分辨率R为光谱级次与光栅刻痕总数N(光栅的宽度与单位长度的刻痕数的乘积)的乘积,即

$$R = \frac{\bar{\lambda}}{\Delta\lambda} = nN \tag{5-5}$$

例如,对于一块宽度为50mm,单位长度(mm)刻痕数为1200条的光栅,在第一级光谱中($n=1$),它的分辨率为

$$R = nN = 1 \times 50 \times 1200 = 6 \times 10^4$$

可见光栅的分辨率比棱镜高得多,这是光栅优于棱镜的又一方面。光栅的宽度越大,单位长度的刻痕数越多,分辨率就越大。

(3)闪耀特性。在平面光栅中,不同级次光谱的能量分布是不均匀的。未经色散的零级($n=0$)光谱的能量最大,按正负一级、二级光谱等逐级减弱。若将光栅的刻痕刻成具有三角形的槽线,使每一刻痕的小反射面与光栅平面保持一定的夹角,以控制每一个小反射面对光的反射方向,使光能聚中在所需要的一级光谱上,获得特别明亮的光谱,这个现象称为闪耀,这种光栅称为闪耀光栅。刻痕的小反射面与光栅平面夹角称为闪耀角,如图5-18所示。

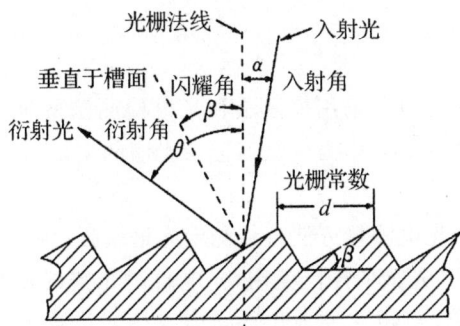

图 5-18 平面闪耀光栅

当入射角 α、衍射角 θ 和闪耀角 β 相等时,即 $\alpha = \theta = \beta$,在衍射角 θ 的方向上可得到最大的相对强度。光栅方程式也适用于闪耀光栅,即

$$d(\sin \alpha + \sin \theta) = n\lambda$$

当 $\alpha = \theta = \beta$ 时,$2d\sin \beta = n\lambda_\beta$,$\lambda_\beta$ 称为闪耀波长。由闪耀光栅的制作看,闪耀角一定,闪耀波长也一定,即每块光栅都具有自己的闪耀特性——闪耀角、闪耀波长。在闪耀波长处,光的强度最大,而在闪耀波长附近其他波长的谱线强度仍然是比较高的。可由下式估计强度约为极大值的 40% 时的波长范围 λ_n(n 级光谱,λ_n 也称闪耀范围)。

$$\lambda_n = \frac{\lambda_{\beta(1)}}{n \pm 0.5}$$

式中:$\lambda_{\beta(1)}$ 是光栅的一级闪耀波长。例如,$\lambda_{\beta(1)}$ 为 300nm,其一级闪耀波长范围为 200~600nm,质量优良的闪耀光栅可以将约 80% 的光能集中到所需的波长范围内。

目前中阶梯光栅(Echelle 光栅)已相当多地用于商品仪器,这是一种具有精密刻制的宽平刻痕的特殊衍射光栅,如图 5-19 所示。

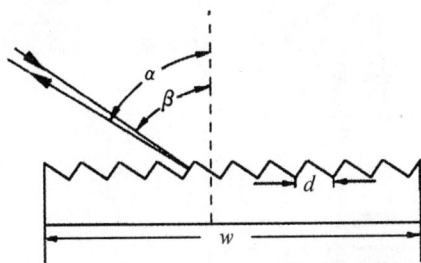

图 5-19 中阶梯光栅

它与普通的闪耀光栅相似,区别在于光栅的每一阶梯的宽度是其高度的几倍,阶梯之间的距离是欲色散波长的 10~200 倍,闪耀角大。由于中阶梯光栅具有很高的色散率、分辨率和聚光本领,使用光谱区广,它在降低发射光谱检测限、改善谱线轮廓、多元素同时测定等方面都是很有用的。

棱镜与光栅的主要区别有以下几方面。

①光栅光谱是一个均匀排列的光谱,而棱镜光谱则是不均匀排列的光谱。

②光栅适用的波长范围比棱镜宽。

③光栅的分辨率比棱镜高。

三、检测器

原子发射光谱的检测系统目前采用摄谱法和光电检测法两种。前者用感光板,而后者以光电倍增管或电荷耦合器件(CCD)作为接收与记录光谱的主要器件。

1. 光电直读光谱仪

光电直读光谱仪是利用光电测量方法直接测定光谱线强度的光谱仪。过去在钢铁等冶炼部门应用较多,目前由于 ICP 光谱的广泛使用,光电直读光谱仪才被大规模地应用,现在商品 ICP 光谱仪中光电直读光谱仪已占主要地位。光电直读光谱仪分为多道直读光谱仪、单道扫描光谱仪和全谱直读光谱仪三种。前两种仪器采用光电倍增管作为检测器,后一种采用固体检测器。在光电直读光谱仪中,一个出射狭缝和一个光电倍增管构成一个通道(光的通道),可接受一条谱线。多道仪器是安装多个(可达 70 个)固定的出射狭缝和光电倍增管,可接受多种元素的谱线。单道扫描式只有一个通道,这个通道可以移动,相当于出射狭缝在光谱仪的焦面上扫描移动(多由转动光栅或其他装置来实现),在不同的时间检测不同波长的谱线。

(1)多道直读光谱仪(光量计)。图 5-20 为一个多道直读光谱仪示意图。从光源发出的光经透镜聚焦后,在入射狭缝上成像并进入狭缝。进入狭缝的光投射到凹面光栅上,凹面光栅将光色散,聚焦在焦面上,焦面上安装有一组出射狭缝,每一狭缝允许一条特定波长的光通过,投射到狭缝后的光电倍增管上进行检测,最后经计算机进行数据处理。

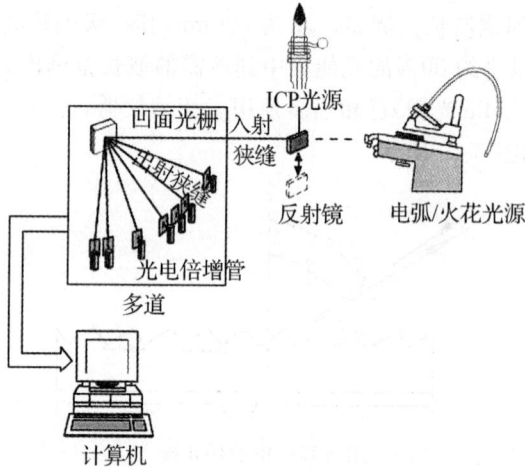

图 5-20　多道直读光谱仪

多道直读光谱仪的优点是分析速度快,准确度优于摄谱法;光电倍增管对信号放大能力强,可同时分析含量差别较大的不同元素;适用于较宽的波长范围。但由于仪器结构限制,多道直读光谱仪的出射狭缝间存在一定距离,使利用波长相近的谱线有困难。

多道直读光谱仪适合于固定元素的快速定性、半定量和定量分析。如这类仪器目前在钢铁冶炼中常用于炉前快速监控 C、S、P 等元素。

(2)单道扫描光谱仪。图 5-21 为一个典型的单道扫描光谱仪的简化光路图。从光源发出的光穿过入射狭缝后,反射到一个可以转动的光栅上,该光栅将光色散后,经反射使某一条特定波长的光通过出射狭缝投射到光电倍增管上进行检测。光栅转动至某一固定角度时只允许一条特定波长的光线通过该出射狭缝,随光栅角度的变化,谱线从该狭缝中依次通过并进入检测器检测,完成一次全谱扫描。

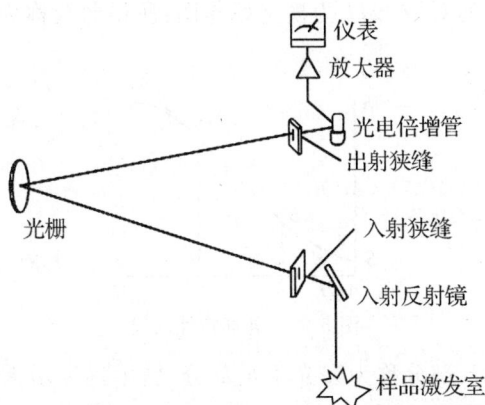

图 5-21　单道扫描光谱仪的简化光路

　　与多道光谱仪相比,单道扫描光谱仪波长选择更为灵活方便,分析样品的范围更广,适用于较宽的波长范围。但由于完成一次扫描需要一定时间,因此分析速度受到一定限制。

　　(3)全谱直读光谱仪。全谱直读光谱仪的结构及原理远较多道直读光谱仪与单道扫描光谱仪复杂,可参考相关文献。

　　光电直读光谱仪的优点是:分析速度快;准确度高,相对误差约为 1%;适用于较宽的波长范围;光电倍增管对信号放大能力强,对强弱不同谱线可用不同的放大倍率,相差可达 10000 倍,因此它可用同一分析条件对样品中多种含量、范围差别很大的元素同时进行分析;线性范围宽,可作高含量分析。缺点为:出射狭缝固定,能分析的元素也固定,也不能利用不同波长的谱线进行分析;受环境影响较大,如温度变化时谱线易漂移,现多采用实验室恒温或仪器的光学系统局部恒温及其他措施;价格昂贵。

2. 摄谱仪

　　(1)光谱感光板。摄谱仪用感光板记录光谱。感光板放置在摄谱仪投影物镜的焦面上,一次曝光可以永久记录光谱的许多谱线。感光板感光后经显影、定影处理,呈现出黑色条纹状的光谱图。然后置于映谱仪上观测谱线的位置进行光谱定性分析,置于测微光度计上测量谱线的黑度进行光谱定量分析。

　　感光板上谱线的黑度与作用其上的总曝光量有关。曝光量等于感光层所接受的照度和曝光时间的乘积。

$$H = \int_0^t E \mathrm{d}t = Et$$

式中:H 为曝光量,E 为照度,t 为时间。

　　谱线的黑度与试样含量、辐射的强度、曝光时间和感光板的乳剂性质等因素有关。黑度用测微光度计测量。测量光源的光投射在经过摄谱、曝光、显影及定影形成谱线的感光板上。设未曝光部分透过光的强度为 I_0,曝光变黑部分透过光的强度为 I,则透光率

$$T = \frac{I}{I_0}$$

　　黑度定义为透光率倒数的对数,故

$$S = \lg \frac{1}{T} = \lg \frac{I_0}{I}$$

黑度 S 和曝光量的关系很复杂,不能用简单的数学式表示,而常用图解法表示。以黑度值 S 为纵坐标,曝光量 H 的对数 $\lg H$ 为横坐标作图,所得曲线称为乳剂特性曲线,如图 5-22 所示。

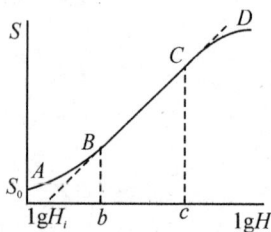

图 5-22　乳剂特性曲线

该曲线分为三部分,AB 部分称为曝光不足部分,斜率逐渐增大,即黑度随曝光量增大而缓慢增大。CD 部分称为曝光过度部分,斜率逐渐减小。BC 部分称为曝光正常部分,斜率恒定,黑度随曝光量的变化按比例增加。在光谱定量分析中,通常需要利用乳剂特征曲线的正常曝光部分 BC,因为此时黑度和曝光量 H 的对数之间可用简单的数学公式表示,即

$$S=\gamma(\lg H-\lg H_i)=\gamma\lg H-i$$

$\lg H_i$ 是直线 BC 的延长线在横坐标上的截距,是外推至 $S=0$ 时的曝光量。H_i 称为感光板乳剂的惰延量。H_i 的倒数是感光板乳剂的灵敏度,H_i 越大,感光板乳剂越不灵敏。BC 在横坐标上的投影 bc 称为感光板乳剂的展度,在一定程度上,它决定了感光板适用的定量分析含量范围的大小。

γ 是乳剂特性曲线直线部分的斜率,称为感光板乳剂的"对比度"或"反衬度"。反衬度 γ 表示曝光量改变时,黑度变化的快慢。γ 大,易感光,对微量成分的检测有利;γ 小,感光慢,黑度均匀对定量分析有利。定量分析用的感光板,γ 值应在 1 左右。光谱定量分析常选用反衬度较高的紫外 I 型感光板,定性分析则选用灵敏度较高的紫外 II 型感光板。

乳剂特性曲线下部与纵坐标相交的相应黑度 S_0 称为雾翳黑度。

乳剂特性曲线的制作方法有强度标法和时间标法两种。强度标法是改变光强度而保持曝光时间不变的方法。在具体操作中,强度标法又可分为谱线组法和阶梯减光板法等。时间标法是改变曝光时间而光强度保持不变的方法。

(2)映谱仪和测微光度计。映谱仪将光谱谱线放大 20 倍,用于光谱定性分析和半定量分析。映谱仪也称光谱投影仪。测微光度计用于测量谱线的黑度来进行光谱定量分析。测微光度计也称黑度计。

第四节　光谱定性分析

每一种元素的原子都有它的特征光谱,根据原子光谱中的元素特征谱线就可以确定试样中是否存在被检元素。光谱定性分析一般多采用摄谱法。试样中所含元素只要达到一定的含量,都可以有其特征谱线被摄谱记录在感光板上。摄谱法操作简单,耗费很低,快速,在几小时内可以将含有数十种元素的多个样品定性检出。它是目前进行元素定性分析的最好方法。

一、元素的灵敏线、最后线和分析线

原子发射光谱是原子结构的反映,结构越复杂,光谱也越复杂,谱线就越多。最简单元素氢的原子谱线也不少,过渡元素、稀土元素光谱就很复杂,其光谱有上千条谱线。同一元素的这些谱线,由于激光能、跃迁几率等各方面的原因,其强度是不同的,也就是灵敏度是不一样的。在进行定性分析时,不可能也不需要对某一元素的所有谱线进行鉴别,而只需检出几条合适的谱线就可以了。一般说来,若要确定试样中某元素的存在,只需找出该元素两条以上的灵敏线或最后线。元素的灵敏线一般是指一些激发电位低、强度大的谱线,多是共振线。元素谱线的强度随其含量的降低而减弱,当样品中元素的含量逐渐减少时,一些较不灵敏的谱线必然因灵敏度不够而逐渐消失;当元素含量减至很小,最后仍然观察到的少数几条谱线,称为元素的最后线,最后线一般是最灵敏线。

在实际光谱分析中,由于试样大多含有各种元素,摄谱仪的分辨本领有限,元素的谱线交错重叠,因此不能仅凭一条谱线的出现来判断元素的存在。例如,锌有 330.26nm 和 330.29nm 两条谱线,钠有 330.23nm 及 330.30nm 两条谱线。因此在光谱定性分析中,为了判断该元素的存在,要选用合适的谱线,该谱线不仅灵敏度高、而且选择性强。所选择的这些灵敏度高、选择性强的谱线,称为分析线。在定性分析中,通常选用3~5条分析线。

二、定性分析的方法

定性分析的方法主要有标准试样比较法和铁光谱比较法。只要在试样光谱中检出了某元素的灵敏线,就可以确证试样中存在该元素。反之,若在试样中未检出某元素的灵敏线,就说明试样中不存在被检元素,或者该元素的含量在检测灵敏度以下。

1.标准试样比较法

将欲检出元素的物质或纯化合物与未知试样在相同条件下并列摄谱于同一块感光板上,显影、定影后在映谱仪上对照检查两列光谱,以确定未知样中某元素是否存在。此法多应用于不经常遇到的元素分析。

2.铁光谱比较法

铁光谱比较法是以铁的光谱为参比,通过比较光谱的方法检测试样的谱线。由于铁元素的光谱非常丰富,在 210~660nm 范围内有几千条谱线,谱线间相距都很近,分布均匀,并且铁元素的谱线波长均已准确测定,在各个波段都有一些易于记忆的特征谱线,所以是很好的标准波长标尺。在一张比实际摄得的光谱图放大 20 倍的不同波段的铁光谱图上方,准确标绘上 68 种元素的主要光谱线,就构成了"标准光谱图"。在实际分析时,将试样与纯铁在完全相同条件下并列紧挨着摄谱。摄得的谱片置于映谱仪上,谱片也放大了 20 倍,再与标准光谱图比较。当两个谱图上的铁光谱完全对准重叠后,检查元素谱线,如果试样中的某谱线也与标准谱图中标绘的某元素谱线对准重叠,即为该元素的谱线。铁光谱比较法可同时进行多种元素定性鉴定,如图 5-23 所示。

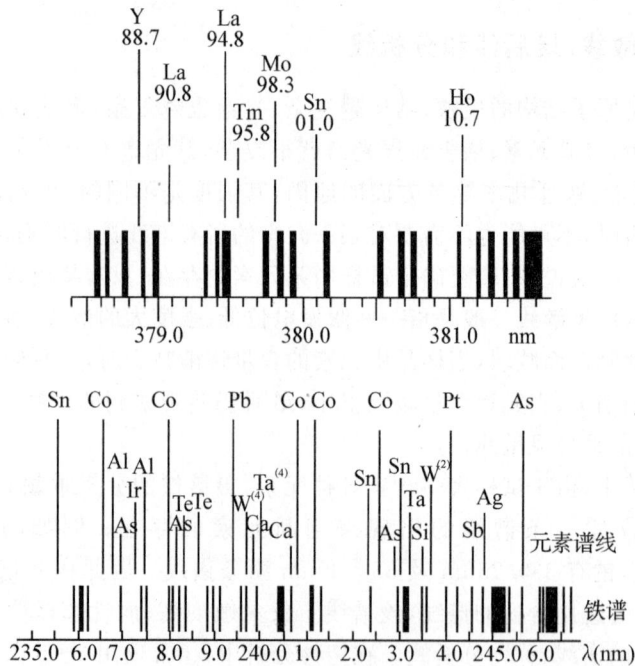

图 5-22　元素标准光谱

此外,定性分析的方法还有波长测量法。该法是在比长仪中进行,分别测量未知波长谱线到两条已知波长谱线(一般用铁谱线)之间的距离,然后按线性比例内插法求出未知谱线的波长,再从波长表中查得该波长属于何元素的谱线。元素谱线波长表已有多种版本,其中最详细和应用最广的是《MIT 波长表》(Harrison GR 编辑,1969 年版)。我国 1971 年出版的《光谱波长表》应用也很广泛。

定性分析一般采用直流电弧作激发光源,经常先小电流后大电流分段激发样品,以保证易挥发元素和难挥发元素都能较多地被检出,减少谱线重叠和背景,并采用较小的狭缝以减少谱线重叠。摄谱时多采用哈特曼(Hartman)光阑,这种光阑是一块金属多孔板,如图 5-24 所示。该光阑置于狭缝前,摄制不同样品

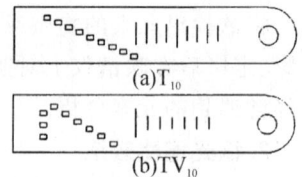

图 5-24　哈特曼光阑

或用一样品而不同阶段的光谱时,移动光阑使光线通过光阑的不同孔道射在感光板的不同位置上;但不移动感光板,以防止移动感光板时引起波长位置的变动(现在的光谱仪把哈特曼光阑制成圆形的金属薄板,各种孔道有规则地排列,密封在狭缝前,通过转动外部鼓轮以选择通道)。

第五节　光谱半定量分析

光谱半定量分析可以给出试样中某元素的大致含量。若分析任务对准确度要求不高时,多采用光谱半定量分析。例如钢材与合金的分类、矿产品位的大致估计等,特别是分析大批样品时,采用光谱半定量分析尤为简单而快速。

常用的光谱半定量分析法有谱线黑度比较法、谱线呈现法和哈维法等。

一、谱线黑度比较法

配制一个基体与试样组成近似的被测元素的标准系列,在相同条件下,在同一感光板上标准系列与试样并列摄谱。然后在映谱仪上用目视法直接比较试样与标准系列中被测元素分析线的黑度。若黑度相同或黑度界于某两个标准样之间,则可作出试样中被测元素的含量与标准样品中某一元素含量近似相等或界于两个标准含量之间的判断。

例如,分析矿石中的铅,即找出试样中灵敏线 283.3nm,再与标准系列中的 283.3nm 铅线相比较。如果试样中的铅线的黑度介于 0.01%~0.001%,并接近于 0.01%,则表示铅的含量为 0.01%~0.001%,并接近于 0.01%。

二、谱线呈现法

谱线呈现法又称为光谱显线法。被测元素谱线的数目随着元素含量的增加,次灵敏线和其他较弱的谱线也会出现,于是根据实验可以编制元素谱线出现与含量关系表,即谱线呈现表,以后就根据某一谱线是否出现来估计试样中该元素的大致含量。表 5-3 为铅的谱线呈现表。若试样光谱中铅的分析线仅 283.31nm、261.42nm、280.20nm 三条谱线清晰可见,根据谱线呈现表可判断试样中 Pb 的质量分数为 0.003%。此法的优点是不需要每次配制标样,简便快速。谱线呈现法的准确度,同样受试样组成和分析条件的影响较大。

表 5-3　铅的谱线呈现

ω_{P_b}(%)	谱线波长及其特征
0.001	281.31nm 清晰,261.42nm 和 280.20nm 谱线很弱
0.003	281.31nm 和 261.42nm 谱线增强,280.20nm 谱线清晰
0.01	上述各线均增强,266.32nm 和 287.33nm 谱线很弱
0.03	上述各线均增强,266.32nm 和 287.33nm 谱线清晰
0.1	上述各线均增强,不出现新谱线
0.3	上述各线均增强,239.38nm 和 257.73nm 谱线很弱
1.0	上述各线均增强,240.20nm、241.17nm、244.38nm 和 244.62nm 谱线很弱

三、哈维法

在激发条件一定、谱线自吸可以忽略的情况下,谱线强度 I_L 与其邻近背景强度 I_B 之比,与试样中被测元素的浓度 C 成正比。

$$C = k \cdot \frac{I_L}{I_B}$$

$$C = k\left(\frac{I_L + I_B}{I_B} - 1\right)$$

$$C = k\left(\frac{I_{L+B}}{I_B} - 1\right)$$

式中:k 为比例常数,I_{L+B} 是元素谱线加背景的强度。若指定背景为 1,则

$$C = k(I_{L+B} - 1)$$

若选择 $I_{L+B}/I_B = 1.5$,$I_L/I_B = 0.5$ 作为谱线从背景中分辨出来的觉察极限,设觉察极限

浓度为 C_0，则有 $k = 2C_0$，代入上式，可得

$$C = 2C_0(I_{L+B} - 1)$$

此法准确度达到 30％～50％。

第六节　光谱定量分析

一、光谱定量分析的基本关系式

光谱定量分析主要是根据谱线强度与被测元素浓度的关系来进行的。前面提及爱因斯坦-玻尔兹曼-沙哈方程为

$$I_{ij} = \frac{g_i}{g_0} A_{ij} h\nu_{ij} N(1-x) \mathrm{e}^{\frac{-E_i}{kT}}$$

在一定条件下，试样中元素的浓度 C 与单位体积（某元素）的原子总数 N 的关系为

$$N = \alpha\tau C^{bq}$$

式中：α 为与蒸发、离解等过程有关的参数，τ 为气态原子在等离子区中停留的平均时间，b 为谱线的自吸系数，q 为与蒸发时的其他化学反应有关的系数，无化学反应时 $q=1$。

因此

$$I_{ij} = \frac{g_i}{g_0} A_{ij} h\nu_{ij}(1-x)\mathrm{e}^{\frac{-E_i}{kT}}\alpha\tau C^{bq} = \frac{g_i}{g_0} A_{ij} h\nu_{ij}(1-x)\mathrm{e}^{\frac{-E_i}{kT}}\alpha\tau C^{b}$$

令：$a = \frac{g_i}{g_0} A_{ij} h\nu_{ij}(1-x)\mathrm{e}^{\frac{-E_i}{kT}}\alpha\tau$，则谱线强度可表示为

$$I = aC^b \text{ 或 } \lg a + b\lg C \tag{5-6}$$

式中：a 为比例系数，b 为自吸系数。此式为光谱定量分析的基本关系式。这个公式由赛伯（Schiebe G）和罗马金（Lomakin）先后独立提出，故称赛伯-罗马金公式。

据赛伯-罗马金公式可以绘制 $\lg I \sim \lg C$ 校准曲线，进行定量分析。直接利用赛伯-罗马金公式进行光谱定量分析叫做绝对强度法。试样的蒸发与激发条件，以及试样的组成与形态都会影响赛伯-罗马金公式中的比例常数 a，即影响谱线的 I，而在实际工作中要完全控制这些因素有一定的困难。因此，用测量谱线的绝对强度进行分析，难以获得准确的结果，因而采用内标法（又叫做相对强度法）进行光谱的定量分析。

内标法是以测量谱线的相对强度来进行光谱定量分析的方法。具体做法是：在分析元素的谱线中选择一条谱线，称为分析线，再在基体元素（或试样中加入定量的其他元素）的谱线中选一条谱线，称为内标线。分析线和内标线称为分析线对。提供内标线的元素称为内标元素。根据分析线对的相对强度与被测元素含量的关系进行定量分析。这种方法可以很大程度上消除以上所述的不稳定因素对测量结果的影响，因为，只要内标元素及分析线对选择合适，各种因素的变化对分析线对的影响基本上是一样的，其相对强度也基本不会变化，从而使分析的准确度得到改善。这就是内标法的优点。

设被测元素和内标元素的含量分别为 C 和 C_0，分析线对的强度分别为 I 和 I_0，自吸系数分别为 b 和 b_0。则

$$I = aC^b, \quad I_0 = a_0 C_0^{b_0}$$

分析线对的强度比 R 为

$$R = \frac{I}{I_0} = \frac{aC^b}{a_0 C_0^{b_0}}$$

由于 C_0 一定，b_0 也一定，而且各种因素对 a 和 a_0 影响基本相同，所以

$$\frac{a}{a_0 C_0^{b_0}} = A \quad （A \text{ 为常数}）$$

即

$$R = \frac{I}{I_0} = AC^b \text{ 或 } \lg R = \lg A + b \lg C \tag{5-7}$$

上式为内标法光谱定量分析的基本公式。

内标元素和内标线的选择原则有以下几点。

(1)若内标元素是外加的，则该元素在分析试样中应该不存在，或含量极微可忽略不计，以免破坏内标元素量的一致性。

(2)被测元素和内标元素及它们所处的化合物必须有相近的蒸发性能，以避免"分馏"现象发生。

(3)分析线和内标线的激发电位和电离电位应尽量接近(激发电位和电离电位相等或很接近的谱线称为"均称线对")。分析线对应该都是原子线或都是离子线，一条为原子线而另一条为离子线是不合适的。

(4)分析线和内标线的波长要靠近，以防止感光板反衬度的变化和背景不同引起的分析误差。分析线对的强度要合适。

(5)内标线和分析线应为无自吸或自吸很小的谱线，并且不受其他元素的谱线干扰。

二、光谱定量分析方法

1. 标准曲线法

标准曲线法又称三标准试样法。标准曲线法是指在分析时，配制一系列被测元素的标准样品(不少于三个)，将标准样品和试样在相同的实验条件下，在同一感光板上摄谱，感光板经处理后，测量标准样品的分析线对的黑度值差 ΔS，将 ΔS 与其含量的对数值 $\lg C$ 绘制标准曲线，再由试样的分析线对的黑度值差，从标准曲线上查出试样中被测元素的含量。

若分析线和内标线的黑度均落在乳剂特性曲线的直线部分，由乳剂特性曲线直线部分曝光量 H 与黑度 S 的关系可得

$$S = r(\lg H - \lg H_i) = r \lg H - i \tag{5-8}$$

式中：H_i 为感光板的惰延量，i 代表 $r \lg H_i$。

由于曝光量 H 与谱线强度 I 成正比，则

$$S = r \lg I - i \tag{5-9}$$

设 S 和 S_1 分别为分析线和内标线的黑度，由上式得

$$S = r \lg I - i \tag{5-10}$$

$$S_1 = r_1 \lg I_1 - i_1 \tag{5-11}$$

在同一感光板上曝光的时间相等，当分析线对的波长、强度相近时，那么 $r = r_1$，$i = i_1$。因此，分析线对的黑度差为

$$\Delta S = S - S_1 = r\lg\frac{I}{I_1} = r\lg R \tag{5-12}$$

上式与内标法光谱定量分析的基本公式结合得

$$\Delta S = r\lg R = rb\lg C + r\lg A \tag{5-13}$$

从该式知，分析线和内标线的黑度差 ΔS 与试样中被分析元素浓度的对数 $\lg C$ 呈线性关系。这就是光谱定量分析使用的定量公式。

2. 标准加入法

标准加入法又称增量法。在测定微量元素时，若不易找到不含被分析元素的物质作为配制标准样品的基体时，可以在试样中加入不同已知量的被分析元素来测定试样中的未知元素的含量，这种方法称为标准加入法。

设试样中被分析元素的含量为 C_x，在试样中加入不同已知浓度 $C_1, C_2, \cdots, C_i$ 的该元素，然后在同一实验条件下摄谱，再测量分析线对的相对强度 R，以 R 对不同浓度 C_i 作图得到一直线，如图 5-25 所示。

将直线外推，与横坐标相交的截距绝对值为试样中分析元素的含量 C_x。根据内标法的基本公式

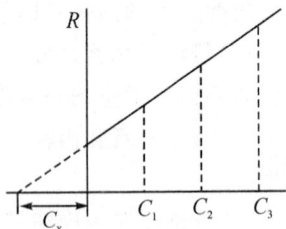
图 5-25　标准加入法

$$R = \frac{I}{I_1} = AC^b \tag{5-14}$$

在 $b=1$ 时，即

$$R = A(C_x + C_i) \tag{5-15}$$

当 $R=0$ 时，即

$$C_x = -C_i \tag{5-16}$$

三、光谱分析的准确度、精密度、灵敏度和检测限

1. 准确度

准确度是指分析方法的测量值接近于真实值的程度，常用相对误差 E 表示。若标准样品（或管理样品）的真实值（或推荐值）为 C_s，而测得值为 C，则测定的相对误差为

$$E\% = \frac{C - C_s}{C_s} \times 100$$

对于多次平均测量，可以用平均相对误差 $\bar{E}$ 表示，$\bar{E}$ 为各次测量相对误差 E_i 的绝对值之和除以测量次数 n，即为

$$\bar{E}\% = \frac{\sum |\bar{E}_i\%|}{n}$$

2. 精密度

精密度是指多次平行测量值相互之间的接近程度，可以用相对偏差 d 及平均相对偏差 $\bar{d}$ 表示。若 n 次测量值为 C_i 时，则 n 次测量平均值为 $\bar{C} = \frac{\sum C_i}{n}$，那么各次测量值的相对偏差为

$$d_i\% = \frac{C_i - \bar{C}}{C} \times 100$$

平均相对偏差为

$$\bar{d}\% = \frac{\sum |\bar{d}_i\%|}{n}$$

精密度更常用相对标准偏差 RSD 表示,即

$$RSD\% = \frac{SD}{\bar{C}} \times 100$$

式中:SD 为标准偏差,$SD = \sqrt{\dfrac{\sum (C_i - \bar{C})^2}{n-1}}$。

3. 灵敏度

按照 IUPAC 的定义,灵敏度是指当浓度 C 或含量 q 有很小的变化时,测量信号 x 的变化幅度,即测量信号对浓度或含量的变化率,也就是分析校准曲线 $x = f(C)$ 或 $x = f(q)$ 的斜率,用 $\dfrac{\mathrm{d}x}{\mathrm{d}C}$ 或 $\dfrac{\mathrm{d}x}{\mathrm{d}q}$ 表示。对于光谱定量分析,如果是绝对强度法,其校准曲线方程为

$$\lg I = \lg a + b \lg C$$

则灵敏度为 b,如果用内标摄谱法,其校准曲线方程为

$$\Delta S = rb\lg C + r\lg A$$

则灵敏度为 rb。

4. 检测限

检测限是指在所要求的置信度下,所能检测物质的最低浓度或最低量,也就是产生一定净谱线强度所需的被测物质的浓度或量,这净谱线强度等于背景强度标准差 S_b 的 K 倍。K 由所要求的置信度选定,一般选定为 3,相当于正态分布下的置信度 99.7%,而由于测定的次数有限等原因,实际上只相当于置信度 90%。检测限表示为

$$C_L (\text{或 } q_L) = \frac{KS_b}{S}$$

式中:S 为标准曲线的斜率,即测定方法的灵敏度,S_b 必须通过多次(20 以上,有时也用 11 次以上)平行测定背景信号得到。在光谱分析测定检测限时,常以背景作内标,背景强度为 I_b,以稍大于检测限的被测物质 C 的谱线作为检测线,其强度为 I_c,则谱线对背景的相对强度为 I_c/I_b,灵敏度可表示为 $\dfrac{I_c/I_b}{C}$(不需考虑谱线的自吸)。因此,检测限为

$$C_L = \frac{K \cdot S_b \cdot C}{I_c/I_b}$$

在分析中还常遇到测定限的概念,它是指以更高的置信度能对元素进行定量测定的最低浓度或含量,往往以校准曲线的下限表示,或 K 值选用 6,用上式计算得到。

四、光谱的背景及其扣除

光谱背景是指在线状光谱上,叠加着由于某些原因产生的连续光谱,即某些分子带状光谱或感光板的雾翳黑度等造成的谱线强度(摄谱法表现为黑度)变大的现象。分析时光谱背景必须扣除,否则势必会影响分析结果的准确性,降低灵敏度。在实验过程中,应尽量设法降低光谱背景。

1. 光谱背景的来源

(1)分子的辐射。在激发光源作用下,试样或电极材料与空气作用生成的分子氧化物、氮

化物等分子(也有自由基)发射的带状光谱。如 CN、SiO_2、Al_2O_3 等这些分子化合物解离能很高,在电弧高温中发射分子光谱。

(2)连续辐射。是指在经典光源中炽热的电极头,或蒸发过程中被带到弧焰中去的固体质点等炽热的固体发射的连续光谱。

(3)谱线的扩散。分析线附近有其他元素的强扩散性谱线(即谱线宽度较大),如 Zn、Pb、Sb、Bi、Mg、Al 等元素含量高时会有很强的扩散线。

电子与离子复合过程也产生连续背景。轫致辐射是由电子通过荷电粒子(主要是重粒子)库仑场时受到加速或减速引起的连续辐射。这两种连续背景都随电子密度的增大而增加,是造成 ICP 光源连续背景辐射的重要原因,火花光源中这种背景也较强。

光谱仪器内的杂散光也造成不同程度的背景。杂散光是指由于光谱仪光学系统对辐射的散射,使其通过非预定途径,而直接达到检测器的任何所不希望的辐射。

2. 背景的扣除

(1)摄谱法。需要测出背景的黑度 S_b,这时测出的被测元素谱线黑度为分析线与背景相加的黑度 $S_{(l+b)}$。由乳剂特性曲线查出 $\lg I_{(l+b)}$ 与 $\lg I_b$,两者相减,即可得出 I_l。再以类似的测量与计算,可得到内标线谱线强度 I_{IS}。这样的操作是非常麻烦的,现在测微光度计多与计算机相连接,就简便快速多了。

(2)光电直读光谱法。由于光电直读光谱仪检测器将谱线强度积分的同时也将背景积分,因此要扣除背景。在 ICP 光电直读光谱仪中都带有自动校正背景的装置。

五、基体效应及光谱添加剂

在原子发射光谱定量分析中,试样的基体效应是产生非光谱干扰的主要方面。在 IUPAC 的命名法中,基体(matrix)是指试样中具有各自性质的所有成分的集合。基体各成分对分析元素测量的联合效应,亦就是除了光谱添加剂外所有附随物质所引起的联合干扰,称为基体效应(matrix effect)。基体效应会影响激发光源的蒸发温度和激发温度。一般是蒸发温度随基体组分沸点的升高而升高,随易电离组分浓度的增大而降低。基体组分还会影响分析元素在激发源中的化学反应性能,即影响分析组分的蒸发和电离等。总之,基体效应会改变分析元素谱线的强度,引起分析结果的误差。

为了消除或减少基体效应,在光谱分析中,常常根据试样的组成、性质及分析的要求,选择性地加入具有某种性质的添加剂。光谱添加剂分为光谱载体和光谱缓冲剂。

(1)光谱载体。进行光谱定量分析时,往往在样品中加入一些有利于分析的物质,这些物质称为载体。它们多是一些化合物、盐类、碳粉等,当然,它们都不能含被测元素而且纯度较高。载体的应用主要是在光源电弧法中,载体加入的量甚至可占到样品的百分之十几。载体的作用也是比较复杂的,总的来说是增加谱线强度,提高分析的灵敏度,并且提高准确度和消除干扰。

①控制试样中元素的蒸发行为。通过化学反应,使试样中被分析元素从难挥发性化合物(主要是氧化物)转变为沸点低、易挥发的化合物,如卤化物、硫化物,使其提前蒸发,显然可以提高分析的灵敏度。例如,用一些氯化物作载体,可使熔点很高的 ZrO_2、TiO_2、稀土氧化物等由氧化物转变为易挥发的氯化物。

载体量大可控制电极温度,从而控制试样中元素的蒸发行为并可改变基体效应。基体效应是试样组成和结构对谱线强度的影响,或元素间的影响。一个非常成功的例子是有人在测定 U_3O_8 中的杂质元素时加入 Ga_2O_3 作载体,它是中等沸点的物质,不影响试样中杂质元素 B、Cd、Fe、Mn 等的挥发,但大大抑制了沸点颇高的氧化铀的蒸发,因此铀的谱线变得很弱而且相当少,很大程度上避免了铀的干扰。

②稳定与控制电弧温度。电弧温度由电弧中电离电位低的元素控制,可选择适当的载体,以稳定与控制电弧温度,从而得到对被测元素有利的激发条件。

③电弧等离子区中大量载体原子蒸气的存在,阻碍了被测元素在等离子区中自由运动的范围,增加它们在电弧中的停留时间,提高了谱线强度。

④电弧比较稳定,能大大减少直流电弧的漂移,从而提高了分析的准确度。

以上概要介绍了载体的作用,具体到每一种载体,其作用可能是一种,也可能是几种兼而有之,不能一概而论。

(2)光谱缓冲剂。试样中加入一种或几种辅助物质,用来抵偿试样组成的影响,这种物质称为光谱缓冲剂。这也是电弧法经常使用的。要使试样或标样组成完全一致,在实际工作中往往是难以办到的,因此加入较大量的缓冲剂以稀释试样,减小试样组成的影响。以加入炭粉的情况最为普遍,其他化合物用得也相当多。当然,它们也能起到控制电极温度与电弧温度的种种作用。因此,载体与缓冲剂很难截然分开,此两名称也因而常常被混用。

思考题与习题

1. 简述原子发射光谱定性分析的基本原理、光谱定性分析方法的种类及各自的适用范围。

2. 光谱定量分析的依据是什么?内标法的基本原理是什么?怎么选择内标元素和内标线?

3. 什么是内标线和分析线对?光谱定量分析为什么用内标法?写出内标法的基本关系式。

4. 光谱定性分析时,为什么要同时摄取铁光谱?

5. 一块宽为 50nm,刻痕密度为 $2400mm^{-1}$ 的光栅,在二级光谱中的分辨能力为多少?在 240nm 附近能分辨的两波长差为多少?

6. 若光栅刻痕为 1200 条/mm,当入射光垂直照射时,求 6000Å 波长光的一级衍射角。

7. 钾原子共振线波长为 766.49nm,计算该共振线的激发能量(以 eV 表示,$1eV=1.602\times10^{-19}J$)、频率和波数。

8. 某光栅光谱仪,光栅刻痕为 600 条/mm,光栅面积为 5cm×5cm,试问:

(1)光栅的理论分辨率是多少(一级光谱)?

(2)一级光谱中波长为 6100.60nm 和 6100.66nm 的双线是否能分开?

9. 已知光栅摄谱仪其光栅每毫米刻线数为 1200 条,宽度为 5cm,求:

(1)在第一级光谱中,光栅理论分辨率是多少?

(2)对于 $\lambda=600nm$ 的红光,在第一级光谱中光栅所能分辨的最靠近的两谱线的波长差是多少?

10. 如果要分开钠 D 线 589.0nm 和 589.6nm,则所需的棱镜为多少?有一 6cm 底边的棱镜,在可见光区(450nm)的色散率 $dn/d\lambda$ 为 $2.7\times10^{-4}nm^{-1}$,计算在此波长下的分辨率。

11. 用内标法测定试样中镁的含量。用蒸馏水溶解 $MgCl_2$ 以配制标准镁溶液系列,在每一标准溶液和待测液中均含有 25.0ng/mL 的钼。钼溶液用溶解钼酸铵而得。测定时吸取 50mL 的溶液于铜电极上,溶液蒸发至干后摄谱,测量 279.8nm 处镁谱线强度和 281.6nm 处钼谱线强度,得到下列数据。试据此确定试液中镁的浓度。

ρ_{Mg}(ng/mL)	谱线	对强度	ρ_{Mg}(ng/mL)	谱线	对强度
	279.8nm	281.6nm		279.8nm	281.6nm
1.05	0.67	1.8	1050	115	1.7
10.5	6.4	1.6	10500	769	1.9
100.5	18	1.5	分析试样	2.5	1.8

12. 进行一批合金中 Pb 的光谱分析,以 Mg 作为内标元素,实验测得数据见下表。

溶液编号	黑度值		Pb 的质量浓度(mg·mL^{-1})
	Mg	Pb	
1	7.6	17.5	0.151
2	8.7	18.5	0.201
6	7.6	11.0	0.601
4	10.6	12.0	0.402
5	11.6	10.4	0.900
A	8.8	15.5	
B	9.2	12.5	
C	10.8	12.2	

请根据上述数据:

(1)绘制工作曲线;

(2)求溶液 A、B、C 的质量浓度。

第六章

原子吸收光谱法

第一节　概　述

原子吸收分光光度法(atomic absorption spectrometry,AAS)也称原子吸收光谱法,即原子吸收法。该方法是基于从光源辐射出具有待测元素特征光谱线的光,通过试样蒸气时,被蒸气中待测元素基态原子所吸收,由特征辐射谱线光强被减弱的程度来测定试样中待测元素含量的方法。

1802年,伍朗斯顿(Wollaston W H)在研究太阳光的连续光谱时,发现有暗线存在。1860年本生(Bunson R)和基尔霍夫(Kirchhoff G)在研究碱金属和碱土金属元素的光谱时,发现钠蒸气发射的谱线会被处于较低温度的钠蒸气所吸收,而这些吸收线与太阳光连续光谱中的暗线的位置相一致,这一事实揭开了原子吸收的面纱。到了20世纪30年代,工业上汞的使用逐渐增多,有人利用原子吸收的原理设计了测汞仪,这是AAS法的最初应用。AAS法作为一种实用的分析方法是从1955年才开始的。澳大利亚的瓦尔西(Walsh A)发表了他的著名论文《原子吸收光谱在化学分析中的应用》,奠定了原子吸收光谱法的理论基础。1959年里沃夫(Livov)发表了电热原子化技术的第一篇论文,非火焰原子化器的发明和使用,使方法的灵敏度有了较大的提高,应用更为广泛。微机引入原子吸收光谱,使该仪器分析方法的面貌发生了重大变化;而与现代分离技术的结合,联机技术的应用,更开辟该方法更为广阔的应用前景。

原子吸收光谱分析的基本过程如下:首先把分析试样经适当的化学处理后变为试液,然后把试液引入原子化器中(对于火焰原子化器,需先经雾化器把试液雾化变成细雾,再与燃气混合由助燃器载入燃烧器)进行蒸发离解及原子化,使被测组分变成气态基态原子。用被测元素对应的特征波长辐射(元素的共振线)照射原子化器中的原子蒸气,则该元素的特征辐射因被气态基态原子吸收而减弱,经过色散系统和检测系统后,记录被吸收的程度,测得吸光度,根据吸光度与被测定元素浓度的线性关系,进行该元素的定量分析。原子吸收光谱分析的基本过程示意图如图6-1所示。

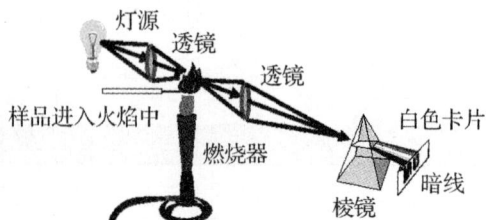

图 6-1　原子吸收光谱分析的基本过程

原子吸收法之所以发展迅速,是因为它本身具有以下许多特殊优点。

(1)准确度、灵敏度都很高。原子吸收对微量组分测定的相对误差一般在 $0.1\%\sim0.5\%$,即使痕量分析,其相对误差也在 3% 以内。用火焰原子吸收法测定元素含量,检出限可达 $10^{-9}\mathrm{g\cdot mL^{-1}}$,用非火焰原子吸收法可测至 $10^{-13}\mathrm{g\cdot mL^{-1}}$,对 Zn、Cd、Mg 等元素测定的绝对灵敏度可至 $10^{-15}\mathrm{g\cdot mL^{-1}}$。原子吸收法是测定微量或痕量元素的灵敏而可靠的分析方法。

(2)干扰少,选择性高。原子吸收光谱是基于待测元素对其特征谱线的吸收,因此分析什么元素,就选用什么元素的灯(光源)。由于共振发射和共振吸收对某一元素来说是特征的,因而基体和待测元素之间影响较小,谱线较简单,谱线数目比 AES 法少得多,谱线干扰少,提高了分析的选择性。而且有干扰也易于消除,可以通过加入掩蔽剂或改变原子化条件加以消除。

(3)火焰原子化法的精密度、重现性也比较好。由于温度较低,绝大多数原子处于基态,温度变化时,基态原子数目的变化相对少,而激发态变化大,所以吸收强度随原子化器温度变化的影响小。

(4)分析速度快,操作简便,应用范围广。一般实验室均可配备原子吸收光谱仪,它能够测定 70 多种元素的含量,不仅可以测定金属元素和类金属元素,也可以用间接法测定某些非金属元素和有机化合物,不需要进行复杂的分离操作。图 6-2 为 AAS 测定元素的范围(应用范围不断在扩大)。同时,原子吸收法既可进行痕量分析,也可进行微量至常量的测定。

图 6-2　AAS 测定元素的范围

实线框表示可直接测定元素;圆圈内的元素需要高温火焰原子化;虚线内为间接测定的元素

传统原子吸收法也有不足之处。

(1)除了一些现代、先进的仪器可以进行多元素的测定外,目前大多数仪器都不能同时进行多元素的测定。因为每测定一个元素都需要与之对应的一个空心阴极灯(也称元素灯),一次只能测一个元素。

(2)由于原子化温度比较低,对于一些易形成稳定化合物的元素,如 W、Nb、Ta、Zr、Hf、稀土等以及非金属元素,原子化效率低,检出能力差,受化学干扰较严重,所以结果不能令人满意。

(3)对多数非金属元素的测定,目前尚有一定的困难。

(4)非火焰的石墨炉原子化器虽然原子化效率高,检测限低,但是重现性和准确性较差。

原子吸收光谱法是逐渐发展起来的一种新型仪器分析方法,它在冶金、地质、采矿、石油、轻工、农业、医药、卫生、食品及环境监测等领域都有着广泛的应用。

第二节　原子吸收法的基本原理

一、原子吸收光谱的产生

元素原子的核外电子层具有各种不同的电子能级,最外层的电子在一般情况下,处于最低的能级状态,整个原子也处于最低能级状态——基态。基态原子的外层电子得到能量以后,就会发生电子从低能态向高能态的跃迁。这个跃迁所需的能量为原子中的电子能级差 ΔE_e。当有一能量等于 ΔE_e 的这一特定波长的光辐射通过含有基态原子的蒸气时,基态原子就吸收了该辐射的能量而跃迁到激发态,而且是跃迁至第一激发态,所以不难理解,基态原子所吸收的辐射是原子的共振辐射线。即

$$A^{\circ}+h\nu \longrightarrow A^{*}$$

A°、A^{*} 分别表示基态和激发态原子。

$$\Delta E=E_{A^{*}}-E_{A^{\circ}}=h\nu \tag{6-1}$$

原子由基态跃迁到第一电子激发态所需能量最低,跃迁最容易(这时产生的吸收线称为主共振吸收线或第一共振吸收线),因此大多数元素主共振吸收线就是该元素的灵敏线,也是原子吸收法中最主要的分析线。

原子光谱的产生是原子外层电子(光电子)能级的跃迁,所以其光谱为线状光谱,光谱位于紫外和可见光区,其跃迁可用光谱项符号表示。如 Na 基态原子吸收了 589.0nm 及 589.6nm 的共振线以后发生如下的跃迁 $3^{2}S_{1/2} \rightarrow 3^{2}P_{3/2}$、$3^{2}P_{1/2}$。

在通常原子吸收的测量条件下,原子蒸气中基态原子数近似等于总原子数,这可以从热力学原理得出。在一定温度下的热力学平衡体系中,基态与激发态的原子数比遵循玻尔兹曼分布定律,即

$$\frac{N_i}{N_0}=\frac{g_i}{g_0} \cdot \exp\left(-\frac{E_i}{KT}\right)$$

式中:N_i 和 N_0 分别为激发态和基态的原子数(密度),g_i 和 g_0 为激发态和基态原子能级的统计权重,它表示能级的简并度,E_i 为激发能,K 为玻尔兹曼常数,其值为 1.38×10^{-23}J/K,T 为热力学温度。从上式可以计算在一定温度下的 N_i/N_0 值。在原子吸收的原子化器中,温度一般在 2500~3000K,则 N_i/N_0 在 $10^{-3} \sim 10^{-15}$。从上式可以看出,温度愈高,N_i/N_0 愈大,且按指数关系变大;激发能(电子跃迁能级差)愈小,吸收波长愈长,N_i/N_0 也愈大。尽管有如此变化,但是在原子吸收光谱法中,原子化温度一般小于 3000K,大多数元素的最强共振线波长都低于 600nm,N_i/N_0 值绝大多数在 10^{-3} 以下,激发态的原子数不足于基态的千分之一,激发态的原子数在总原子数中可以忽略不计,即基态原子数近似等于总原子数。

二、吸收定律的适应性

当频率为 ν、强度为 I_0 的平行光垂直通过厚度为 l 的原子蒸气时，一部分光被原子蒸气吸收，透过光的强度为 I_ν，如图 6-3 所示。

I_0 与 I_ν 之间的关系遵循朗伯（Lambert）吸收定律，即

$$I_\nu = I_0 \exp(-K_\nu l) \tag{6-2}$$

或
$$A = \lg \frac{I_0}{I_\nu} = 0.434 K_\nu l \tag{6-3}$$

式中：K_ν 为基态原子对频率为 ν 的光的吸收系数，它与入射光的频率、基态原子密度及原子化温度等有关。

必须明确的是，物质（包括分子或原子）对光的吸收要能符合吸收定律，入射光必须是单色光。对于分子的紫外-可见光吸收的测量，入射光是由单色器色散的光束中用狭缝截取一段波长宽度为大于 0 小于 2nm 的光，这样宽度的光对于宽度为几十纳米甚至上百纳米的分子带状光谱来说，是近乎单色了，它们对吸收的测量几乎没有影响，当然入射光的单色性更差时，就会引起吸收定律的偏离。而对于原子吸收光谱是宽度很窄的线状光谱来说，如果还是采用类似分子吸收的方法测量，入射光的波长宽度将比吸收光的宽度大得多，原子吸收的光能量只占入射光总能量的极小部分。这样测量误差所引起的对分析结果的影响就很大。这种关系如图 6-4 所示。

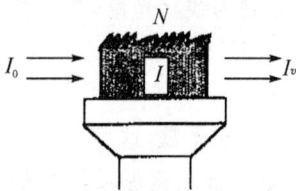

图 6-3　基态原子对光的吸收

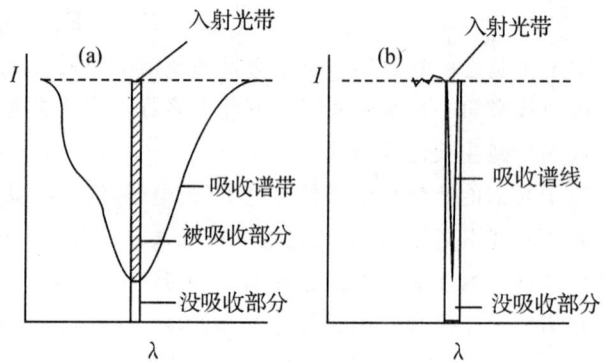

图 6-4　非单色光对吸收量的影响
（a）分子吸收；（b）原子吸收

可见，不能用测量分子吸收的方法来测量原子吸收。因此，必须建立原子吸收的测量理论和测量技术。

三、吸收线的轮廓与变宽

1. 谱线的轮廓

原子吸收所产生的是线状光谱，但其光谱线并不是严格的几何意义上的线（几何线无宽度），而是都具有一定的形状，即谱线有一定的轮廓。吸收线的轮廓是指谱线强度 I_ν 或吸收线系数 K_ν 与频率 ν 的关系曲线，如图 6-5 所示。吸收线的轮廓以吸收线的中心频率 ν_0 和半宽度（或 $\Delta\lambda$）来表征。在频率 ν_0 处，透射光强度最小，即吸收最大，K_ν 有极大值 K_0，K_0 称为峰值吸收系数或中心吸收系数。ν_0 称为中心频率，中心频率是由原子能级所决定的。吸收系数 K_ν

等于峰值吸收系数 K_0 的一半(即 $K_v = K_0/2$)时,所对应的吸收轮廓上两点间的距离称为吸收峰的半宽度,用 $\Delta \nu$(或 $\Delta \lambda$)表示。ν_0 表明吸收线的位置,$\Delta \nu$ 表明了吸收线的宽度,因此,ν_0 及 $\Delta \nu$ 可表征吸收线的总体轮廓。原子吸收线的 $\Delta \nu$ 为 $0.001 \sim 0.005$nm,比分子吸收带的半宽度(约 50nm)要小得多。

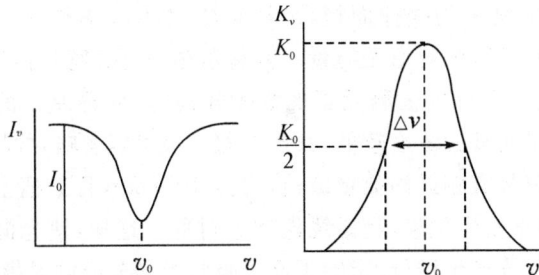

图 6-5 原子吸收线的轮廓

2. 谱线变宽的因素

影响谱线宽度的因素有原子本身的内在因素及外界条件因素两个方面,具体有如下几个。

(1)自然宽度。在没有外界条件影响的情况下,谱线仍有一定的宽度,这种宽度称为自然宽度,用 $\Delta \nu_N$(或 $\Delta \lambda_N$)表示。自然宽度与激发态原子的平均寿命有关,平均寿命愈长,谱线宽度愈窄。不同元素的不同谱线的自然宽度不同,多数情况下约为 10^{-5}nm 数量级。$\Delta \nu_N$ 很小,相较于其他的变宽因素,这个宽度可以忽略。

(2)热变宽[也叫多普勒(Doppler)变宽]。热变宽是由于原子的热运动引起的。从物理学的多普勒效应可知,一个运动着的原子所发射出的光,若运动方向朝向观察者(检测器),则观测到光的频率较静止原子所发出光的频率来得高(波长来得短);反之,若运动方向背向观察者,则观测到光的频率较静止原子所发出光的频率来得低(波长来得长)。由于原子的热运动是无规则的,在朝向、背向检测器的方向上总有一定的分量,所以检测器接收到的光的频率(波长)总会有一定的范围,即谱线变宽。这就是热变宽,或称多普勒变宽,用 $\Delta \nu_D$(或 $\Delta \lambda_D$)表示。

$$\Delta \nu_D = \frac{2\nu_0}{c} \sqrt{\frac{2(\ln 2)RT}{A_r}} = 7.16 \times 10^{-7} \nu_0 \sqrt{\frac{T}{A_r}} \tag{6-4}$$

或

$$\Delta \lambda_D = 7.16 \times 10^{-7} \lambda_0 \sqrt{\frac{T}{A_r}} \tag{6-5}$$

式中:ν_0、λ_0 分别为谱线的中心频率、中心波长,c 为光速,R 为摩尔气体常数,T 为热力学温度,A_r 为相对原子质量。可见 $\Delta \nu_D$ 或 $\Delta \lambda_D$ 随温度的升高及相对原子质量的减小而变大。对于大多数元素来说,多普勒变宽约为 10^{-3}nm 数量级。

多普勒变宽的频率分布与气态中原子热运动分布是相同的,具有近似的高斯分布,所以多普勒变宽时,中心频率 ν_0 不变,只是两侧对称变宽,但 K_0 值变小,对吸收系数的积分值无影响。

(3)压力变宽(碰撞变宽)。这是由于微粒间相互碰撞的结果。吸光原子与蒸气中的其他原子或粒子相互碰撞引起能级的稍微变化,而且也使激发态原子的平均寿命发生变化,导致吸收线的变宽。这种变宽与吸收区气体的压力有关,压力变大时,碰撞的几率增大,谱线变宽也明显。根据与其碰撞粒子的不同,又分为劳伦兹(Lorents)变宽和赫尔兹马克(Holtsmark)变宽两种。劳伦兹变宽是由吸光原子与其他外来粒子(原子、分子、离子、电子)相互碰撞时产生的。劳伦兹变宽用 $\Delta\nu_L$ 表示,可表达为

$$\Delta\nu_L = 2N_A\sigma^2 p \sqrt{\frac{2}{\pi RT}\left(\frac{1}{A}+\frac{1}{M}\right)} \qquad (6\text{-}6)$$

式中:N_A 为阿伏伽德罗常数,σ 为碰撞面积,p 为压力,R 为气体常数,T 为热力学温度,A、M 分别为被测元素和外来粒子的相对原子质量。而赫尔兹马克变宽是指和同种原子碰撞所引起的变宽,也称为共振变宽。只有当被测元素的浓度较高时,同种原子的碰撞才表露出来。因此,在原子吸收法中,测定元素的浓度较低,共振变宽一般可以忽略,故压力变宽主要是劳伦兹变宽。压力变宽与热变宽具有相同的数量级,也可达 10^{-3} nm,且数值上也很靠近。应该注意的是,压力变宽使中心频率发生位移,且谱线轮廓不对称。这样,使光源(空心阴极灯)发射的发射线和基态原子的吸收线产生错位,影响了原子吸收光谱分析的灵敏度。

(4)自吸变宽。由自吸现象而引起的谱线变宽。光源(空心阴极灯)发射的共振线被灯内同种基态原子所吸收,从而导致与发射光谱线类似的自吸现象,使谱线的半宽度变大。灯电流愈大,产生热量愈大,有的阴极元素较易受热挥发,则阴极被溅射出的原子也愈多;有的原子没被激发,所以阴极周围的基态原子也愈多,自吸变宽就愈严重。

(5)场致变宽。主要是指在磁场或电场存在的情况下,会使谱线变宽的现象。若将光源置于磁场中,则原来表现为一条的谱线,会分裂为两条或两条以上的谱线,即$(2J+1)$条,J 为光谱项符号中的内量子数,这种现象称为塞曼(Zeeman)效应。当磁场影响不很大、分裂线的频率差较小、仪器的分辨率有限时,表现为宽的一条谱线。光源在电场中也能产生谱线的分裂,当电场不是十分强时,也表现为谱线的变宽,这种变宽称为斯塔克(Stark)变宽。

在影响谱线变宽的因素中,热变宽和压力变宽(主要是劳伦兹变宽)是主要的,其数量级都是 10^{-3} nm,构成原子吸收谱线的宽度。

四、原子吸收的测量

1. 积分吸收测量

测量气态基态原子吸收共振线的总能量称为积分吸收测量法。

原子吸收谱线具有一定的宽度,但是仅有 10^{-3} nm 的数量级,假若用一般方法(如分子吸收的方法)得到入射光源,无论如何都不能看作相对于原子吸收轮廓是单色的,在这种条件下,吸收定律就不能适用了。因此就需要寻求一种新的理论和新的技术来解决原子吸收的测量问题。

在吸收轮廓的频率范围内,吸收系数 K_ν 对于频率的积分,如图 6-6 所示,称为积分吸收系数,简称积分吸收。

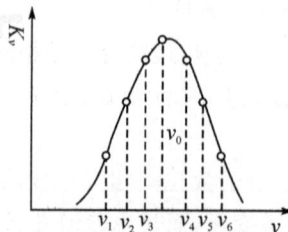

图 6-6 积分吸收曲线

它表示吸收的全部能量。从理论上可以得出,积分吸收与原子蒸气中吸收辐射的基态原

子数成正比。经严格的数学推导,可表达为

$$\int K_\nu \mathrm{d}\nu = \frac{\pi e^2}{mc} N_0 f \tag{6-7}$$

式中:e 为电子的电荷,m 为电子的质量,c 为光速,N_0 为单位体积内基态原子数,f 为振子强度,即为能被入射辐射激发的每个原子的平均电子数,正比于原子对特定波长辐射的吸收几率。表 6-1 列出了某些元素的振子强度。

表 6-1　某些元素的振子强度

共振线 A°	其他方法求得之值	原子吸收法测得之值
Hg 1849	1.19	—
Zn 2138	—	1.9
Cd 2288	1.20	2.8
Be 2349	1.82	—
Au 2428	—	0.8
Tl 2769	0.20	—
Mg 2852	1.74	1.8
Cu 3247	0.62	0.62
Ag 3280	—	1.3

在一定条件下,$\dfrac{\pi e^2}{mc} f$ 为常数,用 K 表示,则

$$\int K_\nu \mathrm{d}\nu = KN_0 \tag{6-8}$$

该式为原子吸收光谱分析的重要理论依据。在原子化器的平衡体系中,N_0 正比于试液中被测物质的浓度。因此,若能测定积分吸收,则可以求出被测物质的浓度。但是,在实际工作中,要测量出半宽度仅为 10^{-3} nm 数量级的原子吸收线的积分吸收,需要分辨率极高的色散仪器(如对于波长为 500nm 的谱线,分辨率 $R = \dfrac{500}{10^{-3}} = 5 \times 10^5$),这是难以实现的。这也是发现原子吸收现象以后多年来,一直未能在分析上得到实际应用的原因。

2. 峰值吸收测量法

吸收线轮廓中心波长处的吸收系数 K_0,称为峰值吸收系数,简称为峰值吸收。1955 年瓦尔西(Walsh A)提出,在温度不太高的稳定火焰条件下,峰值吸收 K_0 与火焰中被测元素的原子浓度 N_0 成正比。在通常原子吸收的测量条件下,原子吸收线的轮廓主要取决于热变宽(即多普勒变宽)$\Delta\nu_D$,这时吸收系数 K_ν 可表示为

$$K_\nu = K_0 \cdot \exp\left\{-\left[\frac{2(\nu - \nu_0)\sqrt{\ln 2}}{\Delta\nu_D}\right]^2\right\} \tag{6-9}$$

上式对频率 ν 积分,得

$$\int_0^\infty K_\nu \mathrm{d}\nu = \frac{1}{2}\sqrt{\frac{\pi}{\ln 2}} K_0 \Delta\nu_D \tag{6-10}$$

代入积分吸收式(6-7),得

$$\frac{\pi e^2}{mc} N_0 f = \frac{1}{2}\sqrt{\frac{\pi}{\ln 2}} K_0 \Delta\nu_D \tag{6-11}$$

整理后得

$$K_0 = \frac{2}{\Delta\nu_D}\sqrt{\frac{\ln 2}{\pi}}\frac{\pi e^2}{mc}N_0 f \tag{6-12}$$

因此可以看出,峰值吸收系数 K_0 与原子浓度成正比,只要能测出 K_0,就可以得到 N_0,所以可以用峰值吸收测量法替代积分吸收测量法进行定量分析,这也是瓦尔西研究工作的精髓所在。

3. 实际测量

在吸光分析法中,测量吸收强度的物理量是吸光度或透射率。一强度为 I_0 的某一波长的辐射通过均匀的原子蒸气时,若原子蒸气层的厚度为 l,则根据吸收定律,其透射光的强度 I 为 $I = I_0 \exp(-K_0 l)$。若在峰值吸收处的透射光强度为 I_{ν_0},及峰值吸收处的吸光度为 A_{ν_0}(也称为峰值吸光度),则

$$I_{\nu_0} = I_0 \exp(-K_0 l) \tag{6-13}$$

$$A_{\nu_0} = \lg\frac{I_0}{I_{\nu_0}} = \lg[\exp(K_0 l)] = 0.434 K_0 l \tag{6-14}$$

将式(6-12)代入上式,得

$$A_{\nu_0} = 0.434\frac{2}{\Delta\nu_D}\sqrt{\frac{\ln 2}{\pi}} \cdot \frac{\pi e^2}{mc}N_0 f l \tag{6-15}$$

在原子吸收测量条件下,如前所述,原子蒸气中基态原子的浓度 N_0 基本上等于蒸气中原子的总浓度 N,而且在实验条件一定时,被测元素的浓度 C 与原子化器的原子蒸气中原子总浓度保持一定的比例关系,即 $N = \alpha C$,式中 α 为比例常数,所以

$$A_{\nu_0} = 0.434\frac{2}{\Delta\nu_D}\sqrt{\frac{\ln 2}{\pi}} \cdot \frac{\pi e^2}{mc}f l \alpha c \tag{6-16}$$

但实验条件一定时,各有关参数均为常数,所以峰值吸光度 A_{ν_0} 为

$$A_{\nu_0} = KC \tag{6-17}$$

式中:K 为常数。A_{ν_0} 简化为 A,即 $A = KC$,该式为原子吸收测量的基本关系式。

由此可以看出,原子吸收光谱法必须采用峰值吸光度的测量才能实现其定量分析。而如何实现峰值吸光度的测量?瓦尔西也同时解决了这个测量技术问题,他提出用锐线光源来测量峰值吸光度。所谓锐线光源是指能发射出半宽度很窄的辐射线的光源。要实现峰值吸光度的测量,其锐线光源必须是 $\Delta\nu_\lambda \ll \Delta\nu_{\text{吸}}$,$\Delta\nu_{0\lambda} = \Delta\nu_{0\text{吸}}$($\Delta\nu_\lambda$ 和 $\Delta\nu_{\text{吸}}$ 分别表示入射光即光源发射线和吸收线的半宽度,$\Delta\nu_{0\lambda}$ 和 $\Delta\nu_{0\text{吸}}$ 分别表示入射光和吸收线的中心频率),如图 6-7 所示。

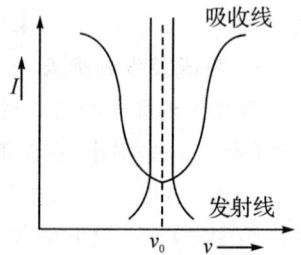
图 6-7　峰值吸收测量

结论:只要所讨论的体系是一个温度不太高的局部热平衡体系、吸收介质均匀且光学厚度不太大、入射光是严格的单色辐射(即 $\Delta\nu_\lambda \ll \Delta\nu_{\text{吸}}$)且入射光与吸收线的中心频率一致(即 $\nu_{0\lambda} = \nu_{0\text{吸}}$),则峰值吸光度 A 与被测元素的浓度 C 有严密、确定的函数关系。

第三节　原子吸收分光光度计

原子吸收分光光度计又称原子吸收光谱仪,主要由光源、原子化器、单色器、检测器四大基本部件组成,如图 6-8 所示。

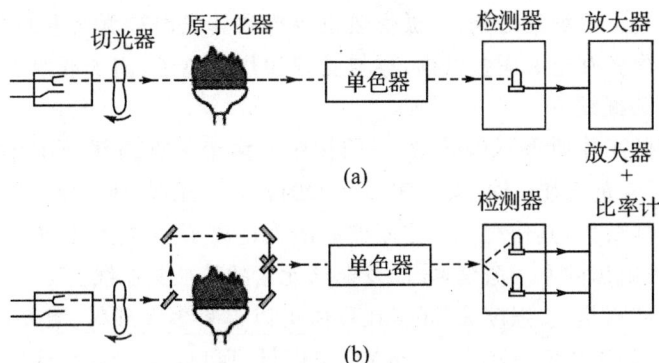

图 6-8　原子吸收分光光度计

图 6-8(a)为单道单光束型仪器。这种仪器结构简单,但它会因光源不稳定而引起基线漂移。由于原子化器中被测原子对辐射的吸收与发射同时存在,同时火焰组分也会发射带状光谱,这些来自原子化器的辐射发射干扰检测,发射干扰都是直流信号。为了消除辐射的发射干扰,必须对光源进行调制。图 6-8(b)为双光束型仪器,光源发出经过调制的光被切光器分成两束光:一束测量光,一束参比光(不经过原子化器)。两束光交替进入单色器,然后进行检测。由于两束光来自同一光源,因此可以通过参比光束的作用,克服光源不稳定造成基线漂移的影响。

一、光　源

光源的作用是发射被测元素的特征共振辐射。对光源的基本要求是:①发射的共振辐射的半宽度要明显小于被测元素吸收线的半宽度,即要求使用锐线光源。②辐射强度大,背景低(低于共振辐射强度的 1%),保证足够的信噪比,以提高灵敏度。③光强度的稳定性好。30 分钟之内漂移不超过 1%,噪声小于 0.1%。④使用寿命长。空心阴极灯、蒸气放电灯、高频无极放电灯都满足这些要求,而目前应用最为普遍的是空心阴极灯。

空心阴极灯(HCL)是一种气体放电管,其结构如图 6-9所示。灯管由硬质玻璃制成,灯的窗口要根据辐射波长的不同,选用不同的材料制成,可见光区(370nm 以上)用光学玻璃片,紫外光区(370nm 以下)用石英玻璃片。空心阴极灯中装有一个内径为几毫米的金属圆筒状空心阴极和一个阳极。阴极下部用钨-镍合金支撑,圆筒内壁衬上或熔入被测元素。阳极也用钨棒支撑,上部用钛丝或钽片等有吸气性能的金属制成。灯内充有低压(通常为

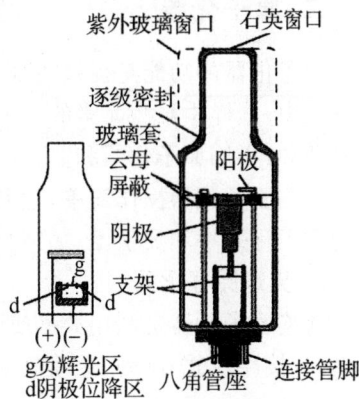

图 6-9　空心阴极灯的结构

2～3mmHg)惰性气体氖气或氩气,称为载气。

当空心阴极灯的两极间施加几百伏(300～430V)直流电压或脉冲电压时就发生辉光放电,阴极发射电子,并在电场的作用下,高速向阳极运动,途中与载气分子碰撞并使之电离,放出二次电子及载气正离子,使电子和载气正离子的数目因相互碰撞增加,得以维持电流。载气正离子在电场中被大大加速,获得足够的动能,撞击阴极表面时就可以将被测元素的原子从晶格中轰击出来,在阴极杯内产生了被测元素原子的蒸气云。这种被正离子从阴极表面轰击出原子的现象称为溅射。除溅射之外,阴极受热也要导致其表面被测元素的热蒸发。溅射和蒸发出来的原子大量聚集在空心阴极灯内,再与受到加热的电子、离子或原子碰撞而被激发,发射相应元素的特征共振线。

从空心阴极灯的工作原理可以看出,其结构中有两个关键的部分:①阴极圆筒内层的材料,只有衬上被测元素的金属,才能发射出该元素的特征共振线,所以空心阴极灯也叫元素灯;②灯内充有低压惰性气体,其作用是一方面被电离为正离子,才能引起阴极的溅射,另一方面是传递能量,使被溅射出的原子激发,才能发射该元素的特征共振线。

空心阴极灯的特点是:①强度大,元素在灯内可以重复多次溅射、激发,激发效率高;②半宽度小,空心阴极灯的工作电流小(2～5mA),温度低,所以 $\Delta\nu_D$ 小,而且灯内压力小,原子密度小,所以 $\Delta\nu_L$ 小;③稳定性取决于外电源的稳定性,当供电稳定时,灯的稳定性好。开始通电时,灯内电阻会发生变化,发射线的强度也会变化,所以灯工作时需先预热,待稳定后才能使用。

在原子化器中被测元素的原子受到热、光激发后,会再发生共振辐射,表现出使吸收线减弱,干扰了吸收的测量。同时,在原子化器火焰中,存在着其他组分,如分子或自由基 CH、CO、O_2、CN、OH、C_2H_2 等,这些粒子在 300～500nm 区域中有带状辐射,同样影响吸收的测量。故实际操作中光源需要调制。原子化器中的共振线发射及分子、自由基的发射都是直流信号,是背景发射,通过调制把直流信号滤去,使测量信号变为纯吸收的交流信号,再通过交流放大,以消除这种背景发射的干扰。调制方式有电调制法和机械调制法。其中电调制法是对空心阴极灯进行脉冲供电,调制为 400～500Hz 的频率,从而产生频率相同的交流吸收信号。机械调制法是在光源与原子化器之间加一个由同步电机带动的切光器(扇板),光源的入射光间断射入原子化器,产生交流的吸收信号,并与电机同步放大。

二、原子化器

原子化器的功能是提供能量,使试样干燥、蒸发、原子化并产生原子蒸气。在原子吸收光谱分析中,试样中被测元素的原子化是整个分析过程的关键环节。实现原子化的方法,最常用的有两种:火焰原子化器和非火焰原子化器。后者又有石墨炉原子化器和低温原子化法两种。

火焰原子化器操作简单,对大多数元素有较高的灵敏度,应用广泛;非火焰原子化器有更高的原子化效率和灵敏度。

1. 火焰原子化器

火焰原子化器是利用火焰使试液中的元素变为原子蒸气的装置,可分为预混合型和全消耗型(直接注入式)两种,应用较多的为预混合型火焰原子化器,如图 6-10 所示。

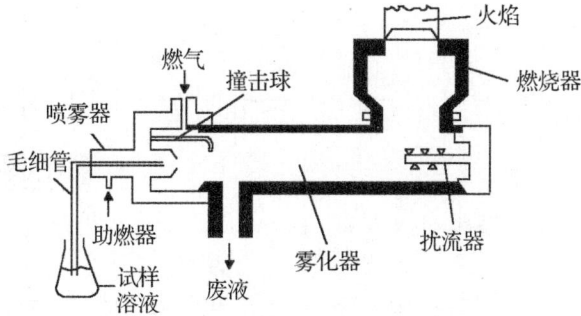

图 6-10　预混合型火焰原子化器

预混合型火焰原子化器的结构分为三部分，即雾化器、雾化室与燃烧器。

（1）雾化器。雾化器的作用是将试样溶液雾化，供给细小的雾滴。目前较多采用如图 6-10 所示的同心型气动喷雾器，喷出微米级直径雾粒的气溶胶。喷雾的雾滴直径愈小，在火焰中生成的基态原子就愈多，即原子化效率就愈高。要求雾化器有适当的提升量（一般为 4～7mL/min）、高雾化率（10％～30％）和耐腐蚀性，喷出的雾滴小、均匀、稳定。

（2）雾化室。又称预混合室。雾化室的作用是使气溶胶的雾粒更为细微、均匀，并与燃气、助燃气混合均匀后进入燃烧器。雾化室中装有撞击球，其作用是把雾滴撞碎；还装有扰流器，可以阻挡大的雾滴进入燃烧器，使其沿室壁流入废液管排出，还可使气体混合均匀。目前，实际应用的气动雾化器的雾化效率比较低，只能达到 5％～15％。它是影响火焰原子化法灵敏度提高与检测限降低的主要因素。

雾化室存在记忆效应，记忆效应也叫残留效应。它是指将试液喷雾停止后，立即用蒸馏水喷雾，仪器读数返回至零点或基线的时间。记忆效应小时，仪器返回零点或基线时间短，测定的精密度、准确度好。为了降低记忆效应，雾化室内壁的水浸润性要好，雾化器本身要稍有倾斜，以利于废液的排出。废液排出管要水封，否则会引起火焰不稳定，甚至发生回火现象。

（3）燃烧器。燃烧器的作用是产生火焰，使进入火焰的气溶胶蒸发和原子化。燃烧器有单缝和三缝两种，多用不锈钢做成，常用的是单缝燃烧器。燃烧器一般应满足能使火焰稳定、原子化效率高、吸收光程长、噪声小、背景低的要求。燃烧器应能旋转一定的角度，高度也能上下调节，以便选择合适的火焰部位进行测量。

正常燃烧的火焰结构由预热区、第一反应区、中间薄层区和第二反应区组成，如图 6-11 所示。

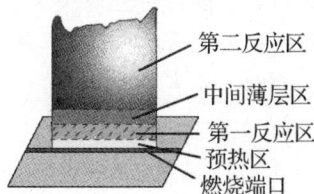

图 6-11　预混合火焰结构

试样原子化主要在第一反应区和中间薄层区进行。中间薄层区的温度达到最高点，是原子吸收分析的主要应用区（对于易原子化、干扰效应小的碱金属分析，可以在第一反应区进行）。试样在火焰原子化系统中的物理化学过程——试样溶液在火焰原子化系统中经过喷雾、粉碎、干燥、挥发、原子化等一系列物理化学历程，如图 6-12 所示。

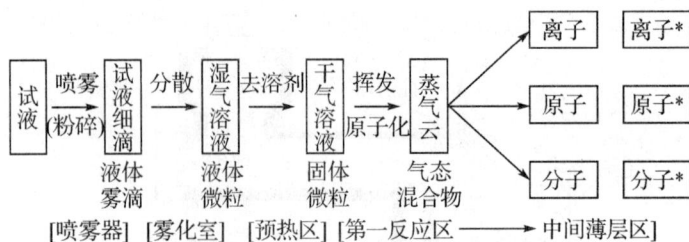

图 6-12　试样在原子化器中的历程

火焰原子化器借助化学火焰使被测元素原子化,化学火焰的基本特性包括火焰燃烧速度、温度、氧化还原特性及光谱特性等。

①火焰燃烧速度。燃烧速度是指由着火点向可燃性混合气其他点传播的速度。燃烧速度直接影响到燃烧的稳定性及火焰的安全操作。为了得到稳定的火焰,可燃性混合气的供气速度应大于燃烧速度。但供气速度过大时,会使火焰离开燃烧器,变得游移不定,甚至吹灭火焰;反之,若供气速度过小时,将会引起回火,操作不安全。

②火焰温度。当火焰处于热平衡状态时,火焰温度表征了火焰的真实能量。因为并非整个火焰都处于平衡状态,因此火焰的不同区域温度是不同的,这是引起原子浓度在空间分布不均匀的原因之一。不同类型的火焰,其温度是不同的。表 6-2 列出几了种常见火焰的燃烧特性。

表 6-2　几种常见火焰的燃烧特征

燃气	助燃气	最高着火温度(K)	最高燃烧速度(cm·s⁻¹)	最高燃烧温度(K)	
				计算值	实验值
乙炔	空气	623	158	2523	2430
	氧气	608	1140	3341	3160
	氧化亚氮		160	3150	2990
氢气	空气	803	310	2373	2318
	氧气	723	1400	3083	2933
	氧化亚氮		390	2920	2880
煤气	空气	560	55	2113	1980
	氧气	450		3073	3013
丙烷	空气	510	82		2198
	氧气	490			2850

③火焰的氧化还原特性。火焰的氧化还原特性取决于火焰中燃气和助燃气的比例。它直接影响到被测元素化合物的分解和难解离化合物的形成,从而影响原子化效率和自由原子在火焰区中的有效寿命。按照燃气和助燃气两者的比例,可将火焰分为三类:化学计量火焰、富燃火焰、贫燃火焰。火焰组成与火焰有关性能关系见表 6-3。

表 6-3　火焰组成与火焰有关性能关系

化学计量火焰	贫燃火焰	富燃火焰
燃气＝助燃气	燃气＜助燃气	燃气＞助燃气
中性火焰	氧化性火焰	还原性火焰
温度　中	温度　低	温度　高
适于多种元素	适于易电离元素	适于难解离氧化物

④火焰的光谱特性。火焰的光谱特性指的是火焰的透射性能,它取决于火焰的成分,并限制了火焰的应用波长范围。图 6-13 给出了几种常用火焰的透光特性。

可见,烃类火焰在短波区的吸收较大,即透射性能较差,而氢火焰的透射性能则很好。对于分析线位于短波区的元素,如用 196.0nm 的共振线测定硒时,就显然不能选用乙炔-空气火焰,而应采用氢-空气火焰。

原子吸收光谱分析中,最常用的火焰是乙炔-空气火焰,它的火焰温度较高,燃烧稳定,噪声小,重现性好,燃烧速度不是很快,能适用于 30 多种元素的测定。应用较多的还有乙炔-氧化亚氮火焰,它的火焰温度高,可达近 3000K,是目前唯一能广泛应

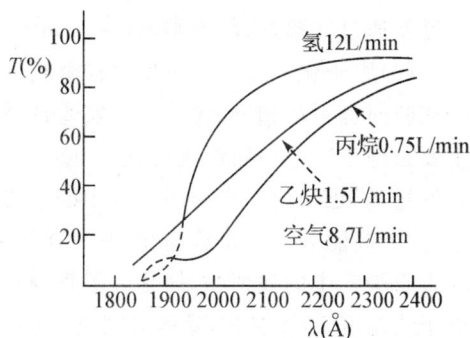

图 6-13　不同火焰的吸收

用的高温火焰。它干扰少,且有很强的还原性,可以使许多难解离元素的氧化物分解并原子化,如 Al、B、Ti、V、Zr、稀土等。用这种火焰可测定 70 多种元素。氢-空气火焰也是应用较多的火焰,它是氧化性火焰,温度较低,背景发射弱,透射性好,特别适用于共振线在短波区的元素的分析,如 As、Se、Sn、Zn 等元素的测定。氢-氩火焰也具有氢-空气火焰的特点,甚至更好。

火焰原子化系统具有结构简单、操作方便、应用较广、火焰稳定、重现性及精密度较好、基体效应及记忆效应较小的优点。而火焰原子化系统存在的不足是:雾化效率低,原子化效率低(一般低于 30％了),检测限比非火焰原子化器高;使用大量载气,起了稀释作用,使原子蒸气浓度降低,也限制了其灵敏度和检测限;某些金属原子易受助燃气或火焰周围空气的氧化作用生成难熔氧化物或发生某些化学反应,也会减少原子蒸气的密度。

2. 非火焰原子化器

非火焰原子化器是利用电热、阴极溅射、高频感应或激光等方法使试样中待测定元素原子化,应用最广泛的是石墨炉原子化器。石墨炉原子吸收光谱法(GF-AAS)的优点是:试样用量少;原子化效率几乎达到 100％;基态原子在吸收区停留时间长,绝对灵敏度高,但精密度较差,操作也比较复杂。管式石墨炉原子化器由加热电源、保护气系统和石墨管状炉组成,如图 6-14 所示。

电源提供低电压(为 10～25V)、大电流(可达 500A)的供电设备。它能使石墨管迅速加热升温,而且通过控制可以进行程序梯度升温,最高温度可达 3000K。石墨管长约 50mm,外径约 9mm,内径约 6mm,管中央有一个小孔,用以加入试样。光源发出的辐射线从石墨管的中间通过,管的两端与电源连接,并通过绝缘材料与保护气系统结合为完整的炉体。保护气通常使用惰性气体 Ar。实际操作时,保护气 Ar 流通,空烧完毕后,切断保护气 Ar。进样后,外气路中的 Ar 气从管两端流向管中心,由管中心孔流出,所以能有效地除去在干燥和挥发过程中的溶剂、基体蒸气,同时也是保护已原子化了的原子不再被氧化。在原子化阶段,停止通气,以延长原子在吸收区内的平均停留时间,避免对原子蒸气的稀释作用。石墨炉炉体四周通有冷却水,以保护炉体。

石墨炉原子化器一般采用程序升温的方式使试样原子化,其过程分为四个阶段,即干燥、灰化、原子化和高温除残。

(1)干燥。干燥的目的主要是除去溶剂,以避免溶剂存在时导致灰化和原子化过程飞溅。干燥的温度一般稍高于溶剂的沸点,如水溶液一般控制在 105℃。干燥的时间视进样量的不同而有所不同,一般每毫升试液需约 1.5 秒。

(2)灰化。灰化的目的是为尽可能除去易挥发的基体和有机物,这个过程相当于化学处理,不仅减少了可能发生干扰的物质,而且对被测物质也起到富集的作用。灰化的温度及时间

一般要通过实验选择，通常温度在 $100\sim1800℃$，时间为 $0.5\sim1$ 分钟。

（3）原子化。原子化是使试样解离为中性原子。原子化的温度随被测元素的不同而异，原子化时间也不尽相同，应该通过实验选择最佳的原子化温度和时间，这是原子吸收光谱分析的重要条件之一。一般温度可达 $2500\sim3000℃$，时间为 $3\sim10$ 秒。在原子化过程中，应停止 Ar 气通过，以延长原子在石墨炉管中的平均停留时间。

（4）高温除残。也称净化，它是在一个样品测定结束后，把温度提高，并保持一段时间，以除去石墨管中的残留物，净化石墨管，减少因样品残留所产生的记忆效应。除残温度一般高于原子化温度 10% 左右，除残时间通过选择而定。

升温程序如图 6-15 所示，升温过程是由微机控制的，进样后原子化过程按给予的指令程序自动进行。

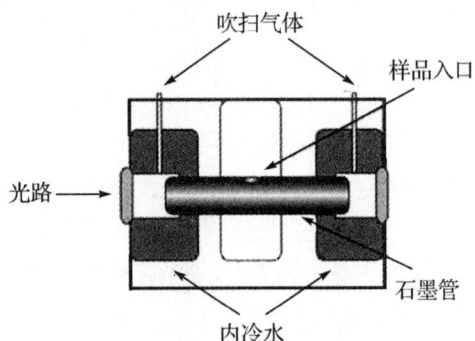

图 6-14　石墨炉原子化器　　　　图 6-15　石墨炉升温程序

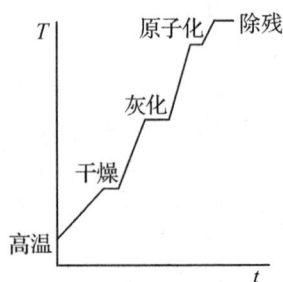

石墨炉原子化器的优点：①灵敏度高，检测限低。这是由于温度较高，原子化效率高；管内原子蒸气不被载气稀释，原子在吸收区域中平均停留时间长；经干燥、灰化过程，起到了分离、富集的作用。②原子化温度高。可用于那些较难挥发和原子化的元素的分析。在惰性气体气氛下原子化，对于那些易形成难解离氧化物的元素分析更为有利。③进样量少。溶液试样量仅为 $1\sim50\mu L$，固体试样量仅为几毫克。

缺点：①精密度较差。管内温度不均匀，为进样量、进样位置的变化引起管内原子浓度的不均匀等因素所致。②基体效应、化学干扰较严重，有记忆效应，背景较强。③仪器装置较复杂，价格较贵，需要水冷。

表 6-4 列出了火焰原子化法与石墨炉原子化法比较的情况。

表 6-4　火焰原子化法与石墨炉原子化法比较

方法	原子化热源	原子化温度	原子化效率	进样体积	讯号形状	检出限	重现性	基体效应
火焰	化学火焰能	相对较低（一般<3000℃）	较低（<30%）	较多（约1mL）	平顶形	高 Cd：0.5ng/mL Al：20ng/mL	较好 RSD 为 0.5%～1%	较小
石墨炉	电热能	相对较高（可达3000℃）	高（>90%）	较少（1～50μL）	尖峰状	低 Cd：0.002 ng/mL Al：1.0ng/mL	较差 RSD 为 1.5%～5%	较大

3. 低温原子化法

低温原子化法又称化学原子化法,其原子化温度为室温至摄氏几百度。常用的有汞低温原子化法和氢化物原子化法。

(1)汞低温原子化法:汞在室温下,有较大的蒸气压,沸点仅为 375℃。只要对试样进行适当的化学预处理还原出汞原子,然后由载气(Ar 或 N_2,也可用空气)将汞原子蒸气送入气体吸收池内测定。现已制成专用的测示仪。

(2)氢化物原子化法:适用于 Ge、Sn、Pb、As、Sb、Bi、Se 及 Te 等元素的测定。在一定酸度下,将被测元素还原成极易挥发和分解的氢化物,如 AsH_3、SnH_4、BiH_3 等。这些氢化物用载气送入石英管加热,进行原子化及吸光度的测量。氢化物可将被测元素从大量的溶剂中分离出来,其检测限比火焰法低 1~3 个数量级,且选择性好,干扰少。

三、单色器

单色器由入射和出射狭缝、反射镜及色散元件组成。色散元件一般用的都是光栅。单色器的作用主要是将光源发射的被测元素的共振吸收线与其他邻近的谱线分开。单色器置于原子化器与检测器之间(这是与分子吸收的分光光度计的主要不同点之一),防止原子化器内发射辐射干扰进入检测器,也避免了光电倍增管疲劳。

仪器出射狭缝所能通过光束的波长宽度,称为光谱通带,也称通带宽度,可表示为

$$W = D \cdot S$$

式中:W 为光谱通带(nm),D 为倒色散率(nm/mm),S 为狭缝宽度(mm)。如果相邻的干扰谱线与被测元素共振线之间相距小时,光谱通带要小;反之,光谱通带可增大。不同元素谱线的复杂程度不同,选用光谱通带的大小亦各不一样。碱金属、碱土金属元素的谱线简单,谱线及背景干扰小,可选用较大的光谱通带;而过渡元素、稀土元素的谱线复杂,测定时应采用较小的光谱通带。锐线光谱的谱线比较简单,对单色器分辨率的要求不高,曾以能分辨开镍三线 Ni 230.003nm、Ni 231.603bn、Ni 231.096nm 为标准,后采用 Mn 279.5nm 和 Mn 279.8nm 代替 Ni 三线来检定分辨率。一般光谱通带为 0.2nm 就可满足要求。

四、检测器

原子吸收光谱法中的检测器通常使用光电倍增管(其原理可见紫外-可见分光光度计部分)。光电倍增管的工作电源应有较高的稳定性,使用时应注意光电倍增管的疲劳现象,避免使用过高的工作电压、过强的照射光和过长的照射时间。

检测器的检测信号经放大后,可直接从显示表头上读出吸光度值,或用记录仪记录吸收曲线,或将测量数据用微机处理。

第四节　原子吸收光谱分析方法

一、定量分析方法

1. 标准曲线法

标准曲线法是最常用的分析方法。标准曲线法最重要的是绘制一条校准曲线。配制一组含有不同浓度被测元素的标准溶液,在与试样测定完全相同的条件下,依浓度由低到高的顺序测定吸光度。绘制吸光度 A 对浓度 C 的校准曲线。测定试样的吸光度值,在标准曲线上用内插法求出被测元素的含量。

标准曲线法的优点是对大批量样品测定非常方便。但不足之处是对个别样品测定仍需配制标准系列,步骤比较麻烦,特别是对组成复杂的样品的测定,标准样的组成难以与其相似,基体效应差别较大,测定的准确度欠佳。

2. 标准加入法

当配制与试样组成一致的标准样品遇到困难时,可采用标准加入法。分取几份相同量的被测试液,分别加入不同量被测元素的标准溶液,其中一份不加入被测元素标准溶液,最后稀释至相同的体积,使加入的标准溶液浓度为 $0, C_s, 2C_s, 3C_s, \cdots$ 然后分别测定它们的吸光度值。以加入的标准溶液浓度与吸光度值绘制标准曲线,再将该曲线外推至与浓度轴相交。交点至坐标原点的距离 C_x 即是被测元素经稀释后的浓度。这个方法称为作图外推法,如图 6-16 所示。

根据吸收定律,曲线上各点均可表示为

$$A = k(C_x + C_{si})$$

式中: C_{si} 为标准加入的浓度。

当外推至 $A=0$ 时,曲线交横坐标为 c'_{si}（负值）。则 $k(C_x + c'_{si}) = 0, C_x = -c'_{si}$ 。

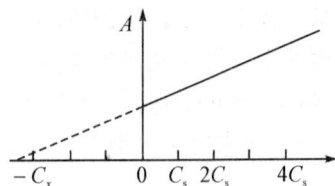

图 6-16　标准加入法

使用标准加入法时,被测元素的浓度应在通过原点的校准曲线的线性范围内。标准加入法应该进行试剂空白的扣除,而且须用试剂空白的标准加入法进行扣除,而不能用校准曲线法的试剂空白值来扣除。标准加入法的特点是可以消除基体效应的干扰,但不能消除背景的干扰。因此,使用标准加入法时,要考虑消除背景干扰的问题。

标准加入法有时只用单标准加入,即取两份相同量的被测试液,其中一分加入一定量的标准溶液,稀释到相同体积后测定吸光度。根据吸收定律,可得

$$A_x = kC_x \tag{6-18}$$

$$A_{x+s} = k(C_x + C_s) \tag{6-19}$$

解得

$$C_x = \frac{A_x}{A_{x+s} - A_x} \cdot C_s \tag{6-20}$$

式中: C_x 和 C_s 分别为测量溶液中被测元素和标准加入的浓度, A_x 和 A_{x+s} 分别为测量试液和试液加进标准溶液后溶液的吸光度。

二、灵敏度与检出限

1. 灵敏度

在原子吸收光谱分析中,以往习惯用 1‰吸收灵敏度表示,其定义为能产生 1‰吸收(或 0.0044 吸光度)信号时,所对应的被测元素的浓度或被测元素的质量,其单位为 μg/mL 或 μg(或 ng)/1‰。1‰吸收灵敏度愈小,表明该方法灵敏度愈高。

对于火焰原子吸收结果来说,常用浓度表示,若被测元素溶液的浓度为 C(μg/mL),多次测得吸光度平均值为 A,则 1‰吸收灵敏度为

$$S_{1\%} = \frac{C \times 0.0044}{A} (\mu g/mL/1\%) \tag{6-21}$$

对于石墨炉原子吸收法来说,常用绝对质量表示,若被测元素溶液的体积为 V(mL),则 1‰吸收灵敏度为

$$S_{1\%} = \frac{CV \times 0.0044}{A} (\mu g/1\%)$$

1975 年 IUPAC 规定,以校准曲线的斜率作为灵敏度,即 $\frac{dA}{dC} = S$,表明吸光度对浓度的变化率愈大,灵敏度愈高。而把 1‰吸收灵敏度称为"特征浓度"或"特征质量"。

2. 检测限(D. L.)

检出限是指以特定的分析方法,以适当的置信水平被检出的最低浓度或最小量。

只有存在量达到或高于检出限,才能可靠地将有效分析信号与噪声信号区分开,确定试样中被测元素具有统计意义的存在。"未检出"就是被测元素的量低于检出限。

在 IUPAC 的规定中,对各种光学分析方法,可测量的最小分析信号 $X_{\min}$ 以下式确定

$$X_{\min} = \overline{X}_0 + KS_0$$

式中:$\overline{X}_0$ 是用空白溶液(也可为固体、气体)按同样测定分析方法多次测定的平均值,S_0 是空白溶液多次测量的标准偏差,K 是由置信水平决定的系数。过去采用 $K = 2$,IUPAC 推荐 $K = 3$,在误差正态分析条件下,其置信度为 99.7‰。

由上式可看出,可测量的最小分析信号为空白溶液多次测量的平均值与 3 倍空白溶液测量的标准偏差之和,它所对应的被测元素浓度即为检出限 D. L. 。

$$D. L. = \frac{X_{\min} - \overline{X}_0}{S} = \frac{KS_0}{S}$$

$$D. L. = \frac{3S_0}{S}$$

式中:S 为灵敏度,即校准曲线的斜率。

三、测定条件选择

在原子吸收光谱法中,测量条件的选择对测定的准确度、灵敏度都会有较大的影响。因此必须选择、优化测量条件,才能获得满意的分析结果。

1. 分析线的选择

通常选择元素的共振线作分析线。在分析被测元素浓度较高的试样时,可选用灵敏度较低的非共振线作分析线。As、Se 等元素共振吸收线在 200nm 以下,火焰组分也有明显的吸收,可选

择非共振线作分析线或选择其他火焰进行测定。表 6-5 列出了一些常用的各元素分析线。

表 6-5   原子吸收光谱法中部分常用的分析线

元素	λ(nm)	元素	λ(nm)	元素	λ(nm)
Ag	328.07,338.29	Hg	253.65	Ru	349.89,372.80
Al	309.27,308.22	Ho	410.38,405.39	Sb	217.58,206.83
As	193.64,197.20	In	303.94,325.61	Sc	391.18,402.04
Au	242.80,267.60	Ir	209.26,208.88	Se	196.09,703.99
B	249.68,249.77	K	766.49,769.90	Si	251.61,250.69
Ba	553.55,455.40	La	550.13,418.73	Sm	429.67,520.06

2. 狭缝宽度的选择

狭缝宽度影响光谱通带宽度与检测器接受辐射的能量。原子吸收分析中,谱线重叠的几率较小,因此可以使用较宽的狭缝,增加光强与降低检出限。狭缝宽度的选择要能使吸收线与邻近干扰线分开。通过实验进行选择,调节不同的狭缝宽度,测定吸光度随狭缝宽度的变化。当有干扰线进入光谱通带内时,吸光度值将立即减小。不引起吸光度减小的最大狭缝宽度为应选择的合适的狭缝宽度。在实验中,也要考虑被测元素谱线复杂程度,碱金属、碱土金属谱线简单,可选用较大的狭缝宽度;过渡元素与稀土等谱线复杂的元素,要选择较小的狭缝宽度。

3. 灯电流的选择

空心阴极灯的发射特性取决于工作电流。灯电流过小,放电不稳定,光输出的强度小;灯电流过大,发射谱线变宽,导致灵敏度下降,灯寿命缩短。选择灯电流时,应在保证稳定和有合适的光强输出的情况下,尽量选用较低的工作电流。一般商品空心阴极灯都标有允许使用的最大电流与可使用的电流范围,通常选用最大电流的 $1/2 \sim 2/3$ 为工作电流。在实际工作中,最合适的工作电流应通过实验确定。空心阴极灯一般需要预热 $10 \sim 30$min。

4. 原子化条件的选择

(1)火焰原子化法。火焰的选择和调节是影响原子化效率的主要因素。对于低温、中温火焰,适合的元素可使用乙炔-空气火焰;在火焰中易生成难解离的化合物及难熔氧化物的元素,宜使用乙炔-氧化亚氮高温火焰;分析线在 220nm 以下的元素,可选用氢气-空气火焰。火焰类型选定以后,须调节燃气与助燃气比例,才可得到所需特点的火焰。合适的燃助比应通过实验确定,固定助燃气流量,改变燃气流量,由所测吸光度值与燃气流量之间的关系选择最佳的燃助比。

燃烧器高度是控制光源光束通过火焰区域的。由于在火焰区内,自由原子的空间分布是不均匀的,而且随火焰条件及元素的性质而改变。因此必须调节燃烧器高度,使测量光束从自由原子浓度最大的区域通过,这样可以得到较高的灵敏度。各元素在火焰中都有合适的测量位置,这可以通过调节燃烧器的高度来获得最大的吸收信号。

(2)石墨炉原子化法。石墨炉原子化法要合理选择干燥、灰化、原子化及除残净化等阶段的温度与时间。干燥多在 $105 \sim 125$℃ 的条件下进行。灰化要选择能除掉试样中基体与其他组分而被测元素不损失的情况下,尽可能高的温度。原子化温度则选择可达到原子吸收最大吸光度值的最低温度。净化或称除残阶段,温度应高于原子化温度,时间仅为 $3 \sim 5$s,以便消除试样的残留物产生的记忆效应。有关干燥、灰化、原子化阶段一般选择的温度与时间范围在非火焰原子化器部分已有叙述。而温度与时间条件的选择,一般都应通过实验,以得到满意的分析结果。

5. 进样量

进样量过大或过小都会影响测量过程:过小,信号太弱;过大,在火焰原子化法中,对火焰会产生冷却效应,在石墨炉原子化法中,会使除残产生困难。在实际工作中,通过实验测定吸光度值与进样量的变化关系,选择合适的进样量。

第五节　原子吸收光谱法的干扰及其抑制方法

原子吸收光谱分析法与原子发射光谱分析法相比,尽管干扰较少并易于克服,但在实际工作中干扰效应仍然难以避免。干扰效应按其性质和产生的原因,可以分为光谱干扰与非光谱干扰两类。前者又可分为谱线干扰和背景干扰,后者又可分为物理干扰、化学干扰和电离干扰。

了解干扰的类型、本质及其抑制方法很重要。

一、非光谱干扰及抑制

1. 物理干扰及抑制

物理干扰指的是试样在处理、转移、蒸发和原子化的过程中,由于任何物理因素的变化而产生对吸光度测量的影响。其物理因素包括溶液的黏度、密度、总盐度、表面张力、溶剂的蒸气压及雾化气体的压力、流速等。这些因素会影响试液的喷入速度、提取量、雾化效率、雾滴大小的分布、溶剂及固体微粒的蒸发、原子在吸收区的平均停留时间等,因而会引起吸收强度的变化。物理干扰具有非选择性质。

物理干扰的消除方法为配制与被测试样组成相同或相近的标准溶液或采用标准加入法。若试样溶液浓度过高,还可以采用稀释法。

2. 化学干扰及抑制

化学干扰指的是被测元素原子与共存组分发生化学反应,生成热力学更稳定的化合物,影响被测元素的原子化。如 Al 的存在,对 Ca、Mg 的原子化起抑制作用,因为会形成热稳定性高的 $MgO \cdot Al_2O_3$、$3CaO \cdot 5Al_2O_3$ 化合物;PO_4^{3-} 的存在会形成 $Ca_3(PO_4)_2$ 而影响 Ca 的原子化,同样 F^-、SO_4^{2-} 也影响 Ca 的原子化。化学干扰具有选择性,要消除其影响应视不同性质而选择合适的方法。

产生化学干扰的原因较复杂,消除干扰应根据具体情况采取以下适当措施。

(1)加入释放剂。释放剂的作用是它能与干扰物质生成比被测元素更稳定的化合物,使被测元素从其与干扰物质形成的化合物中释放出来。如上述所说的 PO_4^{3-} 干扰 Ca 的测定,可加入 La、Sr 盐类,它们与 PO_4^{3-} 生成更稳定的磷酸盐,把 Ca 释放出来。同样,Al 对 Ca、Mg 的干扰,也可以通过加 $LaCl_3$,而释放 Ca、Mg。释放剂的应用比较广泛。

(2)加保护剂。保护剂作用是它能与被测元素生成稳定且易分解的配合物,以防止被测元素与干扰组分生成难解离的化合物,即起了保护作用。保护剂一般是有机配合剂,用得最多的是 EDTA 和 8-羟基喹啉。例如,PO_4^{3-} 干扰 Ca 的测定,当加入 EDTA 后,生成 EDTA-Ca 配合物,它既稳定又易被破坏。Al 对 Ca、Mg 的干扰可用 8-羟基喹啉作保护剂。

（3）加缓冲剂。有的干扰当干扰物质达到一定浓度时，干扰趋于稳定，这样，把被测溶液和标准溶液加入同样达到干扰稳定量时，干扰物质对测定就不发生影响。如用乙炔——氧化二氮火焰测定 Ti 时，Al 抑制了 Ti 的吸收。但是当 Al 的浓度大于 $200\mu g/mL$ 后，吸收就趋于稳定。因此在试样及标样中都加入 $200\mu g/mL$ 的干扰元素，则可消除其干扰。

（4）选择合适的原子化条件。如提高原子化温度，化学干扰一般会减小。使用高温火焰或提高石墨炉原子化温度，可使难解离的化合物分解。如在乙炔——氧化二氮高温火焰中，PO_4^{3-} 不干扰 Ca 的测定。采用还原性强的火焰或石墨炉原子化法，可以使难离解的氧化物还原、分解。

（5）加入基体改进剂。用石墨炉原子化时，在试样中加入基体改进剂，使其在干燥或灰化阶段与试样发生化学变化，其结果可能增强基体的挥发性或改变被测元素的挥发性，以减少基体效应，降低干扰。如测定海水中的 Cd，为了使 Cd 在背景信号出现前原子化，可加入 EDTA 来降低原子化温度，以消除干扰。

（6）化学分离法。应用化学方法将待测元素与干扰元素分离，不仅可以消除基体元素的干扰，还可以富集待测元素。常用的有溶剂萃取、离子交换、沉淀分离等方法，用得较多的是溶剂萃取的方法。

3. 电离干扰及抑制

电离干扰指的是在高温条件下，原子发生电离成为离子，使基态原子数减少，吸光值下降。电离干扰与原子化温度和被测元素的电离电位及浓度有关。元素的电离度随温度的升高而增加，随元素的电离电位及浓度的升高而减小。碱金属的电离电位低，电离干扰就明显。常用的消除电离干扰的有效方法是加入消电离剂（或称电离抑制剂）。消电离剂一般是比被测元素电离电位低的元素，在相同条件下，消电离剂首先被电离，产生大量电子，抑制了被测元素的电离（有时消电离剂元素的电离电位也不一定比被测元素低，由于加入的消电离剂量大，尽管其电离电位稍高于被测元素，由于电离平衡的关系，仍会起抑制作用）。例如，测 Ba 时有电离干扰，加入过量 KCl，可以消除干扰。Ba 的电离电位为 $5.21eV$，K 的电离电位为 $4.3eV$。K 电离产生大量电子，使 Ba^{2+} 得到电子而生成原子。

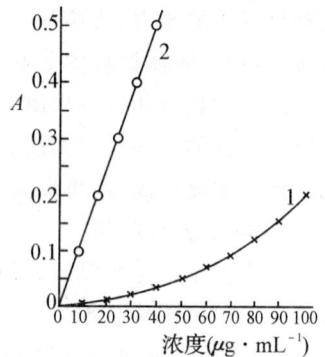

图 6-17　钡的电离干扰及消除
1—纯水溶液；2—加 0.2%KCl

$$K \longrightarrow K^+ + e^-$$

$$Ba^{2+} + 2e^- \longrightarrow Ba$$

如图 6-17 所示为 Ba 的电离干扰及消除情况。

二、光谱干扰及抑制

光谱干扰有谱线干扰和背景干扰两方面，而背景干扰往往是更重要的。

1. 谱线干扰及抑制

谱线干扰通常有两种情况，即吸收线重叠及非吸收线的干扰。吸收线重叠是指试样中共存元素的吸收线与被测元素的分析线波长很接近时，两谱线重叠或部分重叠，使测得的吸光度偏高。谱线重叠的理论值是 $0.03nm$ 时，干扰就严重。而如果干扰线也是灵敏线时，往往

0.1～0.2nm都会明显地表现出干扰。通常遇到的干扰线是非灵敏线，所以干扰并不明显。消除吸收线干扰的方法是另选分析线，若还未能消除干扰，就进行试样的分离。

非吸收线干扰是指在光谱通带范围内光谱的多重发射，也就是光源不仅发射被测元素的共振线，而且在其共振线的附近还有其他的谱线，这些干扰线可能是多谱线元素，如 Co、Ni、Fe 等发射的非测量线，也可能是光源的灯内杂质（金属杂质、气体杂质、金属氧化物）所发射的谱线。对于这些多重发射，被测元素的原子若不吸收，它们即被检测器所检测，产生一个不变的背景信号，使吸光度减小，降低了灵敏度。而也有可能被测元素的原子对这些发射也产生多重吸收，但由于吸收系数比对共振线的吸收系数小，所以也使吸光度减小，同时降低灵敏度。消除的方法：可以减小狭缝宽度，使光谱通带小到足以遮去多重发射的谱线；若波长差很小，则应另选分析线；降低灯电流也可以减少多重发射；若灯使用时间长，灯内产生氧化物灯杂质，则可以反向通电进行净化处理。

2. 背景干扰及抑制

背景干扰来自原子化器中的背景发射及背景吸收，用光源的调制可以消除背景发射的影响，但调制不能消除背景吸收的影响。背景吸收来自原子化器中分子、半分解产物的吸收及固体、微粒的散射两个方面。

光散射是指原子化过程产生的微小固体颗粒使光产生散射，使没被吸收的光不能到达检测器被检测，吸光度增加，称为"假吸收"。散射光强度与光波长的四次方成反比，所以波长短的分析线散射影响大。

分子或半分解产物的背景吸收是指一些碱金属、碱土金属的双原子卤化物如 NaCl、KCl、$CaCl_2$ 等在紫外光区有吸收。$Ca(OH)_2$ 在 530～560nm 有吸收，干扰 Ba 553.6nm 的测定；半分解产物在一定波段有吸收，如 OH 在 309～330nm 及 281～206nm 有吸收，分别干扰 Cu 324.7nm 及 Mg 285.2nm 的测定，CH 在 387～410nm 有吸收，Ca 在 486～474nm 有吸收；一些无机酸也有吸收，如 H_2SO_4 和 H_3PO_4 在小于 250nm 波长处有强烈吸收，而 HNO_3 和 HCl 吸收很小。因此原子吸收分析中常用 HNO_3 或 HCl 配制溶液。

背景干扰都是使吸光度增大，产生正误差。石墨炉原子化法背景吸收干扰比火焰原子化法严重，有时不扣除背景就不能进行测定。背景的校正，人们曾提出过各种方法，在火焰原子化中使用较高的温度和较强还原性的火焰，还是比较有效的。但是，这样的火焰有一些元素的灵敏线明显降低。因此，这个方法未必经常可行。在石墨炉原子化法中，基体改进作用也有一些效果。利用空白试剂溶液进行背景扣除是一种简便、易行的方法，尤其是对于基体组分较为明确的样品，配制与基体组分相同的试剂溶液，可以较有效地进行背景扣除。

背景校正方法的原理：当存在背景吸收时，测得的总吸光度 A_t 为被测元素无背景吸收时的吸光度 A_x 与背景吸光度 A_b 之和，即

$$A_t = A_x + A_b \tag{6-22}$$

必须设法测出 A_b，从 A_t 中扣除，则背景吸收得到校正，才能得到被测元素的净吸光度，为

$$A_x = A_t - A_b = KC \tag{6-23}$$

目前，都是采用。些仪器技术来校正背景，主要有邻近非共振线法、连续光源法和塞曼（Zeeman）效应法等。

(1)邻近非共振线法。背景吸收是宽带吸收，在分析线邻近选一条非被测元素的共振线，这条线可以是空心阴极灯中杂质的谱线，还可以是灯中惰性气体的谱线，还可以是被测元素所

发射的非共振线,称为参比线,用参比线测得的吸光度为背景吸收的吸光度。而用分析线测得的是被测元素原子吸收的吸光度与背景吸收的吸光度之和。两次测得的吸光度的差值,即为扣除背景吸收后被测元素原子吸收的吸光度。其原理示意图如图 6-18 所示。

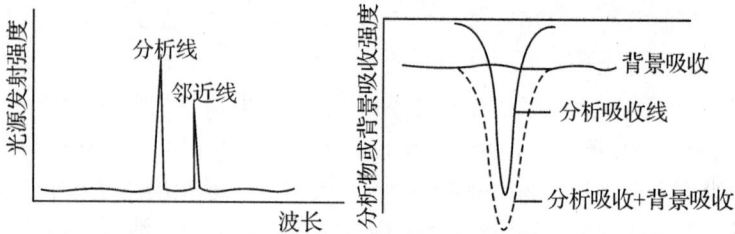

图 6-18　邻近线法校正背景原理

例如,测定含 Ca、Mg 较多的饲料中的 Pb,使用 Pb 共振线 283.3nm 为分析线,在此波段内 Ca 在火焰中产生的分子有吸收带,此时测得的吸光度为 Pb 的原子吸收与 Ca 的分子吸收之和。然后在 Pb 283.3nm 附近有一条非共振线 280.2nm,用此谱线测定吸光度,此时 Pb 基态原子没有吸收,而宽吸收带的 Ca 分子有与 283.3nm 处相同的吸收,因此在 280.2nm 处测得的吸光度为背景吸收值。必须注意的是,邻近线与分析线的波长应接近,一般不应超过 10nm,两者越靠近,背景校正越有效。而且应注意在分析线与邻近线的波段范围内,背景应该均匀。

(2)连续光源背景校正法。目前原子吸收分光光度计上一般都配有连续光自动扣除背景的装置。连续光源有氘灯(用于紫外光)和碘钨灯或氙灯(用于可见光区)。氘灯在大多数仪器中都有装配。图 6-19 为氘灯背景校正装置示意图。

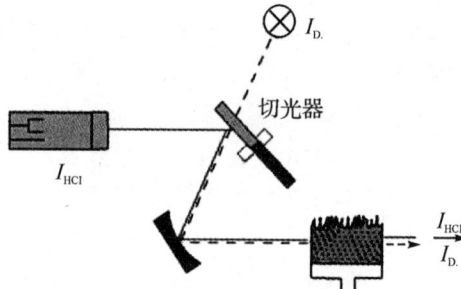

图 6-19　氘灯背景校正装置

由图 6-19 可见,切光器可使锐线光源与氘灯连续光源交替进入原子化器。锐线光源测定的吸光度值为原子吸收与背景吸收的总吸光度。连续光源所测吸光度为背景吸收,因为在使用连续光源时,被测元素的共振线吸收相对于总入射光强度是可以忽略不计的,因此连续光源的吸光度值即为背景吸收。将锐线光源吸光度值减去连续光源吸光度值,即为校正背景后的被测元素的吸光度值。用连续光源校正背景吸收最大的困难是要求连续光源与空心阴极灯光源的两条光束在原子化器中必须严格重叠,这种调整有时是十分费时的。此外,连续光源法对高背景吸收的校正也有困难。图 6-20 为氘灯背景校正原理示意图。

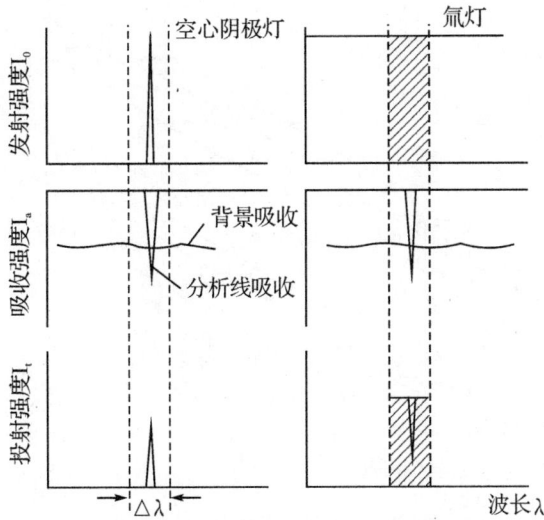

图 6-20　氘灯背景校正原理(Δλ 的光谱通带)

（3）塞曼（Zeeman）效应背景校正法。塞曼效应是指在磁场作用下简并的谱线发生分裂的现象。塞曼效应背景校正法是磁场将吸收线分裂为具有不同偏振方向的组分，利用这些分裂的偏振成分来区分被测元素和背景的吸收。塞曼效应校正背景法分为两大类：光源调制法与吸收线调制法。光源调制法是将强磁场加在光源上，吸收线调制法是将磁场加在原子化器上，后者应用较广。调制吸收线有两种方式，即恒定磁场调制方式和可变磁场调制方式。

①恒定磁场调制方式。如图 6-21 所示，在原子化器上施加一恒定磁场，磁场垂直于光束方向。

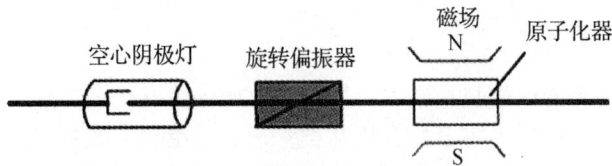

图 6-21　赛曼效应背景校正装置

在磁场作用下，由于塞曼效应，原子吸收线分裂为 π 和 σ. 组分：π 组分平行于磁场方向，波长不变；$\sigma_{\pm}$ 组分垂直于磁场方向，波长分别向长波与短波方向移动。这两个分量之间的主要差别是：π 分量只能吸收与磁场平行的偏振光，而 $\sigma_{\pm}$ 分量只能吸收与磁场垂直的偏振光，而且很弱。引起背景吸收的分子完全等同地吸收平行与垂直的偏振光。光源发射的共振线通过偏振器后变为偏振光，随着偏振器的旋转，某一时刻平行磁场方向的偏振光通过原子化器，吸收线 π 组分和背景都产生吸收。测得原子吸收和背景吸收的总吸光度。另一时刻垂直于磁场的偏振光通过原子化器，不产生原子吸收，此时只有背景吸收。两次测定吸光度值之差，就是校正了背景吸收后的被测元素的净吸光度值。图 6-22 为塞曼效应背景校正原理示意图。

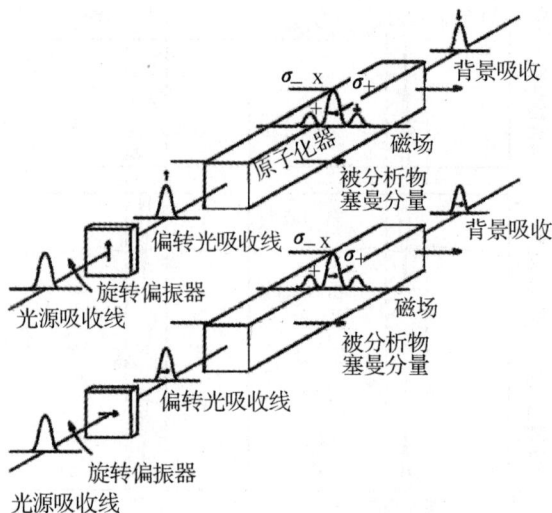

图 6-22　塞曼效应背景校正原理

②可变磁场调制方式。在原子化器上加一电磁铁,电磁铁仅在原子化阶段被激磁,偏振器是固定不变的,它只让垂直于磁场方向的偏振光通过原子化器,去掉平行于磁场方向的偏振光。在零磁场时,吸收线不发生分裂,测得的是被测元素的原子吸收与背景吸收的总吸光度值。激磁时测得的仅为背景吸收的吸光度值,两次测定吸光度之差,就是校正了背景吸收后被测元素的净吸光度值。

塞曼效应校正背景波长范围很宽,可在 190～900nm 范围内进行,背景校正准确度较高,可校正吸光度高达 1.5～2.0 的背景,但仪器的价格较贵。

思考题与习题

1. 简述原子吸收光谱法的基本原理。原子吸收光谱法有什么主要特点?

2. 原子吸收光谱分析的主要干扰有哪几类? 通常采用什么方法抑制干扰?

3. 什么是积分吸收? 什么是峰值吸收? 在原子吸收光谱法中,怎样来测得峰值吸收?

4. 何谓共振线? 在原子吸收光谱分析法中为什么常选择共振线作为分析线?

5. 何为锐线光源? 为什么原子吸收光谱分析法中必须使用锐线光源?

6. 原子吸收分光光度计由哪几部分组成? 各部分的作用是什么?

7. 简述原子荧光光谱产生的原因及其类型。

8. 试从原理、仪器和应用等方面比较原子发射光谱分析法、原子吸收光谱分析法与原子荧光光谱法的异同点。

9. 在原子吸收光谱分析中,Zn 的共振线为 ZnI 213.9nm,已知 $g/g_0 = 3$,试计算处于 3000K 的热平衡状态下,激发态锌原子和基态锌原子数之比。

10. 用原子吸收法测定某溶液中 Cd 的含量时,得吸光度为 0.141。在 50mL 这种试液中加入 1mL 浓度为 1.00×10^{-3} mol·L^{-1} 的 Cd 标准液后,测得吸光度为 0.235,而在同样条件下,测得蒸馏水的吸光度为 0.010,试求未知液中 Cd 的含量和该原子吸收光度计的灵敏度(即 1% 吸光度时的浓度)。

11. 原子吸收光谱法测定元素 M 时,由未知试样溶液得到的吸光度读数为 0.435,而在 9mL 未知液中加入 1mL 浓度为 100mol·L^{-1} 的 M 标准溶液后,混合溶液在相同条件下测得的吸光度为 0.835，问未知试样溶液中 M 的浓度是多少？

12. 用原子吸收分光光度法分析尿样中的铜，测定结果如下表所示，试计算样品中铜的含量。

加入 Cu 的浓度($\mu g \cdot mL^{-1}$)	0	2.0	4.0	6.0	8.0
吸光度值 A	0.280	0.440	0.660	0.757	0.912

13. 某工业废水的半定量结果是：锌 $2000\mu g \cdot mL^{-1}$，铜 $1000\mu g \cdot mL^{-1}$，铬 $500\mu g \cdot mL^{-1}$。现用原子吸收分光光度法对上述元素进行准确定量测定，已知锌、铜、铬的特征浓度分别是 $0.01\mu g \cdot mL^{-1}$，$0.05\mu g \cdot mL^{-1}$，$0.1\mu g \cdot mL^{-1}$，在测定前对水样是否需要预先浓缩或稀释？如果需要，应浓缩或稀释多少倍为宜？

14. 当用火焰原子吸收测定浓度为 $10\mu g \cdot mL^{-1}$ 的某元素的标准溶液时，光强减弱了 20%，若在同样条件下测定浓度为 $50\mu g \cdot mL^{-1}$ 的溶液时，光强将减弱多少？

15. 测定血浆试样中锂的含量，将三份 0.500mL 血浆试样分别加至 5.00mL 水中，然后在这三份溶液中加入①0μL，②10.0μL，③20.0μL 的 0.0500mol $\cdot L^{-1}$ LiCl 标准溶液，在原子吸收分光光度计上测得读数（任意单位）依次为①23.0，②45.3，③68.0。计算此血浆中锂的质量浓度。

16. 用原子吸收光谱法测定水中 Ca 的含量，取水样 20.00mL 及一系列钙标准溶液（$1\mu g \cdot mL^{-1}$），分别置于 50mL 容量瓶中，用去离子水均稀释至刻度。根据下列数据，计算水样中 Ca 的含量。

钙标准溶液的体积(mL)	0.00	1.00	2.00	3.00	4.00	水样
吸光度值 A	0.043	0.092	0.140	0.187	0.234	0.135

17. 某试液中钴的测定如下：各取 10.0mL 的未知液置于 5 个 50.0mL 的容量瓶中，再加入不同量的 $12.2\mu g \cdot mL^{-1}$ 钴标准溶液于各瓶中，最后再将各容量瓶加水稀释至刻度。根据下列数据，计算试样中钴的浓度。

试样	未知液(mL)	标准液(mL)	吸光度
1	10.0	0.0	0.201
2	10.0	10.0	0.292
3	10.0	20.0	0.378
4	10.0	30.0	0.467
5	10.0	40.0	0.554

第七章

电化学分析导论

第一节　概　述

电化学分析(electrochemical analysis)是仪器分析的重要组成部分之一。它是根据溶液中物质的电化学性质及其变化规律,建立在电池的某种电参数(如电阻、电导、电位、电流、电量或电流-电压曲线等)与被测物质的浓度之间存在一定关系的基础之上,对组分进行定性和定量的分析方法。

根据测量方式的不同,电化学分析法可分为三类。

(1)通过试液的浓度(活度)在特定实验条件下与化学电池某一电参数之间的关系求得分析结果的方法,这是电化学分析法的主要类型。电导分析法、库仑分析法、电位法、伏安法和极谱分析法等均属于这种类型。

(2)利用电参数的变化来指示容量分析终点的方法。这类方法仍然以容量分析为基础,根据所用标准溶液的浓度(活度)和消耗的体积求出分析结果。这类方法根据所测定的电参数不同而分为电导滴定、电位滴定和电流滴定法。

(3)电重量法,或称电解分析法。这类方法将直流电流通过试液,使被测组分在电极上还原沉积析出与共存组分分离,然后再对电极上的析出物进行重量分析以求出被测组分的含量。

电化学分析法具有以下特点。

(1)灵敏度较高。电化学分析法适合痕量或超痕量组分的分析测定,如溶出伏安法、脉冲极谱法等方法的检测限一般可达 $10^{-8} \sim 10^{-10} \, mol \cdot L^{-1}$,其最低检出限则可达 $10^{-8} \, mol \cdot L^{-1}$。

(2)准确度高。如库仑分析法和电解分析法的准确度很高,前者特别适用于微量成分的测定,后者适用于高含量成分的测定。

(3)测量范围广。电化学分析法广泛用于结构分析、形态分析及成分分析。其中,电位分析法及微库仑分析法等可用于微量组分的测定,电解分析法、电容量分析法及库仑分析法则可用于中等含量组分及纯物质的分析。

(4)仪器设备较简单,价格低廉。仪器的调试和操作都较简单,而且电化学分析方法的测量信号是电学量,便于自动控制,容易实现自动化。

(5)选择性差。电化学分析的选择性一般都较差,但离子选择性电极法、极谱法及控制阴极电位电解法选择性较高。

第二节　化学电池

各种电化学分析法,都必须具备一个化学电池,它是一个化学能与电能互相转化的装置。每一个化学电池都有两个电极分别浸入适当的电解质溶液中,用金属导线将两个电极从外部连接起来,同时使两个电解质溶液接触,构成电流通路。电子通过外电路导线从一个电极流到另一个电极,在溶液中带正负电荷的离子从一个区域移动到另一个区域以输送电荷,最后在金属—溶液界面处发生电极反应,即离子从电极上取得电子或将电子交给电极,发生氧化—还原反应,如图 7-1 所示。

化学电池分为原电池和电解池。原电池是将本身化学能自发地转变为电能的装置,电解池是外电源提供能量,将电能转变为化学能的装置。图 7-2 为锌-铜原电池,锌片放入 $ZnSO_4$ 溶液中,铜片放入 $CuSO_4$ 溶液中,两电解质溶液之间用烧结玻璃或半渗透膜隔开。当两电极接通后,

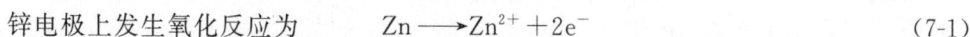

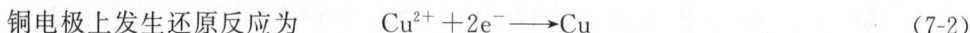

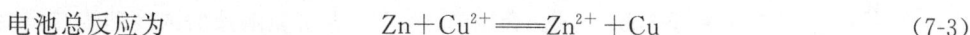

锌电极上发生氧化反应为 $\qquad Zn \longrightarrow Zn^{2+} + 2e^-$ $\qquad\qquad$ (7-1)

铜电极上发生还原反应为 $\qquad Cu^{2+} + 2e^- \longrightarrow Cu$ $\qquad\qquad$ (7-2)

电池总反应为 $\qquad Zn + Cu^{2+} \Longrightarrow Zn^{2+} + Cu$ $\qquad\qquad$ (7-3)

锌电极失去 2 个电子氧化成 Zn^{2+} 进入溶液,Zn 失去的电子留在锌电极上,通过外电路流到铜电极被溶液中 Cu^{2+} 接受,使 Cu^{2+} 还原为金属 Cu 而沉积在铜电极上。锌电极带负电,铜电极带正电,锌电极是原电池的负极,铜电极是正极。电流的方向与电子流动的方向相反,电流从电位高的正极流向电位低的负极。

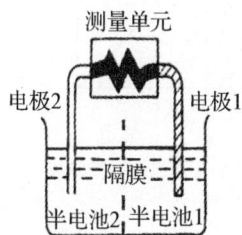

图 7-1　电池

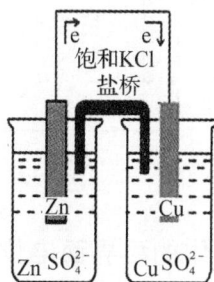

图 7-2　锌-铜原电池

图 7-2 的原电池可书写为

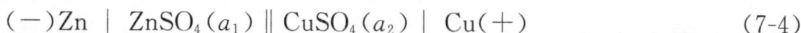

$$(-)Zn \mid ZnSO_4(a_1) \parallel CuSO_4(a_2) \mid Cu(+) \qquad\qquad (7-4)$$

式中:a_1、a_2 分别表示两电解质溶液的活度,两边的单竖线"$\mid$"表示金属和溶液的两相界面,两种溶液通过盐桥连接时,用双竖线"$\parallel$"表示。按规定把电池的负极写在左边,它发生氧化反应;正极写在右边,发生还原反应。电解质溶液位于电极之间,并应注明活度(或浓度)。若有气体,应注明其分压、温度,若不注明,则指 25℃,101325Pa。

该电池的电动势为

$$E = \varphi_{Cu^{2+},Cu} - \varphi_{Zn^{2+},Zn} \qquad\qquad (7-5)$$

电动势的通式为

$$E = \varphi_右 - \varphi_左 \qquad\qquad (7-6)$$

若 $E_{电池} > 0$,则为原电池;若 $E_{电池} < 0$,则为电解池。

第三节　电池电动势

电池电动势是不同物体相互接触时,其相界面产生电位差所致,它主要由三部分组成。

一、电极和溶液的相界面电位差

一般的电极是由金属导体构成的,金属中含有金属离子和自由电子。电解质溶液中含有阳离子和阴离子,整个溶液是电中性的。当把金属导体(电极)插入该金属离子的溶液时,金属与溶液接触界面间存在着两种相反的倾向。一方面,金属表面的金属离子由于自身的热运动和极性溶剂分子的强烈吸引而进入溶液,从而使金属表面聚集多余的电子而带负电荷。由于静电吸引,金属表面的负电荷与溶液中的金属离子在界面上形成双电层,产生一个稳定的相界面电位差,如图 7-3(a)所示。金属越活泼,电解质溶液的浓度越稀,这种倾向越大。另一方面,溶液中易接受自由电子的金属离子,也可以在金属表面上沉积,使金属表面有过剩的金属离子而带正电。同样由于静电吸引,金属表面的正电荷与溶液中过剩的阴离子形成双电层,产生一个稳定的相界面电位差,如图 7-3(b)所示。金属越不活泼,电解质溶液的浓度越浓,这种倾向越大。由于双电层的建立,在电极和溶液界面上建立一个稳定的相间电位,这两种电极和溶液的相界面电位差称为电极电位,用 φ 表示。

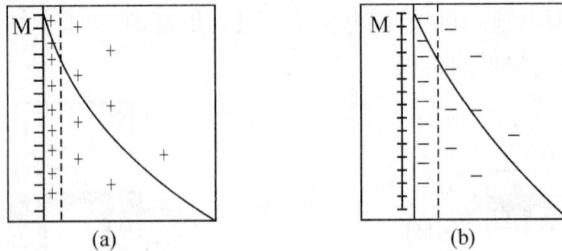

图 7-3　扩散双电层

二、液体和液体的相界面电位差

当两种组成或浓度不同的电解质溶液相接触时,由于不同离子的扩散速率不同,两相界面上有微小的电位差产生,称其为液体接界电位,简称液接电位或扩散电位。图 7-4 是产生液体接界电位的两个例子。

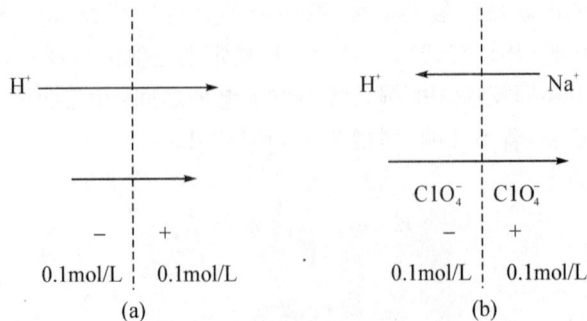

图 7-4　液体接界电位产生

图 7-4(a)中相界面两侧的溶液均为 $HClO_4$,但浓度不同。由于存在浓度梯度,产生了从浓溶液向稀溶液方向的扩散。H^+ 的扩散速率比 ClO_4^- 快,界面的右侧积聚了过量的正离子,带正电荷;界面的左侧积聚了过量的负离子,带负电荷。在两溶液接触的相界面形成双电层,产生相界面电位差。(b)图中相界面两侧的溶液分别为相同浓度的 $HClO_4$ 和 $NaClO_4$,由于 H^+ 的扩散速率比 Na^+ 快,因此界面的右侧积聚了过量的正离子,带正电荷,界面的左侧积聚了过量的负离子,带负电荷,同样产生相界面电位差。

液接电位值虽不大(一般为 30mV 左右),但在电化学分析中,特别是电位分析中,液体接界电位的存在影响了电池的可逆性和电动势的计算。实际工作中,在两个溶液间连接一个"盐桥",可将液体接界电位接近消除或减小到可忽略不计(1~2mV)。盐桥一般是将正、负离子扩散速率相近的惰性电解质饱和溶液(如 KCl、KNO_3、NH_4NO_3 等)装入含有 30g/L 琼脂凝胶的 U 形玻璃管中。当它与两溶液接触时,液体接触界面间所产生的电位差主要是因盐桥中正、负离子的扩散产生的。由于盐桥中正、负离子的扩散速率相近,扩散方向相反,因此两液体界面上产生的电位差可基本上相互抵消。

三、电极和导线的相界面电位差

电极和导线接触时,由于不同金属的电子脱离金属表面的难易程度不同,在接触相界面上即形成双电层,产生电位差,称为接触电位。一个电极的接触电位是一个常数,而且数值很小,通常可忽略不计。

综上所述,电池电动势的数值大小等于电池中各个相界面电位差的代数和。由于液体接界电位和接触电位可忽略不计,因此电池电动势主要来源于电极和溶液的相界面电位差(电极电位 φ)。当流过电池的电流为零或接近于零时,两电极的电极电位差称为原电池的电动势,用 E 表示即

$$E = \varphi_+ - \varphi_- \tag{7-7}$$

第四节　极化现象

当电极上无电流流过时,电极处于平衡状态,与之相对应的电位是可逆的平衡电位,符合能斯特方程,如在电位分析法中测量电池的电动势。但在电解分析中,电极上有电流通过,且随电流密度的增加,电极的不可逆程度变大,使得实际的电极电位偏离可逆的平衡电极电位,这种现象称之为电极的极化现象。由于电极极化作用的存在,电解时阳极电极的电位更正,阴极的电极电位更负。

实际电极电位与可逆平衡电极电位的差值称之为超电位,用 η 表示,即

$$\eta = \eta_{阴} - \eta_{阳} \tag{7-8}$$

η 的大小是评价电极极化程度的一个参数。根据极化产生的原因不同,电极极化主要有电化学极化和浓差极化,它们与电极反应速率和浓度梯度等有关。

一、电化学极化

许多电极反应是分步进行的,反应速率有限。当外加电压加到电极上时,若电流密度足够

大,单位时间内提供电荷的数量则相当多。如果电极反应不快,电极表面的所有电量不能被及时交换,导致电极上聚集了比平衡状态更多的电荷。若电极表面积累了过多的正电荷,阳极电位则向更正方向移动;若电极表面积累了过多的自由电子,则阴极电位向更负方向移动,导致电极电位偏离平衡电位。这种由于电极反应速率慢造成的极化现象称为电化学极化。只有增加外加电压,消耗更多的电能,克服反应活化能,才能使电解反应继续进行。

二、浓差极化

在电解过程中电极反应速率与溶液中离子的迁移速率相比,电极反应速率是比较快的。随着电解反应的进行,阳离子在阴极上还原沉积,导致阴极附近溶液层中阳离子数目减少,浓度迅速降低。如果溶液中的离子不能及时扩散到电极表面补充阳离子的减少,则阴极表面参加电极反应的阳离子浓度就要小于溶液主体中的浓度,形成浓度梯度。电极电位取决于电极表面附近的阳离子活(浓)度,根据能斯特方程式,电极电位值要偏离平衡电位值,向更负方向移动,这种现象称为浓差极化。由浓差极化产生的超电位称为浓差超电位。阳极也有浓差极化,但通常比阴极极化小而且极化后的电极电位高于平衡电位。浓差极化可通过增大电极表面积、减小电流密度、提高温度、搅拌溶液等方法加以减小。

超电位受到多种因素的影响,无法进行理论计算,只有通过实验确定。由于超电位的存在,使各种物质在电极上析出的顺序与标准电极电位顺序相差较大,增加了电化学分析的复杂性,是电解分析时必须考虑的一种重要影响因素。表 7-1 为氢和氧的过电位。

表 7-1 氢和氧的过电位

电极材料	过电位(V) $0.0010A \cdot cm^{-2}$		过电位(V) $0.01A \cdot cm^{-2}$		过电位(V) $0.1A \cdot cm^{-2}$	
	H_2	O_2	H_2	O_2	H_2	O_2
涂铂黑的 Pt	0.0154	0.398	0.0300	0.521	0.0405	0.638
光滑的 Pt	0.0240	0.721	0.0680	0.850	0.288	1.28
Cu	0.479	0.422	0.584	0.580	0.801	0.660
Au	0.241	0.673	0.390	0.963	0.588	1.24
Ag	0.475	0.580	0.762	0.729	0.875	0.984
Ni	0.563	0.353	0.747	0.519	1.048	0.726
Hg	0.900		1.00		1.10	
Zn	0.716		0.746		1.064	

第五节 电极的种类

一、按电极的构成成分分类

在电分析化学中,电极被认为是一种传感器,它是将电活性物质的浓度信号转化成电信号。电极的种类很多,一般分为金属基电极和膜电极两大类。

1.金属基电极

金属基电极是最早使用的一类电极,其共同特点是电极电位的产生和氧化还原反应皆与电子转移有关。因有金属参加,故称金属基电极,一般有以下四类。

(1)第一类电极:将金属插入该金属离子溶液中构成的电极。电极结构为 M/M^{n+},如银丝插在 $AgNO_3$ 溶液中,其电极反应为 $Ag^+ + e^- \Longrightarrow Ag$

$$\text{电极电位} \qquad \varphi = \varphi_{Ag^+} + 0.059\lg a_{Ag^+} \tag{7-9}$$

(2)第二类电极:由金属、该金属难溶盐与该难溶盐的阴离子构成的电极,这类电极有两个界面。如银-氯化银电极($Ag|AgCl, Cl^-$),其电极反应为

$$AgCl + e^- \Longrightarrow Ag + Cl^- \tag{7-10}$$

这一反应可看做一个两步过程,即

$$AgCl \Longrightarrow Ag^+ + Cl^-$$

$$Ag^+ + e^- \Longrightarrow Ag$$

电极电位为

$$\varphi = \varphi_{Ag^+, Ag}^{\ominus} + 0.059\lg a_{Ag^+} = \varphi_{A^+, Ag}^{\ominus} + 0.059\lg \frac{K_{sp}}{a_{Cl^-}}$$

$$= \varphi_{Ag^+, Ag}^{\ominus} + 0.059\lg K_{sp} - 0.059\lg a_{Cl^-}$$

$$= \varphi_{AgCl, Ag}^{\ominus} - 0.059\lg a_{Cl^-} \tag{7-11}$$

式中:$\varphi_{AgCl, Ag}^{\ominus}$ 是反应 $AgCl + e^- \Longrightarrow Ag + Cl^-$ 的标准电极电位。

$$K_{sp} = a_{Ag} \times a_{Cl^-} \tag{7-12}$$

(3)第三类电极:由金属与两种具有相同阴离子的难溶盐或难解离的配离子组成的电极体系。如汞-草酸汞-草酸钙-钙离子电极,该电极可用符号记为

$$Hg \mid Hg_2C_2O_4 \mid CaC_2O_4 \mid Ca^{2+}$$

因为存在如下化学平衡

$$Hg_2^{2+} + 2e^- \Longrightarrow 2Hg$$

$$Hg_2C_2O_4 \Longrightarrow Hg_2^{2+} + C_2O_4^{2-}$$

$$C_2O_4^{2-} + Ca^{2+} \Longrightarrow CaC_2O_4$$

三式相加可得

$$Hg_2C_2O_4 + Ca^{2+} + 2e^- \Longrightarrow 2Hg + CaC_2O_4 \tag{7-13}$$

电极电位可表示为

$$\varphi = \varphi_{Hg_2^{2+}, Hg}^{\ominus} + \frac{0.059}{2}\lg K_{sp_1, Hg_2C_2O_4} - \frac{0.059}{2}\lg K_{sp_2, Ca_2C_2O_4} + \frac{0.059}{2}\lg a_{Ca^{2+}} \tag{7-14}$$

令

$$K = \varphi_{Hg_2^{2+}, Hg}^{\ominus} + \frac{0.059}{2}\lg \frac{K_{sp_1, Hg_2C_2O_4}}{K_{sp_2, Ca_2C_2O_4}}$$

所以

$$\varphi = K + \frac{0.059}{2}\lg a_{Ca^{2+}} \tag{7-15}$$

(4)零类电极:用惰性材料如铂、金或石墨等做成片状或棒状,浸入同一元素的氧化还原电对的溶液中构成的电极。例如,$Pt|Fe^{3+}, Fe^{2+}$ 电极,电极反应为

$$Fe^{3+} + e^- \Longrightarrow Fe^{2+}$$

电极电位为

$$\varphi = \varphi_{Fe^{3+}, Fe^{2+}}^{\ominus} + 0.059\lg \frac{a_{Fe^{3+}}}{a_{Fe^{2+}}} \tag{7-16}$$

这类电极本身不参加电极反应,只是作为氧化还原反应交换电子的场所,协助电子的转移。

2. 膜电极

膜电极是 20 世纪 60 年代发展起来的一类新型的电化学传感器。它能选择性地响应待测离子而对其他离子不响应或响应很弱,故又称离子选择性电极。其响应机理是由于在相界面上发生了离子的交换和扩散,而非电子的转移。这类电极具有高灵敏度、选择性好等优点,是电化学分析中一类重要电极。其具体内容将在电位分析法一章作详细讨论。

3. 微电极或超微电极

当今,许多科学领域的研究对象正在不断地向宏观转向微观,生物体的研究中常以细胞作为研究的对象。分析工作者必须寻求高灵敏度、高选择性的微型、快速的测试工具。它们要无不损坏组织,又不会因电解而破坏测定体系的平衡。超微电极因此而产生,成为电分析化学发展的一个方面。

超微电极有时又简称作微电极,区别于滴汞等微电极,它的直径在 $100\mu m$ 以下,大小已小于扩散层的厚度。

微电极的种类很多,按其材料不同,可分为微铂、金、汞电极和碳纤维电极;按其形状不同,可分为微盘电极、微环电极和组合式微电极。组合式微电极是由众多的微电极组合而成,具有微电极的特征,总的电流又比较大。经常使用的铂、金、碳纤维微电极是将这些材料的极细的丝封入玻璃毛细管中,然后抛光露出盘形端面而制成,如图 7-5 所示。微电极具有电极区域小、扩散传质速率快、电流密度大、信噪比大、IR 降小等特性,可用于有机介质或高阻抗溶液中的测定。由于电极微小,测定能在微体系中进行,有利于开展生命科学的研究。

4. 化学修饰电极

在的电分析化学中,使用较普通的电极如汞、铂、金和碳等,它们长期以来仅仅为电化学反应提供一个得失电子的场所,但很多离子在电极上电子转移的速度较慢。化学修饰电极是利用化学和物理的方法,将具有优良化学性质的分子、离子、聚合物固定在电极表面,从而改变或改善了电极原有的性质,实现了电极的功能设计,在电极上可进行某些预定的、有选择性的反应,并提供了更快的电子转移逆度。

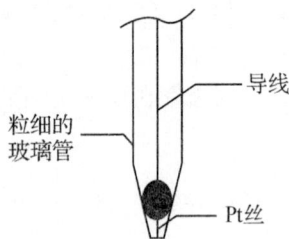

图 7-5　微电极

（导线、粒细的玻璃管、Pt丝）

1973 年 Lane 和 Hubbard 将各类烯烃吸附到铂电极的表面,用以结合多种氧化还原体,这项开拓性研究促进了化学修饰电极的问世。

化学修饰电极的基底材料主要是碳（石墨、热解石墨和玻碳）、贵金属和半导体。这些固体电极在修饰之前必须进行表面的清洁处理。用金刚砂纸、α-Al_2O_3 粉末在粒度降低的顺序下机械研磨、抛光,再在超声水浴中清洗,得到一个平滑光洁的、新鲜的电极表面。

化学修饰电极按修饰的方法不同可分成共价键合型、吸附型和聚合物型三种。

（1）共价键合型电极是将被修饰的分子通过共价键的连接方式结合到电极表面。修饰的一般步骤为:电极表面预处理（氧化、还原等）,引入键合基,然后再通过键合反应接上功能团。这类电极较稳定,寿命长。电极材料有碳电极、金属和金属氧化物电极。

（2）吸附型修饰电极是利用基体电极的吸附作用将有特定官能团的分子修饰到电极表面。它可以是强吸附物质的平衡吸附,也可以是离子的静电引力,还可以是单分子膜（Langmuir-Blodgett 膜,LB 膜）的吸附方式。LB 膜的吸附是将不溶于水的表面活性物质在水面上铺展成LB 膜后,其亲水基伸向水相,而疏水基伸向气相。当该膜与电极接触时,若电极表面是亲水性的,则表面活性物质的亲水基向电极表面排列,得到高度有序排列的分子。

（3）聚合物型电极的聚合层可通过电化学聚合、有机硅烷缩合和等离子体聚合连接而成。电化学聚合是将单体在电极上电解氧化或还原，产生正离子自由基或负离子自由基，再进行缩合反应制成薄膜。有机硅烷缩合是利用有机硅烷化试剂易水解，发生水解聚合生成分子层。

二、电极在测量中的功能分类

1. 参比电极

在恒温恒压下，电极电位不随溶液中待测离子活度的变化而变化，具有已知、恒定电位的电极称为参比电极。电化学分析中常用的参比电极是甘汞电极（尤其是饱和甘汞电极）以及银-氯化银电极，其结构如图 7-6 所示。

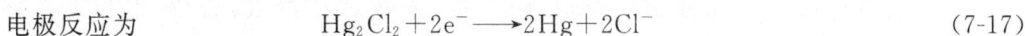

电极反应为

$$Hg_2Cl_2 + 2e^- \longrightarrow 2Hg + 2Cl^- \tag{7-17}$$

电极电位为

$$\varphi_{Hg_2Cl_2,Hg} = \varphi^{\ominus}_{Hg_2Cl_2,Hg} - 0.059 \lg a_{Cl^-} \tag{7-18}$$

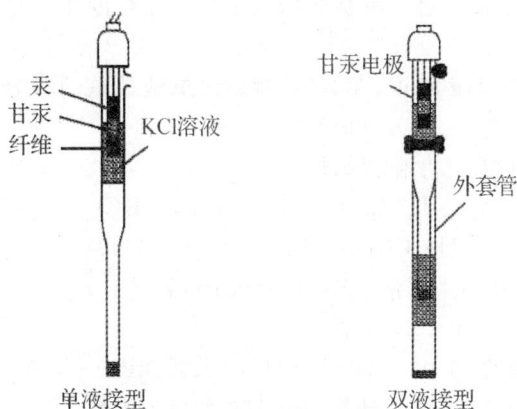

图 7-6　饱和甘汞电极

从以上能斯特方程式可知，当氯离子的浓度一定时，甘汞电极的电极电位是一定值，使用不同浓度的 KCl 溶液则有带不同电极电位的甘汞电极。甘汞电极构造简单，电位稳定，使用方便，是最常用的参比电极之一。

2. 指示电极和工作电极

指示电极能反映溶液中待测离子的活度或浓度，但在测试过程中并不引起溶液主体浓度发生明显的变化，如电位分析中的离子选择性电极。工作电极是在测试过程中，有较大电流通过，引起溶液的主体浓度发生显著变化的电极，如电解分析和库仑分析中所用的铂电极。

3. 辅助电极和对电极

辅助电极（对电极）与工作电极组成电池，形成通路，但电极上进行的电化学反应并非实验所研究或测试的，它们只是提供电子传递的场所。当通过的电流很小时，一般直接由工作电极和参比电极组成电池，但当电流较大时，则需采用辅助电极构成三电极系统来测量。在不用参比电极的系统中，如电解分析，与工作电极配对的电极称为对电极，但有时辅助电极也称为对电极，两者常不严格区分。

4. 极化电极和去极化电极

在电解过程中，插入试液中电极的电位完全随着外加电压的变化而变化，或当电极的电位改变很大而电流改变很小时，这一类电极称为极化电极。当电极电位不随外加电压的变化而改变，或当电极的电位改变很小而电流改变很大时，这一类电极称为去极化电极。电位分析法中所用的饱和甘汞电极和离子选择性电极为去极化电极,而普通极谱法中所用的滴汞电极为极化电极。

思考题与习题

1. 化学电池由哪几部分组成? 如何表达电池的图示式? 电池的图示式有哪些规定?

2. 电池的阳极和阴极、正极和负极是怎样定义的? 阳极就是正极、阴极就是负极的说法对吗? 为什么?

3. 电极有几种类型? 各种类型电极的电极电位如何表示?

4. 何谓指示电极、参比电极?

5. 何谓电极的极化? 产生电极极化的原因有哪些? 极化过电位如何表示?

6. 一电池可由以下几种物质组成:银电极、未知 Ag^+ 溶液、盐桥、饱和 KCl 溶液、Hg_2Cl_2、Hg。

(1)把上列材料排成电池。

(2)哪一电极是参比电极? 哪一电极是指示电极? 盐桥的作用是什么? 盐桥内应充什么电解质?

(3)若银电极的电位比 Hg 的正,在 25℃ 测得该电池的电动势为 0.300V,试求未知溶液中 Ag^+ 的浓度为多少? ($\varphi^{\ominus}_{Ag^+/Ag} = 0.7994V$)

7. 根据以下两个电池求出胃液的 pH。

(1)Pt｜H_2(101.325kPa)｜H^+(a=1.0mol・L^{-1})‖KCl

  (a=0.1mol・L^{-1})｜Hg_2Cl_2(s),Hg E_2=+0.3338V

(2)Pt｜H_2(101.325kPa)｜胃液‖KCl(a=0.1mol・L^{-1})｜

  Hg_2Cl_2(s),Hg E_1=+0.420V

8. 下述电池的电动势为 0.413V,Pt,H_2(101325kPa)｜HA(0.215mol・L^{-1}),NaA(0.215mol・L^{-1})‖φ_{SCE}=0.2443V,计算弱酸 HA 的解离常数。

9. 为了测定 Cu(Ⅱ)-EDTA(CuY^{2-})络合物的稳定常数 $K_稳$,组装了下列电池:

  Cu｜CuY^{2-}(1.00×10^{-4}mol・L^{-1}),Y^{4-}(1.00×10^{-2}mol・L^{-1})‖SCE

测得该电池的电动势为 0.277V,请计算络合物的 $K_稳$。($\varphi_{Cu^{2+}/Cu}$=0.337V)

10. 下述电池的电动势为 0.893V,Cd｜CdX_2(饱和),X^-(0.02mol・L^{-1})‖SCE,计算 CdX_2 的溶度积常数。

第八章

电位分析法

电位分析法(potentiometric methods)是一种利用电极电位和溶液中某种离子的活度(浓度)之间的关系来测定被测物质活度(浓度)的电化学分析方法。该方法以测量电池的电动势为基础,其中化学电池的组成是以被测试液作为电解质,并于其中插入两支电极,一支是电位与被测试液的活度(或浓度)有定量关系的指示电极,另一支是电位稳定不变的参比电极,通过测量该电池的电动势来确定被测物质的含量。

$$E = 常数 \pm \frac{0.059}{n_i} \lg \alpha_i \tag{8-1}$$

根据测定原理不同,电位分析法分为直接电位法和电位滴定法两类。直接电位法是通过测量电池电动势来确定指示电极的电位,然后根据能斯特方程,由所得的电极电位值计算出被测物质的含量。电位滴定法是根据在滴定过程中指示电极电位的变换来确定终点,再按滴定中消耗的标准溶液的浓度和体积来计算待测物质含量的。

第一节　离子选择性电极和膜电位

一、离子选择性电极的构造与分类

离子选择性电极是一种以电位法测定溶液中某些特定离子活度的指示电极。由于仪器的简单、轻便,便于推广,自 20 世纪 60 年代以来,研制出了各种类型的离子选择性电极。1975 年 IUPAC 以敏感膜材料为基础将离子选择性电极分类如下:

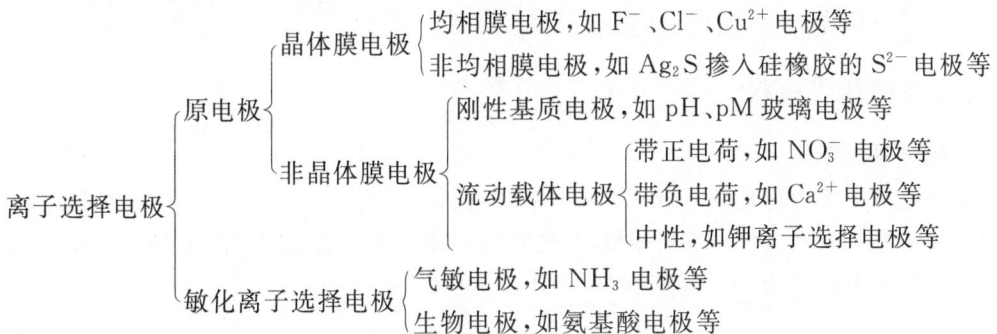

离子选择电极
- 原电极
  - 晶体膜电极
    - 均相膜电极,如 F^-、Cl^-、Cu^{2+} 电极等
    - 非均相膜电极,如 Ag_2S 掺入硅橡胶的 S^{2-} 电极等
  - 非晶体膜电极
    - 刚性基质电极,如 pH,pM 玻璃电极等
    - 流动载体电极
      - 带正电荷,如 NO_3^- 电极等
      - 带负电荷,如 Ca^{2+} 电极等
      - 中性,如钾离子选择电极等
- 敏化离子选择电极
  - 气敏电极,如 NH_3 电极等
  - 生物电极,如氨基酸电极等

原电极是敏感膜直接与试液接触的离子选择性电极,可分为晶体膜电极和非晶体膜电极。敏化电极是将离子选择性电极与另一种特殊的膜组成的复合电极,可分为气敏电极和生物电极。

二、晶体膜电极

晶体膜电极是以离子导电的固体膜为敏感膜的。敏感膜一般是将金属难溶盐加压或拉制成单晶、多晶或混晶的活性膜,对构成晶体的金属离子或难溶盐的阴离子有响应。

根据不同制膜方法,晶体膜电极又分为均相膜电极和非均相膜电极两类。均相膜电极的敏感膜是由单晶或由一种化合物和几种化合物均匀混合的多晶压片制成,如单晶 LaF_3、硫化银和卤化银的混晶等。非均相膜电极是由多晶中掺惰性物质经热压制成,如硅橡胶、聚苯乙烯等混匀后制成的。

氟离子选择电极是目前最成功的单晶膜电极,该电极的敏感膜是掺 EuF_2 或 CaF_2 的氟化镧单晶膜,单晶膜封在聚四氟乙烯管中,管中充入 $0.01mol \cdot L^{-1}$ 的 NaF 和 $0.1mol \cdot L^{-1}$ 的 NaCl 作为内参比溶液,插入银-氯化银电极作为内参比电极,其结构如图 8-1 所示。

在晶体膜电极中,由于晶格的缺陷,将引起离子的电荷传递,因此靠近缺陷空穴的氟离子可移入空穴,氟离子的移动便能传递电荷,而 La^{3+} 固定在膜相中,不参与电荷的传递。对一定的电极膜,根据其空穴的大小、形状、电荷分布等状况,容纳特定的可移动离子,而其他离子不能入内,因而氟电极对氟离子具有选择性响应。

Ag/AgCl
NaCl溶液

图 8-1 银-氯化银电极

当把氟电极放入被测试液中,待测离子可吸附在膜表面,它与膜上相同的离子交换,并通过扩散进入膜相,膜相中存在的晶格缺陷产生的离子也可扩散进入溶液相。这样,在晶体膜与溶液界面上建立了双电层结构,产生膜电位。在 298K 时,其膜电位表达式为

$$\varphi_{膜} = K' - 0.059 \lg a_{F^-} \tag{8-2}$$

作为氟电极的整体,氟电极的电位应包含内参比电极的电位,即

$$\varphi_{F^-} = \varphi_{内} + \varphi_{膜}$$
$$= \varphi_{内} + K^{-1} - 0.059 \lg a_{F^-} = K - 0.059 \lg a_{F^-}$$

式中:φ_{F^-} 为氟离子选择电极电位,a_{F^-} 为氟离子活度,K 为常数,与内参比电极、内参比溶液和膜的性质有关。

氟电极的主要特点是共存离子的干扰少,主要干扰离子是 OH^-,因为 pH 值较低时,可能有部分 F^- 形成 HF 和 HF_2^-,而 pH 过高时,OH^- 与 $LaCl_3$ 生成 $La(OH)_3$。所以在使用氟离子选择性电极时,溶液的 pH 应控制在 5~6。

三、非晶体膜电极

1. 刚性基质电极

刚性基质电极也称玻璃电极,除 pH 玻璃电极外,还有 Na^+、K^+ 和 Li^+ 等玻璃电极,这些玻璃电极的结构及响应机理等均相似,其选择性来源于玻璃敏感膜组成不同。下面就以使用最早也是应用最广泛的 pH 玻璃电极为例来说明该类电极。

（1）pH 玻璃电极的构造

pH 玻璃电极的主要部分是由敏感膜即球形玻璃膜组成（SiO_2、Na_2O 和 CaO 等组成），膜厚度为 $0.05\sim0.1mm$，内充 $0.1mol \cdot L^{-1}$ HCl 溶液作为内参比溶液，再插入一根 AgCl-Ag 作内参比电极，结构如图 8-2 所示。其中，复合电极（b）相较单玻璃电极（a），集指示电极和外参比电极于一体，使用起来更为方便和牢靠。

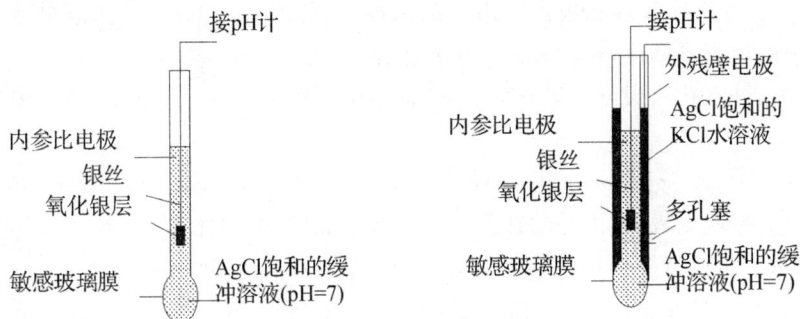

图 8-2　pH 玻璃电极
（a）单玻璃电极；（b）复合电极

（2）膜电位的产生

由纯 SiO_2 制成的石英玻璃的结构为：

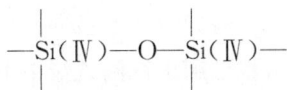

$$-Si(Ⅳ)-O-Si(Ⅳ)-$$

它没有可供离子交换的电荷点（又称定域体），所以没有响应离子的功能。当加入碱金属的氧化物后使部分硅氧键断裂，生成固定的带负电荷的硅氧骨架（称载体），在骨架的网络中存在体积较小但活动能力强的钠离子，结构如图 8-3 所示。溶液中的氢离子能进入网络并代替钠离子的点位，但阴离子却被带负电荷的硅氧载体所排斥，高价阳离子也不能进出网格。

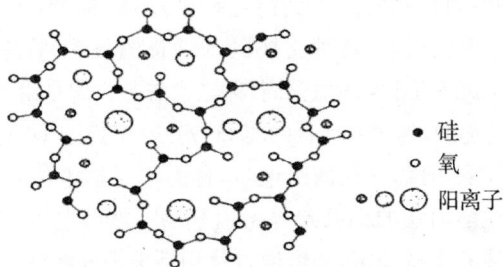

● 硅
○ 氧
◎◯⬭ 阳离子

图 8-3　硅酸盐玻璃的结构

当玻璃电极与水溶液接触时，溶液中的 H^+ 可进入玻璃膜与钠离子发生交换反应。该反应的平衡常数很大，膜表面形成类似硅酸结构水化胶层。玻璃电极在水溶液中浸泡后，形成一个三层结构，即中间的干玻璃层和两边的水化胶层。其中，在水化胶层的最表面，钠离子的点位全部被氢离子占有，从水化胶层表面到水化胶层内部，氢离子占有的点位逐渐减少，而钠离子占据的点位逐渐增多，到玻璃膜的中部即为干玻璃层，全部点位被钠离子占有。

将浸泡后的玻璃电极插入待测溶液，水化胶层与溶液接触，由于水化胶层表面与溶液中的 H^+ 活度不同，形成活度差，H^+ 由活度大的一方向活度小的一方迁移，从而改变了膜外表面和溶液两相界面的电荷分布，产生相界电位 $\varphi_{相,外}$。同样，膜内表面与内参比溶液两相界面也产

生相界电位 $\varphi_{相,内}$。相界电位的大小与两相间的氢离子活度有关，其关系为

$$\varphi_{相,外} = K_{外} + 0.059 \lg \frac{a_{H^+,外}}{a'_{H^+,内}} \tag{8-3}$$

$$\varphi_{相,内} = K_{内} + 0.059 \lg \frac{a_{H^+,内}}{a'_{H^+,内}} \tag{8-4}$$

式中：a_{H^+}、$a_{H^+,内}$ 为膜外溶液和膜内溶液中的氢离子活度，$a'_{H^+,外}$、$a'_{H^+,外}$ 为膜外水化胶层和膜内水化胶层中的氢离子活度，$K_{外}$、$K_{内}$ 为玻璃外、内膜性质决定常数。

另外，在内、外水化胶层与干玻璃层之间还存在扩散电位 $\varphi_{扩}$。因此，跨越玻璃膜的电位差为

$$\varphi_{膜} = \varphi_{外} - \varphi_{内} = (\varphi_{相,外} + \varphi_{相,内}) - (\varphi_{扩,外} + \varphi_{扩,内}) \tag{8-5}$$

对于同一支玻璃电极，膜内外的性质可以看成是相同的，因此 $K_{外} = K_{内}$，$a_{H^+,外} \approx \alpha_{H^+,内}$，$\varphi_{扩,外} \approx \varphi_{扩,内}$，故

$$\varphi_{膜} = K' + 0.059 \lg \frac{a_{H^+,外}}{a_{H^+,内}} \tag{8-6}$$

作为玻璃电极的整体，玻璃电极的电位应包含内参比电极的电位，即

$$\varphi_{玻} = \varphi_{膜} + \varphi_{内参} \tag{8-7}$$

由于 $a_{H^+,内}$ 是恒定的，所以上式可简化为

$$\varphi_{玻} = K + 0.059 \lg a_{H^+,外} \tag{8-8}$$

从式(8-8)可知，只要测量出 $\varphi_{玻}$，就可测出待测试液中 H^+ 的活度，这是 pH 玻璃电极测定溶液 pH 的理论依据。

（3）pH 玻璃电极的特点

①pH 范围。pH 测定范围为 1～9，在此范围内可准确至 pH±0.01，测定结果准确。

②碱差。当 pH＞9 或 Na^+ 浓度较高时，测得的 pH 值比实际值偏低，这种现象称为碱差。这是由于在溶胀层和溶液界面之间的离子交换过程中，不但有 H^+ 参加（由于 H^+ 活度小），碱金属离子也进行交换，使之产生误差，这种交换以 Na^+ 最为显著，故称之为钠差。

③酸差。当 pH＜1 时，测得值比实际值偏高，称之为酸差。这是由于在强酸溶液中，水分子活度减少，而 H^+ 是由 H_3O^+ 传递的，到达电极表面的 H^+ 减少，交换的 H^+ 减少，测得的 pH 偏高。

④不对称电位。当 $a_1 = a_2$ 时仍存在的膜电位，称为不对称电位，是由玻璃膜内外表面含钠量、表面张力，以及机械和化学损伤的细微差异所引起的。玻璃电极在水溶液经长时间浸泡后，可使不对称电位降至最小值并保持稳定，并可通过使用标准缓冲溶液校正电极的方法予以抵消。

2. 流动载体电极

流动载体电极与玻璃电极不同，玻璃电极的载体（骨架）是固定不动的，流动载体电极的载体是可流动的，但不能离开膜。由带正电荷的载体制成阴离子流动载体电极，带负电荷的载体制成阳离子流动载体电极，不带电荷的载体制成中性载体电极。

流动载体电极是由电活性物质（载体）、溶剂（增塑剂）、微孔膜（作为支持体）以及内参比电极和内参比溶液等部分组成。常见的电极形式有聚氯乙烯（PVC）膜电极和液膜电极两种。

PVC 膜电极的结构如图 8-4 所示。将电活性物质和 PVC 粉末一起溶于四氢呋喃等有机溶剂中，然后倒在平板玻璃上，待四氢呋喃挥发后得一透明的 PVC 膜为支持体的薄膜。将薄膜切成圆片黏结在电极杆上，管内装入内参比电极和内参比溶液。这种电极的结构与晶体膜

电极相似,以 PVC 膜代替晶体膜。

液膜电极的结构如图 8-5 所示。将溶于有机溶剂的电活性物质浸渍在作为支持体的微孔膜的孔隙内,从而使微孔膜成为敏感膜。内参比电极插入以琼脂固定的内参比溶液中,与液体电活性物质相接触。微孔膜可用聚四氟乙烯、聚偏氟乙烯或素陶瓷片制成。

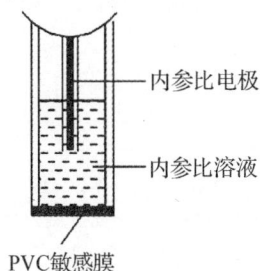

图 8-4　PVC 膜电极　　　　　　　　　图 8-5　液膜电极

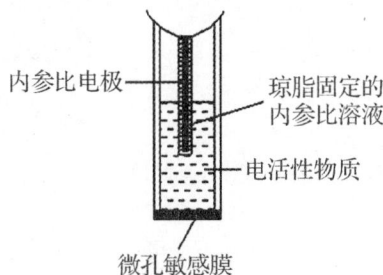

钙离子选择性电极即是这类电极的一个重要例子。该电极的电活性物质是带负电荷的二癸基磷酸。将其溶于苯基膦酸二正辛酯中,与 5%PVC 四氢呋喃溶液以一定比例混合后,将其倒在一块平板玻璃上,使溶剂自然挥发,得一透明的敏感膜。该膜对 Ca^{2+} 有选择性响应,其膜电位表达式为

$$\varphi_{膜} = K + \frac{0.059}{2} \lg a_{Ca^{2+}} \tag{8-9}$$

四、气敏电极

将离子选择电极(如 pH 玻璃电极等)作为指示电极,与参比电极一起插入电极管内组成复合电极,管内充有内电解溶液(称为中介液)。在电极管的端部紧贴离子选择电极敏感膜处,用透气膜或空隙将中介液与外部试液隔开。试样溶液中溶解的气体,通过透气膜或空隙进入中介液,直至试液与中介液内该气体的分压相等。中介液离子活度的变化由离子选择电极检测,其电极电位与试样中气体的分压或浓度有关。

气敏电极结构有隔膜式和气隙式两种。隔膜式气敏电极借助透气膜将试液与中介液隔开,如图 8-6 所示。气隙式气敏电极用空隙代替透气膜,图 8-7 所示。

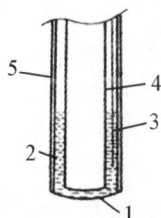

图 8-6　隔膜式气敏电极

1—透气膜;2—中介液;3—参比电极;
4—指示电极(如 pH 玻璃电极);
5—电极管

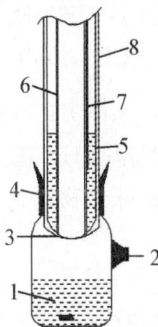

图 8-7　气隙式气敏电极

1—试液;2—试剂入口处;
3—在指示电极敏感膜上附着一薄层中介液;
4—O 型密封圈;5—中介液;
6—指示电极;7—参比电极;8—电极管

例如氨气敏电极,用 pH 玻璃电极作为指示电极,中介液是 $0.1 \text{mol} \cdot \text{L}^{-1} \text{NH}_4\text{Cl}$ 溶液。NH_3 通过透气膜进入中介液与 H^+ 结合,即

$$\text{NH}_3 + \text{H}^+ \Longleftrightarrow \text{NH}_4^+ \tag{8-10}$$

平衡时,有

$$K = \frac{a_{\text{NH}_4^+}}{a_{\text{H+}} \, p_{\text{NH}_3}} \tag{8-11}$$

$$a_{\text{H+}} = \frac{a_{\text{NH}_4^+}}{K \, p_{\text{NH}_3}} \tag{8-12}$$

中介液中 NH_4^+ 浓度视为定值,则

$$a_{\text{H}^+} = K' \cdot \frac{1}{p_{\text{NH}_3}} \tag{8-13}$$

由此可见,氢离子活度与试液中 NH_3 的分压有关。这样由 pH 玻璃电极指示,从而测定氨的量,即

$$\varphi_{\text{膜}} = K' + 0.059 \lg a_{\text{H}^+} = K' - 0.059 \lg p_{\text{NH}_3} \tag{8-14}$$

而 p_{NH_3} 与 a_{NH_3} 成比例,因此电极电位与液体试样中的 NH_3 或气体试样中的 NH_3 的关系为:

$$\varphi_{\text{膜}} = K - 0.059 \lg a_{\text{NH}_3} \tag{8-15}$$

根据同样的原理,可以制成 CO_2、NO_2、H_2S 和 SO_2 等气敏电极。

五、生物电极

生物电极是一种将生物化学与电化学分析原理结合而研制成的新型电极,这种电极对生物分子和有机化合物的检测具有高选择性或特异性。生物电极包括酶电极、组织电极、免疫电极和微生物电极等。

1. 酶电极

酶电极是在指示电极(如离子选择电极)的表面覆盖一层酶活性物质,这层酶活性物质与被测的有机物或无机物(底物)反应,形成一种能被指示电极响应的物质。

氨基酸的测定用氨基酸脱羧酶催化,例如:

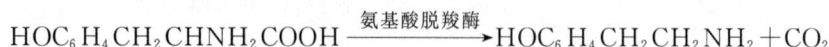

用气敏电极测定 CO_2,或用氨基酸氧化酶催化:

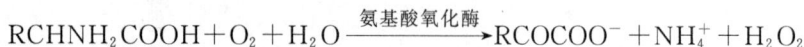

这时可用气敏电极测定 NH_4^+ 离子。

酶是一种具有特殊生物活性的催化剂,其催化反应的选择性和催化效率都较高。

2. 组织电极

利用动、植物组织内存在的某种酶,可以制备成组织电极。将猪肝夹在尼龙网中紧贴在氨气敏电极上,猪肝组织内的谷氨酰胺酶能催化谷氨酰胺而释放出氨,从而可测定试样中谷氨酰胺的量。将香蕉与碳糊混合制成的组织电极如图 8-8 所示,它可以测定多巴胺的含量。

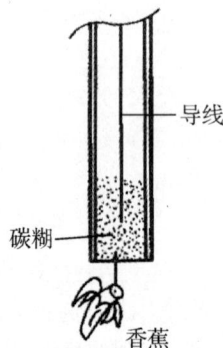

图 8-8　香蕉-碳糊组织电极

第二节　离子选择性电极的性能参数

一、能斯特响应、线性范围及检测下限

电极的电位随离子活度变化的特征称为响应，如这种响应服从于能斯特方程，则称为能斯特响应。即电极膜电位满足

$$\varphi = K \pm \frac{0.059}{n} \lg a_i \qquad (8\text{-}16)$$

其中，若被测离子是阳离子时，则上式取"＋"，若被测离子是阴离子时，则上式取"－"。

在实际工作中，将离子选择性电极的电位对响应离子活度的对数值作图，得到标准曲线，如图 8-9 所示。与此标准曲线的直线部分所对应的离子活度范围称为离子选择性电极响应的线性范围(CD)。一般说来，离子选择电极可测定的浓度范围为 $10^{-1} \sim 10^{-6}$ 或 $10^{-7}\,mol \cdot L^{-1}$。直线 CD 部分的斜率为电极的实际响应斜率 $S_{实}$，$\varphi(V)$ 实际斜率与理论斜率($S_{理} = 2.303RT/nF$)往往有一定的偏离。当活度很低时，曲线就逐渐弯曲，图中 CD 和 FG 延长线的交点 A 所对应的活度值即为检出限。

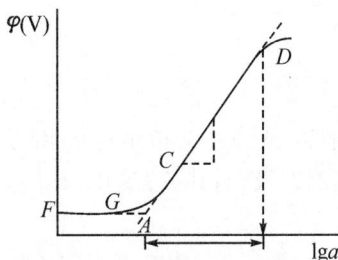

图 8-9　离子选择性标准曲线

二、选择性系数

事实上，离子选择电极并非是专属性的。它不仅对待测离子有响应，而且对其他共存离子也会产生响应，使得膜电位额外增加。即电极的电位是所有响应离子的总和，其电位的表达式应为

$$\varphi = K \pm \frac{0.059}{n} \lg [a_i + K_{i,j} a_j^{\frac{n_i}{n_j}} + K_{i,k} a_k^{\frac{n_i}{n_k}} + \cdots) \qquad (8\text{-}17)$$

式中：选择性系数 $K_{i,j}$（i 表示主要响应离子，j 表示干扰离子）是离子选择电极选择性能好坏的指标。n_i 为响应离子的电荷数，n_k，n_j 为干扰电子的电荷数。其定义为：引起离子选择电极的电位有相同的变化时，所需的被测离子的活度 a_i 与所需的干扰离子的活度 a_j 之间的比值。即

$$K_{i,j} = \frac{a_i^{\frac{n_i}{n_j}}}{a_j} \qquad (8\text{-}18)$$

例如一个 pH 玻璃电极，其选择性系数 $K_{H^+,Na^+} = 10^{-7}$，则表明该电极对 H^+ 响应比对 Na^+ 的响应要灵敏 10^7 倍。由此可见，$K_{i,j}$ 越小，表示该电极的选择性能越好。$K_{i,j}$ 为 10^{-4} 时，即无干扰。必须指出，电位选择性系数只是一个实验数据，并不是一个严格的常数，它随着溶液中离子活度和测量方法的不同而有所不同。因此不能直接利用 $K_{i,j}$ 的文献值作分析时的干扰校正。

三、响应时间

离子选择电极的实际响应时间是指从离子选择电极和参比电极一起接触试液到电极电位变为稳定数值（波动在 1mV 以内）所经过的时间。它是整个电池达动态平衡的时间。影响响应时间的因素有离子选择电极的膜电位平衡时间、参比电极的稳定性、溶液的搅拌速度等。测量时，通常用搅拌器搅拌试液的方法来缩短离子选择电极的响应时间。

四、内　阻

电极的内阻决定测量仪器的输入阻抗（即两者要匹配，否则会带来较大的测量误差），包括膜内阻、内参比液和内参比电极的内阻。通常玻璃膜比晶体膜有更大的内阻。

第三节　直接电位法

直接电位法主要利用离子选择电极测定化学组分的浓度或活度。该法通常先用两个或多个标准溶液来测定或校正离子选择电极的电极电位，然后通过测定待测组分中的电极的电位，来确定组分的浓度或活度。

一、溶液 pH 的测定

实际工作中测试溶液 pH 值时，是将一支指示电极和一支参比电极（常用饱和甘汞电极）插入待测试液中，其装置如图 8-10 所示。

组成的原电池可表示为

Ag,AgCl ｜内参比液｜玻璃膜｜试液 ‖ KCl（饱和）｜Hg₂Cl₂,Hg

其电池电动势为

图 8-10　测量 pH 的装置
1—玻璃电极；2—饱和甘汞电极；3—试液；4—接至 pH 计

$$E = \varphi_+ - \varphi_- = \varphi_{甘汞} - \varphi_{玻璃} = \varphi_{甘汞} - (\varphi_{膜} + \varphi_{AgCl/Ag}) \quad (8\text{-}19)$$

但上述关系中还应考虑玻璃电极的不对称电位的影响，除此之外，还存在液接电位（在电池中用盐桥连接使液接电位降至很小，但在电位分析法中，严格说来，仍不能忽略这种电位差），因此上述原电池的电动势应为

$$E = \varphi_{甘汞} - (\varphi_{膜} + \varphi_{AgCl/Ag}) + \varphi_{不对称} + \varphi_{液接}$$
$$= \varphi_{甘汞} - \varphi_{AgCl/Ag} + \varphi_{不对称} - K' + 0.059\lg pH \quad (8\text{-}20)$$

令

$$\varphi_{甘汞} - \varphi_{AgCl/Ag} + \varphi_{不对称} + \varphi_{液接} - K' = K$$

得

$$E = K + 0.59 pH \quad (8\text{-}21)$$

式中：K 无法测量与计算，因此在实际测定中，是用一个已知其准确 pH 值的标准缓冲溶液，与待测试液相比较求得的。即在相同的条件下，先以已知准确 pH_S 值的缓冲溶液组成原电池，测得电池电动势 E_S 为

$$E_s = K_s + 0.059 pH_s \quad (8\text{-}22)$$

再以待测溶液组成原电池，测得电池电动势 E_x 为

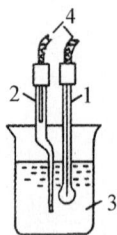

$$E_x = K_x + 0.059 \mathrm{pH}_x \tag{8-23}$$

由于实验条件相同，$K_s = K_x$。因此式(8-23)和式(8-22)相减得

$$\mathrm{pH}_x = \mathrm{pH}_s + (E_x - E_s)/0.059 \tag{8-24}$$

上式即为按实际操作方式对水溶液 pH 的实用定义，通常也称为 pH 标度。

现在使用 pH 计测定 pH 值更为简单，即先用标准缓冲溶液定位，再在 pH 计读出待测试液的 pH 值。在测定中，为了尽可能减少测量误差，应选用 pH 尽可能与待测试液 pH 相近的标准缓冲溶液，测定过程中尽可能保持测定溶液的温度恒定。实验中用作标准的缓冲溶液的pH 值见表 8-1。

表 8-1 标准缓冲溶液 pH 值

温度(℃)	草酸氢钾 $0.05\mathrm{mol \cdot L^{-1}}$	酒石酸氢钾 25℃，饱和	邻苯二甲酸氢钾 $0.05\mathrm{mol \cdot L^{-1}}$	KH_2PO_4 $0.025\mathrm{mol \cdot L^{-1}}$ Na_2HPO_4 $0.025\mathrm{mol \cdot L^{-1}}$
0	1.666	—	4.003	6.984
10	1.670	—	5.998	6.923
20	1.675	—	4.002	6.881
25	1.679	3.557	4.008	6.865
30	1.683	3.552	4.015	6.853
35	1.688	3.549	4.024	6.844
40	1.694	3.547	4.035	6.838

二、溶液离子活(浓)度测定

与 pH 值的测定相似，离子活度的测定是将离子选择电极浸入待测溶液中，与饱和甘汞电极组成电池，测得电池电动势为

$$E = K' \pm \frac{0.059}{n} \times \lg a_i$$

$$= K' \pm \frac{0.059}{n} \times \lg \gamma_i c_i \tag{8-25}$$

式中：i 为阳离子时取"$-$"，i 为阴离子时取"$+$"，γ_i 为活度系数。

离子选择性电极测的是离子活度，而通常在分析时要求测定的一般是离子浓度。如果分析时能控制标准溶液和试液的总离子强度一致，那么标准溶液和待测试液中被测离子的活度系数 γ_i 也就相同，则 $0.059 \times \lg \gamma_i$ 视为常数，与常数项 K' 合并为 K，即得到如下关系

$$E = K \pm \frac{0.059}{n} \times \lg c_i \tag{8-26}$$

实际工作中，通常采用加入"总离子强度调节缓冲溶液(TISAB)"来控制溶液的总离子强度。TISAB 一般由中性电解质、掩蔽剂和缓冲溶液组成，它有着恒定溶液离子强度、控制溶液pH 及掩蔽干扰离子的作用，直接影响测定结果的准确性。

1. 标准曲线法

标准曲线法是在同样的条件下配制一系列不同浓度的标准溶液，并加入与待测试液相同量的总离子强度调节缓冲液 TISAB 溶液，分别测定其电动势，绘制 $E\text{-}\lg c_i$ 标准

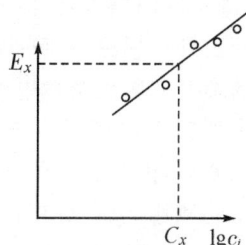

图 8-11 $E\text{-}\lg c_i$ 标准曲线

曲线,如图 8-11 所示。在同样条件下,测定待测溶液的 E_x,由校准曲线上读取试样中待测离子的含量。

该方法的缺点是当试样组成比较复杂时,难以做到与标准曲线条件一致,需要靠回收率实验对方法的准确性加以验证。

2. 标准加入法

标准加入法是将一定体积和一定浓度的标准溶液加入到已知体积的待测试液中,根据加入前后电位的变化计算待测离子的含量。具体方法是:准确量取浓度为 C_x 的待测液 V_x mL,加入 TISAB 测得电池电动势为 C_x。

$$E_1 = K_1 \pm 0.059 \lg C_x \tag{8-27}$$

假定在待测溶液中加入一小体积为 V_s mL,浓度为 C_s 的标准溶液,测得电池电动势为

$$E_2 = K_2 \pm \frac{0.059}{n} \lg\left(\frac{C_x V_x + C_s V_s}{V_x + V_s}\right) \tag{8-28}$$

由于测定条件相同,则 $K_1 = K_2$,这样上述两式相减,得

$$\Delta E = E_2 - E_1 = \pm \frac{0.059}{n} \lg\left(\frac{C_x V_x}{V_x + V_s}\right) \tag{8-29}$$

将式(8-29)取对数,得

$$\lg \frac{\pm n \Delta E}{0.059} = \lg \frac{C_x V_x + C_s V_s}{(V_x + V_s) C_x} \tag{8-30}$$

当 $V_x \gg V_s$ 时,$V_x + V_s = V_x$,则式(8-30)可近似得

$$C_x = \frac{C_s V_s}{V_x}(10^{\frac{\pm n \Delta E}{0.059}} - 1)^{-1} \tag{8-31}$$

由于是在同一溶液中进行测定,活度系数变化小,仅需要一种标准溶液,操作简便快速,只需测得 E_1 和 E_2 值,就可以求出待测物质的含量。该法适用于组成不清楚或复杂试样的分析,但不适宜同时分析大批试样。测定时,为了获得正确结果,一般要求 $V_x < 100V_s$,$C_s < 100C_x$,使 ΔE 在 15～40mV 间。

第四节　电位滴定法

一、方法原理

电位滴定法是在滴定过程中通过测量电位变化以确定滴定终点的方法。实验时,选择合适的参比电极和指示电极,组成原电池,随着滴定剂的加入,试液中待测离子浓度不断变化。

在滴定到达理论终点前后,溶液中的待测离子浓度的突变引起电位的突变。因此测量电池电动势的变化,即可确定滴定终点。实验装置如图 8-12 所示。与直接电位法相比,电位滴定法测定的是电位的变化,因此测定结果具有更高的准确度和精密度。与常规的滴定法相比,电位分析法可分析有色浑浊的溶液或用于非水溶液的滴定,也可实现连续和自动滴定。

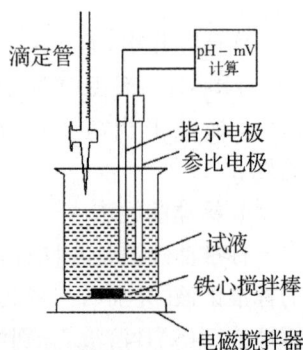

图 8-12　电位滴定装置

使用不同的指示电极,电位滴定法可以进行酸碱滴定、氧化还原滴定、配合滴定和沉淀滴定。在酸碱滴定中,使用 pH 玻璃电极为指示电极;在氧化还原滴定中,可以用铂电极作指示电极;在配合滴定中,若用 EDTA 作滴定剂,可以用第三类电极(汞与 EDTA 络合物组成的电极)作指示电极;在沉淀滴定中,可根据不同的反应,选用不同的指示电极,如用硝酸银滴定卤素离子,可以用银电极作指示电极。

二、滴定终点的确定

电位滴定法确定终点的方法有作图法和微商计算法。现以 $0.1\text{mol} \cdot \text{L}^{-1}$ AgNO₃ 滴定 NaCl 溶液为例具体讨论这几种确定终点的方法,表 8-2 为溶液滴定所得到的部分数据。

表 8-2 溶液滴定所得到的部分数据

加入 AgNO₃ 溶液的体积 V(mL)	E(mV)	ΔE(mV)	ΔV(mL)	$\Delta E/\Delta V$	V(mL)	$\Delta(\Delta E/\Delta V)$	ΔV(mL)	$\Delta^2 E/\Delta V^2$	V(mL)
24.00	174								
24.10	183	9	0.10	90	24.05				
24.20	194	11	0.10	110	24.15	280	0.10	2800	24.2
24.30	233	39	0.10	390	24.25	390	0.10	4400	0
24.40	316	83	0.10	830	24.35	830	0.10	−5900	24.3
24.50	340	24	0.10	240	24.45	240	0.10	−1300	0
24.60	351	11	0.10	110	24.55	110			24.4
24.70	358	7	0.10	70	24.65	70			0
25.00	373	15	0.30	50	24.85	50			24.5
									0

(1)$E \sim V$ 曲线法:以加入的滴定剂 V 为横坐标,相应的 E 为纵坐标,绘制关系曲线,曲线的转折点即为滴定终点,如图 8-13(a)所示。

(2)$\Delta E/\Delta V \sim V$ 曲线:这称为一级微商法。以 $\Delta E/\Delta V$ 为纵坐标,相应的两体积的平均值 $\bar{V}$ 为横坐标作图,得一级微商曲线,在尖峰极大处所对应的滴定体积即为终点,如图 8-13(b)所示。

(3)$\Delta^2 E/\Delta V^2 \sim V$ 曲线:又称为二级微商法。此法的依据是一级微商曲线的极大点为终点,则二级微商 $\dfrac{\Delta E^2}{\Delta V^2} = 0$ 时即为终点。以 $\dfrac{\Delta E^2}{\Delta V^2}$ 对 V 作图,得二级微商曲线,在 $\dfrac{\Delta E^2}{\Delta V^2} = 0$ 时所对应的体积就是终点体积,如图 8-13(c)所示。

(4)二级微商计算法:用作图法求终点手续较繁,也不准确,因此,常用二级微商计算法计算终点体积。

在数值出现正负符号时所对应的两个体积,必然有 $\dfrac{\Delta^2 E}{\Delta V^2} = 0$ 的一点,该点所对应的滴定体积即为终点体积。计算方法如下:

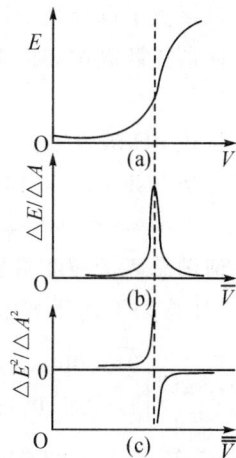

图 8-13 电位滴定曲线
(a)$E \sim V$ 曲线;(b)$\Delta E/\Delta V \sim V$ 曲线
(c)$\Delta^2 E/\Delta V^2 \sim V$ 曲线

加入 21.30mL 时，

$$\frac{\Delta^2 E}{\Delta V^2} = 2700$$

加入 21.40mL 时，

$$\frac{\Delta^2 E}{\Delta V^2} = -2800$$

滴定体积(mL)	21.30	x	21.40
$\frac{\Delta^2 E}{\Delta V^2}$	2700	0	-2800

$(21.40-21.30):(-2800-2700)=(x-21.30):(0-2700)$

$x=21.30+(-2700/-5500)\times 0.1=21.35(\text{mL})$

应该指出，上述确定终点的方法比较费时，随着电子技术的发展，人们提出了"滴定终点自动控制"的方法。即先用计算方法或手动滴定求得滴定体系的终点电位，然后把自动电位滴定计的终点调到所需的电位，让其自动滴定，当达到终点电位时，自动关闭滴定装置，并显示滴定剂的体积。

思考题与习题

1. 在电位法中以金属电极作为指示电极，其电位应与待测离子的浓度   （   ）
   A. 成正比   B. 符合扩散电流公式的关系
   C. 的对数成正比   D. 符合能斯特公式的关系

2. pH 玻璃电极产生的不对称电位来源于   （   ）
   A. 内外玻璃膜表面特性不同   B. 内外溶液中 H^+ 浓度不同
   C. 内外溶液的 H^+ 活度系数不同   D. 内外参比电极不一样

3. pH 玻璃电极在使用前必须用_____浸泡。

4. 电位分析法的理论基础是什么？它可以分成哪两类分析方法？它们各有何特点？

5. 以氟离子选择性电极为例，画出离子选择电极的基本结构图，并指出各部分的名称。

6. 何谓扩散电位和道南电位(相间电位)？写出离子选择电极膜电位和电极电位的能斯特方程式。

7. 试述 pH 玻璃电极的响应机理。

8. 何谓 SCE 的不对称电位？在使用 pH 玻璃电极时，如何减少不对称电位对 pH 测量的影响？

9. 何谓总离子强度调节缓冲剂？它的作用是什么？

10. 计算 25℃时下列电池的电动势，并标明电极的正负：

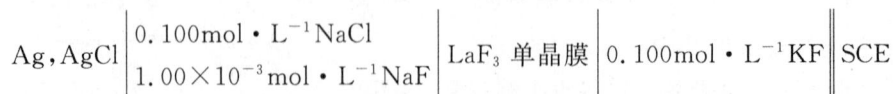

已知：$\varphi^{\ominus}_{\text{Agcl,Ag}}=0.222\text{V}$, $\varphi_{\text{SCE}}=0.244\text{V}$。

11. 25℃时，用 pH=4.00 的标准缓冲溶液，测得电池："玻璃电极 | $H^+(a=X\text{ mol}\cdot L^{-1})$ ‖饱和甘汞电极"的电动势为 0.814V，那么在 $a(\text{HAc})=1.00\times10^{-3}\text{mol}\cdot L^{-1}$ 的醋酸溶液中，此电池的电动势为多少？($K^{\ominus}_{\text{HAc}}=1.8\times10^{-5}$，设 $a_{H^+}=[H^+]$)

12. 25℃时,用钙离子选择性电极(负极)与饱和甘汞电极(正极)组成电池,在 25.0mL 试液中测得电动势为 0.4965V,加入 2.00mL 5.45×10^{-2} mol·L^{-1} Ca^{2+} 标准溶液后,测得电动势为 0.4117V,试求试液的 pCa(Ca^{2+})。

13. 在干净烧杯中准确加入试液 V_x＝50.00mL,用钙离子选择性电极和另一参比电极测得电动势 E_x＝－0.0225V。然后,向试液中加入钙离子浓度为 0.10mol·L^{-1} 的标准溶液 0.50mL,搅拌均匀后测的电池电动势 E_{x+s}＝－0.0145V。计算原试液中钙离子的浓度。

14. 下面是用 0.1250mol·L^{-1} NaOH 标准溶液电位滴定 50.00mL 某一元弱酸的数据:

V(NaOH)(mL)	pH	V(NaOH)(mL)	pH	V(NaOH)(mL)	pH
0.00	2.40	36.00	4.76	40.08	10.00
4.00	2.86	39.20	5.50	40.80	11.00
8.00	3.21	39.92	6.51	41.60	11.24
20.00	3.81	40.00	8.25		

(1)计算该酸溶液的浓度;(2)计算弱酸的离解常数。

第九章

电解分析法与库仑分析法

电解分析法(electrolytic analysis)和库仑分析法(coulometry)都是建立在电解基础上的一种电化学分析法,都是在外加电压的作用下,使电解池中的电化学反应向着非自发的方向进行,电解质溶液发生氧化还原反应,电解池有电流通过。

其中,电解分析法是通过称量沉积于电极表面的被测物的质量为基础的电化学方法,常用于高含量物质的分析;库仑分析法也是建立在电解过程上的分析法,而它是通过测量电解过程所消耗的电荷量来进行分析的,主要用于微量或痕量物质的分析。它们的共同特点是:测定过程中不需要基准物质和标准溶液,是一种绝对分析法。

第一节　电解的基本原理

加直流电压于电解池的两个电极上,使溶液中有电流通过,物质在两电极和溶液界面上发生电化学反应而分解,此过程称为"电解"。以 $0.1\text{mol} \cdot \text{L}^{-1}$ $CuSO_4$ 溶液为例来说明电解过程,装置如图 9-1(a)所示。实验时连续记录逐渐增加的外加直流电压 U 以及相应的电流 i,所得的 $i\text{-}U$ 曲线如图 9-1(b)所示。

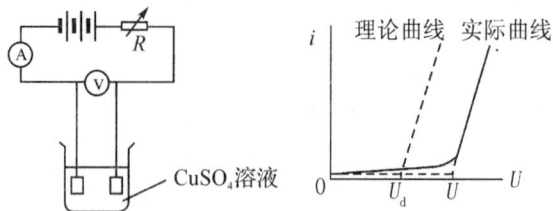

图 9-1　电解过程

(a)电解 $CuSO_4$ 溶液的装置;(b) $i\text{-}U$ 曲线

由图可知,在开始阶段外加电压 U 很小时,仅有微小的电流(这种电流称为残余电流)通过电解池。当外加电压 U 增加到某一数值时,两电极上发生明显的电极反应,电流迅速增大。再继续增加外加电压,由电极反应产生的电流随电压的增大而直线上升。电解池中发生的电极反应为

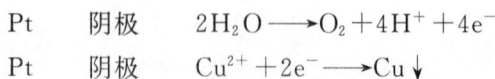

$$Pt \quad 阴极 \quad 2H_2O \longrightarrow O_2 + 4H^+ + 4e^-$$

$$Pt \quad 阴极 \quad Cu^{2+} + 2e^- \longrightarrow Cu\downarrow$$

电解开始的瞬间，在电极表面产生少量的 Cu 和 O_2，从而使两支铂电极分别成为铜电极（Cu/Cu^{2+}）和氧电极（$Pt|O_2,H_2O$），构成了一个原电池，即

$$Cu\mid Cu^{2+}(0.100mol\cdot L^{-1})\mid H^+(0.200mol\cdot L^{-1}),O_2(1.01325\times10^5Pa)\mid Pt$$

该原电池的电动势与外加电压方向相反，因此产生一个与外加电压方向相反的反电动势 E_b（或称反电压），它阻止电解作用的进行。继续增大外加电压 U，对抗外加电压的反电动势也不断增加。当电极上有氧气泡逸出时，反电动势达到最大值 $E_{b,max}$。将直线部分外推至电流强度为零处（图中 D 点）的电压就是 $E_{b,max}$，这是使某电解质溶液能够连续发生电解所必需的最小外加电压，称为电解质溶液的分解电压，即理论分解电压。对于理想的可逆电极过程，电解池中电解质的理论分解电压应等于电解池的反电动势，即

$$U_{分(理)}=-E_{反}=-[\varphi_{阴(平)}-\varphi_{阳(平)}]=\varphi_{阳(平)}-\varphi_{阴(平)}\quad（“平”指平衡电位）$$

分解电压是对电池整体而言的，若对某工作电极的电极反应来说，还可用析出电位 $\varphi_{析}$ 来表达。$\varphi_{析}$ 定义为：能使物质在阴极迅速、连续不断地进行电极反应而还原所需的最正的阴极电位，或在阳极被氧化所需的最负的阳极电位。显然，若外加电压使阴极电位比阴极析出电位更负一点，或阳极电位比阳极析出电位更正一点，电极反应就能迅速、连续不断地进行。理论上，析出电位等于电极的平衡电位，称为理论析出电位 $\varphi_{析(理)}$，即：

$$\varphi_{析(理)}=\varphi_{平}\tag{9-1}$$

因此

$$U_{分(理)}=\varphi_{阳析(理)}-\varphi_{阴析(理)}=\varphi_{阳(平)}-\varphi_{阴(平)}\tag{9-2}$$

实际上，电流通过电解池时，由于两电极会发生极化并由此产生过电位 η，因此，实际的分解电压 $U_分$，除了要克服电解池的反电动势外，还应克服超电压，所以

$$U_{分(实)}=\varphi_{阳析(实)}-\varphi_{阴析(实)}=[\varphi_{阳(平)}+\eta_{阳}]-[\varphi_{阴(平)}+\eta_{阴}]=\varphi_{阳(平)}-\varphi_{阴(平)}+\eta_{总}=U_{分(理)}+\eta_{总}\tag{9-3}$$

当电解进行后，电解池电路上有电流 i 通过，外电源所施加的电压 $U_外$ 还有一部分用于回路电阻 R 的电压降，所以，总外加电压 $U_外$ 为

$$U_{外(实)}=\varphi_{阳(平)}-\varphi_{阴(平)}+\eta_{总}+iR\quad——电解方程式\tag{9-4}$$

第二节　电解分析法

实现电解的方式有控制外加电压电解、控制电位电解和控制（恒）电流电解三种。

一、控制外加电压电解法

当试样中存在两种以上的金属离子时，在一种离子的电解过程中，随着外加电压的增加，第二种离子可能被还原。为了分别测定和分离就需要采用控制外加电压的方法。

如以铂为电极，电解液为 $0.1mol\cdot L^{-1}H_2SO_4$ 溶液，含有 $1.0mol\cdot L^{-1}Cu^{2+}$ 和 $0.01mol\cdot L^{-1}Ag^+$。25℃，Cu 开始析出的电位为

$$\varphi_{Cu^{2+},Cu}=\varphi^{\ominus}_{Cu^{2+},Cu}+\frac{0.059}{2}lg[Cu^{2+}]=0.337(V)\tag{9-5}$$

Ag 开始析出的电位为

$$\varphi_{Ag^+,Ag}=\varphi^{\ominus}_{Ag^+,Ag}+0.059lg[Ag^+]=0.681(V)\tag{9-6}$$

由于 Ag 的析出电位较 Cu 析出电位正,故 Ag 先析出。当其浓度降至 $10^{-6}\,mol \cdot L^{-1}$ 时,一般可以认为 Ag^+ 已电解完全,此时 Ag 的电极电位为

$$\varphi_{Ag^+,Ag} = 0.779 + 0.059\lg10^{-6} = 0.445(V) \tag{9-7}$$

阳极发生的是水的氧化反应,析出氧气。当电解电池的外加电压值为 1.328V 时,Ag 开始析出,到 1.464V 时,电解完全。而 Cu 开始析出的电压值为 1.572V,故 1.464V 时,Cu 还没有开始析出。因此可通过控制外加电压来进行电解分析。

二、控制电位电解法

在实际的电解过程中,阳极电位也并不是完全恒定的。由于离子浓度随着电解的延续而逐渐下降,电池的电流也逐渐减少,应用控制外加电压法往往达不到很好的分离效果。因此,控制外加电压电解应用较少,更多的是利用控制阴极电位的方式进行,其电解装置如图 9-2 所示。

控制电位电解分析是在控制工作电极的电位为一定值的条件下进行电解的方法,在装置上采用三电极系统,由工作电极、对电极及外加电压电源组成电解回路,而工作电极和参比电极连接电子伏特计组成工作电极的电位监测回路。

分析时,根据被电解物质完全析出时所应控制的电位,选择合适的外加电压加到电极上。由于电解刚开始时,离子浓度很大,所以电解电流也很大,电解速度很快;随着电解的进行,离子浓度降低很快,电流急剧下降;当电流趋近于零时,表明电解基本完全。电解电流 i 随电解时间 t 变化的曲线如图 9-3 所示。

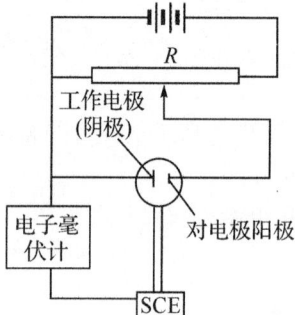

图 9-2 控制阴极电位电解装置

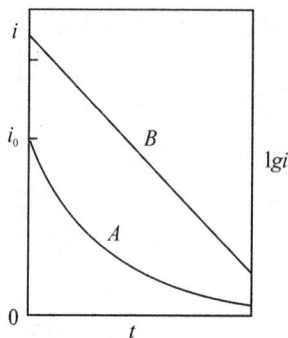

图 9-3 电流与时间关系
$A:i-t;B:\lg i-t$

电解时,如仅有一种物质以 100% 的电流效率电解,则 i、t 的关系为

$$i_t = i_0 10^{-kt} \tag{9-8}$$

式中:i_t 为电解时间为 t(min)的电流,i_0 为起始电流,k(min^{-1})为与电极及溶液性质有关的常数。

$$k(min^{-1}) = \frac{26.1DA}{V\delta} \tag{9-9}$$

式中:D 为扩散系数(cm^2/s),A 为电极表面积(cm^2),V 为溶液体积(cm^3),δ 为扩散层厚度(cm)。

可见,若要缩短分析时间,应增大 k 值,就要求电极表面积要大,溶液体积要小,提高溶液的温度及良好的搅拌以增大扩散系数和降低扩散层厚度。

控制电位电解分析法能有效地防止共存离子的干扰,因此选择性较好。控制电位电解分析法常用于多种金属离子共存情况下某一种离子含量的测定。溶液中分离大量的易还原的金

属离子,常用的工作电极有铂网电极和汞阴极,如图 9-4 和图 9-5 所示。利用 Pt 阴极电解,可以分离铜合金(含 Cu、Sn、Pb、Ni 和 Zn)溶液中的 Cu^{2+}。汞阴极电解法也成功地用于各种分离,例如采用汞阴极,U 可将 Cu、Pb 和 Cd 等浓缩在汞中而与 U 分离来提纯铀。

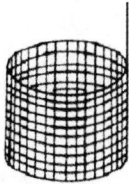

图 9-4　铂网电极

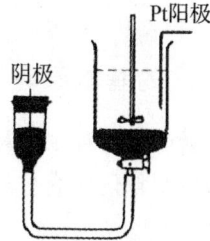

图 9-5　汞阴极

三、控制(恒)电流电解

控制电流电解分析法装置如图 9-6 所示(阴极电解)。该法的最大特点是:以大面积的铂网为阴极,以螺旋状的铂丝作为阳极,并连接到马达上作搅拌器,装置还经常配有加热设备。

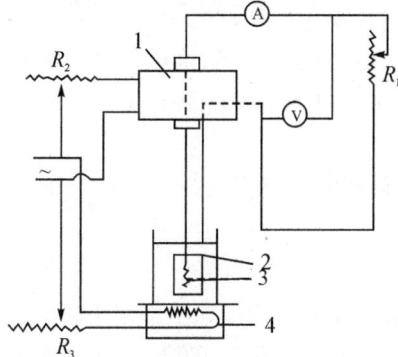

图 9-6　恒电流电解装置

1—搅拌马达;2—铂网(阴极);3—铂螺旋丝(阳极);4—加热器;A—电流表;V—电压表;
R_1—电解电流控制;R_2—搅拌速度控制;R_3—温度控制

电解分析一开始就施加较高的外加电压,产生较为稳定的电解电流(一般为 3A 以下)。随着电解的进行,电流会衰减,因此需不断增加外加电压,以保持电流的基本稳定。经一段时间的电解,待待测物质完全析出铂网上后,取出铂网,洗净,烘干并称重。

这个方法的仪器简单,分析速度快,准确度高。分析的准确度在很大程度上取决于电解析出物的性质。析出物必须纯净并牢固附着在电极上,以防止洗、烘、称时脱落。采用大面积的铂网可以降低电流密度,充分搅拌可以使析出物均匀,采用络合性的电解液可以使电极反应温和,析出物较致密。

这个方法的最大缺点是选择性较差,由于外加电压较大,往往一种金属离子未完全析出时,另一种金属离子就在电极上析出,共存离子干扰较为突出,而且外加电压加大到一定程度时,就引起放 H_2 反应。因此,这个方法适用于溶液中仅含一种比 H^+ 更易还原的金属离子的测定(即电动序表中氢后的金属)或作电动势在氢之前和之后金属的分离。改变介质条件,如在碱性或络合剂存在下的介质中电解,可以扩大应用范围。

第三节　库仑分析法

一、库仑分析法的基本原理

库仑分析是根据电解过程中消耗的电量来确定被测物质含量的方法。库仑分析法分为恒电流库仑分析法和控制电位库仑分析法两种。

1. 法拉第定律

库仑分析法的定量依据是法拉第电解定律。即电流通过电解池时,物质发生氧化还原的量与通过的电荷量成正比,其数学表达式为

$$m = \frac{MQ}{nF} \tag{9-10}$$

恒电流电解时,$Q = it$,则

$$m = (M/n) \times (it/96485) \tag{9-11}$$

式中:m 为电极上析出物质的质量,M 为其摩尔质量,n 为电极反应的电子转移数,F 为法拉第(Faraday)常数(96485 库仑/摩尔),Q 为通过电解池的电量,i 为通过溶液的电流,t 为通过电流的时间。

法拉第定律是自然科学中最严密的定律,它不受温度、压力、电解质浓度、电极材料、溶剂性质及其他因素的影响。

2. 影响电流效率的因素

对于库仑分析来说,通过电解池的电量应该全部用于测量物质的电极反应,即待测物质的电流效率应 100%,这是库仑分析的先决条件。实际应用中由于副反应的存在,使 100% 电流效率很难实现,其主要原因有以下几点。

(1)溶剂的电解。电解一般在水溶液中进行,所以溶剂的电解就是水的电解,即阴极放氢、阳极放氧的反应。防止水电解的办法是控制合适的电解电位、控制合适的 pH 值及选择过电位高的电极。

(2)杂质的电解。电解溶液中的杂质可能是试剂的引入或样品中的共存物质,在控制的电位下会电解而干扰,消除的办法是试剂提纯或空白扣除,试液中杂质的分离或掩蔽。

(3)溶液中可溶性气体的电解。溶解气体主要是空气中的氧气,它会在阴极上被还原为 H_2O 或者 H_2O_2。消除溶解氧的方法是向电解溶液中通入高纯 N_2 或在中性、弱碱性溶液中加入 Na_2SO_3 除氧。

(4)电极参与电极反应。有的惰性电极,如 Pt 电极,氧化电位很高,不易被氧化,但如有络合剂存在(如大量 Cl^-),使其电位降低而可能被氧化。防止办法是改变电解溶液的组成或更换电极。

(5)电解产物的再反应。可能是一个电极上的产物与另一个电极上的产物反应或电极反应产物与溶液中某物质再反应。如阴极还原 Cr^{3+} 为 Cr^{2+} 时,Cr^{2+} 会被 H^+ 氧化又重新生成 Cr^{3+}。克服的办法是改变电解溶液。

以上的影响因素中溶剂和杂质的电解是主要的。

二、控制电位库仑分析法

1. 原理与装置

库仑滴定的装置如图 9-7 所示。它由电解系统和指示终点系统两部分组成。电解系统包括电解池(或称库仑池)、计时器和恒电流源。电解池中插入工作电极、辅助电极以及用于指示终点的电极。

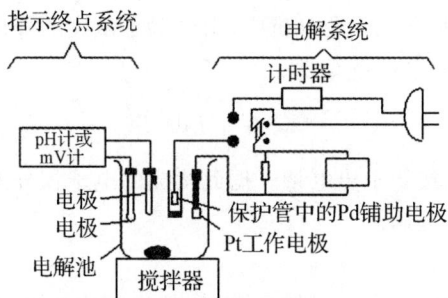

图 9-7　库仑滴定装置

以强度一定的电流通过电解池,在 100% 的电流效率下由电极反应产生的滴定剂与被测物质发生定量反应,当到达终点时,由指示终点系统发出信号,立即停止电解,由电解过程中所消耗的电量而获得被测物质的含量。

2. 电量的测定

电量的测定方法有多种,既可由经典的方法库仑计(如银库仑计,气体库仑计)来测定,也可由电子积分仪直接测定。

(1)银库仑计。库仑计本身也是一种电解电池,可以应用不同的电极反应来构成。例如银库仑计,是利用称量在硝酸盐溶液中的铂电极上析出的金属银质量来测量电量的。结构如图 9-8所示,以铂坩埚为阴极,银棒为阳极,用多孔瓷管把两极分开,坩埚内盛有 $1\sim2mol \cdot L^{-1}$ 的 $AgNO_3$ 溶液。串联到电解回路上,电解时发生如下反应:

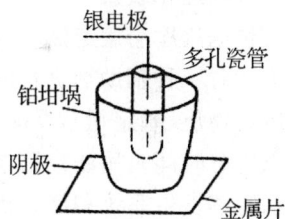

图 9-8　银库仑计

$$阳极 \qquad Ag \longrightarrow Ag^+ + e^-$$

$$阴极 \qquad Ag^+ + e^- \longrightarrow Ag$$

电解结束后,称量坩埚的增重,由析出银的量算出所消耗的电量。采用此种库仑计精确度高,但不能直接指示读数,不适用于常规分析。

(2)气体库仑计。气体库仑计是利用串联电解产生气体的体积变化测定电量的一种装置。常用的是氢氧气体库仑计,结构如图 9-9 所示。装有 $0.5mol \cdot L^{-1}$ K_2SO_4 溶液的电解管置于恒温水浴中,管下方焊上两 Pt 片电极,串联到电解回路中。

电解时,两 Pt 电极上分别析出 H_2 和 O_2。电解前后刻度管内的液面差即是生成的氢、氧气体的总体积。在标准状况下,每库仑电量相对于析出 0.1739mL 氢、氧混合气体。

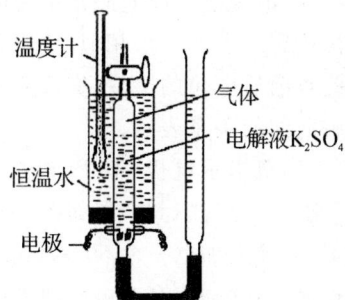

图 9-9　氢氧库仑计

如果测得库仑计中混合气体的体积为 $V(\text{mL})$,则电解消耗电量为

$$Q = V/0.1739 \tag{9-12}$$

由法拉第定律计算,求出被测物质的质量

$$m = VM/(0.1739 \times 96485 \times n) \tag{9-13}$$

式中:M 为物质的摩尔质量。

气体库仑计可以根据电解时产生的气体体积来直接读数,使用则较为方便。

(3)电子积分仪。在控制电位库仑分析中,由于离子浓度的降低,在电解过程中,电流将随之降低,完成电解反应所需的总电量 Q 为

$$Q = \int_0^t i_t \, \text{d}t \tag{9-14}$$

因而可用电流积分的方法直接指示出电量。据此构成的电子积分库仑仪可直接从仪表中读出消耗的电量,应用甚为方便、准确。

3. 特点及应用

控制电位库仑分析法的特点是分析的灵敏度、准确度均较高,用于测定微克级物质,最低能测定至 $0.01\mu g$,相对误差仅为 $0.1\% \sim 0.5\%$。控制电位库仑分析法可用于 50 多种元素及其化合物的测定,这些元素包括氢、氧、卤素、银、铜、钙、镁、锂、钠以及稀土和锕系元素等。它还可应用于有机化合物含量的测定,如三氯乙酸、苦味酸等。此外,该法还能用于电极过程、反应机理等方面的研究。

三、恒电流库仑分析法——库仑滴定法

1. 原理和装置

恒电流库仑滴定法与滴定分析基本相同,其不同在于滴定剂不是由滴定管加入,而是在恒电流下对一种辅助剂进行电解,在电解池内部的工作电极上产生一种能与待测组分迅速定量反应的物质(滴定剂),反应完全时,用指示剂或其他方法指示终点。根据消耗的总电量(电流乘以电解时间),用法拉第电解定律计算被测组分的量。库仑滴定法的装置如图 9-7 所示。它包括电解发生系统和终点指示系统,电解发生系统的作用是提供一定的恒电流,产生滴定剂并记录电解时间,指示系统的作用是指示滴定终点。

2. 指示终点的方法

库仑滴定指示终点的方法有化学指示剂法、电位法、永停终点法等。

(1)指示剂法。用于滴定分析的指示剂可用来确定库仑滴定的终点。库仑分析中所使用的指示剂如甲基橙、酚酞等。要求指示剂必须是在电解条件下的非电活性物质。

(2)电位法。库仑滴定中用电位法指示终点与电位滴定法确定终点的方法相似,选用合适的指示电极来指示滴定终点前后电位的突变,其滴定曲线可用电位(或 pH)对电解时间的关系表示。

(3)双指示电极(双 Pt 电极)电流指示法。也称永停(或死停)终点法,其装置如图 9-10 所示,在两支大小相同的 Pt 电极上加上一个 $50 \sim 200\text{mV}$ 的小电压,并串联上灵敏检流计,这样只有在电解池中可逆电对的氧化态和还原

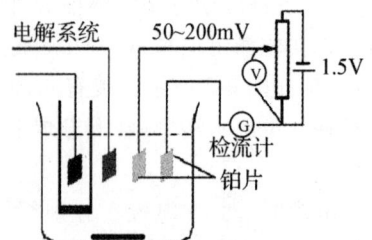

图 9-10　永停终点法装置

态同时存在时,指示系统回路上才有电流通过,而电流的大小取决于氧化态和还原态浓度的比值。当滴定到达终点时,由于电解液中或者原来的可逆电对消失,或者新产生可逆电对,使指示回路的电流停止变化或迅速变化。永停终点法指示终点非常灵敏,常用于氧化还原滴定体系。

3.库仑滴定法的特点及应用

(1)由于库仑滴定法所用的滴定剂是由电解产生的,边产生边滴定,有可能使用不稳定的滴定剂。如 Cl_2、Br_2、Cu^+ 等,扩大了容量分析的应用范围。

(2)能用于常量组分及微量物质的分析,准确度高,灵敏度高。

(3)不需要标准物质和制备标准溶液。

(4)分析速度快,仪器设备简单,价格便宜,已广泛应用在环保、石油、冶金等方面,适用于普通容量分析的各类滴定法。可测定各种酸、碱、Cl^-、Br^-、I^-、Ca^{2+}、Cu^{2+}、Zn^{2+}、Pb^{2+}、As^{3+}、Sb^{3+}、Fe^{2+}、Fe^{3+}、Cr^{2+}、IO_3^-、$S_2O_3^{2-}$、H_2S、$H_2C_2O_4$、等。

思考题与习题

1. 电解分析法和库仑分析法有什么共同点? 有什么不同点?

2. 何谓分解电压和析出电位? 分解电压与电池的电动势、析出电位与工作电极的电极电位有何关系?

3. 在电解分析中,为什么一般使用表面积较大的工作电极和搅拌溶液? 为什么有时还需加入惰性电解质、pH 缓冲液或配合剂?

4. 控制电位电解分析中,电流 i_t 与时间 t 的关系如何表示? 如何提高电解效率、缩短电解时间?

5. 写出法拉第定律的数学表达式,说明其物理意义。

6. 在库仑分析中,对电流效率有何要求? 影响电流效率的因素是什么?

7. 为什么恒电流库仑法又称为库仑滴定法? 它与一般的滴定分析法有何不同? 库仑滴定法指示终点的方法有哪几种?

8. 在 pH＝1 的 H_2SO_4 溶液中,电解 $0.1000mol \cdot L^{-1}$ $CuSO_4$ 溶液,使之开始电解的理论分解电压为多少? ($\varphi^{\ominus}_{Cu^{2+}/Cu}=0.337V$,$\varphi^{\ominus}_{O_2/H_2O}=1.23V$)

9. 某溶液含有 $2mol \cdot L^{-1}$ Cu^{2+} 和 $0.01mol \cdot L^{-1}Ag^+$,若以 Pt 为电极进行电解:

(1)在阴极上首先析出的是铜还是银?

(2)能否使两种金属离子完全分离? 若可以完全分离,阴极电位控制在多少? 铜和银在 Pt 电极上的过电位可忽略不计。已知($\varphi^{\ominus}_{Cu^{2+}/Cu}=0.337V$,$\varphi^{\ominus}_{Ag^+/Ag}=0.779V$)

10. 电解 Cu^{2+} 和 Sn^{2+} 的混合酸性溶液,Cu^{2+} 和 Sn^{2+} 的浓度均为 $0.1mol \cdot L^{-1}$,以 Pt 为电极进行电解:

(1)在阴极上何种离子先析出?

(2)若要使两种金属离子完全分开,阴极电位控制在多少? ($\varphi^{\ominus}_{Cu^{2+}/Cu}=0.337V$,$\varphi^{\ominus}_{Sn^{2+}/Sn}=-0.136V$)

11. 某溶液中含有 $0.1mol \cdot L^{-1}$ 的 Zn^{2+} 和 Cd^{2+},用电解沉积的办法可以分离 Zn^{2+} 和 Cd^{2+},已知 $\varphi^{\ominus}_{Cd^{2+}/Cd}=-0.403V$,$\varphi^{\ominus}_{Zn^{2+}/Zn}=-0.763V$,$\eta_{Cd}=-0.48V$,$\eta_{Zn}=-0.70V$,计算当锌开始电解沉积时,$Cd^{2+}$ 的剩余浓度为多少?

12. 将某含 As 样品 8.00g 处理成 As(Ⅲ)后，置于电解池中，于弱碱性介质中在 100mA 的恒定电流下用电解产生的 I_2 进行库仑滴定，$HAsO_3^{2-}$：$HAsO_3^{2-}+I_2+2HCO_3^- \longrightarrow HAsO_4^{2-}+I^-+2CO_2+H_2O$，经 15.0min 到达滴定终点，试计算样品中 As_2O_3 的含量。已知 $M(As_2O_3)=197.84g \cdot mol^{-1}$。

13. 电解分析时，能使电流持续稳定地通过电解质溶液，并使之开始电解时所需施加于电解池两极的最低电压，称为_____；使金属离子在阴极上不断电解而析出所需要的最小阴极电位，称为_____。

第十章

伏安法与极谱分析法

　　伏安法与极谱分析法是一种特殊的电解分析法，是将被测溶液放在一个具有滴汞电极的电解池中进行电解，再根据电解过程中所得的电流-电压曲线进行定性和定量分析的方法。在含义上，伏安法和极谱法是相同的，而两者的不同在于工作电极。使用表面作周期性的连续更新的液态电极，如滴汞电极作工作电极，称为极谱法(polarography)。使用静止的或固态电极，如汞膜电极、玻碳电极、修饰电极等作工作电极，称为伏安法(voltammetry)。

　　半个世纪以来，极谱分析法在理论研究和实际应用中得到了很大发展，除经典的直流极谱法，还形成了一系列近代极谱与伏安分析方法和技术，如单扫描极谱法、循环伏安法、脉冲极谱法等快速灵敏的现代极谱技术，已成为一种常用的分析方法和研究手段。它的实际应用相当广泛，凡能在电极上被还原的或被氧化的无机离子和有机化合物一般都可以用极谱法进行分析。此外，极谱法还可用于化学反应机理、电极过程动力学的研究以及溶度积、解离常数和络合物组成的测定。

第一节　经典极谱分析法的原理

一、极谱法的装置

　　经典极谱法又称为恒电位极谱法，其装置如图 10-1 所示，由测量电压、测量电流和极谱电解池三部分构成。E 为直流电源，加在电解池两电极之间的电压可通过改变滑动变阻器上触点 C 的位置来调节，并可由伏特计测得其数值的大小；电解过程中电流的变化，则用串联在电路中的检流计来测量。极谱电解池采用一个面积较小的滴汞电极作为工作电极，另一个面积较大、电极电位恒定的饱和甘汞电极作为参比电极。其中，滴汞电极的上部为贮汞瓶，下接一根厚壁塑料管，塑料管的下端接一支毛细管，其内径大约为 0.05mm，汞滴从毛细管中有规则地滴落，其滴下时间为 3～5s。使用时，滴汞电极一般作为负极，饱和甘汞(SCE)电极为正极。

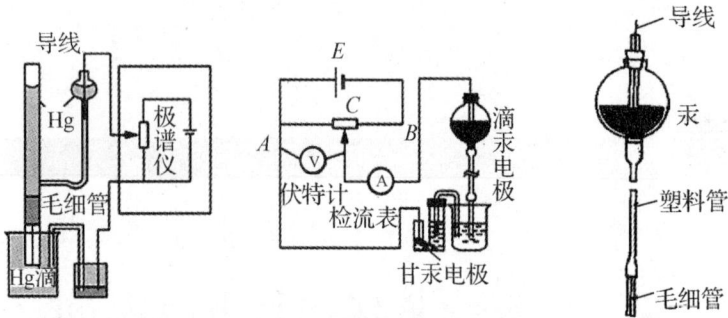

图 10-1 极谱分析法的基本装置和滴汞电极

滴汞电极作为工作电极,具有以下特点:①滴汞电极是不断以小汞滴滴下的,速度均匀且一定,电极表面不断更新,表面总是新鲜、光滑的,所以再现性很好;②氢在汞滴上的过电位很大,在酸性介质中电极电位可达－1.0V(相对于饱和甘汞电极,即 vs. SCE),尚不致发生氢离子还原的干扰(此时,大多数金属离子早已在滴汞电极上还原);③许多金属与汞形成汞齐,大大降低这些离子在汞电极上的还原电位,使电解反应更加容易进行;④当用汞滴作阳极时,电位不得大于 0.4V(vs. SCE),否则汞被氧化;⑤汞蒸气有毒,且毛细管易堵塞。

当工作电极使用小面积的铂丝、金丝作电极时,记录得到的电流-电压曲线与滴汞电极的有所不同,且重复性差。因此在经典方法中并不采用,而在现代方法中将其作为基质材料,制成化学修饰电极使用。

二、极谱波的形成过程

以测定 $1 \times 10^{-3} \text{mol} \cdot \text{L}^{-1}$ 的 Cd^{2+}(含有 $0.1 \text{mol} \cdot \text{L}^{-1}$ 的 KNO_3)为例说明极谱波的形成。

1. 残余电流部分(图 10-2 中 **AB** 段)

当外加电压未达到 Cd^{2+} 的分解电压时,亦即施加在电极上的电位未达到 Cd^{2+} 的析出电位时,电极上没有 Cd^{2+} 被还原,此时电极电位较低,但仍有微小的电流通过电解池,此电流为残余电流 i_r。

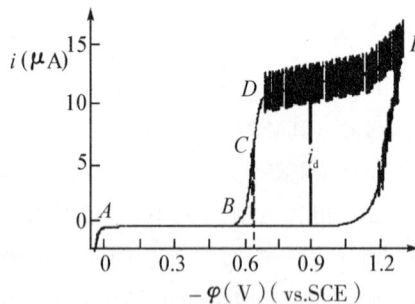

图 10-2 Cd^{2+} 的极谱波

2. 电流上升部分(图 10-2 中 **BD** 段)

当外加电压继续增加,达到 Cd^{2+} 的析出电位时,Cd^{2+} 在滴汞电极上还原并与汞形成镉汞齐。电极反应式为

$$\text{阴极} \quad Cd^{2+} + 2e^- + Hg \Longrightarrow Cd(Hg) \qquad \text{(镉汞齐,向汞滴中心扩散)}$$

滴汞电极的电位为

$$\varphi_{de}=\varphi^{\ominus}_{Cd^{2+},Cd}+\frac{0.059}{2}\lg\frac{[Cd^{2+}]_0}{[Cd(Hg)]_0}\quad(25℃)\tag{10-1}$$

式中：$[Cd^2]_0$ 是 Cd^{2+} 在滴汞表面溶液中的浓度，$[Cd(Hg)]_0$ 是金属镉在汞滴表面的浓度。

当外加电压继续增加时，滴汞电极表面的 Cd^{2+} 迅速被还原，电解电流迅速上升，即为 *BD* 段。此时，由于 Cd^{2+} 迅速被还原，且溶液是静止的，所以汞滴表面溶液的 Cd^{2+} 浓度 $[Cd^{2+}]_0$ 小于溶液本体中 Cd^{2+} 的平衡浓度 $[Cd^{2+}]$，产生了浓差极化，在汞滴周围形成了一层扩散层，若设其厚度为 δ，则浓度梯度为 $([Cd^{2+}]-[Cd^{2+}]_0)/\delta$，$Cd^{2+}$ 从溶液的本体向汞滴表面扩散。电解电流受到 Cd^{2+} 的扩散速度制约，这样的电解电流称为扩散电流 i。

$$i\propto Cd^{2+}\text{ 的扩散速度}\propto\frac{[Cd^{2+}]-[Cd^{2+}]_0}{\delta}$$

即
$$i=K_s\{[Cd^{2+}]-[Cd^{2+}]_0\}\tag{10-2}$$

式中：K_s 为比例常数

3. 极限扩散电流部分(图 10-2 中 *DE* 段)

当外加电压进一步增大，使滴汞电极电位负到一定值时，由于 Cd^{2+} 在滴汞电极上迅速反应，Cd^{2+} 向滴汞电极表面的扩散跟不上电极反应的速度，电极反应可以进行到完全的程度，以至于滴汞表面的溶液中 Cd^{2+} 的浓度趋于零，这种情况称为完全浓差极化。电解电流到达最大值，此时产生的扩散电流称为极限扩散电流 i_d。此时，式(10-2)可表示为

$$i_d=K[Cd^{2+}]\tag{10-3}$$

即极限扩散电流正比于溶液中待测物质的浓度，这是极谱定量分析的依据。

极谱波上任何一点的电流都是受扩散控制的。在极谱波上可以测得扩散电流 i_d，同时还可测得半波电位 $\varphi_{1/2}$。半波电位就是扩散电流的值为一半时所对应的电位。在支持电解质浓度和温度一定时，$\varphi_{1/2}$ 为定值，与被测物质浓度无关，可以作为定性分析的一个参数。

极谱波波形以及相关的参数 i_d 和 $\varphi_{1/2}$ 是反映极谱性质的重要标志。

三、极谱分析的特殊性

极谱分析使用两个性质完全相反的电极，一个是表面积较大、电极电位恒定的饱和甘汞电极(SCE)，它在电解过程中起参比电极作用，所以又称为参比电极或去极化电极；另一个是表面积很小、电极电位随外加电压的变化而改变的滴汞电极，该电极是响应待测离子的电极，所以又称为工作电极或极化电极。

在极谱分析中，外加电压和两个电极的电位的关系为

$$U_外=\varphi_{SCE}-\varphi_{de}+ir\tag{10-4}$$

式中：饱和甘汞电极的电极反应为

$$2Hg+2Cl^-\Longrightarrow Hg_2Cl_2+2e^-$$

电极电位(298K)为

$$\varphi_{SCE}=\varphi^{\ominus}_{Hg^{2+},Hg}+\frac{0.059}{2}\lg K_{sp}(Hg_2Cl_2)-0.059\lg[Cl^-]$$

$$=0.264-0.0592\lg[Cl^-]\tag{10-5}$$

由此可见，饱和甘汞电极的电位决定于 $[Cl^-]$，而 $[Cl^-]$ 变化的大小又决定于电极表面的电流密度大小。若电流密度小，由电极反应引起 $[Cl^-]$ 的改变可以忽略，则 SCE 基本不变，成为去极化电极。采用大面积的饱和甘汞电极和小面积的滴汞电极就可以实现这一目的。滴汞

电极是电活性物质起反应的电极,电流大小与它的面积和溶液中电活性物质的浓度有关。直流极谱法测定的离子浓度较低,而且滴汞电极的面积小,所以产生的电解电流小,约微安数量级,而微安数量级的电流流过大面积的饱和甘汞电极,其电流密度小,则[Cl^-]几乎不变,从而使饱和甘汞电极的电位基本不变,成为去极化电极。

当 SCE 保持不变时,相对于饱和甘汞电极(vs. SCE)的滴汞电极电位为

$$\varphi_{de}(vs. SCE) = -(U_外 - ir) \tag{10-6}$$

若电解池的内阻很小,且极谱电流仅为微安数量级,电压降可以忽略,则

$$\varphi_{de}(vs. SCE) = -U_外 \tag{10-7}$$

由此可见,滴汞电极的电位完全随外加电压的改变而改变,它就成为极化电极。故可通过外加电压控制滴汞电极的电位,使半波电位不同的金属离子产生不同的极谱波,从而使同一溶液中同时测定几种待测物质成为可能。

由以上讨论可知,极谱波是由于在极化电极(滴汞电极)上出现浓差极化现象而产生的,所以其电流-电位曲线称为极化曲线,极谱的名称也由此而来。

第二节　极谱波的类型和极谱波方程式

一、极谱波的类型

1. 可逆波与不可逆波

待测物质到达电极表面发生电极反应一般可分两步进行:①待测物质从本体溶液向电极表面扩散;②扩散到电极表面的物质获得电子或者失去电子发生电极反应。若扩散速率远远小于电极反应速率,即反应完全由扩散控制时所形成的极谱波为可逆波;相反,若电极反应速率小于扩散速率,即反应完全由电极反应速率控制时所形成的极谱波为不可逆波。如图 10-3 所示,两者半波电位之差为 η。

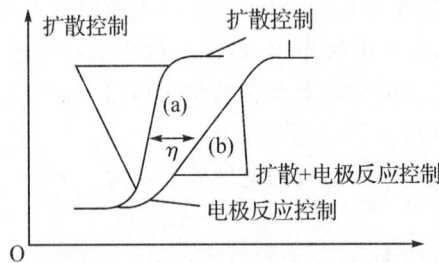

图 10-3　可逆波(a)与不可逆波(b)

实际上,极谱过程的可逆与不可逆并没有严格的区分界限。在一定条件下,通过选择合适的底液,可能使其转化为可逆波或增加可逆性。一般认为,电极反应速度常数 K 大于 2×10^{-2} cm·s^{-1} 时为可逆,小于 2×10^{-5} cm·s^{-1} 时为不可逆,而在两者之间为部分可逆。在极谱分析中,不少电极反应都有一定的电化学极化存在,它们是部分可逆的,波形一般还好。不管是不可逆还是部分可逆的极谱波,当到达极限电流时,仍然有

$$i_d = KC \tag{10-8}$$

同样可用于定量分析,但是不可逆波的波形较差,较明显地影响极限扩散电流的测量。

2. 还原波和氧化波

极谱波按照电极反应的类型可分为还原波、氧化波和综合波（见图 10-4）。还原波（阴极波）是指溶液中氧化态物质在工作电极上被还原所得到的极谱波，其反应为

$$Ox + ne^- \rightleftharpoons Red$$

还原电流表示为正电流，还原波在横坐标的上方。

氧化波（阳极波）是指溶液中还原态物质在工作电极上被氧化所得到的极谱波，其反应为

$$Red - ne^- \rightleftharpoons Ox$$

氧化电流表示为负电流，氧化波在横坐标的下方。

对于可逆波来说，同一物质在同样的底液条件下，还原波及氧化波的半波电位相同；而不可逆波的半波电位不同，还原波的半波电位向负的方向移动，氧化波的半波电位向正的方向移动。

综合波是指溶液中同时存在的氧化态可在电极上被还原和还原态可在电极上被氧化时所得到的极谱波。

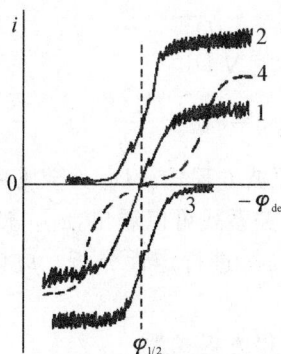

图 10-4　极谱波
1. 综合波；2. 还原波；3. 氧化波；4. 不可逆波

二、极谱波方程

表示极谱电流与滴汞电极电位之间关系的数学表达式，称为极谱波方程。极谱波的种类不同，其极谱波的方程式也不同。现以可逆电极反应中简单金属离子的极谱波为例进行讨论。

(1)溶液中只有氧化态的金属离子，它在滴汞电极上还原生成汞齐，电极反应为

$$M^{z+} + ze^- + Hg \rightleftharpoons M(Hg)$$

其极谱波如图 10-4 中所示的曲线 2。滴汞电极电位与电极表面去极剂的浓度之间的能斯特方程（298K）为

$$\varphi_{de} = \varphi^{\ominus} + \frac{0.059}{n} \lg \frac{[M^{z+}]_0}{[M(Hg)]_0} \tag{10-9}$$

式中：$[M^{z+}]_0$ 和 $[M(Hg)]_0$ 分别为汞滴表面的金属离子的浓度和金属汞齐的浓度。

扩散电流一方面受金属离子 M^{z+} 向电极表面扩散速度的控制。在一定的电位下，电流可表示为

$$i = K_s \{[M^{z+}] - [M^{z+}]_0\} \tag{10-10}$$

另一方面也受产物向汞滴中心或向溶液的扩散速度的控制。若产物与汞形成汞齐，则向汞滴

中心扩散；若溶于水，则向溶液扩散。在"流量平衡"条件下，电流 i 也应遵守如下关系

$$i = K_a \{ [M(Hg)]_0 - 0 \} \tag{10-11}$$

式中：汞滴中心的金属汞齐的浓度等于零。K_s 和 K_a 为比例常数。

电极电位较负时，电流达到极限扩散电流值，则

$$i = i_d = K_s [M^{z+}] \tag{10-12}$$

将式(10-10)和(10-12)结合，则

$$[M^{z+}]_0 = \frac{i_d - i}{K_s} \tag{10-13}$$

将式(10-11)和(10-13)代入式(10-9)得

$$\varphi_{de} = \varphi^{\ominus} + \frac{0.059}{n} \lg \frac{K_a}{K_s} + \frac{0.059}{n} \lg \frac{i_d - i}{i} \tag{10-14}$$

当 $i = \frac{1}{2} i_d$ 时，$\varphi_{de} = \varphi_{1/2}$，则

$$\varphi_{1/2} = \varphi^{\ominus} + \frac{0.059}{n} \lg \frac{K_a}{K_s}$$

$$= \varphi^{\ominus} + \frac{0.059}{n} \lg \sqrt{\frac{D_R}{D_0}} \tag{10-15}$$

$$\varphi_{de} = \varphi_{1/2} + \frac{0.059}{n} \lg \frac{i_d - i}{i} \tag{10-16}$$

式(10-16)为简单金属离子还原波方程式。D_R 为金属离子在溶液中的扩散系数，D_0 为金属在汞齐中的扩散系数。从以上的关系式可以看出，$\varphi_{1/2}$ 与溶液的组成及温度条件有关，而与金属离子的浓度无关，因此可利用 $\varphi_{1/2}$ 进行定性分析。应该注意的是，如果不形成汞齐的反应，则 $\varphi_{1/2}$ 与浓度有关。

若为氧化波，亦可作类似处理，得方程式为

$$\varphi_{de} = \varphi_{1/2} - \frac{0.059}{n} \lg \frac{i_d - i}{i} \tag{10-17}$$

(2)若溶液中既有还原态，又有氧化态，则得综合波，其方程式为

$$\varphi_{1/2} = \varphi^{\ominus} + \frac{0.059}{n} \lg \sqrt{\frac{D_R}{D_0}} \tag{10-18}$$

$$\varphi_{de} = \varphi_{1/2} + \frac{0.059}{n} \lg \frac{(i_d)_c - i}{i - (i_d)_a} \tag{10-19}$$

第三节   极谱定量分析

一、极谱定量分析基础——扩散电流方程式

前文已指出，极谱方法是以测量滴汞电极上的扩散电流为基础的。现仍以 Cd^{2+} 离子的测定为例进行讨论，它在滴汞电极上的反应为

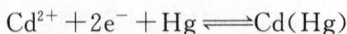

$$Cd^{2+} + 2e^- + Hg \Longrightarrow Cd(Hg)$$

假定此反应可逆并遵守能斯特方程式，即

$$\varphi_{de} = \varphi^{\ominus} + \frac{0.059}{n} \lg \frac{c_e}{c_a} \tag{10-20}$$

式中：c_e 为电极表面 Cd^{2+} 的浓度，c_a 为电极表面 $Cd(Hg)$ 中 Cd 的浓度。外加电压愈大，亦即滴汞电极的电位愈负，电极表面 Cd^{2+} 浓度 c_e 愈小，所以电极电位决定电极表面 Cd^{2+} 浓度的数值，但溶液是静止的（不搅拌），因此电极表面的 Cd^{2+} 浓度 c_e 将小于溶液本体的 Cd^{2+} 浓度 c_0，此浓度差将使溶液本体中 Cd^{2+} 向电极表面扩散形成一个扩散层（其厚度约 0.05mm），如图 10-5 所示。在扩散层内，c_e 决定于电极电位；在扩散层外面，溶液中 Cd^{2+} 浓度等于溶液本体中 Cd^{2+} 浓度 c；在扩散层中则浓度从小到大，浓度的变化如图 10-6 所示。如果除扩散运动以外没有其他运动可使离子到达电极表面，那么电解电流就完全受电极表面 Cd^{2+} 的扩散速度所控制。由图 10-6 可见，电极表面的浓度梯度 $\Delta c/\Delta x$ 可近似地作线性关系处理，即

$$\left(\frac{\Delta c}{\Delta x} \right)_{电极表面} = \frac{c_o - c_e}{\delta}$$

式中：x 为离电极表面的距离；δ 为扩散层厚度；

c_0 为达平衡时 Cd^{2+} 浓度；c 为溶液中 Cd^{2+} 浓度。

故在一定电位下，受扩散控制的电解电流可表示为：

$$i = K(c - c_e) \tag{10-21}$$

式中：K 为一比例常数。当外加电压继续增加使滴汞电极的电位变得更负时，c_e 将趋近于零，此时

$$i_d = Kc \tag{10-22}$$

扩散电流正比于溶液中 Cd^{2+} 浓度而达到极限值，不再随外加电压的增加而改变。

上述比例常数 K 的物理意义并不明确。1934 年，捷克极谱工作者从理论上推导出在滴汞电极上的极限扩散电流的近似公式，即

$$i_d = 607nD^{1/2}m^{2/3}t^{1/6}c \tag{10-23}$$

式中：i_d 为平均极限扩散电流（μA），代表汞滴自形成至降下过程中汞滴上的平均电流，n 为电极反应中电子的转移数，D 为电极上起反应的物质在溶液中的扩散系数（$cm^2 \cdot s^{-1}$），m 为汞流速（$mg \cdot s^{-1}$），t 为测量 i_d 的电压时的滴汞周期（s），c 为在电极上起反应的物质的浓度（$mmol \cdot L^{-1}$）。

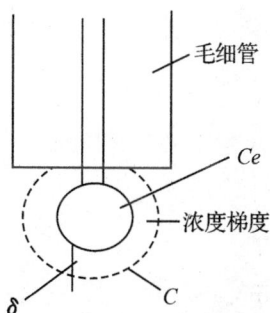

图 10-5　汞滴周围的浓差极化　　　　　　图 10-6　扩散层中的浓度变化

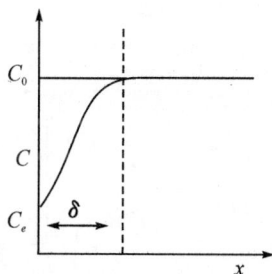

二、影响扩散电流的因素

在进行极谱分析时，欲保证极限扩散电流与待测物质浓度之间的线性关系，必须保证式 $i_d = Kc$ 中 K 为常数，而影响 K 值的主要因素有以下几项。

1. 毛细管特性的影响

尤考维奇方程式中 m、t 均为毛细管特性，$m^{2/3}t^{1/6}$ 称为毛细管特性常数。汞滴流量 m 与汞柱高度 h 呈正比，$m=k_1h$，而滴下的时间与 h 成反比，$t=k_2/h$，则

$$m^{2/3}t^{1/6}=(k_1h)^{2/3}(k_2/h)^{1/6}=k_3h^{1/2} \tag{10-24}$$

可见，当待测物质浓度和其他条件一定时，平均扩散电流与汞柱高度的平方根成正比，即

$$\bar{i_d}=kh^{1/2} \tag{10-25}$$

所以在实际操作中，应该保持汞柱高度不变，在分析标准溶液与未知试样时，要用同一支毛细管，并在同样的汞柱高度下记录极谱图。另外，上述关系还能用来判断或验证极谱波是否为扩散波。

2. 温　度

在扩散电流方程式中，除 c、n 之外，其他各项均不同程度地受温度的影响。在实际分析中，由于标准试样与实际试样是在同一条件下测定的，温度的差别很小，所以实验不一定要采用恒温装置。

3. 溶液的组分

由于扩散电流与电活性物质在溶液中的扩散系数 $D^{1/2}$ 成正比，扩散系数 D 与溶液的黏度有关，黏度越大，D 越小，而黏度受溶液组分的影响，所以在极谱分析中，要保持标准溶液与试样溶液的组分基本一致。

三、极谱定量分析

1. 波高的测量

在极谱的 $i\sim E$ 曲线上，扩散电流 i_d 往往以波高表示，波高的单位可以是微安表测出的 μA，也可以是记录纸中高度 cm，还可以用坐标纸的格数来表示。因为极谱波呈锯齿状，故在作直线时应取锯齿中的中值。波高 H 的测量通常有两种方法：①对于波形较好的极谱波，残余电流与极限电流的延长线基本平行，可通过两线段作两条平行线，其垂直距离即为波高。②对波形比较不好的不对称极谱波，可采用三切线法，这也是最常用的方法。如图 10-7 所示，通过残余电流、极限电流及扩散电流分别作三条切线 AB、CD 和 EF，相交于 O 和 P，通过 O、P 作两条平行于横坐标的平行线，其垂直距离 h 即为波高。

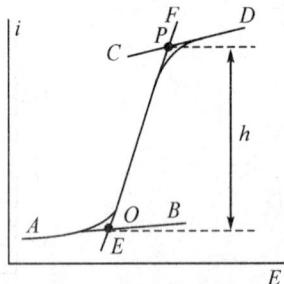

图 10-7　三切法测量波高

2. 极谱定量分析的方法

在极谱分析前，试液溶液中加入支持电解质、极大抑制剂、除氧剂以及为消除其他物质干扰和改善波形的掩蔽剂、pH 缓冲剂等，所有这些物质构成的溶液体系，称为底液。极谱分析中底液的选择是非常重要的，具体的定量方法有以下两种。

（1）标准曲线法。配制一系列不同浓度的待测离子的标准溶液，在相同的实验条件（底液、滴汞电极、汞柱高度）下分别测定各溶液的极谱波，以极谱波高对各标准溶液浓度作图可得标准曲线。在上述条件下测定未知液的极谱波高，从标准曲线上可查得未知液得浓度。

（2）标准加入法。先测得试液体积 V_x 的待测物的极谱波高 h，再在电解池中加入浓度为 c_s、体积为 V_s 的待测物的标准溶液，在同样实验条件下测得波高 H，则

$$h = K c_X \tag{10-26}$$

$$H = K' \frac{V_x c_x + V_s c_S}{V_x + V_S} \tag{10-27}$$

由于加入标准液的量一般较小，不会影响试液基体组成，因此 $K = K'$，所以上面两式相除，即可得

$$c_X = \frac{V_s c_S h}{H(V_x + V_S) - h V_X} \tag{10-28}$$

标准加入法是极谱分析中的常用定量方法。

四、极谱分析中的干扰电流及其消除

在极谱分析中，通过电解池的电流，除了扩散电流外，还有其他原因所产生的电流，这些电流或与被测物质的量无关，或不成函数关系，对分析测定有干扰，统称为干扰电流。

1. 残余电流

残余电流的其中一个来源是溶液中存在的痕量杂质所产生的电解电流，另一个来源是滴汞电极界面上的充电电流（电容电流），它是残余电流的主要部分。滴汞电极和溶液界面形成的双电层相当于一个电容器，电容器所充电荷随着汞滴的长大而增加，随着汞滴周期性地生长和滴落，电荷被带走。为了给新的汞滴表面充电，就要有一定量的电流流过，这样就形成了连续不断的充电电流。

充电电流在经典直流极谱上无法消除，它的存在限制了极谱分析的检测下限。因充电电流的大小约为 10^{-7} A，相当于 10^{-5} mol·L^{-1} 的电活性物质产生的扩散电流的大小，因此经典极谱检测下限不能低于 10^{-5} mol·L^{-1}。残余电流一般采用切线作图法扣除或者使用残余电流补偿装置扣除。

2. 对流电流和迁移电流

在电解过程中，电解电流的大小取决于待测物质到达电极表面的传质过程。通常情况下，传质过程包括对流运动、迁移运动和扩散运动三部分，因此电解电流也包含对流电流、迁移电流和扩散电流。极谱分析中，只有扩散电流与溶液中待测物质的浓度成正比的关系，所以必须消除其他两种电流的影响。对流电流是由于溶液的振动或搅动引起离子向电极表面的切线运动而到达电极表面进行电极反应所产生的电流，因此只要尽量保持溶液的静止即可消除其影响。迁移电流是由于离子在对电极施加外电压时所产生的电场力的作用下，迁移到电极表面进行电极反应所产生的电流。迁移电流干扰了极谱扩散电流的准确测量，因此必须消除其影响。消除迁移电流的方法，是在溶液中加入大量（其浓度为待测离子的 50～100 倍）的非电活性的电解质，由于待测离子的浓度很小，而电场力对相同符号的不同离子的作用力是没有选择性的，所以电极的电场力对待测离子的作用力大大降低，迁移运动主要由加入的电解质来承担，因此消除了迁移电流。加入的非电活性电解质称为支持电解质。作为支持电解质的物质

常有碱金属、碱土金属的无机盐,四甲基铵盐及强络合性的有机盐类。

3. 极谱极大

在极谱分析中,常有一种特殊的现象发生,电解开始后,电流随电位的变化急剧上升到一个很大的值,当电位再增大时,电流又回落到正常的极限扩散电流,以后呈平稳的状态,在极谱上产生一个尖锐的畸峰,此称为极谱极大,如图 10-8 所示。峰的高度虽与待测离子浓度无确定的函数关系,但干扰了半波电位及扩散电流的测量,因此必须消除其影响。

极谱极大源于汞滴生成过程中,汞滴表面各部位的表面张力不同,电极表面产生切线运动引起的汞表面附近溶液的剧烈搅动(见图 10-9),使被测物质急速到达电极表面而产生电极反应,从而引起电流的急剧增大。由于电极表面被测物质的迅速消耗,达到完全浓差极化,所以电流又回落到正常的扩散电流。

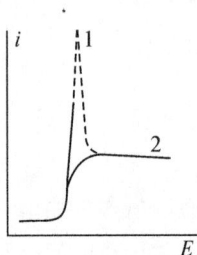

图 10-8　极谱极大

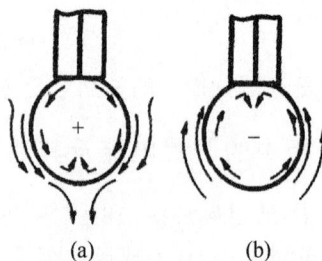

图 10-9　汞滴及其附近溶液层中的流动
(a)出现正极谱极大时;(b)出现负极谱极大时

消除极谱极大的方法是向溶液中加入很少量($0.02\% \sim 0.002\%$)的表面活性物质,如品红、明胶、聚乙烯醇、曲通 X-100 等,这些物质称为极大抑制剂。加入的极大抑制剂会被汞滴表面所吸附,使其表面张力降低,且原来表面张力大的部位吸附得多,表面张力也降得多;原来表面张力小的部位吸附得少,表面张力也降得少。因此加入极大抑制剂后,汞滴表面各部位的表面张力趋于平均,以消除汞滴生长过程中电极表面的切线运动。

4. 氧　波

室温下,O_2 在水中的溶解度约为 $8mg \cdot L^{-1}$。电解时,O_2 在电极上通过两步被还原,产生两个极谱波:

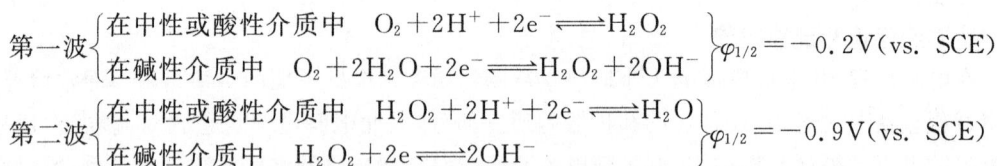

第一波 $\begin{cases} \text{在中性或酸性介质中} \quad O_2 + 2H^+ + 2e^- \rightleftharpoons H_2O_2 \\ \text{在碱性介质中} \quad O_2 + 2H_2O + 2e^- \rightleftharpoons H_2O_2 + 2OH^- \end{cases} \varphi_{1/2} = -0.2V(\text{vs. SCE})$

第二波 $\begin{cases} \text{在中性或酸性介质中} \quad H_2O_2 + 2H^+ + 2e^- \rightleftharpoons H_2O \\ \text{在碱性介质中} \quad H_2O_2 + 2e \rightleftharpoons 2OH^- \end{cases} \varphi_{1/2} = -0.9V(\text{vs. SCE})$

两波均较倾斜,跨度很大,占据了 $0 \sim -1.2V$ 极谱分析中最有用的电位区间,干扰很大,因此必须消除。常用的方法:通常通入高纯 N_2,有时也可通 H_2,还可在酸性溶液中通 CO_2,或者在碱性或中性溶液中加入 Na_2SO_3,把 O_2 还原除去(在酸性介质中,SO_3^{2-} 不稳定且会在电极上还原,故不宜使用)。

在实际工作中,除消除上述四种干扰电流外,还应注意消除其他干扰因素。如两种物质极谱波的重叠(叠波),前放电物质极谱波(前波)的干扰以及氢放电(氢波)的干扰等。这些影响可根据实际情况采取相应措施加以消除。

第四节　现代极谱分析方法

经典极谱法因充电电流的存在，灵敏度受到了限制，而且分辨率较低（除非两种待测物的半波电位相差 100mV 以上，否则要准确测定各组分的极谱波高会有困难），因此组分间的干扰较大。要解决上述问题，最关键的是要设法提高传统极谱法的信噪比。为此发展了一些新型极谱法，如单扫描极谱法、循环伏安法、脉冲极谱法等现代极谱分析法。

一、单扫描极谱法

应用阴极射线示波器作为测量工具的极谱法称为单扫描极谱法（single sweep polarography）。单扫描是指一滴汞上只加一次扫描电压。

1. 基本装置

单扫描极谱法的仪器装置如图 10-10 所示。图中极化电压发生器产生的电压加于电解池中的滴汞电极和铂辅助电极上，待测物在滴汞电极上还原后，相应的电解电流在测量电阻 R 上产生电压降，经垂直偏向放大器放大后加到示波管的垂直偏向板上，电解过程中的电位变化，经水平偏向放大器放大后加到示波管的水平偏向板上。示波器的水平偏向板代表施加的极化电压，垂直偏向板代表电流。则电流随电极电位变化的 $i\text{-}E$ 曲线直接从示波管荧光屏上显示出来。

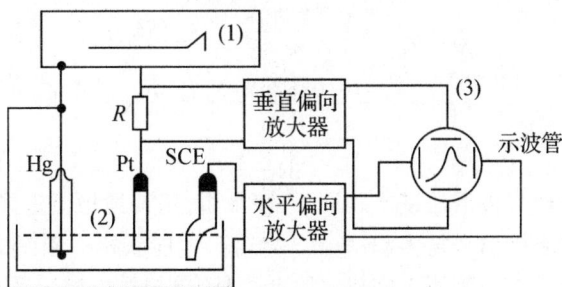

图 10-10　单扫描极谱仪装置
(1)极化电压发生器；(2)电解池；(3)示波管

在单扫描极谱法中，滴汞周期为 7s，为了消除滴汞电极面积变化的影响，前 5s 电压停扫，在滴汞滴下前的 2s 区间，加上一次电压，扫描电压为 0.5V。为了在每滴汞生长后的 2s 内都能得到一个极谱波（见图 10-11），扫描完毕后，通过滴汞电极上的敲击装置强制汞滴落下，然后汞滴又开始生长，在最后 2s 期间，又扫描一次，这样在荧光屏上重复出现极谱图。

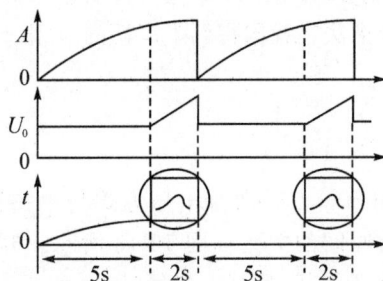

图 10-11　汞滴面积 A、极化电压 U_0 及电流 i 与时间 t 的关系

2. 电流-电位曲线

在单扫描极谱中,对于电极反应可逆的物质,极谱图出现明显的尖峰状(见图 10-12);如果电极反应不可逆,由于电极反应速率慢,则尖峰不明显,有时甚至不起波。出现尖峰状的原因,是由于极化电压变化的速度快,当达到可还原物质的分解电压时,该物质在电极上迅速还原,产生很大的电流。因此,极谱电流急剧上升,由于还原物质在电极上被还原,使它在电极表面附近的

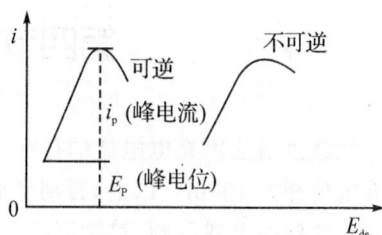

图 10-12　单扫描极谱

浓度剧烈降低,本体溶液中的还原物质来不及扩散至电极表面,当电压进一步增加时,电流反而减小,所以形成尖峰状。

对于可逆的电极反应,峰电流方程式可以表示为

$$i_p = 2.69 \times 10^5 n^{3/2} D^{1/2} v^{1/2} Ac \tag{10-29}$$

式中:i_p 为峰电流(A),n 为电极反应电子数,D 为扩散系数($cm^2 \cdot s^{-1}$),v 为极化速率($V \cdot s^{-1}$),A 为电极面积(cm^2),c 为被测物质浓度($mol \cdot L^{-1}$)。从上式可以看出,在一定的实验条件下,峰电流与被测物质的浓度成正比。

对于可逆的电极反应,峰电位 φ_p 与普通极谱的半波电位 $\varphi_{1/2}$ 的关系有

$$\varphi_p = \varphi_{1/2} \pm 1.1 \frac{RT}{nF} \tag{10-30}$$

在 25℃时为

$$\varphi_p = \varphi_{1/2} - \frac{0.02825V}{n} \quad \text{(还原波)} \tag{10-31}$$

$$\varphi_p = \varphi_{1/2} + \frac{0.02825V}{n} \quad \text{(氧化波)} \tag{10-32}$$

3. 特点和应用

单扫描极谱法的原理与极谱法基本相同,一般来讲,用普通极谱法能测定的物质用单扫描极谱法也能测定。但普通极谱法需多滴汞(50~80 滴)才能获得一条呈 S 形的极谱曲线,而单扫描极谱法的峰形曲线可在一滴汞上完成。除此之外,单扫描极谱法还有以下特点。

(1)快速简便,可在数秒钟内完成一次测量,并且能在荧光屏上直接测量电流。

(2)灵敏度高,一般可达 $10^{-7} mol \cdot L^{-1}$,比普通极谱法高 1~2 个数量级。

(3)分辨率高,两种金属离子的半波电位相差 0.1V 以上就可以将它们分开。

(4)前放电物质的干扰比普通极谱法小得多,一般有数百倍甚至上千倍的前放电物质存在时,也不影响测定。

(5)由于采用三电极体系,能有效地减小 iR 电位降所带来的不良影响。

由于以上的特点,单扫描极谱法在我国得到了广泛的应用。

二、循环伏安法

1. 原　理

循环伏安法(cyclic voltammetry,CV)外加电压方式与单扫描极谱法相似,是将线性扫描电压施加在电极上,电压与扫描时间的关系如图 10-13 所示。开始时,从起始电压 U_i 扫描至某一电压 U 后,再反向回扫至起始电压,完成一次循环。

若溶液中存在氧化态 O,当电位从正向负扫描时,电极上发生还原反应,即

$$O + ze \Longleftrightarrow R$$

反向回扫时,电极上生成的还原态 R 又发生氧化反应,即

$$R \Longleftrightarrow O + ze$$

循环伏安曲线如图 10-14 所示。若需要,可以进行连续循环扫描。

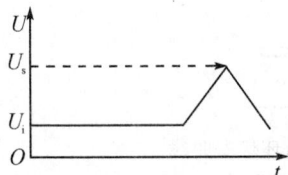

图 10-13　循环伏安法的电压-时间关系　　　　图 10-14　循环伏安曲线

通常,循环伏安法采用三电极系统。使用的指示电极有悬汞电极、汞膜电极和固体电极,如 Pt 圆盘电极、玻璃碳电极、碳糊电极等。

2. 应　用

(1)判断电极过程的可逆性。对于可逆的电极反应,循环伏安图的上下两条曲线是对称的,两峰电流之比为 $i_{pa}/i_{pc} = 1$。此外,阳极峰电位与阴极峰电位之差应为

$$\Delta\varphi_p = \varphi_{pa} - \varphi_{pc} = \frac{56.5}{n}mV \quad (25℃) \tag{10-33}$$

对于不可逆电极反应,除上下两条曲线不对称外,阳极峰与阴极峰的电位之差比上式要大,因此,循环伏安法可以用来判断电极反应的可逆性。$\Delta\varphi_p$ 与循环电压扫描中换向时的电位有关,也与实验条件有一定的关系,其值会在一定范围内变化。一般认为当 $\Delta\varphi_p$ 为 $55/n\ mV$ 至 $65/n\ mV$ 时,该电极反应是可逆过程。应该注意:可逆电流峰的 $\Delta\varphi_p$ 与电压扫描速率 v 无关,且 $i_{pa} = i_{pc} \propto v^{1/2}$($v$ 为极化速率)。可逆电极过程的循环伏安曲线如图 10-15(A)所示。

对于部分可逆(也称准可逆)电极过程来说,极化曲线与可逆程度有关,一般来说 $\Delta\varphi_p > 59/nmV$,且随 v 的增大而变大,i_{pa}/i_{pc} 可能大于 1,也可能小于或等于 1,i_{pa}、i_{pc} 仍正比于 $v^{1/2}$。准可逆电极过程的循环伏安曲线如图 10-15(B)所示。

对于不可逆电极过程来说,反向电压扫描时不出现阳极波,i_{pc} 仍正比于 $v^{1/2}$,v 变大时,φ_p 明显变负。根据 $\Delta\varphi_p$ 与 v 的关系,还可以计算准可逆和不可逆电极反应的速率常数。不可逆过程的循环伏安曲线如图 10-15(C)所示。

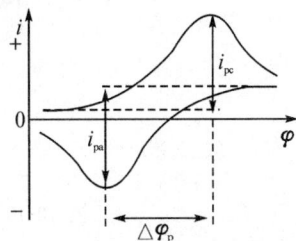

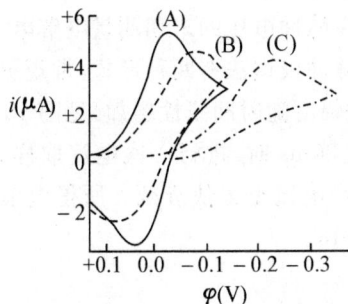

图 10-15　循环伏安曲线

(2)电极反应过程的研究。循环伏安法还可用来研究电极反应的机理。例如,研究无机化合物 $Ru(NH_3)_5Cl^{2+}$ 的电极反应机理时,得到如图 10-16 所示的循环伏安曲线。

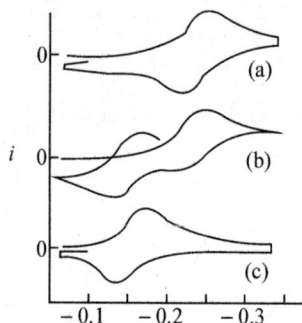

图 10-16　$Ru(NH_3)_5Cl^{2+}$ 的循环伏安曲线

在扫描速度很快的情况下,从图 10-16(a)可以看出,只有一对还原波和氧化波出现;当扫描速度比较慢的情况下,在较正的电位下出现了一对新的还原波和氧化波(见图 10-16(b)),其机理解释如下。

在扫描速度很快的情况下,$Ru(NH_3)_5Cl^{2+}$ 在电极上发生还原反应,在反向扫描时,产物发生氧化反应。电极反应为

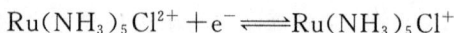

$$Ru(NH_3)_5Cl^{2+} + e^- \rightleftharpoons Ru(NH_3)_5Cl^+$$

在慢速扫描时,反应产物 $Ru(NH_3)_5Cl^+$ 生成水合络离子,即

$$Ru(NH_3)_5Cl^+ + H_2O \longrightarrow Ru(NH_3)_5H_2O^{2+} + Cl^-$$

由于有较长的时间使这一化学反应得以进行,所以在电极表面的溶液中形成较多的水合络离子,能在较正的电位下产生氧化还原反应,出现一对新的氧化还原波。电极反应为

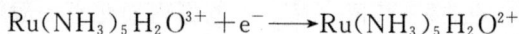

$$Ru(NH_3)_5H_2O^{3+} + e^- \longrightarrow Ru(NH_3)_5H_2O^{2+}$$

而在快速扫描时,没有足够的时间生成水合络离子,所以只有一对氧化还原波。图 10-16(c)是 $Ru(NH_3)_5H_2O^{3+}$ 溶液的循环伏安曲线,它证实了在图 10-16(b)中较正电位处的极谱波是水合钌络离子的极谱波。

三、脉冲极谱法

脉冲极谱法(pulse polarography)是为克服普通极谱法中充电电流和毛细管噪声电流的影响而建立的一种新极谱技术,它具有灵敏度高、分辨力强等特点。

1. 基本原理

脉冲极谱法是在一个缓慢变化的直流电源上,在滴汞电极的每一个汞生长的后期,叠加一个小振幅的周期性脉冲电压,并在脉冲电压的末期测量电解电流的极谱法。

根据所加电压方式的不同,脉冲极谱法有两种形式:常规脉冲极谱法和微分脉冲极谱法。

常规脉冲极谱法施加的脉冲幅度随时间线性增加(见图 10-17(a)),脉冲间歇期间,电位等于起始电位。在每一脉冲消失前 20ms 时,进行一次电流取样,此时,充电电流 i_c 衰减几乎等于零(见图 10-17(b)),毛细管噪声电流也很快衰减。所得电解电流 i_f 经记录后,得到与普通极谱法相似的极谱图形(见图 10-18)。

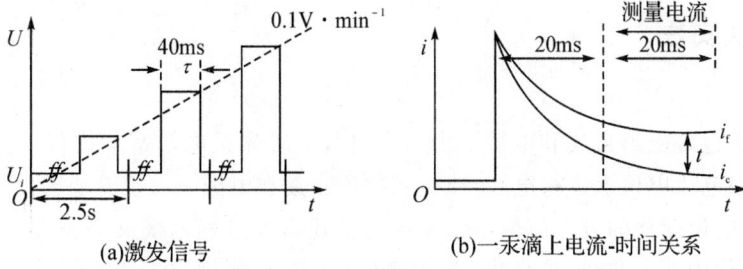

(a)激发信号　　　　　　　(b)一汞滴上电流-时间关系

图 10-17　微分脉冲极谱

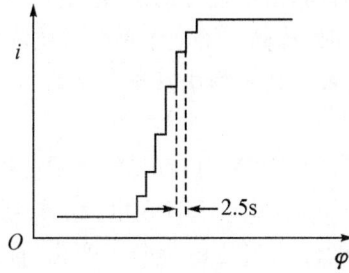

图 10-18　常规脉冲极谱

常规脉冲极谱的极限扩散电流为

$$i_l = nFAD^{1/2}(\pi t_m)^{-1/2}c \tag{10-34}$$

式中:t_m 为从加脉冲到测量电流的时间,其他各项的意义同前。

微分脉冲极谱法叠加的是等幅度的脉冲电压(见图 10-18(a)),它是在脉冲电压加入前 20ms 进行一次电流取样,在脉冲电压消失前 20ms 再进行一次电流取样,这两者之差便是扣除了背景电流的电解电流(见图 10-18(b))。由于微分脉冲极谱法测量的是加脉冲前后的电流差 Δi,所以形成的极谱图呈峰形(见图 10-19)。

微分脉冲极谱的峰电流方程式为

$$\Delta i = \frac{n^2 F^2 D^{1/2}}{4RT} A \Delta U (\pi t_m)^{-1/2} c \tag{10-35}$$

式中:ΔU 为脉冲电压的振幅,其他各项意义同式(10-34)。

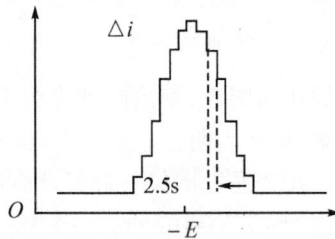

图 10-19　微分脉冲极谱

2. 特点和应用

(1)脉冲极谱法的灵敏度高,对于电极反应为可逆的物质,灵敏度可达 $10^{-8} \text{mol} \cdot \text{L}^{-1}$。这对许多有机化合物的测定、电极反应过程的研究等都是十分有利的。

(2)脉冲极谱法分辨能力强,两峰相差 25mV 时就可以分开。

(3)允许前放电物质的量大,前放电物质的浓度比被测物质高 5000 倍时,亦不干扰测定。

四、溶出伏安法

1. 原　理

溶出伏安法包含电解富集和电解溶出两个过程。首先是电解富集过程,它是将工作电极固定在产生极限电流电位上进行电解,使被测物质富集在电极上。接着是溶出过程,逐渐改变工作电极电位,电位变化的方向应使电极反应与上述富集过程电极反应相反。记录所得的电流—电位曲线,称为溶出曲线,呈峰状,峰电流的大小与被测物质的浓度有关。溶出曲线的高度与被测物质的浓度、电解富集时间、溶液搅拌的速度、电极的面积以及溶出时电位变化的速度等因素有关。当所有因素固定时,峰高与溶液中被测物质浓度呈线性关系,故可用于定量分析。由于本方法是通过电解将溶液中痕量物质富集起来后再进行测定,因此灵敏度比一般极谱法高 3～4 个数量级。

例如,在盐酸介质中测定痕量铜、铅、镉时,首先将悬汞电极的电位固定在 $-0.8V$,电解一定的时间,此时溶液中的一部分 Cu^{2+}、Pd^{2+}、Cd^{2+} 在电极上被还原,并生成汞齐,富集在悬汞滴上。电解完毕后,使悬汞电极的电位均匀地由负向正变化,首先达到可以使镉汞齐氧化的电位,这时,由于镉的氧化,产生氧化电流。当电位继续变正时,由于电极表面层中的镉已被氧化得差不多了,而电极内部的镉还来不及扩散出来,所以电流就迅速减小,这样就形成了峰状的溶出伏安曲线(见图 10-20)。同样,当悬汞电极的电位继续变正,达到铅汞齐和铜汞齐的氧化电位时,也得到相应的溶出峰,如图 10-21 所示。

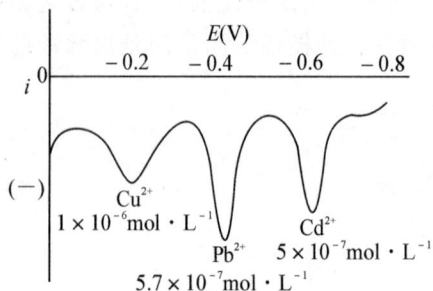

图 10-20　盐酸底液中镉、铅、铜的溶出伏安曲线

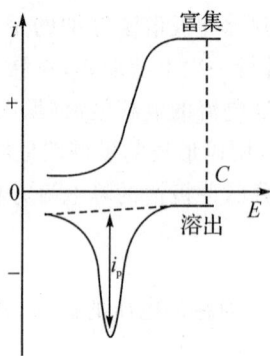

图 10-21　阳极溶出伏安曲线

在这里,电解富集时,悬汞电极作为阴极,溶出时则作为阳极,称之为阳极溶出法。相反,悬汞电极也可作为阳极来电解富集,而作为阴极进行溶出,这样就叫做阴极溶出法。

溶出伏安法的全部过程都可以在普通极谱仪上进行,也可与单扫描极谱法和脉冲极谱法结合使用,其方法灵敏度很高,可达到 10^{-7}～10^{-11} $mol \cdot L^{-1}$。其主要原因是由于工作电极的表面积很小,通过电解富集,使得电极表面汞齐中金属的浓度相当大,起了浓缩的作用,所以溶出时产生的电流也就很大。

2. 溶出伏安法中的工作电极

(1)机械挤压式悬汞电极。电极构造如图 10-22 所示。它的玻璃毛细管上端连接于密封的贮汞器中,使用时,由旋转顶针挤压使汞从毛细管中流出,使汞滴悬挂在毛细管口上,汞滴体积由旋转顶针圈数控制。

（2）挂汞电极。挂汞电极是用一根半径为 0.2mm 的铂丝或银丝封闭在电极杆上，下端经过抛光，使用时将铂丝或银丝的抛光面洗净，即可蘸取汞，形成悬挂着的汞滴（见图 10-23）。

这类电极的优点是操作简单，再现性好。但如果待测离子浓度很低，电解就需要很长的时间。另外，由于电解在表面的金属扩散到汞滴内部，溶出时汞滴内部的金属来不及扩散到电极表面，因而灵敏度并不随电解时间的增加而提高。挂汞电极的这些缺点是导致使用汞膜电极的原因。

（3）汞膜电极。以铂、银或玻碳为基体，在其表面镀上一层很薄的汞，就制成了汞膜电极。例如，银基汞膜电极（见图 10-24）是在银基体上涂敷一层汞膜，由于汞膜电极表面积大，汞膜很薄，溶出汞膜电极的灵敏度比挂汞电极高 1～2 个数量级。

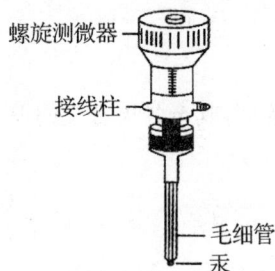

图 10-22　机械挤压式悬汞电极　　　　　图 10-23　挂汞电极　　　　　图 10-24　银基汞膜电极

五、极谱催化波

在极谱电流中有一种电流，其大小不是决定于去极剂的扩散速率或电极反应速率，而是决定于在电极周围反应层内进行化学反应的速率，使电极过程受化学反应动力学的控制，这类电流称为动力电流，这种极谱波称为动力波。化学反应平行于电极反应的动力波，就是一种典型的极谱催化波（或平行催化波）。由于极谱催化波具有比普通极谱法高得多灵敏度，因而在痕量物质的分析方面，受到人们的重视，并得到日益广泛的应用。极谱催化波主要有两种类型，即平行催化波和氢催化波。此外，利用某些金属络合物吸附于电极表面，能产生灵敏度很高的极谱波，这类极谱波称为络合物吸附波。

1. 平行催化波

平行催化波的产生是由于某一电活性物质 O 在电极上被还原，生成还原产物 R，溶液中存在的另一种物质 Z 能将 R 重新氧化成 O，而 Z 本身在一定电位范围内不会在滴汞电极上直接还原，再生出来的 O 在电极上又一次被还原。如此循环往复，就使极谱电流大为增加。其反应式为

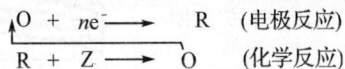

$$O + ne^- \longrightarrow R \quad \text{（电极反应）}$$
$$R + Z \longrightarrow O \quad \text{（化学反应）}$$

电极反应和化学反应平行进行的结果是，电活性物质 O 在反应前后浓度没有发生变化，消耗的是氧化剂 Z。物质 O 的作用相当于一种催化剂，它催化了 Z 的还原，这样产生的电流称为催化电流。催化电流与催化剂 O 的浓度成正比，可用来测定物质 O 的含量。

例如，钛（Ⅳ）在草酸和氯酸钾体系中的平行波。

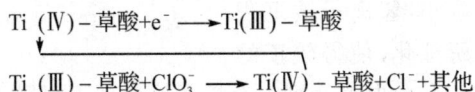

$$\text{Ti（Ⅳ）- 草酸} + e^- \longrightarrow \text{Ti（Ⅲ）- 草酸}$$
$$\text{Ti（Ⅲ）- 草酸} + ClO_3^- \longrightarrow \text{Ti（Ⅳ）- 草酸} + Cl^- + \text{其他}$$

草酸是络合剂,氯酸钾是氧化剂,它本身在滴汞电极上有较高的过电位,不会直接被还原。Ti(Ⅳ)-草酸首先在电极上还原成 Ti(Ⅲ)-草酸,Ti(Ⅲ)-草酸又被 KClO₃ 氧化成 Ti(Ⅳ)-草酸,Ti(Ⅳ)-草酸又在电极上被还原,产生灵敏的催化极谱波,该催化可以测定 $1 \times 10^{-10} \, mol \cdot L^{-1}$ 的钛。

又如,钼(Ⅵ)在苦杏仁酸的氯酸钠体系中,也产生一平行催化波。

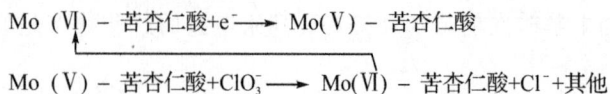

$$Mo\,(Ⅵ) - 苦杏仁酸 + e^- \longrightarrow Mo(Ⅴ) - 苦杏仁酸$$

$$Mo\,(Ⅴ) - 苦杏仁酸 + ClO_3^- \longrightarrow Mo(Ⅵ) - 苦杏仁酸 + Cl^- + 其他$$

从上面的例子可以看出,这些催化波谱中的金属离子在滴汞电极上被还原成低价离子后,被溶液中的氧化剂氧化为原来的高价离子,所以这类催化波测定的金属离子为变价离子,如 Mo(Ⅵ)、Ti(Ⅳ)和 Se(Ⅳ)等,而所用的氧化剂一般为 H_2O_2、$NaClO_3$ 和 $NaBrO_3$ 等。

对于平行催化波,催化电流方程式为

$$i_c = 0.51nFD^{1/2}q_m^{2/3}t^{2/3}K^{1/2}c_0^{1/2}. \tag{10-36}$$

式中:i_c 为催化电流,K 为化学反应的速率常数,c_0 为氧化剂的浓度,其余各项意义同前。

在一定的条件下,有

$$i_c = Kc \tag{10-37}$$

这是平行催化波进行定量分析的理论依据。

从式(10-37)可以看出,催化电流的大小主要决定于化学反应的速率常数 K 值。另外,由于 q_m 与汞柱高度 h 成正比,t 与 h 成反比,所以

$$i_c \propto q_m^{2/3}t^{2/3} \propto h^{2/3}h^{-2/3} \propto h_0$$

即催化电流与汞柱高度无关,而扩散电流与汞柱高度的平方根成正比,这是它们两者不同的地方,常用此关系来判断催化电流及扩散电流。

2. 氢催化波

前已述及,氢在滴汞电极上有较大的过电位,在酸性溶液中氢的析出电位在 $-1.20V$ 以后。但当溶液中存在某些痕量物质时,这些物质很容易被还原,并且沉积在滴汞电极表面上,改变了电极表面的性质。这就降低了氢在滴汞电极上的过电位,使得氢离子在较正的电位下放电,形成氢催化波。实验中,可以看到滴汞电极表面出现微小的氢气泡。

铂族元素在稀酸溶液中能形成氢催化波,如图 10-25 所示。图中曲线 1 是底液的正常氢波,放电电位在 $-1.20V$ 以后;当此底液含有微量 $PtCl_4$ ($5.0 \times 10^{-6} \, mol \cdot L^{-1}$)时,曲线 2 就有一小波,放电电位前移至 $-1.05V$;随着 $PtCl_4$ 量的增加,曲线 3,4,5 的电位稍前移,而电流相应增加,所以该氢催化波可用于微量铂的测定。

图 10-25   氢催化波

$0.1mol \cdot L^{-1} \, HCl + 0.01mol \cdot L^{-1}$

$BaCl_2 + PtCl_4/mol \cdot L^{-1}$:

1 为 0;2 为 5.0×10^{-6};

3 为 1.0×10^{-5};4 为 2.0×10^{-5};5 为 4.0×10^{-5}

关于这类催化波的机理,认为是微量氯化铂在滴汞电极上还原后,铂原子不形成汞齐而是沉积在滴汞电极表面,滴汞电极被修饰成一个类似于铂的微电极,氢离子在铂电极上的过电位远比滴汞电极的过电位小,氢离子被沉积在滴汞电极表面的铂原子所催化,使得较正的电位还原,产生了氢催化波。催化电流达到一个极限值后就不再随 $PtCl_4$ 浓度增大而增加,是

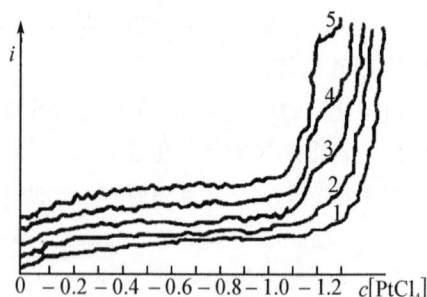

因为 $PtCl_4$ 浓度较大时,滴汞电极表面几乎全部被铂原子所覆盖,再增大 $PtCl_4$ 浓度,电流也不再增加了。

另外,一些含氮或含硫的有机化合物或它们的金属络合物含有可质子化的基团(B),它们能与溶液中的质子给予体(DH^+)相互作用,生成质子化产物(BH^+)。由于质子化产物结构的特性,使键合的氢受到活化,易在滴汞电极上还原而产生氢催化波,电极反应产物又从溶液中的质子给予体取回质子,然后又在电极上放电。如此反复循环,产生很大的催化电流。其反应过程为

$$BH^+ + e^- \longrightarrow B + \frac{1}{2}H_2 \qquad \text{(电极反应)}$$

$$B + DH^+ \longrightarrow BH^+ + D \qquad \text{(酸碱反应)}$$

这类催化波可用来测定氨基酸、蛋白质。例如,在含钴(Ⅱ)的氨性缓冲溶液中,可测定巯基化合物如半胱氨酸和胱氨酸。—SH 基中硫原子具有自由电子对,极易与质子给予体产生质子化反应,形成具有催化活性的基团,在电极上产生氢催化波。

3. 络合物吸附波

络合物吸附波是指有些金属络合物吸附在滴汞电极表面,产生一个灵敏的极谱波。由于它既不发生催化循环反应,也不析出 H_2,因此,它不同于平行催化波和氢催化波。如 Pb^{2+} 在醋酸-醋酸钠-邻二氮菲(phen)的底液中,能得到 $Pb(phen)^{2+}$ 络合物吸附波。其电极过程为

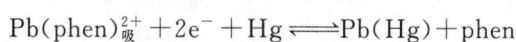

$$Pb^{2+} + phen \Longrightarrow Pb(phen)^{2+}$$

$$Pb(phen)^{2+} \Longrightarrow Pb(phen)^{2+}_{吸}$$

$$Pb(phen)^{2+}_{吸} + 2e^- + Hg \Longrightarrow Pb(Hg) + phen$$

络合物吸附波灵敏度很高,一般为 $10^{-7} \sim 10^{-9}$ mol·L^{-1},可测定数十种金属离子,应用十分广泛。有关极谱催化波与络合物吸附波的体系列于表 10-1 中。

表 10-1 极谱催化波与络合物吸附波体系

被测物质	底液体系	催化波类型	检测限(mol·L^{-1})
铀	醋酸-醋酸钠,铜铁试剂,EDTA,氨基三乙酸	络合物吸附波	8.5×10^{-7}
钙	络黑 T,NaOH	络合物吸附波	5×10^{-8}
镓	铜铁试剂,二苯胍	络合物吸附波	1×10^{-8}
锌	乙二胺,酒石酸	络合物吸附波	5×10^{-8}
铝	茜素 S,三乙醇胺,亚硫酸钠	络合物吸附波	2×10^{-8}
铌	苦杏仁酸,氯酸钠,四甲基碘化胺	络合物吸附波	1×10^{-10}
钪	氯化铵,pH=4.5,铜铁试剂,二苯胍	络合物吸附波	1×10^{-7}
钼	苦杏仁酸,硫酸,氯酸钾	平行催化波	6×10^{-10}
钨	苦杏仁酸,硫酸,氯酸钾,辛可灵	平行催化波	5×10^{-8}
铁	氢氧化钠,三乙醇胺,过氧化氢	平行催化波	2×10^{-7}
镍	胱氨酸,氨性缓冲溶液	氢催化波	5×10^{-8}
铑	盐酸	氢催化波	7×10^{-7}
砷	硫酸,碘化胺,碲	氢催化波	1×10^{-7}
钴	丁二酮肟,亚硝酸钠,盐酸羟胺,氯化铵	氢催化波	4×10^{-1}
钌	氯化钾,盐酸	氢催化波	1×10^{-9}
锑	硫酸钠,硫酸钴,四丁基溴化铵	氢催化波	1×10^{-7}
碲	盐酸	氢催化波	1×10^{-7}
铱	硫脲,碘化钾,盐酸,抗坏血酸	氢催化波	5×10^{-11}
铂	醋酸-醋酸钠,邻苯二胺,EDTA	氢催化波	5×10^{-8}

思考题与习题

1. 极谱的定性分析依据是_____,定量分析的依据是_____。

2. 在极谱分析中,待测离子由溶液本体到达电极表面的 3 种运动形式是_____运动、_____运动和_____运动。在这三种运动形式中,只有由_____运动所产生_____电流与待测物有定量关系。

3. 溶出伏安法包括两个过程:①_____,②_____。

4. 伏安法和极谱分析法是一种特殊情况下的电解形式,其特殊表现在哪些方面?

5. 极谱分析法采用的滴汞电极具有哪些特点? 在极谱分析法中为什么常用三电极系统?

6. 产生浓差极化的条件是什么?

7. 极谱分析中所用的电极,为什么一个电极的面积应该很小,而参比电极则应具有大面积?

8. 何谓半波电位? 它有何性质和用途?

9. 影响极谱扩散电流的因素是什么? 极谱干扰电流有哪些? 如何消除?

10. 极谱的底液包括哪些物质? 其作用是什么?

11. 极谱分析用作定量分析的依据是什么? 有哪几种定量方法? 如何进行?

12. 直流极谱法有哪些局限性? 应从哪些方面来克服这些局限性?

13. 溶出伏安法的原理和特点是什么?

14. Cd^{2+} 在滴汞电极上还原为金属镉并与汞生成汞齐,产生一个可逆的极谱波,如果汞滴流速为 $1.68mg \cdot s^{-1}$,滴汞周期为 $3.49s$,扩散电流系数为 $7.6 \times 10^{-6} cm^2 \cdot s^{-1}$,其浓度为 $5.00 \times 10^{-3} mg \cdot L^{-1}$,计算极限扩散电流。

15. 采用标准加入法测定某样品中的微量锌。取样品 $1.000g$ 溶解后,加入 NH_3-NH_4Cl 底液,稀释至 $50.00mL$。取试液 $10.00mL$,测得极谱波高为 10 格。加入锌标准溶液(含锌 $1.0mg \cdot L^{-1}$)$0.50mL$,测得波高为 20 格。计算样品中锌的含量。

16. 用下列数据计算试样中铅的质量浓度,以 $mg \cdot L^{-1}$ 表示。

溶液	在 $-0.65V$ 测得电流(mA)
25.0mL 0.040mol $\cdot$ L^{-1} KNO₃ 稀释至 50.0mL	12.4
25.0mL 0.040mol $\cdot$ L^{-1} KNO₃ 加 10.0mL 试样溶液,稀释至 50.0mL	58.9
25.0mL 0.040mol $\cdot$ L^{-1} KNO₃ 加 10.0mL 试样,加 5.0mL 1.7 $\times 10^{-3}$ mol $\cdot$ L^{-1} Pb^{2+},稀释至 50.0mL	81.5

17. $3.000g$ 锡矿试样以 Na_2O_2 熔融后溶解之,将溶液转移至 $250mL$ 容量瓶,稀释至刻度。吸取稀释后的试液 $25mL$ 进行极谱分析,测得扩散电流为 $24.9mA$。然后在此液中加入 $5mL$ 浓度为 $6.0 \times 10^{-3} mol \cdot L^{-1}$ 的标准锡溶液,测得扩散电流为 $28.3mA$。计算矿样中锡的质量分数。

18. 在 $0.1mol \cdot L^{-1}$ KCl 底液中,Cd^{2+} 在滴汞电极上还原是可逆的,25℃时在不同的滴汞电位(vs. SCE)下测得打散电流值列于下表:

试计算 $E_{1/2}$。

$\varphi_d e(V)$	-0.66	-0.71	-1.71
(μA)	17.1	19.1	20.0

第十一章

色谱分析法导论

第一节 概　述

通常将先分离后分析的仪器分析方法称为分离分析法。它利用试样中共存组分间的吸附、分配、交换、迁移速率以及其他性能上的差异,先将它们分离,而后通过检测器按一定顺序进行分析测定。它主要包括色谱分析法(气相色谱、液相色谱、纸色谱、薄层色谱、超临界流体色谱等)、高效毛细管电泳法及色谱-质谱联用法和色谱-光谱、波谱联用法等。

色谱法是现代仪器分析中的一类重要方法,特别是由于气相色谱法和高效液相色谱法的发展与完善,离子色谱、超临界流体色谱等新方法的不断涌现,以及与色谱有关的各种联用技术的使用,使色谱法成为生产和科研中解决各种复杂混合物分离分析问题的主要工具之一。色谱法具有以下突出的特点。

(1)分离效率高。色谱法具有高超的分离能力,它的分离效率远远高于其他分离技术,如蒸馏、萃取、离心等方法。例如,毛细管气相色谱柱$(0.1\sim0.25\mu m)$,$30\sim50m$ 的其理论塔板数可以到 7 万～12 万;而毛细管电泳柱一般都有几十万理论塔板数的柱效,至于凝胶毛细管电泳柱可达上千万理论塔板数的柱效。

(2)应用范围广。它几乎可用于所有化合物的分离和测定,无论是有机物、无机物、低分子或高分子化合物,甚至有生物活性的生物大分子也可以对其进行分离和测定。

(3)分析速度快。一般在几分钟到几十分钟就可以完成一次复杂样品的分离和分析。近年来的小内径$(\Phi=0.1mm)$、薄液膜$(0.2\mu m)$、短毛细管柱$(1\sim10m)$比原来的方法提高速度 $5\sim$ 10 倍。

(4)样品用量少。用极少的样品就可以完成一次分离和测定。

(5)灵敏度高。例如,GC(气相色谱法)可以分析几纳克的样品,FID(氢火焰离子化检测器)可达 $10^{-2}g\cdot s^{-1}$,ECD(电子捕获检测器)达 $10^{-3}g\cdot s^{-1}$,检测限为 $10^{-9}g\cdot L^{-1}$ 和 $10^{-12}g\cdot L^{-1}$ 的浓度。

(6)分离和测定一次完成。可以与多种波谱分析仪器联用。

(7)易于自动化。可在工业流程中使用。

目前,色谱法已广泛地用于石油化工、有机合成、生理生化、医药卫生、环境监测、刑事侦查、生产在线控制,乃至空间探索等众多领域。

第二节　色谱分析法及其基本概念

一、色谱分析法简介

　　色谱法是一种分离技术。它是由俄国植物学家茨维特 (Tswett)在 1906 年创立的。他在研究植物叶中的色素时,先用石油 醚浸取植物叶中的色素,然后将浸取液注入一根填充 $CaCO_3$ 的直 立玻璃管的顶端(见图 11-1(a)),再加入纯石油醚进行淋洗,淋 洗结果使玻璃管内植物色素被分离成具有不同颜色的谱带(见 图 11-1(b))。他把这种分离方法称为色谱法;玻璃管称为色谱 柱;管内填充物($CaCO_3$)是固定不动的,称为固定相;淋洗剂(石 油醚)是携带混合物流过固定相的流体,称为流动相。历史上曾 有两次诺贝尔化学奖是授予色谱研究工作者的:1948 年瑞典科 学家 Tiselins 因电泳和吸附分析的研究而获奖,1952 年英国的 Martin 和 Synge 因发展了分配色谱而获奖。此外,在 1937—1972 年期间有 12 次诺贝尔奖的 研究中,色谱法都起了关键的作用。

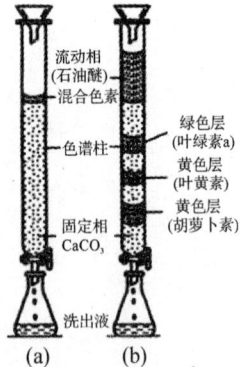

图 11-1　植物叶色素的分离

　　色谱法的分离原理是当混合物随流动相流经色谱柱时,就会与柱中固定相发生作用(溶 解、吸附等),由于混合物中各组分物理化学性质和结构上的差异,与固定相发生作用的大小、 强弱不同,在同一推动力作用下,各组分在固定相中的滞留时间不同,从而使混合物中各组分 按一定顺序从柱中流出。这种利用各组分在两相中性能上的差异,使混合物中各组分分离的 技术,称为色谱法。

　　随着色谱法的发展,它已成为分离、纯化有机物或无机物的一种重要方法,对于复杂混合 物、相似化合物的异构体或同系物等的分离非常有效。当把色谱法与适当的检测器结合起来, 就构成了色谱分析法。它是一项重要的分离、分析技术。运用色谱分析法对混合物首先进行 分离,然后进行定性、定量分析。色谱分析法已广泛运用于工农业生产、医药卫生、石油化工、 环境保护、生理生化等部门及各门学科的研究工作,例如,农药残留量、农副产品检验、食品检 验等。

　　1980 年以来,色谱分析仪和微机技术的结合,使色谱分析仪具有人工智能的功能,色谱技 术和色谱仪器更趋完善。色谱分析法已成为目前分离和分析复杂组分的最有效的方法之一。 色谱分析法的发展历史见表 11-1。

表 11-1　色谱法的发展历史

年代	发明者或推进者	发明的色谱方法或重要应用
1906	Tswett	用碳酸钙作吸附剂分离植物色素。最先提出色谱概念
1931	Kuhn,Lederer	用氧化铝和碳酸钙分离 α-、β-和 γ-胡萝卜素。使色谱法开始为人们所重视
1938	Izmailov,Shraiber	最先使用薄层色谱法。
1938	Taylor,Uray	用离子交换色谱法分离了锂和钾的同位素

续表

年代	发明者或推进者	发明的色谱方法或重要应用
1941	Martin,Synge	提出色谱塔板理论;发明液-液分配色谱;预言了气体可作为流动相(即气相色谱)
1944	Consden 等	发明了纸色谱
1949	Macllean	在氧化铝中加入淀粉黏合剂制作薄层板使薄层色谱进入实用阶段
1952	Martin,James	从理论和实践方面完善了气-液分配色谱法
1956	Van Deemter 等	提出色谱速率理论,并应用于气相色谱。基于离子交换色谱的氨基酸分析专用仪器问世
1958	Golay	发明毛细管柱气相色谱
1959	Porath,Flodin	发表凝胶过滤色谱的报告
1964	Moore	发明凝胶渗透色谱
1965	Giddings	发展了色谱理论,为色谱学的发展奠定了理论基础
1975	Small	发明了以离子交换剂为固定相、强电解质为流动相,采用抑制型电导检测的新型离子色谱法
1981	Jorgenson 等	创立了毛细管电泳法
1980	美国国立卫生院 Ito 博士	高速逆流色谱(HSCCC)技术
1991	Jorgenson 等	提出全二维色谱、多维色谱技术
1957 年以来	J. C. Homlmes 等	推进色谱联用技术不断发展

二、色谱分析法的分类

色谱分析法(通常简称色谱法或色层法、层析法)可以从不同角度进行分类。

1. 按两相状态分类

(1)气相色谱。流动相是气体的色谱法称为气相色谱(gas chromatography,GC),其固定相是固体吸附剂的,称为气固色谱(gas-solid chromatography,GSC);若固定相是涂在惰性载体(担体)上的液体,则称为气液色谱(gas-liquid chromatography,GLC)。常用的气相色谱流动相有 N_2、H_2、He 等气体。

(2)液相色谱。流动相是液体的色谱法称为液相色谱(liquid chromatography),其固定相是固体吸附剂的,称为液固色谱(liquid-solid chromatography,LSC);若固定相为液体,则称为液液色谱(liquid-liquid chromatography,LLC)。常用的液相色谱流动相有 H_2O、CH_3OH 等。

近年来,出现一种使用超临界流体作为色谱流动相的,这一类色谱称为超临界流体色谱(supercritical fluid chromatogram,SFC)。超临界流体是一种介于气体和液体之间的状态,具有介于气体和液体之间的极有用的分离性质。常用的超临界流体有 CO_2、NH_3、CH_3CH_2OH、CH_3OH 等。

2. 按操作形式分类

(1)柱色谱(column chromatography,CC)。固定相装在柱管内的色谱法。它可分为两类:一类是固定相填充于玻璃或金属管内叫填充柱色谱,另一类是固定相附着或键合在毛细管的内壁上,中心是空的,叫空心毛细管柱色谱或毛细管柱色谱。

(2)纸色谱(paper chromatography,PC)。固定相为滤纸的色谱法。它是采用适当溶剂使样品在滤纸上展开而进行分离的。

(3)薄层色谱(thin layer chromatography,TLC)。固定相压成或涂成薄层的色谱法。操作方法同纸色谱。

3. 按分离原理分类

(1)吸附色谱。是利用固体吸附剂(固定相)表面对各组分吸附能力强弱的不同进行分离的色谱法。

(2)分配色谱。是利用固定液对各组分的溶解能力(分配系数)不同进行分离的色谱法。

(3)离子交换色谱。利用离子交换剂(固定相)对各组分的亲和力不同进行分离的色谱法。

(4)凝胶色谱。也叫空间排阻色谱,是利用某些凝胶(固定相)对分子大小、形状不同的组分所产生的阻滞作用不同而进行分离的色谱法。

根据上述论述,色谱法分类归纳如图 11-2 所示。

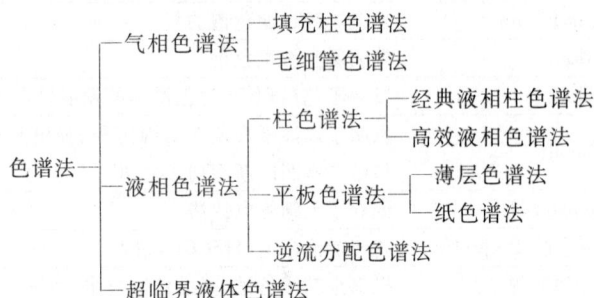

图 11-2 色谱的基本分类

各种色谱分离分析法各有优点,也各有特点,其特点见表 11-2。

表 11-2 各种色谱法的性能

项目/方法		气相色谱(GC)	液相色谱(HPLC)	超临界流体色谱(SFC)	薄层色谱(TLC)	毛细管电泳(CE)
流动相	形态	气体	液体	高密度气体	液体	液体
	密度(g/mL)	0.001	1	0.2~0.3	1	1
	扩散系数(cm²/s)	$1\sim10^{-2}$	$5\times10^{-5}\sim10^{-6}$	10^{-3}	$10^{-5}\sim10^{-6}$	$10^{-5}\sim10^{-6}$
	使用压力(MPa)	0.2~1.0	≈5~40	≈13	常压	常压
	驱动方式	压力差	压力差	压力差	毛细现象	电渗流
固定相	状态	黏稠液体固体吸附剂键合分子层	固体吸附剂键合分子层	固体吸附剂键合分子层	硅胶、氧化铝、键合分子层	胶束、添加剂
	扩散系数(cm²/s)	$10^{-5}\sim10^{-7}$	$10^{-5}\sim10^{-7}$	$10^{-6}\sim10^{-7}$	$10^{-5}\sim10^{-7}$	—
	膜厚(μm)	0.1~10	0.5~5	0.1~5	0.001	
控制分离因素	分子量	分子量小的先流出	GPC 分子量大的先流出	—		分子量小的先流出
	溶质的极性、官能团	有影响	影响大	有影响	影响大	有影响
样品	样品	气体、液体、易挥发固体	液体样品、热不稳定样品	分子量 10000 左右的齐聚物	液体样品	离子或中性样品、分子量大的样品
	进样量(g)	$10^{-9}\sim10^{-3}$	$10^{-9}\sim10^{-1}$	$10^{-9}\sim10^{-3}$	$10^{-6}\sim10^{-3}$	$10^{-7}\sim10^{-13}$

续表

项目/方法		气相色谱(GC)	液相色谱(HPLC)	超临界流体色谱(SFC)	薄层色谱(TLC)	毛细管电泳(CE)
色谱柱	填充柱[内径×长(cm×cm)]	0.2×500	(0.4~0.6)×(5~25)	(0.4~0.6)×(5~25)	平面	—
	毛细柱[内径×长(cm×cm)]	(0.01~0.053)×(500~6000)	(0.05~0.1)×(20~50)	(0.005~0.01)×(30~50)	—	(0.005~0.01)×(20~70)
检测器	通用	TCD、FID	示差折光、蒸发光散射	FID	碘或硫酸	电导
	选择性	ECD、FPD	荧光	UV	显色	UV、荧光

三、色谱分离基本原理

色谱法实质是一种物理化学分离方法。利用分配系数差异,当两相作相对运动时,物质在两相中发生反复多次的分配,以致使那些分配系数只有微小差异的组分也能产生显著的分离效果,从而使不同组分得到完全的分离(见图 11-3)。

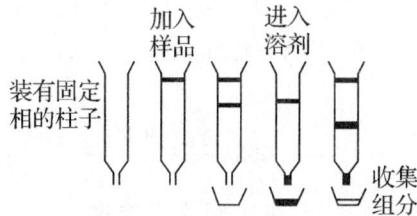

图 11-3　色谱分析法原理

试样的各组分通过色谱柱获得分离,因此色谱柱是气相色谱仪的重要组成部分。

四、色谱图及色谱常用术语

1. 色谱图

色谱分析时,混合物中各组分经色谱柱分离后,随流动相依次流出色谱柱,经检测器把各组分的浓度信号转变成电信号,然后用记录仪将组分的信号记录下来。色谱图就是组分在检测器上产生的信号强度对时间 t 所作的图,由于它记录了各组分流出色谱柱的情况,所以又叫色谱流出曲线。流出曲线的突起部分称为色谱峰,由于电信号(电压或电流)强度与物质的浓度成正比,所以流出曲线实际上是浓度-时间曲线,正常的色谱峰为对称的正态分布曲线,如图 11-4 所示。

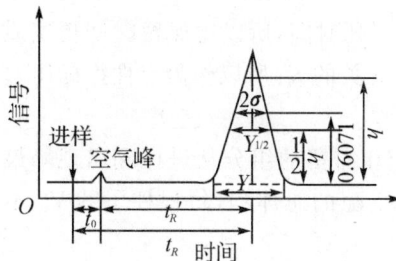

图 11-4　色谱曲线

2. 色谱图中的基本术语

(1)基线。

基线是在正常实验操作条件下,没有组分流出,仅有流动相通过检测器时,检测器所产生的响应值。稳定的基线是一条直线,若基线下斜或上斜,称为漂移;基线的上下波动,称为噪音(或噪声)。

(2)色谱峰的高度、宽度及面积。

①峰高 h。从峰的最大值到峰底的距离,可以用纸的高度(mm),电信号的大小(mV 或 mA)表示。

②峰宽。峰宽有多种表示法。

标准偏差 σ:峰高 0.607 倍处的色谱峰宽度的一半。

峰底宽 Y:两个拐点处所作切线与基线相交点之间的距离 $Y=4\sigma$。

半峰宽 $Y_{1/2}$:峰高 1/2 处色谱峰宽度 $Y_{1/2}=2\sigma\sqrt{2\ln2}=2.355\sigma$。

③峰面积 A。色谱峰与峰底之间的面积。它是色谱定量的依据。色谱峰的面积可由色谱仪中的微机处理器或积分仪求得,也可以采用以下方法计算求得。

对于对称的色谱峰,有

$$A=1.065hY_{1/2}$$

对于非对称的色谱峰,有

$$A=1.065h\frac{Y_{0.15}+Y_{0.85}}{2}$$

式中:$Y_{0.15}$ 和 $Y_{0.85}$ 分别为色谱峰高 0.15 和 0.85 处的宽度。

(3)色谱保留值。

色谱保留值是色谱定性分析的依据,它体现了各待测组分在色谱柱(或板)上的滞留情况。在固定相中溶解性能越好,或与固定相的吸附性越强的组分,在柱中的滞留时间越长,或者说将组分带出色谱柱所需的流动相体积越大。所以保留值可以用保留时间和保留体积两套参数来描述。

①死时间 t_0。不能被固定相滞留的组分从进样到出现峰最大值所需的时间。例如 GC 中的空气峰的出峰时间即为死时间。

②保留时间 t_R。在流速等操作条件保持不变时,一种组分只有一个 t_R 值,故 t_R 可以作为定性的指标。对于不同的色谱柱,t_0 不一样,或者操作条件不一样,t_R 就不能作为定性的指标了。

③调整保留时间 t_R'。除了死时间后的保留时间。体现了待测组分真实地用于固定相溶解或吸附所需的时间。因扣除了死时间,所以比保留时间更实质地体现了该组分在柱中的保留行为。t_R' 扣除了与组分性质无关的 t_0,所以作为定性指标比 t_R 更合理。

$$t_R'=t_R-t_0 \tag{11-1}$$

④死体积 V_0。不能被固定相滞留的组分从进样到出现峰最大值时所消耗的流动相的体积。也可以说是色谱柱中所有空隙的总体积,每根柱子的 V_0 不相同。死体积与死时间有如下的关系

$$V_0=t_0\cdot F_0 \tag{11-2}$$

式中:F_0 是柱后出口处流动相的体积流速(单位为 $mL\cdot min^{-1}$)。

⑤保留体积 V_R。组分从进样到出现峰最大值所需的流动相的体积。

$$V_R = t_R \cdot F_0 \tag{11-3}$$

⑥调整保留体积 V_R'。扣除死体积的保留体积,是真实地将待测组分从固定相中携带出柱所需的流动相的体积。把死体积这一与待测物无关的性质扣除了,比 V_R 更合理地反映了待测组分的保留体积。

$$V_R' = t_R' \cdot F_0 \tag{11-4}$$

⑦相对保留值。$\gamma_{2,1}$ 或 $\gamma_{i,s}$:在相同操作条件下,组分 2(或 i)与组分 1(或 s)的调整保留值之比。

$$\gamma_{2,1} = \frac{t_{R(2)}'}{t_{R(1)}'} = \frac{V_{R(2)}'}{V_{R(1)}'} \tag{11-5}$$

相对保留值仅与柱温、固定相性质有关,是较理想的定性指标。

3. 分配平衡

色谱分析中,在一定温度下,组分在流动相和固定相之间所达到的平衡称为分配平衡。为了描述这一分配行为,通常采用分配系数 K 和分配比 k' 来表示。

(1)分配系数 K。

组分在两相之间达到分配平衡时,该组分在两相中的浓度之比是一个常数,这一常数称为分配系数,用 K 表示。

$$K = \frac{\text{组分在固定相中的浓度}}{\text{组分在流动相中的浓度}} = \frac{c_s}{c_m} \tag{11-6}$$

如图 11-5 所示,由物质 A 和 B 组成的混合组分在进入色谱柱时是处于同一起跑线上的,在流动相把它们向前推进的过程中,A 和 B 都时刻在固定相和流动相之间进行着分配过程,但由于每一种组分的分配系数 K 不相同,如图中的例子是 $K_A > K_B$,它们在柱中的前进速率就不同,分配系数大的组分(见图 11-5 中的 B),与固定相的作用力强一些,前进速率就慢一些,保留时间就长一些。由于分配系数不同引起的反复分配的过程就使 A 和 B 在离开柱子时被完全分离开了,在记录仪上出现了两个保留值不同的色谱峰。B 组分因 K_B 较大而 t_R 值较大。

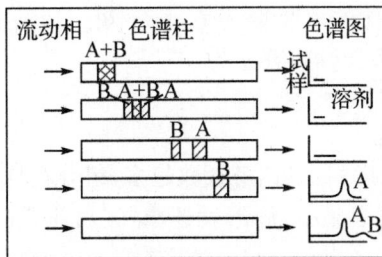

图 11-5　色谱柱中的混合组分分离

(2)分配比 k'。

分配比即为溶质在两相中物质的量之比,用 k' 表示。

$$k' = \frac{\text{组分在固定相中物质的量}}{\text{组分在流动相中物质的量}} = \frac{n_s}{n_m} = \frac{c_s V_s}{c_m V_m} = K \frac{V_s}{V_m} \tag{11-7}$$

式中:V_s、V_m 分别为固定相和流动相的体积。

不能被固定相保留的那些组分,如 GC 中的空气、甲烷等,$n_s = 0$,所以 $k' = 0$,它们实际测得的保留时间即为柱子的死时间 t_0。

（3）分配比与保留值的关系。

分配平衡是在色谱柱中两相之间进行的，因此分配系数、分配比也可用组分停留在两相之间的保留值来表示，即

$$k' = \frac{t'_R}{t_0} = \frac{t_R - t_0}{t_0} \text{ 或 } k' = \frac{V'_R}{V_0} = \frac{V_R - V_0}{V_0} \tag{11-8}$$

从式（11-8）看出，分配比反映了组分在某一柱子上的调整保留时间（或体积）是死时间（或死体积）的多少倍。k' 越大，说明组分在色谱柱中停留时间越长，对该组分来说，相当于柱容量大，因此 k' 又称为容量因子、容量比、分配容量。

第三节　色谱分析的基本理论

一、基本理论

如果试样中的各组分的色谱峰分不开，色谱（定性与定量）分析就无法进行。也就是说，色谱分析的首要任务是将待测组分分离开。因此，色谱分析理论研究的中心课题是分离问题。

关于色谱分析的基本理论，主要包括塔板理论和速率理论。

1. 塔板理论

塔板理论是 1941 年 Martin 提出的半经验理论。它是把整个色谱柱比拟为一座分馏塔，把色谱的分离过程比拟为分馏过程，直接引用分馏过程的概念、理论和方法来处理色谱分离过程的理论。它把色谱柱中某一段距离（长度）假设为一层塔板，在此段距离中完成的分离就相当于分馏塔中的一块塔板所完成的分离。据此推论，色谱柱的某一段长度就称为理论塔板高度。

图 11-6　塔板理论（反应精馏塔）模拟

如图 11-6 所示，如果色谱柱的总长度为 L，每一块塔板高度为 H，则色谱柱中的塔板（层）数 n 为

$$n = \frac{L}{H} \tag{11-9}$$

从式（11-9）可知，在柱子长度固定后，塔板数越多，组分在柱中的分配次数就越多，分离情况就越好，同一组分在出峰时就越集中，峰形就越窄，流出曲线的 σ 越小。塔板数与色谱峰的宽度 Y、$Y_{1/2}$ 的关系为

$$n = 5.54 \left(\frac{t_R}{Y_{1/2}} \right)^2 = 16 \left(\frac{t_R}{Y} \right)^2 \tag{11-10}$$

n 和 H 可以作为描述柱效能的指标。由于 t_0 和 V_0 不直接参与分配过程，所以计算出来的 n 不能完全反映柱子的真实效能。因此式（11-10）的 n 和相应的 H 实际上是理论塔板数和理论塔板高度。用扣除了 t_0 因素的 t'_R 来计算 n，得到的塔板数和塔板高度可作为有效的塔板数和有效的塔板高度。

$$n_{有效} = 5.54\left(\frac{t'_R}{Y_{1/2}}\right)^2 = 16\left(\frac{t'_R}{Y}\right)^2 \tag{11-11}$$

$$H_{有效} = \frac{L}{n_{有效}} \tag{11-12}$$

$n_{有效}$ 和 $H_{有效}$ 消除了死时间的影响,因而比理论塔板数和理论塔板高度更真实地反映了柱效能的高低。但是,不论 n 还是 $n_{有效}$,都是针对某一物质的,使用时应注明是对什么物质而言。

塔板理论形象地描述了物质在柱内进行多次分配的运动过程,n 越大,H 越小,柱效能越高,分离得越好。但是分离的最基本因素仍然是分配系数 K,只有在 K 值有差别的情况下,设法提高塔板数,增加分配次数,提高柱效能,才能达到提高分离能力的目的。

塔板理论初步阐述了物质在色谱柱中的分配情况,但是塔板理论的某些基本假设是不严格的。例如,组分在纵向上的扩散被忽略了,分配系数与浓度的关系被忽略了,分配平衡被假设为瞬间达到的等。因此,塔板理论不能解释在不同的流速下塔板数不同这一实验现象,也不能说明色谱峰为什么会展宽。由于塔板理论只定性地给出了塔板数和塔板高度的概念,未能完全解释色谱操作条件如何影响分离效果的现象,因而不能解决如何提高柱效能的问题。

2. 速率理论——范第姆特方程

1956 年荷兰科学家范第姆特(Van Deemter)首先提出了色谱分离过程的动力学理论,在塔板理论的基础上,结合了影响塔板高度的动力学因素,即综合考虑了组分分子的纵向分子扩散和组分分子在两相间的传质过程等因素,提出了速率理论。速率理论给出了塔板高度 H 与流动相流速 $u(\mathrm{cm \cdot s^{-1}})$ 以及影响 H 的三项主要因素之间的关系,即

$$H = A + B/u + Cu \tag{11-13}$$

此式称为范第姆特方程式,它只有在式中的三项(涡流扩散项 A,分子扩散项 B/u 和传质阻力项 Cu)较小的情况下,H 才可能小,峰形才可能变窄,柱效能才会提高。

(1)涡流扩散项 A。图 11-7 形象地描述了流动相在固定相中的运行情况。流动相中的组分分子在色谱柱中随载气或载液向前运行时,会碰到固定相的小颗粒,使前进受阻,改变前行方向而形成向垂直方向的流动,称为"涡流"。涡流的产生使组分分子的同步前进被打乱,产生了一些分子通过柱子的路径长,而另一些分子通过柱子的路径短的现象,最终的结果表现为到达检测器有先有后,产生的色谱峰峰形变宽。显然,涡流扩散的严重程度取决于柱子的填充不均匀因子 λ 和固定相的颗粒大小 d_p。

$$A = 2\lambda d_p$$

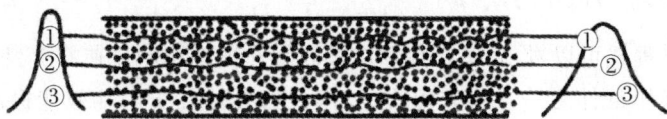

图 11-7 涡流扩散
①慢速;②平均速度;③快速

A 与流动相性质、流动相速率无关。要减小 A 值,需要从提高固定相的颗粒细度和均匀性以及填充均匀性来解决。对于空心毛细管柱,$A = 0$。

(2)分子扩散项 B/u。待测组分在柱子中都存在着分子扩散,这是由于浓差梯度形成的纵向扩散。由于纵向扩散的存在,就会引起组分分子不能同时到达检测器,组分分子会分布在浓度最大处(峰的极大值处)的两侧,引起峰形变宽。范第姆特方程式中

$$B = 2\gamma D$$

式中：D 为组分在流动相中的扩散系数 D_g，单位是 $cm^2 \cdot s^{-1}$。如果是气相色谱，则 D 为组分在气相中的扩散系数。D 还与柱温、柱压和流动相的种类和性质有关。由于组分分子在气相中的扩散要比在液相中的扩散严重得多，在气相中的扩散系数大约是在液相中的 10^5 倍，因此在液相色谱中，分子的纵向扩散引起的塔板高度增加和由此引起的峰形扩张很小，B/u 项在液相色谱中不是主要的影响因素。所以，纵向扩散主要是针对气相色谱来讨论的。

在气相色谱中，纵向扩散的程度与组分在柱内的保留时间有关，载气流速越慢，保留时间越长，分子扩散越明显，H 越大。因气相扩散系数与载气的相对分子质量的平方根成反比，$D_g \propto 1/\sqrt{M_r}$，所以载气相对分子质量越大，D_g 越小。根据以上原理，在气相色谱中，为了减小纵向扩散的影响，应采用较高的载气流速，采用较低的柱温，选择相对分子质量较大的气体作为载气。

γ 是弯曲因子，是由固定相引起的。采用填充色谱柱时，由于固定相颗粒的阻挡，分子纵向扩散程度减小，$\gamma < 1$。如果采用空心毛细管柱，因没有固定相颗粒阻挡组分分子的扩散，所以 $\gamma = 1$。毛细管柱的 B 值要比填充柱大得多。

（3）传质阻力项 Cu。这一项中的系数 C 包括流动相传质阻力系数 C_m 和固定相的传质阻力系数 C_s。

C_m 指组分分子从流动相移向固定相表面进行两相之间的质量交换时所受到的阻力。

$$C_m = \frac{0.01 k'^2}{(1+k')^2} \cdot \frac{d_p^2}{D_g} \tag{11-14}$$

此式说明若要减小流动相的传质阻力，可以采用颗粒细小（即 d_p 小）的固定相或采用扩散系数 D 大（即相对分子质量小）的流动相来提高柱效。

C_s 指组分分子在由流动相进入固定相之后，扩散到固定相内部，达到分配平衡后，又回到界面，再逸出界面，被流动相带走这一过程所受到的阻力。

$$C_s = \frac{2k'}{3(1+k')^2} \cdot \frac{d_f^2}{D_s} \tag{11-15}$$

为了减小固定相传质阻力，可以减小 d_f——固定相的液膜厚度，增大组分在固定相中的扩散系数 D_s（增加柱温是提高 D_s 的办法之一）。

将以上 $A，B，C$ 三项代入范第姆特方程式，针对气相色谱，可得到

$$H = 2\lambda d_p + 2\gamma D_g/u + \left[\frac{0.01 k'^2}{(1+k')^2} \cdot \frac{d_p^2}{D_g} + \frac{2k'}{3(1+k')^2} \cdot \frac{d_f^2}{D_s} \right] u \tag{11-16}$$

由范第姆特方程式可以看出，塔板数和塔板高度与流动相的流速有关，控制最佳的流动相流速将是重要的操作条件之一。从方程式也可看出，要使柱子的柱效能提高，还与柱的种类（毛细管柱还是填充柱）、柱的填充均匀性、载体的颗粒度、载气的种类和相对分子质量、固定液、液膜的涂敷厚度和均匀性、柱温、柱的形状等多种因素有关。范第姆特方程是指导选择分离操作条件的依据。

3. 柱效能与流速的关系

根据以上方程式，测定不同流速下的塔板高度 H，作 GC 和 LC 的 $H\text{-}u$ 曲线图，可得到如图 11-8 所示的两条曲线。

可见，气相色谱和液相色谱的柱效能与流速的变化关系有相同之处，也有不同之处。LC

中的纵向扩散非常小，u 和 H 的关系较简单。这是因为 LC 的纵向扩散系数和传质阻力系数都与气相色谱有所不同。液相色谱的范第姆特方程式表示为

$$H = 2\lambda d_p + 2\gamma D_m/u + \delta \frac{d_p^2}{D_m}u + \delta \frac{d_f^2}{D_s}u \qquad (11-17)$$

式中：D_m 为组分在洗脱液中的扩散系数，δ 和 σ 分别为常数。因纵向扩散 B/u 在液相色谱中很小，所以塔板高度 H 主要由传质阻力项 Cu 决定，也即流速越大，H 越大。而在气相色谱中的纵向扩散明显，在低流速时，纵向扩散尤为明显，在此区域，增大流速可以使 H 降低，如图11-9 所示。但随着流速增大，传质阻力增加了，所以在高流速区，Cu 项对 H 的影响更大一些，随着 u 的增加，H 也增大了。在 GC 中的 H-u 曲线上存在一个最低点，即对应于 $u_{最佳}$ 和 $H_{最小}$ 一点，而 LC 的 H-u 曲线上几乎没有这一转折现象。

　　GC 中的最佳流速可以通过实验和计算方法求出。将式(11-13)微分得

$$dH/du = -B/u^2 + C = 0$$

$$B/u^2 = C$$

$$u_{最佳} = \sqrt{B/C} \qquad (11-18)$$

$$H_{最小} = A + \sqrt{BC} + \sqrt{BC} = A + 2\sqrt{BC} \qquad (11-19)$$

式中：A, B, C 的数值可以通过在一定的色谱条件下测得三种不同流速对应的 H 值，再根据式(11-13′)组成一个三元一次方程式求得，进而求出 $H_{最小}$ 和 $u_{最佳}$。除流速以外的其他因素，如柱温、固定液的性质和用量、载体的粒度等对柱效能和分离度的影响将在后面的章节中论述。

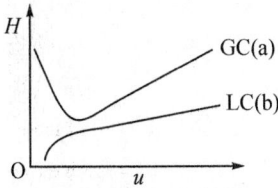

图 11-8　气相色谱和液相色谱的 H-u 曲线

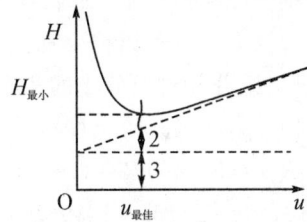

图 11-9　气相色谱中 H-u 的关系
1—B/u；2—Cu；3—A

二、色谱分离效能的衡量

1. 分离度

　　多组分物质分离的好坏可以用分离度(R)来衡量，R 是以双组分或物质对的分离情况来制定的。两个组分在色谱图上必须要有足够的距离，并且两峰不互相重叠，即 t_R 有足够的差别、峰形较窄，才可以认为是彼此分离开了。据此，分离度被定义为相邻两色谱峰的保留值之差与两峰宽度平均值之比。

$$R = \frac{t_{R(2)} - t_{R(1)}}{\frac{1}{2}(Y_1 + Y_2)} \qquad (11-20)$$

　　R 也可称为分辨率，在表达式的分子上反映了物质对在某一色谱柱上的分配系数 K 的差别——选择性的问题，分母上反映了两种组分在此柱上的塔板数多少——柱效能的问题。只有保留值相差足够大，同时塔板数也足够多，也即分子数值大而分母数值小，才能使分离度提高。一般认为 $R<1$ 时，两峰未能完全分离，$R \geqslant 1.5$ 时可以认为两峰完全分离了。

2. 分离度与柱效能、选择性的关系

将 R 与柱效能、选择性联系起来，可以推算并得出色谱分离基本方程式。

对于难分离的物质对，它们的保留值相差很小，可以认为 $Y_1=Y_2=Y$，$k_1'\approx k_2'\approx k'$，由式 (11-8) 和 (11-10) 可得

$$t_R=t_0(1+k')$$

$$\frac{1}{Y}=\frac{\sqrt{n}}{4}\cdot\frac{1}{t_R}$$

将上两式及式(11-5)代入式(11-20)，整理后可得

$$R=\frac{\sqrt{n}}{4}\cdot\frac{\gamma_{2,1}-1}{\gamma_{2,1}}\cdot\frac{k'}{k'+1}=\frac{\sqrt{n_{有效}}}{4}\cdot\frac{\gamma_{2,1}-1}{\gamma_{2,1}} \tag{11-21}$$

或

$$n=16R^2\left(\frac{\gamma_{2,1}}{\gamma_{2,1}-1}\right)^2\cdot\left(\frac{k'+1}{k'}\right)^2$$

$$n_{有效}=16R^2\left(\frac{\gamma_{2,1}}{\gamma_{2,1}-1}\right)^2$$

由式(11-21)看出，可以通过提高塔板数 n，增加选择性 $\gamma_{2,1}$、容量因子 k' 来改善分离度。增加柱长、制备性能优良的色谱柱可以提高 n 值；改变固定相，使各组分的分配系数有较大的差别，可增加 $\gamma_{2,1}$；改变柱温可使 k' 改变。

【例 11-1】 有一根 1m 长的柱子，分离组分 1 和 2。空气的保留时间为 5s，组分 1 和 2 的保留时间分别为 45s 和 49s。如果 $W_b(1)=W_b(2)=5s$，试求该柱的分离度？如若使 $R=1.2$，有效塔板数应为多少？色谱柱要加到多长？

解：先求出组分 2 对组分 1 的相对保留值 $r_{2,1}$（即 α 值）。

$r_{2,1}=(49-5)/(45-5)=1.1$，

分离度 $R=(49-45)/5=0.8$，

$n_{有效}=16(49-5)^2/5^2=1239$（块）。

为使 $R=1.2$，所需塔板数

$n=16\times1.2^2\times\left(\frac{1.1}{1.1-1}\right)^2=2788$（块），

柱长应加到 $l=2788\times1/1239=2.25m$。

第四节　色谱定性和定量的方法

一、色谱定性方法

1. 与标样对照的方法

在相同色谱条件下，分别将标样和试样进行色谱分析，比较两者的保留值，如果保留值相同，就有可能是同一种物质。在组分性质和范围较确定、色谱条件非常稳定的情况下，这种方法很适用。但是，单纯依靠 t_R 值来判定是否为同一种物质，证据还不够充分，此外，并不是每一种组分都能得到色谱纯的标样。为克服以上局限性，采用相对保留值 $\gamma_{i,s}$ 定性，可排除柱长、固定液含量、流动相流速等条件的影响，仅与柱温有关，其定性的可靠性比保留值定性大一些。

如果样品中组分较多,各峰距离较近,不易精确比较 t_R 和 $\gamma_{i,s}$,则可在样品中加入标样后混合进样,对比混合前后的谱图,如有某色谱峰明显增高,则样品中含有此标样成分。

双柱法可进一步确证已得到的初步结果。因为不同组分可能在同一根色谱柱上具有相同的保留值。为此,可分别在极性不同的两根柱子或多根柱子上进行,如果仍然能观察到保留值相同的现象,则进一步证实了此两者为同一种物质。

2. 利用保留指数法定性

保留指数法是采用一系列物质来作为定性的参照,例如,Kováts 提出用正构烷烃系列为基准,规定正构烷烃的保留指数为 $100Z$(Z 代表碳原子数),正戊烷、正己烷、正庚烷的保留指数分别为 $500,600,700$,其他物质的保留指数用靠近它的两个正构烷烃来标定。待测物的保留指数 I 可表示为

$$I=100\left(\frac{\lg X_i-\lg X_Z}{\lg X_{Z+1}-\lg X_Z}+Z\right) \tag{11-22}$$

式中:X_i 为调整保留值(调整保留时间或调整保留体积),i 为待测物,Z 和 $Z+1$ 为具有 Z 个和 $Z+1$ 个碳原子数的正构烷烃。应选择合适的 Z 和 $Z+1$ 的烷烃,以使待测组分的保留值处于这两个正构烷烃的保留值之间。按式(11-22)求出 I 值后,再与文献值对照,即可达到定性的目的。

【例 11-2】 乙酸正丁酯在阿皮松 L 柱上,柱温为 $100\,^{\circ}\mathrm{C}$ 时,得到如图 11-10 色谱图,求乙酸正丁酯的保留指数 I。

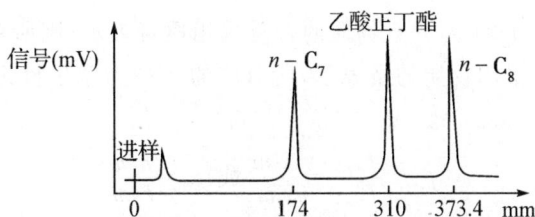

图 11-10　乙酸正丁酯保留指数测定

从图中可以看出,乙酸正丁酯的色谱峰处于正庚烷和正辛烷之间。现以记录纸的长度代表调整保留时间:

正庚烷	$X_Z=174.0\text{mm}$	$\lg 174.0=2.2406$
正辛烷	$X_{Z+1}=373.4\text{mm}$	$\lg 373.4=2.5722$
乙酸正丁酯	$X_i=310.0\text{mm}$	$\lg 310.0=2.4914$
正庚烷	$Z=7$	

将实验结果代入保留指数计算式中,得

$$I=100\left(\frac{2.4914-2.2406}{2.5722-2.2406}+7\right)=775.63$$

保留指数计算精确,准确度高,只要在相同的柱温和固定相条件下进行色谱操作,就可利用文献资料上的保留指数值进行对照来定性。

3. 与其他方法结合定性

现在采用更多的是色谱与质谱、红外光谱等联用来进行结构测定。在这种情况下,质谱、光谱等精密仪器所起的作用与色谱检测器的作用类似,色谱在此充分发挥它分离的特长,质谱或光谱则充分发挥它们定结构的特长。

二、色谱定量分析

1. 校正因子和相对校正因子

相同色谱条件下,某一组分 i 产生的色谱响应值——峰面积 A_i 或峰高 h_i,与这一组分的质量 m_i 成正比,即

$$m_i = f'_i A_i \text{ 或 } m_i = f''_i h_i \qquad (11\text{-}23)$$

式中,f'_i(或 f''_i)为组分 i 在该检测器上的响应斜率,也称为定量校正因子。因为检测器对不同组分的响应灵敏度不同,所以峰面积的大小不能完全反映各组分的含量,含量相同的两种组分,出峰的面积不一定相同,所以必须要对检测器的响应值——峰面积和峰高进行校正。上式中的 f'_i 就是定量校正因子,它的物理含义是单位峰面积或峰高所代表的组分量。

$$f'_i = \frac{m_i}{A_i} \text{ 和 } f''_i = \frac{m_i}{h_i}$$

由于求出 f'_i 和 f''_i 的绝对值较困难,不仅要掌握精确的进样量,而且要严格控制色谱操作条件,以保证测定和使用 f'_i 值时条件相同,所以绝对校正因子使用不方便。为此,在实际工作中往往采用一种标准物质的校正因子 f'_s 只来校正其他物质的校正因子 f'_i,得到一个相对校正因子 f_i。

$$f_i = \frac{f'_i}{f'_s} \qquad (11\text{-}24)$$

若将式(11-23)代入式(11-24),并且物质的含量采用质量表示,则所对应的 f 称为质量校正因子 f_m。如物质的含量采用物质的量表示,所对应的 f 称为摩尔校正因子 f_M。它们分别表示为

$$f_m = \frac{f'_{i(m)}}{f'_{s(m)}} = \frac{A_s m_i}{A_i m_s} \text{ 或 } f_m = \frac{h_s m_i}{h_i m_s} \qquad (11\text{-}25)$$

$$f_M = \frac{f'_{i(M)}}{f'_{s(M)}} = \frac{A_s m_i M_s}{A_i m_s M_i} = f_m \cdot \frac{M_s}{M_i} \qquad (11\text{-}26)$$

式中:A_i、A_s、m_i、m_s、M_i、M_s 分别代表组分 i 和标准物质 s 的峰面积、质量和摩尔质量。

在文献资料中列出的相对校正因子,多数是以苯作为标准物质、以热导池为检测器所得的数据,或者是以正庚烷作为标准物质、以氢火焰为检测器所得的数据。也可自行测定相对校正因子 f_i,测定方法为:精确称量待测组分和标样,混合后,在实验条件下进行进样分析,分别测量相应的峰面积或峰高,然后按上述有关公式计算出 f_m 或 f_M。

【例 11-3】 要测定以苯为基准物质的甲苯、乙苯、邻二甲苯的峰高质量校正因子 f_m,实验数据为:

	苯	甲苯	乙苯	邻二甲苯
质量(g)	0.5967	0.5478	0.6120	0.6680
峰高(mm)	180.1	84.4	45.2	49.0

得

$$f_{m(苯)} = \frac{h_s m_i}{h_i m_s} = \frac{180.1 \times 0.5967}{180.1 \times 0.5967} = 1.00$$

$$f_{m(甲苯)} = \frac{180.1 \times 0.5478}{84.4 \times 0.5967} = 1.96$$

$$f_{m(乙苯)} = \frac{180.1 \times 0.6120}{45.2 \times 0.5967} = 4.09$$

$$f_{m(邻二甲苯)} = \frac{180.1 \times 0.6680}{49.0 \times 0.5967} = 4.11$$

2. 定量方法

(1) 归一化法。如试样中的各组分都能流出色谱柱,且都有相应的色谱峰,则可用归一化法定量。假设试样中有 n 个组分,每个组分的量分别为 $m_1, m_2, \cdots, m_n$,各组分含量总和为 m,则组分 i 的质量分数 ω_i 为

$$\omega_i = \frac{m_i}{m} = \frac{m_i}{m_1 + m_2 + \cdots + m_n} = \frac{A_i f_i}{A_1 f_1 + A_2 f_2 + \cdots + A_n f_n} \quad (11\text{-}27)$$

式中: $f_1, f_2, \cdots, f_n$ 为各组分相应的质量校正因子。

【例 11-4】　有一样品的色谱图,各组分的 f 值、色谱峰的面积列于下表。用归一化法求出各组分含量。

组分	乙醇	庚烷	苯	乙酸乙酯
峰面积(cm^2)	5.0	9.0	4.0	7.0
校正因子 f_i	0.82	0.89	1.00	1.01

解

$$\omega_{乙醇} = \frac{5.0 \times 0.82}{5.0 \times 0.82 + 9.0 \times 0.89 + 4.0 \times 1.00 + 7.0 \times 1.01} = 0.177 = 17.7\%$$

$$\omega_{庚烷} = \frac{9.0 \times 0.89}{5.0 \times 0.82 + 9.0 \times 0.89 + 4.0 \times 1.00 + 7.0 \times 1.01} = 0.346 = 34.6\%$$

$$\omega_{苯} = \frac{4.0 \times 1.00}{5.0 \times 0.82 + 9.0 \times 0.89 + 4.0 \times 1.00 + 7.0 \times 1.01} = 0.173 = 17.3\%$$

$$\omega_{乙酸乙酯} = \frac{7.0 \times 1.01}{5.0 \times 0.82 + 9.0 \times 0.89 + 4.0 \times 1.00 + 7.0 \times 1.01} = 0.305 = 30.5\%$$

归一化法是将所有的出峰组分的含量之和按 100% 计算的定量方法,具有简便、准确的优点,对操作条件如进样量、温度、流速等的控制要求不苛刻,但是在试样组分不能全部出峰时不能使用这种方法。

(2) 内标法。将准确称量的纯物质作为内标物,加入到准确称量的试样中,根据内标物质量 m_s 与样品质量 m 以及它们的色谱峰面积求出某一组分含量。例如要测定试样中的 i 组分,它的质量为 m_i,则

$$m_i = f_i A_i \qquad m_s = f_s A_s$$

$$\frac{m_i}{m_s} = \frac{A_i f_i}{A_s f_s}$$

$$\omega_i = \frac{m_i}{m} = \frac{A_i f_i m_s}{A_s f_s m} \quad (11\text{-}28)$$

如内标物就是相对校正因子的标准物质,则 $f_s = 1$,$\dfrac{f_i}{f_s} = f_i$,

$$\omega_i = \frac{m_i}{m} = \frac{A_i m_s f_i}{A_s m} \quad (11\text{-}29)$$

由上式可以看出,内标法是测量内标物与待测物的峰面积的相对值,因而操作条件对测定

的准确度影响不大,结果比较准确。

内标物的选择应考虑三个方面:①试样中不存在的物质;②加入量适中并与待测组分接近;③内标物的出峰位置应在待测组分附近,但又能分离开。此法常用于定量要求较高的测定中。

(3)外标法:将待测组分的纯物质配制成系列标准溶液,在相同操作条件下测定系列标样的峰高或峰面积,以系列标准溶液的浓度 $c_1, c_2, \cdots, c_n$ 为横坐标,相应的峰面积(或峰高)$A_1, A_2, \cdots, A_n$(或 $h_1, h_2, \cdots, h_n$)为纵坐标,作标准曲线。在分析待测物试样时,严格按照与标准溶液相同的色谱条件和进样量,根据所得的响应值 A_i 或 h_i,从标准曲线的横坐标上查出对应的浓度 c_i。

外标法操作简便,不需用校正因子,但是对操作条件的稳定和进样量的重现性要求较高。

思考题与习题

1. 简要叙述 GLC 和 GSC 的分离原理。

2. 塔板理论的主要内容是什么?它对色谱理论有什么贡献?它的不足之处在哪里?

3. 速率理论的主要内容是什么?它对色谱理论有什么贡献?与塔板理论相比,有何进展?

4. 何谓分离度,它的表达式是什么?应从哪些方面着手来提高分离度?

5. 色谱定性的主要方法有哪些?多机联用有什么优越性?

6. 色谱定量常用哪几种方法?它们的计算公式如何表达?简述它们的主要优缺点。

7. 下列的数据是由气—液色谱在一根 40cm 长的填充柱上得到的:

化合物	t_R(min)	Y(min)
空气	2.5	—
甲基环己烷 A	10.7	1.3
甲基环己烯 B	11.6	1.4
甲苯 C	14.0	1.8

求:(1)平均的理论塔板数;　　　　　　(2)平均塔板高度;

　　(3)甲基环己烯与甲基环己烷的分离度;　　(4)甲苯与甲基环己烯的分离度。

8. 有甲、乙两根长度相同的色谱柱,测得它们在范第姆特方程式中的各项常数如下:甲柱:$A = 0.07\text{cm}$,$B = 0.12\text{cm}^2 \cdot \text{s}^{-1}$,$C = 0.02\text{s}$;乙柱:$A = 0.11\text{cm}$,$B = 0.10\text{cm}^2 \cdot \text{s}^{-1}$,$C = 0.55\text{s}$。求:(1)甲柱和乙柱的最佳流速 u 和最小塔板高度;(2)哪一根柱子的柱效能高?

9. 有一 A,B,C 三组分的混合物,经色谱分离后,其保留时间分别为:$t_{R(A)} = 4.5\text{min}$,$t_{R(B)} = 7.5\text{min}$,$t_{R(C)} = 10.4\text{min}$,死时间 $t_0 = 1.4\text{min}$,求:(1)B 对 A 的相对保留值;(2)C 对 B 的相对保留值;(3)B 组分在此柱中的容量因子是多少?

10. 已知在混合酚试样中仅含有苯酚、o-甲酚、m-甲酚、p-甲酚四种组分,经乙酰化处理后,测得色谱图,从图上测得各组分的峰高、半峰宽以及相对校正因子分别如下:

化合物	苯酚	o-甲酚	m-甲酚	p-甲酚
峰高(mm)	64.0	104.1	89.2	70.0
半峰宽(mm)	1.94	2.40	2.85	3.22
相对校正因子 f	0.85	0.95	1.03	1.00

求各组分的质量分数。

11. 有一试样含甲酸、乙酸、丙酸及少量水、苯等物质，称取试样 1.055g，以环己酮作内标，称取 0.1907g 环己酮加到试样中，混合均匀后进样，得如下数据：

化合物	甲酸	乙酸	环己酮	丙酸
峰面积（cm²）	14.8	72.6	133	42.4
相对校正因子 f	3.83	1.78	1.00	1.07

求甲酸、乙酸和丙酸的质量分数。

第十二章

气相色谱法

第一节 概 述

气相色谱法(gas chromatography,GC)是以气体为流动相的色谱分析法。气体密度小,传质速率高,渗透性强,有利于高效快速的分离。气相色谱法具有如下特点。

(1)选择性高:能分离和分析性质极为相近的物质。如有机物中的顺、反异构体和手性物质,芳香烃中的邻、间、对位异构体,同位素等。

(2)灵敏度高:可以分析 $10^{-11} \sim 10^{-13}$ 的物质,非常适合于微量和痕量分析。

(3)分离效能高:在较短的时间内能够同时分离和测定极为复杂的混合物。如用空心毛细管柱一次可以进行含有 100 多个组分的烃类混合物的分离分析。

(4)分析速度快:一般只需几分钟到几十分钟便可完成一个分析周期。

(5)应用范围广:可以分析气体、易挥发的液体和固体及包含在固体中的气体。一般地说,只要沸点在 500℃以下,且在操作条件下热稳定性良好的物质,原则上均可以采用气相色谱法进行分析。对于受热易分解和挥发性低的物质,如果通过化学衍生的方法使其转化为热稳定和高挥发性的衍生物,同样可以实现气相色谱的分离和分析。

气相色谱要求样品气化,不适用于大部分沸点高和热不稳定的化合物,对于腐蚀性能和反应性能较强的物质,如 HF、O_3、过氧化物等更难以分析。此外,用气相色谱法进行定性和定量分析时,往往需要纯样或已知浓度的标准样品,而有些标样价格昂贵或获得比较困难。因此气相色谱的应用受到了一定的限制,15%～20%的有机物能用气相色谱法进行分析。

第二节 气相色谱仪

以气体作流动相而设计的色谱仪称为气相色谱仪。作为流动相的气体称为载气,常用的载气有 N_2、H_2、He、Ar 等。基本设备如图 12-1 所示。先把高压钢瓶供给的载气经减压阀减压,净化器净化,通过气流调节阀和转子流量计调节柱前流量和压力至适当值,把气化室、色谱柱和检测器各升到所需温度。试样从进样器注入气化室后,立即气化并被载气带入色谱柱进行分离。分离后的组分依次进入检测器,产生的信号经放大后在记录仪上记录下来,得到色谱图。

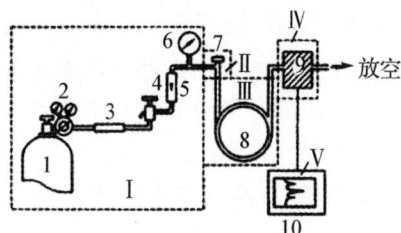

图 12-1　气相色谱基本设备

1—高压钢瓶;2—减压阀;3—净化器;4—气流调节阀;5—转子流量计;

6—压力表;7—进样器;8—色谱柱;9—检测器;10—数据系统

不同时期的气相色谱仪,气相色谱仪检测器等配置不同,仪器的结构也有所不同。对上述气相色谱仪的结构进行分析,可将气相色谱仪分解,仪器的结构逻辑关系见如图 12-2 所示。

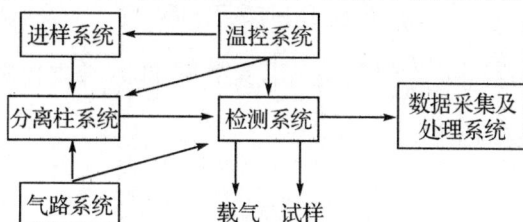

图 12-2　气相色谱仪基本单元

气相色谱仪主要由气路系统、进样系统、分离柱系统、检测系统、温控系统和数据采集及处理系统六个基本单元组成。组分能否分离,色谱柱是关键,它是色谱仪的"心脏";分离后的组分能否产生信号则取决于检测器的性能和种类,它是色谱仪的"眼睛"。所以分离系统和检测系统是仪器的核心。

一、气路系统

气相色谱的气路是一个载气连续运行的密闭管路系统。载气从高压钢瓶出来后依次经过减压阀、净化器、气流调节阀、转子流量计、气化室、色谱柱、检测器,然后放空。

1. 气路结构

气路结构分为单柱单气路和双柱双气路两种。现代气相色谱仪多采用双柱双气路结构,适用于程序升温,可补偿由于温度变化和固定相流失而产生的噪音,提高仪器的稳定性。

2. 气体的净化

载气的净化主要取决于色谱柱、检测器和分析项目的要求。净化器是用来提高载气纯度的,串联在气路中,管内装有不同的净化剂。如活性炭可吸附除去油性组分,硅胶和分子筛可除去水分,脱氧剂可除去微量氧等。某些检测器还需要辅助气体,如氢火焰离子化检测器和火焰光度检测器需要氢气和空气作燃气和助燃气。各气路都应有净化管。

3. 气流的稳定

载气流速的大小和稳定直接影响分析结果。在恒温气相色谱中,整个气路中的阻力是不变的,只要控制载气柱前的压力稳定,载气流速即可稳定;当采用程序升温操作时,因柱温不断升高引起柱内阻力不断增加,载气流量发生变化,应该用稳流阀进行自动稳流控制。

4. 流速的测量和校正

载气流速测定是准确求出色谱保留数据的基础。载气流速的大小可用转子流量计和皂膜流量计测量。由于气体的可压缩性,色谱柱内存在压力梯度,转子流量计显示的柱前流速只能作为分离条件选择的相对参数,不能反映色谱柱内的真实流速。而用皂膜流量计测得的流速是在柱后室温和大气压力下测得的,并含有皂液的饱和水蒸气。柱内的流速应是扣除水蒸气的影响,并校正到柱温和柱平均压力下的流速。

设在柱出口温度和压力(不包括水蒸气压)下载气的实际体积流速为 F_0(单位为 $mL \cdot min^{-1}$),则

$$F_0 = F_0'(p_0 - p_w)/p_0 \tag{12-1}$$

式中:F_0' 为皂膜流量计上测得的载气流速,p_0 为柱出口压力(即大气压),p_w 为室温下水的饱和蒸气压。

设在柱温和柱的平均压力下,柱内载气平均流速为 F_a,则

$$F_a = F_0 \cdot j \cdot T_c/T_0 \tag{12-2}$$

式中:j 为压力校正因子,$j = \dfrac{3}{2}\left[\dfrac{(p_i/p_0)^2 - 1}{(p_i/p_0)^3 - 1}\right]$,其中 p_i 和 p_0 分别代表柱入口和出口压力,T_c 为柱温,T_0 为柱出口温度(即室温)。

二、进样系统

进样系统包括气化室和进样装置。气化室的作用是将液体试样瞬间气化。要求气化室死体积小、热容量大、内表面无催化活性等。气化室的结构如图 12-3 所示。

气相色谱的进样装置一般采用微量注射器和六通进样阀。微量注射器常用来进液体样品,气体样品常用六通阀进样。

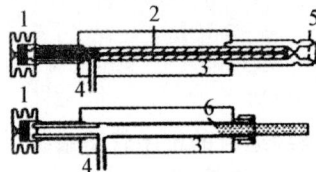

图 12-3　气化室结构

1—散热片;2—玻璃插入管;3—加热器;

4—载气入口;5—接色谱柱;6—色谱柱固定相

由于科学技术的发展,气相色谱仪的进样口前配置一个自动进样器。自动进样器的添加,大大加快了分析速度,减少了分析劳动力。

三、分离柱系统

分离柱系统主要指色谱柱,柱内装填或涂渍色谱固定相,混合试样的分离在色谱柱内完成。常用的色谱柱有两类:填充柱和毛细管柱。

用作填充柱的管材通常是内径均匀的玻璃管、金属管和塑料管。在高温下,待分离物质会与金属柱内壁接触,一些反应性的物质或许会发生分解、转化或吸附,此时,采用玻璃或石英柱为好。

填充柱柱管一般用不锈钢、玻璃或聚四氟乙烯等材料制成,柱内径为 $2 \sim 6mm$,柱长

1～5m，形状有 U 形、螺旋形等，柱内均匀、密实地填充着固定相。填充柱制备简单，柱容量大，分离效率较高，应用广泛。

毛细管柱又称开管柱，用石英或玻璃拉制而成，柱内径为 0.1～0.5mm，一般长度为 20～200m，呈螺旋形，柱内表面涂一层固定液。毛细管柱渗透性好，分离效率高，可分离复杂的混合物，但制备复杂，允许进样量小。

四、检测系统

检测器是将经过色谱柱分离的各组分，按其特性和含量转变成易于记录的电信号的装置。检测器是色谱仪的关键部件，将在本章第五节作重点介绍。

五、温控系统

色谱柱恒温箱、气化室和检测器都需要加热和控温。因各部分要求的温度不同，故需要三套不同的温控装置。一般情况下气化室温度比色谱柱恒温箱温度高 30～70℃，以保证试样能瞬间气化；检测器温度与色谱柱恒温箱温度相同或稍高于柱温箱温度，以防止试样组分在检测室内冷凝。

六、数据采集及处理系统

数据采集及处理系统是采集并处理检测系统输出的信号，显示和记录色谱分析结果，包括放大器、记录仪，有的色谱仪还配有数据处理器。目前多采用色谱专用数据处理机或色谱工作站，不仅可以对色谱数据进行记录和自动处理，还可对色谱参数进行控制。

第三节　色谱柱的分类及原理

色谱柱有两种：①内装固定相的，称为填充柱，即气-固色谱；②是将固定液均匀地涂在玻璃毛细管的内壁上，称为空心毛细管柱，即气-液色谱。

一、气-固色谱的分离原理

气-固色谱中常用的固定相是一种多孔、大表面积的固体吸附剂，经研磨成一定大小的颗粒后装入色谱柱。当待测组分由载气携带进入色谱柱后，立即被吸附剂所吸附。由于载气连续不断地流过吸附剂，使吸附着的待测组分又被洗脱下来，随着载气的流动，待测组分在吸附剂的表面进行待测物的反复吸附、脱附过程。由于待测试样中各个组分的性质不同，即它们在吸附剂上的吸附、脱附能力不同，使较难被吸附的组分先脱附，较快地向前移动；而容易被吸附的组分后脱附，在色谱柱中向前移动得慢些。经过一定时间后，待测试样中各个组分就能彼此分离而先后流出色谱柱。

二、气-液色谱的分离原理

气-液色谱中，固定相是由担体和固定液组成的。担体即大表面积的化学惰性的固体微粒。固定液，即高沸点有机化合物，将其均匀地涂在担体上，形成一薄层液膜。当待测物质中各组分随载气进入色谱柱后,气相中的待测组分立即溶解到固定液中。载气连续不断地流经色谱柱,又使溶解在固定液中的待测组分从固定液挥发到气相中。随着载气的流动,挥发到气相中的待测组分又溶解到前面的固定液中。在色谱柱中待测物质的各个组分经历了多次的溶解、挥发、再溶解、再挥发的过程。各组分在固定相中的溶解、挥发能力不同,溶解度大的组分在柱中停留的时间长,向前移动的慢;反之,溶解度小的组分易挥发,在柱中停留的时间短,向前移动得快。经过一定时间后,物质中的各个组分就彼此分离,先后流出色谱柱。

第四节　气相色谱的固定相与流动相

固定相是色谱柱的核心部分,样品组分的分离在很大程度上取决于固定相的选择。气相色谱固定相分为固体固定相、液体固定相和聚合物固定相。

一、固体固定相

固体固定相一般采用固体吸附剂,主要用于分析永久性气体及一些低沸点物质,如气态烃。因为气体在一般固定液里溶解度很小,还没有一种满意的固定液能分离它们,而在吸附剂上其吸附能力差别较大,可以得到较好的分离。常用的固体吸附剂有活性炭、硅胶、氧化铝和分子筛等。

二、液体固定相

液体固定相是由载体(惰性固体颗粒)和固定液(高沸点有机物)组成的。

1. 载　体

载体是用来负载一层均匀的固定液薄膜的多孔性的惰性固体颗粒,它应具有下列特性:①表面有微孔结构,孔径均匀,比表面积大;②化学和物理惰性,即与样品组分不起化学反应,无吸附作用或吸附很弱;③热稳定性好;④有一定的机械强度和浸润性,不易破碎;⑤具有一定的粒度和规则的形状,最好是球形。

应用最普遍的是硅藻土型载体。天然硅藻土是由无定形二氧化硅及少量金属氧化物杂质组成的单细胞海藻骨架,经过粉碎、高温锻烧,再粉碎过筛而成。因处理方法不同分为红色载体和白色载体。

(1)红色载体:由天然硅藻土直接锻烧而成,其中的铁锻烧后生成氧化铁,呈浅红色。孔穴多,孔径小(平均 $1\mu m$),比表面积大($4m^2 \cdot g^{-1}$),可负载较多固定液;缺点是表面存在活性吸附中心,分析极性物质时易产生拖尾峰。非极性固定液使用红色载体,用于分析非极性组分。国产 6201 载体及美国 Chromosorb P 属于此类。

(2)白色载体:天然硅藻土在锻烧前加入少量碳酸钠等助熔剂,使氧化铁在锻烧后生成铁硅酸钠,变为白色。其表面孔径粗($8\sim9\mu m$),比表面积小($1m^2 \cdot g^{-1}$),有较为惰性的表面,表面吸附作用和催化作用小。极性固定液使用白色载体,用于分析极性物质。国产 101 载体及美国 Chromosorb W 属于此类。硅藻土型载体在使用前应进行酸洗、碱洗、硅烷化等预处理。

几种常用的载体及适用范围见表 12-1。

表 12-1　常用的气液色谱载体的用途

载体类型		名称	适用范围
硅藻土型	红色硅藻土型载体	6201 载体,201 载体	分析非极性、弱极性组分
		301 载体,釉化载体	分析中等极性组分
	白色硅藻土型载体	101 白色载体,102 白色载体	分析极性或碱性组分
		101 硅烷化白色载体,102 硅烷化白色载体	分析高沸点、氢键型组分
非硅藻土型		玻璃球载体	分析高沸点组分
		硅烷化玻璃球	分析强极性物质
		聚四氟乙烯载体	

2. 固定液

(1)对固定液的要求。①在使用温度下是液体,应具有较低的挥发性;②良好的热稳定性;③对要分离的各组分应具有合适的分配系数;④化学稳定性好,不与样品组分、载气、载体发生任何化学反应。

(2)固定液的分类。用于色谱分析的固定液已有上千种,为了选择和使用方便,一般按极性大小把固定液分为四类:非极性、中等极性、强极性和氢键型固定液。

①非极性固定液。主要是一些饱和烷烃和甲基硅油,它们与待测物质分子之间的作用力以色散力为主。组分按沸点由低到高顺序流出,若样品中兼有极性和非极性组分,则同沸点的极性组分先出峰。常用的固定液有角鲨烷(异三十烷)、阿皮松等,适用于非极性和弱极性化合物的分析。

②中等极性固定液。由较大的烷基和少量的极性基团或可以诱导极化的基团组成,它们与待测物质分子间的作用力以色散力和诱导力为主,组分基本上按沸点顺序出峰,同沸点的非极性组分先出峰。常用的固定液有邻苯二甲酸二壬酯、聚酯等,适用于弱极性和中等极性化合物的分析。

③强极性固定液。含有较强的极性基团,它们与待测物质分子间作用力以静电力和诱导力为主,组分按极性由小到大的顺序出峰。常用的固定液有氧二丙腈等,适用于极性化合物的分析。

④氢键型固定液。是强极性固定液中特殊的一类,与待测物质分子间作用力以氢键力为主,组分依形成氢键的难易程度出峰,不易形成氢键的组分先出峰。常用的固定液有聚乙二醇、三乙醇胺等,适用于分析含 F、N、O 等的化合物。表 12-2 列出了几种常用固定液的性质、使用温度和分析对象。

表 12-2　某些常用固定液及其性能

固定液名称	商品名称	最高使用温度(℃)	溶剂	分析对象
角鲨烷	SQ	150	乙醚、甲苯	(非极性标准固定液)分离一般烃类及非极性化合物
阿皮松 L	APL	300	苯、氯仿	高沸点非极性有机化合物
甲基硅橡胶	SE-30JXR Silicone	300	氯仿	高沸点弱极性化合物
邻苯二甲酸二壬酯	DNP	160	乙醚、甲醇	芳香族化合物、不饱和化合物及各种含氧化合物(醇、醛、酮、酸、酯等)
β,β'-氧二丙腈	ODPN	100	甲醇、丙酮	醇、胺、不饱和烃等极性化合物

续表

固定液名称	商品名称	最高使用温度(℃)	溶剂	分析对象
聚乙二醇 (1500 至 20000)	PEG(1500 至 20000) Carbowax	80～200	乙醇、氯仿、丙酮	醇、醛、酮、脂肪酸、酯及含氮官能团等极性化合物,对芳香烃有选择性

(3)固定液的选择。一般根据"相似相溶"的原则,待测组分分子与固定液分子的性质(极性、官能团等)相似时,其溶解度就大。

①按极性相似原则选择。如果固定液与待测组分的极性相似,则两者之间的作用力就强,待测组分在固定液中的溶解度就大,分配系数就大,保留时间长;若分离非极性和极性混合物时,一般选用极性固定液,此时非极性组分先出峰。

②按官能团相似选择。若待测物质为酯类,则选用酯或聚酯类固定液;若待测物质为醇类,可选用聚乙二醇固定液。

③按主要差别选择。若待测各组分之间的沸点是主要差别,可选用非极性固定液;若极性是主要差别,则选用极性固定液。

④选择混合固定液。对于难分离的复杂样品,可选用两种或两种以上的固定液。

在实际工作中遇到的样品往往是比较复杂的,所以固定液的选择要根据具体样品而定。一般依靠经验或参考文献,按最接近的性质来选择。通常为了有助于对固定液进行评价、分类和选择,可采用麦克雷诺兹(McRcynolds)常数(麦氏常数)表示固定液的相对极性。它选用10种物质来表征固定液的分离极性,但实际上采用苯、丁醇、2-戊酮、硝基丙烷和吡啶5种物质测得的特征常数(麦氏常数)即可表征固定液的相对极性。其方法是以角鲨烷固定液为基础,用以上5种物质作为探测物,分别测得在待测固定液上的保留指数 I_x 和在角鲨烷固定液上的保留指数 I_s,两者之差 $\Delta I = I_x - I_s$ 即可表征以标准非极性固定液角鲨烷为基准时待测固定液的麦氏常数。以 X、Y、Z、U、S 表示以上5种物质的麦氏常数,即

$$X = I_x^{苯} - I_s^{苯} = \Delta I^{苯} \tag{12-3}$$

$$Y = I_x^{丁醇} - I_s^{丁醇} = \Delta I^{丁醇} \tag{12-4}$$

$$Z = I_x^{2-戊酮} - I_s^{2-戊酮} = \Delta I^{2-戊酮} \tag{12-5}$$

$$U = I_x^{硝基丙烷} - I_s^{硝基丙烷} \tag{12-6}$$

$$S = I_x^{吡啶} - I_s^{吡啶} \tag{12-7}$$

麦氏常数越小,则固定液的极性越接近非极性固定液的极性,麦氏常数可从气相色谱手册中查阅。5种探测物 ΔI 值之和 $\Sigma \Delta I$ 称为总极性,总极性越大则表明该固定液极性越强。

三、聚合物固定相

聚合物固定相是一种新型合成有机固定相,它既可作为固体固定相直接用于分离,也可作为载体,在其表面涂上固定液后再用于分离,又称高分子多孔微球(GDX)。一般认为物质在其表面既存在吸附作用,又存在溶解作用。聚合物固定相具有以下优点。

(1)具有较大的比表面积,表面孔径均匀。

(2)对非极性及极性物质无有害的吸附活性,拖尾现象小,极性组分也能出对称峰。

(3)由于不存在液膜,无流失现象,热稳定性好。

(4)机械强度和耐腐蚀性较好,系均匀球形,在填充柱色谱中均匀性、重现性好,有助于减少涡流扩散。

聚合物固定相商品中有以乙基苯乙烯与对二乙烯苯为主体的 Porapak 系列和以苯乙烯与二乙烯苯为主体的 Chromosorb 系列,它们都有不同比表面和相对极性的系列产品。

四、载　气

载气是气相色谱仪的流动相,通过进样口、经过色谱柱进入检测器。由于气路、进样口、检测器等均为金属构件,而且温度较高,因此作为载气要求化学活性小。由于载气要求在常温下为气态,因此要求分子量比较小并且容易分离得到,价格便宜。因此,常见的载气有 N_2、H_2、He、Ar 等。

载气的纯度直接影响基线的稳定。因此要求载气的纯度一般为 99.99% 以上。选择载气应当与检测器的性能和分析的流速结合起来综合考虑,载气的适用性见表 12-3。

表 12-3　几种主要载气的适用

载气	分子量	适用检测器	适用流速
H_2	2	TCD	快流速
He	8	TCD	快流速
N_2	14	FID、FPD、ECD	低流速
Ar	18	FID、FPD、ECD	低流速

载气种类也影响柱效(即塔板高度),尽管在最佳 u 下 N_2 能比 H_2 或 He 提供更高的柱效,但后者能提供更有用的线速范围,即没有严重地减少柱效。除非分离极端困难,否则不必要在最佳 u 下操作。因此为获得最大柱效:①使用 He 或 H_2 代替 Ar 或 N_2 作载气;②在载气流路中使用净化器;③最佳化载气线速;④可以采用 $Ar < N_2 < He < H_2$ 次序获得较高的柱效和较平的 Van Deemter 曲线。

第五节　气相色谱检测器

根据检测原理不同,气相色谱检测器分为两种类型:浓度型和质量型。

(1)浓度型检测器:响应信号与载气中组分的瞬间浓度呈线性关系,峰面积与载气流速成反比。常用的浓度型检测器有热导检测器和电子捕获检测器。

(2)质量型检测器:响应信号与单位时间内进入检测器组分的质量呈线性关系,与组分在载气中的浓度无关,因此峰面积不受载气流速影响。常用的质量型检测器有氢火焰离子化检测器和火焰光度检测器。

一、热导检测器

热导检测器(TCD)属通用型检测器,应用较为广泛。它的特点是结构简单、稳定性好、灵敏度适宜、线性范围宽、对无机物和有机物都能进行分析,而且不破坏样品,适宜于常量分析及含量在 10^{-5} g 以上的组分分析。

TCD 的结构如图 12-4 所示,它是由池体和热敏元件组成,池体内装两根电阻相等

$(R_1 = R_2)$的热敏元件(钨丝、徕钨丝或热敏电阻)构成参比池和测量池,它们与两固定电阻R_3、R_4组成惠斯顿电桥,如图12-5所示。在电桥平衡时有$R_1 \cdot R_4 = R_2 \cdot R_3$,当两池中只有恒定的载气通过时,从热敏元件上带走的热量相同,两池电阻变化也相同,$\Delta R_1 = \Delta R_2$,所以$(R_1 + \Delta R_1) \cdot R_4 = (R_2 + \Delta R_2) \cdot R_3$,电桥仍处于平衡状态,记录仪输出一条直线。

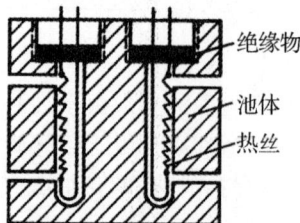

图12-4　热导检测器

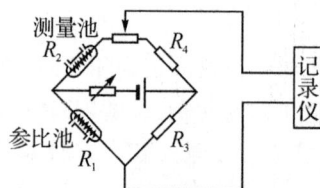

图12-5　双臂热导池电路原理

当样品经色谱柱分离后,随载气通过测量池时,由于样品各组分与载气的导热系数不同,它们带走的热量与参比池中仅由载气通过时带走的热量不同,即 $\Delta R_1 \neq \Delta R_2$,所以,$(R_1 + \Delta R_1) \cdot R_4 \neq (R_2 + \Delta R_2) \cdot R_3$,电桥平衡被破坏,因而记录仪上有信号(色谱峰)产生。

为了提高 TCD 的灵敏度和稳定性,应注意以下几点。

(1)TCD 是基于不同物质具有不同的导热系数的原理制成的,载气与样品的导热系数相差越大,热导池的灵敏度就越高。由于一般物质导热系数较小,因此宜选用导热系数较大的气体(H_2 或 He)作载气。

(2)热导池的灵敏度 S 与热敏元件的电阻 R 及其桥路电流 I 的关系为$S \propto I^3 \cdot R^2$。当 R 一定时,增加桥路电流,灵敏度迅速增加;但电流太大,噪声增大,热丝易烧断。一般桥路电流控制在 $100 \sim 200\text{mA}$。

(3)当桥路电流一定时,则热丝温度一定,若池体温度低,和热丝的温差大,则灵敏度提高;但池体温度不能太低,否则待测组分将在检测器内冷凝。一般池体温度应等于或高于柱温。

二、氢火焰离子化检测器

氢火焰离子化检测器(FID)只对碳氢化合物产生信号,应用较广泛。特点是死体积小、灵敏度高(比 TCD 高 $100 \sim 1000$ 倍)、稳定性好、响应快、线性范围宽,适合于痕量有机物的分析,但样品被破坏,无法进行收集,不能检测永久性气体以及H_2O、H_2S 等。

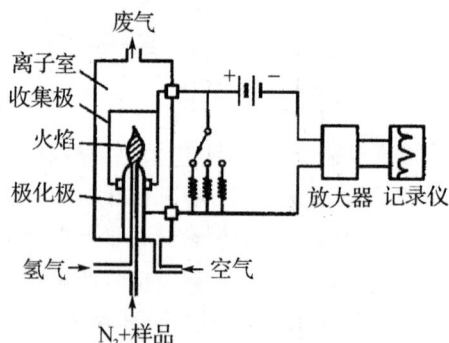

图12-6　氢火焰离子化检测器

从图12-6可以看出,FID 的主要部件是离子室,H_2 与载气在进入喷嘴前混合,空气(助燃气)由一侧引入。在火焰上方筒状收集电极(作正极)和下方的圆环状极化电极(作负极)间施加恒定的电压,当待测有机物由载气携带从色谱柱流出,进入火焰后,在高温火焰(2000℃左右)下发生离子化反应,生成许多正离子和电子,在外电场作用下,向两极定向移动,形成微电流(微电流的大小与待测有机物含量成正比),微电流经放大器放大后,由记录仪记录下来。

选择 FID 的操作条件时应注意所用气体流量和工作电压,一般 N_2 和 H_2 流速的最佳比为 $1:1 \sim 1.5:1$,氢气和空气的比例为 $1:10$,极化电压一般为 $100 \sim 300\text{V}$。

三、电子捕获检测器

电子捕获检测器(ECD)是一种高选择性、高灵敏度的检测器。它只对具有电负性的物质如含卤素 S,P,O,N 的物质有响应,而且电负性越强,检测器的灵敏度越高;高灵敏度表现在能检测出 10^{-14} g · mL^{-1} 的电负性物质,因此可测定痕量的电负性物质——多卤、多硫化合物,甾族化合物,金属有机物等。ECD 的

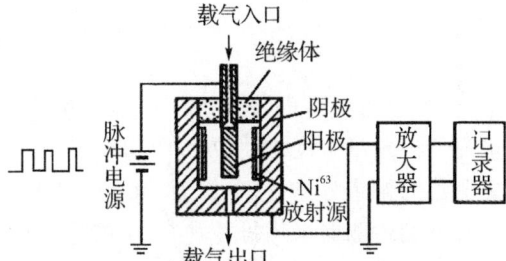

图 12-7 电子捕获检测器

结构如图 12-7 所示。两极间施加直流或脉冲电压,当只有载气(一般为高纯 N$_2$)进入检测器时,由放射源放射出的 β 射线使载气电离,产生正离子和慢速低能量的电子,在电场的作用下,向极性相反的电极运动,形成恒定的本底电流——基流;当载气携带电负性物质进入检测器时,电负性物质捕获低能量的电子,使基流降低产生负信号而形成倒峰,检测信号的大小与待测物质的浓度呈线性关系。ECD 的线性范围较窄($10^2 \sim 10^4$),故进样量不可太大。

四、火焰光度检测器

火焰光度检测器(FPD)是一种对含硫、磷化合物具有高选择性、高灵敏度的检测器。

FPD 的结构原理如图 12-8 所示。它实际上是一个简单的火焰发射光谱仪,含硫、磷化合物在富氢焰中燃烧被打成有机碎片,从而发出不同波长的特征光谱(含硫化合物发出 394nm 特征光,含磷化合物发出 526nm 特征光),通过滤光片获得较纯的单色光,经光电倍增管把光信号转换成电信号,经放大后由记录仪记录下来。

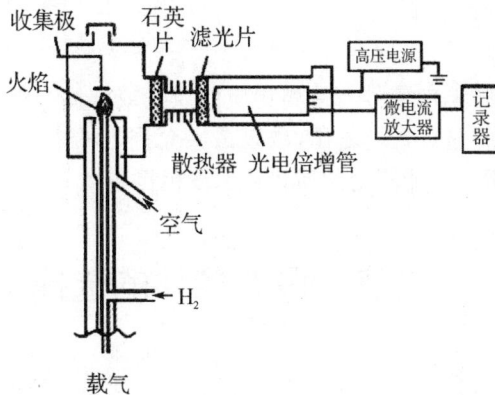

图 12-8 火焰光度检测器

五、检测器的主要技术指标

1. 灵敏度

灵敏度是检测器性能的重要指标。单位浓度(或质量)的物质通过检测器时所产生的响应信号的大小,就称为该检测器对该物质的灵敏度,也叫响应值或应答值,以 S 表示。S 值越大,说明检测器越灵敏。

由于各种检测器的检测机理不同,灵敏度的计算方法也不同。浓度型检测器采用单位体

积载气中含有单位质量（或体积）样品通过检测器时所产生的信号来表示。灵敏度（单位为 mV/mL · mg^{-1} 或 mV/mL · mL^{-1}）计算公式为

$$S = \frac{c_1 A F_0}{c_2 m} \tag{12-8}$$

式中：A 为色谱峰面积，F_0 为载气流速（单位为 mL · min^{-1}），c_1 为记录仪的灵敏度，即记录仪满量程与记录纸宽度之比（单位为 mV · cm^{-1}），c_2 为记录仪纸速（单位为 cm · min^{-1}），m 为进入检测器的某组分的量（单位为 mg 或 mL）。

质量型检测器采用每秒钟有 1g 物质通过检测器时所产生的信号来表示。灵敏度（单位为 mV/g · s^{-1} 或 mV · s · g^{-1}）计算公式为

$$S = \frac{60 c_1 A}{c_2 m} \tag{12-9}$$

式中：m 为进样量（单位为 g）。

2. 检出限

电子放大器可将灵敏度放大数倍，但噪声（指纯载气通过检测器时基线的波动）也随之成比例增大，从而限制了组分信号的检出。灵敏度未能反映仪器噪声的干扰，只用灵敏度不能很好地评价检测器的性能，因而引进检出限（亦称敏感度）——指某组分产生的响应信号为三倍噪声时，单位体积（或时间）通过检测器的量，计算公式为

$$D = \frac{3 R_N}{S} \tag{12-10}$$

式中：R_N 为检测器的噪声（单位为 mV 或 A），S 为灵敏度，D 为检出限，单位由 S 定，浓度型检测器 D 的单位为 mg · mL^{-1}，而质量型检测器 D 的单位为 g · s^{-1}。D 值越小说明检测器越敏感。产生的色谱峰高等于三倍噪声时，待测组分的进样量称为最小检测量，它不仅与检测器本身有关，还受色谱操作条件的影响。

3. 检测器的线性范围

检测器的线性范围是指响应信号与待测物质的质量或浓度呈线性关系的范围，通常用最大进样量（M_{max}）与最小进样量（M_{min}）之比，或以最大允许进样浓度与最小检测浓度的比值表示。比值越大，在定量分析中可能测定的质量或浓度范围越大。

第六节　操作条件的选择

为了在较短时间内获得较满意的色谱分析结果，除了选择合适的固定相外，还要选择最佳的操作条件，以提高柱效能、增大分离度、满足分离分析的需要。

一、载气及其流速的选择

选用何种载气，应从两个方面考虑。首先考虑检测器的适应性，例如 TCD 常用 H_2、He 作载气，FID、FPD 和 ECD 常用 N_2 作载气。其次考虑流速的大小，由范第姆特方程可知，当流速较小时，分子扩散项（B/u）是色谱峰扩张的主要因素，应采用相对分子质量较大的载气如 N_2、Ar 等（组分在载气中的扩散系数小）；当流速较大时，传质阻力项（Cu）起主要作用，宜用相对分子质量较小的载气如 H_2、He 等。

　　载气流速严重影响分离效率和分析时间,当色谱柱和组分一定(K一定)时,由范第姆特方程可计算出最佳流速,此时柱效最高,但在此流速下,分析时间较长。一般采用稍高于最佳流速的载气流速,以加快分析速度。

二、柱温的选择

　　柱温是气相色谱最重要的操作条件之一,直接影响柱效、分离选择性、检测灵敏度和稳定性。柱温改变,影响K、k'、D_g和D_s,从而影响分离效率和分析速率。提高柱温,可以改善传质阻力,有利于提高柱效,缩短分析时间,但降低了k'和选择性,不利于分离。所以从分离的角度考虑,应选用较低的柱温,这又使分析时间延长,峰形变宽,柱效下降。一般的原则是:在使最难分离的组分尽可能分离的前提下,尽量采用较低的柱温,但以保留时间适宜、峰形不拖尾为度。

　　柱温的具体选择首先要考虑到每种固定液都有一定的使用温度,柱温应介于固定液的最低使用温度和最高使用温度之间,否则不利于分配或易造成固定液流失。

　　在实际工作中常通过实验来选择最佳柱温,既能使各组分分离,又不使峰形扩张、拖尾。柱温一般选择各组分沸点的平均温度或更低,有下面几点经验规律。

　　(1)高沸点的混合物(沸点300~400℃),使用柱温可选在200~230℃。用1%~3%的低固定液含量和高灵敏度检测器。

　　(2)对于沸点不太高的混合物(沸点200~300℃),柱温可选在150~180℃。固定液含量5%~10%。

　　(3)对于沸点在100~200℃的混合物,柱温可选在70~120℃。固定液含量10%~15%。

　　(4)对于气体、气态烃等低沸点物质,柱温可选在其沸点或沸点以上,以便能在室温或50℃以下分析。固定液含量一般在15%~25%。

　　对于宽沸程(沸程大于100℃)样品,宜采用程序升温色谱法,即柱温按预定的程序连续地或分阶段地进行升温。这样能兼顾高、低沸点组分的分离效果和分析时间,使不同沸点的组分基本上都在其较合适的温度下得到良好的分离。

三、载体和固定液含量的选择

1. 载体的选择

　　(1)载体表面的固定液液膜薄(d_f小)而均匀,可使液相传质阻力减小,因此要求载体表面具有多孔性且孔径分布均匀。

　　(2)载体粒度(d_p)的减小有利于提高柱效,但也不可太小,这样不仅不易填充均匀致使填充不规则因子几率增大,导致H增大,而且将需要较大的柱压,容易漏气,给仪器装配带来困难。一般填充柱要求载体颗粒直径是柱直径的1/10左右,即60~80目或80~100目较好。

　　(3)载体颗粒要求均匀,筛分范围要窄,以降低λ值,减小H。一般使用颗粒筛分范围约为20目。

2. 固定液及其配比的选择

　　固定液的性质和配比对H的影响反映在传质阻力项中,亦即与分配比k'、液膜厚度d_f和组分在液相中的扩散系数D_1有关。k'、D_1与固定液和样品的性质及温度有关,d_f除了与固定液的性质、用量有关外,还与载体的可浸润性、表面结构和孔结构有关。因此,一般选用的固定液对分析样品要有合适的 k' 值,使待分离物质对有较大的相对保留值 $\gamma_{1,2}$。此外还要求固定液的黏度小、蒸气压力低等。

为了改善液相传质,减少 H,可采用低固定液配比以减少 d_f,并且有利于在较低的温度下分析沸点较高的组分和缩短分析时间。但是配比太低,固定液不足以覆盖载体而出现载体的吸附现象,反而会降低柱效能。低固定液配比时,柱负荷变小,样品量也要相应减少。一般填充柱的液载比是 $5\%\sim25\%$,空心柱 $d_f=0.2\sim0.5\mu m$。

四、进样条件的选择

进样速度必须快,使样品能立即气化并被带入柱中。若进样时间过长,样品原始宽度变大,使色谱峰扩张。

原则上要求在选择的气化温度下样品能瞬间气化而不分解,这对于高沸点或易分解组分尤为重要。由于色谱进样量为微升级,近于无限稀释的情况(相当于减压),故气化温度可比样品最难气化组分的沸点略低些;反之,进样量多,气化温度就要高些。一般气化室温度比柱温高 $30\sim70℃$。

进样量一般是比较少的,液体试样一般进样 $0.1\sim5\mu L$,气体试样 $0.1\sim10mL$。进样量太少,检测器不易检测,增大分析误差;若进样量太多,则柱效下降,同时由于柱超负荷,使分离效果差,拖延流出时间。

第七节　毛细管柱气相色谱

一、毛细管柱的特点和类型

毛细管柱(capillary column)又称开管柱(open tubular column),它是用内壁涂渍一层薄而均匀的固定液液膜的毛细管作分离柱。使用毛细管色谱柱的气相色谱法称为毛细管气相色谱法(capillary column gas chromatography)。毛细管柱把填充柱色谱分析试样的沸点上限提高了 $100℃$ 以上,分析样品量和检测下限降低了 $1\sim2$ 个数量级,特别适用于色谱-质谱联用,为石油组成、天然产物、环境污染物、人体体液等复杂混合物的分离分析开辟了广阔前景。毛细管柱色谱的主要特点是:①柱渗透性好,阻抗小,可使用长色谱柱;②总柱效高,大大提高了对复杂混合物的分离能力;③柱容量低,允许进样量小。

毛细管柱按其固定相涂渍方法分为壁涂毛细管柱、多孔层毛细管柱、载体涂渍毛细管柱、化学键合毛细管柱、化学交联毛细管柱等类型。

二、毛细管柱速率理论方程

毛细管柱结构的特殊性使之与填充柱色谱理论具有一定的差别。基于范第姆特方程,Golay 提出影响毛细管柱色谱峰扩张的主要因素是:纵向分子扩散、流动相传质阻力、固定相传质阻力,从而导出毛细管柱的速率理论方程,即

$$H=H_1+H_2+H_3=B/u+C_g u+C_1 u$$

与填充柱速率方程的主要差别是:①毛细管柱只有一个气体流路,无涡流扩散项,$A=0$;

②空心毛细管柱无分子扩散路径弯曲,路径弯曲因子 $\gamma=1$;③与填充柱相似,气相传质阻力常常是色谱峰扩张的重要因素。

三、毛细管柱色谱系统

毛细管柱与填充柱的色谱系统基本相同。但由于毛细管柱内径小、柱容量低、载气体积流速慢等,对系统设计有些特殊要求。

1. 进样系统

毛细管柱的柱容量小,液体试样的进样量一般为 $10^{-3}\sim10^{-2}\mu L$,很难采用常规进样方式准确进样,因此毛细管柱色谱采用分流进样方式(见图12-9)。放空量与入柱量之比称为分流比,通常控制在 $50:1$ 至 $500:1$。分流进样有利于样品形成窄的谱带,但定量结果容易失真,为了更好地适应痕量组分的定量分析以及定量要求高的分析,已发展了多种进样技术,如不分流进样、冷柱头进样等。

2. 色谱柱联接和尾吹

为减小死体积(色谱柱中无固定相的空间部分),毛细管柱与进样器联接应将色谱柱伸直,插入分流器的分流点,色谱柱出口直接插入检测器内。由于毛细管柱载气体积流速较小,进入检测器后,因检测器内腔体积增大而突然减速,引起色谱峰扩张,因此在色谱柱出口加一个辅助尾吹气,加速样品通过检测器,减少组分的柱后扩散(见图12-9)。

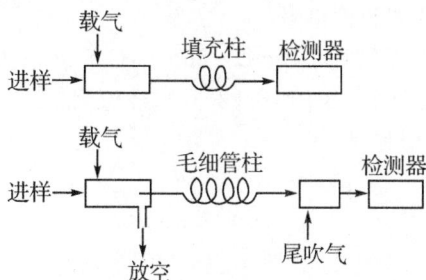

图 12-9　毛细管柱与填充柱色谱仪的流路比较

第八节　气相色谱法的应用

气相色谱法在生物科学、环保、医药卫生、食品检验等领域有广泛应用。近年来裂解气相色谱法(将难挥发的固体样品在高温下裂解后进行分离鉴定,已用于聚合物的分析和微生物的分类鉴定)、顶空气相色谱法(通过对密闭体系中处于热力学平衡状态的蒸气的分析,间接地测定液体或固体中的挥发性成分)等的应用,大大扩展了气相色谱法的应用范围。

全二维气相色谱(GC×GC)是色谱技术上的又一次革命性突破。它把分离机理不同而又互相独立的两根色谱柱串联结合,两柱之间装有调制器,由第一根色谱柱分离后的每一个馏分,经调制器聚焦后再以脉冲方式送入第二根色谱柱进行进一步分离,最后得到以柱1的保留时间为 X 轴、柱2的保留时间为 Y 轴、信号强度为 Z 轴的三维立体色谱图。全二维气相色谱已成为目前最强大的分离分析工具,广泛应用于石油、环境、烟草、中药等极其复杂体系的分离分析。

思考题与习题

1. 简述气相色谱仪的分析流程。

2. 气相色谱仪一般由哪几部分组成？各有什么作用？

3. 试述热导、氢火焰离子化和电子捕获检测器的检测原理，它们各有什么特点？

4. 对载体和固定液的要求分别是什么？如何选择固定液？

5. 试比较红色载体和白色载体的性能。

6. 判断下列情况对色谱峰峰形的影响：

①进样速度慢；②由于气化室温度低，样品不能瞬间气化；③增加柱温；④增大载气流速；⑤增加柱长；⑥固定相颗粒变粗。

7. 二氯甲烷、三氯甲烷和四氯甲烷的沸点分别为 40℃、62℃、77℃，试推测它们的混合物在阿皮松 L 柱上和在邻苯二甲酸二壬酯柱上的出峰顺序。

8. 已知记录仪的灵敏度为 $0.658\text{mV}\cdot\text{cm}^{-1}$，记录仪纸速为 $2\text{cm}\cdot\text{min}^{-1}$，载气流速 F_0 为 $68\text{mL}\cdot\text{min}^{-1}$。12℃时饱和苯蒸气的进样量为 0.5mL，其质量经计算为 0.11mg，得到色谱峰的实测面积为 3.84cm^2。求热导检测器的灵敏度。

9. 已知记录仪的灵敏度为 $0.658\text{mV}\cdot\text{cm}^{-1}$，记录仪纸速为 $2\text{cm}\cdot\text{min}^{-1}$，12℃时进样量为 $50\mu\text{L}$ 饱和苯蒸气，其质量为 $11\times10^{-6}\text{g}$，测得色谱峰峰面积为 173cm^2，仪器噪声为 0.1mV，求氢火焰离子化检测器的灵敏度和检出限。

10. 用皂膜流量计测得载气流速为 $10\text{mL}\cdot\text{min}^{-1}$，已知柱前表压力为 $2\times1.013\times10^5\text{Pa}$，出口压力为 $1.013\times10^5\text{Pa}$，$P_w=2.3\times10^3\text{Pa}(20℃)$，柱温为 120℃，室温为 20℃，求柱后载气实际流速 F_0 和柱内载气平均流速 F_a。

第十三章

高效液相色谱分析法

第一节 高效液相色谱分析法的特点

高效液相色谱法是在 20 世纪 60 年代末,在经典液相色谱法和气相色谱法的基础上,发展起来的新型分离分析技术。20 世纪 50 年代后,气相色谱法在色谱理论研究和实验技术上迅速崛起,而经典液相色谱法因操作繁琐、分析时间长而受冷落。随着气相色谱法对高沸点有机物分析局限性的逐渐显现,人们又逐渐认识到了液相色谱法的重要性。20 世纪 60 年代末,随着微粒固定相、高压输液泵和高灵敏度检测器的研制成功,液相色谱法获得了新生。

高效液相色谱(high performance liquid chromatography,HPLC)也可称为高压液相色谱(high pressure liquid chromatography)、高速液相色谱(high speed liquid chromatography)、高分离度液相色谱(high resolution liquid chromatography)或现代液相色谱(modern liquid chromatography)。

一、与经典液相(柱)色谱法比较

高效液相色谱法与经典液相(柱)色谱法在分析原理上是一致的,但是它采用了新型高压输液泵、高灵敏度检测器和高效微粒固定相,大大提高了分离效率。高效液相色谱法与经典液相(柱)色谱法的比较见表 13-1。

表 13-1 高效液相色谱法与经典液相(柱)色谱法的比较

项目/方法	高效液相色谱法	经典液相(柱)色谱法
谱柱:柱长(cm)	10~25	10~200
柱内径(mm)	2~10	10~50
固定相粒度:粒径(μm)	5~50	75~600
筛孔(目)	2500~300	200~30
色谱柱入口压力(MPa)	2~20	0.001~0.1
色谱柱柱效(理论塔板数/m)	$2\times10^3\sim5\times10^4$	2~50
进样量(g)	$10^{-6}\sim10^{-2}$	1~10
分析时间(h)	0.05~1.0	1~20

二、与气相色谱法比较

气相色谱分析法虽然具有选择性高、灵敏度高、分离速度快的特点,但是它的适用范围窄,不适用于分析高沸点有机物、高分子和热稳定性差的化合物以及生物活性物质。在全部有机化合物中仅有 20%的样品适用于气相色谱分析法。高效液相色谱法刚好弥补了这一不足。高效液相色谱法与气相色谱法比较见表 13-2。

表 13-2　高效液相色谱法与气相色谱法比较

项目/方法	高效液相色谱法	气相色谱法
进样方式	样品制成溶液	样品需加热气化或裂解
流动相	液体流动相可为离子型、极性、弱极性、非极性溶液,可与被分析产品产生相互作用,并能改善分离的选择性 液体流动相动力黏度为 $10^{-3}Pa \cdot s$,输送流动相压力高达 2M～20MPa	气体流动相为惰性气体,不与被分析的样品发生相互作用 气体流动相动力黏度为 $10^{-5}Pa \cdot s$,输送流动相压力仅为 0.1M～0.5MPa
固定相	分离机理:可根据吸附、分离、筛析、离子交换、亲和等多种原理进行样品分离,可供选用的固定相种类繁多 色谱柱:固定相粒度小,为 $5～50\mu m$;填充柱内径为 2～10mm,柱长为 10～25cm,柱效为 $10^3～10^4$;毛细管内径为 0.01～0.03mm,柱长为 5～10m,柱效为 $10^4～10^5$;柱温为常温	分离机理:根据吸附、分配两种原理进行样品分离,可供选择的固定相种类较多 色谱柱:固定相粒度大,为 0.1～0.5mm;填充柱内径为 1～4mm,柱长为 1～4m,柱效为 $10^2～10^3$;毛细管柱内径为 0.1～0.3mm,柱长为 10～100m,柱效为 $10^3～10^4$;柱温为常温～300℃
检测器	选择性检测器:紫外吸收检测器(UVD),二极管阵列检测器(PDAD),荧光检测器(FD),电化学检测器(ECD) 通用型检测器:蒸发光散射检测器(ELSD),折光指数检测器(RID)	选择性检测器:电子捕获检测器,火焰光度检测器(FPD),氮磷检测器(NPD) 通用型检测器:热导池检测器(TCD),氢火焰离子化检测器(FID)
应用范围	可分析低分子量、低沸点样品,高沸点、中分子、高分子有机化合物(包括极性、非极性),离子型无机化合物,热不稳定、具有生物活性的生物分子	可分析低分子量、低沸点有机化合物,永久性气体;配合程序升温可分析高沸点有机化合物;配合裂解技术可分析高聚物
扩散系数	溶质在液相的扩散系数($10^{-5}cm^2 \cdot s^{-1}$)很小,因此在色谱柱以外的死空间应尽量小,以减小柱外效应对分离效果的影响	溶质在气相的扩散系数($10^{-1}cm^2 \cdot s^{-1}$)大,柱外效应的影响较小,对毛细管气相色谱应尽量减小柱外效应对分离效果的影响

三、高效液相色谱的优缺点

高效液相色谱主要有以下几个优点。

1. 高　效

由于新型高效微粒固定相填料的使用,高效液相色谱填充柱的柱效可高达 $5×10^3～3×10^4$ 块·m^{-1}理论塔板数,远远高于气相色谱的 10^3 块·m^{-1}理论塔板数。

2. 高　速

高压输液泵的使用使得高效液相色谱的分析时间比经典液相色谱远远缩短，一般都小于 1h。对氨基酸分离，经典色谱法，柱长约 170cm、柱径 0.9cm、流动相流速 30mL·h^{-1}，需要 20 多小时才能分离出 20 种氨基酸，而用高效液相色谱法，只需 1h 即可完成。

3. 高灵敏度

高效液相色谱法所采用的都是高灵敏度的检测器。最常用的紫外检测器的最小检测量为 10^{-9}g，用于痕量分析的荧光检测器灵敏度可达 10^{-12}g。高效液相色谱法的高灵敏度还表现在所需样品在微升数量级就足以进行全分析。

4. 高选择性

高效液相色谱法具有高柱效，而且流动相可以控制和改善分离过程的选择性，因此不仅可以分析不同类型的有机化合物及其同分异构体，还可以分析在性质上极为相似的旋光异构体。这已在高疗效的合成药物和生化药物的生产控制分析中发挥了重要作用。

而且高效液相色谱使用的是非破坏性的检测器，样品被分析后，大多数情况下可除去流动相，实现样品回收，亦可用于样品的纯化制备。

当然，没有一种方法是十全十美的，高效液相色谱法也有其局限性，主要有以下几点。

(1)使用多种溶剂作流动相，分析时所需成本比气相色谱法高，而且易引起环境污染。当进行梯度洗脱时，它比气相色谱法操作复杂。

(2)缺少气相色谱法中的通用型检测器(如热导检测器和氢火焰离子化检测器)。近年来日益广泛的蒸发激光散射检测器有望成为高效液相色谱法的通用型检测器。

(3)不能取代气相色谱。高效液相色谱无法完成要求柱效高达 10 万块理论塔板数以上的检测。例如分析组成复杂具有多种沸程的石油产品，必须使用毛细管气相色谱法才能完成。

(4)高效液相色谱法也不能代替中、低压色谱柱，200kPa 至 1MkPa 的柱压会使一些具有生物活性的生化样品受压分解、变性。

第二节　高效液相色谱法的基本理论

一、液相色谱的保留作用

液相色谱法保留值的概念与气相色谱分析法完全相同。在高效液相色谱分析法中，当样品混合物以一定量进入色谱柱后，当被流动相带入色谱柱内，就在固定相和流动相之间不断地进行分配平衡。由于不同化合物之间理化性质的差异，所以在两相间存在的量也各不相同。固定相中存在的量多的化合物，冲洗出柱所需要的流动相体积就较多；相反，在流动相中存在量多的化合物冲洗出柱所需流动相体积就较少，这称为色谱的保留作用。

化合物在平衡分配时两相中存在的量的比值称为容量因子 k。

$$k = \frac{\text{样品在固定相中的量}}{\text{样品在流动相中的量}} = \frac{M_s}{M_m} \tag{13-1}$$

如果化合物在固定相的量为零，即全部存在于流动相中，此化合物的容量因子 $k=0$，称为在该色谱条件下的非保留物质。

若分配等温线是线性的情况,则分离谱带的浓度分布是高斯型的,即获得对称性谱带的一个条件是分配系数随样品浓度呈线性变化(见图 13-1 中的线性图);若未满足这一条件,谱带就会歪斜,保留时间就要随样品浓度而变化(见图 13-1 中的凹凸形图)。此三种基本类别的分配等温线显示了峰形和保留时间的关系。

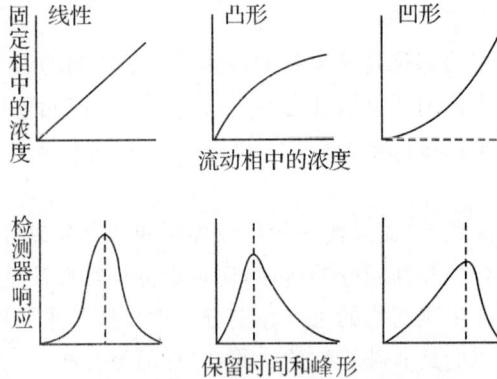

图 13-1　分配等温线的两种基本类型

一个两组分的典型分离如图 13-2 所示,在这个洗脱色谱图上可得到重要信息。

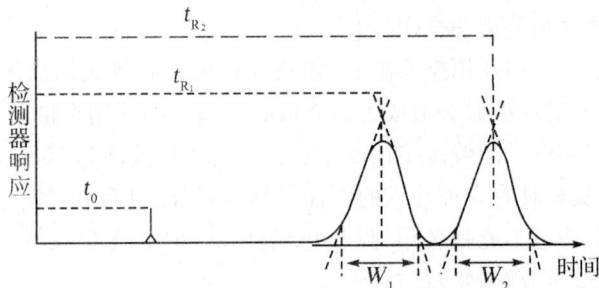

图 13-2　可直接测量参数的典型洗脱色谱

因为保留时间是流动线速度的函数,所以保留时间可以用保留体积来表示。保留体积就是在柱上洗脱下该组分所需要的流动相的体积,即从进样开始到柱后被测组分出现浓度最大值时所通过的流动相体积。体积流速正比于流动相的线速度,其比例常数是柱子的截面积。保留成分的洗脱体积,这个 V_m(死体积)是流动相在柱子中的总体积。

在高效液相色谱中,在常用的压力(小于 300kg·cm^{-2})下,可以认为液体的体积是不可压缩的,进色谱柱中体积流速和线速度之间的关系便是固定的,不需要对液体在工作压力下所形成的压缩性加以校正;只有当液体在 600~750kg·cm^{-2} 的压力下才需考虑其压力造成的流速影响。保留体积 V_R 在色谱图中相当于在色谱峰最大值的位置时所流出的流动相体积,它是流动相在色谱柱内死体积 V_M 与消耗于冲洗样品所需要的流动相体积 V_N 之和,所以对任何一个色谱过程,基本方程为

$$V_R = V_m + V_N = V_m + K V_s \tag{13-2}$$

式中:Vs 为固定相体积,K 为分配系数,即在一定温度下当样品在固定相和流动相之间分配达到平衡时浓度之比。

$$K = \frac{样品在固定相中的浓度}{样品在流动相中的浓度} = \frac{C_s}{C_m} \tag{13-3}$$

已知容量因子 k 为

$$k = \frac{t_R - t_M}{t_M} = \frac{t_R'}{t_M} \qquad (13\text{-}4)$$

$$k = \frac{M_s}{M_m} \qquad (13\text{-}5)$$

则

$$k = K \frac{V_s}{V_m} = \frac{\text{样品在固定相中的量}}{\text{样品在流动相中的量}} = \frac{M_s}{M_m} \qquad (13\text{-}6)$$

所以

$$V_R = V_m + K V_s = V_m + k V_m = V_m(1 + k) \qquad (13\text{-}7)$$

当 $k=0$ 时，保留体积等于死体积。

因为在液相色谱中液体在小于 $300\text{kg} \cdot \text{cm}^{-2}$ 的压力下可认为是不可压缩的，体积流速和线速度比例常数是色谱柱的截面积，因此在流量恒定、色谱柱内径均一的情况下保留体积和流过色谱柱的时间成正比。所以可以把式(13-4)写成

$$t_R = t_M(1 + k) \qquad (13\text{-}8)$$

$$k = \frac{t_R - t_M}{t_M} = \frac{t_R'}{t_M} \qquad (13\text{-}9)$$

从这个式子中可以看出，k 是调整保留时间 t_R' 和死时间 t_M 之比，此比值很容易从色谱图上直接得到。

因为死时间 t_M 等于柱长 L 除以流动相的流速 u，因此公式(13-8)便可写成

$$t_R = \frac{L}{u}(1 + k) \qquad (13\text{-}10)$$

得到的结果表明了平衡状态的保留值 t_R、柱长 L 和流动相线速度 u 之间的关系。通过与容积比的关系，保留时间也与固定相和流动相所含样品相对量有关，最终决定保留时间的基本参数是平衡分配系数 K。K 越大，保留时间越长。

二、分离度

为了获得较好的分离，就必须使最大峰值之间的距离增加、峰宽减小。一般用 R_s 来定量表达相邻两峰的分离程度。

$$R_s = \frac{t_{R(2)} - t_{R(1)}}{\frac{1}{2}(W_1 + W_2)} \qquad (13\text{-}11)$$

式中：$t_{R(1)}$、$t_{R(2)}$ 分别为样品中两组分的保留时间，W_1、W_2 为色谱峰的峰底宽度，是通过流出曲线的拐点所作切线在基线上的截距。

从上式可以看出：分子项保留时间差值越小，说明两峰距离越远，分母项越小，说明两峰很窄，柱效很高，这时 R_s 越大表示分离越好。可见影响分离的好坏有两方面因素：两组分保留值的差别大小（反映了物质在两相间的分配情况，即热力学因素）和色谱峰的宽度（反映了色谱过程的动力学因素）。

高斯曲线的峰底宽度为 4σ（σ 是高斯曲线的标准偏差），是 0.607 倍峰高时色谱峰宽度的一半。如果两个峰的宽度相同，即 $W_1 = W_2 = 4\sigma$，则

$$R_s = \frac{t_{R(2)} - t_{R(1)}}{4\sigma} \tag{13-12}$$

当 $R_s = 1$ 时,两峰高间的距离为 4σ,两组分分离可达 98%;当 $R_s = 1.25$ 时,可达 99.2%。如果需要获得更好的分离效果,可将 R_s 提高,使 $R_s = 1.5$,这时两峰高间的距离为 6σ。当 $R_s = 0.6$ 时,只有 86% 分离,两色谱峰部分重叠。当 R_s 进一步减小时,则两个峰的存在就变得较难识别,尤其当两个峰大小不等时,更难区分。如图 13-3 所示。

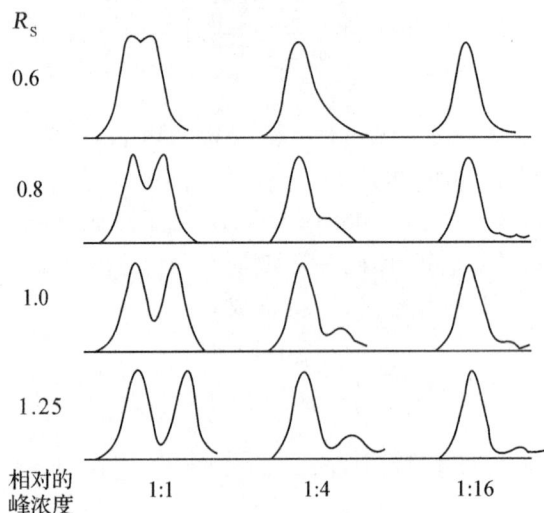

图 13-3 R_s 不同时得到的不同分离图形

要提高 R_s 有三个途径。

1. 增加选择性 α

$$\alpha = \frac{t_{R(2)} - t_M}{t_{R(1)} - t_M} = \frac{k_2}{k_1} = \frac{K_2}{K_1} \tag{13-13}$$

由此式可知选择性是两个组分纯保留时间之比,可以直接由色谱图求出。

增加 α,即增加后一组分对于前一组分的保留时间以提高分离度,这可通过改变流动相和固定相的组成来达到。要改变固定相的组分必须要用不同固定相的柱子,比较麻烦,所以一般使用改变流动相的极性的方法,如采用连续改变流动相极性的梯度洗脱增加 α,延长分离时间。由于峰宽不改变,对检出灵敏度没有影响。

2. 增加理论塔板数

增加理论塔板数,即提高色谱柱柱效。在其他条件相同的情况下,增加理论塔板数可使色谱峰变窄。这可以通过增加柱长来达到,但分离时间也增加,所以通过提高色谱柱固定相的效能来达到增加理论塔板数是最佳的方法。如能采用高效的固定相,不仅提高了分离度,而且还可以由于峰形变窄而提高检出灵敏度。

3. 改变容量因子 k

正相色谱流动相极性增加,k 减小,色谱峰前移,分离度 R_s 降低;反之,k 增加,色谱峰的流出时间增加。当理论塔板高度 H 是 k 的函数时(当固定相传质过程或停滞流动相扩散是谱峰扩宽的主要原因时),改变 k 的有效范围,以 $1.5 \sim 4$ 为宜。k 过大,不但分离时间拖得很长,而且峰形变坦,影响分离度和检出灵敏度。

由上述讨论可知,为了达到高速、高效分离的目的。最好是增加理论塔板数和适当增加 α。

三、影响色谱峰扩展及色谱分离的因素

高效液相色谱法的基本概念及理论基础，如保留值、分配系数、分配比、分离度、塔板理论、速率理论等与气相色谱法是一致的。它们的区别是因为流动相不同而导致的。液体的扩散系数只有气体的万分之一至十万分之一，液体的黏度比气体大 100 倍，而密度为气体的 1000 倍左右。这些差别对色谱过程产生很大的影响。现根据 Van Deemter 速率理论对色谱峰扩展及色谱分离的影响进行讨论。表 13-3 所示影响峰扩展的主要参数。

表 13-3　影响峰扩展的主要参数

参数	气体	液体
扩散系数 D_m(cm² · s⁻¹)	10^{-1}	10^{-5}
密度 ρ(g · cm⁻³)	10^{-3}	1
黏度 η[g · (cm · s)⁻¹]	10^{-4}	10^{-2}

1. 涡流扩散项 H_e

$$H_e = 2\lambda d_p \tag{13-14}$$

其含义与气相色谱法的相同。

2. 纵向扩散项 H_d

当样品分子在色谱柱内被流动相向前带时，由分子本身运动所引起的纵向扩散同样引致色谱峰的扩展。它与分子在流动相中的扩散系数 D_m 成正比，与流动相的线速 u 成反比，即

$$H_d = \frac{C_d D_m}{u} \tag{13-15}$$

式中：C_d 为一常数。由于分子在液体中的扩散系数比在气体中要小 4～5 个数量级，因此在液相色谱中，当流动相的线速度大于 0.5cm · s⁻¹ 时，这个纵向扩散项对色谱峰扩展的影响实际上是可以忽略的，而气相色谱中这一项却是重要的。

3. 传质阻力项

降低传质阻力是液相色谱中提高柱效的主要途径。传质阻力项可分为固定相传质阻力项和流动相传质阻力项。前者主要发生在液-液分配色谱分析中，传质过程可用公式表示为

$$H_s = \frac{C_s d_f^2}{D_s} u \tag{13-16}$$

式中：d_f 是固定液的液膜厚度，D_s 是样品分子在固定液内的扩散系数，C_s 是与容量因子 k 有关的系数。

由上式可知，降低固定相的颗粒和液膜厚度可以改善固定相传质所引起的峰扩展。当然还可以通过使用具有扩散系数大的液相固定液和减小流动相流速来改善传质，不过这些都是与分子扩散作用相矛盾的，而后者还会增长分析时间。

样品在流动相传质过程中，有在流动的流动相中的传质和在滞留的流动相中的传质两种形式。当流动相流过色谱柱内的填充物时，靠近填充物颗粒的流动相流动得稍慢一些，所以在柱内流动相的流速并不是均匀的，即靠近固定相表面的样品分子走的距离比中间的要短些。流动的流动相中的传质阻力项为

$$H_m = \frac{C_m d_p^2}{D_m} u \tag{13-17}$$

式中：C_m 是容量因子 k 的函数，其值取决于柱直径、形状和填充的填料结构。

流动相的滞留是由固定相的多孔性造成的。滞留在固定相微孔内的流动相一般是停滞不动的。流动相中的样品分子要与固定相进行质量交换，必须先自流动相扩散到滞留区。如果固定相的微孔既小又深，此时传质速率就慢，对峰的扩展影响就大，这种影响在整个传质过程中占主导。固定相的粒度越小，它的微孔孔径越大，传质途径也就越小，柱效越高。可见改进固定相也是提高液相色谱柱效的一个重要方面。

滞留区传质阻力项为

$$H_{sm} = \frac{C_{sm} d_p^2}{D_m} u \tag{13-18}$$

式中：C_{sm} 是一常数，它与颗粒微孔中被流动相所占据部分的分数以及容量因子有关。

综上所述，由于柱内色谱峰扩展所引起的塔板高度的变化可归纳为

$$H = 2\lambda d_p + \frac{C_d D_m}{u} + (\frac{C_m d_p^2}{D_m} + \frac{C_{sm} d_p^2}{D_m} + \frac{C_s d_f^2}{D_s}) u \tag{13-19}$$

简化得

$$H = A + \frac{B}{u} + Cu \tag{13-20}$$

上式与气相色谱的速率方程式在形式上是一致的，其主要区别在于纵向扩散项可以忽略不计，影响柱效的主要因素是传质项。

图 13-4 表示典型的气相色谱法和液相色谱法的 H-u 曲线。由图可知，两者形状很不相同。这是因为分子扩散项对 H 值实际上已不起作用。这也说明液相色谱分离在流动相速度高的情况下，不至于使柱效损失太多，有利于实现快速分离。随着填料颗粒度的不断减小，它们的 H-u 曲线与气相色谱法的基本相似，也出现一个最低值，只是分子扩散项对 H 的贡献要小得多，最佳线速度也小得多。

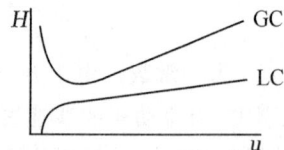

图 13-4　气相色谱(GC)和液相色谱(LC)的 H-u 曲线

根据以上讨论可知，要提高液相色谱分离的效果，必须提高柱内填料的均匀性和减小粒度以加快传质速度。除此之外，影响色谱峰扩展的因素还有柱外展宽（超柱效应）等。柱外展宽是指色谱柱外各种因素所引起的峰扩展，可分为柱前和柱后两种因素。

柱前峰展宽主要由进样引起。液相色谱进样方式，大都是将样品注入色谱柱顶端滤塞上或注入进样器的液流中。这种进样方式，由于进样器的死体积，以及进样时液流扰动引起的扩散造成了色谱峰的不对称和展宽。若将样品直接注入色谱柱顶端填料上的中心点，或注入填料中心之内 1～2mm 处，则可减少样品在柱前的扩散，峰的不对称性得到改善，柱效显著提高。

柱后展宽主要由接管、检测器流通池体积所引起。由于分子在液体中有较低的扩散系数，因此在液相色谱中，这个因素要比在气相色谱中更为显著。为此，连接管的体积、检测器的死体积应尽可能地小，如载液流速为 $20\mu L \cdot s^{-1}$，则接管的体积应小于 $30\mu L$。

第三节 高效液相色谱的主要类型

一、液-固吸附色谱

液-固吸附色谱法亦称吸附色谱法,其固定相为固体吸附剂,常用的有硅胶、碳酸钙、三氧化二铝、聚酰胺、活性炭等。液-固吸附色谱法对具有中等分子量的油溶性样品(乳油品、脂肪、芳烃)可获最佳分离,而对强极性或离子型样品,因有时会发生不可逆吸附,常不能获得满意的分离效果。由于液-固色谱法具有柱填料(固定相)价格便宜、对样品的负载量大、在 pH=3~8 范围内固定相的稳定性较好等优点,使其成为了大多数制备分离中优先选用的方法。缺点是非线性等温线常引起峰的拖尾现象。

液-固吸附色谱的固定吸附剂表面存在着分散的吸附中心,溶质分子和流动相分子在这些吸附中心进行竞争吸附。由于这些竞争作用,不同溶质在吸附剂表面的吸附、解离达到平衡,从而达到分离效果。这种竞争吸附作用可表示为

$$X_m + nM_s \rightleftharpoons X_s + nM_m \tag{13-21}$$

式中:X_m 和 X_s 分别表示在流动相中和在吸附剂表面的溶质分子,M_m 和 M_s 分别表示在流动相中和在吸附剂上被吸附的流动相分子,n 表示被溶质分子取代的流动相分子的数目。达到吸附平衡时,吸附平衡常数 K 可表示为

$$K = \frac{[X_s][M_m]^n}{[X_m][M_s]^n} \tag{13-22}$$

K 值的大小由溶质和吸附剂分子间相互作用决定。当用流动相洗脱时,随流动相吸附量的相对增加,会将溶质从吸附剂上置换下来,即从色谱柱上洗脱下来。K 值越大,表示该溶质分子在固定相上被吸附得多,吸附作用越强,其色谱行为表现在该组分的保留时间长,则分配系数也越大。吸附平衡常数可以根据吸附等温线数据,从薄层色谱的比移值进行估算。

二、液-液分配色谱和键合相色谱

液-液分配色谱中所使用的固定相和流动相均为液体,且互不相溶,其基本原理与气相色谱中的气-液分配色谱一样,即组分在固定相和流动相中的多次分配。其区别是气相色谱流动相的性质对分配系数影响不大,而液-液分配色谱流动相性质对两相分配却有较大影响,所以采取改变流动相性质(如梯度淋洗)来改进分离效果成为液相色谱的重要手段。液-液分配色谱还可分为正相分配色谱法(色谱柱称为正相柱)、反相分配色谱法(色谱柱称为反相柱)。正相分配色谱流动相极性小于固定液,适合分离极性化合物,极性小的组分先流出来,极性大的组分后流出来。反相分配色谱法适合非极性化合物的分离,组分流出顺序刚好和正相分配色谱相反。

液-液色谱中固定相被机械吸附在惰性载体上,溶质分子根据它们在固定相和流动相中的溶解度,分别进入两相分配,当系统达到分配平衡时,分配系数 K 为

$$K = \frac{C_s}{C_m} = k\frac{V_m}{V_s}k\beta \tag{13-23}$$

$$\beta = \frac{V_m}{V_s} \tag{13-24}$$

式中：C_s 和 C_m 分别表示溶质在固定相和流动相中的浓度，k 为容量因子，V_m 和 V_s 分别表示色谱柱中流动相和固定相的体积，β 为相比率。

液-液色谱法具有色谱柱再生方便、样品负载量高、重现性好、分离效果好等优点。但在色谱分离过程中，由于固定液涂渍在载体上，在流动相中会产生微量溶解，在流动相连续通过色谱柱的机械冲击下，固定液也会不断流失，而流失的固定相又会污染已被分离开的组分，对色谱分离带来不良影响，使液-液色谱的应用受到限制。于是键合相色谱应运而生。键合相色谱是将各种不同的有机官能团通过化学反应共价键合到硅胶（载体）表面的游离羟基上，从而生成化学键合固定相。键合的方法极大地改善了固定相的分离性能。从固定相结构来说，由涂渍到键合的转变，使键合固定相的表面不再是一层液膜，而是形成了一层分子膜，使液相传质阻力大大减小，柱效提高。两相之间的分配也从液-液转化为液-分子膜之间的分配。

根据固定相与流动相相对极性的强弱，也可将键合相色谱分为正相键合色谱和反相键合色谱。正相键合色谱中使用的是极性键合固定相，适用于分离油溶性或水溶性的极性和强极性化合物。它是将全多孔（或薄壳）微粒硅胶载体经酸化处理、支撑表面含有大量硅醇基的载体后，再与含有氨基（—NH$_2$）、腈基（—CN）、醚基（—O—）的硅烷化试剂反应，生成表面具有氨基、腈基、醚基的极性固定相。溶质在此类固定相上的分离机理属于分配色谱，有

$$SiO_2—R—NH_2 \cdot M + X \cdot M = SiO_2—R—NH_2 \cdot X + 2M \tag{13-25}$$

式中：$SiO_2—R—NH_2$ 为氨基键合相，M 为溶剂分子，X 为溶质分子，$SiO_2—R—NH_2 \cdot M$ 为溶剂化后的氨基键合固定相，X · M 为溶剂化后的溶质分子。

分配系数 K 为

$$K = \frac{[SiO_2—R—NH_2 \cdot X]}{[X \cdot M]} \tag{13-26}$$

反相键合相色谱法中使用的是非极性键合固定相。它是将全多孔（或薄壳）微粒硅胶载体经酸化处理后，与含烷基链（C$_4$、C$_8$、C$_{18}$）或苯基的硅烷化试剂反应，生成表面具有烷基（或苯基）的非极性固定相。反相键合相色谱法适用于分离非极性、极性或离子型化合物，其应用范围比正相键合相色谱更广泛。据统计在高效液相色谱法中，70%～80%的分析任务都是由反相键合相色谱法来完成的。

反相键合相的分离机理有两种理论：一种认为是分配色谱，另一种认为是吸附色谱。

分配色谱的作用机制是假设在由水和有机溶剂组成的混合溶剂流动相中，极性弱的有机溶剂分子中的烷基官能团会被吸附在非极性固定相表面的烷基基团上，而溶质分子在流动相中被溶剂化，并与吸附在固定相表面上的弱极性溶剂分子进行置换，从而构成溶质在固定相和流动相中的分配平衡，这与正相键合相色谱法相似。

吸附色谱的作用机制认为溶质在固定相上的保留是疏溶剂作用的结果。根据疏溶剂理论，当溶质分子进入极性流动相后，即占据流动相中相应的空间，而排挤一部分溶剂分子；当溶质分子被流动相推动与固定相接触时，溶质分子的非极性部分（或非极性分子）会将非极性固定相上附着的溶剂膜排挤开，而直接与非极性固定相上的烷基官能团相结合（吸附）形成缔合配合物，构成单分子吸附层。这种疏溶剂的作用是可逆的，当流动相极性减小时，疏溶剂斥力下降，会发生解缔，并将溶质分子释放而被洗脱下来。

　　烷基键合固定相对每种溶质分子缔合作用和解缔作用能力之差,就决定了溶质分子在色谱过程中的保留值。每种溶质的容量因子 k' 和它与非极性烷基键合相缔合过程的总自由能的变化 ΔG 值相关,可表示为

$$\ln k' = \ln \frac{1}{\beta} - \frac{\Delta G}{RT} \tag{13-27}$$

式中:β 为相比,ΔG 与溶质的分子结构、烷基固定相的特性和流动相的性质密切相关。

三、离子交换色谱

　　离子交换色谱法(ion-exchange chromatography)是基于离子交换柱上可电离的离子与流动相中具有相同电荷的溶质离子进行可逆交换,依据这些离子对交换剂具有不同的亲和力而将它们分离。凡在溶剂中能够电离的物质通常都可以用离子交换色谱进行分离。

　　离子交换色谱中使用的固定相阳离子(或阴离子)交换树脂,也属于一种键合固定相,但通常采用苯乙烯-二乙烯苯共聚微球作为担体,在苯环上键合阳离子交换基团(磺酸基)或阴离子交换基团(季氨基)。阳离子交换树脂固定相采用酸性水溶液作为流动相,通过控制溶液 pH 值,可以分离各种阳离子混合物。阴离子交换树脂固定相采用碱性水溶液作为流动相,通过调节溶液 pH 值,可分离各种阴离子混合物。交换过程可表示为

阳离子交换　　　　　　　　$R—SO_3H + M^+ \Longrightarrow R—SO_3M + H^+$

阴离子交换　　　　　　　　$R—NR_4OH + X^- \Longrightarrow R—NR_4X + OH^-$

一般形式　　　　　　　　　$R—A + B \Longrightarrow R—B + A$

平衡时平衡常数 K 为

$$K = \frac{[R-B][A]}{[B][R-A]} \tag{13-28}$$

式中:R 表示树脂体。K 值越大表示 B 离子与交换基团之间的作用力越大,在固定相中的浓度越大,色谱保留值越大,出峰时间越长。组分与离子交换剂之间亲和力的大小与离子半径、电荷、存在形式等有关。

　　对于典型的磺酸型阳离子交换树脂,一价阳离子的 K 值大小顺序为

$$CS^+ > Rb^+ > K^+ > NH_4^+ > Na^+ > H^+ > Li^+$$

二价阳离子的顺序为

$$Ba^{2+} > Pb^{2+} > Sr^{2+} > Ca^{2+} > Cd^{2+} > Cu^{2+}$$

　　对于典型的季胺型阴离子交换树脂,一价阴离子的 K 值大小顺序为

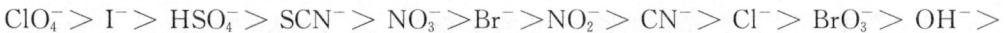

$$ClO_4^- > I^- > HSO_4^- > SCN^- > NO_3^- > Br^- > NO_2^- > CN^- > Cl^- > BrO_3^- > OH^- >$$

$$HCO_3^- > H_2PO_4^- > IO_3^- > CH_3COO^- > F^-$$

　　离子交换色谱法不仅用于无机离子的分离(如各种稀土化合物及各种裂变产物),还用于有机物的分离。20 世纪 60 年代以后,已成功分离了氨基酸、核酸、蛋白质等。但是以高分子树脂为基体的柱填料不耐高压,无机离子保留时间长,需要浓度较大的洗脱液洗脱,检测灵敏度受到限制。

四、离子对色谱

离子对色谱(ion pair chromatography)对于有机酸碱和强极性化合物有良好的分离效果。它是将一种(或多种)与溶质分子电荷相反的离子(称为对离子或反离子)加到流动相或固定相中,使其与溶质离子结合形成疏水性离子对化合物,并能在两相之间进行分配,从而控制溶质离子的色谱保留行为。用于阴离子分离的对离子是烷基铵类,如氢氧化十六烷基三甲铵或氢氧化四丁基铵。用于阳离子的对离子是烷基磺酸类,如乙烷磺酸钠等。

离子对色谱的分离机理有离子对形成机理、离子对分配机理、离子交换机理、离子相互作用机理等多种解释。现以离子对分配机理为例进行说明。在色谱分离过程中,流动相中待分离的有机离子 X^+(或 X^-)与流动相或固定相中的带相反电荷的对离子 Y^-(或 Y^+)结合,形成离子对化合物 X^+Y^-(或 X^-Y^+),并在两相间进行分配,即

$$X^+_{水相} + Y^-_{水相} = X^+Y^-_{有机相} \tag{13-29}$$

平衡常数为

$$K = \frac{[X^+Y^-]_{有机相}}{[X^+]_{水相}[Y^-]_{水相}} \tag{13-30}$$

溶质的分配系数 D_x 为

$$D_x = \frac{[X^+Y^-]_{有机相}}{[X^+]_{水相}} = K \cdot [Y^-]_{水相} \tag{13-31}$$

上式表明分配系数 D_x 与水相中加入的对离子 Y^- 浓度和平衡常数 K 有关。

离子对色谱也可分为正相和反相。其中反相离子对色谱法比较常见,该法采用非极性的疏水固定相(如 C_{18} 键合固定相),以甲醇-水(或乙腈-水)溶液作为极性流动相,在流动相中加入对离子 Y^-。样品离子 X^+ 进入流动相后,与对离子 Y^- 生成疏水性离子对 X^+Y^-,在疏水性固定相表面分配或吸附。

离子对的容量因子 k 可表示为

$$k = D_x \frac{V_s}{V_M} = K[Y^-]_{水相} \frac{1}{\beta} \tag{13-32}$$

则组分的保留时间 t_R 为

$$t_R = \frac{L}{u}\left(1 + K[Y^-]_{水相}\frac{1}{\beta}\right) \tag{13-33}$$

式中:β 为相比,u 为流动相线速度,L 为色谱柱长。可见保留值随 K 值和 $[Y^-]_{水相}$ 值的增大而增大。K 值取决于对离子和有机相的性质。对离子的浓度是控制反相离子对色谱溶质保留时间的主要因素,可在较大范围内改变分离的选择性。

五、空间排阻色谱

空间排阻色谱也称凝胶色谱或体积排阻色谱,以具有一定大小孔径分布的凝胶为固定相,能溶解被分离组分的水或有机溶剂为流动相,利用凝胶的筛分作用实现化合物按相对分子质量的大小分离。

空间排阻色谱的基本原理是利用凝胶中孔径大小的不同,当溶质通过时,小分子可以通过所有孔径而形成全渗透,色谱保留时间较长;大分子由于不能进入孔径而被全部排斥,色谱保留时间最短;体积介于大分子和小分子之间的分子则仅能进入部分合适的孔径,在两者之间流出。空间排阻色谱的分离过程类似于分子筛的筛分作用,但是凝胶的孔径要比分子筛大得多,

一般为数纳米到数百纳米。

应当指出溶解样品的溶剂分子最后从凝胶色谱柱中流出,这一点与其他的液相色谱明显不同,因此与溶剂分子流出对应的时间应为死时间,其对应的洗脱体积为柱的死体积。

色谱柱的总体积为

$$V_t = V_M + V_p + V_g \tag{13-34}$$

式中:V_m 是死体积,V_p 是孔体积,V_g 是凝胶体积(去除孔体积)。组分的保留体积为

$$V_R = V_M + K V_p \tag{13-35}$$

分配系数 K 为

$$K = \frac{V_R - V_M}{V_p} = \frac{C_s}{C_M} \tag{13-36}$$

式中:C_s 是样品分子在多孔凝胶固定相的平衡浓度,C_M 是样品分子在流动相中的平衡浓度。

当凝胶固定相中所有孔径都能接受样品分子时,$K=1.0$,此为凝胶的渗透极限;当凝胶固定相的所有孔径都不能使样品分子进入,$K=0$,此为凝胶的排阻极限。

空间排阻色谱分离特性可以根据 lg*M*-*V* 校正曲线来表示,如图 13-5 所示。图中 A 点为排阻极限,即所有大于 A 点对应相对分子质量的分子,均被排斥在凝胶孔径之外,出现单一的、保留时间最短的峰,对应的保留体积为死体积 V_M,分配系数 $K=0$。图中 B 点为凝胶的渗透极限,所有小于 B 点对应相对分子质量的分子,均可自由出入所有凝胶孔,则出现单一的、保留时间最长的峰,对应的为最大保留体积 $V_M + V_p$,分配系数 $K=1$。按相对分子质量由大到小顺序,其保留体积介于 V_M 和 $V_M + V_p$ 之间,即

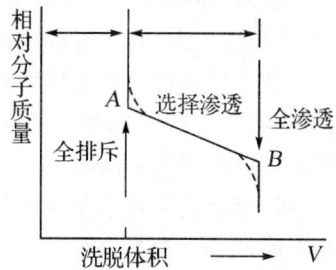

图 13-5 排阻色谱 lg*M*-*V* 校正曲线

$$V_M < V_R < V_{M+P} \tag{13-37}$$

这一范围也称为分级范围,只有混合物的分子大小不同,而且又在此分级范围之内时,才可能被分离。

排阻色谱特别适用于对未知样品的探索分离,可以很快提供样品按分子大小组成的全面情况,快速判断混合物的复杂性,并提供样品中各组分的相似分子量。而且被分离组分在分离柱内停留时间短,柱内峰扩展时间很小,色谱峰窄,易于检测,固定相和流动相选择简便。但是排阻色谱法的分离度较低,不能完全分离复杂的、多组分的样品。而且排阻法不宜用于分子大小组成相似或分子大小仅差 10% 的组分分析,如不能分离同分异构体等。

六、离子色谱法

离子色谱法(ion chromatography)是 20 世纪 70 年代出现、80 年代迅速发展起来的一项新型液相色谱。它以无机,特别是无机阴离子混合物为主要分析对象,是目前唯一能获得快速、灵敏(μg·L^{-1})、准确和多组分分析效果的方法。其分离原理与离子交换色谱相似,但由于其仪器和分离检测过程的一些特殊性,往往作为一种独立的分析仪器出现。离子色谱法与传统离子交换色谱的不同主要有以下几点。

(1)采用了交换容量非常低的特制离子交换树脂为固定相。

(2)采用了细颗粒柱填料和高压输液泵以提高柱效,在适宜条件下,可适用常见的几种阴离子混合物分离。

(3)使用了特制低交换容量的柱填料,待分离离子与树脂间的作用力下降,可以用低浓度洗脱液洗脱,保留时间缩短,分析速度快,可在数分钟内完成一个样品的分析。

(4)低浓度洗脱液的本底电导率较小,在分离柱后,还可采用抑制装置来消除洗脱液的本底电导,为采用通用型电导检测器创造了条件,检测灵敏度高。

(5)离子色谱的工作压力低于高压液相色谱,通常采用全塑组件与玻璃分离柱,耐腐蚀。

离子色谱在分离流程中引入了抑制柱,即在分离柱后,洗脱液携带被测离子首先进入一个填充有与分离树脂性质相反的填料的柱,如图 13-6 所示。分离过程中,抑制柱中发生两个反应,一个是将洗脱液本身转变成低电导溶液,另一个是将洗脱液中的样品离子转变为相应的酸或碱,以增加其电导。对于阴离子分离,分离柱中使用特制的低容量阴离子交换树脂为填料,碱性溶液为洗脱液,而抑制柱填充高交换容量的阳离子交换树脂。当洗脱液经过时,溶液中的 OH^- 与树脂上的 H^+ 发生反应生成水。而阳离子分离,分离柱中填料为阳离子交换树脂,酸性溶液为洗脱液,而抑制柱用阴离子交换树脂,当洗脱液经过时,溶液中的 H^+ 与树脂上的 OH^- 反应,同样也生成水,则洗脱液中待测离子的电导突出来,可以采用电导检测器方便、灵敏地检测。这种离子色谱称为抑制柱型离子色谱(或化学抑制型离子色谱法),但随着抑制反应的不断进行,抑制柱中的树脂将被完全作用而失去抑制效果,所以抑制柱需要不断再生。使用连续抑制装置可以解决这一问题。

此外还有单柱型离子色谱法(或称为非抑制型离子色谱法)。该法使用低电导的洗脱液,如低浓度的苯甲酸盐或磷苯二甲酸盐等稀盐酸,不仅能有效地分离、洗脱分离柱上的各个阴离子的电导。阳离子分离可选用稀硝酸、乙二胺硝酸盐稀溶液等作为洗脱液。洗脱液的选择是单柱法中最重要的问题,与分析的灵敏度及检测限有关,其还决定能否将样品组分分离。

七、亲和色谱

亲和色谱(affinity chromatography)的基本原理是利用生物大分子和固定相表面存在的某种特异性亲和力进行选择性分离的一种色谱分离方法。通常是在载体表面键合上一种具有反应活性的连接链(环氧、联胺等),再连接上配基(酶、抗原等),这种固载化的配基将只能和具有亲和力特性吸附的生物大分子作用而被保留。例如酶与底物、抗体与抗原、激素与受体等。被保留在柱上的组分,可以通过改变洗脱液的 pH 值或组分进行洗脱。图 13-7 为亲和色谱的示意图。

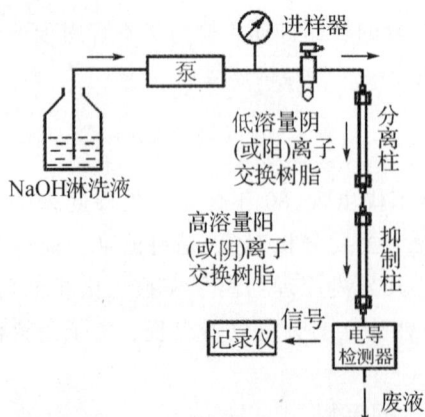

图 13-6　双柱型离子色谱仪流程   图 13-7　亲和色谱

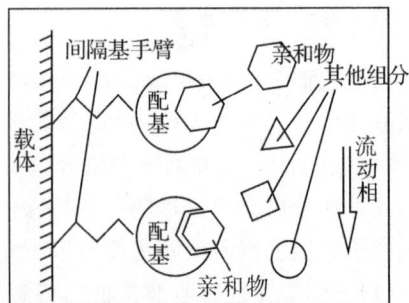

八、高效液相色谱分离类型的选择

应用高效液相色谱法对样品进行分离、分析的第一步是根据样品的特性来选择一种最合适的分离类型。考虑的因素包括样品的性质（相对分子质量、化学结构、极性、溶解度参数等化学性质和物理性质）、液相色谱分离类型的特定及应用范围、实验室条件（仪器、色谱柱等）。

低分子量的样品挥发性高，适于用气相色谱法分离。标准的液相色谱类型（液-固、液-液及离子交换、离子对色谱、离子色谱等）适用于分离相对分子质量为 200～2000 的样品，而大于2000 的则宜用空间排阻色谱法，可以很快地判定样品中高相对分子质量的聚合物、蛋白质等，并作出相对分子质量的分布情况谱图。相对分子质量较小（＜2000）的样品可依据该样品在多种溶剂中的溶解情况来考虑最初应选用的分离类型。对于能迅速溶解于水的样品可采用反相色谱法。若溶解于酸性或碱性水溶液，则表示该样品为离子型化合物，宜采用离子交换色谱法、离子对色谱法或离子色谱法。

弄清非水溶性样品在烃类（戊烷、己烷、异辛烷）、芳烃（苯、甲苯等）、二氯甲烷或氯仿、甲醇中的溶解度是很有必要的。如可溶于烃类（如苯或异辛院），则可选用液-固吸附色谱；如溶于二氯甲烷或氯仿，则多用常规的正相色谱和吸附色谱；如溶于甲醇等，可用反相色谱。空间排阻色谱可适用于溶于水或非水溶剂、分子大小有差别的样品。此外，还应了解各分离类型的特点。例如液-固吸附色谱法对不同官能团和异构体的分离效果好，反相液-液色谱法对非极性化合物有效，而正相液-液色谱法对强极性样品和同系物分离较成功。图 13-8 所列高效液相色谱可在选择分离类型时参考。

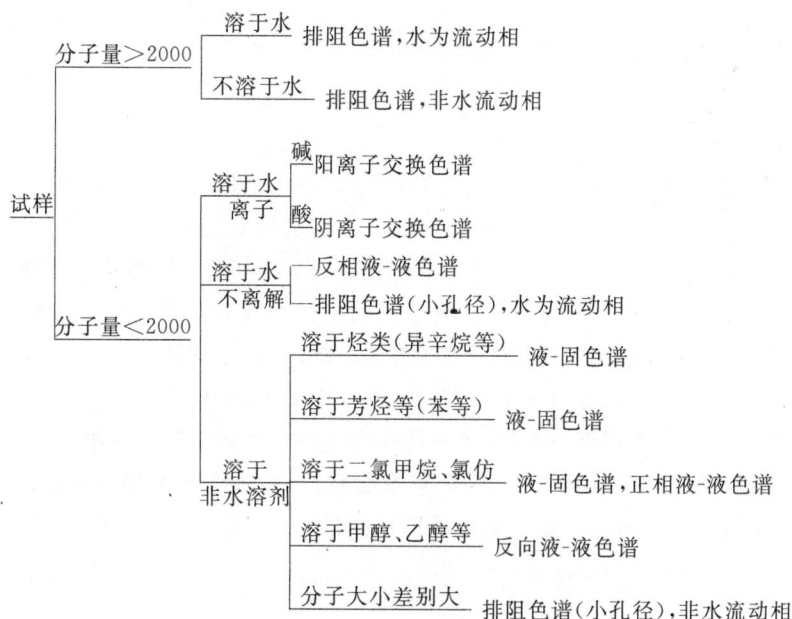

图 13-8　高效液相色谱分离类型的选择

第四节　高效液相色谱仪

一、高效液相色谱仪结构流程

高效液相色谱仪可分为分析型和制备型,两者虽然性能、应用范围不同,但基本组件是相似的。高效液相色谱仪的主要部件有储液罐、高压输液泵、进样装置、色谱柱、检测器、记录仪和数据处理装置。图 13-9 为其结构流程图,流动相存放于储液罐中,经抽液管由高压泵来输送和控制流量,位于分离柱前的进样器为耐高压的六通进样阀,样品在流动相的带动下进入分离柱而被分离,各组分依次流出进入检测器,检测信号输入计算机进行处理,最后流出液被收集在废液瓶中。

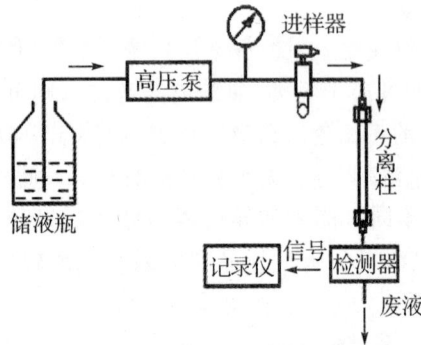

图 13-9　高效液相色谱仪结构流程

二、流动相及储液罐

流动相在使用前必须进行脱气,以防止在洗脱过程中当流动相由色谱柱流入检测器时,因压力降低而产生气泡。在死体积检测池中,存在气泡会增加基线噪声,严重时会造成分析灵敏度下降。此外,溶解在流动相中的氧气会造成荧光猝灭,影响荧光检测器的检测,还会导致样品中某些组分被氧化或使柱中固定相发生降解而改变柱的分离性能。常用的脱气方法有吹氦脱气法、加热回流法、抽真空脱气法、超声波脱气法、在线真空脱气法。

储液罐的材料应耐腐蚀,可为玻璃、不锈钢、氟塑料或特种塑料等。使用过程储液罐应密闭,以防溶剂蒸发引起流动相组分变化,还可防止空气重新溶解于已脱气的流动相中。所有流动相进入过程储液罐之前必须用 $0.45\mu m$ 微孔滤膜过滤,除去溶剂中的机械杂质,以防堵塞输液管道或进样阀。抽液管的进口端设有微孔不锈钢过滤器,以防止微小固体进入高压泵造成损坏。

三、高压输液泵

高压输液泵是高效液相色谱仪的主要部件之一。高效输液泵应具有压力平稳、脉冲小、流量稳定可调、耐腐蚀等特点。常用的高压输液泵有恒流泵和恒压泵两种。恒流泵可保持在工作中给出稳定的流量,流量不随系统阻力变化。恒压泵则使输出的流动相压力稳定,流量则随系统阻力改变,保留时间的稳定性差。目前高压液相色谱中采用的主要是恒流泵,有机械注射泵和机械往复柱塞泵两种主要类型,又以往复柱塞泵为主。

机械往复柱塞泵在泵入口和出口装有单向阀,依靠液体压力控制。吸入液体时,进口阀打开,出口阀关闭,排出液体时相反。由其原理可知,这种泵存在着输液脉冲,可通过采用双柱塞和脉冲阻尼器来减小脉冲。如今机械往复柱塞泵发展为双柱塞往复式并联泵、双柱塞往复式串联泵、双柱塞各自独立驱动的往复式串联泵等类型。图 13-10 为双柱塞往复式串联泵的结构示意图。

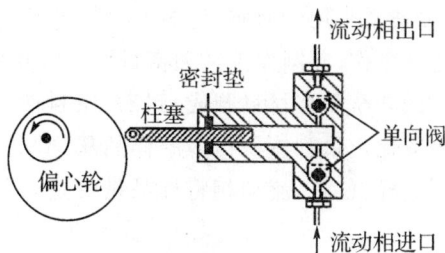

图 13-10　双柱塞往复式串联泵的结构

四、梯度洗脱装置

在气相色谱中可通过控制柱温(程序升温)来控制分离、调节出峰时间,而在液相色谱中,分离温度必须保持在相对较低(通常为室温)和恒定状态,这时使用梯度洗脱装置进行梯度洗脱,即改变流动相的组成和极性以使溶质在两相中的分配系数改变,就可以起到控制分离、调节出峰时间等目的。

梯度洗脱技术可以提高柱效、缩短分离时间,并可改善检测器的灵敏度。当样品中的第一个组分的 K' 值和最后一个组分的 K' 值相差几十倍甚至上百倍时,使用梯度洗脱的效果特别好。梯度洗脱装置分为外梯度(高压梯度)和内梯度(低压梯度)两种方式,如图 13-11 所示。内梯度是使用一台高压泵,通过比例调节阀,将两种或多种不同极性的溶剂按一定比例抽入混合器中混合。外梯度则是使用两台高压输液泵将极性不同的两种溶剂按一定比例送入梯度混合室,混合后进入色谱柱。目前大多数高效液相色谱仪都配有外梯度装置,它的主要优点是两台高压输液泵的流量皆可独立控制,可获得任何形式的梯度程序,且易于实现自动化。

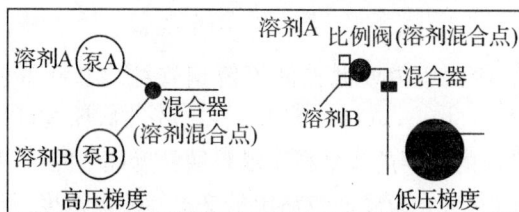

图 13-11　高压梯度和低压梯度结构

在梯度洗脱中为了保证流速稳定,必须使用恒流泵,否则很难获得重复性结果。

梯度洗脱时常用一个弱极性溶剂和强极性溶剂组合。当以梯度洗脱时间作为横坐标,强极性组分的体积百分含量作为纵坐标时,可绘出梯度曲线。影响梯度洗脱的因素有以下几种方面。

(1)溶剂的纯度要高,否则会影响梯度洗脱的重现性。

（2）梯度混合的溶剂互溶性要好，应防止不互溶的溶剂进入色谱柱，还应注意溶剂的黏度和相对密度对混合流动相组成的影响。

（3）使用对流动相组成变化不敏感的选择性检测器（如紫外检测器或荧光检测器）。

五、进样装置

高效液相色谱进样时应将样品定量的瞬间注入色谱柱的上端填料中心，形成集中的一点，从而形成柱塞式进样，才能保持高柱效。这就提高了对进样器的要求。进样器有停留进样装置和六通阀进样装置等。目前通常采用六通阀（见图 13-12）进样装置，其原理与气相色谱的六通阀一样，但由于需要在高压下工作，其制作工艺和密封性要求要高得多。此阀的阀体用不锈钢材料，旋转密封部分由坚硬的合金陶瓷材料制成，耐磨、密封性好。当进样阀手柄置"取样"位置，用特制的平头注射器吸取比定量管体积稍多的样品从"6"处注入定量管，多余的样品由"5"排除，再将进样阀手柄置"进样"位置，流动相将样品携带进入色谱柱。此种进样重现性能好，能耐 20MPa 高压。

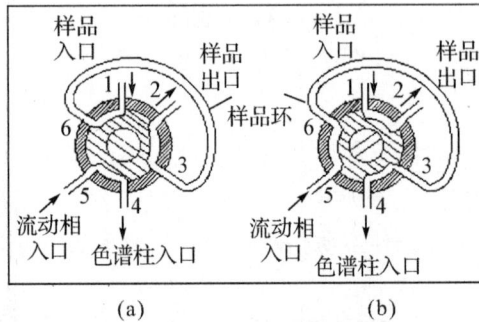

图 13-12　高压六通阀进样装置

(a)准备状态；(b)进样状态

自动进样器是由计算机自动控制的定量阀，按预先编制注射样品的操作程序工作。取样、进样、复位、样品管路清洗和样品盘的转动，全部按预定程序自动进行，一次可进行几十个或上百个样品的分析。自动进样的样品量可连续调节，进样重复性高，适合作大量样品分析，节省人力，可实现自动化操作。

六、色谱柱

高效液相色谱仪色谱柱常用内壁抛光的不锈钢管柱以获得高柱效。柱管内径一般为 4.6mm 或 3.9mm，长为 $10\sim50$cm，填料粒度为 $5\sim10\mu$m 时，柱效可达 $5000\sim10000$ 块/m 理论塔板数。液相色谱柱发展的重要趋势是减小填料颗粒度（$3\sim5\mu$m）以提高柱效，这样可以使用更短的柱。因为减少柱径，可大为降低溶剂用量又提高检测浓度，但是这样对仪器及技术将提出更高的要求。在色谱分析柱前会安装一个短填充柱作为保护柱，其内通常填充和分析柱相同的填料。它的主要作用是收集、阻断来自进样器的机械和化学杂质，以保护和延长分析柱的使用寿命。

色谱柱填料基体材料多为粒度 $5\sim10\mu$m 或 $3\sim5\mu$m 的全多孔球形或无定形硅胶，后来又发展了无机氧化物基体、高分子聚合物基体和脲醛树脂微球等。

色谱柱的性能不仅与填料的性质密切相关，而且还与柱床的结构有关，而柱床结构直接受装柱技术的影响。装柱的方法有干法和湿法两种。填料粒度大于 $20\mu m$ 的可用和气相色谱柱相同的干法装柱；粒度小于 $20\mu m$ 的填料不宜用干法装柱，这是由于微小颗粒表面存在着局部电荷，具有很高的表面能，因此在干燥时倾向于颗粒间的相互聚集，产生宽的颗粒范围并黏附于管壁，这些都不利于获得高的柱效。

七、检测器

检测器是高效液相色谱仪的三大关键部件之一（高压输液泵、色谱柱、检测器）。检测器主要用于经色谱柱分离后各组分浓度的变化，并由记录仪绘制出谱图来进行定性、定量分析。液相色谱对检测器的要求是具备高灵敏度、线性范围宽、不引起柱外谱带扩展、适用范围广等。遗憾的是，至今没有一种检测器完全具备这些特征。

常用检测器的种类有紫外吸收检测器、折光指数检测器、荧光检测器和电导检测器。近几年还出现了表现较好的蒸发激光散色检测器。

1. 紫外吸收检测器

紫外吸收检测器（ultraviolet absorption detector，UVD）是高效液相色谱仪中使用最广泛的一款检测器。它具有灵敏度高、现行范围宽、死体积小、波长可选、易于操作等优点，而且对流动相的脉冲和温度变化不敏感，可用于梯度洗脱。其缺点是对无紫外-可见吸收的组分不响应，而且对紫外光吸收较大的溶剂（如苯）不能使光透过，无法作为流动相，使流动相的选择受到一定限制。

紫外检测器的基本原理是样品组分对特定波长的紫外光具有选择性吸收，吸光度与组分浓度之间的定量关系符合朗伯-比尔定律。紫外检测器分为固定波长、可变波长两种。前者在检测过程中选择某确定波长进行检测，而后者在检测过程中可对组分进行全波长范围（紫外-可见）扫描（停留扫描），因而可获得组分的紫外-可见光谱，扩大了应用范围。在某种程度上，可变紫外波长检测器相当于一台微型化的紫外-可见分光光度计。紫外检测器的最小检测浓度可达 $10^{-9}g \cdot mL^{-1}$。

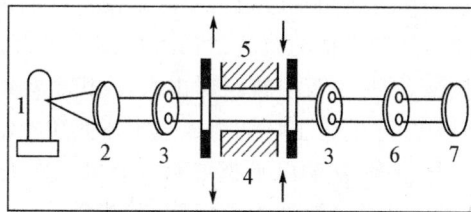

图 13-13　紫外光检测器光路
1—低压汞灯；2—透镜；3—遮光板；4—测量池；
5—参比池；6—紫外滤光片；7—双紫外光敏电阻

将紫外检测器与光电二极管阵列检测器结合在一起形成紫外阵列检测器，结合计算机处理技术，可获得组分的三维色谱-光谱图（见图 13-14 和图 13-15）。光电二极管阵列与普通吸收检测器的区别在于进入流通池的不再是单色光，获得的检测信号不是单一波长上的，而是在全部紫外光谱上的色谱信号。因此它不仅可以进行定量检测，还可以提供组分的光谱定性信息。

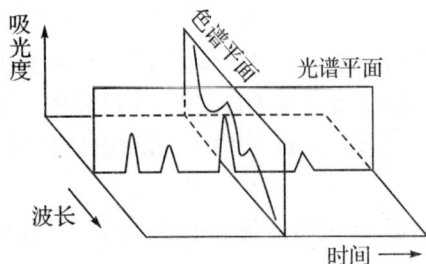

图 13-14　三维色谱-光谱

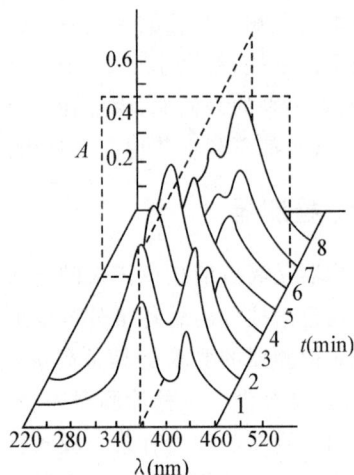

图 13-15　二极管阵列检测器三维色谱

2. 折光指数检测器

折光指数检测器（Refractive Index Detector，RID）又称示差折光检测器（DRD），它是通过连续检测参比池和测量池中溶液的折射率之差来测定组分浓度的。折光指数差值与样品流动相中的组分浓度成正比。由于每种物质都具有与其他物质不同的折射率，因此折光指数检测器应用也比较广泛，是除紫外检测器之外应用最多的液相色谱检测器。折光指数检测器有偏转式、反射式和干涉式三种。其中干涉式造价昂贵，使用较少。偏转式池体积大（约 $10\mu L$），可适用于各种溶剂折射率的测定。反射式池体积小（约 $3\mu L$），应用较多，但当测定不同的折射率范围的样品时（通常折射率分为 $1.31\sim1.44$ 和 $1.40\sim1.60$ 两个区间），需要更换固定在三棱镜上的流通池。

这里以偏转式为例介绍折光指数检测器的工作原理。当介质中的成分发生变化时，其折射率随之变化，如入射角不变（一般选 $45°$），其光束的偏转角是介质（如流动相）中成分变化（如有样品流出）的函数。因此利用测折射角偏转值大小可以测定样品浓度。如图 13-16 所示，从光源射出的光线由透镜聚焦后，从遮光板的狭缝射出一条细窄光束，经反射镜反射后，由透镜会聚两次，穿过工作池和参比池，被平面反射镜反射出来，成像于棱镜的棱口上，然后光束均匀分解为两束，到达左右两个对称的光电管上。如果通过工作池和参比池的都是纯流动相，光束无偏转，左右两个光电管的信号相等，则输出平衡信号。如果工作池中有样品通过，由于折射率改变，造成了光束偏移，从而使到达棱镜的光束偏移，左右两个光电管接受的光束能量不等，因此输出一个代表偏转角大小，也就是样品浓度的信号而被检测。红外隔热滤光片可以阻止那些容易引起流通池发热的红外光通过，以保证系统工作的热稳定性。平面细调透镜用于调整光路系统的不平衡性。

折光指数检测器的灵敏度可达 $10^{-7}\mathrm{g}\cdot\mathrm{mL}^{-1}$。但是它对温度变化特别敏感，折射率的温度系数为 $10^{-4}\mathrm{RTU}\cdot\mathrm{℃}^{-1}$（RTU 为折射率单位），因此该检测器的温度应控制在 $\pm10^{-3}\mathrm{℃}$。梯度洗脱会造成流动相折光指数的不断变化，所以该检测器也不能用于梯度洗脱。

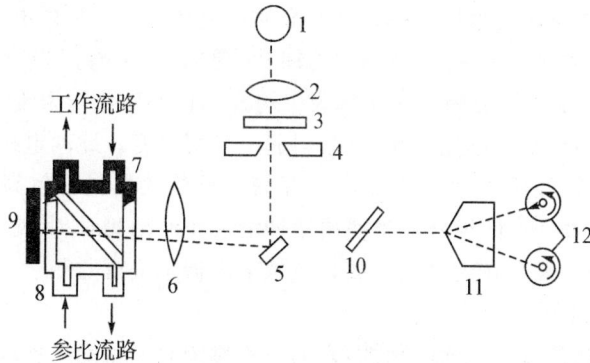

图 13-16　偏转式示差折光检测器光路

1—钨丝灯光源;2—透镜;3—滤光片;4—遮光板;5—反射镜;6—透镜;7—工作池;8—参比池;

9—平面反射镜;10—平面细调透镜;11—棱镜;12—光电管

3. 荧光检测器

荧光检测器(fluorescence detector,FLD)是一种高灵敏度、高选择性的检测器。许多物质,特别是具有对称共轭结构的有机芳环分子在受紫外光激发后,能辐射出比紫外光波长更长的荧光。荧光检测器就是利用物质的这一特性进行检测的。多环芳烃、维生素 B、黄曲霉素、卟啉类化合物等,以及许多生化物质包括某些代谢产物、药物、氨基酸、胺类、淄族化合物都可用荧光检测器检测。某些不发射荧光的物质也可通过化学衍生转变成能发出荧光的物质而进行检测。

荧光检测器的结构及工作原理和荧光光度计或荧光分光光度计相似。其基本原理是在一定条件下,荧光强度与流动相中物质浓度成正比。典型荧光检测器的光路如图 13-17 所示。由卤化钨灯(或氙灯)产生 280nm 以上的连续波长的强烈发光,经透镜和激发滤光片将光源发出的光聚焦,将其分为所要求的谱带宽度并聚焦在流通池上,另一个透镜将从流通池中欲测组分发射出来的与激发光束呈 90°的荧光聚焦,透过发射滤光片照射到光电倍增管上进行检测。

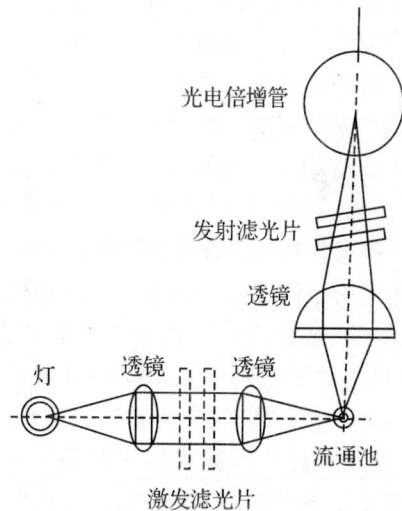

图 13-17　直角型滤光片荧光检测器光路

荧光检测器具有较高的的灵敏度,比紫外检测器的灵敏度高 2～3 个数量级,检出限可达 10^{-12} g·mL,是对痕量组分进行检测的有力工具。但是其线性范围仅为 10^3,使用范围较窄。该检测器对流动相脉冲不敏感,常用流动相也无荧光特性,故可用于梯度洗脱,而且利用可调谐的激光作为光源(激光荧光光谱)可使检测灵敏度和准确性进一步提高。

4. 电导检测器

电导检测器(electrical conductivity detector,ECD)是一种选择性检测器,是离子色谱法中使用最广泛的一种检测器。它属于电化学检测器,由于电导率随温度变化,因此测定时要保持恒温。此检测器不适用于梯度洗脱。

电导检测器的工作原理是根据物质在某些介质中电离后所产生的电导变化来测定电离物质含量的。该检测器的主体是由玻璃碳（或铂片）制成的导电正极和负极。两电极间用 0.05mm 厚的聚四氟乙烯薄膜分隔开。此薄膜中间开一长条形孔作为流通池，仅有 $1\sim3\mu L$ 容积。当流动相中含有的离子通过流通池时，会引起电导率改变。此两电极构成交流电桥的臂，电桥产生的不平衡信号，经放大、整流后输入记录仪。此检测器具有较高的灵敏度，能检测电导率的差值为 5×10^{-4} S/m^2 的组分。当使用缓冲溶液作流动相时，其检测灵敏度会下降。由于测定时要保持恒温，一般会在流通池中放置热敏电阻器来进行监测。

5. 蒸发光散射检测器

前面介绍的检测器都有一定的限制性，人们一直希望有一台能对各种物质均有响应，响应因子基本抑制，检测不依赖于样品分子中的官能团，且可用于梯度洗脱的通用型检测器。目前最能接近满足这些要求的就是蒸发光散射检测器（evaporative light scattering detector, ELSD）。

蒸发光散射检测器主要有雾化、流动相蒸发和激光束检测三个步骤。样品组分经色谱柱流出后进入雾化器针管中，在针孔末端与通入的 N_2 混合，形成微小、均匀的雾状液滴。雾状液滴进入加热的漂移管，随流动相的蒸发，样品分子会形成雾状颗粒悬浮在溶剂的蒸气之中。随后样品颗粒通过漂移管流动相蒸发后进入流动池，受到由激光二极管发射的激光束照射，其散射光被硅晶体光电二极管检测产生电信号。电信号的强弱取决于进入流动池中样品颗粒的大小和数量，不受样品分子含有的官能团和光学特性的影响，所以该检测器的相应值与样品质量成正比，对几乎所有的样品给出接近一致的响应因子，因此可以在没有标准品和未知化合物结构参数的情况下检测未知化合物，并可以与内标物比较进行定量分析。

在流动相蒸发过程中，为了使正相或反相色谱的流动相都能在漂移管中迅速蒸发，在漂移管的进口安装有撞击器。漂移管可在撞击器开启和关闭两种模式下操作，并随时可以切换。开启模式适用于在高流量、高含水量流动相（反相流动相）下分析非挥发性样品或半挥发性样品。关闭模式适用于非挥发性样品或有机溶剂含量高的流动相（正相流动相），也可用于低流量、含水量高的流动相（反相流动相）。

蒸发光散射检测器由于在检测前将流动相蒸发去除，不仅消除了溶剂峰对基线的扰动，还扩大了对流动相组分的选择范围，这使得它特别适用于梯度洗脱。此外，该检测器还具有雾化器和漂移管易于清洗、流动池死体积不影响检测灵敏度、喷雾气体消耗量少等优点，它使用也越来越广泛。图 13-18 为蒸发光散射检测器结构示意图。

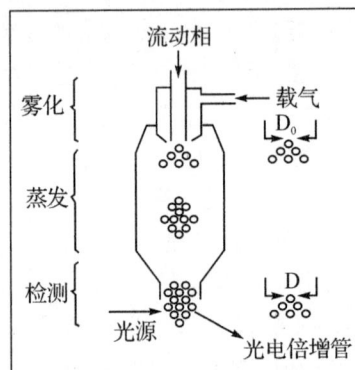

图 13-18　蒸发光散射检测器结构

八、色谱数据处理装置

高效液相色谱的分析结果现已广泛使用微处理机和色谱数据工作站来记录和处理色谱分析的数据。

微处理机是用于色谱分析数据处理的专用微型计算机，它可与高效液相色谱仪直接连接，构成一个比较完整的色谱分析系统。微处理机一般包括一定容量的程序存储器、分析方法存储器、数据存储器和谱图记录或显示器。通过对色谱参数的逐个提问,来进行指令定时控制。色谱分析结束可当场绘出色谱图,同时标出每个峰的细节特征等,计算峰面积时,可自动修正和优化色谱分析数据。微处理机的使用大大提高了分析速度,也改善了分析结果的准确性和精密度。

色谱工作站多采用 16 位或 32 位高档微型计算机,具有自动诊断、全部操作参数控制、智能化数据处理和谱图处理、进行计量认证、控制多台仪器的自动化操作、网络运行等一系列功能。

第五节　液相色谱固定相和流动相

一、固定相

1. 液-液色谱法及离子对色谱法固定相

液—液色谱法及离子对色谱法所用固定相有以下几类。

(1)全多孔型固定相。由氧化硅、氧化铝、硅藻土等制成的多孔球体,早期采用直径为 $100\mu m$ 左右的大颗粒,表面涂渍固定液,性能不佳,已不多见。这是因为分子在液相中的扩散系数要比气相中小 $4\sim5$ 个数量级,所以填料的不规则性和较宽的粒度范围所形成的填充不均匀性成为色谱峰扩展的一个明显原因。另外,由于孔径分布不一,并存在"裂隙",在颗粒深孔中形成滞留液体(液坑),溶质分子在深孔中扩散和传质缓慢,这样就进一步促使色谱峰变宽。

降低填料的颗粒,并从装柱技术上改进,使之能装填出均匀的色谱柱,就可以克服以上缺点。20 世纪 70 年代初期出现了小于 $10\mu m$ 直径的全多孔型担体,它是由纳米级的硅胶微粒堆聚而成,为 $5\mu m$ 或稍大的全多孔小球。由于其颗粒小,传质距离短,因此柱效高,柱容量也不小。

(2)表面多孔型固定相。又称薄壳型微珠担体。它是在直径为 $30\sim40\mu m$ 的实心核(玻璃微珠)表层附一层厚度为 $1\sim2\mu m$ 的多孔硅胶。这类担体粒度均匀、重现性好,20 世纪 70 年代得到较广泛使用。但是由于比表面积较小导致样品容量低,需要配用较高灵敏度的检测器。目前多用全多孔微粒担体取代表面多孔固定相。如图 13-19 所示。

从原则上讲,气相色谱用的固定液,只要不和流动相互溶,就可用作液-液色谱固定液。但考虑到在液-液色谱中流动相也影响分离,故在液-液色谱中常用的固定液只有极性不同的几种,如 β,β'-氧二丙腈、聚乙二醇-400 和聚酰胺、正十八烷和角达烷等。

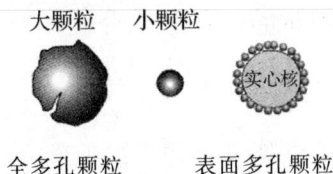

大颗粒　　　小颗粒

全多孔颗粒　　　　表面多孔颗粒

图 13-19　液-液色谱法及离子对色谱法填料颗粒

(3)化学键合固定相。具有十分突出的优良性能,是目前性能最佳、应用最广的液相色谱固定相。它是用化学反应的方法通过化学键把有机分子结合到担体表面,根据在硅胶表面的化学反应不同,可分为硅氧碳键型($\equiv$Si—O—C)、硅氧硅碳键型($\equiv$Si—O—Si—C)、硅碳键型

（≡Si—C）和硅氮键型（≡Si—N）四种类型。例如在硅胶表面利用硅烷化反应制得≡Si—O—Si—C键型（18烷基键合相）的反应为

$$
\begin{array}{l}
硅胶表面
\begin{cases}
\text{—Si—OH} \\
\text{—Si—OH} + C_{18}H_{37}SiCl_3 \\
\text{—Si—OH}
\end{cases}
\longrightarrow
硅胶表面
\begin{cases}
\text{—Si—OH} \\
\text{—Si—OH} + C_{18}H_{37} \\
\text{—Si—OH}
\end{cases}
\end{array}
$$

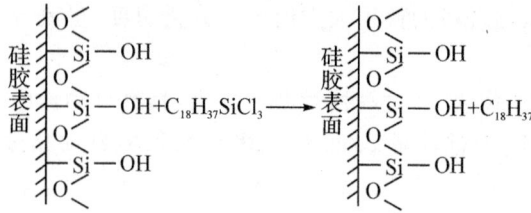

在上述四种类型中,由于硅氧硅碳键型的稳定、耐水、耐光、耐有机溶剂等特性突出,应用最广。化学键合固定相的主要优点有:传质快,表面无深凹陷,比一般液体固定相传质快;寿命长,由于采用的是化学键合,基本无固定相流失,耐流动相冲击;选择性好,可键合不同官能团,应用于多种色谱类型及样品分析(见表13-4),有利于梯度洗脱,也有利于配用灵敏的检测器和馏分收集。

表 13-4　化学键合相色谱应用

样品种类	键合基团	流动相	色谱类型	实例
低极性 溶解于烃类	—C$_{18}$	甲醇-水 乙腈-水 乙腈-四氢呋喃	反相	多环芳烃、甘油三酯、类脂、脂溶性维生素甾族化合物、氢醌
中等极性 可溶于醇	—CN —NH$_2$	乙腈、正己烷 氯仿 正己烷 异丙醇	正相	脂溶性维生素、甾族、芳香醇、胺、类脂止痛药 芳香胺、脂、氯化农药、苯二甲酸
	—C$_{18}$ —C$_8$ —CN	甲醇、水 乙腈	反相	甾族、可溶于醇的天然产物 维生素、芳香酸、黄嘌呤
高极性 可溶于水	—C$_8$ —CN	甲醇、乙腈 水、缓冲溶液	反相 反相离子对	水溶性维生素、胺、芳醇、抗菌素、止痛药
	—C$_{18}$	水、甲醇、乙腈	阳离子交换	酸、磺酸类染料、儿茶酚胺
	—SO$_3^-$	水和缓冲溶液		无机阳离子、氨基酸
	—NR$_3^+$	磷酸缓冲液	阴离子交换	核苷酸、糖、无机阴离子、有机酸

2. 液-固吸附色谱法

液-固吸附色谱法采用的吸附剂有硅胶、氧化铝、分子筛、聚酰胺等,如前所述,仍可分为全多孔型和薄壳型两种,其特点如前述。目前较常使用的是 $5\sim10\mu m$ 的硅胶微构(全多孔型)。

3. 离子交换色谱法固定相

离子交换色谱法固定相有两种类型:①薄膜型离子交换树脂。其中又以薄壳型离子交换树脂使用最广泛,它是以薄壳玻珠为担体,在它的表面涂约 1‰ 的离子交换树脂而成。②离子交换键合固定相。用化学反应将离子交换基团键合在惰性担体表面。它也有键合薄壳型(担体是薄壳玻珠)和键合微粒担体型(担体是微粒硅胶)两种类型。后者是近年来出现的新型离子交换树脂,它具有键合薄壳型离子交换树脂的优点,室温下即可分离,柱效高,而且样品容量

较前者大。

　　根据交换基的不同,离子交换树脂还可分为阳离子交换树脂(强酸性、弱酸性)和阴离子交换树脂(强碱性、弱碱性)。由于强酸或强碱性离子交换树脂比较稳定,pH 使用范围较宽,因此在高效液相色谱中应用较多。

4. 空间排阻色谱固定相

　　常用的排阻色谱固定相分为软质、半硬质和硬质凝胶三种。

　　(1)软质凝胶。如葡聚糖凝胶、琼脂糖凝胶等,适用于水为流动相的情形。葡聚糖凝胶也称交联葡聚糖凝胶,是由葡聚糖(右旋糖酐)和甘油基通过醚桥($-O-CH_2-CHOH-CH_2-O-$)相交联而成的多孔状网状结构,在水中可膨胀成凝胶粒子。葡聚糖凝胶孔径的大小,可由制备时添加不同比例的交联剂来控制,交联度大的孔隙小,吸水少,膨胀也少,适用于小分子量物质的分离;交联度小的孔隙大,吸水膨胀的程度也大,适用于大分子量物质的分离。但是软质凝胶在压强 $1kg \cdot cm^2$ 左右即压坏,因此这类凝胶只能用于常压排阻色谱法。

　　(2)半硬质凝胶。也称有机凝胶,如苯乙烯-二乙烯基苯交联共聚凝胶,可耐较高压,是应有最多的有机凝胶,适用于非极性有机溶剂,不能用于丙酮、乙醇-类极性溶剂。同时由于不同溶剂溶胀因子各不相同,因此不能随意更换溶剂。

　　(3)硬质凝胶。如多孔硅胶、多孔玻珠等。可控孔径玻璃珠是近年来受到重视的一种固定相。它具有恒定的孔径和较窄的粒度分布,因此色谱柱易于填充均匀,对流动相溶剂体系(水或非水溶剂)压力、流速、pH 值或离子强度等都影响较小,适用于高流速下操作。多孔硅胶则由于化学稳定性、热稳定性、机械强度好,并且可在柱中直接更换溶剂而被较多使用,缺点是吸附问题需要进行特殊处理。

5. 手性固定相

　　在生物、药物分子和天然有机产物中有大量对映异构体,这些异构体在生理和药理中有时起着完全不同的作用。对映异构体的分离分析已成为高效液相色谱的重要任务。手性异构体的分离主要取决于手性固定相的选择。目前研究过的手性固定相有 700 多种,应用较多的高效液相色谱手性固定相有手性冠醚和环糊精。

　　环糊精(cyclic dextrin)是由 6、7、8 个 $D(+)$-吡喃糖型葡萄糖单元组成的环状低聚糖,分别简称为 α-、β-、γ-CD,统称 CDs。CDs 分子为两端开口的锥形空腔。CDs 空腔内壁为弱疏水性,所有羟基在空腔的外沿呈亲水性,这种结构使它们能与各种极性、非极性的分子、离子形成包含化合物(主客体配合物)。将环糊精键合到二氧化硅上可作高效液相色谱的手性固定相,这是目前十分普及的手性固定相。

　　此外还有手性冠醚固定相、以蛋白质为基础的手性固定相等,近年来出现了分子印迹色谱固定相,具有分子识别功能,应用价值特殊。

二、流动相

　　在液相色谱中,当固定相选定时,流动相的种类、配比能显著地影响分离效果,因此流动相的选择非常重要。

　　流动相选择应注意下列几个因素。

　　(1)流动相纯度。一般采用分析纯试剂,必要时需进一步纯化以除去有干扰的杂质。因为在色谱柱整个使用过程中,流过色谱柱的溶剂是大量的,如溶剂不纯,则长期积累杂质而导致检测器噪声增加,同时也影响收集的馏分纯度。

(2)应避免使用会引起柱效损失或保留特性变化的溶剂。例如在液-固色谱中,硅胶吸附剂不能使用碱性溶剂(胺类)或含有碱性杂质的溶剂。同样,氧化铝吸附剂不能使用酸性溶剂。在液-液色谱中流动相应与固定相不互溶,否则会造成固定相流失,使柱的保留特性改变。

(3)对样品要有适度的溶解度,否则在柱头易产生部分沉淀。

(4)溶剂的黏度要小,否则会降低样品组分的扩散系数,造成传质速率缓慢,柱效下降。同时,在同一温度下,柱压随溶剂黏度增加而增加。

(5)应与检测器相匹配。例如使用紫外光度检测器时不能用对紫外光有吸收的溶剂,如苯。

在选用流动相时,溶剂的极性作为选择的重要依据。例如采用正相被液-液色谱分离时,可先选中等极性的溶剂,若组分的保留时间太短,表示溶剂的极性太大,改用极性较弱的溶剂;反之,改用极性较强的溶剂。也可在低极性溶剂中,逐渐增加其中的极性溶剂含量,使保留时间缩短,即梯度洗脱。

常用溶剂的极性大小为:水>甲酰胺>乙腈 >甲醇>乙醇>丙醇>丙酮>二氧六环>四氢呋喃>甲乙酮>正丁醇>乙酸乙酯>乙醚>异丙醚 > 二氯甲烷>氯仿>溴乙烷>苯>氯丙烷>甲苯>四氯化碳>二硫化碳>环己烷>己烷>庚烷>煤油。

为了获得合适极性的溶剂,常采用二元或多元组合的溶剂系统作为流动相。通常根据所起的作用,采用的溶剂可分成底剂及洗脱剂两种。底剂决定基本的色谱分离情况,而洗脱剂则起调节样品组分的滞留并对某几个组分具有选择性的分离作用。因此,流动相中底剂和洗脱剂的组合选择直接影响分离效率。在正相色谱中,底剂采用低极性溶剂,如正己烷、苯、氯仿等;而洗脱剂则根据样品的性质选取极性较强的针对性溶剂,如醚、酯、酮、醇和酸等。在反相色谱中,一般以水为流动相的主体,以加入不同配比的有机溶剂作调节剂。常用的有机溶剂是甲醇、乙腈、二氧六环、四氢呋喃等。

离子交换色谱分析主要在含水介质中进行。组分的保留值可用流动相中盐的浓度(或离子强度)和 pH 来控制,增加盐的浓度导致保留值降低。由于流动相离子与交换树脂相互作用力不同,因此流动相中的离子类型对样品组分的保留值有显著的影响。一般各种阴离子的滞留次序为:柠檬酸离子$>SO_4^{2-}>$草酸离子$>I^->NO_3^->CrO_4^{2-}>Br^->SCN^->Cl^->HCOO^->CH_3COO^->OH^->F^-$,所以用柠檬酸离子洗脱要比氟离子快。阳离子的滞留次序大致为:$Ba^{2+}>Pb^{2+}>Ca^{2+}>Ni^{2+}>Cd^{2+}>Cu^{2+}>Co^{2+}>Zn^{2+}>Mg^{2+}>Ag^+>Cs^+>Rb^+> K^+>NH_4^+>Na^+>H^+>Li^+$,但差别不及阴离子明显。在阳离子交换柱中,流动相 pH 增加,使保留值降低;在阴离子交换柱中,情况相反。

排阻色谱法所用的溶剂必须与凝胶本身非常相似,这样才能润湿凝胶并防止吸附作用。当采用软质凝胶时,溶剂必须能溶胀凝胶,因为软质凝胶的孔径大小是溶剂吸流量的函数。而且因为高黏度将限制扩散作用而损害分辨率,所以溶剂的黏度是重要的。

第六节　高效液相色谱法应用实例

高效液相色谱法已广泛应用于核酸、肽类、内酯、稠环芳烃、高聚物、药物、人体代谢产物、表面活性剂、抗氧剂、杀虫剂、除莠剂等的分析中。现仅举几例。

一、环境监测中取代尿素除莠剂的分析——正相液-液色谱法

固定相:1.0% β,β'-氧二丙腈,$37\sim44\mu m$ 表层多孔载体;

流动相:正丁醚;

色谱柱:$50cm\times2.1mm$ 内径;

流速:$1.14mL\cdot min^{-1}$;

试样:$1\mu L$,每个组分为 $67\mu g\cdot mL^{-1}$(流动相溶液)。

如图 13-20 所示。

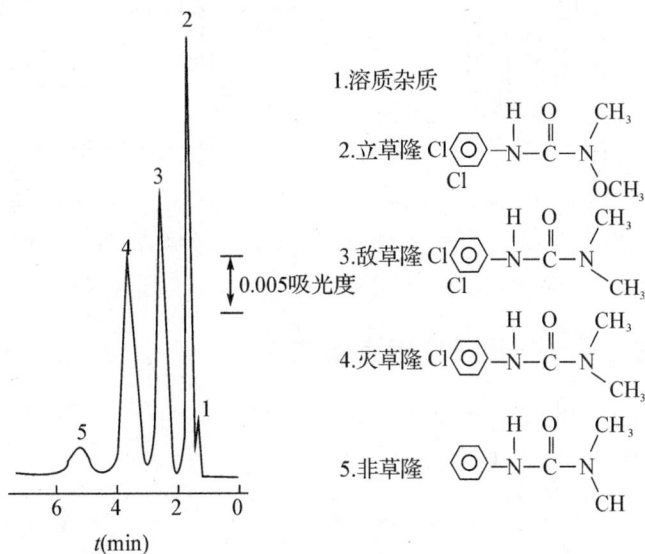

图 13-20　环境监测中取代尿素除莠剂的分析曲线

二、稠环芳烃的分析——反相键合相色谱法

固定相:Permaphase-ODS(十八烷基硅烷化键合相,薄壳型);

流动相:线性梯度洗脱,从 20%乙醇-水到 100%乙醇-水,$2\%\cdot min^{-1}$;

流速:$1mL\cdot min^{-1}$;

柱温:$50℃$;

柱压:7.0×10^4Pa;

检测器:紫外检测器。

如图 13-21 所示。

三、有机氯农药的分析——液-固色谱法

固定相:薄壳硅胶 Corasil Ⅱ(37~50μm);

流动相:正己烷;

色谱柱:50cm×2.5mm 内径;

流速:1.5mL·min^{-1};

检测器:示差折光检测器。

如图 13-22 所示。

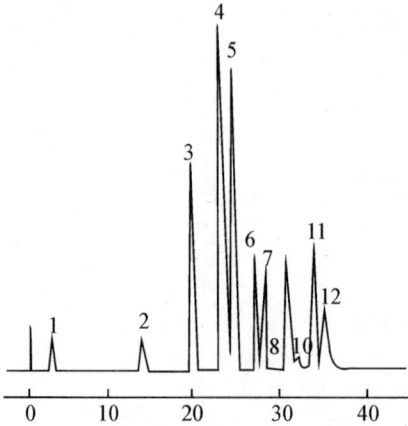

图 13-21 稠环芳烃的分析曲线

1—苯;2—萘;3—联苯;4—菲;5—蒽;6—荧蒽;
7—芘;8,10—未知;11—苯并芘(e);12—苯并芘(a)

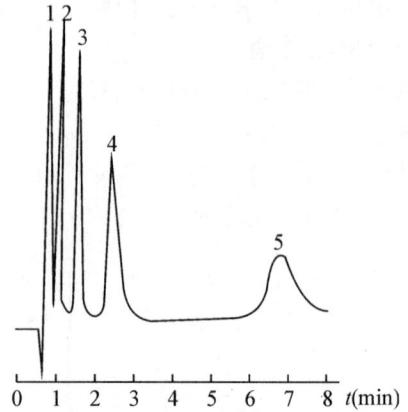

图 13-22 有机氯农药的分析曲线

1—艾氏剂;2—p_1,p'-DDT;3—p,p'-DDD;
4—γ-666;5—恩氏剂

四、氨基酸的分析——离子交换色谱法

固定相:Aminex A5 树脂(阳离子交换剂,15.5~19.5μm);

流动相:柠檬酸钠缓冲液(pH=3.2~5.3);

色谱柱:50cm×9mm 内径;

流速:2mL·min^{-1};

温度:50℃。

如图 13-23 所示。

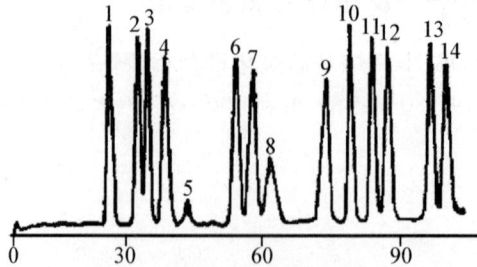

图 13-23 氨基酸的分析

1—天门冬氨酸;2—苏氨酸;3—丝氨酸;4—谷氨酸;5—脯氨酸;
6—甘氨酸;7—丙氨酸;8—胱氨酸;9—缬氨酸;10—蛋氨酸;
11—异亮氨酸;12—亮氨酸;13—酪氨酸;14—苯丙氨酸

五、聚合物的分析——空间排阻色谱法

固定相:多孔硅胶微珠 50Å(硅烷化);

流动相:四氢呋喃;

色谱柱:10cm×6.2mm 内径;

流速:1.6mL·min^{-1};

温度:22℃;

检测器:紫外检测器(254nm)。

如图 13-24 所示。

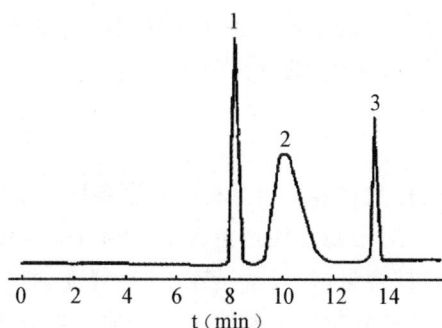

图 13-24 聚合物的分析曲线

1—分子量为 411000 的聚苯乙烯(PS);2—分子量为 5000 的聚苯乙烯(PS);3—甲苯

六、生物活性物质酶的分离——亲和色谱法

马肝醇脱氢酶、乳酸脱氢酶和牛血清蛋白的混合液结合于 Sepharose 的 NAD$^+$ 的模拟物柱上的亲和色谱法。牛血清蛋白出现于空体积处。在箭头处应用了含有 1mg 分子 NAD$^+$ 和 0.5mg 分子 NADH 的磷酸盐缓冲溶液。如图 13-25 所示。

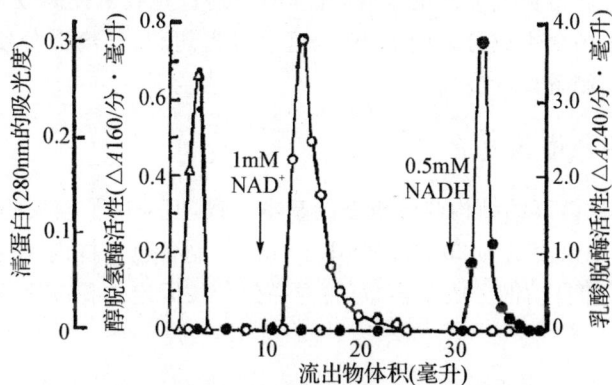

图 13-25 生物活性物质酶的分离分离曲线

△—牛血清蛋白;○—马肝醇脱氢酶;●—乳酸脱氢酶

第七节　液相制备色谱

在很多情况下,需要制备少量高纯度的样品,如天然有机产物及中草药中有效组分的获得、确定组分结构需要的试样等。制备色谱是以色谱技术分离、制备较大量纯组分的有效方法。因为液相色谱的分离条件温和,分离、检测中一般不导致样品的破坏,且分离后组分易于收集,组分与溶剂易于分离,所以受到重视。制备型液相色谱与分析型液相谱的主要区别在于分离柱。制备型的色谱柱通常要大一些,以获得相对较多的纯品。目前从直径约为 10mm 的实验室半制备柱到直径为 5000mm 的工业制备柱及其响应的设备相继商品化,用于解决诸如合成化学、制药工业、生物技术等多方面的分离纯化问题。

一、色谱柱的柱容量

柱容量又称柱负荷。色谱柱的柱容量对分析柱和制备柱有不同的含义。对于分析柱是指在不影响柱效时的最大进样量,对于制备柱是指在不影响收集纯度时的最大进样量。色谱操作时,如果超载,即进样量超过柱容量,柱效就迅速下降,峰变宽。对于易分离组分,超载可以提高效率,但是以柱效下降一半或容量因子降低 10% 为宜。实际上,即使在不超载的情况下,柱效也是随着进样量增大而减小的,这是制备色谱的主要局限之一。而且各类色谱柱的柱容量也不一致。硅胶柱的柱容量比反相烷基键合相柱高 10 倍,离子交换柱与填料的交换容量有关,而空间排阻色谱柱则与孔径分布及洗脱溶剂的流量有关。

二、液相制备色谱方法

应用液相制备色谱法收集组分时,通常有以下几种情况。

(1)欲分离组分可获得良好分离的单峰,操作时可通过超载来提高效率。

(2)欲分离组分是两个主成分之间的小组,这时可先超载,分离馏分使待分离组分成为主成分后,再次进行分离制备。

三、制备型液相色谱仪

制备型高效液相色谱仪的结构与分析型的基本一致,但采用了较大的制备柱后,泵流量和进样量相应扩大。其中泵流量为 $20 \sim 1000 \text{mL} \cdot \text{min}^{-1}$,制备色谱柱内径为 $20 \sim 50 \text{mm}$,长度为 50cm。在检测器后增加自动馏分收集器,可将样品组分按固定体积顺序收集在玻璃管内。

思考题与习题

1. 在 HPLC 中通常采用什么途径提高柱效?

2. HPLC 的梯度洗脱是什么? 它与 GC 中的程序升温有何异同?

3. 试比较高效液相色谱法与气相色谱法分离原理、仪器构造及应用方法的异同。

4. 什么叫化学键合固定相? 哪一类高效液相色谱要使用化学键和固定相? 目的何在?

5. 高效液相色谱法有哪几种定量方法,其中哪个是比较精确的定量方法,并简述之。

6. 某组分在反相柱上,以 80% 甲醇作流动相时的保留时间为 10min,如果将 80% 甲醇换成 80% 异丙醇后,组分的保留时间有何变化?

7. 指出下列物质在正相液-液色谱中的出峰顺序。

(1) 苯、乙醚、正己烷。

(2) 乙醚、乙酸乙酯、硝基丁烷。

8. 欲测定二甲苯的混合试样中对-二甲苯的含量,称取该试样 110.0mg,加入对-二甲苯的对照品 30.0mg,用反相色谱法测定。加入对照品前后的色谱峰面积(mm^2)为:对-二甲苯: $A_{对}$ 40.00, $A'_{对}$ 104.2;间-二甲苯: $A_{间}$ 141.8, $A'_{间}$ 156.2。试计算对-二甲苯的百分含量。

9. 分离含胺类和季铵盐的样品,以 $0.2mol \cdot L^{-1}$ $HClO_4$ 溶液为固定相,以丁醇-二氯甲烷-己烷为流动相,已知组分 A 的保留时间为 8.2min,死时间为 1.0min,在另一根柱上,其他条件均不改变,只将 $HClO_4$ 的浓度增加一倍,问组分 A 在第二根柱子上的移动速率是在第一根柱上的几倍?

10. 测定生物碱试样中黄连碱和小檗碱的含量,称取内标物、黄连碱和小檗碱对照品各 0.2000g 配成混合溶液。测得峰面积分别为 $3.60cm^2$, $3.43cm^2$ 和 $4.04cm^2$。称取 0.2400g 内标物和试样 0.8560g 同法配制成溶液后,在相同色谱条件下测得峰面积为 $4.16cm^2$、$3.71cm^2$ 和 $4.54cm^2$。计算试样中黄连碱和小檗碱的含量。

11. 用高效液相色谱法分离两个组分,色谱柱长为 15cm。已知在实验条件下,色谱对组分 2 的理论塔板数为 28000,死时间为 1.30min,两个组分的保留时间分别是 4.15min、4.5min。求两个组分的分配比及分离度。若色谱柱长度增加到 30cm,分离度 R 为多少? 两组分能否完全分离?

第十四章

核磁共振波谱法

第一节 概 述

原子核是带正电的微粒，由质子和中子组成，除了一些原子核中质子数和中子数均为偶数的核以外，大多数原子核和电子一样，也有自旋运动。将自旋核（或称磁性核）放入磁场后，用适宜频率的电磁波照射，自旋核吸收射频辐射，引起核自旋能级的跃迁现象称为核磁共振（nuclear magnetic resonance，NMR），所产生的波谱叫核磁共振波谱。可以看出，产生核磁共振波谱的必要条件有三条：①原子核必须具有核磁性质，即必须是磁性核（或称自旋核）。有些原子核不具有核磁性质，它就不能产生核磁共振波谱。这说明核磁共振的限制性。②需要有外加磁场。磁性核在外磁场作用下发生核自旋能级的分裂，产生不同能量的核自旋能级，才能吸收能量发生能级的跃迁。③只有那些能量与核自旋能级能量差相同的电磁辐射才能被共振吸收，即 $\Delta h\nu = \Delta E_n$，这就是核磁共振波谱的选择性。由于核磁能级的能量差很小，所以共振吸收的电磁辐射波长较长，处于射频辐射光区。

带电的原子核因有自旋而具有磁矩，故物质内的磁矩可以来自电子自旋，也可以是核自旋，因此有不同的共振。当考虑的对象是原子核时，称为核磁共振；对于电子，则称为电子顺磁共振（或电子自旋共振）。由于磁共振发生在射频（核磁共振）和微波（电子顺磁共振）范围，磁共振已成为波谱学的重要组成部分。

1924 年 Pauli 预言了核磁共振的基本原理：可能某些原子核具有自旋和磁矩的性质，它们在磁场中可以发生能级的分裂。1946 年哈佛大学的 Purcell 及斯坦福大学的 Bloch 在各自实验中发现并证实了核磁共振现象，因此他们分享了 1952 年的诺贝尔物理奖。1949 年，Knight 第一次发现了化学环境对核磁共振信号的影响，并发现了这些信号与化合物结构有一定的关系。而 1951 年 Arnold 等人也发现了乙醇分子由三组峰组成，共振吸收频率随不同基团而异。这些现象就是后来称谓的化学位移，共揭开了核磁共振与化学结构的关系。1953 年出现了世界上第一台商品化的核磁共振波谱仪。1956 年，曾在 Block 实验室工作的 Varian 制造出第一台高分辨率的仪器。此后的几十年，核磁共振的研究迅速扩展，理论不断完善，仪器和方法不断创新，特别是高强磁场的超强超导核磁共振波谱仪的应用，大大提高了仪器的灵敏度和分辨率，使复杂化合物的 NMR 谱图得以简化，容易分析。而脉冲傅里叶变换技术的应用，使一些灵敏度小的原子核,如 ^{13}C、^{15}N 等的 NMR 信号也能够被测定。随着计算机技术的应用,多脉冲激发方法的采用及由此产生的二维谱、多维谱等技术,许多复杂化合物的测定迎刃而解,使 NMR 成为化学家研究化合物的有力工具,并逐步扩大到生物化学、药学、高分子材料、环境科学、医学等应用领域。

就本质而言,核磁共振波谱是物质与电磁波相互作用而产生的,属于吸收光谱(波谱)范畴。核磁共振波谱法的特点:①结构分析测定。核磁共振波谱法是结构分析最强有力的手段之一,它可能确定几乎所有常见官能团的环境。NMR 法谱图的直观性强,特别是碳谱能直接反映出分子的骨架,谱图解释较为容易。②可以进行定量测定。NMR 法可以检测化合物的纯度,主要信号不重叠时,可进行混合物分析,测定混合物中各组分的比例。③可以用于跟踪化学反应的进程,研究反应机理,还可以求得某些化学过程的动力学和热力学参数。④NMR 测定时不破坏样品,信息精密、准确。NMR 与 IR 并用,与 MS、UV 等方法配合,各种谱之间可以互相印证,扩大了分析测试的应用范围。

但核磁共振波谱仪比较昂贵,工作环境要求比较苛刻,因而影响了其应用的普及性。

第二节　核磁共振基本原理

一、原子核的自旋运动和磁矩

带有正电荷的原子核的自旋引起电荷运动,它等价于一个环形导体中的电流,因而会产生磁场,因此自旋核是一个磁偶极子,具有核磁矩 $\vec{\mu}$,由右手定则判断磁场的方向,如图 14-1 所示。

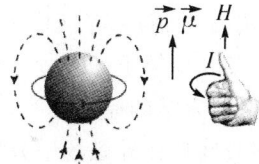

质子和中子都有确定的自旋角动量,它们在核内还有"轨

图 14-1　核磁矩方向的判断

道"运动,相应地有轨道角动量。所有这些角量的总和就是原子核的自旋角动量 $\vec{p}$,$\vec{\mu}$、$\vec{p}$ 的取向是平行的,它们之间的关系为

$$\vec{\mu} = \gamma \vec{p} \tag{14-1}$$

式中:γ 为核的磁旋比,是原子核的一种属性,不同的核具有不同的磁旋比。如:^1H 的 $\gamma_{^1H} = 2.68 \times 10^8 (T \cdot s)^{-1}$,$^{13}C$ 的 $\gamma_{^{13}C} = 6.72 \times 10^7 (T \cdot s)^{-1}$,等等。核的自旋角动量是量子化的,可用核的自旋量子数 I 表示。$\vec{p}$ 的数值与 I 的关系为

$$\vec{p} = \frac{h}{2\pi} \sqrt{I(I+1)} = \hbar \sqrt{I(I+1)} \tag{14-2}$$

式中:h 为普朗克常数($6 \times 10^{-34} J \cdot s$),$I$ 是半整数的倍数,可取 0、$\frac{1}{2}$、1、$\frac{3}{2}$ 等值。很明显,当 $I = 0$ 时,$p = 0$,即原子核没有自旋现象。只有当 $I > 0$ 时,原子核才有自旋角动量和自旋现象。量子力学理论及实验均证明,I 的取值与原子的质量数及该元素在周期表中的原子序数(也是核中的质子数)有关,某些元素 I 的取值见表 14-1。

表 14-1　某些元素的 I 取值及 I 与质量数、原子序数的关系

质量数	原子序数(质子数)	中子数	I 取值	例　　举
偶数	偶数	偶数	0	$^{12}_{6}C,^{16}_{8}O,^{32}_{16}S,^{28}_{14}Si(p=0)$
偶数	奇数	偶数	正整数	$I=1:^{2}_{1}H,^{6}_{3}Li,^{14}_{7}N;$
				$I=2:^{58}_{29}Co;$
				$I=3:^{10}_{5}B$
奇数	偶或奇	奇或偶	半整数	$I=\frac{1}{2}:^{1}_{1}H,^{13}_{6}C,^{15}_{7}N,^{19}_{9}F,^{31}_{15}P,^{77}_{34}Se;$
				$I=\frac{3}{2}:^{7}_{3}Li,^{9}_{4}Be,^{11}_{5}B,^{33}_{16}S,^{35}_{17}Cl,^{37}_{17}Cl,^{79}_{35}Bi,^{81}_{35}Bi;$
				$I=\frac{5}{2}:^{17}_{8}O,^{25}_{12}Mg,^{27}_{13}Al,^{55}_{25}Mn,^{127}_{53}I$

二、自旋核在磁场中的自旋取向

若将自旋核置于外磁场中，由于核的磁偶极子与外磁场的相互作用，核磁矩矢量方向(自旋轴方向)就会有一定的取向，核磁矩与外磁场方向有一定的夹角，亦就是在外磁场 H_0 的作用下，具有磁矩 $\vec{\mu}$ 的核就具有一定的能量 E，其能量与其取向角度有关。

根据经典的电磁理论，其能量为：

$$E=-\vec{\mu}\cdot\vec{H}_0=-\mu\cdot\beta\cdot H_0\cdot\cos\theta$$

式中：θ 表示取向(即 $\vec{\mu}$ 与 $\vec{H}_0$ 的夹角)。$\theta=0$ 时，$\vec{\mu}$、$\vec{H}_0$ 同向，能量最低；μ 为核磁子单位，对于一定的核，μ 数值一定(如 ^1H 的 μ 为 2.793 核磁子单位，^{13}C 的 μ 为 0.702 核磁子单位)。β 为常数(5.05×10^{-27}J·T^{-1})。在经典力学中 θ 是连续的，因此能量 E 也是连续的。

量子力学的原理证明，在外磁场中，核磁矩的取向不是任意连续的，它只能有($2I+1$)种取向，即自旋核在外磁场中分裂为($2I+1$)个能级，这些能级称为塞曼能级，如：^1H、^{13}C，$I=1/2$，则($2I+1$)=2，表明 ^1H、^{13}C 在外磁场中分裂为 2 个能级。每个取向用磁量子数 m 表示，所以 m 有($2I+1$)个数值，m 的取值为 $I,I-1,\cdots,-I$。所以 ^1H、^{13}C 的取值为 1/2 和 $-1/2$。能量 E 表示为

$$E=-\frac{m}{I}\mu\beta H_0 \tag{14-3}$$

即在外磁场 H_0 的作用下，具有 $\vec{\mu}$ 的核磁子发生了能量的分裂，能级分裂的数目取决于核的自旋电子数 I，为($2I+1$)，每个能级用磁量子数 m 表示，m 的取值为 $I,I-1,\cdots,-I$。每个能级的能量为 $E=-\frac{m}{I}\mu\beta H_0$。

对于 ^1H，$m=\frac{1}{2}$ 时，$E_{1/2}=-\mu_H\beta H_0$；$m=-\frac{1}{2}$ 时，$E_{-1/2}=\mu_H\beta H_0$，如图 14-2 所示。

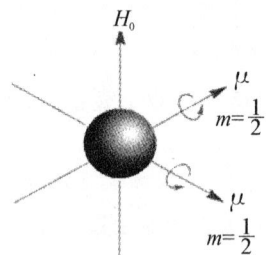

图 14-2　^1H 的自旋取向

图 14-3 为 $I=\frac{1}{2}$ 的核及 $I=1$ 的核在磁场中的能级分裂示意图。

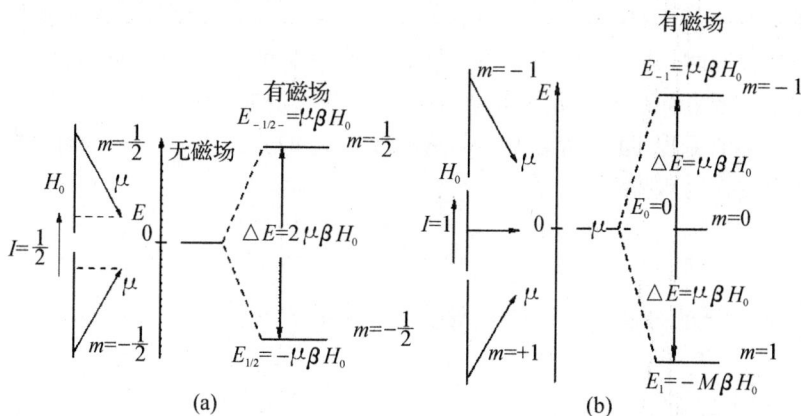

图 14-3　$I=\dfrac{1}{2}$ 的核(a)及 $I=1$ 的核(b)在磁场中的能级分裂

对于低能态($m=+\dfrac{1}{2}$)，核磁矩方向与外磁场同向；对于高能态($m=-\dfrac{1}{2}$)，核磁矩与外磁方向相反，其高低能态的能量差应由下式确定，即

$$\Delta E = E_{-1/2} - E_{+1/2} = 2\mu\beta H_0 \tag{14-4}$$

一般来说，自旋量子数 I 的核，其相邻两能级之差为

$$\Delta E = \mu\beta\frac{H_0}{I} \tag{14-5}$$

三、核磁共振

1. 量子力学模型

根据量子力学原理，自旋核在外磁场中的各能级能量为

$$E = -\frac{m}{I}\mu\beta H_0$$

m 为负值时，E 大；m 为正值时，E 小。当自旋核吸收能量发生能级跃迁时，所吸收的能量为其对应跃迁能级的能量差，即：

$$\Delta E = -\frac{\Delta m}{I}\mu\beta H_0$$

根据光谱选律，$\Delta m = \pm 1$，而当吸收能量时，从低能级向高能级跃迁，所以 $\Delta m = -1$，因此

$$\Delta E = \frac{\mu\beta H_0}{I}$$

^{1}H 的 $\Delta E = 2\mu\beta H_0$，如图 14-3 的(a)所示。

核自旋能级的跃迁是吸收射频辐射的能量引起的，所以 $\Delta E = h\nu$，则

$$\nu = \frac{\Delta E}{h} = \frac{\mu\beta H_0}{I \cdot h}$$

对于 ^{1}H，吸收射频辐射的频率为 $\nu = \dfrac{2\mu_H\beta H_0}{h}$。

2. 经典力学模型

由于自旋核在外磁场中有一定的取向，自旋核的轴向会受到外磁场的一定的力矩，在此力矩作用下，核磁矩的轴向(自旋轴)会绕着外磁场 H_0 的方向作圆周转动。也就是自旋核在外磁场中，一方面自旋运动有一定的取向，另一方面自旋轴以一定的角度在围绕外磁场方向的环

形轨道上作迥旋运动,称为拉摩尔进动(Larmor precession)。这种进动方式犹如急速旋转的陀螺减速到一定程度时,其自旋轴绕重心力场方向有一夹角——倾斜,此时陀螺一边自旋,一边自旋轴绕重心力场方向作摇头圆周运动。图 14-4 为 ^1H 的进动。

根据经典力学的原理,进动角速度 ω 与进动频率 ν_0 的关系为 $\omega = 2\pi\nu_0$,而又根据拉摩尔方程 $\omega = \gamma H_0$(γ 为磁旋比),得到

$$\nu_0 = \gamma \frac{H_0}{2\pi}$$

而 $\gamma = \dfrac{\mu\beta}{p}$,$p$ 在 Z 轴上的分量为:$p = \dfrac{h}{2\pi}I$,所以 $\gamma = \dfrac{\mu\beta 2\pi}{I \cdot h}$,

因此 $\nu_0 = \dfrac{\mu\beta H_0}{I \cdot h}$。

比较进动频率及量子力学模型的吸收频率,两者完全一样。由此可以说明:自旋核在外磁场 H_0 的作用下,产生了核的进动运动,具有一定的进动频率 ν_0。对于一个确定的核来说,ν_0 只与 H_0 有关,H_0 一定时,ν_0 也一定,H_0 变化,ν_0 也随之而变。当有一个与 ν_0 相同的射频辐射照射核时,自旋核吸收了射频辐射的能量 $h\nu$,从一个进动取向(角度)跃迁到高能量的进动取向,产生了核磁共振吸收。而进动取向不是任意连续的,只能是 $(2I+1)$ 种。图 14-5 为进动取向跃迁示意图。

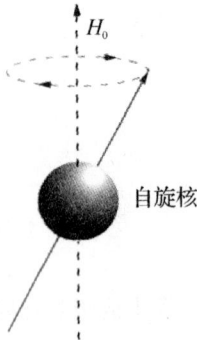

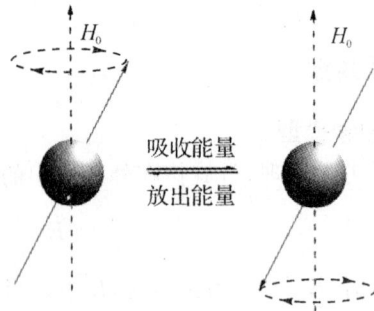

图 14-4 ^1H 的进动   图 14-5   进动核的取向跃迁

从量子力学及经典力学模型都得到核磁共振的基本式为

$$\nu = \frac{\mu\beta H_0}{I \cdot h} \tag{14-6}$$

要注意式中各物理量的单位:μ 为核磁子单位;β 为常数,表明一个核磁子单位的磁矩为 $5.05 \times 10^{-27} J \cdot T^{-1}$ 焦耳/高斯;H_0 为外磁场强度,单位为高斯;h 为普朗克常数,为 6.63×10^{-34} 焦耳·秒;ν 为频率,单位为 Hz(1/s)。从频率公式可以得到如下几点结论。

(1)产生核磁共振的条件:$I \neq 0$,有 H_0 存在,辐射能量需等于核磁能级差。

(2)不同的核 μ、I 不同,$\dfrac{\mu}{I} = \dfrac{\nu h}{\beta H_0}$ 不同,发生共振所必需的 $\dfrac{\nu}{H_0}$ 不同,即共振条件不一样。

(3)相同的核 $\dfrac{\mu}{I}$ 比值一定,$\dfrac{\nu}{H_0}$ 比值也一定,共振吸收频率 ν 随 H_0 而改变,或反之。

总之,核在磁场中都将发生分裂,可以吸收一定频率的辐射而发生能级跃迁。所以获得核磁共振谱的方法有两种。

(1)固定 H_0,进行频率扫描,得到在此 H_0 下的共振吸收频率 ν_0,这方法叫扫频。

（2）固定 ν，进行磁强扫描，得到在对此频率 ν 下产生共振吸收所需的 H_0，这方法叫扫场。

【**例 14-1**】 ^1H 的 $\mu_H = 2.793$ 核磁子单位，求在 1.409T（特）磁场中的共振吸收频率。

解：$\nu = \dfrac{2\mu\beta H_0}{h} = \dfrac{2 \times 2.793 \times 5.05 \times 10^{-31} \times 1.409 \times 10^4}{6.63 \times 10^{-34}} = 6.00 \times 10^7 \, S^{-1} = 60.0 MHz$

【**例 14-2**】 某核磁共振波谱仪测定 ^1H 时，吸收的射频辐射频率为 350MHz，问此仪器的磁场强度是多少？若用它来测量 ^{13}C 时，吸收频率是多少？

解：$H_0 = \dfrac{h\nu}{2\mu\beta} = \dfrac{6.63 \times 10^{-34} \times 350 \times 10^6}{2 \times 2.793 \times 5.05 \times 10^{-31}} = 8.226 \times 10^4 Gs = 82.26 kGs = 8.226 T$

$\because I_{^1H} = I_{^{13}C} = \dfrac{1}{2} \quad \therefore \dfrac{\nu_{^1H}}{\mu_{^1H}} = \dfrac{\nu_{^{13}C}}{\mu_{^{13}C}}$

则 $\nu_C^{13} = \dfrac{\mu_{^{13}C}}{\mu_{^1H}} \cdot \nu_{^1H} = \dfrac{0.702}{2.793} \times 350 = 88.0 MHz$

四、NMR 中的弛豫过程

如前所述，^1H 核在磁场作用下，被分裂为 $m = +\dfrac{1}{2}$ 和 $m = -\dfrac{1}{2}$ 两个能级，处在较稳定的 $+\dfrac{1}{2}$ 能级的核数比处在 $-\dfrac{1}{2}$ 能级的核数稍多一点。处于高、低能态核数的比例服从玻尔兹曼分布，即

$$\frac{N_j}{N_0} = e^{-\Delta E/kT} = e^{-h\nu/kT} \tag{14-7}$$

式中：N_j 和 N_0 分别代表处于高能态和低能态的氢核数，ΔE 是两种能态的能级差，k 是玻尔兹曼常数，T 是绝对温度。若将 10^6 个质子放入温度为 20℃ 磁场强度为 4.69T 的磁场中，则处于低能态的核与处于高能态的核的比为

$$\frac{N_j}{N_0} = e^{-\left[\frac{2 \times 279K \times (5.05 \times 10^{-27})JT^{-1} \times 4.69T}{1.38 \times 10^{-23}JK^{-1} \times 293K}\right]}$$

$$\frac{N_j}{N_0} = e^{-3.27 \times 10^{-5}} = 0.999967$$

即处于低能级的核数目比处于高能级的核数目仅多出百万分之十六。

若以合适的射频照射处于磁场的核，核吸收外界能量后，由低能级跃迁到高能态，产生共振信号。当低能级的核吸收了射频辐射后，被激发至高能态，其净效应是吸收，产生共振吸收信号。但随着实验的进行，只占微弱多数的低能级核越来越少，最后高、低能级上的核数目相等，达到饱和，从低能级到高能级与从高能级到低能级的跃迁的数目相同。此时，玻尔兹曼分布被破坏，试样达到"饱和"，体系净吸收为 0，共振信号消失。然而在实际测定中，却极少有"饱和"现象发生，核磁共振吸收的信号并未终止，这说明高能态核必定有不发射原来所吸收的射频辐射而跃迁回低能态核的一些途径。这种通过非辐射的能量迁移形式，使高能态核跃迁回低能态核的过程称为弛豫过程。就是说，弛豫过程是核磁共振现象发生后得以保持的必要条件，弛豫越易发生，消除"磁饱和"能力越强。NMR 中的弛豫过程可以分为两类：纵向弛豫和横向弛豫。

（1）纵向弛豫又称自旋-晶格弛豫。当处于高能态的核将其能量转移给核周围环境分子，

如固体的晶格、液体有同类分子或溶剂分子作热运动时,自己就返回为低能态核。由于核外是电子包围着的,所以这种能量的传递不像分子间那样通过热运动的碰撞传递,而是通过所谓的晶格场来实现的。这种弛豫从磁核的全体而言,总能量降低了,被转移的能量在晶格中变为平动或转动能,所以称为纵向弛豫。弛豫过程可以用弛豫时间 T 来表示,它是处于高能态核寿命的量度。纵向弛豫的时间用 T_1 表示,纵向弛豫取决于样品中磁核的运动,样品流动性降低时,T_1 增大。气、液(溶液)体的 T_1 较小,一般在 1 秒至几秒左右,固体或黏度大的液体,T_1 很大,可达数十、数百甚至上千秒。

(2)横向弛豫又称自旋-自旋弛豫。两个进动频率相同而进动取向不同(即能级不同)的磁性核,在一定距离内,会发生能量的相互交换,而改变各自的进动取向。对磁核而言,总能量未变,高、低能态的数目比例也未变,能量只是在磁核之间转移,所以称横向弛豫。这种弛豫虽未能有效地消除"饱和"现象,但由于磁核存在快速能量交换的平均化作用,确实使高能态的寿命降低了。横向弛豫的时间用 T_2 表示。气、液体的 T_2 与 T_1 相同,固体的很小,弛豫过程的速度很快。要注意的是:①弛豫时间虽然有 T_1、T_2 之分,但对于一个磁核来说,它处于高能态时所停留的平均时间只取决于 T_1、T_2 中较小的一个;②弛豫时间 T 对谱线宽度的影响,根据量子力学的测不准原理,谱线宽度 Δv 与激发态粒子的寿命 $\Delta \tau$(在核磁共振中即为弛豫时间 T)成反比,即 $\Delta v = \dfrac{1}{\Delta \tau}$。固体的 T_2 很小,所以 Δv 大,谱线宽。因此,在进行核磁共振时,常把样品配制成溶液。应该指出的是,在 NMR 中,从吸收频率公式可以看出,外磁场强度的不均匀对谱线宽度的影响甚至超过 T 的影响,所以要求在整个测量期间及测量区域内,要保持磁场强度的极小变化(10×10^{-9} 以内),为此采用样品管的高速旋转。

第三节　化学位移与核磁共振波谱

一、化学位移现象

当自旋原子核处在一定强度的磁场中,根据核磁共振公式 $\nu_0 = \dfrac{\gamma}{2\pi} H_0$,可以计算出该核的共振频率。例如,在磁场强度为 2.340T 时,共振频率为 100MHz;磁场强度为 4.69T 时,共振频率为 200MHz。而质子的共振频率不仅与 H_0 有关,而且与核的磁矩或 γ 有关,在 H_0 一定的磁场中,若分子中的所有 ^{1}H 都有一样的性质,即 γ_H 都相等,则共振频率 ν_0 一致,这时将只出现一个吸收峰,这对 NMR 来说毫无意义。

而实际的核磁共振吸收中却并不如此,各种化合物中不同的质子,所吸收的频率稍有不同,如图 14-6 所示。

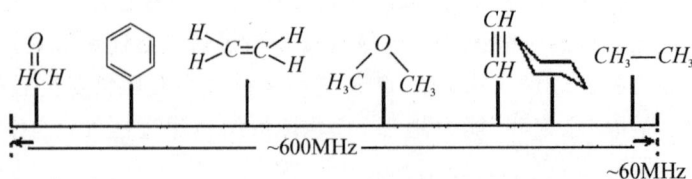

图 14-6　在 1.94T 磁场中各种 ^{1}H 的共振吸收频率

而乙醇分子中三个基团的 ^1H 吸收相对位置如图 14-7 所示(在低分辨率的仪器中测得的谱图)。

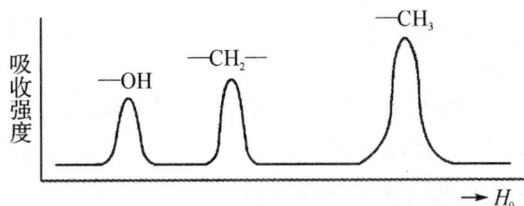

图 14-7　低分辨率仪器测得的乙醇 NMR 谱

可见,在不同分子或同一分子的不同基团中,氢核所处的化学环境不同,产生核磁共振所吸收的频率也不一样。这种由于核周围分子环境不同引起共振吸收频率位移的现象,叫做化学位移。

二、化学位移产生原因及其表示方法

化学位移来源于核外电子云的磁屏蔽效应。分子中的原子核不是裸核,其总是处在核外电子的包围中,电子的运动形成电子云。若处于磁场的作用下,核外电子会在垂直外磁场方向的平面上作环流运动,从而产生一个与外磁场方向相反的感生磁场——屏蔽效磁场 H_e,如图 14-8 所示。

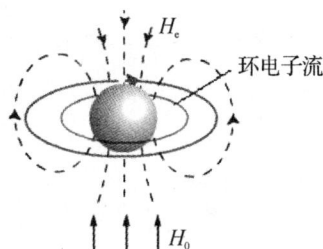

图 14-8　电子对核的屏蔽作用

感生磁场方向与外磁场相反,H_e 的大小与外磁场 H_0 成正比,即

$$H_e = \sigma H_0$$

式中:σ 称为屏蔽系数,σ 很小,一般仅为 10^{-5} 数量级。因此,感生磁场在一定程度上减弱了外磁场对核的作用,使原子核受到了屏蔽。原子核实际感受到作用的磁场强度 H 就降低了,即

$$H = H_0 - H_e = H_0 - \sigma H_0 = H_0(1-\sigma)$$

因此,^1H 的共振吸收频率应为

$$\nu = \frac{2\mu_H \beta H}{h} = \frac{2\mu_H \beta H_0(1-\sigma)}{h}$$

上式表明:若固定 H_0,则 ν 就变小,且屏蔽效应越大(σ 越大),ν 降低越多;而如果要使 ν 保持不变,则需加大 H_0,且 σ 越大,H_0 需增加越多。乙醇中三个基团的三种氢原子表现出三个共振吸收峰,—CH_3 中电子云的屏蔽效应大,σ 较大,所以 H_0 较大;—CH_2—次之,在较低 H_0 出峰;而—OH 中的 ^1H 由于 O 的电负性大,吸引了电子云,使 ^1H 受的屏蔽效应小,σ 较小,所以在较小的 H_0 出峰。

由于 σ 很小,σH_0 也很小,即由于屏蔽效应使所需外磁场变化或共振吸收频率的变化也很小,一般也仅为 10^{-5} 数量级。如 $60MHz$ 的射频辐射使孤立的 ^1H 共振需 $1.409T$ 的磁场,而分子体系的 ^1H 共振,σH_0 只不过大约为 0.1。但正是由于有这一微小的变化,却为研究化合物的结构提供非常重要的现象和依据。由于 ΔH(或 $\Delta \nu$)很小,所以要准确测量其绝对值是很困难的,且其绝对值也随磁场源(或频率源)的不同而异。为了提高化学位移数值的测量准确度和确立化学位移数据的统一标度,采用与标准物质相对照的百万分相对值(即ppm)来标度。从理论上说,标准物质应该是氢原子的完全裸核,但这办不到,实际上是以一

定的参考物质作为标准的。NMR 中常用四甲基硅烷$((CH_3)_4Si, TMS)$作为标准,因为 TMS 具有如下特点。

(1)TMS 分子中的 12 个氢核处于完全相同的化学环境中,它们的共振条件完全一致,因此在 NMR 谱中只有一个尖峰。

(2)TMS 分子中氢核周围的电子云密度很大,受到的屏蔽效应比大多数其他化合物中的氢核都大,使得 TMS 的 ^1H 产生共振所需的磁强比其他大多数的 ^1H 都大(一般其他化合物的 ^1H 峰都出现在 TMS 峰的左侧),便于谱图解析。

(3)TMS 是化学惰性物质,易溶于大多数有机溶剂,且沸点低(bp=27℃),易用蒸馏法从样品中除去。

化学位移通常用 δ 表示(单位为 ppm),$\delta = (\sigma_标 - \sigma_样) \times 10^6$(ppm)。

在扫频的情况下:$\delta = \dfrac{\nu_样 - \nu_标}{\nu_0} \times 10^{-6}$(ppm)($\nu_0$ 为操作仪器的选用频率)。

在扫场的情况下:$\delta = \dfrac{H_{0标} - H_{0样}}{H_0} \times 10^{-6}$(ppm)($H_0$ 为操作仪器的选用磁场)。

多数情况下,δ 一般不大于 10.00,有时为了坐标表示的方便,化学位移用另一参数 τ 表示,即

$$\tau = 10.00 - \delta \quad (\text{所以 } \tau \text{ 一般不小于 } 0)$$
$$\delta_{TMS} = 0.00, \tau_{TMS} = 10.00$$

我们必须十分清楚谱图上各物理量或参数的方向关系,如图 14-9 所示。

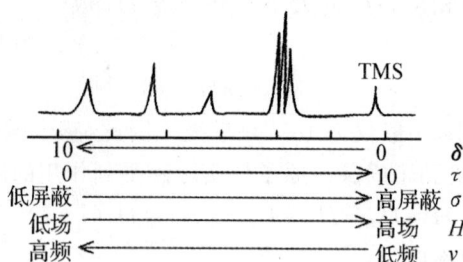

图 14-9　NMR 谱图中各物理量及参数方向关系

三、影响化学位移的因素

从式 $H = H_0 - H_e = H_0 - \sigma H_0 = H_0(1-\sigma)$ 可知,凡是影响屏蔽常数 σ(电子云密度)的因素均可影响化学位移,即影响 NMR 吸收峰的位置。影响化学位移的因素有诱导效应、共轭效应、磁的各向异性效应、氢键效应及溶剂效应等。

1. 诱导效应

如果化合物分子中含有某些具有电负性的原子或基团,如卤素原子、硝基、氰基,由于其诱导(吸电子)作用,使与其连接或邻近的磁核周围电子云密度降低,屏蔽效应减弱,δ 变大,即共振信号移向低场或高频。在没有其他影响因素的情况下,屏蔽效应随电负性原子或基团电负性的增大及数量的增加而减弱,δ 随之相应增大,见表 14-2。而随着电负性原子离共振磁核越远,诱导效应越弱,屏蔽效应相应增强,即 δ 相应减小。如 1-溴甲烷、1-溴乙烷、1-溴丙烷和 1-溴丁烷中的化学位移分别为 2.68、1.7、1.0 和 0.9。

表 14-2　甲烷中质子的化学位移与取代元素电负性关系

化学式	CH$_3$F	CH$_3$OH	CH$_3$Cl	CH$_3$Br	CH$_3$I	CH$_4$	TMS	CH$_2$Cl$_2$	CHCl$_3$
取代元素	F	O	Cl	Br	I	H	Si	2×Cl	3×Cl
电负性	4.0	3.5	3.1	2.8	2.5	2.1	1.8		
质子的 δ	4.26	3.40	3.05	2.68	2.16	0.23	0	5.33	7.24

2. 共轭效应

共轭效应与诱导效应一样,也会改变磁核周围的电子云密度,使其化学位移发生变化。如果有电负性的原子存在并以单键形式连接到双键上,由于 p-π 发生了共轭,电子云自电负性原子向 π 键方向移动(中介效应),使 π 键上相连的 ^{1}H 电子云的密度升高,因此 δ 降低,共振吸收移向高场;如果有电负性的原子以不饱和键的形式连接,且产生 π-π 共轭,则电子云将移向电负性的原子,使 π 键上连接的 ^{1}H 电子云密度降低,因此 δ 变大,共振吸收移向低场。如乙烯醚的 β-H 的 δ 比乙烯的 ^{1}H 小,而 α、β 不饱和酮的 β-H 比乙烯 ^{1}H 的 δ 大,如图 14-10 所示。

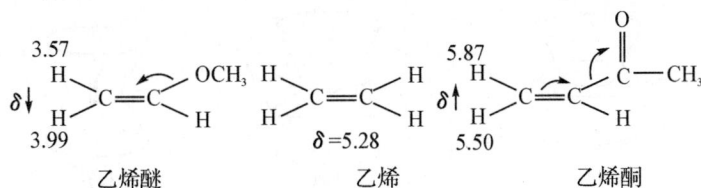

图 14-10　乙烯醚、乙烯和乙烯酮的 δ 值

因为在乙烯醚中 CH$_3$—C—O— 与烯键形成 p-π 共轭体系,非键轨道上的 n 电子流向 π 键,末端亚甲基上的质子周围的电子云密度增加,屏蔽作用增强,与乙烯相比化学位移向高场移动。而在 α、β 不饱和酮中,O=C—CH$_3$ 与烯键形成的 π-π 共轭,由于羰基电负性高,使共轭体系中电子云流向氧端,末端烯氢的电子云密度下降,吸收峰与乙烯相比向低场移动。

3. 磁的各向异性效应

在外磁场的作用下,核外的环电子流产生了次级感生磁场。由于磁力线的闭合性质,感生磁场在不同部位对外磁场的屏蔽作用不同,在一些区域中感生磁场与外磁场方向相反,起抗外磁场的屏蔽作用,这些区域为屏蔽区,处于此区的 ^{1}H δ 小,共振吸收在高场(或低频);而另一些区域中感生磁场与外磁场的方向相同,起去屏蔽作用,这些区域为去屏蔽区,处于此区的 ^{1}H δ 变大,共振吸收在低场(高频)。这种作用称为磁的各向异性效应。磁的各向异性效应只发生在具有 π 电子的基团,它是通过空间感应磁场起作用的,涉及的范围较大,所以又称为远程屏蔽。

例如苯环,苯分子是一个六元环平面,形成大 π 键,电子云分布在苯分子平面的上、下,当苯分子平面与外磁场 H_0 垂直时,在苯分子平面的上、下方形成环电子流,产生次级感应磁场,因此在苯分子周围空间中分成了屏蔽区(分子平面上、下圆锥内的外磁场减弱,用"+"表示)和去屏蔽区(圆锥外的外磁场强度增强,用"−"表示),如图 14-11(a)所示。可见,苯环上的 ^{1}H 处在去屏蔽区,δ 较大(约为 7),共振信号出现在低场。而苯环上有取代基时,由于基团竖起,基团上的 ^{1}H 处于屏蔽区,δ 较小,共振信号出现在高场。当苯分子平面与外磁场方向平行时,不产生环电子流,因此不产生次级感应磁场,不发生磁的各向异性效应。在溶液中苯分子平面的取向是随机的,分子运动的总体平均化结果使苯分子表现出磁的各向异性效应。乙烯分子中

的 π 电子分布在 δ 键所在平面的上、下方,感应磁场将空间分成的屏蔽区和去屏蔽区,如图 14-11(b)所示。

可见,处于一个平面上的四个 ¹H 位于去屏蔽区,与乙烷相比,δ 较大(约为 5.28),共振信号出现在低场。醛的情况与乙烯类似,而加上氧的诱导效应,使醛基上的 δ 很大(约为 9.7)。而乙炔的情况有些不同,乙炔为线形分子,π 电子云是围绕 C≡C 键轴呈对称圆筒状。当 C≡C 轴与外磁场平行时,感生磁场所形成的两区如图 14-11(c)所示,可见,其 ¹H 处在屏蔽区,δ 比烯 ¹H 小得多(约为 2.88),共振信号出现在高场。

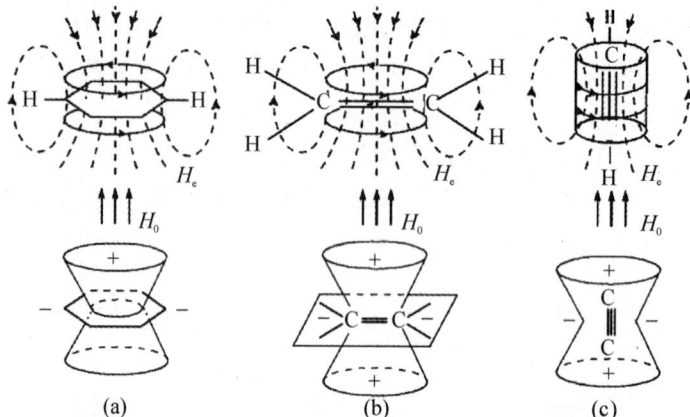

图 14-11 苯(a)、乙烯(b)、乙炔(c)的各项异性效应

由图 14-11 可知:①苯分子(a)中 π 电子云分布于 σ 键所在平面上、下方,感应磁场将空间分成屏蔽区(+)和去屏蔽区(-),由于质子位于去屏蔽区,所以移向低场($\delta = 7.27$ppm);对于其他苯系物,若质子处于苯环屏蔽区,则移向高场。②乙烯分子(b)与苯的情况相同,即乙烯的质子移向低场($\delta = 5.25$ppm)。③乙炔分子(c)中三键 π 电子云分布围绕 C—C 键呈对称圆筒状分布,质子处于屏蔽区,其共振信号位于高场($\delta = 1.8$ppm)。

4. 氢键效应和溶剂效应

氢键的生成对于氢的化学位移是很敏感的,当分子形成氢键时,氢键中的信号明显地移向低场,使化学位移 δ 变大。一般认为是由于分子形成氢键,使电子云密度降低而去屏蔽。对于分子间形成氢键,其化学位移与溶剂特性及其浓度有关。如在惰性溶剂的稀溶液中,可以不考虑氢键的影响,但随着浓度的增加,羟基的化学位移可以从 $\delta = 1.0$ppm 增至 $\delta = 5.0$ppm。而分子内形成氢键则与溶剂浓度无关,只与分子本身结构有关。

溶剂的选择十分重要,在核磁共振谱的测定中,由于采用不同溶剂,某些质子的化学位移发生变化,这种现象称为溶剂效应。溶剂效应往往是由溶剂的磁各向异性效应或溶剂与被测分子间的氢键效应引起的。例如,若以氘代氯仿为溶剂测定 N,N-二甲基甲酰胺,2 个 N 上甲基的化学位移只相差 0.2 ppm;但若以氘代苯为溶剂,$CH_3(\beta)$ 的化学位移会向高场移动 1ppm 以上,而 $CH_3(\alpha)$ 几乎没有变化。原因是氮原子上未公用电子与 C=O 形成 p-π 共轭,限制了 N—C 的自由转动;苯是具有各向异性的溶剂,静电作用会使与氧原子成反位的 $CH_3(\beta)$ 处于苯环的屏蔽区,而与氧原子成顺位的 $CH_3(\alpha)$ 则不受溶剂影响。

第四节　自旋耦合与核磁共振精细结构

一、自旋耦合与自旋裂分

从用低分辨率和高分辨率核磁共振仪所测得的乙醇(CH_3—CH_2—OH)核磁共振谱可看出,乙醇出现三个峰,它们分别代表—OH、—CH_2—和—CH_3,其峰面积之比为$1:2:3$。而在高分辨核磁共振谱图中,能看到—CH_2—和—CH_3分裂为四重峰和三重峰,而且多重峰面积之比接近于整数比。—CH_3的三重峰面积之比为$1:2:1$,—CH_2的四重峰面积之比为$1:3:3:1$,如图 14-12 所示。这是由于氢核之间的相互作用所致。

每一个质子都可以被视为一个磁偶极子,相当于一个小磁体,可以产生一个局部小磁场(自旋磁场)。在外磁场 H_0 中,氢核的自旋有两种取向$\left(\dfrac{1}{2}, \dfrac{1}{2}\right)$,两种取向的机率相同,其分量与 H_0 同向时加强了 H_0,反向时削弱了 H_0。另外处于相同化学环境的各氢核之间也存在各组取向的组合(同向或异向),产生了组合的局部磁场,此局部磁场对 H_0 施加影响,使邻近的氢核感受到的磁场有微小的变化,因此吸收的频率也发生微小的变化而分裂。

以乙醇为例加以说明,乙醇分子的结构式可用图 14-13 表示。

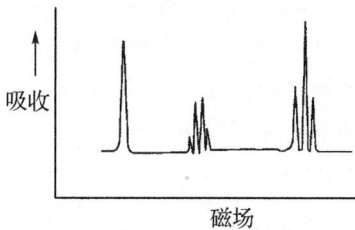

图 14-12　高分辨率仪器测得的
乙醇 NMR 谱(分辨本领~$1/10^7$)

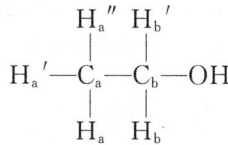

图 14-13　乙醇分子结构式

C_a 上的三个质子 H_a、H_a'、H_a'' 及 C_b 上的两个质子 H_b、H_b' 是两组各自化学环境完全相同的质子。先分析 C_b 上的质子对 C_a 上的质子的影响,如图 14-14 所示。

H_0	H_b、H_b'取向	组合局部小磁场	C_a上质子实感磁场	共振频率	强度比
↑	↑↑	$+2\triangle H$	$H_0+2\triangle H$	$v_0+2\triangle v$	1
↑	↑↓	0	H_0	v_0	
↓	↓↑	0	H_0	v_0	2
↓	↓↓	$-2\triangle H$	$H_0-2\triangle H$	$v_0-2\triangle v$	1

图 14-14　自旋耦合核自旋裂分原理

可见,由于 C_b 上两个质子的耦合作用,使 C_a 上的质子共振吸收峰分裂为三重峰,中间分裂峰是两个等价磁场的叠加,其强度是两侧峰的两倍,所以三重峰的强度比为$1:2:1$。再分析 C_a 上的三个质子对 C_b 上两个质子的耦合作用。C_a 有 8 种取向组合情况,其中有两组是各自单独的组合情况(即 ↑↑↑ 和 ↓↓↓),有两组各自包含着三个同等的组合情况,即三个等价局部磁场(↑↑↓,↑↓↑,↓↑↑ 和 ↑↓↓,↓↑↓,↓↓↑),所以 C_b 上的质子共振峰被 C_a 上的三个质子耦合产生 4 重分裂峰，分裂峰的强度比为 1：3：3：1。自旋核之间的相互作用，称为自旋-自旋耦合（spin-spin coupling），简称自旋耦合。自旋核的核磁矩可以通过成键电子影响邻近磁核，是引起自旋-自旋耦合的根本原因。磁性核在磁场中有不同的取向，产生不同的局部磁场，从而加强或减弱外磁场的作用，使其周围的磁核受到两种或数种不同强度的磁场作用，可在两个或数个不同的位置上产生共振吸收峰。由于自旋耦合引起的共振吸收峰增多的现象，称为自旋－自旋裂分（spin-spin-splitting），简称为自旋裂分。

有两个问题必须明确：①磁性核的耦合作用是通过成键电子传递的，所以磁性核之间的距离越大，耦合的程度越弱，一般是两核之间的距离大于三个单键时，耦合就基本消失。②被裂分核的实感磁场是受邻近磁性核的不同自旋取向的影响而产生的，所以如果邻近核是非磁性核，则就不可能发生耦合和裂分现象。^{12}C、^{16}C、^{32}S 等，$I=0$，所以它们不会发生耦合和裂分作用；^{19}F，$I=\frac{1}{2}$，有两种取向，且 $\mu_F=2.627$ 比较大，所以 HF 中质子的共振峰将分裂为两重峰；^{14}N，$I=1$，有三种取向，而 $\mu_N=0.404$，较小，它对 ^{1}H 有耦合作用，但不明显；^{25}Cl、^{79}Br，$I=\frac{1}{2}$，对 ^{1}H 也有耦合作用，但由于 μ 很小，耦合很弱，不易观察到裂分现象。

二、耦合常数

自旋耦合产生共振峰的裂分后，两裂分峰之间的距离（以 Hz 为单位）称为耦合常数，用 J 表示。耦合常数也是核磁共振谱的重要数据，J 的大小表明自旋核之间耦合程度的强弱。与化学位移的频率差不同，J 不因外磁场的变化而变化，受外界条件（如温度、浓度及溶剂等）的影响也比较小，它只是化合物分子结构的一种属性，在推导化合物的结构，尤其在确定立体结构时很有用处。上面已指出，耦合的强弱与耦合核之间的距离有关，对于 ^{1}H 来说，根据耦合核之间相距的键数不同分为同碳（偕碳）耦合、邻碳耦合和远程耦合三类。

1. 同碳耦合

如 $\overset{H}{\underset{H}{\diagdown C \diagup}}$ 上氢核的耦合为同碳耦合，用 ^2J 表示（左上角的数字为两 ^{1}H 相距的单键数）。同碳耦合常数变化范围非常大，其值与结构密切相关。如乙烯中同碳耦合 $J=2.3$Hz，而甲醛中 $J=42$Hz。同碳耦合一般观察不到裂分现象，要测定其裂分常数，需采用同位素取代等特殊方法。

2. 邻碳耦合

如 $\overset{\displaystyle H \quad H}{-\overset{|}{C}-\overset{|}{C}-}$ 为邻碳耦合，用 ^3J 表示。在饱和体系中的邻碳耦合是通过三个单键进行的，耦合常数范围为 0～16Hz。邻碳耦合在 NMR 谱中是最重要的，在结构分析上十分有用，是进行立体化学研究最有效的信息之一。^3J 与邻碳上两个 ^{1}H 所处平面的夹角 ϕ 有关，如图 14-15 所示（称为 Karplus 曲线）。

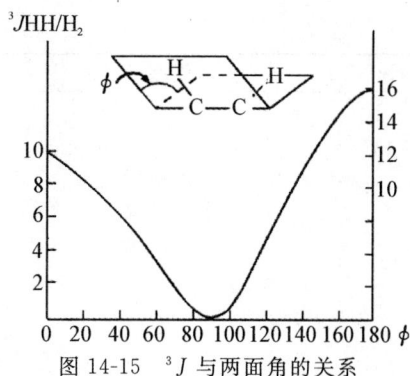

图 14-15　^3J 与两面角的关系

如图可见，ϕ 为 150°～180°时，^3J 最大；ϕ 为 0～30°时，^3J 也很大；ϕ 为 60～120°时，^3J 最小；ϕ 为 90°时，^3J 约为 0.3 Hz。

碳原子的取代基电负性增加时，^3J 减小，如 $CH_3—CH_3$ 及 $CH_3—CH_2Cl$ 的 ^3J 为 8.0 和 7.0。对于 $H_2C=CH_2$ 型的邻碳耦合，由于质子处于同一平面，两面角中只能是 0°(顺式)或 180°(反式)，而 $^3J(180°)>{}^3J(0°)$，所以 ^3J(顺式)$<{}^3J$(反式)。

3. 远程耦合

相隔四个或四个以上键的质子耦合，称为远程耦合。远程耦合常数较小，一般小于 1Hz，通常观察不到，若中间插有 π 键，或在一些具有特殊空间结构的分子中，才能观察到。

根据耦合常数的大小，可以判断相互耦合的氢核的键连接关系，帮助推断化合物的结构。但目前尚无完整的理论来进行说明和推算，而人们已积累了大量耦合常数与结构关系的经验数据，供使用时查阅见表 14-3。

表 14-3　质子自旋-自旋耦合常数

类型	J_{ab}(Hz)	类型	J_{ab}(Hz)
$\overset{H_a}{\underset{H_b}{C}}$	10～15	$\overset{H_a}{\underset{}{}}C=C\overset{H_b}{\underset{}{}}$	5 元环 3～4 6 元环 6～9 7 元环 10～13
$H_b—C—C—H_b$	6～8	$C=C\overset{H_a}{\underset{H_b}{}}$	0～2
$H_a—C—C—C—H_b$	0	H_a ⬡ H_b	邻位 6～10 间位 1～3 对位 0～1
$H_a—C—OH_b$ （无交换）	4～6	吡啶 $\underset{6}{\overset{5}{}}\underset{N}{\overset{4}{}}\underset{2}{\overset{3}{}}$	$J_{2\sim3}5\sim6, J_{3\sim5}1\sim2\ J_{3\sim4}7\sim9,$ $J_{2\sim5}0\sim1\ J_{2\sim4}1\sim2, J_{2\sim6}0\sim1$
$H_a—C—OH_b$ $\overset{\|}{\underset{O}{}}$	2～3	呋喃 $\underset{5}{\overset{4}{}}\overset{3}{\underset{O}{}}\overset{2}{}$	$J_{2\sim3}1.5\sim2$ $J_{3\sim4}3\sim4$ $J_{2\sim4}0\sim1$ $J_{2\sim5}1\sim2$
$C=C\overset{C—OH_b}{\underset{H_a}{\|}}$	5～7		

续表

类型	J_{ab}(Hz)	类型	J_{ab}(Hz)
(图)	15~18	(图)	$J_{2\sim3}\,5\sim6$ $J_{3\sim4}\,3.5\sim5$ $J_{2\sim4}\,1.5$ $J_{2\sim5}\,3.5$
(图)	6~12		
(图)	1~2	(图)	$J_{a\sim2}\,2\sim3$ $J_{a\sim3}\,2\sim3$ $J_{2\sim3}\,2\sim3$ $J_{3\sim4}\,3\sim4$ $J_{2\sim4}\,1\sim2$ $J_{2\sim5}\,2$
(图)	4~10		
(图)	0~2	(图)	9~12

三、核的化学等价和磁等价

自旋核的性质有以下几种情况。

(1)化学等价。在核磁共振谱中,有相同化学环境的核具有相同的化学位移。这种有相同化学位移的核称为化学等价的核,或称化学全同的核。例如,在苯环上,六个氢的化学位移相同,它们是化学等价的。

(2)磁等价。在一组化学等价的核中,如果它们与该组外的任一自旋核的耦合常数都相同,这组核称为磁等价的核或称磁全同的核。例如,在二氟甲烷中,H_1 和 H_2 质子的化学位移相同,并且它们对 F_1 或 F_2 的耦合常数也相同,即 $J_{H_1F_1}=J_{H_2F_1}$,$J_{H_2F_2}=J_{H_1F_2}$,因此,H_1 和 H_2 称为磁等价核。应该指出,它们之间虽有自旋干扰,但并不产生峰的裂分;而只有磁不等价的核之间发生耦合时,才会产生峰的裂分。

需要知道,化学等价的核不一定是磁等价的,而磁等价的核一定是化学等价的。

应该指出,在同一碳原子上的质子,不一定都是磁等价的,与手性 C 原子连接的—CH_2—上的 2 个 H,是磁不等价的。例如 2-氯丁烷中(见图 14-16),H_a、H_b 是磁不等价的。

四、自旋体系的分类

在一个分子中,如果同时有几组相互耦合的质子组存在时,它们就构成了自旋体系。在自旋体系中,通常规定 $\Delta\nu/J \geqslant 10$ 为弱耦合,$\Delta\nu/J < 10$ 为强耦合。前者 J 比较小,谱图较为简单,称为一级图谱。自旋-自旋裂分图谱解析十分简单方便。后者

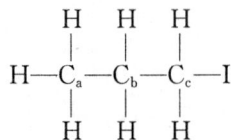

图 14-16　2-氯丁烷的结构式

J 比较大,属高级图谱,谱图较复杂,称为高级图谱。根据耦合的强弱,可以把核磁共振谱分为若干体系,其命名规则如下。

(1)强耦合的核以 ABC…KLM… 或 XYZ 等相连的英文字母表示,并称之为 ABC… 多旋体系。

(2)弱耦合的核则以 AMX… 等不相连的英文字母表示,并称之为 AMX… 多旋体系。

(3)磁等价的核可以用完全相同的字母表示,核的数目用在英文字母右下方的数字脚注表示,如 A 组质子有两个磁等价的核,即表示为 A_2,CH_3CH_2OH 自旋体系为 A_3M_2X 等。

(4)化学等价而不是磁等价的核,则用同一英文字母,但在其右上方加上一"'"表示,为 AA'。如 $CH_2\!=\!CF_2$,2 个 ^1H 是化学等价,而不是磁等价,2 个 ^{19}F 也一样,所以其自旋体系为 AA'、XX'。

表 14-4 列出的自旋体系中,AX、AX_2 属于一级图谱,这类图谱解析比较简单;ABC、AA'、BB'、AB 等体系属于高级图谱,其化学位移值 δ 和耦合常数 J 不能从图谱上直接得到,必须通过繁琐的计算才能求得。

表 14-4 若干典型的自旋体系

化合物	自旋体系	化合物	自旋体系
$CH_2\!=\!CCl_2$	A_2	$CH_2\!=\!CFCl$	ABX
	AB	CH_2FCl	AX_2
	AX	$CH_2\!=\!CHBr$	ABC
	AA'、BB'		AB_2
$CH_2\!=\!CF_2$	AA'、XX'		

【例 14-3】 $CH_3CH_2CH_2NO_2$,在 60MHz 射频辐射中扫场,得到的 ^{1}H NMR 谱中,—CH_3 的 $\delta=1.02$,—CH_2— 的 $\delta=2.04$,—CH_2—NO_2 的 $\delta=4.35$,耦合常数 J 均为 7Hz,该自旋体系如何表达?

解:$\Delta\delta_1=1.02$,$\Delta\delta_2=2.31$,以 $\Delta\delta_1$ 计算 $\dfrac{\Delta\nu}{J}=\dfrac{1.02\times10^{-6}\times60\times10^6}{7}=8.7$,

所以自旋体系为 $A_3M_2X_2$ 七旋体系。(若以 $\dfrac{\Delta\nu}{J}<10$ 为限,则应用强耦合体系表示)

【例 14-4】 2,6-二氯吡啶 ,H_a、H'_a 是磁等同的,它们与 H_b 耦合,$J=7.6$Hz,在 60MHz 下扫场,$\delta_{H_aH'_a}=7.28$,$\delta_{H_a}=7.68$,该自旋体系如何表达?

解：$\Delta\delta = 0.4$，$\dfrac{\Delta\nu}{J} = \dfrac{0.4\times10^{-6}\times60\times10^{6}}{7.6} = 3.2$，所以体系为强耦合，表达为 A_2B 三旋体系。

五、一级图谱的耦合裂分规律

当耦合核的 $\dfrac{\Delta\nu}{J} > 10$（实际工作中往往只要 $\dfrac{\Delta\nu}{J} > 6$ 就可以）时，说明自旋核之间的相互作用是一种弱耦合作用，产生简单的裂分行为，称为一级裂分，自旋体系为 AM、A_mM_n、AMX、$A_mM_nX_o$……其光谱称为一级图谱。一级图谱有以下的特征裂分规律。

(1)磁等价核之间尽管也有耦合作用，但不产生裂分，不出现多重峰。如乙醇中—CH_3 的质子，只能裂分相邻的次甲基，而不裂分磁等价的核本身。

(2)耦合作用及裂分常数随耦合核之间距离的增大而降低，一般当距离大于单键键长三倍时，很少有耦合、裂分的现象观察到，即耦合消失（有共轭体系存在时情况可能不同）。

(3)耦合裂分产生多重峰时，多重峰的数目为$(2nI+1)$。n 为邻近基团上等价耦合核的数目，I 为耦合核的自旋量子数。对于质子核来说，$I = \dfrac{1}{2}$，所以裂分后多重峰的数目为$(n+1)$，称为$(n+1)$规则。如乙醇中—CH_3 上的 ^1H 被—CH_2—上的 ^1H 裂分时，与—CH_2—中的 2^1H 等价，故—CH_3 上的 ^1H 出现$(2+1)=3$ 重峰；—CH_2—上的 ^1H 被—CH_3 上三个等价 ^1H 裂分，多重峰数目为$(3+1)=4$。

(4)如果 B 原子所连接的 ^1H 同时受相邻近 A、C 两原子所连接的 ^1H 的耦合，当 A、C 两原子上的 ^1H 全等价时，则 B 原子上 ^1H 的裂分多重峰数目为(n_A+n_C+1)。当 A、C 原子上的 ^1H 是分别两组等价核时，则 B 原子上 ^1H 的裂分多重峰数目为$(n_A+1)\times(n_C+1)$，n_A、n_C 分别是与 A、C 原子连接的 ^1H 数目 。

(5)裂分峰的位置以化学位移为中心，左右对称。裂分峰的相对强度（即峰的相对积分面积）的比例为二项式$(a+b)^n$ 展开式的系数之比，如 $n=1$ 时，裂分为双重峰，相对强度为 $1:1$；$n=2$ 时，裂分为三重峰，相对强度为 $1:2:1$；$n=3$ 时，为四重峰，相对强度为 $1:3:3:1$；等等。

(6)一组多重峰的中点，就是该质子的化学位移值。磁全同质子之间观察不到自旋耦合分裂，如 $ClCH_2CH_2Cl$ 只有单重峰。

【例 14-5】 1-碘丙烷：

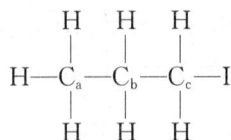

$$
\begin{array}{ccccccc}
 & H & & H & & H & \\
 & | & & | & & | & \\
H & - C_a & - & C_b & - & C_c & - I \\
 & | & & | & & | & \\
 & H & & H & & H &
\end{array}
$$

按照一级图谱的规律可以预测其 ^1H NMR 谱有以下特征。

C_a 的三个 ^1H，C_b 上的两个 ^1H 及 C_c 上的两个 ^1H 是分别三组磁等价的核。C_a 上的 ^1H 受 C_b 上的两个 ^1H 的耦合，而与 C_c 上的 ^1H 距离大于三个键，耦合消失，所以—CH_3 上的 ^1H 被 C_b 上的两个 ^1H 裂分为三重峰，强度比为 $1:2:1$。因为甲基质子受屏蔽作用比较大，所以 δ 较小，约 1.02，峰出现在高场（低频）。C_c 上的两个 ^1H 被 C_b 上的两个 ^1H 裂分为三重峰，强度比为$1:2:1$。因为受到 I 原子的诱导效应，屏蔽作用减弱，所以峰出现在低场（高频），δ 较大，约 3.2。C_b 上的两个 ^1H 同时受到 C_a 上的三个 ^1H 及 C_c 上的两个 ^1H 的耦合，而它们是两组不等价的核，故 C_b 上的 ^1H 被裂分为 $(3+1)\times(2+1)=12$ 重峰，在一般分辨率的 NMR 仪上仅观察到 6 重峰，强度比为 $1:5:10:10:5:1$；在分辨率很高的仪器上可观察到 12 重峰，其受到的屏蔽效应大于 C_c 上的 ^1H，而小于 C_a 上的 ^1H，δ 约为 2.5ppm。

六、高级图谱的简化方法

化合物的 NMR 谱多数不是一级图谱。$\dfrac{\Delta\nu}{J}<10$，是复杂图谱，也叫高级图谱，其表现特征为：

（1）不按 $(n+1)$ 规律裂分，往往由于有附加裂分而超过 $(n+1)$ 数目。

（2）裂分峰的相对强度不符合二项式展开式的系数。

（3）耦合常数一般不等于裂分峰的峰间距，多重峰的中心位置不等于化学位移 δ，难以从谱图中求得 δ 和 J。由于这种耦合是属于强耦合，且一般 δ 相差不大，这时耦合作用往往造成跃迁能级的混合，引起谱带位置、强度的变化，表现为复杂的光谱。这种耦合体系为 AB、A_MB_N、ABX、ABC、$AA'BB'$ 等多旋体系。对于这种体系，量子力学已建立了一套完整的计算、解析方法，又总结出了一些简化方法，可以计算出体系的理论谱带（数目、强度）及 δ、J 等。

高级图谱往往难以进行谱图解析，须经简化后以一级图谱技术进行解析，简化方法有如下几种。

（1）加大磁场强度。加大磁场强度后，$\Delta\nu$ 变大，而 J 不变，因此 $\Delta\nu/J$ 变大，直到 $\Delta\nu/J\geqslant10$ 时，变为一级图谱，即可解析。这就是为什么人们一直在设法设计制造出尽可能大磁场强度的 NMR 仪的原因。

（2）去耦法，或称双照法。若化学位移不同的 H_a 与 H_b 核之间存在耦合，在正常扫描的同时，采用另一强的射频照射 H_b 核，并且使照射的频率恰好等于 H_b 核的共振频率，此时，H_b 核由于受到强的辐射，便在 $-1/2$ 和 $+1/2$ 两个自旋态间迅速往返，从而使 H_b 核如同一非磁性核，不再对 H_a 产生耦合作用。在这种情况下，H_a 核的谱线将变为单峰。这种技术称为去耦或双照射法。去耦法不仅可以简化图谱，而且可以确定哪些核与去耦质子有耦合关系。

核的 Overhauser 效应（简称 NOE）与去耦法类似，也是一种双共振技术，不同的是，在核的 Overhauser 效应中，照射的两个核是在空间中紧密靠近，通过去耦不仅消除了第一个核的干扰，同时会使第二个核的信号强度增加。

（3）化学位移试剂。是指在不增大外磁场强度的情况下，使质子的共振信号发生位移的试剂。实验发现，若待测物质分子中有可用于配位的孤对电子（如含氧或氮的有机化合物），则向其溶液中加入镧系元素的顺式 β-二酮配合物，可使待测物质分子的质子 NMR 谱峰大大拉开，从而简化了图谱。镧系元素配合物的这种作用主要是由于镧系元素的顺磁性质而在其周围产生一个较大的局部磁场，这样产生的诱导位移是按正常方式通过空间起作用的位移，与一般通过化学键起作用的物质所产生的接触位移是有些不同的，故称之为赝触位移或耦极位移。由于位移试剂常常可以引起高达 20ppm 的化学位移，所以大大增加了 NMR 谱的分布范围，从而简化了图谱。常用的位移试剂有 Eu（低场位移）及 Pr（高场位移）的 2,2,6,6-四甲基庚基-3,5-二酮（DMP）及氟化烷基 β-二酮配合物，其结构式如图 14-17 所示。

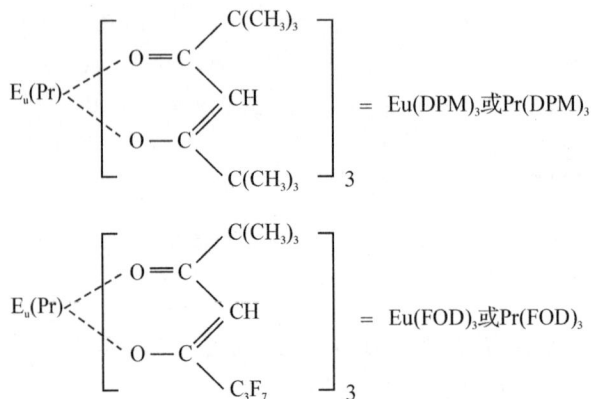

图 14-17　Eu(DPM)₃ 和 Eu(FOD)₃ 的结构式

氧化苯乙烯加入位移试剂前后的共振谱如图 14-18 所示。

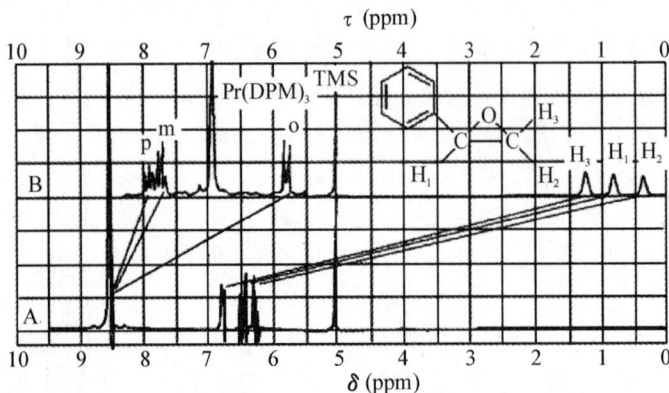

图 14-18　氧化苯乙烯加入位移试剂前后的共振谱

A-CCl₄ 溶液;B-在 A 中加入 0.25mol 的 Pr(DPM)₃;扫描范围:−10δ～10δ

由于位移试剂中的 Pr^{3+} 与氧化苯乙烯 中的氧原子配位,引起化学位移的变化,苯环上邻位 ^1H 距中心离子较间位和对位 ^1H 来得近,所以邻位 ^1H 的化学位移比间位和对位 ^1H 大。而靠近配位中心的三个质子 H_1、H_2 和 H_3 的化学位移变化更大,使得图谱大为展开,十分清晰简单,便于解析。

应该指出,在使用 Eu^{3+} 或 Pr^{3+} 络合物测定核磁共振谱时,为了避免溶剂与被分析试样之间对金属离子的配位竞争,一般采用非极性溶剂,如 CCl_4、$CDCl_3$、C_6D_6 等。此外,还可以通过氘 ^2H 取代分子中的部分 ^1H 而去除部分谱峰,也可以使图谱简化。

七、NMR 图谱中各组峰的相对面积

各组峰的相对面积反映了某种(官能团)核的定量信息,与相应的各等价核的数目成正比的关系。因此,把各组峰的面积进行比较,就可以判断出基团中质子的相对数目。在 NMR 仪上都装配有电子积分仪,吸收峰的面积在图谱上用阶梯式的积分曲线表示,曲线阶梯高度与质子数目成正比,如图 14-19 所示。

图 14-19 ⟨结构式⟩的核磁共振氢谱

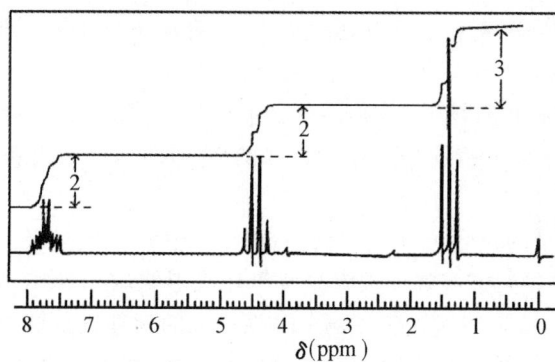

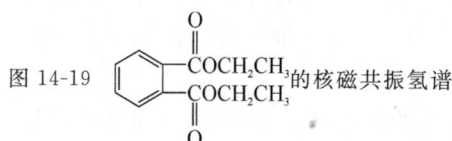

通过峰面积(阶梯高度)的测量,可确定基团的质子数,帮助结构的推断,同时也可以作为定量分析的依据。

第五节　核磁共振波谱仪

按照仪器的工作方式,可将高分辨率的核磁共振波谱仪分为两种类型:连续波核磁共振波谱仪及脉冲傅里叶变换核磁共振波谱仪(pulsed fourier transform-NMR spectrometer,PFT-NMR)。

一、连续波核磁共振波谱仪

如图 14-20 所示为一连续波核磁共振波谱仪的结构方框示意图。

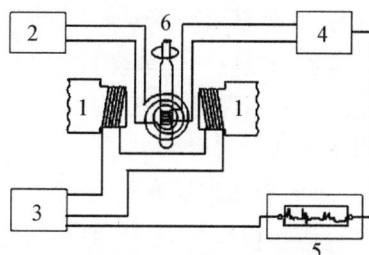

图 14-20　核磁共振光谱仪
1—磁铁;2—射频振荡器;3—扫描发生器;4—检测器;5—记录器;6—样品管

它主要由下列 6 个部件组成:磁铁、探头(样品管)、扫描发生器、射频振荡器、信号检测器及记录处理系统。

1. 磁　铁

磁铁是 NMR 仪中最重要的部分之一。NMR 的灵敏度和分辨率主要决定于磁铁的质量和强度,在 NMR 中通常用对应的质子共振频率来描述不同场强。NMR 常用的磁铁有三种:永久磁铁、电磁铁和超导磁铁。永久磁铁一般可提供 0.7046T 或 1.4092T 的磁场,对应质子共振频率为 30MHz 和 60MHz。超导磁铁可以提供更高的磁场,可达 100kGs(10T)以上,最高可达到 800MHz 的共振频率。而电磁铁可提供对应 60MHz、90MHz、100MHz 的共振频率。

由于电磁铁的热效应和磁场强度的限制,目前应用不多。商品 NMR 仪中使用永久磁铁的低档仪器,供教学及日常分析使用。而高场强的 NMR 仪,由于设备本身及运行费较高,主要用于研究工作。

在 NMR 中要求测量的化学位移,其精度一般要达到 10^{-8} 数量级,这就要求磁场的稳定性至少要达到 10^{-9} 数量级。为了有效地消除温度等环境影响,在 NMR 仪中都采用了频率锁定系统,即对一个参比核连续地以对应于磁场的共振极大的频率进行照射和监控,通过反馈线路保证 H/ν 不变而控制住磁场。常采用的有外锁定系统(以样品池外某一种核作参比)和内锁定系统(以样品池内某一种核作参比)来进行场频连锁,分别可以将磁场漂移控制在 10^{-9} 及 10^{-10} 数量级。

为了使样品处在一个均匀的磁场中,在磁场的不同平面还会加入一些匀场线圈以消除磁场的不均匀性。同时利用一个气动涡轮转子使样品在磁场内以几十赫的速率旋转,使磁场的不均匀性平均化,以此来提高灵敏度和分辨率。

2. 探　头

样品探头是一种用来使样品管保持在磁场中某一固定位置的器件,是仪器的心脏部分,用来检测核磁共振信号。探头中不仅包含样品管,而且包括扫描线圈和接收线圈,以保证测量条件的一致性。为了避免扫描线圈与接收线圈相互干扰,两线圈垂直放置并采取措施防止磁场的干扰。待测试样放在试样管内,样品管底部装有电热丝和热敏电阻检测元件,探头外装有恒温水套。

为了使磁场的不均匀性产生的影响平均化,试样探头还装有一个气动涡轮机,以使试样管能沿其纵轴以每分钟几百转的速度旋转,使磁场的不均匀性平均化,以此来提高灵敏度和分辨率。

3. 扫描线圈

核磁共振仪的扫描方式有两种:一种是保持频率恒定,线性地改变磁场,称为扫场;另一种是保持磁场恒定,线性地改变频率,称为扫频。许多仪器同时具有这两种扫描方式。扫描速度的大小会影响信号峰的显示,速度太慢,不仅增加了实验时间,而且信号容易饱和;相反,扫描速度太快,会造成峰形变宽,分辨率降低。

在连续波 NMR 中,扫描方式最先采用扫场方式,通过在扫描线圈内加上一定电流,产生 10^{-5} T 磁场变化来进行核磁共振扫描。相对于 NMR 的均匀磁场来说,这样变化不会影响其均匀性。相对扫场方式来说,扫频方式工作起来比较复杂,但目前大多数装置仍配用扫频工作方式。

4. 射频源

NMR 仪通常采用恒温下石英晶体振荡器产生基频,经过倍频、调谐及功率放大后馈入与磁场成 90°角的线圈中。为了获得高分辨率,频率的波动必须小于 10^{-8},输出功率小于 1W,且在扫描时间内波动小于 1%。

5. 信号检测及记录处理系统

共振核产生的射频信号通过探头上的接收线圈加以检测,产生的电信号通常要大于 10^5 倍后才能记录。NMR 记录仪的横轴驱动与扫描同步,纵轴为共振信号。现代 NMR 仪都配有一套积分装置,可以在 NMR 波谱上以阶梯的形式显示出积分数据。由于积分信号不像峰高那样易受多种条件影响,因此可以通过它来估计各类核的相对数目及含量,有助于定量分析。随着计算机技术的发展,一些连续波 NMR 仪配有多次重复扫描并将信号进行累加的功能,从而能有效地提高仪器的灵敏度。但由于一般仪器的稳定性影响,一般累加次数在 100 次左右为宜。

连续波核磁共振波谱仪具有廉价、稳定、易操作的优点,但灵敏度低,需要样品量大,只能测定天然丰度较大的核,如 ^{1}H、^{19}F、^{31}P 谱,而无法测定天然丰度低、灵敏度低的核,如 ^{13}C、^{15}N 谱等。随着脉冲傅立叶变换核磁共振波谱仪的发展及普及,连续波波谱仪将逐渐被取代。

二、脉冲傅里叶变换核磁共振波谱仪(PFT-NMR)

连续波 NMR 仪采用的是单频发射和接收方式,在某一时刻内,只能记录谱图中的很窄一部分信号,即单位时间内获得的信息少、信号弱。虽然也可以进行扫描累加以提高灵敏度,但累加的次数有限,因此灵敏度仍不高。PFT-NMR 仪不是通过扫描频率(或磁场)的方法找到共振条件的,而是采用在恒定的磁场中,在所选定的频率范围内施加具有一定能量的脉冲,使所选范围内的所有自旋核同时发生共振吸收而从低能态取向激发到高能态取向,这也称为"多道发射"。各种高能态核经过弛豫后又重新回到低能态,在这个过程中产生感应电流信号,称为自由感应衰减信号(free induction decay,FID),它们可以由检测器所收集,因此也称为"多道接收"。检测器检测到的 FID 信号是一种时间域函数 $F(t)$ 的波谱图,称为时域谱(或时畴谱)。一种化合物有多种共振吸收频率时,时域谱是多种自由感应衰减信号的信号叠加,图谱十分复杂,不能直接观测。FID 信号经计算机快速傅里叶变换后,使 FID 的时间函数转变为频率函数 $F(\nu)$,再经过数模变换后得到常见的 NMR 谱,即频域谱(或称频畴谱)。图 14-21 为乙基苯的 PFT-NMR 谱。

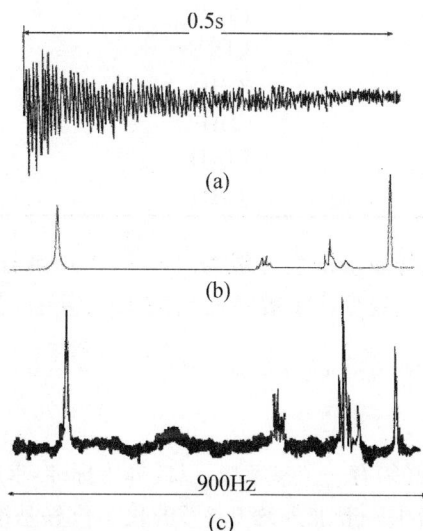

图 14-21 0.1% 乙基苯的 PFT-NMR 谱
(a)自由感应衰减信号;(b)累加 1000 次后(a)的变换图;(c)连续波 NMR 谱图

PFT-NMR 仪获得的光谱背景噪声小,有很强的信号累加能力,所以灵敏度及分辨率高,分析速度快,可用于动态过程、瞬时过程及反应动力学方面的研究。而且由于灵敏度高,所以 PFT-NMR 仪成为对 ^{13}C、^{14}N 等弱共振信号的测量中不可少的工具。

第六节　样品的制备

一、试样管

根据仪器和实验的要求,可选择不同外径($\Phi=5mm,8mm,10mm$)的试样管。微量操作还可使用微量试样管。为保持旋转均匀及良好的分辨率,管壁应均匀而平直。

二、溶液的配制

NMR 法的样品通常都配制成溶液,在配制溶液时应注意以下几个问题。

(1)选择适当的溶剂。研究[1]H NMR 谱时,溶剂不应含有质子,常用的溶剂有 CCl_4、CS_2 及氘代溶剂。氘代溶剂对样品的溶解能力一般比 CCl_4 和 CS_2 好,但价格较贵。常用的氘代溶剂有 $CDCl_3$,也有 C_6D_6、$(CD_3)_2CO$、$(CD_3)_2SO$(氘代二甲亚砜,DMSO)等,水溶性的样品可以用 D_2O。不含[1]H 的溶剂还有 CF_2Cl_2、SO_2FCl 等。表 14-5 给出了某些氘代溶剂中残留[1]H 的共振吸收位置。

表 14-5　某些氘代溶剂中残留[1]H 的共振吸收位置

溶剂	含 H 基团	化学位移(δ)
$CDCl_3$	CH	7.28(单峰)
$(CD_3)_2CO$	CD_2H	2.05(五重峰)
C_6D_6	$CH(C_6D_5H)$	7.20(多重峰)
D_2O	HDO	~5.30(单峰)
$(CD_3)_2SO$	CD_2H	2.5(五重峰)
CD_3OD	CD_2H	3.3(五重峰)
	CHD_2	1.17(五重峰)
C_2D_5OD	CHD	3.59(三重峰)
	OH	不定(单峰)
	CD_2H	2.76(五重峰)
$(CD_3)_2NCDO$	CHO	8.06(单峰)

(2)样品溶液的浓度。试样质量浓度一般为 $2\%\sim10\%$,纯样品一般需要 $15\sim30mg$。用 PFT-NMR 法时,试样量可大大减少,[1]H 谱一般只需 1mg 左右,甚至可少至几微克,[13]C 谱需要几到几十毫克试样。

三、标准试样

进行实验时,每张图谱都必须有一个参考峰,以此峰为标准,求得试样信号的相对化学位移,一般简称化学位移。试样溶液中一般加入约 0.2% 的化学位移基准物质(TMS),得到相当强度的参考信号只有一个峰,与绝大多数有机化合物相比,TMS 的共振峰出现在高磁场区。此外,它的沸点较低($26.5℃$),容易回收。在文献上,化学位移数据大多以它作为标准试样,其化学位移 $\delta=0$。值得注意的是,在高温操作时,需用六甲基二硅醚(HMDS)为标准试样,它的 $\delta=0.04$。在水溶液中,一般采用 3-甲基硅丙烷磺酸钠$[(CH_3)_3SiCH_2CH_2CH_2SO_3^-Na^+](DSS)]$作标准试样,它的三个等价甲基单峰的 $\delta=0.0$,其余三个亚甲基淹没在噪声背景中。

四、溶 剂

^{1}H 谱的理想溶剂是四氯化碳和二硫化碳。此外,还常用氯仿、丙酮、二甲亚砜、苯等含氢溶剂。为避免溶剂质子信号的干扰,可采用它们的氘代衍生物。值得注意的是,在氘代溶剂中常常因残留 ^{1}H 而在 NMR 谱图上出现相应的共振峰。

第七节 核磁共振氢谱与有机化合物结构的关系

一、质子 NMR 谱图(^{1}H NMR)提供的主要信息

1. 共振吸收峰的组数

提供化合物中有几种类型磁核的信息,即有几种不同化学环境的氢核,一般表明有几种带氢基团。

2. 各组吸收峰的位置

提供各类型氢核(各基团)所处化学环境的信息,用化学位移表示。

3. 各组峰的裂分情况及裂分峰的数目

提供各类型氢核(各基团)的相互作用情况,用磁核的自旋耦合和裂分表示。根据以上两信息,则可以判断各基团及其连接关系。

4. 各组峰的相对强度

提供各类型氢核(各基团中氢核)的数量比信息。在 NMR 谱图中用峰面积的积分阶梯线高度表示。

二、氢谱中影响化学位移的因素及各类质子的化学位移

1. 氢谱中影响化学位移的因素

关于 ^{1}H 谱化学位移的影响因素已有较好的归纳,主要有下列几点。

(1)取代基电负性。

由于诱导效应,取代基电负性越强,与取代基连接于同一碳原子上的氢的共振峰越移向低场,反之亦然。以甲基的衍生物为例:

化合物	CH_3F	CH_3OCH_3	CH_3Cl	CH_3l	CH_3CH_3	CH_3Li
δ(ppm)	4.26	3.24	3.05	2.16	0.88	-1.95

取代基的诱导效应可沿碳链延伸,α 碳原子上的氢位移较明显,β 碳原子上的氢有一定的位移,γ 位以后的碳原子上的氢位移甚微。

(2)相连碳原子的 s-p 杂化。

与氢相连的碳原子从 sp^3(碳碳单链)到 sp^2(碳碳双键),s 电子的成分从 25% 增加至 33%,键电子更靠近碳原子,因而对相连的氢原子有去屏蔽作用,即共振位置移向低场。至于炔氢谱峰相对烯氢处于较高场、芳环氢谱峰相对于烯氢处于较低场,则是另有较重要的影响因素所致。

(3)环状共轭体系的环电流效应。

乙烯的 δ 值为 5.23ppm，苯的 δ 值为 7.3ppm，而它们的碳原子都是 sp^2 杂化。有人曾计算过，若无别的影响，仅从 sp^2 杂化考虑，苯的 δ 值应该大约为 5.7ppm。实际上，苯环上氢的 δ 值明显地移向了低场，这是因为存在着环电流效应。

设想苯环分子与外磁场方向垂直，其离域 π 电子将产生环电流。环电流产生的磁力线方向在苯环上、下方与外磁场磁力线方向相反，但在苯环侧面（苯环的氢正处于苯环侧面），两者的方向则是相同的。即环电流磁场增强了外磁场，氢核被去屏蔽，共振谱峰位置移向低场（见图 14-22）。

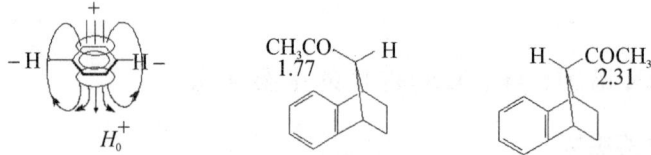

苯环的环电流效应　　CH₃位于苯环上方的屏蔽区　　CH₃位于去屏蔽区
图 14-22　几种化学键的磁各向异性作用

高分辨核磁共振所测定的样品是溶液，样品分子在溶液中处于不断翻滚的状态。因此，在考虑氢核受苯环 π 电子环电流的作用时，应以苯环平面相对磁场的各种取向进行平均。苯环平面垂直于外磁场方向时，前已论及；若苯环平面与外磁场方向一致时，则外磁场不产生诱导磁场，氢不受去屏蔽作用。对苯环平面的各种取向进行平均的结果，氢受到的是去屏蔽作用。不仅是苯，所有具有 $4n+2$ 个离域 π 电子的环状共轭体系都有强烈的环电流效应。如果氢核在该环的上、下方则受到强烈的屏蔽作用，这样的氢在高场方向出峰，甚至其 δ 值可小于零。在该环侧面的氢核则受到强烈的去屏蔽作用，这样的氢在低场方向出峰，其 δ 值较大。

(4)相邻键的磁各向异性。

首先考虑试样为双原子分子 AB。外磁场 B_0 作用于 A 原子，在该处诱导出一个磁矩。

$$\mu_A = \chi AB_0$$

式中：χ_A 为 A 原子的磁化率。

以 A-B 键为 x 轴方向，并由此定出 y，z 轴方向，μ_A 可分解为三个分量：$\mu_A(x)$，$\mu_A(y)$，$\mu_A(z)$。虽然处于液态试样中的 AB 分子在不断地翻滚，但理论计算指出，若 μ_A 的三个分量数值不等，A 会对 B 的屏蔽常数产生影响。这种讨论可以推广到多原子分子。对于任一指定的原子，连接该原子的化学键因具有磁各向异性，会对该原子的屏蔽常数产生影响（也就是影响了该原子的化学位移）。

化学键的磁各向异性是普遍存在的。图 14-22 表示了几种化学键的磁各向异性作用。从该图可以看到，在键轴方向或在其垂线方向形成了一对圆锥面。若圆锥面内为屏蔽作用（以"＋"表示），则圆锥面外为去屏蔽作用（以"－"表示），值得注意的是，碳碳单键也具有磁各向异性，因此环上 CH_2 的两个氢的化学位移值略有差别。

炔氢处于 C≡C 键轴方向，受到强烈的屏蔽，因此相对烯氢在高场出峰，这种强烈的屏蔽作用和 C≡C 键 π 电子只能绕键轴转动密切相关。

前述的环电流效应也可以认为是磁各向异性作用，但环电流效应更以存在较多的离域 π 电子为特征，它产生的磁各向异性作用也较强，故单独列为一项讨论。

(5)相邻基团电偶极和范德华力的影响。

当分子内有强极性基团时,它在分子内产生电场,这将影响分子内其余部分的电子云密度,从而影响其他核的屏蔽常数。

当所讨论的氢核和邻近的原子间距小于范德华半径之和时,氢核外电子被排斥,共振移向低场。

(6)介质的影响。

不同溶剂有不同的容积导磁率,使样品分子所受的磁感强度不同;不同溶剂分子对溶质分子有不同的作用,因此介质影响δ值。值得指出的是,当用氘代氯仿作溶剂时,有时加入少量氘代苯,利用苯的磁各向异性,可使原来相互重叠的峰组分开。这是一项有用的实验技术。

(7)氢键。

作为实验结果,无论是分子内还是分子间氢键的形成,都使氢受到去屏蔽作用,羧基形成强的氢键,因此其δ值一般都超过10ppm。

2. 各类质子的化学位移

化学位移与分子结构关系密切,而且重现性较好,因此,在化合物的结构测定中,它是一项最重要的数据。大量实验数据表明,有机化合物中各种质子的化学位移主要取决于功能团的性质及邻近基团的影响,而且各类质子的化学位移值总是在一定的范围内。表14-6列出了一些典型质子的化学位移值范围。对于具体化合物的各种质子的精确化学位移,必须通过实验来测定。

表 14-6　特征质子的化学位移

质子类型	化学位移	质子类型	化学位移
RCH_3	0.9	RCH_2Br	3.5～4
R_2CH_2	1.3	RCH_2I	3.2～4
R_3CH	1.5	ROH	0.5～5.5
环丙烷	0.2	$ArOH$	4.5～7.7(无缔合),10～15(缔合)
$=CH_2$	4.5～5.9	$C≡C-OH$	10.5～16
$R_2C=CHR$	5.3	RCH_2OH	15～19(分子内缔合)
$-CH-CH-CH_3$	1.7	$R-OCH_3$	3.4～4
$-CH=CH_2$	1.7～3.5	$RCHO$	9～10
$Ar-C-H$	2.2～3	CHR_2COOH	10～12
ArH	6～8.5	$H-$	10～12
RCH_2F	4～4.5	$C-COOR$	2～2.2
RCH_2Cl	3～4	$RCOO-CH_3$	3.7～4
$-C≡CH$	1.7～3.5	RNH_2	0.5～5(不尖锐,常呈馒头状)

(1)饱和碳质子的化学位移。

正构长链烷基—$(CH_2)_nCH_3$若与一电负性基团相连,α-CH_2的谱峰将移向低场方向,β-CH_2亦会稍往低场移动。位数更高的CH_2化学位移很相近,在$\delta=1.25$ppm处形成一个粗的单峰。因它们δ值很接近,而$J=6\sim7$Hz,因此形成一个强耦合体系($|\delta_1-\delta_2|/J$小)。峰形是复杂的,只因其所有谱线集中,故粗看为一单峰。由于与CH_3相连的CH_2属于强耦合体系之列,甲基的峰形较$n+1$规律有畸变:左外侧峰变钝,右外侧峰更钝。

甲烷的氢化学位移值为0.23ppm,其他开链烷烃中,一级质子在高场$\delta\approx0.9$ppm处出现,二级质子移向低场,在$\delta\approx1.3$ppm处出现,三级质子移向更低场,在$\delta\approx1.5$ppm处出现。如:

	CH₄	CH₃—CH₃	CH₃—CH₂—CH₃	(CH₃)₃CH
δ	0.23	0.86　0.86	0.91　1.33　0.91	0.86　1.50

甲基峰一般具有比较明显的特征,亚甲基和次甲基峰没有明显特征,而且常呈很复杂的峰形,不易辨认。当分子中引入其他官能团后,甲基、次甲基及亚甲基的化学位移会发生变化,但其 δ 值极少超出 0.7~4.5 范围。

环烷烃能以不同构象形式存在,未被取代的环烷烃在一确定的构象中,由于碳碳单键的各向异性屏蔽作用,不同氢的 δ 值略有差异。例如,在环己烷的椅型构象中,由于 C-1 上的平伏键氢处于 C(2)-C(3)键及 C(5)-C(6)键的去屏蔽区,而 C-1 上的直立键氢不在去屏蔽区,如图 14-23 所示。所以平伏

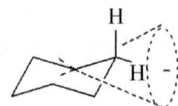

图 14-23　环己烷的各向异性屏蔽效应

键氢比直立键氢的化学位移略高 0.2~0.5。在低温(-100℃)构象固定时,NMR 谱图上可以清晰地看出 2 个吸收峰,一个代表 6 个直立键氢,一个代表 6 个平伏键氢。但在常温下,由于构型的迅速转换,一般只看到一个吸收峰,这是 12 个氢的平均信号。

其他未取代的环烷烃在常温下也只有一个峰。环丙烷的 δ 值为 0.22ppm,环丁烷的 δ 值为 1.96ppm,其他环烷烃的 δ 值在 1.5ppm 左右。取代环烷烃中,环上不同的氢有不同的化学位移,它们的图谱有时呈比较复杂的峰形,不易辨认。

(2)卤代烃的化学位移。

由于卤素电负性较强,因此使直接相连的碳和邻近碳上质子所受屏蔽降低,质子的化学位移向低场移动,影响按 F、Cl、Br、I 的次序依次下降。与卤素相连的碳原子上的质子化学位移一般 $\delta=2.16\sim4.4$ppm,相邻碳上的质子所受影响减少,$\delta=1.25\sim1.55$ppm,相隔一个碳原子时,影响更小,$\delta=1.03\sim1.08$ppm。

(3)炔烃的化学位移。

炔基氢是与叁键相连的氢,由于叁键的各向异性屏蔽作用,炔的化学位移在 1.7~3.5ppm 范围内,见表 14-7。

表 14-7　炔烃的化学位移

化合物	δ(ppm)	化合物	δ(ppm)
H—C≡C—H	1.80	C≡C—C≡C—H	1.75~2.42
R—C≡C—H	1.73~1.88	H₃C—C≡C—C≡C—C≡C—H	1.87
Ar—C≡C—H	2.71~3.34	R—C—C≡C—H （上下各一R）	2.20~2.27
C=C—C≡C—H	2.60~3.10	RO—C≡C—H	1.30
—C—C≡C—H（C=O）	2.13~3.28	H₃C—HN—C—CH₂=C—H（C=O）	2.55

CH≡C—若连在一个没有氢的原子上,则炔氢显示一个尖锐的单峰。

(4)烯氢的化学位移。

烯氢是与双键碳相连的氢,由于碳碳双键的各向异性效应,烯氢与简单烷烃相比,δ 值均向低场移动 3.0~4.0ppm。乙烯氢的化学位移约为 5.25ppm,不与芳基共轭的取代烯氢的化学位移在 4.5~6.5ppm 范围内变化,与芳基共轭时,δ 值将增大。烯氢的化学位移可以用 Tobey 和 Simon 等提出的经验公式来计算

$$\delta = 5.25 + Z_{同} + Z_{顺} + Z_{反} \tag{14-8}$$

式中:常数 5.25 是乙烯的化学位移,Z 是同碳、顺式及反式取代基对烯氢的化学位移的影响参数。表 14-8 列出了一些常见取代基对烯氢化学位移的影响。

表 14-8 一些取代基对烯氢化学位移的影响

取代基	$Z_{同}$	$Z_{顺}$	$Z_{反}$	取代基	$Z_{同}$	$Z_{顺}$	$Z_{反}$
—R	0.44	−0.26	−0.29	—OCOR	2.09	−0.40	−0.67
—CH=CH—	0.98	−0.04	−0.21	—CHO	1.03	0.97	1.21
—C≡C—	0.50	0.35	0.10	—CO—R（O双键）	1.10	1.13	0.81
—Ar	1.35	0.37	−0.10	—COOH	0.97	1.35	0.74
—CH₂Ar	1.05	−0.29	−0.32	—COOR	0.84	1.15	0.56
—F	1.03	−0.89	−1.19	—CO—Cl（O双键）	1.10	1.41	0.19
—Cl	1.00	0.19	0.03	—CO—N（O双键）	1.37	0.93	0.35
—Br	1.04	0.40	0.55	—NR(R 饱和)	0.69	−1.19	−1.31
—I	1.14	0.81	0.88	—CH₂—NR	0.66	−0.05	0.23
—OR(R 饱和)	1.38	−1.06	−1.28	—CN	0.23	0.78	0.58

化学通式为

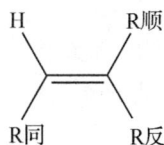

例如:

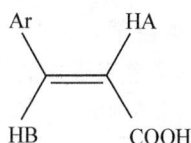

$$\delta_{HA} = 5.25 + 0.37 + 0.97 = 6.59\text{ppm（实测 6.46ppm）}$$
$$\delta_{HB} = 5.25 + 1.35 + 1.35 = 7.95\text{ppm（实测 7.83ppm）}$$

(5)芳环氢的化学位移。

芳环的各向异性效应使芳环氢受到去屏蔽影响,其化学位移在低场。苯的化学位移为 7.27ppm。萘上的质子受到两个芳环的影响,δ 值更大,质子的 δ 值为 7.81ppm,质子的 δ 值为 7.46ppm。一般芳环上的质子的 δ 值在 6.3～8.5ppm 范围内,杂环芳香质子的 δ 值在 6.0～9.0ppm范围内。苯环芳氢的化学位移也可以用经验公式来进行估算。

$$\delta = 7.27 - \sum S \tag{14-9}$$

式中:$\sum S$ 表示所有取代基对芳氢化学位移的影响参数。S 值见表 14-9。

表 14-9　取代基对苯基芳氢 δ 值的影响参数

取代基	$S_邻$	$S_间$	$S_对$	取代基	$S_邻$	$S_间$	$S_对$
—CH$_3$	0.17	0.09	0.18	—OCH$_3$	0.43	0.09	0.37
—CH$_2$CH$_3$	0.15	0.06	0.18	—CHO	−0.58	−0.21	−0.27
—CH(CH$_3$)$_2$	0.14	0.09	0.18	—COCH$_3$	−0.64	−0.09	−0.30
—C(CH$_3$)$_3$	−0.01	0.10	0.24	—COOH	−0.8	−0.14	−0.2
—CH=CHR	−0.13	−0.03	−0.13	—COCl	−0.83	−0.16	−0.3
—CH$_2$OH	0.1	0.1	0.1	—COOCH$_3$	−0.74	−0.07	−0.20
—CCl$_3$	−0.8	−0.2	−0.2	—OCOCH$_3$	0.21	0.02	
—F	0.30	0.02	0.22	—CN	−0.27	−0.11	−0.3
—Cl	−0.02	0.06	0.04	—NO$_2$	−0.95	−0.17	−0.33
—Br	−0.22	0.13	0.03	—NH$_2$	0.75	0.24	0.63
—I	−0.40	0.26	0.03	—N(CH$_3$)$_2$	0.60	0.10	0.62
—OH	0.50	0.14	0.4	—NHCOCH$_3$	−0.31	−0.06	

三、核磁共振氢谱的应用

核磁共振波谱法主要用于有机化合物和生化分子结构鉴定,在某些情况下也可用于定量测定。

1. 化合物结构鉴定

NMR 可以提供的主要参数有化学位移、质子的裂分峰数、耦合常数及各组分相对峰面积。与红外光谱一样,对于简单的分子,仅根据其本身的图谱即可进行鉴定。对于复杂的化合物,则需在已知其化学式(质谱或元素分析结果)及红外光谱提供的部分信息上进行进一步分析鉴定。利用氢谱解析化合物结构的一般步骤详述如下。

(1)取试样的各种信息和基本数据。需了解元素分析结果和相对分子质量数据或质谱数据,以获得化合物正确的化学式。

(2) 对所得 NMR 谱图进行初步观察,如谱图基线是否平整,TMS 峰是否正常,化学位移是否合理,是否有杂质峰,是否有未除尽的溶剂,及测试中氘代试剂中夹杂的非氘代溶剂产生的峰。为了识别它们,表 14-10 给出了一些常用溶剂的化学位移值。

表 14-10　常用溶剂的化学位移值[①]

常用溶剂	化学位移	常用溶剂	化学位移
CHCl$_3$	7.27	CH$_3$COCH$_3$	2.05
CH$_3$CN	1.95	CH$_3$CH$_2$OCH$_2$CH$_3$	1.16,3.36
H$_2$O	4.7	ClCH$_2$CH$_2$Cl	3.69
CH$_3$OH	3.35,4.8[②]	硅胶杂质	1:27
O⫽CH$_3$SCH$_3$	2.50	(四氢呋喃 β α)	(α)3.60,(β)1.75
(苯环)	7.20	(吡啶 γ β α N)	(α)8.50,(β)6.98,(γ)7.35

注:① 化学位移值以 TMS 为标准;②数值随测定条件而有变化。

（3）根据被测物的化学式计算不饱和度。饱和度即环加双键数。当不饱和度大于等于 4 时，应考虑到该化合物可能存在一个苯环（或吡啶环）。所谓不饱和度是表示有机分子中碳原子的饱和程度。不饱和度 U 的经验式为

$$U = 1 + n_4 + (n_3 - n_1)/2 \tag{14-9}$$

式中：n_1、n_3 和 n_4 分别为分子式中一价、三价和四价原子的数目。通常规定双键（C＝C、C＝O等）和饱和环状结构的不饱和度为 1，叁键（C≡C、C≡N等）的不饱和度为 2，苯环的不饱和度为 4（可理解为一个环加三个双键）。

（4）根据积分曲线，找出各峰组之间氢原子数的简单整数比，再根据分子式中氢的数目，对各峰组的氢原子数进行分配。

（5）根据每个峰组氢原子数目及化学位移 δ 值确认可能的基团。一般先辨认孤立的、未耦合裂分的基团，即单峰、不同基团的 ^1H 之间距离大于三个单键的基团及一些活泼氢基团，如甲基醚（CH$_3$—C—O—R）、甲基酮（H$_3$C—C—R）、甲基叔胺（H$_3$C—N—R）、甲基取代苯等分子中的甲基质子及苯环上的质子，活泼氢为—O—H、H N—、—SH 等；然后再确认耦合的基团（相邻基团）。对每个峰组的峰形应仔细地分析，从有关图或表中的 δ 可以确认可能存在的基团，分析时最关键之处为寻找峰组中的等间距，每一种间距对应于一个耦合关系。一般情况下，某一峰组内的间距会在另一峰组中反映出来，通过此途径可找出邻碳氢原子的数目。这时应注意考虑影响 δ 的各种因素，如电负性原子或基团的诱导效应、共轭效应、磁的各向异性效应及形成氢键的影响等。

（6）根据对各峰组化学位移和耦合常数的分析，推出若干结构单元，最后组合为几种可能的结构式。每一种可能的结构式不能和谱图有大的矛盾。

（7）对推出的结构进行指认。每个官能团均应在谱图上找到相应的峰组，峰组的 δ 值及耦合裂分（峰形和 J 值大小）都应该和结构式相符。如存在较大矛盾，则说明所设结构式是不合理的，应予以去除。通过指认校核所有可能的结构式，进而找出最合理的结构式。必须强调：指认是解析结构的一个必不可少的环节。

【例 14-6】 某化合物的化学式为 $C_7H_{12}O_4$，IR 谱表明 $\sim 1750 cm^{-1}$ 有一很强的吸收峰，NMR 谱如图 14-24 所示，试确定其结构。

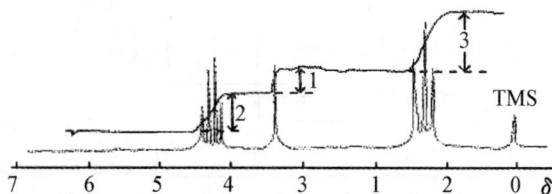

图 14-24 化合物 $C_7H_{12}O_4$ 的 NMR 谱

解：$\Omega = 1 + 7 + \dfrac{-12}{2} = 2$；

有三组峰，相对面积为 2：1：3，若分别为 2、1、3 个，则总数为 6，为分子式 12 个 ^1H 的一半，因此分子可能有对称性；

IR 显示～1750cm⁻¹ 有一强峰，可能有 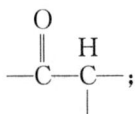 C=O 存在，且分子中有 4 个 O，则可能有2个

C=O；

δ～1.2 处有一组三重峰，可能为—CH₃，且受 ＞CH₂ 裂分，而 δ～4.2 处有一组四重峰，与 δ～1.2 是典型—CH₂CH₃ 的组合，而 δ 较大，可能为 CH₃CH₂—O 的组合；

δ～3.3 处有一单峰，相对面积为 1，则是一个与碳基相连的孤立（不耦合）的¹H，可能为

$$\overset{\overset{\textstyle O}{\|}}{\underset{}{-C}}-\overset{H}{\underset{|}{C}}-;$$

所以可能组合为

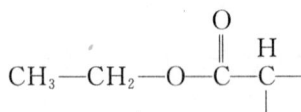

此结合的¹H、O 的数目为分子式的一半，而 C 原子数多半个原子。

因此可以推测出整个分子是以中间 C 原子为对称的结构，可能为

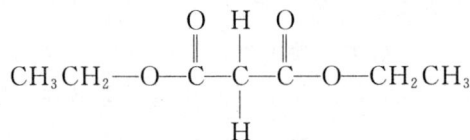

验证：以此可能结构，推测其 NMR 谱，与实验谱图比较，结果相符合，是否可能为

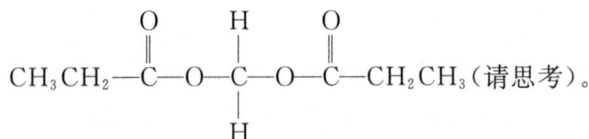（请思考）。

【例 14-7】 某一化学式为 C₅H₁₀O₂ 的化合物，在 CCl₄ 溶液中的 NMR 谱如图 14-25 所示，试推测其结构。

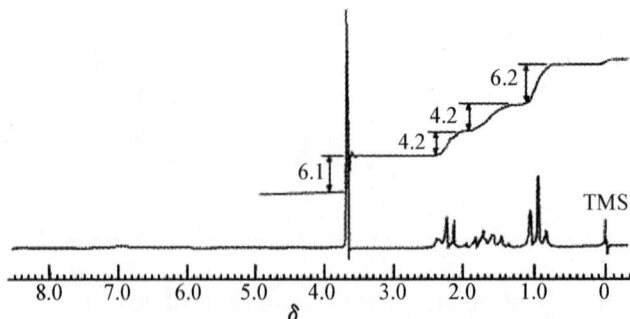

图 14-25　化合物 C₅H₁₀O₂ 的 NMR 谱

解：该化合物的不饱和度 $\Omega=1+5+\dfrac{-10}{2}=1$，因分子中有两个 O，故可能有酯基。

从谱图可见，有 4 种不同类型的质子，四组峰相对面积为 6.2：4.2：4.2：6.2，则质子数

分别为 3、2、2、3，共 10 个质子，与化合式相符。其中的 3 个 ^1H 为单峰，则可能有一个受较强电负性影响的孤立(不受耦合)的甲基峰，可推测为 $O=C-O-CH_3$。

余下的 7 个 ^1H，且分别为 2、2、3，可能是一个丙基 $CH_3-CH_2-CH_2-$。$\delta\sim0.9$ 的三重峰为毗邻亚甲基耦合的甲基信号，而 $\delta\sim2.2$ 的三重峰可能为丙基端—CH_2—的受中间—CH_2—裂分为三重峰，它的 δ 也较大，故可能结合为

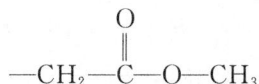

最后 $\delta\sim1.7$ 为丙基的中间—CH_2—，它同时受到两边的—CH_3、—CH_2—的耦合，裂分为 $(3+1)\times(2+1)=12$ 重峰，因仪器的分辨率限制而只能观察到六重峰。故其可能结构为

验证：以此可能结构推测 NMR 谱，与实际谱图对照，结果相符合。是否可能为

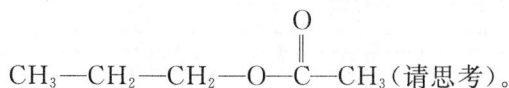（请思考）。

【例 14-8】　已知一化合物的化学式为 $C_4H_6OF_3Br$，测得其 NMR 图如图 14-26 所示，试推断其结构。

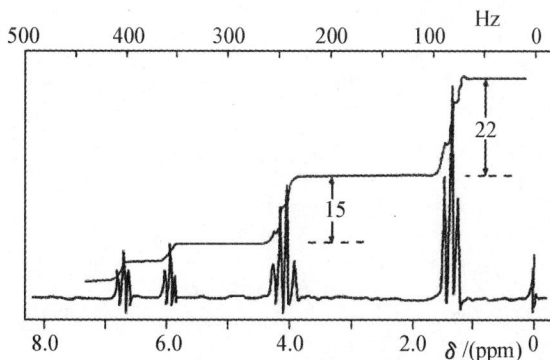

图 14-26　化合物 $C_4H_6OF_3Br$ 的 NMR

解：①此化合物的不饱和度为 0，说明只可能是脂肪醇、脂肪醚。

②查阅有关化学位移图或表，从在 $\delta=1.3$ 和 $\delta=4.0$ 处有吸收，结合化学式分析，此化合物是溴代和氟代乙醚。以上两化学位移处积分线的高度之比为 3:2，结合它们的耦合裂分数，进一步证明存在 CH_3CH_2-O- 结构。也说明氟代和溴代基出现在醚链的同一端。

③根据 $\delta=5.8$ 和 $\delta=6.7$ 处两组三重峰，只可能存在以下结构：

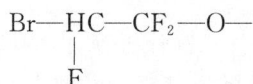

因为 ^{19}F 的 $I=\dfrac{1}{2}$，自然丰度也很高，它与 ^1H 一样，其核共振信号也容易得到，且与 ^1H 发生自旋耦合裂分。这种情况相当于一个质子与两组 $I=\dfrac{1}{2}$ 的氟核耦合。由于两组氟核的化学环境不同，其耦合常数也不同，因此共振信号裂分符合 $(n+1)(m+1)$ 规律。质子首先被同碳

的氟核裂分为二重峰,此二重峰又被邻碳两个氟核各自裂分成三重峰,最后得到六重峰。自然,三个氟核的其他连接方式,都不可能得到由两组三重峰组成的六重峰(为什么?)。

④结论:此化合物的结构式为 Br—CH—CF$_2$—O—CH$_2$—CH$_3$ 。
           │
           F

2. 定量分析

NMR 图谱中积分曲线的高度与引起该共振峰的氢核数成正比,这不仅是结构分析的重要参数,而且是定量分析的依据。用 NMR 技术进行定量分析的最大优点是:不需要有被测物质的纯物质作标准,也不必绘制校准曲线或引入校准因子,而只要与适当的标准参照物(不必是被测物质的纯物质)相对照就可得到被测物质的量。对标准物的基本要求是其 NMR 谱的共振峰不会与试样峰重叠。常用的标准物为有机硅化合物,其质子峰大多在高场,便于比较,如六甲基环三硅氧烷和六甲基环三硅胺等。标准参照物和试样分析物的各参数见表 14-11。

表 14-11　标准参照物和试样分析物的各参数

物质	质量	分子量	分析基团中质子数	分析峰面积
标准参照物 R	m_R	M_R	n_R	A_R
试样分析物 S	m_s	M_s	n_s	A_s

由标准参照物分析峰,求得每摩尔质子的相对峰面积 A_R^H 为

$$A_R^H = \frac{A_R}{\dfrac{m_R}{M_R} \cdot n_R} = \frac{A_R \cdot M_R}{m_R \cdot n_R}$$

同样,试样分析物每摩尔质子的相对峰面积 A_s^H 为

$$A_s^H = \frac{A_s M_s}{m_s n_s}$$

因为 $A_R^H = A_s^H$,所以 $\dfrac{A_R \cdot M_R}{m_R \cdot n_R} = \dfrac{A_s M_s}{m_s n_s}$,则分析物的量 $m_s = \dfrac{A_s M_s n_R}{A_R M_R n_s} \cdot m_R$。

定量分析方法有两种——内标法和外标法。

(1)内标法。把标准参照物与试样混合在一起,以合适的溶剂配制适宜浓度的溶液,绘制 NMR 谱,按上式进行计算。这种方法准确度高,操作方便,较常应用,尤其是在一些较简单试样的分析中更常用。

(2)外标法。当分析较复杂的试样时,难以找到合适的内标,可用外标法分析,把标准参照物和试样在同样条件下分别绘制 NMR 谱。计算方法一样。而外标准物可以用分析物的纯物质,此时计算式简化为 $m_s = \dfrac{A_s}{A_R} \cdot m_R$。

NMR 可用于多组分混合物分析及元素分析等,但 NMR 定量分析的广泛应用受到仪器价格的限制。另外共振峰重叠的可能性随样品复杂性的增加而增加,而且饱和效应也必须克服。因此,往往是 NMR 可以分析的试样,用别的方法也可以方便地完成。

3. 其他方面的应用

(1)相对分子质量的测定。

在一般碳氢化合物中,氢的质量分数较低,因此,单纯由元素分析的结果来确定化合物的

相对分子质量是较困难的。如果用核磁共振技术测定其质量分数,则可按下式计算未知物的相对分子质量或平均相对分子质量,即

$$M_s = \frac{A_R n_s m_s}{A_s n_R m_R} M_R$$

式中各符号的含义同前。

(2)分子动态效应的研究。

分子动态效应的研究包括分子中活泼氢化学交换的研究及某些分子内旋转的研究等。例如 N,N-二甲基乙酰胺(见图 14-27)中的N—C键,在室温时该键具有部分双键性质,阻碍了键的自由旋转,因此与 N 原子相连的两个甲基处于不同的化学环境,其共振峰分别出现在 $\delta \sim 3.0$ppm和 $\delta \sim 2.84$ppm。

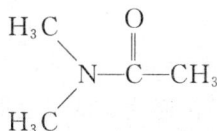

图 14-27 N,N-二甲基乙酰胺结构式

但较高的温度下(如 150℃),分子的热运动能量超过了N—C键的活化能,N—C键便可以自由旋转。此时,N 原子上的两个甲基的位置差异被平均化了,因此,NMR 谱上只出现一个 $\delta \sim 2.9$ 的单峰。利用这个原理可以研究化学键的临界转动速率。所谓临界转动速率,指化学键转动速率等于两个单峰的吸收频率之差。在 100℃时,两峰正好合并,此时的转动速率为

$$(3.0 - 2.84) \times 10^{-6} \times 60\text{MHz} = 9.6\text{Hz}$$

还可以计算该过程的活化自由能。

(3)研究氢键的形成。

由于形成氢键后,导致该质子化学位移的变化,所以可用于研究体系中是否形成氢键,如果形成氢键,还可以判断是形成分子内氢键还是分子间氢键。

(4)研究互异构现象。

2,4-二戊酮(乙酰丙酮)的 ^{1}H NMR 谱如图14-28所示。其共振信号说明该化合物有酮式和烯醇式两种异构体,不同质子的 δ 值标于质子旁,如图 14-29 所示。

在烯醇结构中,典型的烷烯质子的 δ 值约在 5.5。$\delta = 15.3$处有一宽峰,如此高的 δ 值反映了该质子同时受两个氧原子的影响,这是因为羰基氧原子与羟基质子生成氢键。互变异构体的比例与溶剂性质、温度等关系也可利用氢谱进行研究。

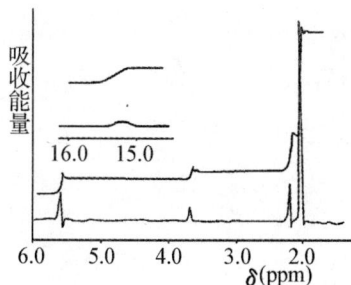

图 14-28 2,4-二戊酮的氢谱

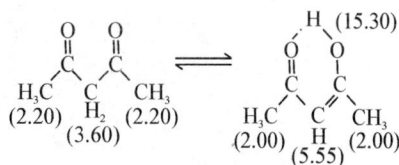

图 14-29 2,4-二戊酮结构式

第八节 ^{13}C 核磁共振波谱法

^{13}C 核的共振谱(^{13}C NMR)的信号是 1957 年由 Lauterbur 首先观察到的。碳是组成有机物分子骨架的元素,人们清楚知道^{13}C NMR 对于化学研究的重要性。但由于^{13}C NMR 信号很弱,加之^{1}H 核的耦合干扰,使^{13}C NMR 信号复杂,难以测得有实用价值的谱图。20 世纪 70 年代后期,质子去耦和傅里叶变换的发展和应用,才使之逐步成为常规 NMR 方法。目前^{13}C NMR已广泛用于有机化合物的分子结构测定、反应机理研究、异构体判别、生物大分子研究等方面,成为相关领域科学研究和生产部门不可缺少的分析测试手段。

一、^{13}C 核磁共振波谱的特点

(1)灵敏度低。由于^{13}C 的天然丰度很低(1.108%),且^{13}C 的磁旋比约为质子的 1/4,^{13}C 的相对灵敏度仅为质子的 1/5600,所以在连续波谱仪上很难得到^{13}C NMR 谱,只有在脉冲-傅里叶核磁谱仪上才能获得^{13}C NMR 谱。

(2)分辨能力高。由于^{13}CNMR 的化学位移 δ 的范围为 0~300ppm(^{1}H NMR δ 的范围为0~10ppm),比^{1}H NMR 大 20 多倍,意味着在^{13}C NMR 谱中复杂化合物的峰重叠比质子NMR 谱要小得多,因此图谱分辨能力高,几乎所有的碳核都能被观测到。

(3)^{13}C NMR 提供的是分子骨架的信息,而不是外围质子的信息。

(4)在一般样品中,由于^{13}C 丰度很低,一般在一个分子中出现 2 个或 2 个以上的^{13}C 可能性很小,同核耦合及自旋-自旋分裂会发生,但观测不到,加上^{13}C 与相邻的^{13}C 不会发生自旋耦合,有效地降低了图谱的复杂性。

弛豫时间 T_1 可以判断结构归属,进行构象测定。在液体条件下,^{13}C 核的 T_1 大约在10^{-2}~10^2s 内,即使在同一化合物中,处于不同环境的^{13}C 核,它们的 T_1 值可以相差两个数量级。因此,T_1 可以作为结构鉴定的波谱参数。

从^{13}C NMR 谱中还可以直接观测不带氢的含碳官能团的信息,如羰基、腈基(—C≡N)和季碳原子。

(5)因为已经有有效地消除^{13}C 与质子之间耦合的方法,所以经常可以得到只有单线组成的^{13}C NMR 谱,如图 14-30 所示。

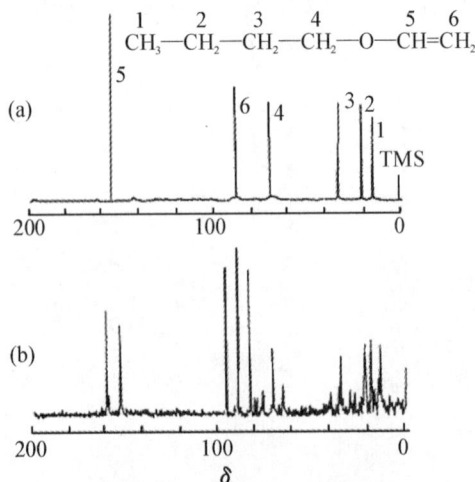

图 14-30   典型的^{13}C NMR 谱

(a)去质子耦合;(b)有质子耦合

与质子相比，^{13}C NMR 谱应用于结构分析的意义更大，在测定有机及生化分子结构中具有很大的优越性。

二、去耦方法

在有机化合物中，C—C 及 C—H 都是直接相连的。由于 ^{13}C 的天然丰度低，^{13}C-^{13}C 之间的自旋耦合通常可以忽略。而 ^{13}C-^{1}H 之间的耦合常数很大，对于结构复杂的化合物，因耦合裂分峰太多，导致 ^{13}C NMR 图谱复杂，难以解析，同时随着裂分峰数目的增多使信噪比降低。为了克服这一缺点，最大限度地得到 ^{13}C NMR 谱的信息，在实验中往往采用不同的去耦（decoupling）方法，对某些或全部耦合作用加以屏蔽，使谱图简单化。目前所见到的 ^{13}C 谱一般都是质子去耦谱。一般选用三种质子去耦法：^{1}H 宽带去耦法（broad band decoupling method）、偏共振去耦法（off-resonance decoupling method）、选择性质子去耦法（selective decoupling method）。

1. 质子宽带去耦

质子宽带去耦也称噪声去耦。在测定 ^{13}C 谱时，用在质子共振范围内的另一强频率（宽带射频）照射质子，在它的照射下，全部 ^{1}H 核去耦，除掉了 ^{1}H 对 ^{13}C 的耦合，即使 ^{13}C-^{1}H 耦合信号失去。质子去耦法使每个磁性等价的 ^{13}C 核成为单峰，这样不仅图谱大为简化，容易对信号进行分别鉴定并确定其归属，同时去耦时伴随有核的 Overhauser 效应也使吸收强度增大，信号也加强，从而使被测有机化合物的碳骨架结构十分清晰。

2. 偏共振去耦

质子宽带完全除去 ^{13}C-^{1}H 的耦合信号，虽然 ^{13}C 谱易于识别，但是也失去了对结构解析有用的有关碳原子类型的信息，这对分析图谱是不利的。为了弥补这一不足，提出了偏共振去耦技术，以作为宽带去耦法的补充。。

偏共振去耦技术与质子宽带去耦法相似，在测定 ^{1}H 谱时，也是另外加一个照射射频，这个照射 ^{1}H 核的射频为弱射频，使与 ^{13}C 核直接相连的 ^{1}H 核的自旋耦合作用保留，而使 ^{13}C 核与邻近 ^{1}H 核的耦合作用除去，即消除了弱的 ^{13}C-^{1}H 耦合。这种去耦方法称为偏共振去耦法。通常从偏共振去耦法测得的裂分峰数，可以得到与碳原子直接相连的质子数。

3. 选择性质子去耦（门控去耦法）

选择性质子去耦法是用某一特定质子共振频率的射频照射该质子，以去掉被照射质子对 ^{13}C 的耦合，使 ^{13}C 成为单峰，从而确定相应 ^{13}C 信号的准确归属。

三、核磁共振波谱参数

1. 化学位移 δ 的影响因素

^{13}C 化学位移所使用的内标化合物的要求与质子相同，近年来，也采用 TMS 作为 ^{13}C 化学位移的零点。绝大多数有机化合物的碳核化学位移都出现在 TMS 低场，因而它们的化学位移都为正值。影响 ^{13}C 化学位移的因素如下所述。

（1）杂化状态。^{13}C 核杂化状态对 δ 值影响很大，—CH$_3$ 等 sp^3 杂化的碳核在高场区；—CH=CH$_2$ 等 sp^2 杂化的碳核在低场区；—C≡H 等 sp 杂化的碳核介于两者之间，见表 14-12。

表 14-12   不同杂化状态碳核的化学位移范围

杂化状态	sp^3	sp	sp^2
δ 的总范围	$-20\sim10$	$23\sim130$	$80\sim240$
在烃中 δ 的范围	$7\sim57$	$65\sim92$	$105\sim145$

(2)诱导效应。电负性大的原子或基团与^{13}C核相连,同样也产生去屏蔽效应,使共振峰向低场移动,即δ值增大。但重卤代原子例外,碘、溴取代碳原子上的氢时,该碳原子δ值减小,这是因为卤素原子的众多电子对碳原子有抗磁屏蔽作用,从而其共振移向高场。

(3)立体效应。^{13}C核化学位移对分子的构型、构象反应很灵敏,只要碳在空间比较相近,即使相隔好几个化学键,它们之间也有强烈的相互作用,使电子密度转移沿C—H键向^{13}C核移动,导致^{13}C核的屏蔽增加,共振峰向高场移动,即δ值减小。

(4)介质影响。溶剂对^{13}C核化学位移也产生影响。

2. 各类化合物的^{13}C化学位移值

与质子相比,^{13}C NMR谱应用于结构分析的意义更大。^{13}C NMR主要是依据化学位移来进行的,而自旋-自旋作用不大。图14-31显示了主要官能团中的^{13}C的化学位移值。表14-13为几种不同碳原子的化学位移范围。

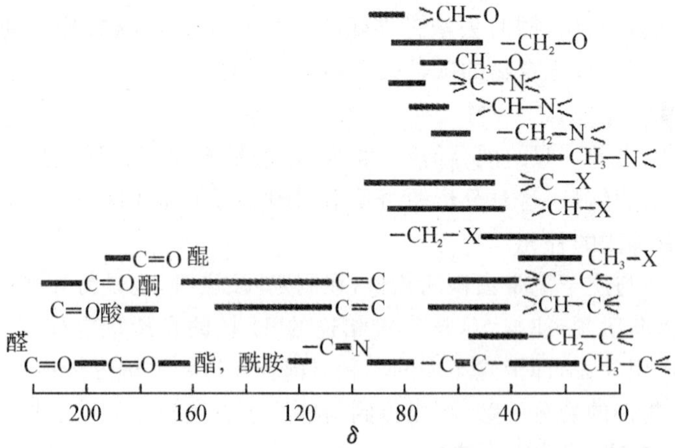

图 14-31   重要官能团中的^{13}C的化学位移值(图中 X 为卤素)

表 14-13   几种不同碳原子的化学位移范围

化合物类型	碳	δ(ppm)	化合物类型	碳	δ(ppm)
链烷	R_4C	$0\sim82$	氰	$R-C\equiv N$	$117\sim126$
炔烃	$R-C\equiv C-R$	$65\sim100$	酮和醛	$R'_2-C=O$	$174\sim225$
链烯	$R_2C=CR_2$	$82\sim160$	羧酸衍生物	$R'-COX$	$150\sim186$
醇	$C-OH$	$40\sim90$			
醚	$C-O-C$	$55\sim90$	芳香环		$82\sim160$
硝基	$C-NO_2$	$60\sim80$			

注:R=烷基、芳基或 H;X=OR、NR$_2$、卤素。

下面分别对各类碳的化学位移值进行讨论。

(1)饱和碳的化学位移值。

饱和烷烃为 sp^3 杂化,其化学位移值一般在$-2.5\sim55$ppm范围内。甲烷的屏蔽作用最大,其 δ_C 为 -2.5ppm。如果甲烷中的氢依次被甲基取代后,中心碳的 δ_C 值逐步向低场位移,每增加一个 CH_3,中心碳的 δ_C 值约增加 9ppm。某些饱和烷烃的 ^{13}C 化学位移值见表 14-14。

表 14-14 某些烷烃的 δ_C 值/ppm

化合物	分子式	C_1	C_2	C_3	C_4	C_5
甲烷	CH_4	-2.5	—	—	—	—
乙烷	CH_3CH_3	5.9	5.9	—	—	—
丙烷	$CH_3CH_2CH_3$	5.6	16.1	5.6	—	—
丁烷	$CH_3CH_2CH_2CH_3$	13.2	25.0	25.0	13.2	
戊烷	$CH_3(CH_2)_3CH_3$	13.8	22.6	34.5	22.6	13.8
异丁烷	$H_3C-\overset{\overset{H}{\mid}}{\underset{\underset{CH_3}{\mid}}{C}}-CH_3$	24.3	25.2	—	—	—
异戊烷	$H_3C-\overset{\overset{H}{\mid}}{\underset{\underset{CH_3}{\mid}}{C}}-\overset{H_2}{C}-CH_3$	22	29.9	31.8	11.5	—
异己烷	$H_3C-\overset{\overset{H}{\mid}}{\underset{\underset{CH_2}{\mid}}{C}}-\overset{H_2}{C}-\overset{H_2}{C}-CH_3$	22.5	27.8	41.8	20.7	14.1
新戊烷	$H_3C-\overset{\overset{CH_3}{\mid}}{\underset{\underset{CH_3}{\mid}}{C}}-CH_3$	31.5	27.9	—	—	—

环烷烃除环丙烷的吸收峰出现在高场(-2.6ppm)外,化学位移值均在 $23\sim28$ppm 范围内。当环有张力时(如环丁烷),吸收峰在较高场,大于六元环的环烷烃 δ_C 值均在 26ppm 左右,数值相差较小,且与环的大小无明显内在关系。当环上有烷基取代时,吸收峰移向低场。表 14-15 为一些环烷烃的化学位移。

表 14-15 一些环烷烃的化学位移

化合物	δ_C(ppm)	化合物	δ_C(ppm)
环丙烷	-2.6	环癸烷	26.6
环丁烷	23.3	环十一烷	24.4
环戊烷	26.5	环十二烷	26.4
环己烷	27.8	环十三烷	25.8
环庚烷	29.4	环十四烷	27.6
环辛烷	27.8	环十五烷	27.7
环壬烷	27.0	环十六烷	27.9

对于取代烷烃,取代基 X 对 α 位碳的 δ 值影响最大,位移大小与取代基电负性有关。

(2)烯碳的化学位移值。

烯碳为 sp^2 杂化,其 δ_C 为 $100\sim165$ppm。表 14-16 列出了一些烯碳的 δ_C 值。分析这些数据可知,在不对称的末端双键 1-烯中,两个烯碳 δ_C 值相差较大,而且端烯碳 δ_C 较小;在 2-烯中,碳链多于 5 个碳时,两个烯碳 δ_C 值之差为 7～10ppm;在 3-烯中,两个烯碳 δ_C 值之差仅为 1～2,这个差别对判断分子中双键位置很有作用。

表 14-16　一些烯烃中烯碳的 δ_C 值/ppm

化合物	C_1	C_2	C_3	C_4
乙烯	123.3	123.3	—	—
丙烯	115.4	135.7	—	—
丁烯	112.8	140.2	—	—
戊烯	113.5	137.6	—	—
己烯	113.5	137.8	—	—
2-丁烯	—	124.5	124.5	—
2-戊烯	—	122.8	123.4	—
2-己烯	—	123.0	129.8	—
3-己烯	—	—	130.3	130.3
3-辛烯	—	—	132.2	130.3
2-甲基-1-丁烯	107.7	146.2	—	—
2-乙基-1-丁烯	105.5	151.7	—	—
2-甲基-2-丁烯	131.4	118.7	—	—
2-甲基-2-戊烯	130.1	125.7	—	—

(3)炔碳的化学位移值。

炔基碳为 sp 杂化,其化学位移介于 sp^3 与 sp^2 杂化之间,为 67～92ppm,其中含氢炔碳(≡CH)的共振信号在很窄的范围,δ_C 为 67～70ppm;有碳取代的炔碳(≡CR)在相对较低场,δ_C 为 74～85ppm;不对称的中间炔,如 2-炔、3-炔等,两个炔碳 δ_C 值相差很小,仅有 1～4ppm,这对判断炔基是否在链端很有用处,但在共轭炔烃中,端基炔碳的 δ_C 值差异不那么突出,不足以作为分类鉴别使用。

(4)芳环碳的化学位移值。

芳碳的化学位移值一般在 120～160ppm 范围内(见表 14-17)。芳环季碳共振峰往往出现在较低场,这点与脂肪族季碳在较低场是相类似的,苯的 δ_C 值为 128.5ppm。

表 14-17　一些芳烃的 δ_C 值/ppm

化合物	C_1	C_2	C_3	C_4	C_5	C_6
苯	128.5	128.5	128.5	128.5	128.5	128.5
甲苯	137.8	129.3	128.5	125.6	128.5	129.3
乙基苯	144.1	128.7	128.4	125.9	128.4	128.7
正丙基苯	142.5	128.1	128.4	125.9	128.4	128.1
邻二甲苯	136.4	136.4	129.9	126.1	126.1	129.9
间二甲苯	137.5	130.1	137.5	126.4	128.3	126.4
对二甲苯	134.5	129.1	129.1	134.5	129.1	129.1
1,2,3-三甲苯	136.1	134.8	136.1	127.9	125.5	127.9
1,3,5-三甲苯	137.6	127.4	137.6	127.4	137.6	127.4
1,2,3,4-四甲苯	133.5	134.4	134.4	133.5	127.3	127.3
五甲苯	133.0	132.1	134.5	132.1	133.0	131.5
六甲苯	132.3	132.3	132.3	132.3	132.3	132.3

(5)羰基碳的化学位移值。

羰基在 ^1H NMR 谱中没有相应的信号,而在 ^{13}C NMR 谱中却有特征的吸收峰。羰基化合物中,由于 C=O 中 π 键易极化形成,使羰基碳上的电子云密度变小,化学位移值比烯碳更趋近于低场,一般为 160~220ppm。

羰基的 δ_C 值对结构变化很敏感,取代基的引入会使 δ_C 值发生明显变化。当与羰基相连的氢被烷基取代后,由于烷基的诱导作用,能使羰基的 δ_C 值向低场位移~5ppm。当不饱和键或苯环与羰基共轭时,羰基的 δ_C 值会向高场位移,这在 α,β-不饱和羰基化合物中极为普遍。酮的 $\delta_{C=O}$ 在为 195~220ppm,丙酮的 $\delta_{C=O}$ 值为 205.1ppm,羧酸及其衍生物的 $\delta_{C=O}$ 值在 155~185ppm,酰氯的 $\delta_{C=O}$ 值为 160~175ppm,酸酐的 $\delta_{C=O}$ 值为 165~175ppm,酰胺 $\delta_{C=O}$ 值为 160~175ppm。表 14-18 给出一些典型化合物的羰基碳的 $\delta_{C=O}$ 值。

表 14-18 一些羰基碳的 δ_C 值/ppm

化合物	δ_C	化合物	δ_C
CH_3CHO	199.6	CH_3CONH_2	172.7
C_6H_5CHO	191.0	CH_3COOCH_3	170.7
CH_3COCH_3	205.1	$C_6H_5COOCH_3$	167.0
$C_6H_5COCH_3$	196.0	CH_3COCl	168.6
CH_3COOH	177.3	C_6H_5COCl	168.5
C_6H_5COOH	174.9	环己酮 =O	208.8
CH_3COONa	181.5	环戊酮 =O	218.1
$(CH_3CO)_2O$	167.7	环己烯酮 =O	197.1

3. 耦合常数 J

耦合常数来源于核与核之间的相互作用,^{13}C NMR 中一般存在三种耦合类型。

(1)^{13}C-^{13}C耦合(J_{C-C})。因为 ^{13}C 的天然丰度只有 1.1%,出现 2 个 ^{13}C 核相连的概率很低,富集 ^{13}C 化合物中才可以观测到。

(2)^{13}C-^1H耦合。是 ^{13}C NMR 中最重要的耦合,其数值在 120~320Hz 范围内。它们之间耦合仍符合 $n+1$ 规律。在常规 ^{13}C 谱中,^{13}C-^1H耦合常数信息因异核去耦而失去了,若无特殊需要,一般不作测定。

(3)^{13}C—X耦合。X 是指除 ^1H 以外的其他磁性核,如 ^{31}P、^{19}F 等核的耦合。

第九节 二维核磁共振谱

二维核磁共振谱(two-dimensional NMR spectroscopy,2D NMR)是 Jeener 于 1971 年首先提出来的,经过 Ernst(1991 年诺贝尔化学奖获得者)和 Freeman 等人的努力,确立了它的理论基础。二维核磁共振使 NMR 技术产生了一次革命性的变化,它将挤在一维谱中的谱线在二维空间展开(二维谱),提高了核之间相互关系的结构信息,有利于复杂谱图的解析,特别是在复杂天然产物和生物大分子的结构鉴定方面,使鉴定结果更客观、可靠,而且大大地提高了所能解决问题的难度,增加了解决问题的途径。

一、二维核磁的基本原理

一维核磁共振谱的信号是一个频率的函数,记为 $S(\omega)$,共振峰分别在一条频率轴上。而二维谱是两个独立频率变量的信号函数,记为 $S(\omega_1,\omega_2)$,共振峰分布在由两个频率轴组成的平面上(见图 14-32)。2D NMR 的最大特点是将化学位移、耦合常数等参数在二维平面上展开,于是在一般一维谱中重叠在一个频率轴上的信号,被分散到两个独立的频率轴构成的二维平面上,同时检测出共振核之间的相互作用。

原则上二维谱可以用概念上不同的三种实验获得(见图 14-33):①频率域(frequency-frequency)实验;②混合时域(frequency-time)实验;③时域(time-time)实验。时域实验是获得二维谱的主要方法,以两个独立的时间变量进行一系列实验,得到 $S(t_1,t_2)$,经过两次傅里叶变换得到二维谱 $S(\omega_1,\omega_2)$。通常所指的 2D NMR 均是时间域二维实验。

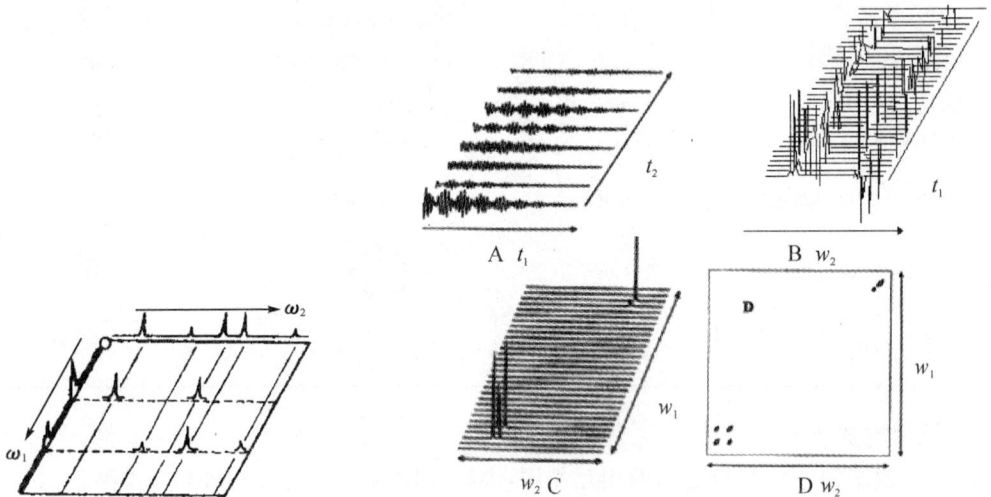

图 14-32 二维谱

图 14-33 2D-NMR 的三种获得方式

一个二维核磁共振实验中,为确定所需的两个独立的时间变量,要用时间分割特种技术,即把整个时间轴按其物理意义分割成预备期(preparation,t_d)、发展期(evolution,t_1)、混合期(mixing,t_m)和检测期(detection,t_2)四个区间,如图 14-34 所示。

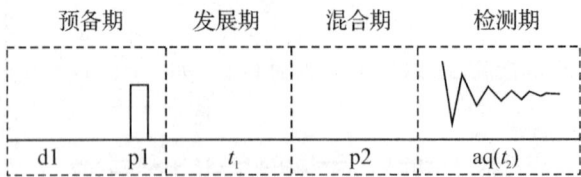

预备期	发展期	混合期	检测期
d1 p1	t_1	p2	aq(t_2)

图 14-34 一般二维谱实验

(1)预备期。预备期在时间轴上通常是一个较长的时期,它是为了使核自旋体系回复到平衡状态(弛豫),在预备期末加一个或多个射频脉冲,以产生所需要的单量子或多量子相干。

(2)发展期(t_1)。在 t_1 开始时由一个脉冲或几个脉冲使体系激发,使之处于非平衡状态。发展期时间 t_1 是变化的,此时间系控制磁化强度运动,并根据各种不同化学环境的不同进动频率对它们的横向磁化矢量作出标识。

（3）混合期（t_m）。在此期间建立信号检测的条件，通过相干或极化的传递建立检测条件。混合期不是必不可少的，有可能不存在。

（4）检测期（t_2）。在此期间检测作为 t_2 函数的各种 FID 信号，它的初始相及振幅都受到 t_1 函数的调制。

检测期 t_2 完全对应于一维核磁共振的检测期，在对时间域 t_2 进行傅里叶变换后得到 F_2 频率域的频率谱。二维核磁共振的关键是引入了第二个时间变量演化期 t_1。当样品中核自旋被激发后，它以确定频率进动，并且这种进动将延续相当一段时间。在这个意义上讲，我们可以把核自旋体系看成有记忆能力的体系，Jeener 就是利用这种记忆能力，通过检测期间接演化其中核自旋的行为。即在演化期内用固定的时间增量 Δt_1 进行一系列实验，每一个 Δt 产生一个单独的 FID，在检测期 t_2 被检测，得到 N_i 个 FID。这里每个 FID 所用的脉冲序列完全相同，只是演化期内的延迟时间逐渐增加。这样获得的信号是两个时间变量 t_1 和 t_2 的函数 S，对每个这样的 FID 作通常的傅里叶变换，可得到 N_i 个在频率域 F_2 中的频率谱 $S(t_1, F_2)$。对不同的 Δt_1 增量，它们的频率谱的强度和相位不同。在 F_2 域的每一个化学位移从 N_i 个不同的谱中得到 N_i 个不同的数据点，它们组成了一个在 t_1 方向的"准 FID"或干涉图。为了便于观察，将 F_2 对 t_1 的数据矩阵旋转 90^0，使 t 变为水平轴，三个不同频率 f_1、f_2 和 f_3 的这种干涉图，它显示了 t_1 的波动。然后作第二个傅里叶变换，就得到了依赖于两个频率的二维谱 $S(F_1, F_2)$。

二、二维谱的表达方式

（1）堆积图（stacked plot）。是一种准三维立体图，两个频率变量为二维，信号强度为第三维，如图 14-35 所示。堆积图的优点是有立体感，能直观地显示谱峰信息。缺点是难以确定吸收峰的频率，这种图大峰后面可能隐藏小峰，画图耗时较长。

（2）等高线（contour plot）。又叫等值线图，类似于等高线地图。等高线图最中心圆圈表示峰的位置，圆圈的数目表示峰的强度。这种图的优点是容易获得频率定量数据，作图快。缺点是低强度的峰可能漏画。目前化学位移相关谱广泛采用等高线。

（3）截面图。只记录 2D NMR 全谱的某个剖面，剖面常与一个频率轴平行或成 45°，如图 14-36 所示。

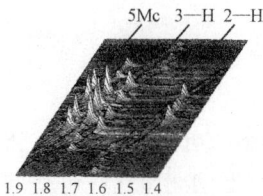

图 14-35　2D J ^{1}H NMR

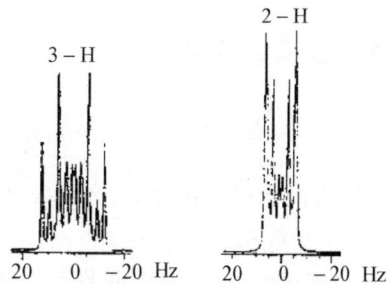

图 14-36　2D NMR 截面

从 2D 图中取出某一个谱峰（F_1 或 F_2）所对应相关峰的 1D 断面图，对检测一些弱小的相关峰很有用。

（4）积分投影图。是一维形式的图，是对垂直于投影轴的剖面上信号强度进行积分得到。其是 1D 谱形式，相当于宽带质子去偶氢谱，可准确确定各谱峰的化学位移值（见图 14-37）。

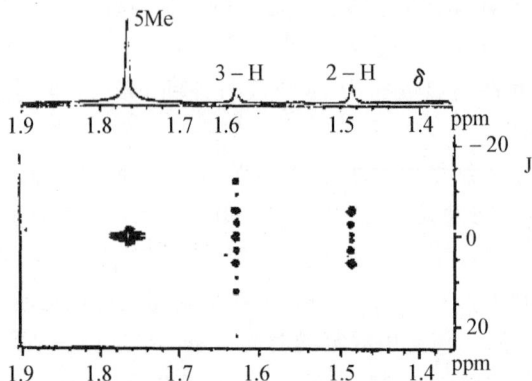

图 14-37 积分投影 NMR 谱

三、二维谱峰的命名

(1)交叉峰(cross peak)。出现在 $\omega_1 \neq \omega_2$ 处,即非对角线上。从峰的位置关系可以判断哪些峰之间有耦合关系,从而得到哪些核之间有耦合关系,交叉峰是二维谱中最有用的部分。

(2)对角峰(auto peak)。位于对角线($\omega_1 = \omega_2$)上的峰,称为对角峰。对角峰在 F_1 和 F_2 轴的投影如图 14-38 所示。

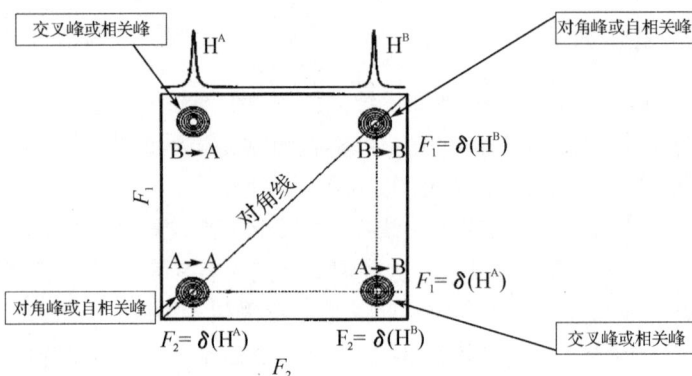

图 14-38 典型二维谱

四、二维核磁谱的分类

2D NMR 谱可分为四类。

(1)J 分辨谱(J resolved spectroscopy,δ-J 谱)。J 分辨谱亦称 J 谱或者 δ-J 谱。它把化学位移和自旋耦合的作用分辨开来,包括异核和同核 J 谱。

(2)化学位移相关谱(chemical shift correlation spectroscopy,d-d 谱)。化学位移相关谱也称 $\delta\delta$ 谱,是二维谱的核心,通常所指的二维谱就是化学位移相关谱;包括同核化学位移相关谱、异核化学位移相关谱、NOESY 和化学交换。

(3)多量子谱(multiple quantum spectroscopy)。用脉冲序列可以检测出多量子跃迁,得到多量子二维谱。

(4)NOESY 和 ROESY 谱。NOESY 和 ROESY 谱表示的是质子的 NOE 关系。

1. J 分解谱

一维谱中谱峰往往严重重叠,造成谱线裂分不能清楚分辨,耦合常数不易读出。J 二维分解谱与一维谱比较,并不增加信息量,而是把一维谱的信号按一定规律在一个二维平面上展开。即在 F_1 轴(一般为纵轴)上显示耦合信息,从图上得到耦合常数(J_{HH},J_{CH});F_2 轴(一般为横轴)上显示化学位移(δ_H,δ_C)。在二维 J 分解谱中,只要化学位移略有差别,峰组的重叠就有可能避免,从而解决一维谱谱峰重叠的问题,从而使图谱比一维谱容易解析。二维 J 分解谱又可分为同核 J 分解谱和异核 J 分解谱。

(1)同核 J 分解谱。

图 14-39 为 AX 体系的^{1}H、^{1}H 同核二维 J 分解谱,在 F_1 轴上可得到 J 耦合信息,而在 F_2 轴上是化学位移和 J_{HH} 同时出现。

图 14-39 同核 AX 体系 J 谱

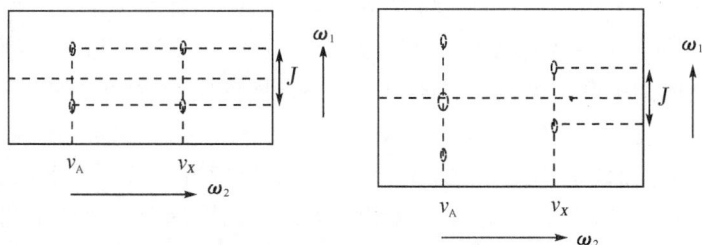

A 部分的质子为两重峰,X 部分为两重峰,它们的连线分别与 F_1 轴成 45°交角,斜率为 1。如 A 的两重峰在 F_2 轴上的投影人为地用计算机将图倾斜 45°,此时 A 或 X 的两重峰的连线都与 F_1 轴平行而与 F_2 轴垂直。此时图的 F_1 轴显示耦合裂分,而 F_2 轴就成了质子宽带去耦谱,只呈现质子的位移值。A 和 X 在 F_2 轴上的投影都为单峰。此时可得到,谱信息:(弱耦合体系)$\Delta\nu/J \geqslant 10$ 时为弱耦合,一级图谱;ω_2:全去耦谱→化学位移 δ_H,转动前化学位移与耦合常数同时出现;ω_1:谱线多重性→耦合常数 J_{HH},峰组的峰数一目了然。若为强耦合体系,其同核 J 谱的表现形式将比较复杂,AX 体系 J 谱如图 14-40 所示。

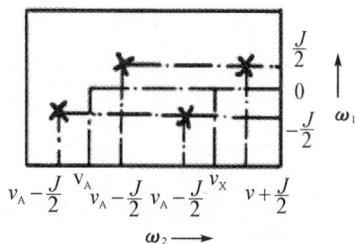

图 14-40 强耦合体系的同核 AX 体系 J 谱

对于许多具有复杂质子自旋耦合系统的化合物,由于耦合裂分相互重叠不易解析,利用 J 分解谱,使重叠的信号分离,从而使各质子的化学位移和耦合裂分得到较好的解析。例如,反式丙烯酸乙酯的^{1}H 同核二维 J 分解谱,如图 14-41 所示。

(2)异核 J 分解谱。

异核二维 J 分解谱是指被测定的核的化学位移为一维,该种核与另一种核之间耦合的多重峰裂分为另一维的分解谱。异核^{13}C、^{1}H 2D J 分解核磁共振谱的 F_2 轴为^{13}C 化学位移,F_1 轴为质子与^{13}C 的耦合常数。

谱信息由直接相连的氢原子耦合裂分产生:

ω_2:全去耦谱→化学位移 δ_C;ω_1:线裂分→耦合常数 J_{CH}。

由于使用的脉冲序列不同,可以得到几种图谱。应用最多的为门控去耦^{13}C、^{1}H J 分解 2D NMR。此时 F_2 轴为^{13}C 的化学位移。F_1 轴为 J_{CH} 耦合的多重峰,裂距为 $1/2J_{CH}$。出峰情况是季碳为单峰,CH 为二重峰,CH₂ 为三重峰,CH₃ 为四重峰。图 14-42 为反式丙烯酸乙酯的 ^{1}H、^{13}C 异核二维 J 分解谱,碳化学位移及碳上的质子与其的耦合皆可看清,由此还可判断碳上质子个数。

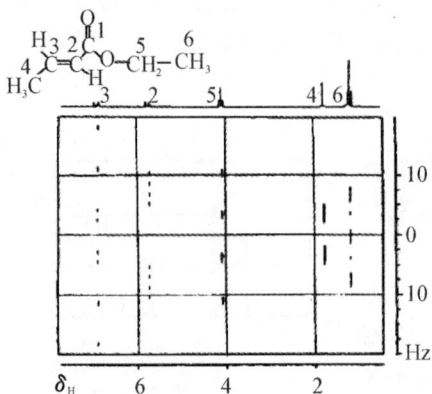

图 14-41 反式丙烯酸乙酯的 ^{1}H 同核二维 J 分解谱

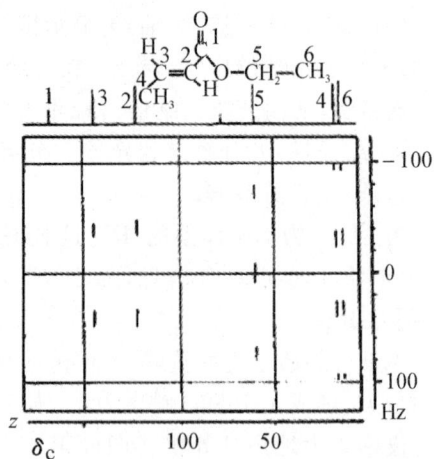

图 14-42 反式丙烯酸乙酯的异核二维 J 分解谱

2. 化学位移相关谱

二维化学位移相关谱(correlation spectroscopy,简写为 COSY)是比 2D J 分解谱更有用的方法。2D COSY 谱又分为同核和异核相关谱两种。相关谱的纵、横(F_1、F_2)坐标均表示化学位移。

(1)同核化学位移相关谱。

①氢-氢化学位移相关谱(^{1}H-^{1}H COSY)。

所谓的 ^{1}H-^{1}H COSY 系指同一自旋体系中质子之间的耦合相关谱,是可以确定质子化学位移以及质子之间耦合关系和连接顺序的相关谱。^{1}H-^{1}H COSY 类似于一维谱同核去耦,可提供全部 ^{1}H-^{1}H 之间的关联。因此 ^{1}H-^{1}H COSY 是归属谱线、且推导结构及确定结构的有力工具。^{1}H-^{1}H COSY 谱图上有两种峰,对角峰(diagonal peak)和交叉峰(cross peak)。对角峰处在坐标 $F_1 = F_2$ 的对角线上,对角峰在 F_1 或 F_2 上的投影得到常规的耦合谱或去耦谱。交叉峰不在对角线上,即坐标 $F_1 \neq F_2$。交叉峰显示了具有相同耦合常数的不同核之间的耦合。交叉峰又分为两类:a. 交叉峰紧靠对角线,是对角峰中同种核的组成部分;b. 远离对角线,是具有相同耦合常数的不同核的相关峰。交叉峰有两组,分别出现在对角线两侧,并以对角线对称。这两组对角峰和交叉峰可以组成一个正方形,并且由此来推测这两组核之间有耦合关系。所以交叉峰也叫相关峰,显示了具有相同耦合常数的不同核之间的耦合。

^{1}H-^{1}H COSY 是最常用的位移相关谱。^{1}H-^{1}H COSY 实验相当于做一系列连续选择性去耦实验去求得耦合关系,用以确定质子之间的连接顺序。^{1}H-^{1}H COSY 耦合关系的确定有四种方式,如图 14-43 所示。

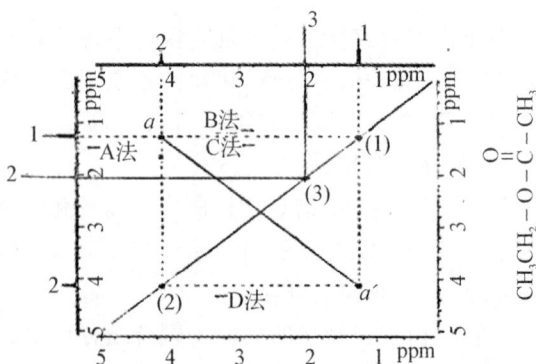

图 14-43 醋酸乙酯的 ^{1}H-^{1}H COSY

图 14-43 中,A 方式:从信号 2 向下画一条垂线和相关峰 a 相遇,再从 a 向左画一水平线和信号 1 相遇,则可确定信号 1 和 2 之间存在着耦合关系。

B 方式:先从信号 2 向下画一垂线和 a 相遇,再从 a 向右画一水平线至对角峰[1],再由[1]向上引一垂线至信号 1,即可确定耦合关系。

C 方式:按照与 B 方式相反方向进行。

D 方式:从 ^{1}H-^{1}H COSY 谱的高磁场一侧解析时,除 C 方式外,也常常采用 D 方式。即从 1 向下画一条垂线,通过对角峰[1]至 a',再从 a' 向左画一条水平线,即和 1 的耦合对象的对角峰[2]相遇,最后从[2]向上画一垂线至信号 2 即可确定。

两个质子之间的耦合常数越大,相关峰越强;两个原子之间的耦合常数越小,相关峰越弱,这也是 ^{1}H-^{1}HCOSY 谱的普遍规律。一般说来,在解析 ^{1}H-^{1}H COSY 谱时,应首先选择一个容易识别、有确切归属的质子,以该质子为起点,通过确定各个质子间的耦合关系,指定分子中全部或大部分质子的归属,这就是我们通常所说的"从头开始"法。

【例 14-9】 图 14-44 为化合物 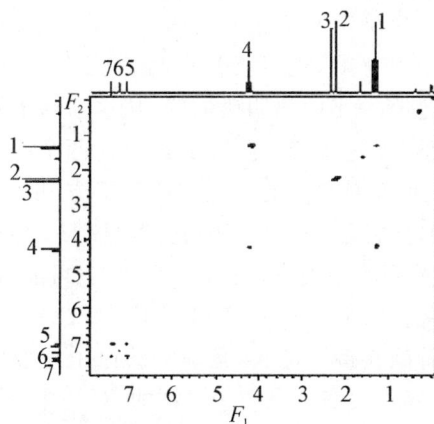 的 COSY 谱。

COSY 谱

图 14-44

解析:①在上图化学位移最大的是苯环 7 号碳上的氢 7($\delta=7.43$,d)。

②从其出发在对角峰上可找到苯氢 5($\delta=7.06$,d),这两个质子在苯环的邻位,耦合大。

③在 COSY 谱上可看到两个交叉峰,与这两个质子的对角峰组成一个四方形。

④乙基上的甲基和亚甲基也互相耦合,在图上有甲基的对角峰($\delta=1.341$,t)和亚甲基的对角峰($\delta=4.276$,q)与它们的交叉峰组成的四方形。

⑤其他质子之间无耦合,也看不到它们的交叉峰。

【例 14-10】 图 14-45 为化合物

的 H NMR 谱。

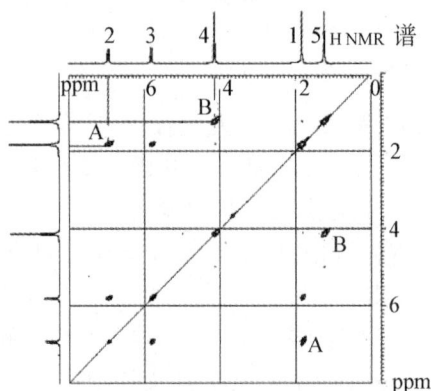

图 14-45

解析:首先看在左上角标注 A 的峰。该峰表明在 6.9ppm 的 H 与 1.8ppm 之间的 H 的耦合作用,这对应—CH₃ 和烯烃 H 相邻耦合。同样,峰 B 表示在 4.15ppm 的 H 与 1.25ppm 的 H 之间的耦合作用,这对应于乙基基团中的—CH₂ 与—CH₃ 的耦合。

总体上,^{1}H-^{1}H COSY 是可以确定质子化学位移以及质子之间耦合关系和连接顺序的相关谱。图上有两种峰,对角峰和交叉峰,也叫相关峰,显示了具有相同耦合常数的不同核之间的耦合。在实际解析中,首先选择一个归属明确的峰,从这个峰出发,画与 F_1、F_2 轴平行的直线。若这两个方向的直线分别与距这个峰等距离的地方与两个峰相遇,则应该在对角线上找到与这个峰耦合的另一组峰。可在对角线的左上方或右下方,由一组交叉峰与两组对角峰组成相应的直角三角形来判断耦合关系的存在。应注意 ^{1}H-^{1}H COSY 谱主要反映的是 ^3J 耦合关系,但有时也出现远程耦合关系的相关峰,而当 ^3J 小时,也可能看不到相应的交叉峰。

②碳-碳同核化学位移相关谱[INADEQUATE(^{13}C-^{13}C COSY)]。

^{13}C-^{13}C COSY 是二维碳骨架直接测定法,是确定碳原子连接顺序的实验,一种双量子相干技术,是一种 ^{13}C-^{13}C 化学位移相关谱。在质子去耦的 ^{13}C 谱中,除了 ^{13}C 信号外,还有比它弱 200 倍的 ^{13}C-^{13}C 耦合卫星峰,^{13}C-^{13}C 耦合含有丰富的分子结构和构型的信息。由于碳组成分子骨架,因此它更能直接反映化学键的特征与取代情况。但是由于 ^{13}C 天然丰度仅仅为 1.1%,出现 ^{13}C-^{13}C 耦合的几率为 0.01%,^{13}C-^{13}C 耦合引起的卫线通常离 ^{13}C 强峰只有 20Hz 左右,其强度又仅仅是 ^{13}C 强峰的 1/200。这种弱峰往往出现在强 ^{13}C 峰的腋部,加上旋转边带、质子去耦不完全、微量杂质的影响等因素,使 $^1J_{C-C}$ 测试非常困难。利用双量子跃迁的相位特性可以压住强线,突出卫线求出 J_{C-C},并根据 J_{C-C} 确定其相邻的碳。一个碳原子最多可以有四个碳与之相连,利用双量子跃迁二维技术测量耦合碳的双量子跃迁的频率。^{13}C-^{13}C 同核耦合构成二核体系(AX,AB),两个耦合的 ^{13}C 核能产生双量子跃迁,孤立的碳则不能。

碳-碳同核化学位移相关谱,也就是二维双量子谱(2D-INADEQUATE)实验,是目前 ^{13}C 谱归属最有效的方法。2D-INADEQUATE 谱有两种形式。

第一种是 F_2 轴上为碳原子化学位移,F_1 轴上为双量子跃迁频率,相互耦合的两个碳原子作为一对双峰排列在平行于 F_2 轴的同一水平线上,每一对耦合碳原子双峰连线的中点都落在谱中 $F_1=2F_2$ 的"对角线"上,如图 14-46 所示。

　　另一种是 F_1 与 F_2 皆为 ^{13}C 化学位移。此时,相互耦合的两个碳原子作为一对双峰出现在对角线两侧对称的位置上,如图 14-47 所示。

　　因为样品薄荷醇分子中的 C_3 与羟基相连,化学位移最大,容易识别,故可以将 C_3 作为解析的切入口。

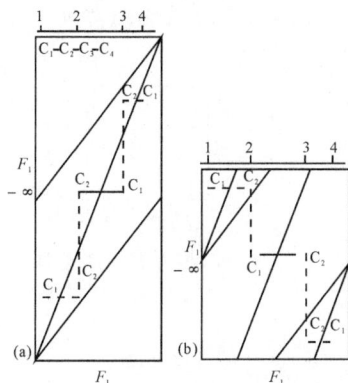

图 14-46　四个碳相连的 2D-INADEQUATE 谱
(a)$F_1 = 2F_2$;(b)F_1 取窄

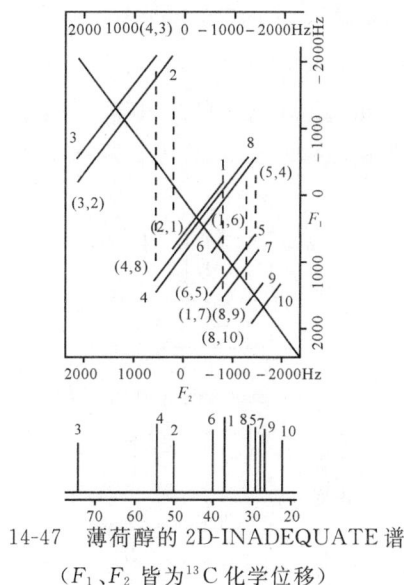

14-47　薄荷醇的 2D-INADEQUATE 谱
(F_1、F_2 皆为 ^{13}C 化学位移)

　　它只有一个双量子跃迁,其频率正比于两个耦合的 ^{13}C 核的化学位移之和的平均值。所以如果两个碳具有相同的双量子跃迁频率,即可以判断它们是相邻的。

　　在 INADEQUATE 谱图中,F_1 与 F_2 分别代表双量子跃迁频率和 ^{13}C 的卫线,依次代表双量子和单量子跃迁频率。谱图中一个轴是 ^{13}C 的化学位移,一个为双量子跃迁频率,其频率正比于两个耦合的 ^{13}C 核的化学位移之和的平均值。因此谱图中 $F_1 = 2F_2$ 的斜线两侧对称分布着两个相连的 ^{13}C 原子信号,表示碳耦合对的单量子平均频率与双量子频率间的关系,水平连线表明一对耦合碳具有相同的双量子跃迁频率,可以判断它们是直接相连的碳。依此类推可以找出化合物中所有 ^{13}C 原子连接顺序。

　　(2)异核化学位移相关谱(heteronuclear Correlation of chemical shift)。

　　所谓异核化学位移相关谱是两个不同核的频率通过标量耦合建立起来的相关谱,应用最广泛的是 ^{1}H-^{13}C COSY。

　　^{1}H-^{13}C COSY 是 ^{13}C 和 ^{1}H 核之间的位移相关谱,反映了 ^{13}C 和 ^{1}H 核之间的关系。它又分为直接相关谱和远程相关谱,直接相关谱也称为 ^{1}H-^{13}C COSY,是把直接相连的 ^{13}C 和 ^{1}H 核关联起来,矩形的二维谱中间的峰称为交叉峰或相关峰(correlated peak),反映了直接相连的 ^{13}C 和 ^{1}H 核,在此图谱中季碳无相关峰。远程相关谱则是将相隔两至四根化学键的 ^{13}C 和 ^{1}H 核关联起来,甚至能跨越季碳、杂原子等,交叉峰或相关峰比直接相关谱中多得多,因而对于帮助推测和确定化合物的结构非常有用。

　　①^{1}H-^{13}C COSY 谱。

　　^{13}C-^{1}H COSY 谱也叫 HETCOR(heteronuclear chemical shift correlation)。在 ^{13}C-^{1}H COSY谱中 F_1(纵轴)是 ^{1}H 的化学位移,F_2(横轴)是 ^{13}C 的化学位移。一个有关 $^1J_{C-H}$

的信号,在不去耦谱中会出现六个信号;其中 F_2 轴上的两个信号对解析谱无用,其余四个信号两个强度为正,两个为负,形成一个正方形,边长等于 J。当使用不同去耦脉冲后,可以分别使 F_2 轴去耦,只留下 F_1 坐标上一正一负两个信号;也可以使 F_2、F_1 都去耦,只留一个正信号。一个 CH 结构单元在常规 ^{13}C-^1H COSY 谱中出现的谱图如图 14-48 所示。

常规 ^{13}C-^1H COSY 谱得到的是直接相连的碳与氢($^1J_{CH}$)的耦合关系。从一个已知的 ^1H 信号,按相关关系可以找到与之相连的 ^{13}C 信号;在 ^{13}C-^1H COSY 谱中,季碳无信号。若一个碳上有几个位移值不同的氢,则在谱图中该碳的 δ_C 处而不同的 δ_H 处出现几个信号;若一个碳上几个氢位移值相等,则只出现一个信号。图 14-49 为 2,3-二溴丙酸的常规 ^{13}C-^1H COSY 谱。

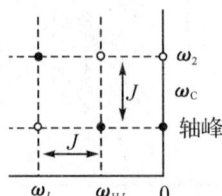

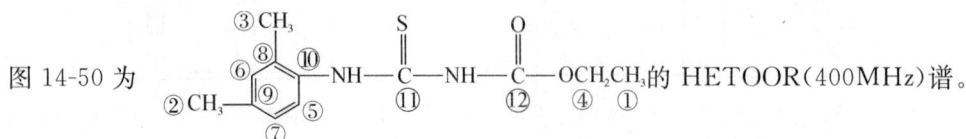

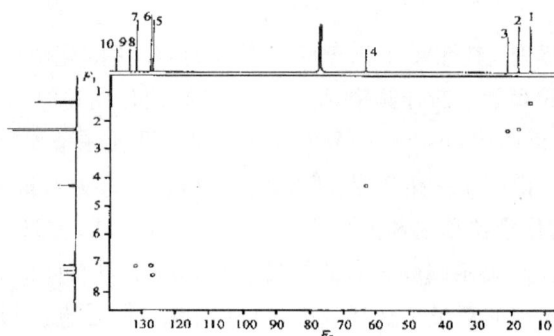

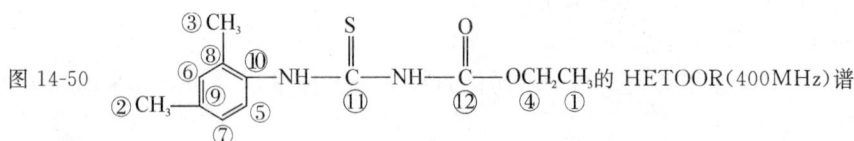

图 14-48　CH 结构单元的常规 ^{13C}-1H COSY 谱　　　图 14-49　2,3-二溴丙酸的常规 ^{13}C-^1H COSY谱

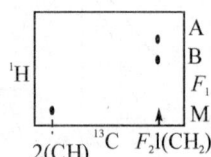

图 14-50 为 的 HETOOR(400MHz)谱。

图 14-50 的 HETOOR(400MHz)谱

可与前面的 COSY 谱对照。分子中只有 1、2、3、4、5、6、7 号碳上有氢,在图中有这些碳与氢的相关峰,没有对角峰,也没有其他无氢的碳的信息,如图 14-48 所示。

结论:由图 14-49 和图 14-50 可见,在 HETCOR 谱中,从图上相关峰向 F_1 作垂线,得到 ^1H 的化学位移,向 F_2 作垂线,得到 ^{13}C 的化学位移。即图上的相关峰出现在该碳和这个碳上的氢的化学位移相交处。如果一个碳上有两个化学位移不同的氢,则该碳和这个碳上的两个氢会有两个相关峰,分别出现在它们的化学位移相交处,通过 J_{CH} 建立相关关系。

谱信息,ω_1:^1H-^1H 耦合氢谱,ω_2:全去偶碳谱。

②远程 ^{13}C-^1H 化学位移相关谱。

远程 ^{13}C-^1H COSY 谱可以获得包括季碳在内的一键以上的远程 C-H 耦合的信息,建立起

C-C间的关联,确定分子骨架。

这种远程耦合甚至可以越过氧、氮或其他原子的官能团将碳与相隔两三个键的氢相关联,如—CO—O—CH中的 H 与羰基碳,C—NH$_2$中的 C 与 H 相关。

F_1 轴仍为 H 化学位移,F_2 轴为 C 的化学位移。无对角峰,交叉峰除出现"J_{CH}远程相关峰外,也会出现强的$^1J_{CH}$相关峰,因此能得到季碳的信息。

解析时要与 ^{13}C-^{1}H COSY 谱对照,以便扣除 ^{13}C-^{1}H COSY 谱有的$^1J_{CH}$相关峰,得到远程"J_{CH}耦合的信息。

与 2D 双量子谱相比,它样品用量少,时间短,灵敏度高。

图 14-51 为反式丙烯酸乙酯的 COLOC 谱。

由图可见,H$_6$ 与 C$_5$ 有交叉峰,H$_4$ 与 C$_2$($^2J_{HC}$)、C$_3$($^3J_{HC}$)有相关信息。H$_5$ 越过氧与 C$_1$(季碳)有交叉峰(^3J),H$_6$ 与 C$_6$、H$_4$ 与 C$_4$、H$_5$ 与 C$_5$ 的信号也可看到。而在此图上未看到 H$_3$、H$_2$ 与 C$_1$ 的交叉峰,以及 H$_3$ 与 C$_3$、H$_2$ 与 C$_2$ 的信息。

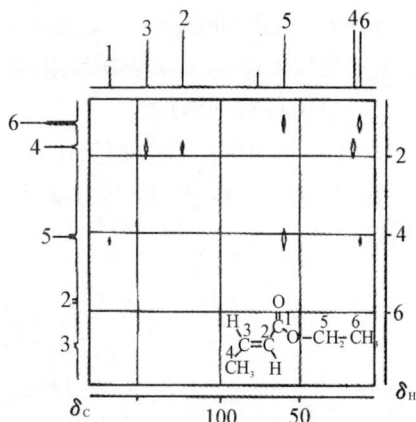

图 14-51 反式丙烯酸乙酯的 COLOC 谱

(3)总相关谱。

总相关谱,即 total correlation spectroscopy,简称 TOCSY。TOCSY 类似 COSY 谱,可提供自旋体系中耦合关联的信息,F_1 和 F_2 都是质子化学位移,对角峰在 F_1 和 F_2 坐标上的投影为氢谱,交叉峰为直接耦合和磁化矢量多次接力所致的相关峰,在图中可以看到彼此耦合氢的相关。但是 TOCSY 与 COSY 谱不同的是,TOCSY 可以看到整个耦合体系所有的氢,不仅仅是直接耦合的氢。例如,3-庚酮:

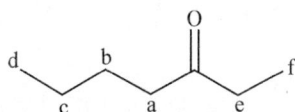

质子 a、b、c 是一个自旋体系,e、f 是一个独立的自旋体系。在 COSY 谱中,CH$_2$ a 与 CH$_2$ b 相关。在 TOCSY 谱中,它也与 CH$_2$ c 和 CH$_2$d 相关。

图 14-52 为含 AMPX 和 amx 两个自旋体系的分子 TOCSY 谱的示意图。

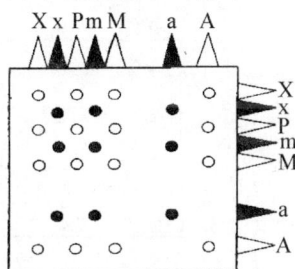

图 14-52 含 AMPX 和 amx 两个自旋体系的分子 TOCSY 谱

(○:AMPX 系统信号,●:amx 系统信号)

3. 多量子谱

在异核位移相关谱测试技术上又有两种方法:①对异核(非氢核)进行采样,称为正相实验,所测得的图谱称为"^{13}C-^{1}H COSY"或长程"^{13}C-^{1}H COSY"、COLOC(远程^{13}C-^{1}H化学位移相关谱，correlation spectroscopy via long rang coupling）。因是对异核进行采样，故灵敏度低，要想得到较好的信噪比必须加入较多的样品，累加较长的时间。②对氢核进行采样，这种方法称为反相实验，所得的图谱为 HMQC（^{1}H 检测的异核多量子相干实验，^{1}H detected heteronuclear multiple quantum coherence）、HSQC（^{1}H 检测的异核单量子相干实验，^{1}H detected heteronuclear single quantum coherence）或 HMBC（^{1}H 检测的异核多键相关实验，^{1}H detected heteronuclear multiple bond correlation 或 long range heteronuclear multiple quantum coherecel）谱。由于是对氢核采样，故对减少样品用量和缩短累加时间很有效果。

（1）HMQC 和 HSQC。

HMQC 和 HSQC 都类似于 HETCOR，是把^{1}H 核和与其直接相连的^{13}C 关联起来。其中F_1 域为^{13}C 化学位移，F_2 域为^{1}H 的化学位移，图中的交叉峰仍表示^{13}C-^{1}H 的相关性，如图 14-53 所示。

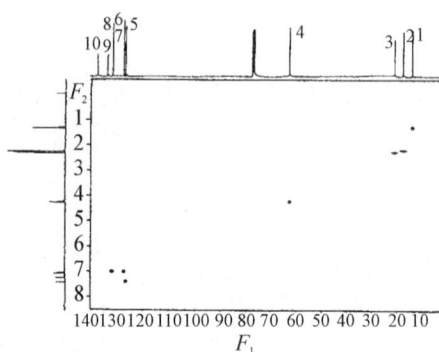

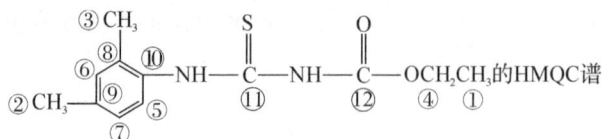

图 14-53 （结构式）的 HMQC 谱

（2）HMBC。

HBMC 把^{1}H 核和远程耦合的^{13}C 关联起来，其作用类似于远程^{13}C-^{1}H化学位移相关谱（COLOC 谱）。它可以高灵敏地检测^{13}C-^{1}H远程耦合（$^2J_{CH}$、$^3J_{CH}$），通过 2～3 个键的质子与季碳的耦合也有相关峰，从中得到有关碳链骨架的连接信息、有关季碳的结构信息及因杂原子存在而被切断的耦合系统之间的结构信息，如图 14-54 所示。

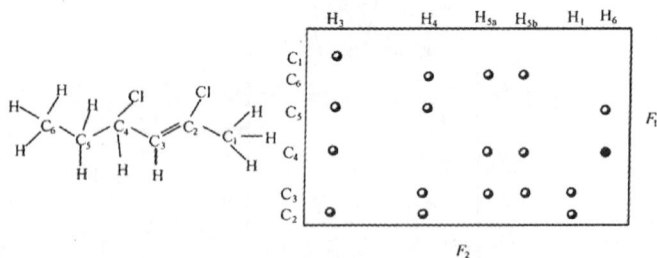

图 14-54　化合物 $CH_3—CH_2—CHCl—CH=CCl—CH_3$ 的 HMBC 谱

4. NOESY 和 ROESY 谱

二维 NOE 谱简称为 NOESY（nuclear overhauser effect spectroscopy），它反映了有机化合物结构中核与核之间空间距离的关系，而两者间相距多少与化学键无关。因此它对确定有机化合物结构、构型和构象以及生物大分子(如蛋白质分子在溶液中的二级结构等)有着重要意义。

NOESY 的谱图与 H-H COSY 非常相似,它的 F_2 维和 F_1 维上的投影均是氢谱,也有对角峰和交叉峰,图谱解析的方法也和 COSY 相同,唯一不同的是图中的交叉峰并非表示两个氢核之间有耦合关系,而是表示两个氢核之间的空间位置接近。

由于 NOESY 实验是由 COSY 实验发展而来的,因此在图谱中往往出现 COSY 峰,即 J 耦合交叉峰,故在解析时需对照它的 ^{1}H-^{1}H COSY 谱将 J 耦合交叉峰扣除。在相敏 NOESY 谱图中交叉峰有正峰和负峰,分别表示正的 NOE 和负的 NOE。

当遇到中等大小的分子时(分子量为 1000~3000),由于此时 NOE 的增益约为零,无法测到 NOESY 谱中的相关峰(交叉峰),此时测定旋转坐标系中的 NOESY 则是一种理想的解决方法,这种方法称为 ROESY(rotating frame overhause effect spectroscopy),由此测得的图谱称为 ROESY 谱。ROESY 谱的解析方法与 NOESY 相似,同样 ROESY 谱中的交叉峰并不全都表示空间相邻的关系,有一部分则是反映了耦合关系,因此在解谱时需注意。

(1)NOESY 谱表示的是质子的 NOE 关系,F_1、F_2 两个轴均为质子的化学位移值。

(2)其谱图外观与 COSY 谱相似,差别是交叉峰不是表示耦合关系,而是 NOE 关系。

(3)它能在一张谱图中同时给出所有质子间的 NOE 信息。

(4)利用 NOE 可以研究分子内部质子之间的空间关系,如确定它们的空间距离,分析和判断化合物的构型、构象,是研究有机物立体化学的有力工具。

图 14-55 是图示化合物的 NOESY 谱。由结构式可知 H_{1a} 应与 H_{3a} 和 H_{5a} 有 NOE,在图上由它们的交叉峰证实了这一点。其他的交叉峰,如 H_{5a} 与 H_{5e}、

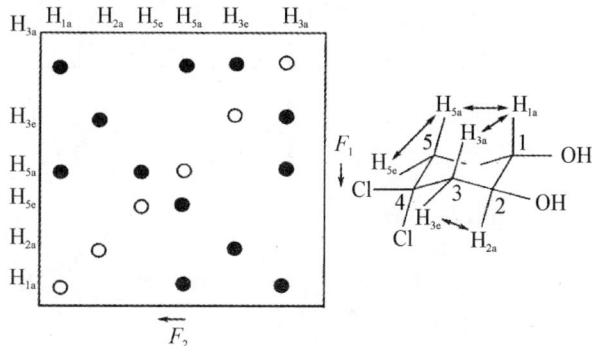

图 14-55　NOESY 谱(●:为有 NOE 的相关峰)

H_{3a} 与 H_{3e}、H_{2a} 与 H_{3e} 的交叉峰即使在 COSY 谱中也会有。因为,这些质子之间有 J 耦合。异香草醛突出表现 NOE 效应的 NOESY 谱如图 14-56 所示。

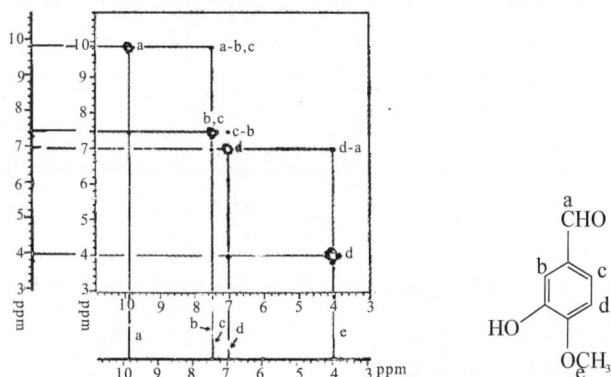

图 14-56　异香荚兰醛的 NOESY 谱(360MHz₂　CDCl₂)

NOE 交叉峰:醛基氢 a 与芳环上 b、c 位置上的氢空间相关,甲氧基氢 e 与芳环上 d 位置上的氢空间相关,对照其 H-HCOSY 谱,c、d 的交叉峰为 J 耦合峰,而非 NOE 交叉峰,应予以扣除。

上面简单地介绍了结构解析常用的几种 2D NMR 谱的特点和简要解析方法。二维核磁

共振谱是近年来发展极快、应用越来越广的结构解析手段。随着仪器和技术的发展，二维核磁共振谱还在不断进步和完善。减少样品用量、缩短测试时间、提高检测灵敏度、提供更加有用的信息是我们追求的目标。

现有的二维核共振谱种类比较多，每种谱的样品量、测试时间、用途大不相同。表 14-19 简要列出了这些二维核磁共振谱有关信息。

表 14-19 常用二维核磁共振谱的对照

名称	样品量(mg)	实验时间	相关途径	用途
^1H-^1H-2D J 谱	5		J_{HH}	确定 δ_H，J_{HH}
^{13}C-^1H-2D J 谱	20		J_{CH}	确定 δ_C，J_{CH}，碳上氢的个数
COSY	5	$5\sim30min$	J_{HH}	确定 H—H 耦合关系
INADEQUATE	100	$24\sim72h$	J_{CC}	确定分子C—C连接关系
HETCOR	20	$1\sim2h$	$^1J_{CH}$	确定C—H耦合关系
COLOC	20	$4\sim12h$	$^nJ_{CH}(n\geqslant2)$	确定远程C—H耦合关系
异核 RELAY	20	$\sim30min$	$^nJ_{CH}(n\leqslant2)$	确定分子C—C连接关系
TOCSY	5	$5\sim30min$	$^nJ_{HH}$	确定自旋体系及质子间耦合关系
NOESY	10	$1\sim2h$	NOE	提供空间或交换信息
HMQC/HSQC	10	$0.5\sim2h$	$^1J_{CH}$	同 HETCOR，浓度可以低些
HMBC	10	$2\sim12h$	$^nJ_{CH}(n\geqslant2)$	同 COLOC，浓度可以低些

2D 在研究更大分子体系时，谱线也出现了严重的重叠。为了解决这一问题，人们将 2D 推广到 3D 甚至多维。这些谱主要用于生物学(蛋白质)的研究。

思考题与习题

1. NMR 与 UV、IR 一样，同属吸收光谱，但相比 UV、IR 而言，NMR 的特殊性在哪里？

2. 产生化学位移的原因是什么？影响化学位移的因素有哪些？

3. 简述自旋耦合-自旋裂分产生的原因。耦合常数与化学位移的差异是什么？

4. "化学等价的原子核不一定是磁等价原子核，而化学不等价的原子核也未必是磁不等价原子核。"此说法正确吗？为什么？

5. 什么叫自旋耦合、自旋裂分、耦合常数？相互耦合的两组不同质子，它们之间的耦合常数有什么关系？对于一级谱而言，$HCONHCH_2CH_3$ 中的亚甲基质子、$CH_3CH_2CH_2NO_2$ 中的亚甲基各是多少重峰？峰面积之比会有怎样的规律？

6. 振荡器的射频为 56.4MHz，欲使 ^{19}F 及 ^1H 产生共振信号，外加磁场强度各需多少？

7. 下列化合物 ^1H NMR 谱图中只有一个单峰，试写出相应的结构式。

(1)C_2H_6O (2)C_4H_6 (3)C_5H_{12}

(4)C_6H_{12} (5)$C_2H_4Cl_2$ (6)C_8H_{18}

8. 在 CH_3—CH_2—$COOH$ 的氢核共振谱图中可观察到其中有 4 重峰及 3 重峰各 1 组。

(1)说明这些峰产生的原因。

(2)哪一组峰处于较低场？为什么？

9. 液态乙酰丙酮在 43℃ 的 NMR 波谱中，有一个在 $\delta=5.62$ 处(积分器上为 37 单位)的峰，一个在 $\delta=3.66$ 处(19.5 个单位)的峰，加上其他与本题无关的峰，计算其烯醇成分的百分数。

10. 有一未知液体，b.P. 218℃，分子式 $C_8H_{14}O_4$，红外图谱指出，有 C=O 存在，无芳环结构,核磁共振谱如图 14-57 所示,试推测其结构。

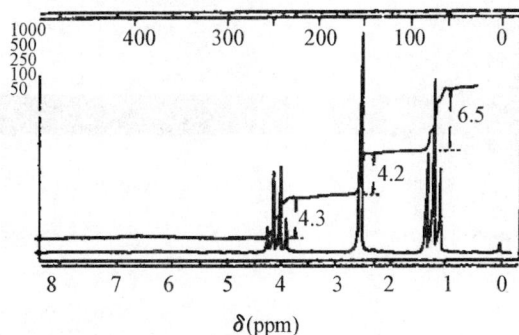

图 14-57　化合物 $C_8H_{14}O_4$ 的 NMR 谱

11. 有一相对分子质量为 136 的苯环化合物,得到其 ^{13}C NMR 谱如图 14-58 所示,试推测化合物的结构。

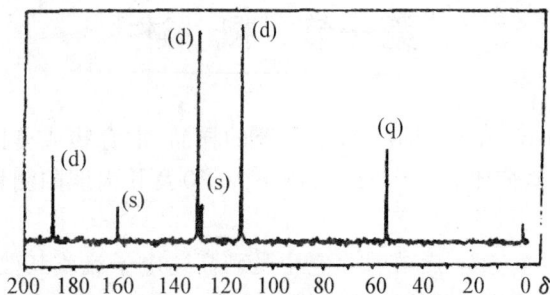

图 14-58　未知物的 ^{13}C NMR 谱

12. 有一个化合物分子式为 $C_6H_{10}O$,其 ^{13}C NMR 谱图如图 14-59 所示,它的红外光谱中 $3300cm^{-1}$ 有一个宽强峰,$2100cm^{-1}$ 有一尖峰,试推测其结构。

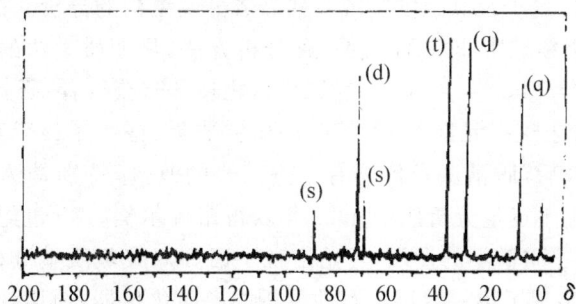

图 14-59　化合物 $C_6H_{10}O$ 的 ^{13}C NMR 谱

13. 用 60MHz 的核磁共振仪,测得 TMS(四甲基硅烷)和化合物中某质子的吸收频率差为 420Hz。如果使用 200MHz 的仪器,则它们之间的差为多少?此数据说明什么?

14. 化合物 $C_6H_{10}O_3$ 的 NMR 如图 14-60 所示,试推断其结构。

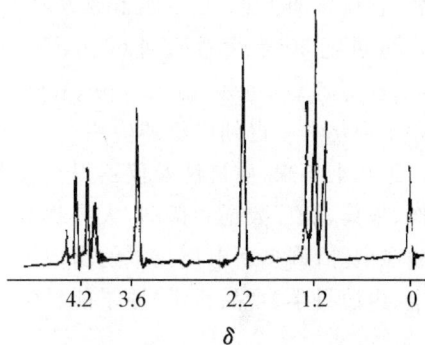

图 14-60　$C_6H_{10}O_3$ 的 ^1H NMR 谱

第十五章

质谱法

第一节　概　述

　　质谱法(mass spectrometry,MS)是使所研究的样品(混合物或单体)形成离子,通过对样品电离后所产生离子的质荷比 m/z(mass-charge ratio)及其强度的测量来进行成分和结构分析的一种仪器分析方法。

　　首先,被分析样品的气态分子,在高真空中受到高速电子流或其他能量形式的作用,失去外层电子生成分子离子,或进一步发生化学键的断裂或重排,生成多种碎片离子。然后,将各种离子导入质量分析器,利用离子在电场或磁场中的运动性质,使各种离子按不同质荷比 m/z 的大小次序分开,并对各种 m/z 的离子流进行检测、记录并排列成谱,得到质谱图。最后,鉴别谱图中的各种 m/z 的离子及其强度实现对样品成分及结构的分析。

　　质谱法是仪器分析领域中非常重要的一种分析方法,早期质谱法的最重要贡献是发现非放射性同位素。1912 年 Thomson(1906 年诺贝尔物理学奖获得者)研制了世界上第一台质谱仪;1913 年他报道了关于气态元素 Ne 的第一个研究成果,证明了该元素有 ^{20}Ne、^{22}Ne 两种同位素。第一次世界大战后,质谱法及仪器有了进一步的改进,特别是 Aston 因用质谱法发现同位素并将质谱法应用于定量分析而于 1922 年获得诺贝尔奖。20 世纪 30 年代,离子光学理论的发展,有力地促进了质谱学的发展,开始出现了诸如双聚焦质量分析器的高灵敏度、高分辨率的仪器。1942 年出现了第一台用于石油分析的商品化仪器,质谱法的应用得到突破性的发展,它在石油工业、原子能工业方面得到较多的应用。

　　20 世纪 50 年代后期到 60 年代,McLafferty 利用质谱在有机化学方面进行的开创性研究,以及随后 Djesassi、Biemamm、Watson、McClskey 等人进行更深入的探讨,质谱法在有机化学和生物化学中得到广泛的应用。

　　近几十年来,质谱法及仪器得到极大发展,主要表现在:计算机的深入应用,用计算机控制操作、采集、处理数据和谱图,大大提高了分析速度;各种各样联用仪器的出现,如色-质联用、串联质谱等;许多新电离技术的出现等。这使得质谱法在化学工业、石油工业、环境科学、医药卫生、生命科学、食品科学、原子能科学、地质科学等广阔的领域中发挥越来越大的作用。

第二节 质谱仪及其工作原理

质谱法的主要作用有如下几点。

(1)准确测定物质的分子量。

(2)根据碎片特征进行化合物的结构分析。

质谱仪的种类依据用途(分析对象)可分为:无机质谱、有机质谱、同位素质谱及气体质谱等;依据原理结构可分为:单聚焦质谱、双聚焦质谱、飞行时间质谱、四极滤质器、回旋共振质谱等。质谱仪一般由进样系统、离子源、质量分析器、检测器、数据处理系统(计算机)和高真空系统六个部分组成。图 15-1 是质谱仪的示意图。其中进样系统、离子源、质量分析器和检测器需要在真空状态下工作,以保证较高的灵敏度与分辨率和较少的噪声干扰。

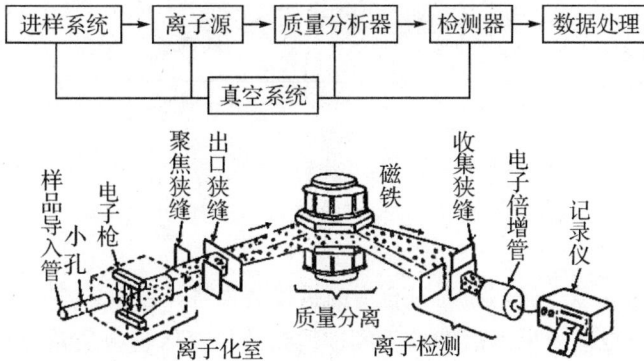

图 15-1 质谱分析仪

质谱仪是利用电磁学原理,使带电的样品离子按质荷比进行分离、分析的装置。被气化的样品分子,受到离子源高能电子流(~70eV)的轰击,失去一个电子,变成带正电的分子离子。这些分子在极短的时间内,又碎裂成各种不同质量的碎片离子、中性分子或自由基。

在离子化室被电子流轰击而生成的各种正离子,受到电场的加速,获得一定的动能,该动能与加速电压之间的关系为

$$\frac{1}{2}mv^2 = zU \tag{15-1}$$

式中:m 为正离子质量,v 为正离子速度,z 为正离子电荷,U 为加速电压。

加速后的离子在质量分析器中,受到磁场力(Lorentz force)的作用作圆周运动时,运动轨迹发生偏转。而圆周运动的离心力等于磁场力,即

$$\frac{mv^2}{R} = H \cdot z \cdot v \tag{15-2}$$

式中:H 为磁场强度,R 为离子偏转半径。

经整理,得

$$m/z = \frac{R^2 H^2}{2U} \tag{15-3}$$

$$R = \sqrt{\frac{2U}{H^2} \cdot \frac{m}{z}} \tag{15-4}$$

后边两式为磁偏转分析器的质谱仪方程。式中单位:m,原子质量单位;z,离子所带电荷的数目;H,高斯;U,伏特;R,厘米。

在上式,依次改变磁场强度 H 或加速电压 U,就可以使具有不同质荷比 m/z 的离子按次序沿半径为 R 的轨迹飞向检测器,从而得到一按 m/z 大小依次排列的色谱-质谱。

现以扇形磁场单聚焦质谱仪为例,将质谱仪各主要部分的作用原理讨论如下。图 15-2 为单聚焦质谱仪示意图。

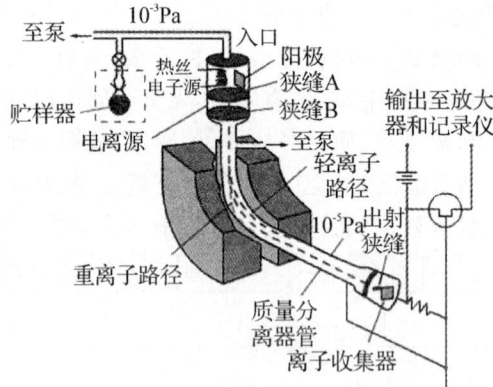

图 15-2　单聚焦质谱仪

一、真空系统

进行质谱分析时,一般过程是:通过合适的进样装置将样品引入并进行气化→气化后的样品引入到离子源进行电离→电离后的离子经过适当的加速后进入质量分析器,离子在磁场或电场的作用下,按不同的 m/e 进行分离,对不同 m/e 的离子流进行检测放大、记录(数据处理),得到质谱图进行分析。为了获得离子的良好分析,必须避免整个过程离子的损失,因此凡有样品分子、离子存在和经过的部位、器件,都要处于高真空状态。

质谱仪中离子产生及经过的系统必须处于高真空状态(离子源的高真空度应达到 $1.3 \times 10^{-4} \sim 1.3 \times 10^{-5}$ Pa,质量分析器中应达 1.3×10^{-6} Pa),若真空度过低,会造成离子源灯丝损坏、本底增高、副反应变多,从而使图谱复杂化,干扰离子源的调节、加速及放电等问题。一般质谱仪都采用机械泵预抽真空后,再用高效率扩散泵连续地运行以保持真空。现代质谱仪采用分子泵可以获得更高的真空度。图 15-3 为质谱仪典型的真空系统。

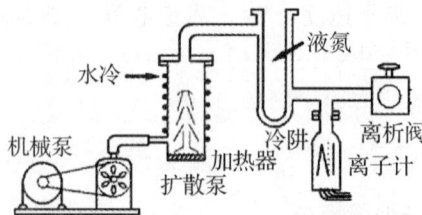

图 15-3　质谱仪的典型真空系统

二、进样系统

进样系统的目的是高效重复地将样品引入到离子源中并且不能造成真空度的降低。目前常用的进样装置有三种类型:间歇式进样系统、直接探针进样系统及色谱进样系统。一般质谱仪都配有前两种进样系统以适应不同的样品需要,有关色谱进样系统将在本章后面章节介绍。

1. 间歇式进样系统

间歇式进样系统可用于气体、液体和中等蒸气压的固体样品进样,典型的设计如图 15-4 所示。

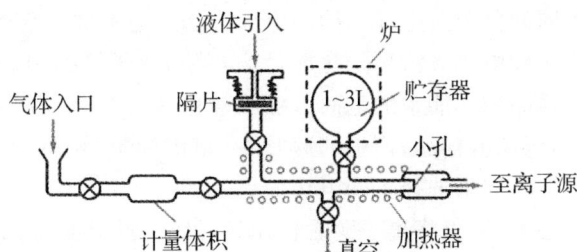

图 15-4　典型的间歇式进样系统

通过可拆卸式的试样管将少量(10~100μg)固体和液体试样引入试样贮存器中,由于进样系统的低压强及贮存器的加热装置,使样品保持气态。实际上试样最好在操作温度下具有1.3~0.13Pa 的蒸气压。由于进样系统的压强比离子源的压强要大,样品离子可以通过分子漏隙(通常是带有一个小针孔的玻璃或金属膜)以分子流的形式渗透进高真空的离子源中。

2. 直接探针进样系统

对那些在间歇式进样系统的条件下无法变成气体的固体、热敏性固体及高沸点液体试样,可直接通过探针进样,将样品引入到离子源中。探针杆通常是一根规格为 25cm×6mm i. d. ,末端有一装样品的黄金杯（坩埚),将探针杆通过真空闭锁系统引入样品,图 15-5 所示为一直接引入系统。

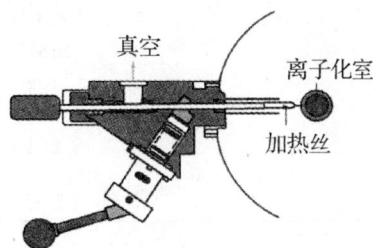

图 15-5　直接探针引入进样系统

直接探针进样技术不必使样品蒸气充满整个贮存器,故可以引入样品量较小(可达 1ng)和蒸气压较低的物质。直接进样法使质谱法的应用范围迅速扩大,使许多少量且复杂的有机化合物和有机金属化合物可以进行有效的分析,如甾族化合物、糖、双核苷酸和低摩尔质量聚合物等都可以获得质谱。

在很多情况下,将低挥发性物质转变为高挥发性的衍生物后再进行质谱分析也是有效的途径,如将酸变成酯,将微量金属变成挥发性螯合物等。

3. 色谱进样系统

色谱进样是利用气相和液相色谱的分离能力,与质谱仪联用,将色谱柱分离出的各个组分依次通过接口进入质谱仪的离子源,进行多组分复杂混合物分析。色谱-质谱联用仪的进样系统中的接口应当不破坏离子源的高真空度,也不影响色谱柱分离的柱效;应能使色谱分离后的各组分尽量多地进入质谱仪的离子源,而尽量不带入色谱流动相。气相色谱的流动相是气体,而液相色谱的流动相是液体,所以气相色谱-质谱联用仪和液相色谱-质谱联用仪的界面有很大的差别。

三、离子源

离子源就是将样品分子或原子转化成离子的装置。由于离子化所需的能量随分子不同差异很大,因此,对于不同的分子应选择不同的电离方法。通常称能给样品较大能量的电离方法为硬电离方法(硬源)。硬电离方法离子化能量高,伴有化学键的断裂,谱图复杂,可得到分子官能团的信息。而给样品较小能量的电离方法为软电离方法(软源),软电离方法离子化能量低,适用于易破碎或易电离的样品,产生的碎片少,谱图简单,可得到分子量信息。因此,应根据分子电离所需能量的不同来选择不同电离源。

离子源是质谱仪的心脏,可以将离子源看作比较高级的反应器,其中样品发生一系列的特征电离、降解反应,其作用在很短时间(~1μs)内发生,所以可以快速获得质谱。质谱仪的离子源种类很多,其原理和用途各不相同,离子源的选择对样品测定的成败至关重要,尤其当分子离子不易出峰时,选择适当的离子源,就能得到响应较好的质谱信息。表 15-1 列出了各种离子源。

表 15-1　质谱研究中的几种离子源

名称	简称	类型	离子化试剂
电子轰击离子化(electron bomb ionization)	EI	气相	高能电子
化学电离(chemical ionization)	CI	气相	试剂离子
场电离(field ionization)	FI	气相	高电势电极
场解析(field desorption)	FD	解吸	高电势电极
快原子轰击(fast atom bombardment)	FAB	解吸	高能电子
二次离子质谱(secondary ion MS)	SIMS	解吸	高能离子
激光解析(laser desorption)	LD	解吸	激光束
电流体效应离子化(离子喷雾)(electrohydrodynamic ionization)	EH	解吸附	高　场
电喷雾离子化(electrospray ionization)	ESI		荷电微粒能量

下面所介绍的是一些经典且常为人们所用的离子源。

1. 电子轰击源(electron impact source,EI)

电子轰击源是质谱通用型的电离源,由离子化区和离子加速区组成。在外电场的作用下,热电子流轰击样品,产生各种离子,然后在加速区被加速而进入质量分析器。这是一种最常用的离子化方法,其结构及工作原理如图 15-6 所示。

在热灯丝阴极与阳极之间加上 70V 电压,使灯丝温度达 2000℃左右,热阴极发射出能量为 70eV 的高能电子束,在高速向阳极运动时,撞击来自进样系统的样品分子,使样品分子发生电离,即

$$M + e^-(高速) \longrightarrow M^{\dot{+}} 2e^-(低速)$$

$M^{\dot{+}}$ 称为分子离子。当电离源有足够的能量使 $M^{\dot{+}}$ 带有较大内能时,$M^{\dot{+}}$ 可能进一步发生键的断裂,形成大量的各种低质量数的碎片正离子和自由基或中性分子,即

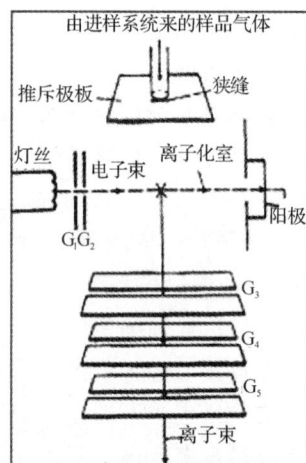

图 15-6　电子轰击源
G1～G5 为加速电极

$$M^{+} \rightarrow M_1^{+} + N^{*} \rightarrow \cdots\cdots$$

$$M^{+} \rightarrow M_2^{+} + N \rightarrow \cdots\cdots$$

正离子在加速电极之间高电位差的作用下获得加速度,经过狭缝进一步准直后进入质量分析器。

一般在热丝阴极与阳极的方向加一小磁场,使电子束以螺旋轨迹向阳极运动,以增加撞击样品分子的机率,提高电离效率。

电子轰击源的特点:①利用电子轰击源得到的离子流稳定性好,碎片离子产额高,应用广泛。这种电离方法成熟,文献中已积累了大量采用电离源的质谱数据。能量较大(70eV),大多数有机分子共价键的电离电位为 8~15eV,故均可使用。②电离效率高。③结构简单,操作方便。但也由此引出缺点,当样品分子量太大或稳定性差时,常常得不到分子离子,即分子离子容易被进一步断裂成碎片离子,所以分子离子峰变弱甚至不出现,因而不能测定分子量。

2. 化学电离源(chemical ionization source,CI)

化学电离源不是用高能电子直接轰击样品分子,而是通过"离子-分子反应"来实现对样品分子的电离。化学电离源的结构与电子轰击源相似,样品在承受电子轰击之前,被一种"反应气"(常用 CH_4,也可用异丁烷、NH_3 等)以约 10^4 倍于样品分子所稀释,因此样品分子直接受到高能电子轰击的几率极小。首先生成的离子来自反应气分子,反应气离子也叫试剂离子,它与样品分子发生离子-分子反应而产生样品分子离子。图 15-7 为化学电离源示意图。样品放在样品探头顶端的毛细管中,通过隔离子阀进入离子源。反应气经过压强控制与测量后导入反应室。反应室中,反应气首先被电离成离子,然后反应气的离子和样品分子通过离子-分子反应,产生样品离子。

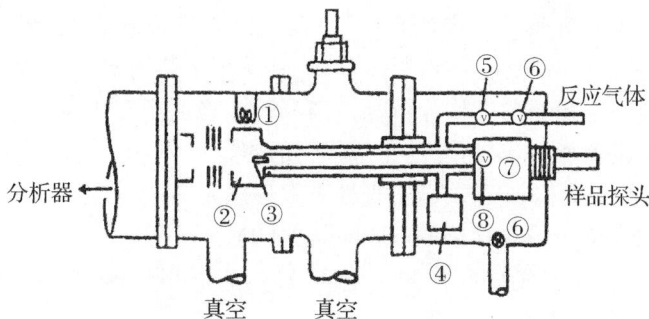

图 15-7 化学电离源

①灯丝;②反应室;③样品;④真空测量规;
⑤气流控制阀;⑥切换阀;⑦前级真空室;⑧隔离阀

以甲烷为例,发生的反应可表示为

$$CH_4 + e^- \longrightarrow CH_4^{+} + 2e^-$$

$$CH_4^{+} \longrightarrow CH_3^{+} + H^{*}$$

CH_4^{+} 及 CH_3^{+} 很快与大量存在的 CH_4 分子进一步反应,即

$$CH_4^{+} + CH_4 \longrightarrow CH_5^{+} + CH_3^{*}$$

$$CH_3^{+} + CH_4 \longrightarrow C_2H_5^{+} + H_2$$

CH_5^{+} 及 $C_2H_5^{+}$ 不再与 CH_4 反应,而当样品进入离子源时,它很快与样品分子(RH)反应,即

$$CH_5^{+} + RH \longrightarrow RH_2^{+} + CH_4$$

$$C_2H_5{}^+ + RH \longrightarrow R^+ + C_2H_6$$
$$C_2H_5{}^+ + RH \longrightarrow RH_2{}^+ + C_2H_4$$
$$C_2H_5{}^+ + RH \longrightarrow R - C_2H_6{}^+$$

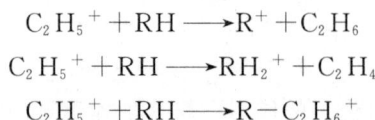

采用化学电离源所得到质谱图的特点：①图谱简单，样品离子是二次离子，键断裂的可能性大为减少，峰的数目也随之减少；②准分子离子峰，即（M＋H）或（M－H）峰很强，可提供样品分子的相对分子量的信息。

3. 场致电离源（field ionization，FI）

FI 是利用强电场诱发样品分子的电离。其结构示意图如图 15-8 所示，FI 离子源的场致射器是由很高电压梯度（为 $10^7 \sim 10^8 \, V \cdot cm^{-1}$）的两个尖细电极组成，流经电极之间的样品分子由于价电子的量子隧道效应而发生电离。电离后被阳极排斥出离子室并加速经过隧道进入质量分析器。

量子隧道效应（quantum mechanical tunneling）是基本的量子现象之一，即当微观粒子的总能量小于势垒高度时，该粒子仍能穿越这一势垒。场电离源由于尖细电极使样品分子产生"量子隧道效应"，样品分子只接收很小的能量，分子电子被微针"萃出"，分子本身很少发生振动或转动，因而分子不过多碎裂，FI 源可得到较强的分子离子峰，而碎片离子峰很少，图谱较简单。FI 源对电极的要求：电极尖锐，长满微针的细金属线或使用微探针（W 丝上的苯基腈裂解生成）构成多尖陈列电极（也称"金属胡须发射器"）可提高电离效率。

4. 场解吸离子源（field desorption，FD）

1969 年 Beckey 提出了 FD 离子化法。场解吸源 FD 与 FI 类似。与 FI 不同的是，它把样品溶液置于阳极发射器的表面，然后将发射丝上通电流，并将溶剂蒸发除去，在强电场中，样品离子直接从样品分子表面解吸并奔向阴极。FD 是一种软电离技术，一般只产生分子离子峰和准分子离子峰，碎片离子峰极少，图谱很简单，特别适用于热不稳定性和非挥发性化合物的质谱分析。在进行复杂未知物的结构分析时，若有条件，将电子轰击源、化学电离源及场解吸源三种电离方式的质谱图加以比较，有助于未知物的鉴定。

FD 法的缺点是测定技术难度较大，重现性不太理想。

5. 快速原子轰击源（fast atom bombardment，FAB）

FAB 是 20 世纪 80 年代发展起来的新电离技术，它利用快速中性原子来轰击样品的表面，使分子电离。其示意图如图 15-9 所示。

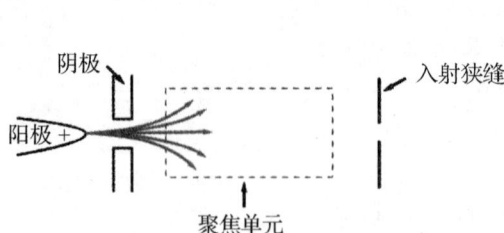

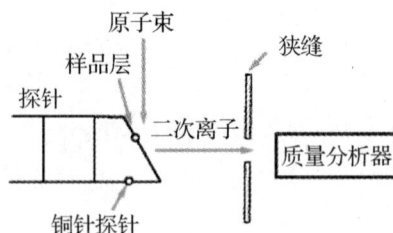

图 15-8　场电离源　　　　　图 15-9　快速原子轰击源

轰击样品分子的原子通常为惰性稀有气体，为氙或氩。为了获得高动能，首先让气体原子电离，并通过电场加速，然后再与热的气体原子碰撞而导致电荷和能量的转移，获得快速运动的原子，它们撞击涂有样品的金属极上，通过能量转移而使样品分子电离。此法通常将样品溶于惰性的非挥发性溶剂，如丙三醇中，并以单分子层覆盖于探针表面，以提高电离效率，而悬浮样品不适用。

FAB 的优点:①分子离子或准分子离子峰强;②碎片离子也丰富;③适合于热不稳定、难挥发的样品。其缺点是:溶解样品的溶剂也会被电离而使图谱复杂化,有时有可能会错误解析。

6. 高频火花电离源(SI)

SI 常用于一些非挥发性的无机样品,如金属、半导体、矿物、考古样品等的离子化,它类似于原子发射光谱中的激发源。把粉末样品与石墨粉均匀混合后装入电极内,置于高压(30kV)高频电场中,高频火花使样品分子电离。

高频火花电离源的优点:①灵敏度高,可达 10^{-9};②可以对复杂样品进行元素的定性、定量分析;③比原子发射光谱的信息简单,便于分析。其缺点是:各种离子的能量分散大,须采用双聚焦质量分析器;仪器较昂贵,操作较复杂,限制了应用范围。

7. 电喷雾离子源(electrospray ionization,ESI)

电喷雾离子源是近年来出现的一种新的电离方式,原理是将样品通过一定的装置喷雾蒸发,在蒸发过程中样品表面电荷密度增加,超过临界值后,离子就可以从表面蒸发出来,然后通过加速电压装置进入质量分析器。ESI 主要应用于液相色谱-质谱联用仪。它既作为液相色谱和质谱仪之间的接口装置,同时又是电离装置。

其主要部件是两层套管组成的电喷雾喷嘴,内层是 LC 流出物,外层是雾化气(常用氮气),喷嘴上加电压,在雾化的同时,样品电离,形成带有高电荷微粒的雾,再使用 N_2 气帘阻挡中性的溶剂分子,只让样品离子在电压梯度下进入质量分析器。典型的电喷雾质谱源是一个金属或玻璃的小毛细管(内径小于 $250\mu m$)。样品溶液从具有雾化气套管的毛细管端流出,在流出的瞬间受到毛细管端加上的几千伏的高电压,使得样品溶液从毛细管流出时在喷雾气的帮助下形成带电荷的雾滴,随着溶剂蒸发,液滴表面积缩小,当液滴的库仑静电力大于表面张力时,液滴会爆裂成更小的带电离子,最终导致分析物以单电荷或多电荷离子的形式进入高真空状态下的离子源。由于电喷雾离子源可允许有少量的盐和缓冲液,所以在与液相联用技术上有着极大的优势,但盐和缓冲液的存在会使仪器的灵敏度降低,因此,如何顾及液相的分离能力,但又不使质谱的检测极限有过大的损失是分析家所关注的。

电喷雾源(ESI)的特点:①电喷雾源属软电离技术,只产生分子离子,不产生碎片离子;②产生的离子常带有多电荷,尤其是生物大分子;③适用于强极性、大分子量的样品分析、如肽、蛋白质、糖等;④主要用于液相色谱-质谱联用仪。

8. 基质辅助激光解析离子源(matrix-assistant laser desorption ionization,MALDI)

MALDI 原理:利用一定能量的脉冲激光器辐照样品,使样品产生电离的方式。被分析的样品放置在涂有基质的靶上,在激光辐照过程中,基质分析吸收并转递激光能量,与样品分子一起蒸发到气相并使样品分子电离。

MALDI 属于软电离技术,特别适宜飞行时间质谱仪(TOF)。激光电离源必须有合适的基质才能有好的离子产率,常用基质有 2,5 二羟基苯甲酸、芥子酸、烟酸等,适宜分析生物大分子。

利用小分子有机物作为基质,样品与基质按照一定比例均匀混合,在空气中自然干燥后送入离子源内。混合物在真空下受一定波长的激光照射,基质吸收激光能量,并转变成电子激发能,瞬间使基质由固态分子转变成气态离子。而中性样品与基质离子、质子及金属阳离子之间的碰撞过程中,发生了样品的离子化,从而产生准分子离子或小部分的多电荷离子。由于

MALDI 的特点是准分子离子峰很强,几乎无碎片离子,因此可以广泛地用于测定多肽、蛋白、多糖等品质较大的分子。另外,MALDI 对样品中杂质的耐受量较大,当用色谱分离蛋白质时,常有盐留在样品中,若这些盐的含量在基质的 5% 以下,对于蛋白质的离子化过程干扰较小,杂质的背景讯号相对也较少,因而可以省去脱盐的步骤,节约分析时间,并简化分离过程,减少蛋白质变质的可能。

此外,尚有解析化学电离源(desorption chemical ionization,DCI 源)、场致电离和场解电离源等,分别用于不同样品的质谱测定。

早期(1980 年代前)质谱的主要缺点在于易挥发、受热不分解的化合物才可被分析。因为,获得气相离子需要经过两个步骤:首先有机化合物必须可在高真空中受热气化而不分解,然后分子受到具有一定能量电子束(EI)或者与反应气离子[如 CH_5^+ 或 OH^- (CI)]碰撞实现离子化。如果有机分子不能符合上述的离子化条件,它就不适合用质谱来分析分子的质量或结构。

近年来随着快原子轰击、电喷雾和基质辅助激光解析等软电离技术的出现,质谱在挥发性低、遇热不稳定的化合物中的应用得以实现。这些技术的特点在于样品的气化和离子化在同一时间完成,也就是说,样品通常以质子化、去质子化或其他准分子离子的离子形式进入气相中。因此,待测样品进入质谱不再是依靠它自身的挥发性,而在于它们带电荷的能力。利用这些离子化技术,不易挥发的样品(如蛋白质或多肽等)和不易离子化的化合物(如糖类化合物)可以在质谱中得到检测。

由于质谱仪中的离子源技术快速的发展,加上其快速、准确、灵敏等优点,使得质谱分析法在不同的研究中得到广泛的应用,从化学、生物、环境分析、医学及其他相关领域,都可以看到应用质谱的研究成果。

四、质量分析器

质量分析器的作用是将离子源中产生的离子质量色散,也就是使离子按质荷比 m/e 的大小顺序分开,然后经检测记录成质谱。分离离子的原理与质量分析器的种类有关,许多不同类型的质量分析器被用于化合物分析。常见的质谱质量分析器主要有电场-磁场质量分析器、四级杆质量分析器、离子阱质量分析器、飞行时间质量分析器和傅里叶变换离子回旋共振质量分析器。

1. 单聚焦质量分析器(single focusing mass analyzer)

单聚焦质量分析器实际上是处于扇形磁场中的真空扇形容器,因此,也称为磁扇形分析器。常见的单聚焦分析器是采用 180°、90° 或 60° 的圆弧形离子束通道。图 15-10 为单聚焦质量分析器原理示意图。

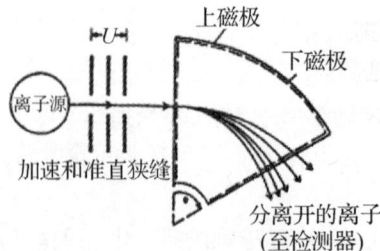

图 15-10　单聚焦质量分析器原理

设质量为 m,带有电荷为 e 的正离子,若其初始能量为 0,在离子室中受到加速电压 U 的作用,则到达离子室的出口狭缝时,离子具有的动能为

$$\frac{1}{2}mv^2 = eU$$

式中：v 为离子的运动速度。

当离子进入分析器的磁场后，受到洛伦兹力的作用而作半径为 R 的圆周运动，圆周运动的离心力要与洛伦兹力平衡，即

$$\frac{mv^2}{R} = HeU$$

式中：H 为磁分析器的磁场强度。

合并以上两式，得到

$$\frac{m}{e} = \frac{R^2 H^2}{2U} \text{ 或 } R = \frac{1}{H}\sqrt{2U\frac{m}{e}}$$

若以一电子的电荷量作为 1 电荷单位，正离子的电荷数用 Z 表示，以相对原子量单位作为离子的质量单位，离子的相对质量单位数用 M 表示，H 的单位为高斯（1 高斯 = 10^{-4} 特），U 的单位为 V，R 的单位为 cm，则

$$R = \frac{144}{H}\sqrt{U\frac{M}{Z}}$$

可见，R 取决于 M/Z、H、U，若仪器的 H、U 一定，则 $R \propto \sqrt{\frac{M}{Z}}$；$Z$ 一般为 1，所以 $R \propto \sqrt{M}$，表明，磁分析器可以把不同质量的离子分离开，这叫做质量色散。而对于相同质量、以不同方向进入扇形磁分析器的离子有会聚作用，起到了方向聚焦的作用，而且仅有方向聚焦，故称为单聚焦质量分析器。

对于一定的质谱仪器来说，离子源的出口狭缝位置是固定的，离子收集器（检测器）的位置也是固定的，表明 R 是一定的。进行质谱分析时，可以用固定的加速电压 U 连续改变磁场强度 H，或固定 H 连续改变 U，使不同 m/e 的离子依次到达检测器而获得质谱图。前者称为磁场扫描，后者称为电压扫描。

【例 15-1】　计算在曲率半径为 10cm、磁场强度为 1.2 特的磁分析器中，一个质量为 100 相对质量单位的一价正离子所需的加速电压为多少？

解：$U = \dfrac{R^2 H^2 Z}{144^2 M} = \dfrac{10^2 \times (1.2 \times 10^4)^2 \times 1}{144^2 \times 100} = 6.94 \times 10^3 = 6.94 (\text{kV})$。

图 15-11 为 90° 的单聚焦质量分析器质谱仪的结构示意图。

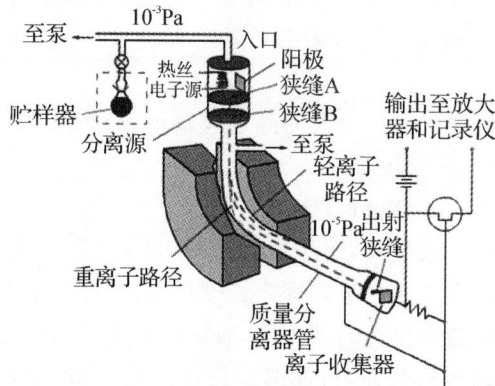

图 15-11　90° 的单聚焦分析器质谱仪的结构

单聚焦质量分析器的结构简单,操作方便,但分辨率低(一般为 500 以下),主要用于同位素测定。但单聚焦质量分析器没有考虑离子束中各离子的能量实际是有差别的,这种差别的存在使同种离子沿略为不同的飞行半径偏转,造成质量记录的偏差,即对于 m/z 相同而动能(或速度)不同的离子不能聚焦,故单聚焦质量分析器分辨率不高。为了克服之,人们又设计发明了双聚焦质量分析器。

2. 双聚焦质量分析器(double focusing mass analyzer)

为了解决离子的能量分散问题,即实现所谓的"速度(能量)聚焦",提高质谱仪的分辨本领,可使用双聚焦质量分析器。所谓双聚焦质量分析器是指分析器同时实现能量(或速度)聚焦和方向聚焦。它是将一个扇形静电场分析器置于离子源和扇形磁场分析器之间。图 15-12 为双聚焦质量分析器原理示意图。

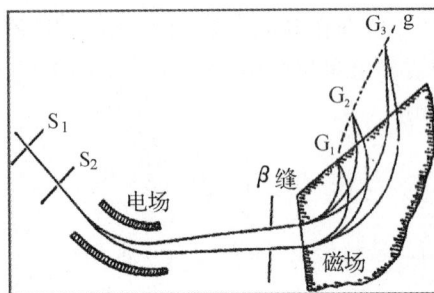

图 15-12　双聚焦质量分析器原理

离子通过静电场分析器时,由于受此电场力的作用,会改变运动方向成曲线运动,其离心力等于电场作用力,即

$$\frac{mv^2}{R_c} = eE$$

式中:R_c 为离子在电场分析器的运动曲率半径,E 为分析器的电场强度。则

$$R_c = \frac{mv^2}{eE}$$

在一定的 E 下,R_c 取决于离子的动能。动能大的离子 R_c 大,动能小的离子 R_c 小。表明电场分析器对不同能量的离子起到能量(或速度)的色散作用。对于能量相同的离子,通过扇形静电场分析器后又会聚在一起,在分析器的焦面上按能量高低的次序排列起来,实现了能量(或速度)的聚焦。然后进入磁分析器,通过设计和加工磁分析器的极面,使静电场分析器按不同能量分散开的而 m/e 相同的离子通过磁分析器后又会聚在一起,再进行检测,实现了能量(或速度)和方向的双聚焦。

双聚焦质量分析器的最大优点是大大提高了仪器的分辨率,可达 15 万,甚至上百万。但仪器昂贵,调整、操作、维护均较为困难。

3. 飞行时间分析器(time of flight, TOF)

飞行时间分析器不是磁场或电场,而是一根长、直的飞行管。从离子源飞出的离子质量不同,但动能基本一致,在飞出离子源后进入固定长度(固定离子飞行间隔)的无场漂移管后,不同质量的离子飞行速度不同造成飞行时间不同,质量小的离子飞行时间短首先到达检测器,质量大的离子飞行时间长后到达检测器,进而离子得以分离。图 15-13 为飞行的时间分析器原理示意图。

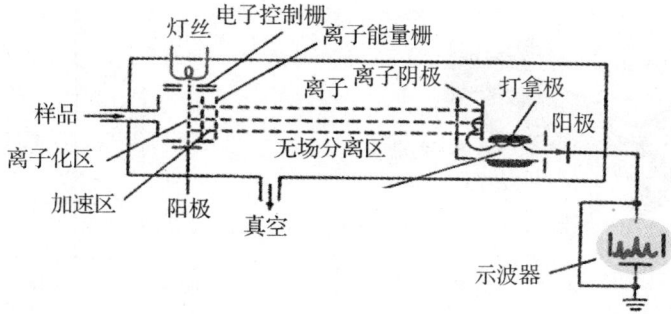

图 15-13　飞行时间分析器原理

离子受加速电压加速后，其动能为

$$\frac{1}{2}mv^2 = eU$$

则离子在到达无场漂移管前端时，其运动速度为

$$v = \left(\frac{2Ue}{m}\right)^{1/2}$$

若分析器飞行管的长度为 L，则离子在管中的飞行时间为

$$t = \frac{L}{v} = L\left(\frac{m}{2Ue}\right)^{1/2}$$

对于 $\left(\frac{m}{e}\right)_1$ 及 $\left(\frac{m}{e}\right)_2$ 的两离子，在飞行管中的飞行时间差为

$$\Delta t = \frac{\sqrt{\left(\frac{m}{e}\right)_1} - \sqrt{\left(\frac{m}{e}\right)_2}}{\sqrt{2U}}$$

可见 Δt 取决于不同离子 m/e 的平方根之差，各种离子按照相应的时间间隔飞行出分析器而被检测。但是，如果电离和加速以及离子通过飞行管是连续不断的话，那么将使检测器的检测信号也连续输出，记录发生重叠，无法得到可供分析的信息。所以飞行时间质谱仪是采用脉冲式的程序操作，分为几步反复进行：①开动电离室的电子枪，大约 10^{-9} s 时间，样品电离，形成离子束；②随后施加加速电压，大约 10^{-4} s，离子被加速后进入飞行管；③关闭所有电源，大约 US 级，使离子流在飞行管中无阻的"慢性飞行"，飞出管进行检测。完成了一个循环程序后，又一次开动电子枪重新产生离子束……经不同时间收集离子的有效信息，并反馈到记录仪上，从而得到质谱图。

这种质量分析器的特点是质量分析范围原理上不受限制，新发展的 TOF 具有大的质量分析范围和较高的质量分辨率，主要用于生物大分子方面的结构测定，尤其适合蛋白质等生物大分子分析。

4．四极滤质分析器(quadrupole mass fliter，QMF)

四极滤质分析器因其由四根平行的棒状电极组成而得名。QMF 是由两对高度平行的金属电极杆组成，精密地固定在正方形的四个角上，相对的一对电极为等电位的电极杆，而两对电极杆则分别有不同的电位。图 15-14 为四极滤质分析器，图 15-15 为四极杆位置截面图。

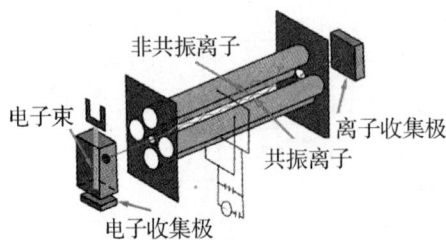

图 15-14　四极滤质分析器

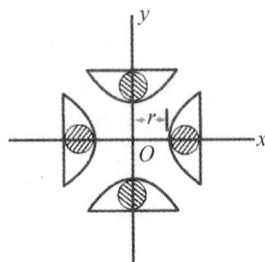

图 15-15　四极杆位置截面

其中一对电极加上直流电压 U_{dc}，另一对电极加上射频电压 $U_0\cos\omega t$（U_0 为射频电压的振幅，ω 为射频振荡频率，t 为时间），即加在两对极杆之间的总电压为（$U_{dc}+U_0\cos\omega t$）。由于射频电压大于直流电压，所以在四极之间的空间处于射频调制的直流电压的两种力作用下的射频场中，离子进入此射频场时，只有合适 m/e 的离子才能通过稳定的振荡穿过电极间隙而进入检测器，其他 m/e 的离子则与极杆相撞而被滤去。只要保持 U_{dc}/U_0 值及射频频率不变，改变 U_{dc} 和 U_0，就可以实现对 m/e 的扫描。

QMF 是一种无磁分析器，体积小，重量轻，操作方便，扫描速度快，分辨率较高，适用于色谱-质谱联用仪器。

5. 离子阱质量分析器（ion trap analyzer，IT）

离子阱是一种通过电场或磁场将样品离子控制并贮存一段时间的装置。图 15-16 是离子阱的一种典型构造示意图。

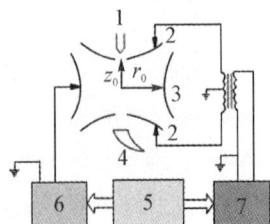

1—灯丝；2—端帽；3—环形电极；4—电子倍增器；
5—计算机；6—放大器和射频发生器（基本射频电压）；
7—放大器和射频发生器（附加射频电压）

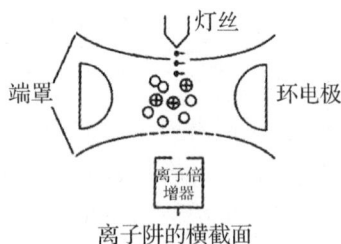

图 15-16　离子阱的构造

IT 由环形电极（ring electrode）再加上下端帽电极（end cap）构成。端帽电极施加直流电压或接地，环电极上施以变化的射频电压，通过施加适当电压就可以形成一个势能阱（离子阱），此时处于阱中具有合适的 m/z 加的离子将在环中指定的轨道上稳定旋转，若增加该电压，则较重离子转至指定稳定轨道，而轻些的离子将偏出轨道并与环电极发生碰撞。当一组由电离源（化学电离源或电子轰击源）产生的离子由上端小孔进入阱中后，射频电压开始扫描，陷入阱中离子的轨道则会依次发生变化而从底端离开环电极腔，从而被检测器检测。

这种离子阱结构简单、成本低且易于操作，已用于 GC-MS 联用装置对 m/z 200～2000 的分子分析。目前离子阱分析器已发展到可以分析质荷比高达数千的离子。离子阱在全扫描模式下仍然具有较高灵敏度，而且单个离子阱通过期间序列的设定就可以实现多级质谱（MSN）的功能。

6. 傅里叶变换离子回旋共振质量分析器(Fourier transform ion cyclotron resonance analyzer, FTICR)

离子回旋共振质量分析器是建立在离子回旋共振基础上的一种质量分析器,与磁偏转和四极滤质分析器完全不同。当一气相离子进入或产生于一个强磁场中时,离子将沿着磁场垂直的环形途径运动,称为回旋。其回旋频率 ω_c 可表示为

$$\omega_c = \frac{eH}{m}$$

在一定的磁场强度 H 下,ω_c 只与 m/e 有关。增加运动速度时,离子的回旋半径亦相应增加,而 ω_c 不变,回旋离子可以从与其相匹配的交变电场(射频场)中吸收能量而加快回旋速度,随之回旋半径逐步增大——发生了回旋共振。不同 m/e 的离子所匹配的交变电场频率不同,因此,通过改变电场不同频率的扫描,可获得不同 m/e 离子的相应信息。图 15-17 为离子回旋共振原理图。

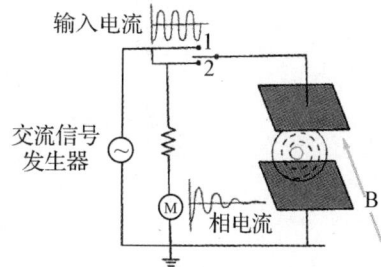

图 15-17　离子回旋共振工作原理

一组 m/e 相同的离子进入磁场时,合适的交变电场频率将使这些离子产生回旋共振而发生能量转移,而其他 m/e 离子不受影响。由于共振离子的回旋可以产生称之为相电流的信号,相电流可以在停止交变电场(即图中开关置于 2 位)时观察到。感生的相电流由于共振离子在回旋时不断碰撞失去能量并归于热平衡状态而逐步消失,这个过程一般在 $0.1\sim10\mathrm{s}$ 内,因此可以得到相电流的衰减信号。但普通的回旋共振分析器扫描速度很慢,灵敏度低,分辨率也很差,将傅里叶变换技术应用于回旋共振质量分析器就得到 FTICR。

傅里叶变换离子回旋共振质量分析器是在分析器上施加一个频率由低到高线性增加 $(0.070\mathrm{M}\sim3.6\mathrm{MHz})$ 的短脉冲$(1\sim5\mathrm{ms})$,使相应 m/e 范围内的所有离子都产生回旋共振,脉冲之后,所有离子都发生感生相电流的衰减信号,测定在各时刻中所有离子相电流衰减信号的相干谱图。这种谱图是一种不能直接进行分析的叠加时域谱,需将它重复累加、放大并经过模数转换后输入计算机,进行快速的傅里叶变换,便可检出各种频率成分的谱图-频域谱,并利用频率与量的关系,得到常见的质谱图。

FTICR 的优点是：①分辨率高、质量精确度高,可达 25 万,容易区分相同标称分子质量的离子,如 N_2、C_2H_4 和 CO,对推断精确的经验式极有价值；②可检测的离子质量范围宽,可达 10^3；③可以测量不同的脉冲及不同延迟时间的信息,扫描速度快,故可以研究气态离子或分子反应动力学；④与新的软离子源技术(ESI、MALDI)兼容性好,适用于化学基础研究及生命科学中的分子结构问题,它对未知生物分子的分析,是其他质谱所不能替代的。但此仪器较为昂贵,工作条件较为苛刻。

五、检测器和记录器

分析从质量分析器中出来的离子的检测器的种类很多,但基本工作原理相同：一定能量的离子打到电极的表面,产生二次电子,二次电子又受到多极倍增放大,然后输出到放大器,放大后的信号供记录器记录。质谱仪常用的检测器有法拉第杯(Faraday cup)、电子倍增器及闪烁计数器、照相底片等。

法拉第杯是其中最简单的一种,其结构如图 15-18 所示。法拉第杯与质谱仪的其他部分保持一定电位差以便捕获离子,当离子经过一个或多个抑制栅极进入杯中时,将产生电流,经转换成电压后进行放大记录。法拉第杯的优点是简单可靠,配以合适的放大器可以检测≈10^{-15}A 的离子流。但法拉第杯只适用于加速电压<1kV 的质谱仪,因为更高的加速电压产生能量较大的离子流,这样离子流轰击入口狭缝或抑制栅极时会产生大量二次电子甚至二次离子,从而影响信号检测。

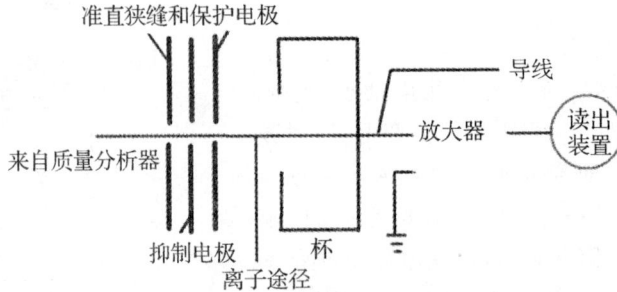

图 15-18　法拉第杯结构原理

电子倍增器的种类很多,其工作原理如图 15-19 所示。一定能量的离子轰击阴极导致电子发射,电子在电场的作用下,依次轰击下一级电极而被放大,电子倍增器的放大倍数一般在$10^5\sim10^8$。电子倍增器中电子通过的时间很短,利用电子倍增器可以实现高灵敏、快速测定。但电子倍增器存在质量歧视效应,且随使用时间增加,增益会逐步减小。

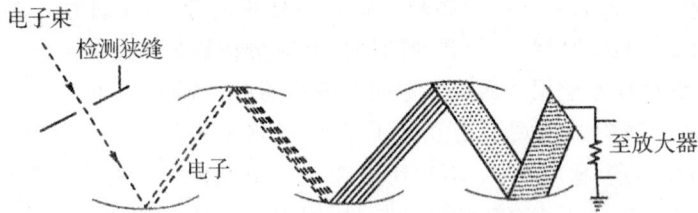

图 15-19　电子倍增器工作原理

近代质谱仪中常采用隧道电子倍增器,其工作原理与电子倍增器相似,因为体积小,多个隧道电子倍增器可以串联起来,用于同时检测多个 m/z 不同的离子,从而大大提高分析效率。

照相检测是在质谱仪特别是在无机质谱仪中应用最早的检测方式。此法主要用于火花源双聚焦质谱仪。其优点是无需记录总离子流强度,也不需要整套的电子线路,且灵敏度可以满足一般分析的要求,但其操作麻烦,效率不高。

质谱信号非常丰富,电子倍增器产生的信号可以通过一组具有不同灵敏度的检流计检出,再通过镜式记录仪(不是笔式记录仪)快速记录到光敏记录纸上。现代质谱仪一般都采用较高性能的计算机对产生的信号进行快速接收与处理,同时通过计算机可以对仪器条件等进行严格的监控,从而使精密度和灵敏度都有一定程度的提高。

第三节　质谱仪的主要性能指标

质谱成为分析有机化合物及生物大分子的重要手段,是因为它具有以下特点:①高灵敏度,样品用量少,可测 10^{-8} mol 以下物质的量;②快速,可以在数分钟内完成测试;③可以同时提供样品的精确分子质量和结构信息;④既可用于定性分析,也可用于定量分析;⑤能有效地与各种色谱联用,用于复杂体系分析;⑥由于检测的是样品的质荷比,对于确定混合物的组成非常有效。质谱仪器的整体性能通常通过质量范围、分辨率、灵敏度和扫描速度等指标来考察。

一、质量范围

质量范围通常指质谱仪能检测的最低和最高相对原子质量(或相对分子质量)范围。通常采用以 ^{12}C 来定义的原子质量单位来量度。在非精确测定质量的场合中,常采用原子核中所含质子和中子的总数即"质量数"来表示质量的大小,其数值等于相对质量数的整数。质量范围取决于质量分析器的类型。因为质谱检测的是质荷比(m/z),而不是质量(m),所以实际检测的质量取决于离子所带的电荷数 z,当 z 值越大,m/z 就越小。仅当离子所带电荷数 $z=1$ 时,才能将质量上、下限看成是检测化合物的最高、最低相对分子量。例如,相对分子质量为 20000 的化合物,若带有 20 个电荷,其 $m/z=20000/20=1000$,所以质量上限为 1000 的质量分析器也能检测相对分子质量为 20000 的化合物。在 LC-MS 中配置的 ESI 离子源,可产生和检测多电荷离子,但目前 GC-MS 中配置的 EI、CI 等离子源,则只能检测单电子离子。质量范围是仪器档次的标志之一,质量下限高,可能得不到低质量端的特征离子;质量上限低,则不能检测质荷比高于质量上限的离子。

二、分辨率

分辨率(R)也叫分辨本领,是指质谱仪分开相邻质量数离子的能力。一般定义是:对两个相等强度的相邻峰,当两峰间的峰谷不大于其峰高的 10% 时,则认为两峰已经分开,其分辨率为

$$R=\frac{m_1}{m_2-m_1}=\frac{m_1}{\Delta m}$$

式中:m_1、m_2 为质量数,且 $m_1<m_2$,故在两峰质量数差别越小时,要求仪器分辨率越大。

图 15-20 为质谱仪 10% 峰谷分辨率的图谱。

而在实际工作中,有时很难找到相邻的且峰高相等,同时峰谷又为峰高的 10% 的两个峰。在这种情况下,可任选一单峰,测其峰高 5% 处的峰宽 $W_{0.05}$,即可当作上式中的 Δm,此时分辨率为

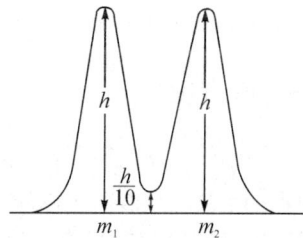

图 15-20　质谱仪 10% 峰谷分辨率

$$R = \frac{m}{W_{0.05}}$$

如果该峰是高斯型的,上述两式计算结果是一样的。

【例 15-2】 要鉴别 N_2^+(m/z 为 28.006)和 CO^+(m/z 为 27.995)两个峰,仪器的分辨率至少是多少? 在某质谱仪上测得一质谱峰中心位置为 245u,峰高 5%处的峰宽为 0.52u,可否满足上述要求?

解:要分辨 N_2^+ 和 CO^+,要求质谱仪分辨率至少为

$$R_{need} = \frac{27.995}{28.006 - 27.995} = 2545$$

质谱仪的分辨率为

$$R_{sp} = \frac{245}{0.52} = 471$$

$$R_{sp} < R_{need}$$

故不能满足要求。

质谱仪的分辨本领由下列几个因素决定:①离子通道的半径;②加速器与收集器狭缝宽度;③离子源的性质。

质谱仪的分辨本领几乎决定了仪器的价格。分辨率在 500 左右的质谱仪可以满足一般有机分析的需要,此类仪器的质量分析器一般是四极滤质器、离子阱等,仪器价格相对较低。若要进行准确的同位素质量及有机分子质量的测定,则需要使用分辨率大于 10000 的高分辨率质谱仪,这类质谱仪一般采用双聚焦磁式质量分析器。目前这种仪器分辨率可达 100000,当然其价格也将会是低分辨率仪器的 4 倍以上。

三、灵敏度

质谱仪的灵敏度有绝对灵敏度、相对灵敏度和分析灵敏度等几种表示方法。绝对灵敏度是指仪器可以检测到的最小样品量;相对灵敏度是指仪器可以同时检测的大组分与小组分含量之比,例如相对灵敏度为 10^{-9},表示仪器可以测定样品中杂质量是样品量的 10^9 分之一;分析灵敏度则是指输入仪器的样品量与仪器输出的信号之比。

第四节　质谱图及离子峰类型

一、质谱图

质谱的表示方式很多,一般的质谱给出的数据有两种形式:一是棒图即质谱图,另一个为表格即质谱表。质谱图是以质荷比 m/z 为横坐标,以对基峰(base peak,最强离子峰,规定相对强度为 100%)相对强度(或称相对丰度,relative abundance)为纵坐标所构成的谱图。质谱表是用表格形式表示的质谱数据。质谱表中有两项,即质荷比和相对强度。从质谱图上可以直观地观察整个分子的质谱全貌,而质谱表则可以准确地给出精确的 m/z 值及相对强度值,有助于进一步分析。现以多巴胺为例说明质谱图(见图 15-21)和质谱表(见表 15-2)。

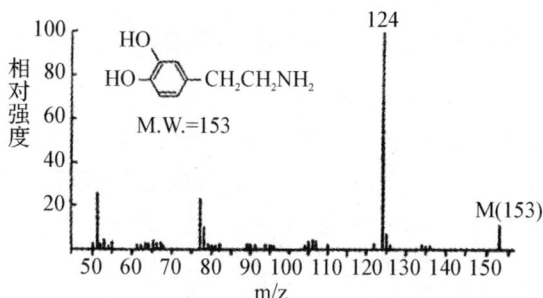

图 15-21 多巴胺的质谱

将质荷比和其相对强度以表的形式表示，以多巴胺的质谱表为例。

表 15-2 多巴胺质谱表（$m/z > 50$，相对强度 $> 1\%$ 的质谱峰）

m/z	相对强度(%)	m/z	相对强度(%)	m/z	相对强度(%)	m/z	相对强度(%)
50	4.00	64	1.57	79	2.71	123	41.43
51	25.71	65	3.57	81	1.05	124	100.00
52	3.00	66	3.14	89	1.57		(基峰)
53	5.43	67	2.86	94	1.76	125	7.62
54	1.00	75	1.00	95	1.43	136	1.48
55	4.00	76	1.48	105	4.29	151	1.00
62	1.57	77	24.29	106	4.29	153	13.33 (M)
63	3.29	78	10.48	107	3.29	154	1.48 (M+1)

除此以外，其他尚有八峰值及元素表（高分辨质谱）等表示方式。

八峰值：由化合物质谱表中选出八个相对强峰，以相对峰强为序编成八峰值，作为该化合物的质谱特征，用于定性鉴别。未知物，可利用八峰值查找八峰值索引（eight peak index of mass spectra）定性。用八峰值定性时应注意，由于质谱受实验条件影响较大，同一化合物质谱八峰值可能含有明显差异。

元素表（element list）：高分辨质谱仪可测得分子离子及其他各离子的精密质量，经计算机运算、对比，可给出分子式及其他各种离子的可能化学组成。质谱表中，具有这些内容时称为元素表。

二、质谱中主要离子峰的类型

1. 几个术语

(1)"奇电子离子"和"偶电子离子"及其表示法

在一个离子中，其电子的总数目为奇数者称为奇电子离子，用"OE"离子简称。奇电子离子是一种自由基离子，在其离子电荷的位置上以"$\overset{+}{\cdot}$"或"$+\cdot$"表示，如 $CH_3-\overset{\overset{O^+}{\|}}{C}-CH_3$，$CH_3CH_2-\overset{+\cdot}{O}H$。如果是复杂离子电荷位置不易确定的，在其离子式的右上角用"$\overset{+}{\cdot}$"表示，如 $\langle\!-CH_2R\overset{+}{\cdot}$。在一个离子中，其电子的总数为偶数者称为偶电子离子，用"EE"离子简称。偶

电子离子用"+"表示,如 $CH_3—C≡O^+$,电荷位置不确定的,可表示为 $⟨\bigcirc⟩—CH_2^{+}$,$\bigoplus$。

(2)"氮律"

所谓"氮律"是指在有机化合物分子中,若含有偶数(包括零)个氮原子的,则其分子量为偶数,若含有奇数个氮原子的,则其分子量为奇数。之所以有"氮律",是因为在组成有机化合物分子的常见元素(如 C、H、O、S、Cl、Br、N 等)中,除了氮元素外,其他各元素的共价键价数和该元素最大丰度同位素的质量单位数均同为偶数或同为奇数,唯独 ^{14}N 是偶质量单位数而奇数价数(3 价)。

(3)"半异裂"(或半均裂)、"异裂"、"均裂"及其表示法

在离子断裂过程中,如果自由基离子的一个孤电子转移到一个碎片上,这种断裂叫"半异裂",用一个鱼钩状的半箭号"⌒"表示孤电子转移的途径;在离子断裂过程中,如果一个键断开时的一对电子同时转移到同一个碎片上,这种断裂叫"异裂",用一个完整的箭号"⌒"表示一对电子的转移;如果一个键断开时的一对电子分别转移到所断裂的两个碎片上,这种断裂叫"均裂",用两条不同方向的鱼钩状半箭号"⌒⌒"表示两个电子的不同转移方向。

此外,分子在离子源中可产生各种电离,即同一分子可产生多种离子峰:分子离子峰、同位素离子峰、碎片离子峰、重排离子峰、亚稳离子峰、复合离子及多电荷离子峰(后两种离子峰较少出现)等。每种离子形成相应的质谱峰,它们在质谱解析中各有用途。

2. 分子离子峰

在离子源中,样品分子受到高速电子的轰击或其他能量的作用,失去一个电子而生成带一个正电荷的离子,称为"分子离子"或"母离子"。

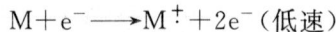

$$M+e^- \longrightarrow M^+ +2e^- (低速)$$

分子离子所产生的质谱峰,称为分子离子峰。分子离子峰有如下特点。

(1)分子离子是奇电子离子(M^+),是样品分子(所有电子都成对)失去一个电子而产生的,所以是一个自由基离子,其中有一个未成对的孤电子,离子中电子的总数是奇数,因此分子离子的表示为 M^+。

(2)分子离子正电荷的位置:①如果分子中有杂原子,则其中未成键的 n 电子对较易失去一个电子而带正电荷,所以正电荷在杂原子上;②如果分子无杂原子,但有 π 键,则 π 电子对较易失去一个电子,所以正电荷在 π 键上;③如果分子中既无杂原子,也无 π 键,则正电荷一般在分支的碳原子上;④对于复杂分子,电荷位置不易确定的,则用"$+$"表示。

(3)分子离子是分子失去一个电子所得到的离子,所以其 $\dfrac{m}{e}$ 数值等于化合物的相对分子量,是所有离子峰中 $\dfrac{m}{e}$ 最大的(除了同位素离子峰外)。因此,质谱图中如有分子离子峰出现,必位于谱图的最右边,这在谱图解析中具有特殊意义。同时分子离子必然符合"氮律"。

(4)质谱中,分子离子峰的强度和化合物的结构关系极大,它取决于分子离子与其裂解后所产生离子的相对稳定性。一般规律是,化合物链越长,分子离子峰越弱,酸类、醇类及高分支链的烃类分子,分子离子峰较弱甚至不出现。共轭双键或环状结构的分子,分子离子峰较强。一般顺序为:芳环>共轭烯>烯>环状化合物>酮>不分支烃>醚>酯>胺>酸>醇>高分支烃。

3. 碎片离子峰

分子离子产生后可能具有较高的能量,将会通过进一步碎裂或重排而释放能量,碎裂后产

生的离子形成的峰称为碎片离子峰。有机化合物或生物大分子受高能作用时产生各种形式的分裂,一般强度最大的质谱峰相应于最稳定的碎片离子。通过各种碎片离子相对峰高的分析,有可能获得整个分子结构的信息。因为 M^+ 可能进一步断裂或重排,因此要准确地进行定性分析最好与标准谱图进行比较。

(1)σ 键断裂。

如果化合物中有 σ 键,就可能发生 σ 键断裂。但由于 σ 键断裂所需的能量较大,所以仅当化合物分子中没有 π 电子和 n 电子时,σ 键的断裂才可能成为主要的断裂方法。如烷烃分子离子的断裂,这时一个未成对的孤电子向一个碎片转移,因此是一种"半异裂",用"⌒"表示一个电子的转移,产生一个偶电子离子和一个自由基。而且,断裂的产物越稳定,就越易断裂。阳碳离子的稳定顺序为叔>仲>伯,所以异构烷烃最容易从分支处断裂,且支链大的易以自由基脱去,如

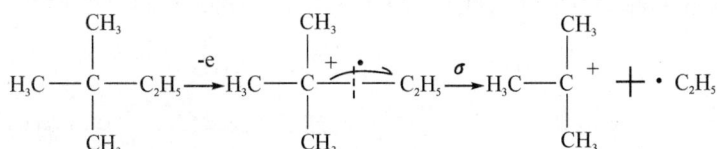

$$H_3C-\underset{\underset{CH_3}{|}}{\overset{\overset{CH_3}{|}}{C}}-C_2H_5 \xrightarrow{-e} H_3C-\underset{\underset{CH_3}{|}}{\overset{\overset{CH_3}{|}}{C}} \overset{+}{\underset{\frown}{\cdot}} C_2H_5 \xrightarrow{\sigma} H_3C-\underset{\underset{CH_3}{|}}{\overset{\overset{CH_3}{|}}{\overset{+}{C}}} + \cdot C_2H_5$$

(2)游离基中心引发的断裂(也称 α 断裂)。

在奇电子离子中,定域的自由基位置(即游离基中心)由于有强烈的电子配对倾向,它即提供了孤电子与毗邻(α 位)的原子形成新的键,导致 α-原子另一端的键断裂。这种断裂通常称为 α 断裂。该键断裂时,两个碎片各得一个电子,因此是均裂。用"⌒⌒"表示,也产生一个偶电子离子和一个自由基。其通式可表达为

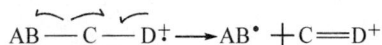

$$AB \overset{\frown}{—} C \overset{\frown}{—} D^+ \longrightarrow AB^\cdot + C{=}D^+$$

α 断裂经常发生在以下几种情况中:

①烯烃。电离时失去一个 π 电子,则 π 键上的自由基中心引发 α 断裂。如果是端烯则发生烯丙基断裂,形成稳定的典型烯丙基离子($m/e=41$)。

$$R—CH_2—CH{=}CH_2 \xrightarrow{-e} R \overset{\frown}{—} CH_2 \overset{\frown}{—} CH \overset{+\cdot}{=} CH_2 \longrightarrow R\cdot + CH_2{=}CH—\overset{+\cdot}{C}H_2 \ (m/e{=}41)$$

②烷基苯的苄基断裂。所产生的苄基离子立即重排为典型的䓬离子 $C_7H_7^+$($m/e=91$),而且进一步丢失 C_2H_2 而产生 $C_5H_5^+$。

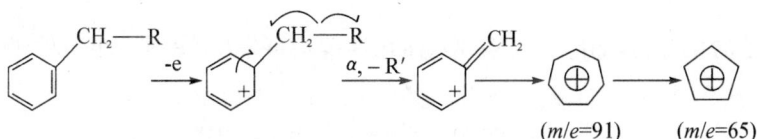

③含饱和官能团的化合物。如胺、醇、醚、硫醇、硫醚、卤代物等,电离后构成杂原子上的自由基中心,引发了 α 断裂。

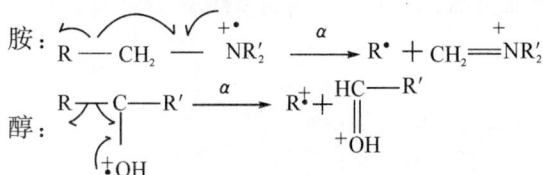

胺:$R \overset{\frown}{—} CH_2 \overset{\frown}{—} \overset{+\cdot}{N}R_2' \xrightarrow{\alpha} R^\cdot + CH_2{=}\overset{+}{N}R_2'$

醇:$R \overset{\frown}{—} \underset{\underset{\overset{+}{O}H}{|}}{C}—R' \xrightarrow{\alpha} R^{+\cdot} + \underset{\underset{+OH}{||}}{HC}—R'$

醚：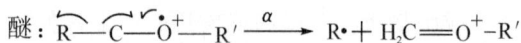

卤代物：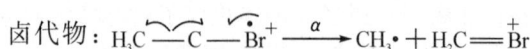

④含不饱和官能团的化合物：如酮、酸、酯、酰胺、醛等也发生 α 断裂。

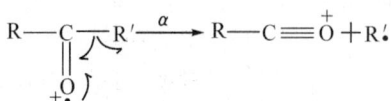

（R′：烷基、—OH、—OR、—NR₂、—H）

两点说明：a. 含有饱和或不饱和官能团的化合物发生的 α 断裂，均有两处可能发生（即 α_1，α_2），但一般说来，R 大的基团更易失去，因此失去 R 较大基团后产生的离子峰强度较大。从而，出现一些较特殊的峰，如：伯醇的 $H_2C{=}\overset{+}{O}H$，$\dfrac{m}{e}=31$；伯胺的 $H_2C{=}\overset{+}{N}H_2$，$\dfrac{m}{e}=30$；甲基酮的

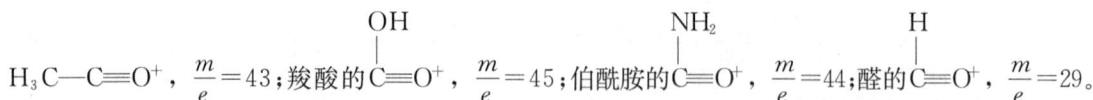

b. 分子含有多个杂原子时，这些杂原子提供电子形成新键的能力随其电负性的增大而减少，即电负性大，提供电子形成新键的能力小，不易在其邻位 α 键上发生断裂。形成新键的能力为：N＞S＞O＞Cl。如：

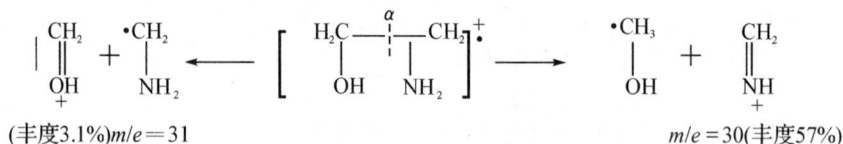

（丰度3.1%）m/e＝31　　　　　　　　　　　　m/e＝30（丰度57%）

（3）诱导断裂（也称 i 断裂）。

在奇电子（OE）或偶电子（EE）离子中，由于正电荷的诱导效应，吸引了邻键上的一对成键电子而导致该键的断裂，称为诱导断裂。此时，断裂键的一对电子同时转移到一个碎片上，因此属于"异裂"，用完整的箭号"⌒"表示。可表达为

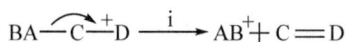

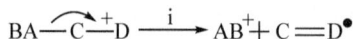

含有杂原子的化合物，如醇、醚、酮、酸、卤代物等均可发生 i 断裂 如酮的 i 断裂：

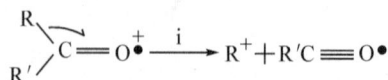

（注意与 α 断裂生成的离子不同）

诱导断裂的能力随杂原子电负性的增强而增强：X＞O、S＞＞N＞C（X 为 Cl、Br、I）。一些饱和烃的偶电子离子也发生 i 断裂，脱去一个烯：

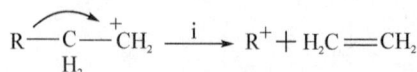

4. 重排离子峰

分子离子在裂解过程中,通过断裂两个或两个以上的键,结构重新排列而形成的离子被称为重排离子(rearrangement ion)。重排方式很多,但有些重排由于是无规律重排,其结果很难预测,称为任意重排,这样的重排对结构的测定无用处。多数重排是有规律的,它包括分子内氢原子的迁移和键的两次断裂,生成稳定的重排离子。这种类型的重排对化合物结构的推测是很有用的。例如,麦氏重排(Mclafferty rearrangement)、逆狄尔斯-阿尔德(Diels-Alder)重排、亲核性重排(本章第四节介绍)等对预测化合物结构是非常有帮助的。

(1)麦氏重排。

具有不饱和官能团C=X(X 为 O、S、N、C 等)及其 γ-H 原子结构的化合物,γ-H 原子可以通过六元环空间排列的过渡态,向缺电子(C=X$^+$)的部位转移,发生 γ-H 的断裂,同时伴随C=X的 β 键断裂(属于均裂),这种断裂称为麦克拉弗梯(McLafferty)重排,简称麦氏重排(麦氏于 1956 年发现),通式为

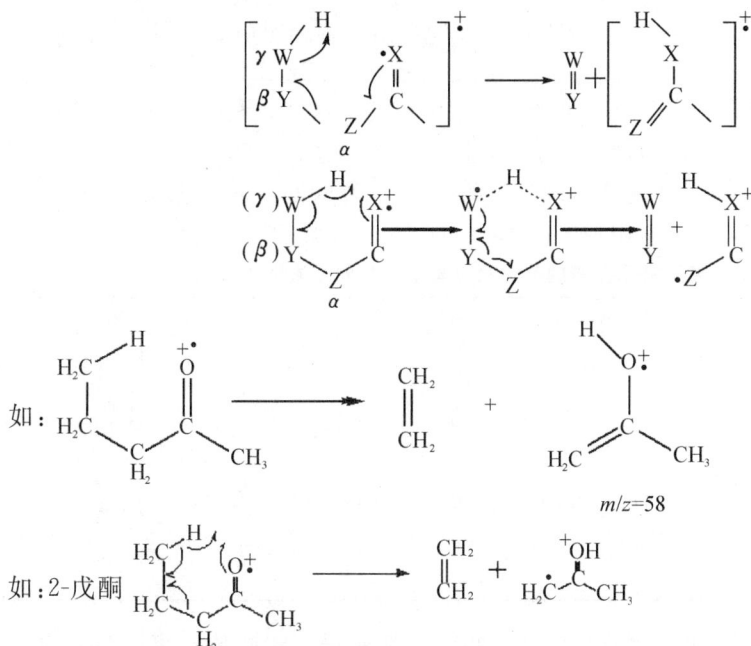

2-戊酮离子是奇数电子(OE$^+$)偶数质量,经过重排断裂后生成的碎片仍是奇数电子(OE$^+$)偶数质量。而 $m/e=58$,是具有 γ-H 甲基酮的特征峰。

可以发生这类重排的化合物有:酮、醛、酸、酯和其他含羰基的化合物,含P=O、S=O的化合物以及烯烃类和苯环化合物等。不难看出,发生这类重排所需的结构特征是,分子中有一个双键以及在 γ 位置上有氢原子。

如:γ 位上有氢原子的烷基取代芳烃发生麦氏重排:

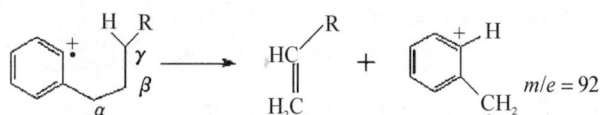

麦氏重排是较常见的重排离子峰,在结构分析上很有意义,因为重排后的离子都是奇电子离子,如果谱图上有奇电子离子的峰,而又不是分子离子,说明分子在裂解中发生重排或消去反应。

（2）逆狄尔斯-阿尔德反应（环烯断裂反应）。

在有机合成化学中，有狄尔斯-阿尔德环烯反应（DA 反应），由双键与共轭双键发生 1,4 加成得到环己烯型的产物。在质谱的分子离子断裂反应中，正好有此反应的逆反应，故称逆狄尔斯-阿尔德反应（RDA 反应）。

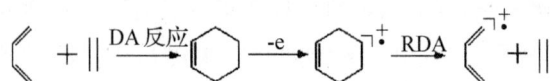

（3）饱和分子的氢重排（消除反应）

如：

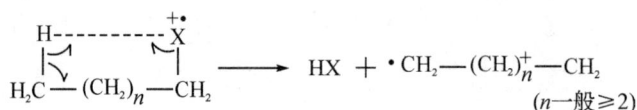

X 为卤素原子时，消去 HX；X 为—OH 时，消去 H_2O；X 为—SH 时，消去 H_2S 等。

5. 同位素离子峰

大多数元素都是由具有一定自然丰度的同位素组成的。这些元素的同位素也会以一定的丰度出现在质谱的分子离子或其他碎片离子中，这些离子虽然元素相同，但 m/e 却不一样，在质量分析器中不会聚合在一起，而是会出现不同的质谱峰，称为同位素离子峰。有机化合物一般由 C、H、O、N、S、Cl 及 Br 等元素组成。表 15-3 列出常见元素的天然同位素丰度。

表 15-3　某些常见元素的天然同位素丰度与同位素的丰度比

元素	碳	氢	氧		氮	硫		氯	溴
最大丰度同位素	^{12}C	^1H	^{16}O		^{14}N	^{32}S		^{35}Cl	^{79}Br
其他同位素相对最大丰度同位	^{13}C	^2H	^{17}O	^{18}O	^{15}N	^{33}S	^{34}S	^{37}Cl	^{81}Br
素的丰度比%	$^{13}C/^{12}C$ $=1.08$	$^2H/^1H$ $=0.02$	$^{17}O/^{16}O$ $=0.040$	$^{18}O/^{16}O$ $=0.20$	$^{15}N/^{14}N$ $=0.37$	$^{33}S/^{32}S$ $=0.78$	$^{34}S/^{32}S$ $=4.44$	$^{37}Cl/^{35}Cl$ $=31.98$	$^{81}Br/^{79}Br$ $=97.28$

表中丰度比%是以丰度最大的同位素为 100% 计算而得。在同位素离子（isotopic ion）中，可能是单一同位素原子的离子，也可能是多种元素的同位素原子组合的离子，故其质量数可能能有 $M, M+1, M+2, \cdots M$ 为最轻的同位素（一般也是丰度最大的同位素）分子离子峰，其他碎片离子峰也是类似。

如：辛酮-4 质谱图上 m/z 129 为同位素峰。它的质量数比分子离子峰（M）大一个质量单位，可由 $M+1$ 表示。这是由于所含的八个碳中有一个碳是 ^{13}C。

同位素离子峰的强度与组成该离子的各同位素的丰度有关，可以通过各同位素的丰度估算分子离子峰和其他同位素离子峰的相对强度。对于仅含 C、H、N、O 的有机化合物 $C_W H_X N_Y O_Z$ 来说，最大丰度的分子离子峰与其他同位素离子峰的强度比为

$$\frac{M+1}{M} \times 100 = 1.08W + 0.02X + 0.37Y + 0.04Z$$

$$\frac{M+2}{M} \times 100 = \frac{(1.08W + 0.02X)^2}{200} + 0.20Z$$

要特别注意在同位素丰度表中,有四个元素的重质量同位素丰度比较大,它们是:^{13}C 为 1.08(^{12}C 为 100),^{33}S 为 0.78、^{34}S 为 4.40(^{32}S 为 100),^{37}Cl 为 32.5(^{35}Cl 为 100),^{81}Br 为 98(^{79}Br 为 100)。

对于仅含有 C、H、O(甚至是 N)的化合物,可以从($M+1$)与 M 的强度比来估算化合物分子中的碳原子数,即

$$n_c \approx \frac{M+1}{M} \times 100/1.08$$

如:某仅含 C、H、O 的化合物,在质谱图中 $\frac{M+1}{M}$ 为 24%,则 $n_c \approx \frac{24}{1.08} \approx 22$。

Cl 有 ^{35}Cl、^{37}Cl 两种同位素,丰度比为 $100:32.5 \approx 3:1$,Br 有 ^{79}Br 两种同位素、^{81}Br,丰度比为 $100:98 \approx 1:1$,F,I 为单一同位素,Cl、Br 的同位素质量差均为 2 个质量单位,所以含有多个 Cl、Br 原子的分子,拥有 $M,M+2,M+4,M+6,\cdots$ 同位素离子峰。对于分子只含有同一种卤原子时,其同位素离子峰的强度比等于二项式 $(a+b)^n$ 展开式各项值之比(n 为分子中同种卤原子的个数,a 为轻质量同位素的丰度比,b 为重质量同位素的丰度比)。

如分子中含有 3 个 Cl 原子的分子(RCl_3):
$$(3+1)^3 = 3^3 + 3 \times 3^2 \times 1 + 3 \times 3 \times 1^2 = 27 + 27 + 9 + 1$$
$$\therefore M:(M+2):(M+4):(M+6) = 27:27:9:1$$

如分子中含有 3 个 Br 原子的分子(RBr_3):
$$(1+1)^3 = 1^3 + 3 \times 1^2 \times 1 + 3 \times 1 \times 1^2 + 1^3 = 1 + 3 + 3 + 1$$
$$\therefore M:(M+2):(M+4):(M+6) = 1:3:3:1$$

同位素离子峰的强度比在推断化合物分子式时很有用处。

如:计算庚酮-4($C_7H_{14}O$)的 $M+1$ 及 $M+2$ 峰。

$(M+1)\% = 1.1 \times 7 = 7.7$(实测为 7.7),

$(M+2)\% = 0.006 \times 7^2 + 0.20 \times 1 = 0.29 + 0.20 = 0.49$(实测为 0.46)。

$(M+2)\%$ 的计算说明:$C_5C_2^*H_{14}O^*$ 在 $M+2$ 峰中的贡献分别为 0.29 及 0.20。

6. 亚稳离子峰

离子由电离区抵达检测器需一定时间(约为 10^{-5} 秒),因而根据离子的寿命可将离子分为三种。①寿命(约 $\geqslant 10^{-4}$ 秒)足以抵达检测器的离子为稳定离子(正常离子)。这种离子由电离区生成,经加速区进分析器,而后抵达检测器,被放大、记录,获得质谱峰。②在电离区形成,而立即裂解的离子为不稳定离子,寿命约 $< 1 \times 10^{-6}$ 秒。仪器记录不到这种离子的质谱峰。③寿命约在 $1 \sim 10 \times 10^{-6}$ 秒的离子(M_1^+ 或 M_1^+),在进入分析器前的飞行途中,由于部分离子的内能高或相互碰撞等原因而发生裂解生成离子,这种离子称为亚稳离子(metastable ion),过程称为亚稳跃迁(或变化)。由于它是在飞行途中裂解产生的,所以失去一部分动能,因此其质谱峰不在正常的 M_2^+ 位置上,而是在 M_2^+ 较低质量的位置上,这种质谱峰称为亚稳离子峰(metastable peak,m^*)。此峰所对应的质量称为表观质量 m^*,表观质量 m^* 与母离子(parent ion)质量 m_1 及子离子(daughter ion;m_2^+)质量 m_2 有下述关系

$$m^* = \frac{m_2^2}{m_1} \tag{15-5}$$

(m^* 一般不为整数,在质谱图中容易被识别)

对亚稳离子峰的观测,可以判断分子断裂的途径。如乙酰苯有两种可能的断裂途径:

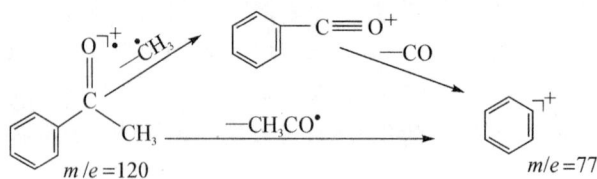

可能有两种亚稳离子峰 $m_1^* = \dfrac{77^2}{105} = 56.5$；$m_2^* = \dfrac{77^2}{120} = 49.4$。从亚稳峰的出现可以判断是哪种途径或两种途径同时发生。

式(15-5)可以确定离子的亲缘关系，对于了解裂解规律，解析复杂质谱很有用。

如：氨基茴香醚在 m/z 为 94.8 及 59.2 处，出现两个亚稳峰(见图 15-22)，由此可证明某些离子间的裂解关系。

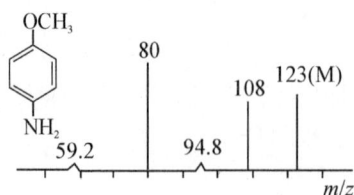

图 15-22　对氨基茴香醚的质谱(部分)

根据式(15-5)计算：

$$\frac{108^2}{123} = 94.8 ; \quad \frac{80^2}{108} = 59.2$$

证明裂解过程为

$$m/z\ 123 \xrightarrow{\ m^*\ 94.8\ } 108 \xrightarrow{\ m^*\ 59.2\ } 80$$

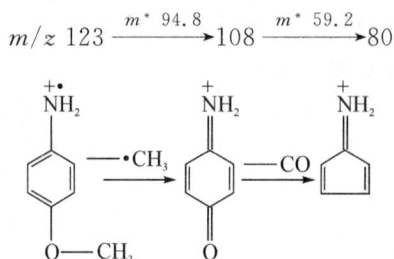

上述计算说明：有 m/z 为 94.8 及 59.2 亚稳峰存在，证明 m/z 为 80 的离子是由分子离子经两步裂解生成，而不是一步裂解，因为不存在 m/z 为 52.0 的亚稳峰。

由母离子与表观质量用公式(15-5)计算，找寻质谱图上子离子的途径称为"母找子"；反之，则称为"子找母"。在质谱测定时，可有意识寻找亚稳峰，证明某些裂解过程。

7. 多电荷离子峰

在质谱中，除了占绝对优势的单电荷离子外，某些非常稳定的化合物分子，可以在强能量作用下失去 2 个或 2 个以上的电子，产生多电荷离子，则在谱图的 m/ze(z 为失去的电子数)位置上出现弱得多的电荷离子峰。m/ze 可能为整数或分数。当有多电荷离子峰出现时，表明样品分子很稳定，其分子离子峰很强。

多电荷离子中，通常双电荷离子还较常见。如吡啶能失去两个电子形成双正电荷离子，m/z 为 39.5(M^{2+})。对于双电荷离子，如果质量数是奇数，它的质荷比是非整数，这样的两价离子在图谱中还易于识别；如果质量数是偶数，它的质荷比是整数，就较难以辨认，但它的同位素峰是非整数，可用来识别这种两价离子。总之，双电荷离子的质荷比较正常离子小一半。

8. 复合离子

某些分子在离子源中与分子离子或碎片离子相撞生成复合离子(complex ion)，或称双分子离子。它形成后，可能立即断裂成比单分子离子质量大的较重的离子，而这种离子的出现是很有意义的。如果分子不稳定而质子化的分子离子(准分子离子)有较高的稳定性，则此 M＋H 峰对于分子的判断有很大帮助。

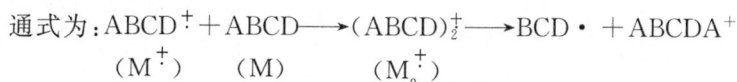

$$通式为：ABCD^{+} + ABCD \longrightarrow (ABCD)_2^{+} \longrightarrow BCD \cdot + ABCDA^{+}$$
$$\quad (M^{+}) \qquad (M) \qquad (M_2^{+})$$

当增加样品量或减小加速电压时(增加分子离子在离子源中停留时间)，可增加分子离子碰撞的机会，含有杂原子(O,N 或 S)的分子离子可出现 $M+1$ 峰，从而帮助鉴别分子离子峰。

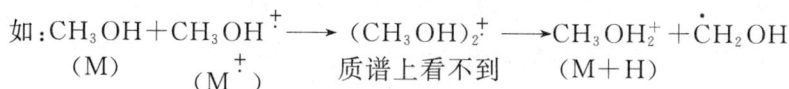

$$如：CH_3OH + CH_3OH^{+} \longrightarrow (CH_3OH)_2^{+} \longrightarrow CH_3OH_2^{+} + \dot{C}H_2OH$$
$$\quad (M) \qquad (M^{+}) \qquad 质谱上看不到 \qquad (M+H)$$

第五节　质谱定性定量分析

定性分析包括化合物相对分子量的测定、化学式的确定、结构分析。

一、简单裂解的裂解规律

(1)在侧链化合物中，侧链愈多，愈易断裂。侧链上大的取代基优先作为自由基失去，生成稳定的仲或叔碳离子。其稳定次序为：

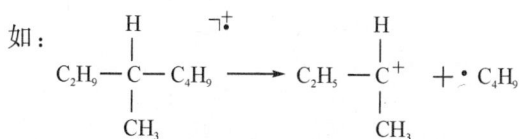

$$R_3C^{+} > R_2\overset{+}{C}H > R\overset{+}{C}H_2 > \overset{+}{C}H_3$$

$$R_3\overset{+}{C} > R_2\overset{+}{C}H > R\overset{+}{C}H > \overset{+}{C}H_3$$

如：

$$C_2H_9 - \underset{\underset{CH_3}{|}}{\overset{\overset{H}{|}}{C}} - C_4H_9 \overset{\neg \cdot +}{\longrightarrow} C_2H_5 - \underset{\underset{CH_3}{|}}{\overset{\overset{H}{|}}{C}}{}^{+} + \cdot C_4H_9$$

其分子中 $\cdot C_4H_9$ 先离去，生成稳定的仲碳离子。

(2)具有侧链的环烷烃，侧链部位先断裂，生成带正电环状碎片。

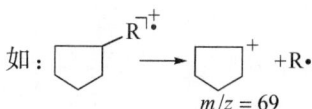

如：

$$m/z = 69$$

(3)含有双键、芳环和杂环的物质，因容易发生 β-键断裂生成正离子与双键、芳环或杂环共轭而稳定。

此类官能团与键位表示法是：

$$C\!-\!C\!-\!C\!-\!X \qquad\qquad C\!-\!C\!-\!C\!-\!X$$

$$\gamma \quad \beta \quad \alpha \qquad\qquad \gamma \quad \beta \quad \alpha$$

原子　　　　　　　　键

式中：$X = C_6H_5-$，$CH_2=CH-$，$\diagdown C=O$ ，$-COOH(R)$ 等。

如：烷基取代苯，β-断裂，产生稳定的鎓离子。

$$\text{（苯环）CH}_2\!-\!CH_2R^{\cdot+} \xrightarrow[\beta]{-\dot{R}CH_2} \text{（苯环）}\overset{+}{C}H_2 \longleftrightarrow \oplus$$

$$m/z=91$$

而含双键的化合物，β-裂解后产生稳定的烯丙式正离子。

$$R\!-\!CH\!=\!CH\!-\!CH_2 \,\vdots\, CH_2R'^{\cdot+} \xrightarrow{\beta} R\!-\!\overset{+}{C}H\!-\!CH\!=\!CH_2 + \cdot CH_2R'$$

$$\downarrow$$

$$R\!-\!CH\!=\!CH\overset{+}{C}H_2$$

(4)含杂原子的化合物如醇、醚、胺、硫醇、硫醚等可以发生由正电荷引发的 I 裂解（由电荷对电子的吸引力而引发），亦较易产生 α 裂解生成鎓离子，还可发生 β 裂解。

注意：对含杂原子化合物键的定位不同参考书中介绍有不同的方法，我们选用如下定键位的方法。

$$C\!-\!C\!-\!C\!-\!XH(R) \qquad\qquad C\!-\!C\!-\!C\!-\!XH(R)$$

$$\gamma \quad \beta \quad \alpha \qquad\qquad \gamma \quad \beta \quad \alpha$$

原子　　　　　　　　键

$X = O, N, S$ 等。

如：

① $R\!-\!\overset{+\cdot}{X}\!-\!R' \xrightarrow{i} R^+ + \cdot XR'$

$(C_2H_5\!-\!\overset{+\cdot}{O}\!-\!C_2H_5 \xrightarrow{i} C_2H_5^+ + \cdot OC_2H_5)$

$m/z=29$

② $CH_3\!-\!CH_2\!-\!\overset{+\cdot}{X}\!-\!H(R) \xrightarrow[-\cdot CH_3]{\alpha} CH_2\!=\!\overset{+}{X}\!-\!H(R) + \cdot CH_3$

$$\downarrow$$

$$\overset{+}{C}H_2\!-\!X\!-\!H(R)$$

③ $CH_3CH_2\!-\!\overset{+\cdot}{O}\,CH_2CH_2 \,\vdots\, CH_3 \xrightarrow{\beta} CH_3CH_2\,\overset{\overset{H}{|}}{O}CH\!=\!CH_2$

$$m/z=73$$

(5)含羰基的化合物（醛、酮、酸等），易发生 α 断裂。

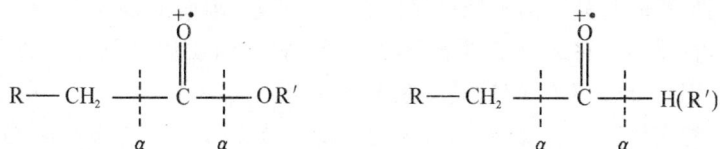

生成的碎片离子有 R—$\overset{+}{C}H_2$、$^+RCH_2$— $C{\equiv}O^+$、$^+O{\equiv}C$—OR'、$^+OR'$、$OE^{\underset{\cdot}{+}}$，在酮中还有 $^+R'$离子等。

如：

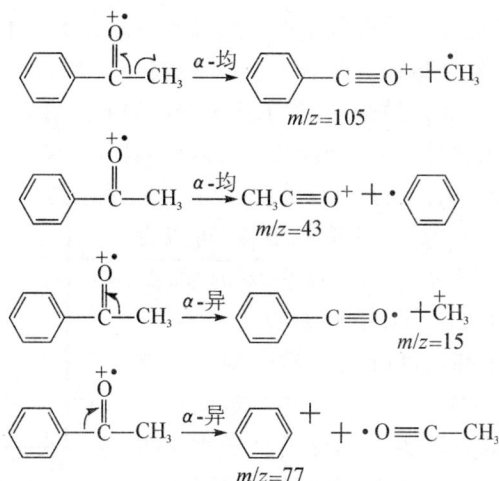

（6）重排裂解。

通过断裂两个或两个以上的键，结构重新排列的裂解过程为重排裂解。前面已经讲授过 Mclafferty 重排、逆 Diels-Alder 重排（RDA 重排），此处不再赘述，仅对双重氢重排裂解作一说明。

双重氢重排裂解：有两个氢转移而发生重排裂解反应，称双氢重排。这种重排所产生的离子比简单裂解所产生的离子大两个质量单位，电子数由 $OE^{\underset{\cdot}{+}}$变为 EE^+。若经过六元环过渡的双氢重排称为"麦＋1"重排。

如：脂肪酸酯

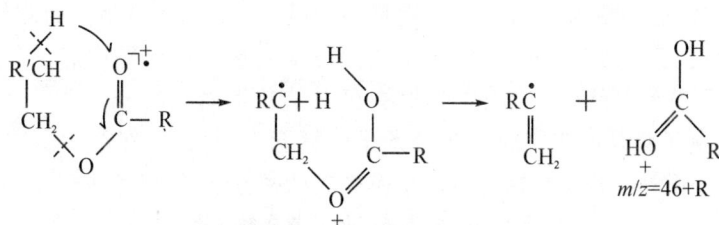

二、分子式的测定

分子离子峰是测定分子量与分子式的重要依据，因而确认分子离子峰是首要问题。

1. 分子离子峰的确认

一般说来，质谱图上最右侧出现的质谱峰为分子离子峰。同位素峰虽比分子离子峰的质荷比大,但由于同位素峰与分子离子峰峰强比有一定关系,因而不难辨认。但有些化合物的分子离子极不稳定,在质谱上将无分子离子峰,在这种情况下,质谱上最右侧的质谱峰不是分子离子峰。因此,在识别分子离子峰时,需掌握下述几点。

(1)分子离子稳定性的一般规律:具有 π 键的芳香族化合物和共轭链烯,分子离子很稳定,分子离子峰强;脂环化合物的分子离子峰也较强;含羟基或具有多分支的脂肪族化合物的分子离子不稳定,分子离子峰小或有时不出现。分子离子峰的稳定性有如下顺序:芳香族化合物>共轭链烯>脂环化合物>直链烷烃>硫醇>酮>胺>脂>醚>酸>分支烷烃>醇。当分子离子峰为基峰时,该化合物一般都是芳香族化合物。

(2)分子离子含奇数个电子。含偶数个电子的离子不是分子离子。

(3)分子离子的质量数服从氮律。只含 C、H、O 的化合物,分子离子峰的质量数是偶数。由 C、H、O、N 组成的化合物,含奇数个氮,分子离子峰的质量是奇数;含偶数个氮,分子离子峰的质量是偶数。这一规律为氮律,凡不符合氮律者,就不是分子离子峰。

如:某未知物元素分析只含 C、H、O,质谱(见图 15-23)上最右侧的质谱峰的 m/z 为 59,不服从氮律,可以肯定此峰不是分子离子峰。该图是 2-甲基丙醇的质谱。$m/z=59$ 为脱甲基峰($m-15$),$(CH_3)_2C={}^+OH$。

(4)所假定的分子离子峰与相邻的质谱峰间的质量数差是否有意义。如果在该峰小 3~14 个质量数间出现峰,则该峰不是分子离子峰。因为一个分子离子直接失去一个亚甲基(CH_2,m/z 14)一般不可能的。同时失去 3~5 个氢,需要很高的能量,也不可能。

图 15-23 2-甲基丙醇-2 的质谱

(5)M−1 峰。有些化合物的质谱图上质荷比最大的峰是 M−1 峰,而无分子离子峰。

如:正庚腈的分子量为 111。而在它的质谱上只能看到 m/z 为 110 的质谱峰(M−1),无分子离子峰。这是因为分子离子不稳定,而 M−H 离子$[CH_3(CH_2)_4CH=C—{}^+N]$比较稳定。M−1 峰不符合氮律,容易区别。腈类化合物易出现这种情况,但有时也有分子离子峰,强度小于 M−1 峰。

2.分子量测定

一般说来,分子离子峰的质荷比即分子量,但严格说有差别。例如,辛酮-4($C_8H_{16}O$)精密质荷比为 128.1202,分子量为 128.2161。这是因为质荷比是由丰度最大的同位素的质量计算而得,分子量是由原子量计算而得,而原子量是同位素质量的加权平均值。在分子量很大时,两者可差一个质量单位。例如,三油酸甘油酯,低分辨仪器测得的 m/z 为 884,而分子量实际为 885.44。这些例子只是说明 m/z 比与分子量的概念不同而已,在绝大多数情况下,m/z 与分子量的整数部分相等。若需将精密质荷比换算成精密分子量,可参考表 15-4。

表 15-4 原子量与同位素质量对比

元素	原子量	同位素*	质量	丰度(%)
氢	1.00797	^1H	1.007825	99.985
		^2H	2.01410	0.015
碳	12.01115	^{12}C	12.00000	98.89
		^{13}C	13.00336	1.11

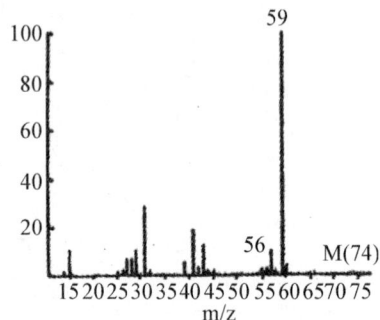

续表

元素	原子量	同位素*	质量	丰度(%)
氮	14.0067	^{14}N	14.00307	99.64
		^{15}N	15.00011	0.36
氧	15.9994	^{16}O	15.99491	99.76
		^{17}O	16.9991	0.04
		^{18}O	17.9992	0.20
氟	18.9984	^{19}F	18.99840	100
硅	28.086	^{28}Si	27.97693	92.23
		^{29}Si	28.97649	4.67
		^{30}Si	29.97376	3.10
磷	30.974	^{31}P	30.97376	100
硫	32.064	^{32}S	31.97207	95.02
		^{33}S	32.97146	0.76
		^{34}S	33.96786	4.22
氯	35.453	^{35}Cl	34.96885	75.77
		^{37}Cl	36.9659	24.23
溴	79.909	^{79}Br	78.9183	50.69
		^{81}Br	80.9163	49.31
碘	126.904	^{127}I	126.9044	100

＊ 或称核素(nuclide)。

3. 分子式的确定

常用同位素峰强比法及精密质量法以确定化合物的分子式。

(1)同位素峰强比法。

同位素峰强比法分为计算法及查表法。

①计算法。只含 C、H、O 的未知物用式(15-5)及式(15-6)计算碳原子及氧原子数。

如：某有机未知物，由质谱给出的同位素峰强比如下，求分子式。

m/z	相对峰强(%)
150(M)	100
151($M+1$)	9.9
152($M+2$)	0.9

解：$(M+2)$％为 0.9，说明未知物不含 S、Cl、Br。

M 为偶数，说明不含 N 或偶数个 N。

先以不含 N，只含 C、H、O 计算分子式，若结果不合理再修正。

a. 含碳数：$N_C = \dfrac{(M+1)\%}{1.1} = \dfrac{9.9}{1.1} = 9$；　　　　　　　　　(15-5)

b. 含氧数：$N_O = \dfrac{(M+2)\% - 0.006N_C^2}{0.20} = \dfrac{0.9 - 0.006 \times 9^2}{0.20} = 2.1$；　(15-6)

c. 含氢数：$N_H = M - (12N_C + 16N_O) = 150 - (12 \times 9 + 16 \times 2) = 10$；

d. 可能分子式为 $C_9H_{10}O_2$，它的验证可通过质谱解析或其他方法。

②Beynon 表法。

由于各种元素的同位素丰度不一样,组成各种分子的元素不同,所以各种分子的同位素丰度也不一样,组合成$(M+1)$、$(M+2)$同位素离子峰的强度也不同。Beynon(贝农)将质量数小于 500 且仅含有 C、H、O、N 四种元素各种组合的化合物,通过计算所得的$(M+1)/M$(％)、$(M+2)/M$(％)。$(M+2)/M$(％)(强度比)值及质量数列制成表(同位素峰强比与离子元素组成间的关系,称为 Beynon 表)。如果知道化合物的分子量,以及质谱图中分子离子 M 及其同位素离子 $M+1$、$M+2$ 强度较大,并可测出其强度比,就可以从 Beynon 表中查该分子量值的几种可能化合物,然后根据其他的信息加以排除,最后得到最可能的分子式。例如,质量数为 102 的分子离子峰 M 与同位素离子峰$(M+1)$、$(M+2)$的强度比分别为 7.81％和 0.35％。Beynon 表中 $M=102$ 的部分数据见表 15-5。强度比接近的可能分子式有三个:$C_6H_2N_2$、C_7H_2O、C_7H_4N。因为 C_7H_4N 不符合"氮律",应予排除,然后再根据其他信息,或红外光谱、核磁共振数据等,即可确定其分子式。

表 15-5　Beynon 表中 $M=102$ 的部分数据

	$M+1$	$M+2$		$M+1$	$M+2$
$C_5H_{10}O_2$	5.64	0.53	$C_6H_{14}O$	6.75	0.39
$C_5H_{12}NO$	6.02	0.35	C_7H_2O	7.64	0.45
$C_5H_{14}N_2$	6.39	0.17	C_7H_4N	8.01	0.28
$C_6H_2N_2$	7.28	0.23	C_8H_6	8.74	0.34

应注意的是:Beynon 表中的化学式不含有 S、Cl、Br 等元素的原子,而这些元素的重同位素丰度大,可以从$(M+1)$、$(M+2)$的丰度估计是否有这些元素的存在。若存在,应从原质量数扣除这些元素的质量及扣除相应的相对强度后查 Beynon 表。

【例 15-1】　某有机化合物的分子量为 104,强度比$(M+1)/M=6.45$％、$(M+2)/M=4.77$％,确定其化学式。

解:先考虑几种同位素丰度大的贡献值:

^{32}S 100、^{33}S 0.78、^{34}S 4.40;^{35}Cl 100、^{37}Cl 32.5;^{79}Br 100、^{81}Br 98.0。

因为 32.5％＞$(M+2)/M=4.77$％＞4.40％,所以分子中不含有 Cl、Br 原子,而含有一个 S 原子。

而 Beynon 表的化学式中不含 S,所以质量及相对强度都要扣除一个 S 原子的贡献,才能查 Beynon 表。则

$$分子量=104-32=72$$

$$\frac{M+1}{M}\%=6.45-0.78=5.67$$

$$\frac{M+2}{M}\%=4.77-4.40=0.37$$

查 Beynon 表,分子量为 72、强度比接近的有三种:

分子式	$(M+1)/M$	$(M+2)/M$	
$C_4H_{19}N$	4.86	0.00	不符合"氮律",应排除
C_5H_{12}	5.60	0.13	强度比更接近,可能性大,所以分子式为 $C_5H_{12}S$
C_6	6.48	0.18	

【例 15-2】　化合物分子量 206,分子离子及其同位素离子峰的强度分别为 M 为 25.90,

$M+1$ 为 3.24，$M+2$ 为 2.48，确定其化学式。

解：需考虑除 C、H、O、N 以外的可能元素。

$$\frac{M+1}{M}\times100=\frac{3.24}{25.90}\times100=12.51,\frac{M+2}{M}\times100=\frac{2.48}{25.90}\times100=9.56,$$

可见分子中不含有 Cl、Br 原子，而含有 2 个 S 原子。

扣除 2 个 S 的贡献：

$$分子量=206-2\times32=142$$

$$\frac{M+1}{M}\%=12.51-2\times0.78=10.95$$

$$\frac{M+2}{M}\%=9.56-2\times4.40=0.78$$

从 Beynon 表中查 142 质量数及强度比接近的，再根据其他信息，得到可能性最大的化学式为 $C_{10}H_6O$，故原来的化学式为 $C_{10}H_6OS_2$。

（2）精密质量法。

用高分辨质谱仪精确测定分子离子质量（质荷比），计算或查精密质量表求分子式。

如：用高分辨质谱只列出 $M=166$ 大组 34 个离子中的 14 个，见表 15-6。质量为 166.06299 的有 3 个，其中 $C_7H_8N_3O_2$ 不服从氮律，应否定。$C_8H_{10}N_2O_2$ 的质量与未知物相差超过 0.005%，应否定。因此，分子式可能是 $C_9H_{10}O_3$（166.062994）。

表 15-6　$m/z=166$ 精密质量

166.004478	$C_{11}H_2O_2$	166.062994	$C_9H_{10}O_3$
166.012031	$C_7H_4NO_4$	166.074228	$C_8H_{10}N_2O_2$
166.023264	$C_6H_4N_3O_3$	166.078252	$C_{13}H_{10}$
166.026946	$C_9H_2N_4$	166.093357	$C_5H_{14}N_2O_4$
166.038864	$C_{12}H_6O$	166.097038	$C_8H_{12}N_3O$
166.046074	$C_6H_6H_4O_2$	166.108614	$C_9H_{14}N_2O$
166.057650	$C_7H_8N_3O_2$	166.120190	$C_{10}H_{16}NO$

用计算机采集质谱数据，并精确计算各元素的个数，直接给出分子式，这是目前最为方便、迅速、准确的方法。现代高分辨质谱仪器都具备这样的功能。

三、分子结构的确定

在一定的实验条件下，各种分子都有自己特征的裂解模式和途径，产生各具特征的离子峰，包括其分子离子峰、同位素离子峰及各种碎片离子峰。根据这些峰的质量及强度信息，可以推断化合物的结构。如果从单一的质谱信息还不足以确定化合物的结构或需进一步确证的话，可借助于其他手段，如 IR 法、NMR 法、UV-VIS 法等。质谱图的解释，一般要经历以下几个方面的步骤：

（1）确定分子量。

（2）确定分子式，除了上面阐述的用质谱法确定化合物分子外，也常用元素分析法来确定。分子式确定之后，就可以初步估计化合物的类型。

（3）计算化合物的不饱和度（也叫不饱和单元）Ω。

$$\Omega = 1 + n_4 + \frac{n_3 - n_1}{2}$$

式中 n_4、n_3、n_1 分别表示化合物分子中四价、三价、一价元素的原子个数(通常 n_4 为 C 原子的数目,n_3 为 N 原子的数目,n_1 为 H 和卤素原子的数目)。

计算出 Ω 值后,可以进一步判断化合物的类型:

$\Omega = 0$ 时为饱和(及无环)化合物;

$\Omega = 1$ 时为带有一个双键或一个饱和环的化合物;

$\Omega = 2$ 时为带有两个双键或一个三键或一个双键加一个环的化合物(其他以此类推);

$\Omega = 4$ 时常是带有苯环的化合物,或多个双键或三键。

(4)研究高质量端的分子离子峰及其与碎片离子峰的质量差值,推断其断裂方式及可能脱去的碎片自由基或中性分子,这些可以从前面的表 15-3、表 15-4 查找参考。在这里尤其要注意那些奇电子离子,这些离子一定符合"氮律",因为它们的出现,如果不是分子离子峰,就意味着发生重排或消去反应,这对推断结构很有帮助。

(5)研究低质量端的碎片离子,寻找不同化合物断裂后生成的特征离子或特征系列,如饱和烃往往产生 $15 + 14n$ 质量的系列峰,烷基苯往往产生 $91 - 13n$ 质量的系列峰。根据特征系列峰同样可以进一步判断化合物的类型。

(6)根据上述的解释,可以提出化合物的一些结构单元及可能的结合方式,再参考样品的来源、特征、某些物理化学性质,就可以提出一种或几种可能的结构式。

(7)验证。验证有几种方式:①由以上解释所得到的可能结构,依照质谱的断裂规律及可能的断裂方式分解,得到可能产生的离子,并与质谱图中的离子峰相对应,考察是否相符合;②与其他的分析手段,如 IR、NMR、UV-VIS 等的分析数据进行比较、分析、印证;③寻找标准样品,在与待定样品的同样条件下绘制质谱图,进行比较;④查找标准质谱图、表进行比较。常用标准谱图有 3 种[1]。

谱图解释举例:

【例 15-3】 某化合物的化学式是 $C_8H_{16}O$,其质谱数据见下表,试确定其结构式。

m/e	43	57	58	71	85	86	128
相对丰度(%)	100	80	57	77	63	25	23

解:①不饱和度 $\Omega = 1 + 8 + (-16/2) = 1$,即有一个双键(或一个饱和环);②不存在烯烃特有的 $m/e = 41$ 及 $41 + 14n$ 系列峰(烯丙基的 α 断裂所得),因此双键可能为羰基所提供,而且没有 $m/e = 29(HCO^+)$ 的醛特征峰,所以可能是一个酮;③根据碎片离子表,m/e 为 43、57、71、85 的系列是 $C_nH_{2n+1}{}^+$ 及 $C_nH_{2n+1}CO^{+}$ 离子,分别是 $C_3H_7^+$、CH_3CO^+,$C_4H_9^+$、$C_2H_5CO^+$,$C_5H_{11}^+$、$C_3H_7CO^+$ 及 $C_6H_{13}^+$、$C_4H_9CO^+$ 离子;④化学式中 N 原子数为 0(偶数),所以 m/e 为偶数者为奇电子离子,即 $m/e = 86$、58 的离子一定是重排或消去反应所得,且消去反应不可能,所以是发生麦氏重排,羰基的 γ 位置上有 H,而且有两处 γ-H。

〔1〕①S. R. Heller, G. W. A. Milne EPA/NIH Mass spectral Data base, U. S. Government printing office, Washington,1978.

②Eight peak Index of Mass spectra,The mass spectrometry Data'centrey,The Royal of chemistry,1983.

③E. Stenhagen,S. Abrahamsson,F. W. McLafferey,Registy of Mass spectral Data,vol. 1-4,John wiley,1974.

$86=128-42$，42 是 C_3H_6（丙烯），表明 $m/e=86$ 的离子是分子离子重排丢失丙烯所得。$58=86-26$，26 是 C_2H_4（乙烯），表明 $m/e=58$ 的离子是 $m/e=86$ 离子又一次重排丢失乙烯所得。从以上信息及分析，可推断该化合物可能为

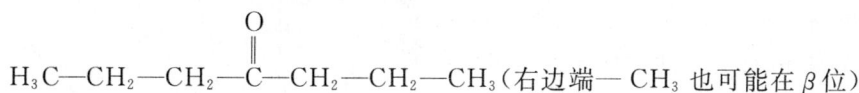

$$\text{H}_3\text{C}-\text{CH}_2-\text{CH}_2-\overset{\overset{\displaystyle O}{\|}}{\text{C}}-\text{CH}_2-\text{CH}_2-\text{CH}_3\text{（右边端}-\text{CH}_3\text{也可能在}\beta\text{位）}$$

由碎片裂解的一般规律加以证实：

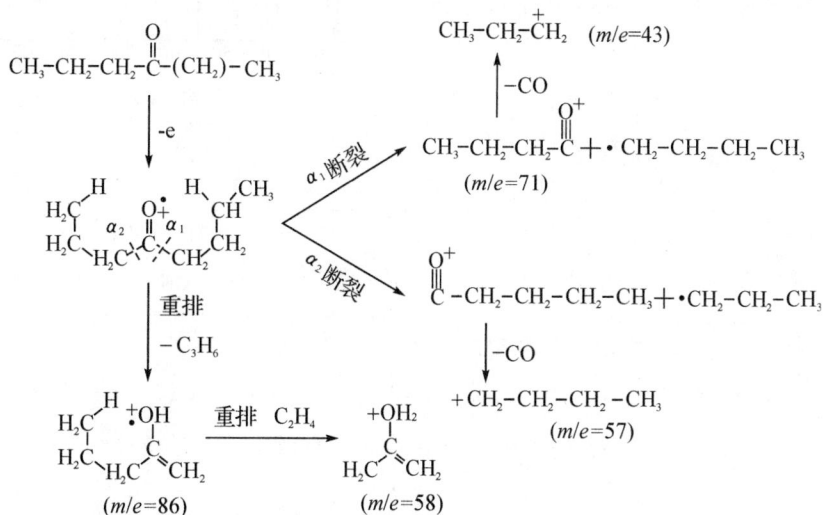

【例 15-4】 某化合物由 C、H、O 三种元素组成，其质谱图如图 15-24 所示，测得强度比 M : $(M+1)$: $(M+2)=100$: 8.9 : 0.79 试确定其结构式。

解：(1)化合物的分子量 $M=136$，根据 M、M+1、M+2 强度比值，查科谱表及"氮律"，得到最可能的化学式为 $C_8H_8O_2$（也可以从强度比看出不含 S、Cl、Br 原子，且应含有 8 个 C 原子，并由此可推算出 2 个 O 原子，8 个 H 原子）。

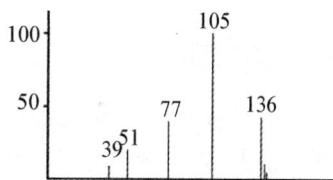

图 15-24

(2)计算不饱和度，$\Omega=1+8+\dfrac{-8}{2}=5$，谱图有 $\dfrac{m}{e}=77$、51（及 39）离子峰，所以化合物中有苯环（且可能是单取代），再加上一个双键（分子有两个 O 原子，所以很可能有 C=O 基）。

(3)$m/e=105$ 峰为 $(136-31)$，即分子离子丢失 $\cdot CH_2OH$ 或 $\cdot O-CH_3$；$m/e=77$ 峰为 $(105-28)$，即为分子离子丢失 31 质量后再丢失 CO 或 C_2H_4，而因为谱图中无 $m/e=91$ 的峰，故 $m/e=105$ 离子不是 $\left[\text{〇}-\text{C}_2\text{H}_4\right]^+$，所以 $\dfrac{m}{e}105$ 为 $\text{〇}-\text{CO}^+$。

综上所述化合物可能为 $\text{〇}-\overset{\overset{\displaystyle O}{\|}}{\text{C}}-\text{OCH}_3$ 或 $\text{〇}-\overset{\overset{\displaystyle O}{\|}}{\text{C}}-\text{CH}_2\text{OH}$，可以用其他光谱信息确定为哪一种结构。

【例 15-5】 某化合物的化学式为 $C_5H_{12}S$，其质谱如图 15-25 所示，试确定其结构式。

解：(1)计算不饱和度，$\Omega=1+5+(-12/2)=0$，为饱和化合物。

(2)图中有 $m/e=70$、42 的离子峰，从"氮律"可知，这两峰为奇电子离子峰，可见离子形成

过程发生重排或消去反应。分子量为 104，则
$m/e＝70$ 为分子离子丢失 34 质量单位后生成
的离子，查得丢失的是 H_2S 中性分子，说明化
合物是硫醇；$m/e＝42$ 是分子离子丢失（34＋
28）后产生的离子，即丢失的中性碎片为（H_2S
＋C_2H_4）。$m/e＝42$ 应由以下结构产生（化合
物可能有两种结构，通过六元环的过渡态断
裂）：

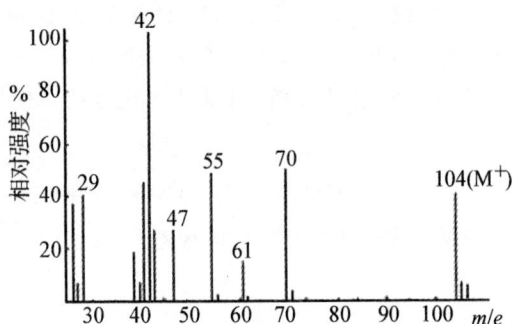

图 15-25

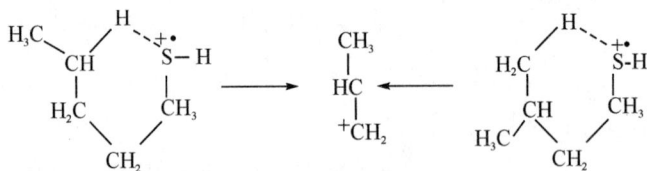

(3)$m/e＝47$ 是一元硫醇发生 α 断裂产生的离子$CH_2\overset{+}{＝}SH$

(4)$m/e＝61$ 是 $CH_2CH_2SH^{+⊤}$离子，说明有结构为 $R—CH_2—CH_2—SH^{⊤+}$存在。

(5)$m/e＝29$ 是 $C_2H_5^+$ 离子，说明化合物是直链结构，m/e＝55、41、27 离子系列是烷基键
的碎片离子。

综上解释，该化合物最可能结构式为 $CH_3—(CH_2)_3—CH_2SH$。

四、质谱定量分析

质谱定量分析的基本原理是利用质谱离子流强度与离子数目成正比进行定量。在一定的
压强范围内，纯组分的离子流强度与组分的压强成正比，即

$$I_m＝i_m p$$

式中：I_m 为组分在质量 m 处的离子流强度，p 为组分的压强，i_m 为组分在质量 m 处的压强灵
敏度——单位压强所产生的离子流强度，用标准纯样品可以测出待测组分在某一质量处的压
强灵敏度 i_m。

对于单组分或混合物各组分有单独不受干扰的离子峰的测定，可以利用上式直接进行定
量分析，即只需测出待测组分测量峰的离子流强度及相应质量处的压强灵敏度，就可算出该组
分的分压（p_n），将分压值除以分析时试样容器内的总压（$p_{总}$），就得到该组分的摩尔百分含
量 x。

$$x＝\frac{p_n}{p_{总}}×100\%$$

对于混合物各组分没有各自单独的峰，则根据各组分相同 m/e 值峰的离子流强度具有加
和性进行定量分析，即

$$\sum_{j=1}^{n} i_{mj} p_j＝I_m \quad (m＝1,2,3,\cdots,n)$$

式中：i_{mj} 为第 j 组分在 m 质量处的压力灵敏度，p_j 为组分 j 的分压，I_m 为混合物 m 质量处测
得的离子流强度。

i_{mj} 可以预先用各组分的标准物测得，则只需测得各个 I_m 值代入方程组解联立方程，就可求出 p_j，进而求出各组分的 X。对于多组分的混合物分析，解联立方程的计算极为繁琐，借助于计算机数据处理可以极大地提高速度。

五、质谱定量分析的应用

质谱定量分析具体应用于同位素测定、无机化合物定量分析以及混合物的定量分析。

1. 同位素的研究

质谱仪的早期应用，主要是研究同位素的丰度，同位素离子的鉴定和定量分析是质谱发展起来的原始动力，至今稳定同位素测量依然十分重要，只不过不再是单纯的元素分析而已。

同位素标记法是目前质谱法应用的另一重要方面，是有机化学和生命化学领域中化学机理和动力学研究的重要手段。用同位素作为示踪物，标记在被研究的化合物中，跟踪化学反应（尤其是生化反应）进程中该化合物或其中基团的行迹及最终去向，以及反应历程和机理的信息。如酯 $R\!-\!\overset{\overset{\text{O}}{\|}}{C}\!-\!OR'$ 的水解，要确定是属于酰氧断裂还是烷氧断裂，只要在酯基上的氧以 ^{18}O 标记，即 $R\!-\!\overset{\overset{\text{O}}{\|}}{C}\!-\!^{18}OR'$，然后检测示踪的 ^{18}O 是在水解产物的烷醇中，还是在酸中，其水解断裂途径便一目了然。

同位素比测量法广泛用于考古学和地质学上。一般通过测定样品中 $\dfrac{^{36}Ar}{^{40}Ar}$ 的离子峰相对强度之比求出 ^{40}Ar，从而推算出矿物的形成年代或考古物的原始年代。

同位素稀释法是定量分析的一种特殊方法。如溴苯的定量分析，Br 有两种同位素 ^{79}Br、^{81}Br，其天然丰度为 $1:1$，因此在试样中，$C_6H_5^{79}Br$ 和 $C_6H_5^{81}Br$ 的含量是相同的。分析时，向试样中加入一定量的纯 $C_6H_5^{81}Br$，如 1，然后测定混合物质谱图中 M 与 $(M+2)$ 的丰度（强度）比，若为 $1:1.5$，则可以算出试样中溴苯的含量。

设原试样中 $C_6H_5^{81}Br$ 的含量为 X，则 $\dfrac{X}{1}=\dfrac{X+1}{1.5}$，解得 $X=2\mu g$，所以原试样中 C_6H_5Br 的含量为 $(C_6H_5^{79}Br+C_6H_5^{81}Br)=4$。

2. 无机痕量分析

火花源的发展使质谱法可应用于无机固体分析，成为金属合金、矿物等分析的重要方法，它能分析周期表中几乎所有元素，灵敏度极高，可检出或半定量测定 9～10 范围内浓度。由于其谱图简单且各元素谱线强度大致相当，应用十分方便。

电感耦合等离子光源引入质谱后（ICP-MS），有效地克服了火花源的不稳定、重现性差、离子流随时间变化等缺点，使其在无机痕量分析中得到了广泛应用。

3. 混合物的定量分析

利用质谱法进行混合物定量分析，要求样品纯度高，并且计算定量结果比较复杂，而如果采用色谱-质谱联用，先利用色谱将混合物分离成各自组分的纯品，再引入质谱仪中进行分析，质谱定量分析就简便多了。现在色谱-质谱联用技术已广泛用于混合物中组分的定量分析。

第六节　常见有机化合物的质谱

一、饱和烷烃

(1)分子离子峰较弱,随碳链增长,强度降低以至消失。

(2)直链烃具有一系列 m/z 相差 14 的 C_nH_{2n+1} 碎片离子峰 $[m/z=29(C_2H_5^+),43(C_3H_7^+),57(C_4H_8^+),71,\cdots]$。基峰为 $C_3H_7^+(m/z=43)$ 或 $C_4H_9^+(m/z=57)$ 离子,峰较强。

(3)在 C_nH_{2n+1} 峰的两侧,伴随着质量数大一个质量单位的同位素峰及质量小一或两个单位的 C_nH_{2n} 或 C_nH_{2n-1} 等小峰,组成各峰群。$M-15$ 峰一般不出现。

(4)支链烷烃在分支处优先裂解,这是因为碳阳离子的稳定性顺序为

$$R_3\overset{+}{C}>R_2\overset{+}{C}H>R\,\overset{+}{C}_+H_2>\overset{+}{C}H_3$$

断裂时,通常大的分支链容易先以自由基形式脱去。分子离子峰比相同碳数的直链烷烃小。其他特征与直链烷烃类似。图 15-26 为正壬烷的质谱图。

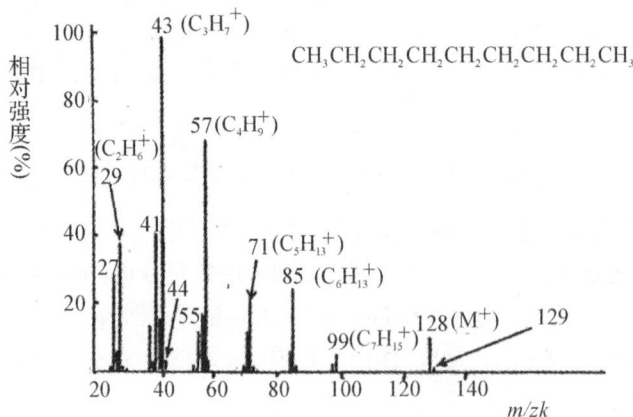

图 15-26　正壬烷的质谱

二、烯　烃

(1)分子离子较稳定,丰度较大。

(2)发生烯丙基方式的 α 断裂。

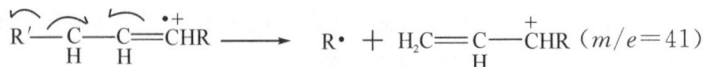

产生 $m/e=41+14n(n=0,1,2,\cdots)$ 系列的质谱峰。端烯基的分子产生 $H_2C=\overset{+}{C}-\underset{H}{\overset{}{CH_3}}$ m/e 为 41 的典型峰(常为基峰),峰一般都较强,是链烯的特征峰之一。

(3)长链烯烃具有 γ-H 原子的可发生麦氏重排。

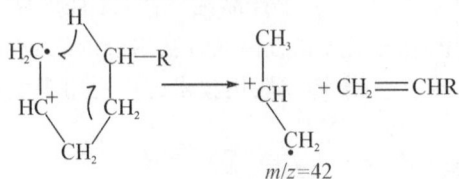

三、芳　烃

（1）分子离子稳定，峰强大。

（2）烷基取代苯易发生 β 裂解（苄基位置），产生 $m/z=91$ 的鎓离子是烷基取代苯的重要特征。因为鎓离子非常稳定，成为许多取代苯（如甲苯、二甲苯、乙苯、正丙苯等）的基峰。

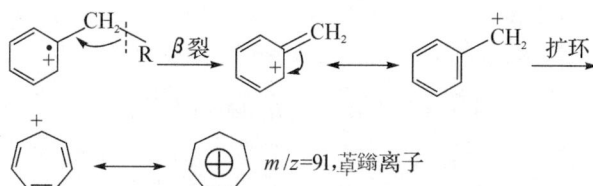

（3）鎓离子可进一步裂解生成环戊二烯及环丙烯离子。

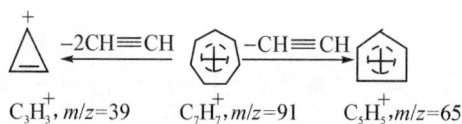

$$C_3H_3^+, m/z=39 \quad \xleftarrow{-2CH\equiv CH} \quad C_7H_7^+, m/z=91 \quad \xrightarrow{-CH\equiv CH} \quad C_5H_5^+, m/z=65$$

（4）取代苯能发生 α 裂解产生苯离子，进一步裂解生成环丙烯离子及环丁二烯离子。

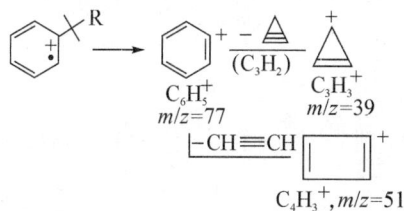

$$C_6H_5^+ \quad m/z=77 \qquad C_3H_3^+ \quad m/z=39$$

$$C_4H_3^+, m/z=51$$

（5）具有 γ 氢的烷基取代苯，能发生麦氏重排裂解，产生 $m/z=92(C_7H_8^{+\cdot})$ 的重排离子。

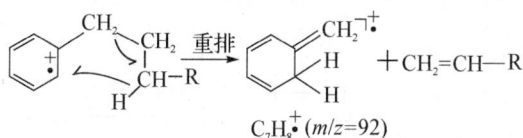

$$C_7H_8^{+\cdot}\,(m/z=92) \quad + CH_2=CH-R$$

综上所述，烷基取代苯的特征离子为鎓离子 $C_7H_7^+$ （$m/z=91$）。 $C_6H_5^+$ （$m/z=77$）、 $C_4H_3^+$ （$m/z=51$）及 $C_3H_3^+$ （$m/z=39$）为苯环特征离子。图 15-27 为正丙苯的质谱图。

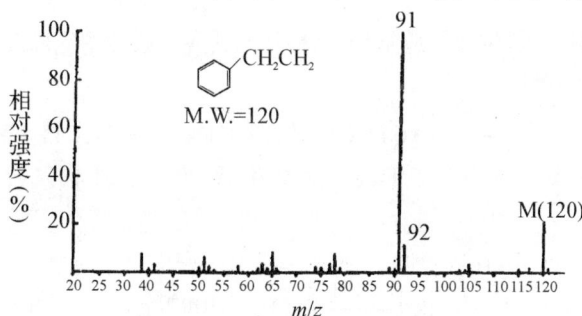

图 15-27　正丙苯的质谱

四、醇 类

醇类特征离子是分子离子和 $M-18$ 离子。伯醇和仲醇的分子离子峰都很弱,叔醇往往观察不到。$(M-18)$ 峰是醇的分子离子失去水分子而产生的,在质谱解析时常被误认为是分子离子,且脱水后质谱图常常类似于相应的烯烃,从而得出错误结论,应引起注意。

1. 脂肪族饱和醇

α 裂解:

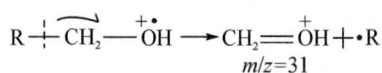

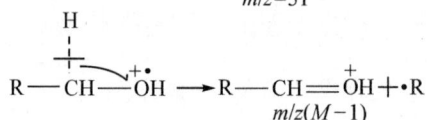

$m/z=31$ 峰较强,$(M-1)$ 峰的强度比 M 峰大,是醇的特征峰。

伯醇的质谱除 $M-1$ 峰外,也出现强度很强的 $M-2$ 和 $M-3$ 峰。

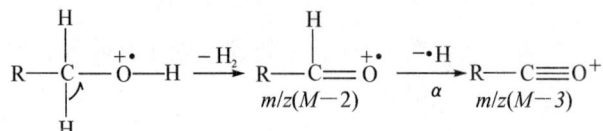

仲醇和叔醇 α 裂解后,分别产生强的 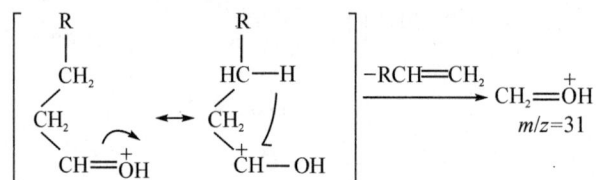 峰,其中较大的取代基先离去。由仲醇生成的 $RCH={}^+OH$ 还能进一步裂解生成 $CH_2={}^+OH(m/z=31)$,但其强度比伯醇弱。

2. 脱水反应

(1)电子轰击前受热脱水,生成相应烯烃,这样得到的质谱就是相应烯烃的质谱,应特别注意。

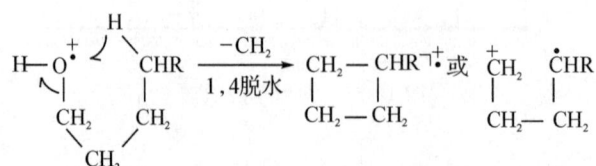

②样品受电子轰击失去一个电子形成分子离子后,再经过环状氢转移脱去一分子水。其过程为:

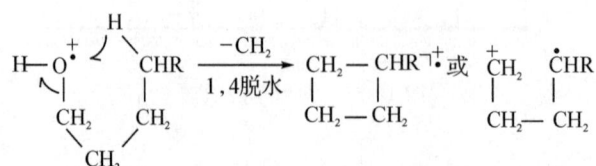

再经过氢重排成烯:

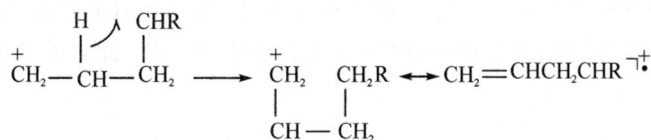

$$CH_2—CH—CH_2 \longrightarrow CH_2 \quad CH_2R \longleftrightarrow CH_2=CHCH_2CHR$$

醇类脱水成烯烃,易将其质谱看成烯,但是 α 裂解产生 $CH_2=\overset{+}{O}H(m/z=31)$、$RCH=\overset{+}{O}H(m/z=45,59,73)$ 和 $RR'C=\overset{+}{O}H(m/z=59,73,87$ 等)离子峰,是醇的特征,可用于区别烯烃。

如:4-甲基-4-庚醇的质谱(见图 15-28)及其主要裂解过程。

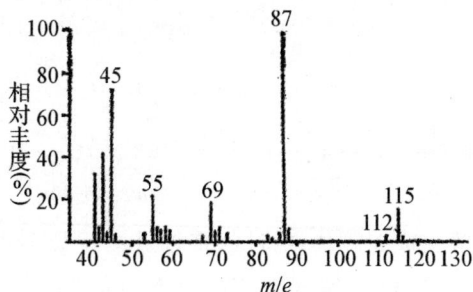

图 15-28　4-甲基-4-庚醇质谱

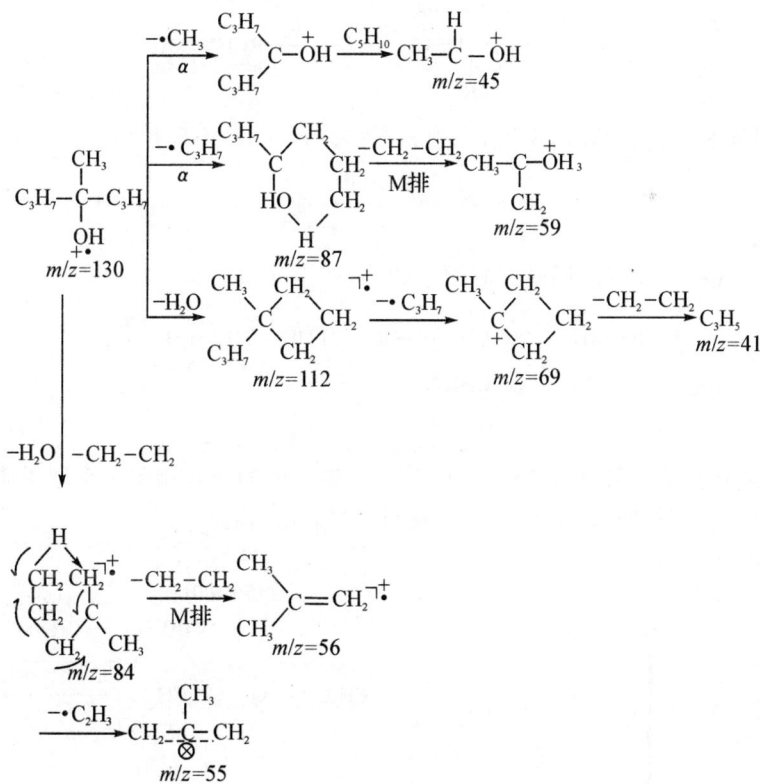

在 4-甲基-4-庚醇的质谱中,$m/z=115$ 与 $m/z=112$ 之间只差 3 个原子质量单位,所以它们不是分子离子峰。谱中 $m/z=45,59,73,87,115$ 峰是含氧碎片的特征离子峰。

3. 环　醇

环醇可进行 α 裂分,环键裂开。环醇亦可脱水形成 $(M-18)$ 峰,脱氢产生 $(M-1)$ 峰。在环醇的裂解过程中,往往需断两个键,有时还发生氢迁移 $(\gamma\text{-}H)$。此处不详细介绍。

五、醚　类

1. 脂肪醚

除少数碳数较少的醚外,分子离子峰很弱,以至于消失。例如,乙醚的分子离子峰相对强度为 30%,正丙醚为 11%,正丁醚则为 2.2%。支链醚的分子离子峰比相应直链醚弱,例如,异丙醚为 2.2%。

(1)醚易发生 α 裂解,产生 $m/z=45,59,73,87$ 等碎片离子,与醇类似。但醚无 $M-18$ 的脱水峰是醚与醇的主要区别。

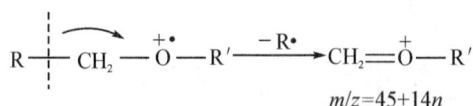

$$R \xrightarrow{} CH_2 \xrightarrow{} \overset{+\bullet}{O} \xrightarrow{} R' \xrightarrow{-R\bullet} CH_2 = \overset{+}{O} \xrightarrow{} R'$$
$$m/z=45+14n$$

(2)氢重排。由上述裂解生成的碎片,经过氢重排进一步裂解得到与醚类似的离子峰,在质谱中往往是基峰或强峰。

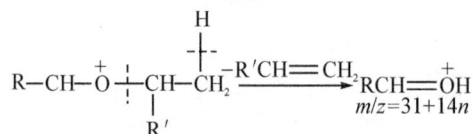

$$R-CH \overset{+}{O} \vdots CH-CH_2 \vdots H \longrightarrow R'CH=CH_2 \quad RCH= \overset{+}{O}H$$
$$R' \qquad\qquad\qquad\qquad\qquad m/z=31+14n$$

(3)醚可以异裂,电荷留在烷基上,产生 $m/z=29,43,57,\cdots$ 碎片离子。

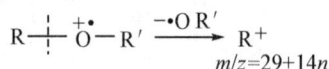

$$R \xrightarrow{} \overset{+\bullet}{O} \xrightarrow{} R' \xrightarrow{-\bullet O R'} R^+$$
$$m/z=29+14n$$

(4)若 C—O 键发生均裂,同时有氢原子转移,产生 $m/z=28+14n$ 峰。

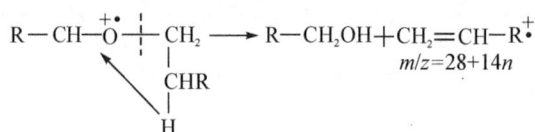

$$R-CH \overset{+\bullet}{O} \vdots CH_2 \longrightarrow R-CH_2OH + CH_2=CH-R\overset{+}{\bullet}$$
$$CHR \qquad\qquad\qquad\qquad m/z=28+14n$$
$$H$$

这种伴有氢迁移的均裂过程,比 C—O 键的异裂产生的碎片相差 1 个原子质量单位。

如:乙基异丁基醚的质谱(见图 15-29)及其主要裂解过程。

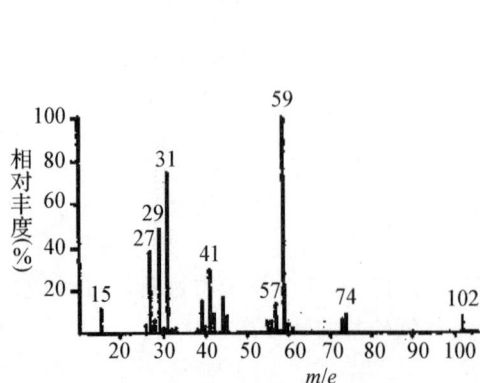

图 15-29　乙基异丁基醚质谱

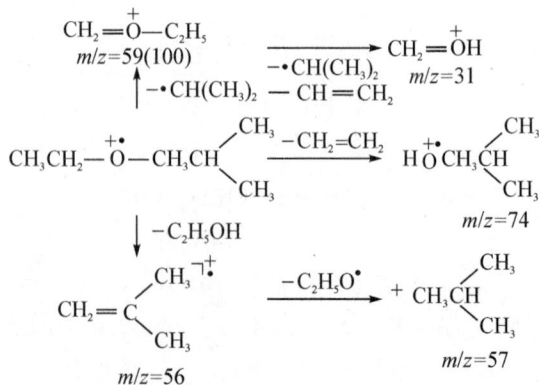

2. 芳香醚

芳醚的分子离子峰很强,裂解过程类似于脂肪醚。以茴香醚的裂解为例说明其裂解过程。

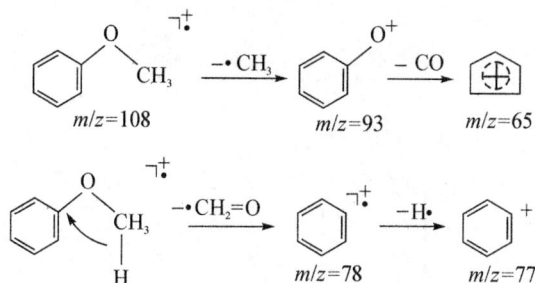

如果芳香醚 ArOR 的烷基部分含有两个或两个以上碳原子时,发生与烷基苯类似的重排(麦排),生成的 $m/z=94$ 往往是基峰。

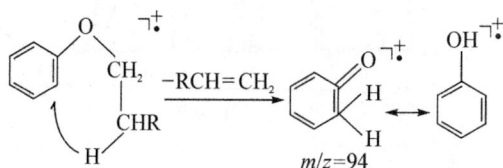

因此,我们可以从芳醚质谱中 $m/z=93$ 判定是茴香醚($R=CH_3$),$m/z=94$ 可判定($R \geqslant 2$ 个碳原子)。

六、醛和酮

1. 醛

分子离子峰明显,芳醛比脂肪醛分子离子峰强度大。当脂肪醛大于 C_4 时,分子离子峰很快减弱。

(1)α 裂解可产生 R^+(Ar^+)及 $M-1$ 峰等。

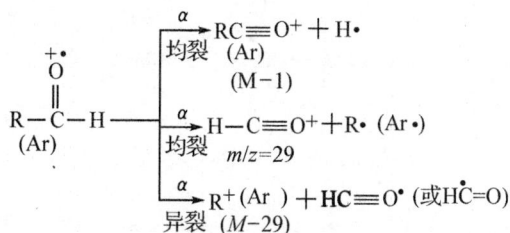

由 α 裂解所形成的 $M-1$ 峰是醛类的特征,芳醛则更强。如甲醛 $M-1$ 峰的相对强度为基峰的 90%,而 α 裂解生成的 $m/z=29$($H-C\equiv O^+$)是强峰,在 $C_1 \sim C_3$ 醛中是基峰。

(2)具有 γ-氢的醛,能发生麦氏重排产生($m/z=44+14n$)重排离子。

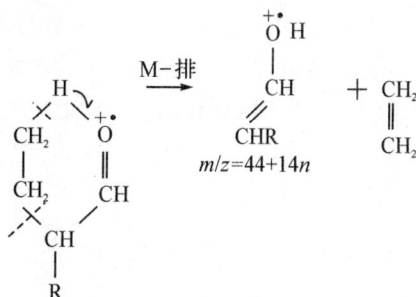

（3）醛也可以发生 β 裂解

$$R—CH_2—CHO^{+\cdot} \xrightarrow[\text{裂解}]{\beta} \underset{(M-43)}{R^+} + CH_2=CH—O\cdot$$

此外,醛还可以通过某些重排反应产生一较为异常的 $M-18$（脱水）峰,$M-44$（失 $CH_2=CHOH$）峰等。

如:正丁醛的质谱（见图 15-30）。

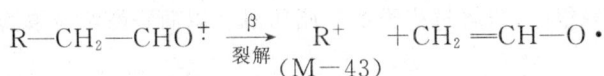

图 15-30　正丁醛质谱

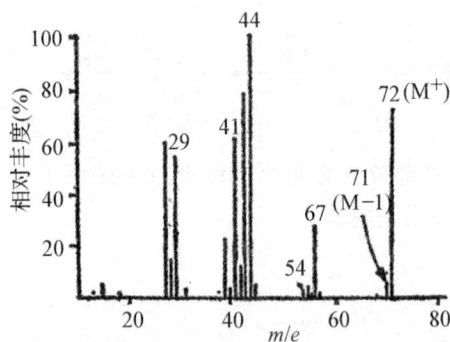

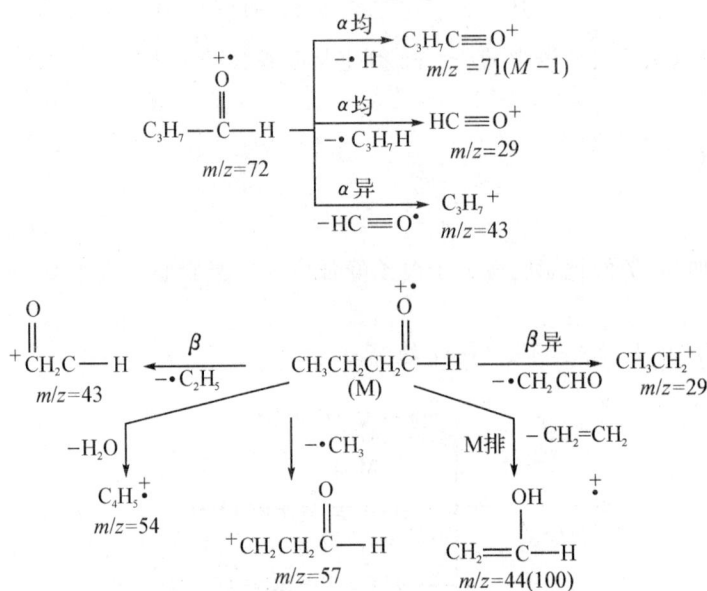

2. 酮

分子离子峰十分明显。其裂解与醛相似。

（1）α 裂解产生 $RC≡O^+$、$R'C≡O^+$,R^+ 和 R'^+ 等离子,根据大基团先离去的规律,若 $R'>R$,则 $RC≡O^+$ 的峰强度要远远大于 $R'C≡O^+$ 峰的强度。

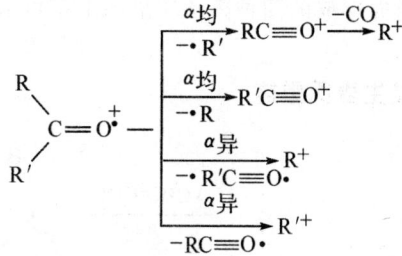

（2）含 γ 氢的酮可发生麦氏重排，当酮的另一个烷基也有 γ 氢时，可发生第二次麦氏重排。

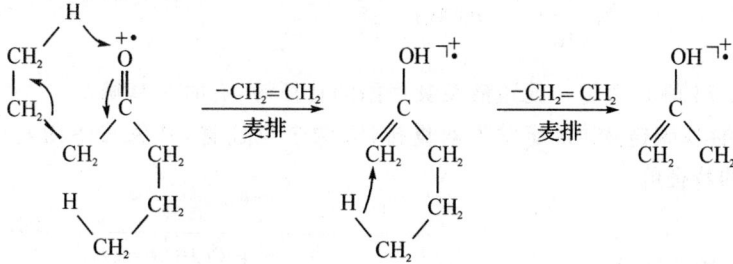

芳酮有较明显的分子离子峰，发生羰基的 α 裂解形成 $m/z=105$ 峰，常为基峰。

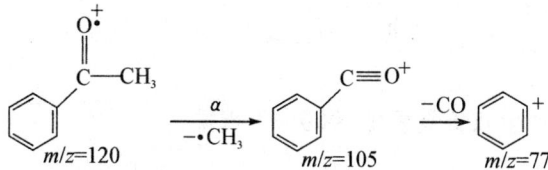

烷基上有 γ 氢时也发生麦氏重排而形成奇电子离子。

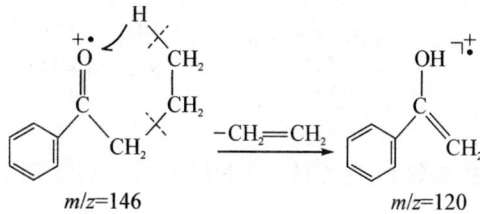

七、酸和酯类

一元饱和酸及其酯的分子离子峰一般都较弱，但能够观察到。芳酸及其酯的分子离子峰强。

1. 易发生 α 裂解

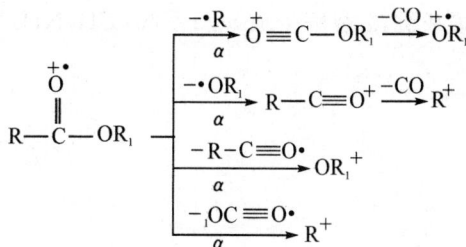

对于酸，R_1 为 H。由 α 裂解而形成的四种离子质谱图上都可看到。其中酸生成 $HO—C\equiv O^+$（$m/z=45$）离子是羧酸的特征。

2. 含有 γ 氢的酸与酯易发生麦氏重排

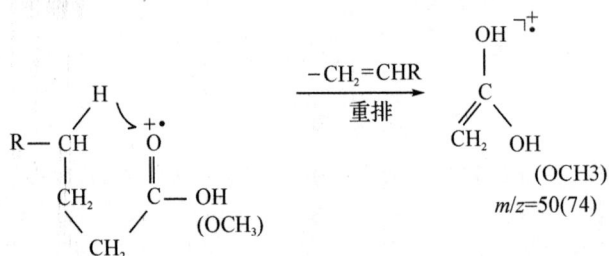

$m/z=60$ 或 74 峰是直链一元羧酸及其甲酯的特征峰，有时是基峰。

在酯中，随酯基碳链增加，能发生双重排，有两个氢迁移，并失去烯丙基的自由基，产生 $m/z=61+14n$ 的特征峰。

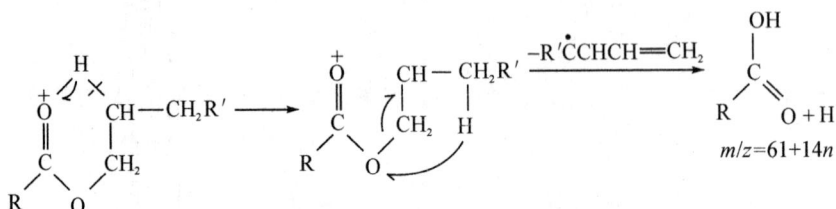

也可经过六元过渡产生双重氢重排，称麦＋1 重排。

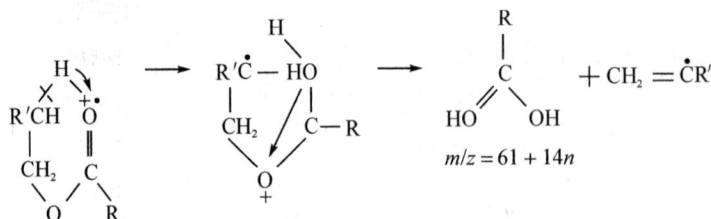

在芳香族羧酸中，若羧基邻位有 $CH_3—$、$NH_2—$ 或 $—OH$ 时，易发生失去小分子反应（H_2O、ROH 或 NH_3 等）。

八、胺　类

1. 脂肪胺

分子离子峰很弱，有的甚至看不见。

(1) α 裂解是胺类最重要的裂解方式。其裂解遵循较大基团优先离去而产生 $m/z=30+14n$ 峰，对于 α 无支链的伯胺来讲，α 裂解生成 $m/z=30$（$CH_2NH_2^+$）的离子峰为基峰；对于甲胺而言，（M－1）峰为基峰。

$$R-CH_2-\overset{+\cdot}{N}H_2 \xrightarrow[-\cdot R]{\alpha} CH_2=\overset{+}{N}H_2$$
$$m/z=30$$

$$H-CH_2-\overset{+\cdot}{N}H_2 \xrightarrow[-\cdot R]{\alpha} CH_2=\overset{+}{N}H_2+H\cdot$$
$$m/z=30(M-1)$$

$$R-\overset{|}{\underset{|}{C}}-\overset{\cdot}{N}\diagdown \xrightarrow{-\cdot R} \diagup C=\overset{+}{N}\diagdown$$
$$m/z=30+14n$$

值得一提的是,α 碳上无支链的仲胺和叔胺,α 裂解产生会进一步重排,最后也出现 $m/z=$ 30($CH_2=\overset{+}{N}H_2$)峰,因此($CH_2=\overset{+}{N}H_2$)并非伯醇所特有。

$$R-CH_2-\overset{+\cdot}{\underset{C_2H_5}{\overset{C_2H_5}{N}}} \longrightarrow CH_2=\overset{+}{\underset{CH_2-CH_2-H}{\overset{C_2H_5}{N}}} \xrightarrow{-CH=CH_2}$$

$$CH_2=\overset{C_2H_5}{\underset{\underset{m/z=58}{+}}{NH}} \xrightarrow{-CH_2=CH_2} CH_2=\overset{+}{NH_2}$$
$$m/z=30$$

（2）直链伯胺有一系列强度减弱的峰（$m/z=30,44,58,\cdots$）,这是连续断裂 C—C 键所致。同时还出现有 C_nH_{2n+1}、C_nH_{2n},和 C_nH_{2n-1} 等烃类离子群。

2. 芳　胺

分子离子峰很明显。许多芳胺有中等强度的（$M-1$）峰,芳胺脱去 HCN、H_2CN 而产生 $M-27$ 和 $M-28$ 峰,此裂解过程类似于苯酚脱 CO 和 CHO。

$$m/z=93 \qquad \xrightarrow{-H\cdot} \qquad m/z=92 \\ \qquad\qquad\qquad\qquad (M-1)$$

$$\xrightarrow{-HCH} m/z=65 \qquad \xrightarrow{-H\cdot} m/z=66 \\ \qquad\qquad (M-27) \qquad\qquad (M-28)$$

和脂肪族仲胺类似,芳仲胺亦可进行 α 裂解

$$\xrightarrow[\alpha]{-\cdot CH_2R} \qquad m/z=106$$

九、腈　类

脂肪族腈类的分子离子峰很弱,有时甚至不出现。芳香族腈化合物的分子离子峰很强,且

都是基峰。

(1)脂肪腈易失去 α 氢生成稳定的(M−1)峰,但其强度不大。

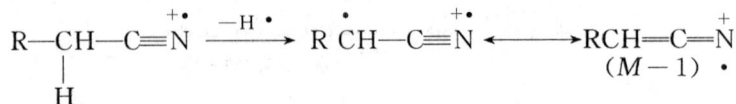

$$R-CH-C\equiv N \xrightarrow{-H\cdot} R\overset{\cdot}{C}H-C\equiv N \longleftrightarrow RCH=C\equiv N$$
$$| \qquad\qquad\qquad\qquad\qquad (M-1)\cdot$$
$$H$$

(2)有 γ-氢的腈易进行麦氏重排,生成 $CH_3-C\equiv N$ (或 $CH_2=C\equiv N H$)$m/z=41$ 的离子峰。

$$R-CH \qquad \overset{NH}{\underset{CH_2}{\parallel}}$$
$$| \qquad\qquad\qquad \longrightarrow RCH + C$$
$$CH_2 \qquad\qquad\qquad CH_2 \quad CH_2$$
$$CH_2 \qquad\qquad\qquad\qquad m/z=41$$

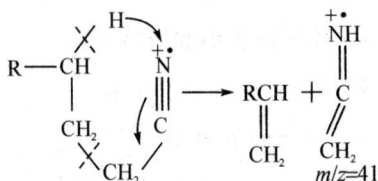

此外,腈类化合物还常常发生骨架重排和氢迁移等反应,众而失去中性烯分子,形成碎片。

十、有机卤化物

由于氯和溴都有很典型的重同位素,^{35}Cl 和 ^{37}Cl 的丰度比约为 $3:1$,^{79}Br 和 ^{81}Br 的丰度比约为 $1:1$,使得卤素化合物的图谱很容易识别。

从有机卤化物的分子离子峰能观察到,其中芳香族卤化物分子离子峰较强。

(1)C—X 裂解是常见的裂解反应。

$$R-X \xrightarrow{均裂} \cdot R+X^+ \quad ①$$
$$R-X \xrightarrow{异裂} R^+ + X\cdot \quad ②$$

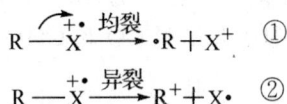

氟和氯电负性强,易发生裂解②产生 R^+($M-X$)离子,溴与碘易发生裂解①,产生 X^+($M-R$)离子。

(2)有机氟化物和氯化物易发生脱 HX 的反应。小分子卤化物可发生 1,2 位脱 HX 反应;若烷基较大,则可发生 1,4 位或其他位脱 HX 的反应。

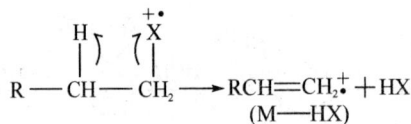

$$\overset{H}{\underset{}{}} \overset{X}{\underset{}{}}$$
$$R-CH-CH_2 \longrightarrow RCH=CH_2^+ + HX$$
$$(M-HX)$$

当 X=F 或 Cl 时,$RCH=CH_2^+$ 呈强峰。

(3)有机卤化物可发生 α 裂解,形成 M−R 峰。

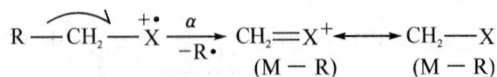

$$R-CH_2-X \xrightarrow[-R\cdot]{\alpha} CH_2=X^+ \longleftrightarrow CH_2-X$$
$$(M-R) \qquad\qquad (M-R)$$

(4)含六个碳原子以上的直链氯(或溴)化合物易反应生成环状 $C_3H_6 X$、$C_4H_8 X$ 和 $C_5H_{10} X$ 离子峰,均为环状结构,其中 C_4H_8X 峰较强,有时是基峰。

$$R-CH_2 \quad \overset{X^{+\bullet}}{\underset{CH_2-CH_2}{\mid}} \quad CH_2 \xrightarrow{-R^\bullet} \quad \overset{\overset{+}{X}}{\underset{CH_2-CH_2}{\mid}} \quad CH_2 \quad (x=Cl或Br)$$
$$(M-R)$$

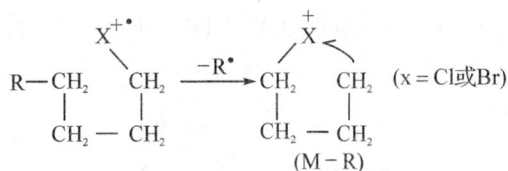

十一、有机硫化物

由于硫的重同位素的存在（^{34}S 自然丰度为 4.44%），使得含硫化合物的质谱较易辨认，硫原子数目可以从 $M+2$ 峰的相对丰度来确定。

硫醇质谱与普通醇类相似，但分子离子比一般醇类明显，而其烷基部分的离子相同。

硫醇的 α、β、γ、δ 键断裂的碎片都有，其 α 断裂形成 $m/z=47$ 峰（$CH_2=\overset{+}{SH}\longleftrightarrow{}^+CH_2-SH$）；和醇脱水一样，硫醇可以脱 H_2S 以及脱 H_2S 后，再脱 C_2H_4。

如：正戊硫醇的质谱（见图 15-31）。

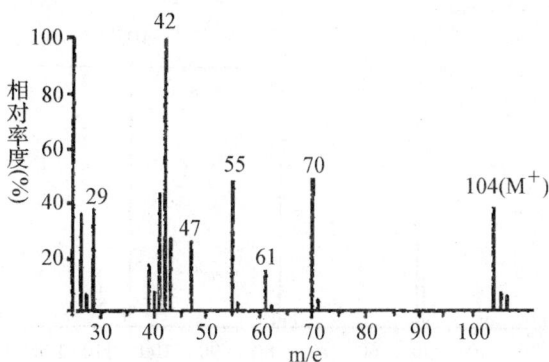

图 15-31　正戊硫醇质谱

硫醚分子离子峰比普通的脂肪醚大，易发生 α 裂解，其烷基链大于 3 个碳原子时有氢重排裂解反应。

【例 15-6】　一个化合物的质谱如图 5-32 所示。亚稳离子示出有下列裂解过程：

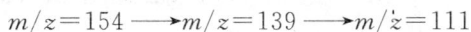

$$m/z=154 \longrightarrow m/z=139 \longrightarrow m/\overset{.}{z}=111$$

试推测它的结构

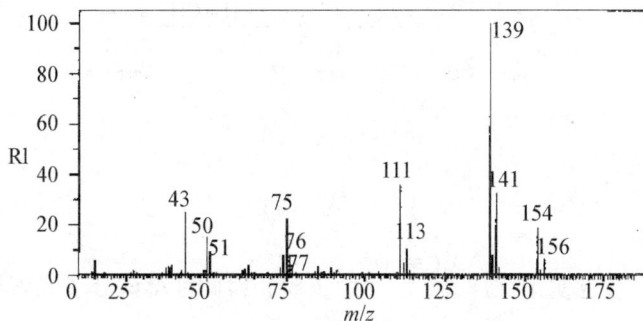

图 5-32　未知物质谱

解：从上图上看到分子离子 $m/z=154$ 的峰相当强，而且有 $m/z=51$、$m/z=76$、$m/z=77$ 系列的离子，表明化合物为芳香族。相对分子质量为偶数表明不含 N 或只含偶数 N。同位素峰（$M+2$）约等于 M 强度的 $1/3$，表明有一个 Cl 原子存在。

碎片离子峰 $m/z=139(M-15)$ 表明丢失 CH_3。$m/z=43$ 表明有 $C_3H_7^+$ 或 CH_3CO^+ 存在。

于是推测化合物可能为

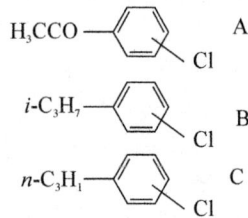

$$H_3CCO-\!\!\left\langle\bigcirc\right\rangle\!\!-\!Cl \qquad A$$

$$i\text{-}C_3H_7-\!\!\left\langle\bigcirc\right\rangle\!\!-\!Cl \qquad B$$

$$n\text{-}C_3H_1-\!\!\left\langle\bigcirc\right\rangle\!\!-\!Cl \qquad C$$

如果是 C 结构,则应有 M—29 强峰($m/z=125$,由苄基型裂解得到)和 M—28 峰($m/z=124$,麦氏重排裂解),但是这两种离子峰在质谱上。

【例 15-7】 图 5-33 是某由 C、H、O 三种元素组成的化合物的质谱,其亚稳离子峰在 $m/z=56.5$ 和 33.8 处,试推其结构。

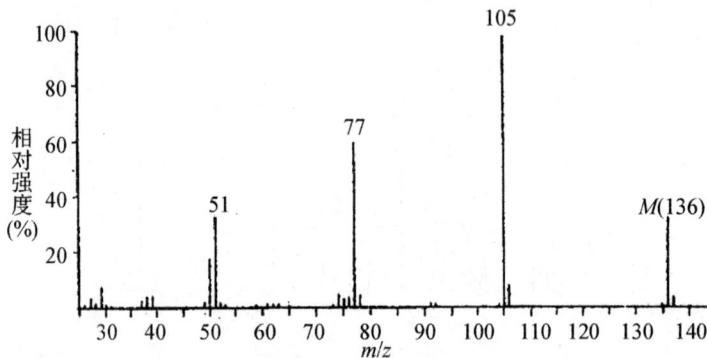

图 5-33 未知物质谱

解:由分子离子峰强,推测该物质可能是芳香族化合物。

由 $m/z=39,51,77$ 知分子含苯环。

由 $m/z=105$ 离子峰为基峰,查碎片离子及其质量表,推测可能是 $C_6H_5CO^+$。若该推测正确,则可能有以下裂解:

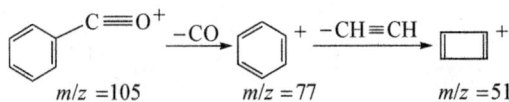

$$\left\langle\bigcirc\right\rangle\!-\!C\!\equiv\!O^+ \xrightarrow{-CO} \left\langle\bigcirc\right\rangle^+ \xrightarrow{-CH\equiv CH} \square^+$$
$$m/z=105 \qquad\qquad m/z=77 \qquad\qquad m/z=51$$

$$m_1^*=\frac{77^2}{105}=56.5$$

$$m_2^*=\frac{51^2}{77}=33.8$$

亚稳离子峰进一步证实了 $\left\langle\bigcirc\right\rangle\!-\!C\!\equiv\!O^+$ 的正确。因此可得该分子元素组合应为 $C_8H_8O_2$,$U=5$。

由分子式和以上碎片可知,剩下的 $C_8H_8O_2-C_7H_5O=CH_3O$ 可能为 —OCH_3 或 $-CH_2OH$。

因此,该化合物的结构式可能为

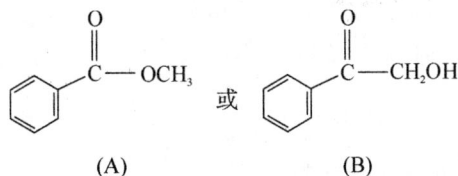

最后由其他光谱数据来确定结构式：若为(B)，则 IR 谱在 $3100\sim3700\text{cm}^{-1}$ 应有 ν_{OH} 的吸收峰；但该物质 IR 无此吸收，故结构为(A)。

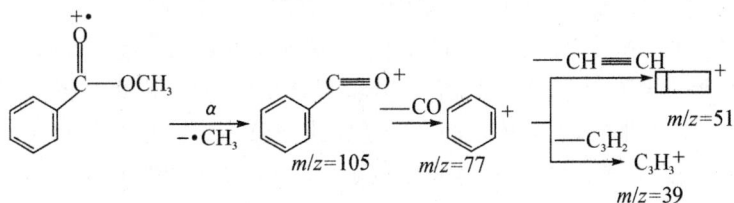

第七节 质谱联用技术

将两种或多种仪器分析方法结合起来的技术称为联用技术。利用联用技术的主要有色谱-质谱联用、毛细管电泳-质谱联用、质谱-质谱联用，其主要问题是如何解决与质谱相连的接口及相关信息的高速获取与贮存等问题。

一、色谱-质谱联用

色谱-质谱联用技术将分离与分析方法结合起来，最常用的在线联用技术是气相色谱-质谱联用技术(简称为气质联用，GC-MS)和液相色谱-质谱联用技术(简称为液质联用，LC-MS)。色谱-质谱联用技术，必须解决的主要问题有两大方面：①如何实现接口，降低压力使色谱柱的出口与质谱的进样系统连接，达到两部分速度的匹配；②必须除去色谱中大量的流动相分子。

(1)气相色谱-质谱联用技术。这项技术是 20 世纪 50 年代后期才开始研究的，到 60 年代已经成熟并出现了商品化仪器。气相色谱法能够在短时间内完成混合组分的分离，是分离化合物的有效手段。而质谱测定离子的精确质量，可以获得分子离子或碎片离子的元素组成和经验式，进而对未知物进行结构鉴定。气相色谱-质谱联用技术充分发挥了气相色谱法高分离效率和质谱法强定性能力，兼有两者的优点，逐渐成为定性定量分析复杂混合物最为有效的手段之一。目前，它已成为最常用的一种联用技术。但是，GC 是在常压下工作，而 MS 是在高真空下工作，因此，必须有一个连接装置，将色谱柱流出的载气除去，使压强降低，样品分子进入离子室。这个连接装置叫做分子分离器。目前一般使用喷射式分子分离器，其示意图如图 15-34 所示。

载气带着组分气体，一起从色谱柱流出，经过一小孔加速喷射进入分离器的喷射腔中，分离器进行抽气减压。由于载气分子量小，扩散速度快，经喷嘴后，很快扩散开来并被抽走。而组分气体分子的质量大，扩散速度慢，依靠其惯性运动，继续向前运动而进入捕捉器中。必要时使用多次喷射,经分子分离器后,50％以上的组分分子被浓缩并进入离子源中,而压力也降至约 1.3×10^{-2} Pa。

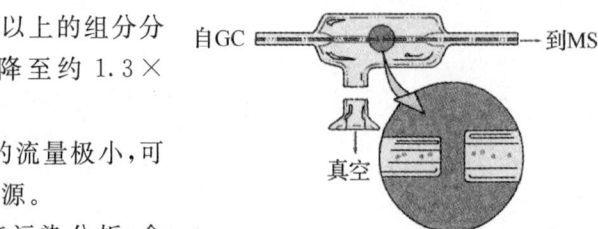

图 15-34　分子分离器

如果是毛细管色谱,由于毛细管柱的流量极小,可以不必经过分子分离器而直接进入离子源。

GC-MS 联用应用十分广泛,从环境污染分析、食品香料分析鉴定到医疗检验分析、药物代谢研究等。而且 GC-MS 联用是国际奥委会进行兴奋剂药检的有力工具之一。

(2)液相色谱-质谱联用。对于热稳定性差、不易气化的样品,GS-MS 联用有一定的困难,因此,20 世纪 90 年代又发展了液相色谱-质谱联用技术。LC-MS 联用把分离范围大大拓宽了,可分离极性的、离子化的、不易挥发的高分子物质和热不稳定的化合物,对生物大分子也能够有效的分析。但是,LC 分离要使用大量的液态流动相,如何有效地除去流动相而不损失样品,是 LC-MS 联用的难题之一,直到 LC-MS 联用的接口技术成熟后,LC-MS 才得以迅速发展,成为强有力的分析手段。目前 LC-MS 联用技术中应用较多的主要有两种接口装置。

①传送带式的接口装置。结构示意图如图 15-35 所示。依靠不锈钢或高聚物的传送带将 LC 柱的流出样送入离子源,在传送过程中,溶剂被加热(可用红外线加热)气化并由真空泵抽去,组分进入离子源。这种方法适于非极性流动相溶剂的除去,而对于极性溶剂,由于其气化速度慢而不适用。

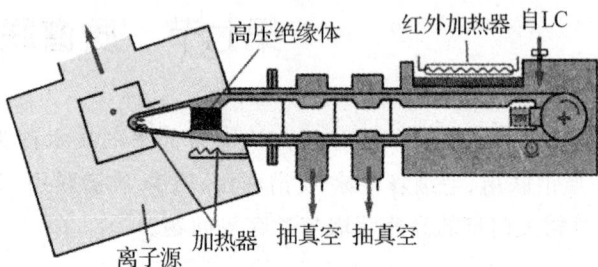

图 15-35　LC/MS 用传送带的装置

②热喷雾式的接口装置。热喷雾接口是 20 世纪 80 年代发展起来的新的接口装置,它是由气化器、电离室和抽气系统三部分组成,如图 15-36 所示。气化器是一根内径约为 0.15mm 的金属毛细管,采用直接电加热的方式;电离室内有发射电子的灯丝和放电电离装置,其电离方式有直接热喷雾电离、放电电离和电子束电离三种;抽气系统主要是一个机械泵,有的加上冷阱,以捕集溶剂。这种接口装置既除去溶剂,又同时使组分分子电离。

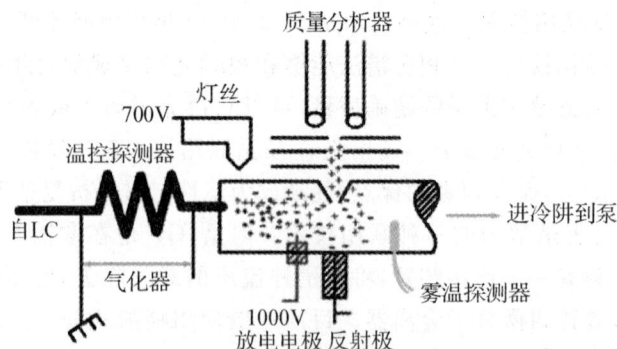

图 15-36　热喷雾接口

目前,LC/MS 联用技术在食品分析、农药残留、兽药安全、药物成分、中药指纹图谱、环境污染物分析等领域得到广泛应用,可以说,LC-MS 联用仪已经成为仪器装备水平高低的一个标志。

目前正在发展中的超临界流体色谱-质谱联用（SFC-MS）可能成为对难挥发、易分解物质进行联用分离分析最有前途的方法。

二、质谱-质谱联用（MS-MS 联用，也称串联质谱）

两个或更多的质谱联接在一起，称为串联质谱（tandem mass spectrometry，MS-MS ），是质谱法的重要联用技术之一。20 世纪 80 年代初，在传统的质谱仪基础上，发展了 MS-MS 联用技术，其方法是将两台质谱仪串联起来代替 GC-MS 或 LC-MS；第一台质谱仪起类似于 GC 或 LC 的作用。但它与色-质联用不同之处是：色-质联用是用色谱将混合组分分离，然后由 MS 进行分析；而 MS-MS 联用是依靠第一级质谱 MS-I 分离出特定组分的分子离子，然后导入碰撞室活化产生碎片离子，这些离子依次导入第二台质谱仪中，从而产生这些碎片离子的质谱。示意图如图 15-37 所示。

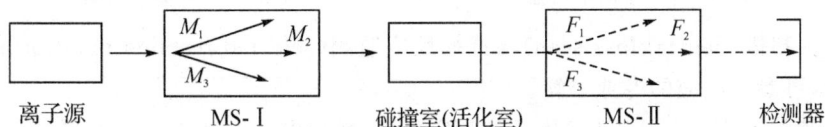
图 15-37 MS-MS 联用原理

MS-MS 联用的串联形式很多，既有磁式 MS-MS 串联，也有四极 MS-MS 串联，也可以混合式 MS-MS 串联，如：串联多级四极杆质谱（QqQ）、三级四极杆质谱与飞行时间质谱的串联（Q-TOFMS）、飞行时间质谱与飞行时间质谱的串联（TOF-TOFMS）、三级四极杆质谱与新型线性离子阱质谱的串联（Q-LTQMS）、线性离子阱质谱与飞行时间质谱的串联（QIT-TOFMS）等。常用的串联方式 QqQ（或 QQQ）模式如图 15-38 所示。

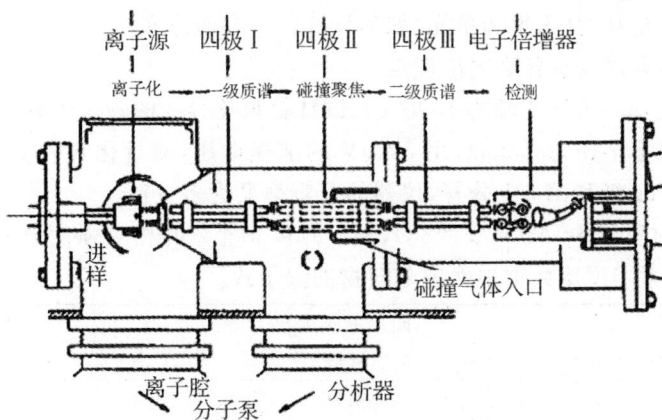
图 15-38 QqQ 式 MS-MS

串联质谱仪有多种扫描模式，常用的有子离子扫描、母离子扫描、中性丢失扫描和选择反应监测等模式。选择合适的扫描模式，可获得足够的化合物结构信息对化合物进行确证，也可以进行高灵敏度的定量分析。

MS-MS 方法中一般第一台质谱仪采用软电离技术（如使用化学电离源）使产生的离子大部分为分子离子或质子化分子离子（ M＋H ）⁺。这些碎片离子导入碰撞室（field free collision chamber）后，与泵入的 He 分子在 $1.33 \times (10^{-1} \sim 10^{-2})$ Pa（$10^{-3} \sim 10^{-4}$ Torr）压力下碰撞活化而产生类似电子轰击源产生的碎片,再用第二台质谱仪进行扫描。这种应用称为子离子串联质谱分析(daughter ion tandem mass spectrometry)。子离子扫描时需要较高的碰撞能量,扫描图可提供包括目标化合物分子离子在内的所有碎片信息。图 15-39 为子离子扫描示意图。

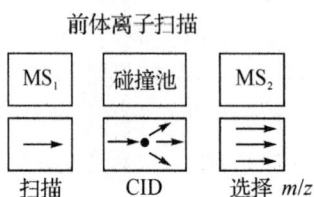

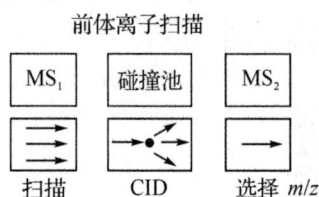

另一种 MS-MS 方法可相应称为母离子串联质谱分析(parent ion tandem mass spectrometry)如图 15-40 所示。此方法中设定第二级质谱只扫描选择的特定离子,第一级质谱则扫描一个选定的质量范围,得到的图谱显示的是第一级质谱中存在的能通过碰撞池和经过碰撞后产生的能到达第二级质谱的所有母离子。这种方法可用于分析鉴定产生相同子质谱的一类化合物。

图 15-39　子离子扫描　　　　　　　图 15-40　母离子扫描

中性丢失扫描(neutral loss scan)与选择反应监测(selected reaction monitoring,SRM)扫描更为复杂,可参考相应的专业书籍。

串联质谱的工作效率比 GC-MS、LC-MS 更高,而目前还正在进一步发展的 GC-MS-MS、LC-MS-MS 等联用技术,其在生命科学、环境科学领域更具应用前景。

思考题与习题

1. 有机化合物在 EI 源中可能产生哪些离子?从这些离子的质谱峰可以得到关于化合物结构的什么信息?

2. 如何利用质谱推测化合物的相对分子质量和分子的化学式?

3. 化合物的不饱和度(不饱和单元)如何计算?它有何意义?

4. 色谱与质谱联用后有什么突出优点?

5. 在质谱图上,$M:M+1$ 峰为 $100:24$,试计算该化合物的碳原子数为多少?

6. 质谱仪的扇形半径为 0.30m,用 3000V 的加速电压,测量化合物 $C_{12}H_{14}N_2O_4$ 需要多大磁场强度?如将 M 峰和 $M+1$ 分开,仪器的分辨率又为多少?

7. 某化合物的质谱中,$M(m/z=86)$、$M+1$ 和 $M+2$ 的相对强度分别为 18.5、1.15 和 0.074,从下面同位素丰度比数据中确定未知物的分子式。

分子式	同位素丰度比 ($M=100\%$)	
	$M+1$	$M+2$
$C_4H_6O_2$	4.50	0.48
C_4H_5NO	4.87	0.30
$C_4H_{10}N_2$	5.25	0.11
$C_5H_{10}O$	5.60	0.33
$C_5H_{12}N$	5.98	0.15
C_6H_{14}	6.71	0.19

8. 某未知物质谱如图 15-41 所示，红外光谱中 $1117cm^{-1}$ 处有一强吸收带，试确定其结构。

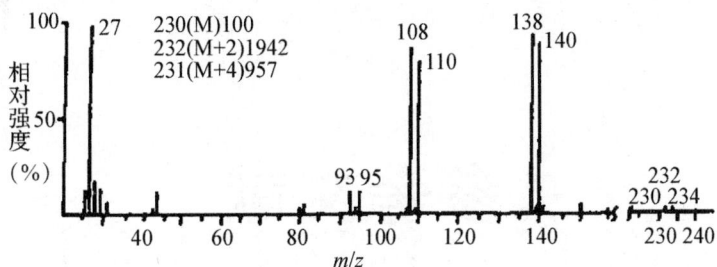

图 15-41　未知物质谱

9. 某化合物的分子式为 $C_4H_8O_2$，试根据其质谱图（见图 15-42）推断其结构。

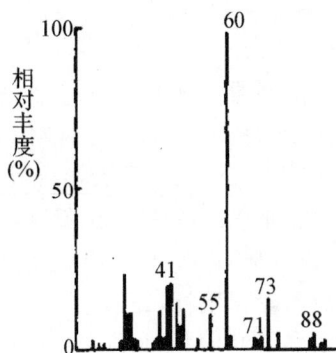

图 15-42　化合物 $C_4H_8O_2$ 的质谱

10. 某化合物分子式为 $C_6H_{12}O$，其质谱如图 15-43 所示，试推断其结构。

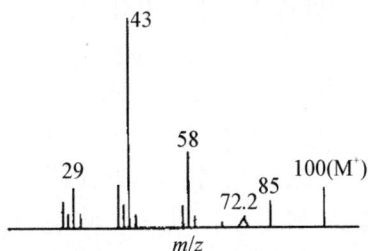

图 15-43　$C_6H_{12}O$ 的质谱

11. 某化合物的分子式为 $C_4H_{10}O_2$，IR 数据指出该化合物含有羰基 $C{=}O$，其质谱如图 15-44 所示，试推断其结构。

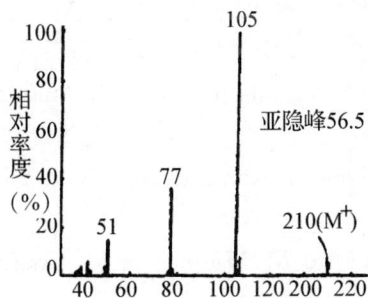

图 15-44　化合物 $C_{14}H_{10}O_2$ 的质谱

参考文献

[1] 北京大学化学系仪器分析教学组. 仪器分析教程[M]. 北京:北京大学出版社,1997.

[2] 陈培榕,邓勃. 现代仪器分析实验与技术[M]. 北京:清华大学出版社,1999.

[3] 邓勃,宁永成,刘密新. 仪器分析[M]. 北京:清华大学出版社,1991.

[4] 大学化学编辑部. 今日化学[M]. 北京:高等教育出版社,2002.

[5] 方惠群,于俊生,史坚. 仪器分析[M]. 北京:科学出版社,2002.

[6] 高鸿. 分析化学前沿[M]. 北京:科学出版社,1991.

[7] 何金兰,杨克让,李小戈. 仪器分析原理[M]. 北京:科学出版社,2002.

[8] 华中师范大学等合编. 分析化学(下册)[M]. 北京:高等教育出版社,2001.

[9] 李启隆. 电分析化学[M]. 北京:北京师范大学出版社,1995.

[10] 吕九如. 仪器分析[M]. 陕西:陕西师范大学出版社,1994.

[11] 刘约权. 现代仪器分析(第二版)[M]. 北京:高等教育出版社,2006.

[12] 石杰. 仪器分析[M]. 郑州:郑州大学出版社,2002.

[13] 孙汉文. 原子光谱分析[M]. 北京:高等教育出版社,2002.

[14] 汪尔康. 21世纪的分析化学[M]. 北京:科学出版社,1999.

[15] 许图旺. 现代实用气相色谱法[M]. 北京:化学工业出版社,2004.

[16] 杨根元,金瑞祥,应武林. 实用仪器分析(第3版)[M]. 北京:北京大学出版社,2001.

[17] 张绍衡. 电化学分析法[M]. 重庆:重庆大学出版社,2000.

[18] 张正奇. 分析化学[M]. 北京:科学出版社,2001.

[19] 张剑荣,戚苓,方惠群. 仪器分析实验[M]. 科学出版社,1999.

[20] 赵文宽,张悟铭,王长发,周性尧等. 仪器分析实验[M]. 北京:高等教育出版社,1997.

[21] 赵藻藩,周性尧,张悟铭,赵文宽. 仪器分析[M]. 北京:高等教育出版社,1990.

[22] Ewing G W. Instrumental Methods of Chemical Analysis[M]. New York:McGraw-Hill Bock Company,1985.

[23] Harris D. Quantitative Chemical Analysis[M]. New York:W. H. Freeman and Company,1995.

[24] Kellner R,Mermet J-M,Otto M,Widmer H M. Analytical Chemistry[M]. Berlin:Wiley-VCH,1998.

[25] Pecsok R L,Shields L D,Carns T,Mcwillian I G. Modern Methods of Chemical Analy-

sis[M]. Hoboken: John Wiley & Sons, Inc. ,1976.

[26] Robinson J W. Undergraduate Instrumental Analysis[M]. Nao York Marcel Dekker, Inc. , 1987.

[27] Skoog D A. Holler F J, Nieman T A. Principles of Instrumental Analysis[M]. Fifth Edition. Philadelphia: Philadelphia, 1997.

[28] Williams D H, Fleming I. Spectroscopic Mrthods in Organic Chemistry[M]. New York McGraw-Hill Bock Company, 1995.

[29] Wang J. Analytical Electrochemistry[M]. 2th Edition. Hoboken John Wiley & Sons, Inc. , 2001.